江苏省高等学校重点教材（编号：2021-2-092）

高等学校土木工程专业核心课程教材

U0181667

钢筋混凝土结构学

汪基伟　蒋勇　主编

中国教育出版传媒集团

高等教育出版社·北京

内容提要

本书依据《混凝土结构设计规范(2015 年版)》(GB 50010—2010)、《工程结构通用规范》(GB 55001—2021)、《混凝土结构通用规范》(GB 55008—2021)、《建筑结构可靠性设计统一标准》(GB 50068—2018)等规范编写。

本书共有 10 章,主要内容包括:绪论,钢筋与混凝土材料的物理力学性能,设计计算原理,钢筋混凝土受弯构件、受压构件、受拉构件与受扭构件承载力计算,钢筋混凝土构件裂缝宽度验算、受弯构件挠度验算与结构耐久性要求,钢筋混凝土梁板结构设计,预应力混凝土构件承载力计算与正常使用验算。

本书可作为土木类专业的钢筋混凝土结构课程教材,亦可作为相关专业工程技术人员的参考书。

图书在版编目(CIP)数据

钢筋混凝土结构学 / 汪基伟,蒋勇主编.--北京:高等教育出版社,2022.6

ISBN 978-7-04-058598-8

Ⅰ.①钢… Ⅱ.①汪…②蒋… Ⅲ.①钢筋混凝土结构-结构设计-高等学校-教材 Ⅳ.①TU375

中国版本图书馆 CIP 数据核字(2022)第 066600 号

GANGJIN HUNNINGTU JIEGOU XUE

| 策划编辑 | 元　方 | 责任编辑 | 元　方 | 封面设计 | 李小璐 | 版式设计 | 杜微言 |
| 责任绘图 | 杜晓丹 | 责任校对 | 刘丽娴 | 责任印制 | 刁　毅 | | |

出版发行	高等教育出版社	网　　址	http://www.hep.edu.cn
社　　址	北京市西城区德外大街 4 号		http://www.hep.com.cn
邮政编码	100120	网上订购	http://www.hepmall.com.cn
印　　刷	山东临沂新华印刷物流集团有限责任公司		http://www.hepmall.com
开　　本	787mm×1092mm　1/16		http://www.hepmall.cn
印　　张	30.25		
字　　数	640 千字	版　　次	2022 年 6 月第 1 版
购书热线	010-58581118	印　　次	2022 年 6 月第 1 次印刷
咨询电话	400-810-0598	定　　价	64.00 元

钢筋混凝土结构学

1 计算机访问 http://abook.hep.com.cn/1263411，或手机扫描二维码、下载并安装 Abook 应用。

2 注册并登录，进入"我的课程"。

3 输入封底数字课程账号（20位密码，刮开涂层可见），或通过 Abook 应用扫描封底数字课程账号二维码，完成课程绑定。

4 单击"进入课程"按钮，开始本数字课程的学习。

　　课程绑定后一年为数字课程使用有效期。受硬件限制，部分内容无法在手机端显示，请按提示通过计算机访问学习。

　　如有使用问题，请发邮件至 abook@hep.com.cn。

扫描二维码
下载 Abook 应用

前　言

本书为土木类专业的钢筋混凝土结构课程教材,以立德树人为根本,以"科学布局、夯实基础、强化应用"为导向,以培养创新型高素质人才为目标,旨在培养学生掌握钢筋混凝土结构和预应力混凝土结构设计的基本原理和计算方法,理解常用的构造要求,初步建立工程概念,为以后的专业学习和工作奠定基础。同时,本书通过介绍相关工程实例,将专业教学内容与课程思政元素有机融合,弘扬大国情怀和工匠精神,帮助学生在专业课程的学习中激发强烈的社会责任感,培养良好的职业道德和工程素养,在土木工程领域保持建设美丽中国的热情和动力。

基于土木行业目前普遍实行计算机辅助设计的背景,本书编写时力求突出原理、说理清楚,着眼于让学生透彻理解基本概念、基本公式的适用条件和构造要求,而不是解题技巧。对于构件承载力计算,从试验现象入手,强调由试验现象归纳构件破坏特征,再由破坏特征建立承载力计算简图、推导计算公式及确定公式的适用范围;对于裂缝宽度计算,从裂缝成因、裂缝出现前后构件应力的变化入手,强调裂缝宽度的影响因素、公式的适用范围和裂缝控制的措施;对于构造要求,则强调提出构造的原因。本书在理论讲解的同时,辅以大量算例,同时在章后设计配套思考题和计算题,以加强学生对基本公式适用范围、常用构造的理解与掌握。

本书依据《混凝土结构设计规范(2015 年版)》(GB 50010—2010)、《工程结构通用规范》(GB 55001—2021)、《混凝土结构通用规范》(GB 55008—2021)、《建筑结构可靠性设计统一标准》(GB 50068—2018)等规范编写。考虑到钢筋混凝土课程通常为土木类本科生接触的第一门专业基础课,书中还适当拓展了一部分水利水电工程和水运工程混凝土结构设计规范的内容(用区别于正文的字体字号表示),并与《混凝土结构设计规范(2015 年版)》(GB 50010—2010)进行对比,目的在于帮助学生建立工程概念,使学生认识到工程问题的处理方法不是唯一的,规范采用的公式不是一成不变的,但是对于同一工程问题,荷载效应和抗力的计算、各项规定的采用等都必须按同一本规范执行。

本书按照新形态形式设计教学内容,附有丰富的数字化资源,包括微课视频、教学课件、工程案例、思考题及计算题详解等,多种媒体形式的拓展资源,为学生掌握专业知识、提升工程素养提供强大助力。

参加本书编写工作的有河海大学汪基伟、蒋勇、冷飞、吴二军、张勤,南京林业大学许俊红和扬州市建筑设计研究院有限公司韩如泉。全书由汪基伟和蒋勇主编,东南大学邱洪兴教授审阅。

在本书编写过程中，参考了多本相关教材，吸收了其编写经验，在此表示感谢。本书特别借鉴了河海大学、武汉大学、大连理工大学、郑州大学四校合编，本书编者汪基伟主编的《水工钢筋混凝土结构学》（第 5 版）的章节编排与编写风格，在此对该教材其他编者表示感谢。

在本书编写过程中，还得到了高等教育出版社的大力支持，在此表示感谢。对于书中存在的错误和疏漏，恳请读者批评指正。

编者

2022 年 2 月

目　录

绪　论

0.1　钢筋混凝土结构的特点及分类

钢筋混凝土结构是由钢筋和混凝土两种材料组成的共同受力的结构。

混凝土是一种抗压能力较强而抗拉能力很弱的建筑材料,这就使得素混凝土结构的应用受到很大限制。例如,一根截面为 200 mm×300 mm、跨度为 2.5 m、立方体抗压强度为 22.5 N/mm^2 的素混凝土简支梁,当跨中承受约 13.5 kN 集中力作用时,就会因混凝土受拉而断裂,如图 0-1a 所示。这种素混凝土梁不仅承载能力低,而且破坏时是一种突然发生的脆性断裂。但如果在这根梁的受拉区配置 2 根直径20 mm、屈服强度为 318.2 N/mm^2 的钢筋(图 0-1b),用钢筋代替开裂的混凝土承受拉力,则梁能承受的集中力可增加到 72.3 kN。由此说明,同样截面形状、尺寸及混凝土强度的钢筋混凝土梁比素混凝土梁可承受大得多的外荷载,而且如果钢筋配置得合适,钢筋混凝土梁破坏以前将发生较大的变形,破坏不再是脆性的。

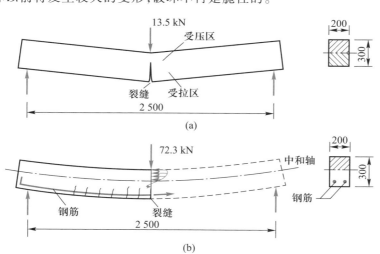

图 0-1　混凝土及钢筋混凝土简支梁的承载力

(a) 素混凝土梁;(b) 钢筋混凝土梁

一般来说,在钢筋混凝土结构中,混凝土承担压力,钢筋承担拉力,必要时钢筋也可承担压力。因此在钢筋混凝土结构中,两种材料的力学性能都能得到充分利用。

　　钢筋和混凝土这两种性能不同的材料能结合在一起共同工作,主要是由于它们之间有良好的黏结力,能牢固地黏结成整体。当构件承受外荷载时,钢筋和相邻混凝土能协调变形而共同工作。而且钢筋与混凝土的温度线膨胀系数较为接近,当温度变化时,这两种材料不致产生明显的相对温度变形而破坏它们之间的黏结。

　　钢筋混凝土结构除了较合理地利用钢筋和混凝土两种材料的力学性能外,还有下列优点:

　　(1) 耐久性好。在钢筋混凝土结构中,钢筋因受到混凝土保护而不易锈蚀,且混凝土的强度随时间增加而有所增长,因此钢筋混凝土结构在一般环境下是经久耐用的,不像钢、木结构需要经常保养和维修。处于侵蚀环境下的混凝土结构,经过合理的耐久性设计后一般可满足工程的需求。

　　(2) 整体性好。目前广泛采用的现浇整体式钢筋混凝土结构,整体性好,有利于抗震及抗爆。

　　(3) 可模性好。钢筋混凝土可根据设计需要浇制成各种形状和尺寸的结构,尤其适用于建造外形复杂的非杆件体系结构。这一特点是砖石、钢、木等结构所不能代替的。

　　(4) 耐火性好。混凝土是不良导热体,遭火灾时,由传热性较差的混凝土作为钢筋的保护层,在普通的火灾中不会使钢筋达到变态点温度而导致结构的整体坍塌。因此,其耐火性比钢、木结构好。

　　(5) 就地取材。钢筋混凝土结构中所用的砂、石材料一般可就地或就近取材,因而材料运输费用少,可显著降低工程造价。

　　但是,事物总是一分为二的,钢筋混凝土结构也存在一些缺点,主要有:

　　(1) 自重大。这对于建造大跨度结构及高层抗震结构是不利的,但随着轻质、高强混凝土、预应力混凝土和钢-混凝土组合结构的应用,这一矛盾已得到缓解。

　　(2) 施工复杂。钢筋混凝土结构施工工序多、施工时间较长,但随着泵送混凝土和大模板工艺的应用,施工时间已大大缩短。冬季施工中必须采用相应的施工措施才能保证质量,但采用预制装配式构件可加快施工进度,使施工不受季节、气候的影响。

　　(3) 抗裂性差。钢筋混凝土结构在正常使用时往往带裂缝工作,这对要求不出现裂缝的结构很不利,如水池、储油罐等。这类结构若出现裂缝会引起渗漏,影响正常使用。采用预应力混凝土结构可显著改善抗裂能力,控制裂缝的开展。

　　(4) 修补和加固工作比较困难。随着碳纤维加固、钢板加固等技术的发展和环氧树脂堵缝剂的应用,这一困难已经减少。

　　由于钢筋混凝土结构具有很多优点,因而在土木、水运和水利水电工程中得到了广泛的应用。

　　在土木工程中,钢筋混凝土可用来建造厂房、仓库、楼房、水池、水塔、桥梁、电视塔、隧道衬砌等。在水运和水利水电工程中,钢筋混凝土可用来建造码头、坝、水电站厂房、调压塔、压力水管、水闸、船闸、渡槽、涵洞、倒虹吸管等。

钢筋混凝土结构可作如下分类：

（1）按结构的构造外形可分为杆件体系和非杆件体系。杆件体系是指可用结构力学求解内力的结构，如梁、板、柱、墙等；非杆件体系是指无法用结构力学求解内力，需要利用弹性力学求解应力的结构，如空间薄壁结构、块体结构、与围岩接触的地下洞室等。杆件体系按结构的受力状态可分为受弯构件、受压构件、受拉构件、受扭构件等。

（2）按结构的制造方法可分为整体式、装配式和装配整体式三种。整体式结构是在现场先架立模板、绑扎钢筋，然后浇捣混凝土而成。它整体性好，刚度也较大，目前应用较多，但施工易受气候的影响。装配式结构则是在工厂（或预制工场）预先制成各种构件（图0-2），然后运往工地装配而成。采用装配式结构有利于实现建筑工业化（设计标准化、制造工业化、安装机械化）；制造不受季节限制，能加速施工进度；可利用工厂较好的施工条件，提高构件质量；有利于模板重复使用，还可免去脚手架，节约木料或钢材。但装配式结构的接头构造较为复杂，整体性较差，对抗渗及抗震不利，目前应用有所减少。装配整体式结构是在结构内有一部分为预制的装配式构件，另一部分为现浇的混凝土，其中预制装配式部分常可作为现浇部分的模板和支架。装配整体式结构比整体式结构有较高的工业化程度，又比装配式结构有较好的整体性，近年在民用建筑中被大力推广应用，发展较快。

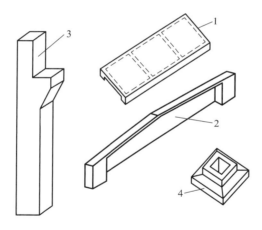

1—屋面板；2—梁；3—柱；4—基础。

图0-2　装配式构件

（3）按结构的初始应力状态可分为钢筋混凝土结构和预应力混凝土结构。预应力混凝土结构是在结构承受荷载以前，预先对混凝土施加压力，造成人为的压应力状态，使产生的压应力可全部或部分地抵消荷载引起的拉应力。预应力混凝土结构的主要优点是控制裂缝性能好，能充分利用高强度材料，可用来建造大跨度的承重结构，但施工较复杂。

0.2　钢筋混凝土结构的发展

自 19 世纪中叶开始应用钢筋混凝土以来,钢筋混凝土结构仅有 170 多年的历史,但其发展极为迅速。1850 年法国人朗波(L. Lambot)制造了第一只钢筋混凝土小船。1854 年英国人威尔金生(W. B. Wilkinson)在建筑中采用了配置铁棒的钢筋混凝土楼板。但通常认为钢筋混凝土是法国巴黎的花匠蒙列(J. Monier)发明的,他用水泥制作花盆,内部配置钢筋网以提高其强度,并于 1867 年申请了专利。1872 年美国人沃德(W. E. Ward)在纽约建造了第一座钢筋混凝土房屋。1877 年美国人哈特(T. Hyatt)发表了各种钢筋混凝土梁的试验结果。1905 年美国工程师特奈(C. A. P. Turner)提出在无梁楼板柱顶周围布置"蘑菇头"钢筋笼抵抗剪力的设计概念。1925 年德国采用钢筋混凝土建造了薄壳结构。1928 年法国工程师弗列西涅(E. Freyssinet)利用高强钢丝和混凝土制成了预应力混凝土构件,开创了应用预应力混凝土的时代。目前,钢筋混凝土结构在计算理论、材料制造及施工技术等方面都已取得了很大的进步,并且还在继续向前发展。

在材料制造方面,主要发展方向是生产高强、高流动性、自密实、轻质、耐久及具备特异性能的混凝土。目前轻骨料混凝土自重可低至 $14 \sim 18 \ \mathrm{kN/m^3}$,强度可达 $50 \ \mathrm{N/mm^2}$;强度为 $100 \sim 200 \ \mathrm{N/mm^2}$ 的高强混凝土已在工程中应用。各种轻质混凝土、绿色混凝土、纤维混凝土、聚合物混凝土、耐腐蚀混凝土、微膨胀混凝土、水下不分散混凝土及品种繁多的外加剂在工程中的应用和发展,已使大跨度结构、高层建筑、高耸结构和具备特殊性能的钢筋混凝土结构的建造成为现实。

采用高强度材料是发展钢筋混凝土结构的重要方向。目前我国工程结构安全度总体上低于欧美发达国家,但材料用量并没有相应减少,这是因为我国建筑工程中采用的钢筋和混凝土平均强度等级都低于欧美发达国家,欧美发达国家较高的安全度是依靠采用较高强度的材料实现的。为此,用于建筑工程的《混凝土结构设计规范》,对钢筋混凝土结构优先推广强度为 $400 \ \mathrm{N/mm^2}$ 和 $500 \ \mathrm{N/mm^2}$ 的高强热轧带肋钢筋作为纵向受力的主导钢筋,对预应力混凝土结构则优先推广高强钢丝和钢绞线。

在计算理论方面,钢筋混凝土结构经历了容许应力法、破坏阶段法和极限状态法三个阶段。目前国内大多数混凝土结构设计规范已采用基于概率理论和数理统计分析的可靠度理论,它以可靠指标度量结构构件的可靠度,采用分项系数的设计表达式进行设计,使极限状态计算体系在理论上向更完善、更科学的方向发展。

混凝土的强度理论、钢筋混凝土非线性有限单元法和极限分析的计算理论等的研究和应用也有很大进展。有限单元法和现代测试技术的应用,使得钢筋混凝土结构的计算理论和设计方法正在向更高的阶段发展。

在结构和施工方面,随着预拌混凝土(或称商品混凝土)、泵送混凝土及滑模施工新技术的应用,它们在保证混凝土质量、节约原材料和能源、实现文明施工等方面的优越性日益显现。预先在模板内填实粗骨料,再用压力将水泥浆灌入粗骨料空隙中形成的压浆混凝土,以及用于大体积混凝土结构(如大型基础、水工大坝)、公路路面与厂房地面的碾压混凝土,它们的浇筑过程都采用机械化施工,浇筑工期可大为缩短,并能节约大量材料,从而获得良好的经济效益。为减少钢筋绑扎和成型过程中的手工操作,现已发现明了各种钢筋成型机械和绑扎机具;钢筋接头已发展为绑扎搭接、焊接、螺栓及机械挤压套筒连接等多种方式;随着化工胶结剂的发展,黏结技术还会有更广泛的应用。装配整体式结构近年也得到迅猛发展,墙板、楼板、阳台、楼梯、梁、柱等大多数建筑构件在车间通过机械化生产完成,使得现场浇筑作业大为减少,既加快了施工进度又节能环保。

近年来,钢-混组合结构、外包钢混凝土结构及钢管混凝土结构等已在工程中有较多的推广应用。这些组合结构具有充分利用材料强度、适应变形能力(延性)较强、施工简单等特点。

目前国外一些钢筋混凝土结构标志性建筑有:德国法兰克福的飞机库屋盖,采用预应力轻骨料混凝土建造,结构跨度达 90 m;加拿大多伦多的预应力混凝土电视塔,高达 553 m;马来西亚吉隆坡的双塔大厦,建筑高度达 452 m,其内筒与外筒采用钢筋混凝土建造;美国的苹果公园,占地 2.6×10^5 m²,使用了超过 1 万件预制构件,是世界上最大的装配式建筑。

我国于 1876 年开始生产水泥,逐渐有了钢筋混凝土建筑物,但在 1949 年之前,由于贫穷落后,我国的钢筋混凝土工程寥寥无几,仅沿海地区有少数由外国人设计建造的码头、仓库和银行大楼,其所用材料大多由国外进口,那时谈不上任何钢筋混凝土结构的科学研究。20 世纪 50 年代以来,随着社会主义建设事业的飞速发展,钢筋混凝土结构的研究和建设应用速度加快,特别是改革开放后,钢筋混凝土结构的科学研究、计算理论、施工技术等的发展极为迅猛,在工程建设中得到了广泛的应用,取得了很大的成就。据统计,2020 年我国混凝土年产量达 2.899×10^9 m³,建筑用钢材年产量达 5.74×10^8 t,居世界首位。随着新材料、新技术的研究、开发和推广应用,我国已建造出一批令人自豪的标志性建筑和工程,如上海中心大厦,主体建筑结构高度为 580 m,总高度为 632 m,地下 5 层,地上 127 层,主体为巨型框架-核心筒-伸臂桁架结构;采用预应力混凝土结构的上海东方明珠广播电视塔,主体结构高 350 m,总高 468 m;外形美观的上海杨浦大桥,全长 8 354 m,主桥长 1 172 m,为双塔双索面钢筋混凝土与钢叠合斜拉桥结构,主跨跨径为 602 m;重庆李家沱长江大桥为双塔双索面预应力混凝土斜拉桥,主跨跨径达 444 m;苏通大桥辅航道桥为预应力钢筋混凝土连续刚构桥,主跨跨径为 268 m;三峡升船机上闸首结构全长 125 m,墩墙高 44 m,航槽宽 18 m,设计水头 34 m,校核水头 39.4 m,是目前世界上最大的预应力混凝土坞式结构;2017 年开港的上海洋山港四期码头,拥有 7 个集装箱泊位,集装箱码头岸线总长达 2 350 m,是当时世界上规模最大、自动化程度最高的集装箱码头。

0.3 钢筋混凝土结构课程的特点

钢筋混凝土结构是土木、水运和水利水电工程中最基本的结构种类,钢筋混凝土结构课程也是土木类、水利类专业重要的专业基础课。学习钢筋混凝土结构课程的目的是掌握钢筋混凝土结构构件设计计算的基本理论和构造知识,为学习有关专业课程和顺利从事钢筋混凝土建筑物的结构设计打下牢固的基础。学习该课程需要注意以下几个方面的问题:

(1)从某种意义上来说,钢筋混凝土结构学是研究钢筋混凝土的材料力学,它与材料力学有相同之处,又有不同之处,学习时要注意两者之间的异同。材料力学研究的是线弹性体构件,而钢筋混凝土结构学研究的是钢筋和混凝土两种材料组成的构件。由于混凝土为非弹性材料,且拉应力很小时就会开裂,因而材料力学的许多公式不能直接应用于钢筋混凝土构件。但材料力学中分析问题的基本思路,即由材料的物理关系、变形的几何关系和受力的平衡关系建立计算公式的分析方法,同样适用于钢筋混凝土构件。

(2)钢筋混凝土结构的计算公式是在大量试验基础上经理论分析建立起来的,学习时要重视试验在建立计算公式过程中的地位与作用,注意每个计算公式的适用范围和条件,在实际工程设计中正确运用这些计算公式,不要盲目地生搬硬套。

(3)钢筋混凝土结构设计除需配置数量合适的受力钢筋外,还必须满足构造要求。图 0-3 所示为从墩墙悬挑的悬臂板,其纵向受力钢筋的设计是先根据图中 A—A 截面弯矩由计算公式确定纵向受力钢筋的用量,然后按板中受力钢筋的间距与直径要求选择纵向受力钢筋的数量与直径,最后按锚固长度要求确定纵向受力钢筋的切断点。这里的钢筋间距与直径、锚固长度要求就是构造要求,需遵守构造规定。构造规定是长期科学试验和工程经验的总结,在设计结构和构件时,构造与计算是同样重要的。在图 0-3 所示结构中,若纵向受力钢筋锚固长度不足,则它会在达到其强度之前被拔出,发挥不了应有的作用;若纵向受力钢筋布置过于稀疏则板有可能发生局部损坏,布置过密则不利于混凝土浇筑。因此,要充分重视构造知识的学习,但在学习过程中不必死记硬背构造的具体规定,应注意弄懂其中的原理,即要明白为什么有这样的构造要求,构造要求的作用是什么。通过平时的作业和课程设计逐步掌握一些基本构造知识。

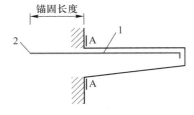

1—纵向受力钢筋;
2—纵向受力钢筋切断点。

图 0-3 悬臂板纵向受力钢筋配筋示意图

(4)钢筋混凝土构件的受力性能取决于钢筋和混凝土两种材料的力学性能及两种材料间的相互作用。两种材料的配比关系(数量和强度)会引起构件受力性能的改变,当两者配比关系超过一定界限时,构件受力性能会有显著差别,这是在单一材料构件中所没有的,在学习中应对此给予充分的重视。

(5)钢筋混凝土结构课程同时又是一门结构设计课程,有很强的实践性。要做好工程结构设计,除了要有坚实的基础理论知识以外,还要综合考虑材料、施工工艺、经济、构造细节等各方面的因素。因而,学习过程中应努力参加实践,逐步提高对各种因素的综合分析能力。此外,编写设计计算书、绘制施工图纸是结构设计的基本功,也应注重这方面的训练。

(6)为保证工程安全,设计时必须遵循国家颁布的有关工程结构设计规范要求,特别是规范中的强制性条文。设计规范是工程设计实践的总结,各个国家经济发展水平不同,工程实践传统也不同,因此各国的混凝土设计规范不尽相同。即使在同一国家,各行业有其自身的行业特点,因此各行业有自己的混凝土设计规范。在我国,《混凝土结构设计规范(2015 年版)》(GB 50010—2010)由住房和城乡建设部发布实施,是我国混凝土结构设计的国家标准,适用于房屋和一般构筑物的钢筋混凝土、预应力混凝土等结构的设计;《水工混凝土结构设计规范》(DL/T 5057—2009)和《水工混凝土结构设计规范》(SL 191—2008)分别由国家能源局和水利部发布实施,适用于水利水电工程;《公路钢筋混凝土及预应力混凝土桥涵设计规范》(JTG 3362—2018)由交通运输部发布实施,适用于桥涵结构设计;《水运工程混凝土结构设计规范》(JTS 151—2011)由交通运输部发布实施,适用于水运工程。

这些规范之间有一定的差别,大的方面如设计表达式,小的方面如具体计算公式与构造要求,都有差异。作为教材,不可能罗列所有规范的设计表达式、计算公式和构造要求,只能依据教材所服务的专业的相关规范来编写。本教材服务于土木工程专业,就依据《混凝土结构设计规范》(GB 50010—2010)的最新版(2015 年版)(以下简称为 GB 50010—2010 规范)编写。本教材内容除与 GB 50010—2010 规范有关外,还与《工程结构通用规范》(GB 55001—2021)、《混凝土结构通用规范》(GB 55008—2021)、《建筑结构可靠性设计统一标准》(GB 50068—2018)和《建筑结构荷载规范》(GB 50009—2012)等有关。

需要指出,混凝土结构又是一门以试验为基础、利用力学知识研究钢筋混凝土及预应力混凝土结构的学科。因此,虽然各国、各行业的混凝土结构设计规范之间有差异,但它们有共同的基础,其计算原则、所依据的混凝土结构基础知识和解决问题思路是相同的。大家在学习过程要着重计算原则、基本理论、解决问题思路的理解与掌握,只要通过一本规范的学习掌握了这些基础知识,通过自学就能很快掌握和应用其他规范。此外,这也说明只有真正掌握钢筋混凝土基本知识,才能正确理解与应用规范,在规范的框架内发挥设计者的主动性,设计出完美的结构。

绪论
总结

 思考题

0-1 素混凝土和钢筋混凝土结构的受力性能有哪些差异? 钢筋与混凝土共同

绪论
思考题详解

课程思政 1
超级工程尽
显大国风范

课程思政 2
身边的超级
工程

工作的基础是什么?

0-2 钢筋混凝土结构中配筋的主要作用和要求是什么?

0-3 钢筋混凝土结构有哪些优缺点?

0-4 本课程主要有哪些学习内容?学习时要注意哪些问题?

第1章　混凝土结构材料的物理力学性能

1.1　钢筋的品种和力学性能

1.1.1　钢筋的品种

在我国,混凝土结构中所采用的钢筋有热轧钢筋、钢丝、钢绞线、预应力螺纹钢筋和钢棒等。

按其在结构中所起作用的不同,钢筋可分为普通钢筋和预应力筋两大类。普通钢筋是指用于钢筋混凝土结构中的钢筋及用于预应力混凝土结构中的非预应力钢筋;预应力筋是指用于预应力混凝土结构中预先施加预应力的钢筋。热轧钢筋主要用作普通钢筋,而钢丝、钢绞线、预应力螺纹钢筋及钢棒主要用作预应力筋。

第 1 章
教学课件

按化学成分的不同,钢筋可分为碳素钢和普通低合金钢两大类。碳素钢除了铁元素和碳元素外,还含有炉料带入的少量锰、硅、磷、硫等杂质。碳素钢的力学性能与含碳量的多少有关。含碳量增加,能使钢材强度提高,性质变硬,但也使钢材的塑性和韧性降低,焊接性能变差。碳素钢按含碳量分为低碳钢(含碳量<0.25%)、中碳钢(含碳量 0.25%~0.60%)和高碳钢(含碳量>0.60%)。用作钢筋的碳素钢主要是低碳钢和中碳钢。如果炼钢时在碳素钢的基础上加入少量(一般不超过 3.50%)合金元素,就成为普通低合金钢。合金元素锰、硅、钒、钛等可使钢材的强度、塑性等综合性能提高。磷、硫则是有害杂质,其含量超过约 0.045%后会使钢材变脆,塑性显著降低,且不利于焊接。普通低合金钢钢筋具有强度高、塑性及可焊性好的特点,因而应用广泛。为节约合金资源,冶金行业近年研制开发出细晶粒钢筋,这种钢筋在热轧过程中通过控轧控冷工艺获得超细组织,能在不增加合金含量的基础上大幅提高钢材的性能,从而可以不添加或添加很少合金元素达到与正常添加合金元素相同的效果。

热轧钢筋按其外形分为热轧光圆钢筋和热轧带肋钢筋两类。光圆钢筋的表面是光面的;带肋钢筋亦称变形钢筋,有螺旋纹、人字纹和月牙肋三种,见图 1-1。螺旋纹和人字纹钢筋以往被称为等高肋钢筋,等高肋钢筋由于基圆面积率小、锚固延性差、疲劳性能差,已被逐渐淘汰。目前常用的是月牙肋钢筋,它与同样公称直径的等高肋钢筋相比,强度稍有提高,凸缘处应力集中也得到改善;它与混凝土之间的黏结强度虽略低于等高肋钢筋,但仍具有良好的黏结性能。

下面介绍 GB 50010—2010 规范列入的主要钢筋。

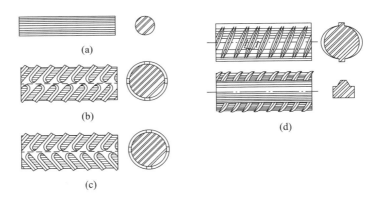

图 1-1   钢筋表面及截面形状

（a）光圆钢筋；（b）螺旋纹钢筋；（c）人字纹钢筋；（d）月牙肋钢筋

1. 热轧钢筋

热轧钢筋由低碳钢、普通低合金钢、细晶粒钢在高温状态下轧制而成。按照其强度的高低，分为 HPB300、HRB400、HRBF400、HRB500、HRBF500 等几种。符号中的 H 表示热轧（hot rolled），P 表示光面（plain），R 表示带肋（ribbed），B 表示钢筋（bar），F 表示细晶粒钢（fine），数字 300、400、500 等则表示该级别钢筋的屈服强度标准值（单位为 N/mm²）。可以看出，HPB300 钢筋为光圆钢筋，HRB400 和 HRB500 为带肋钢筋，HRBF400 和 HRBF500 为带肋细晶粒钢筋。

（1）热轧光圆钢筋

热轧光圆钢筋（HPB300）的公称直径范围为 6～22 mm，有 6 mm、8 mm、10 mm、12 mm、14 mm、16 mm、18 mm、20 mm、22 mm 等 9 种，直径增量都为 2 mm。热轧光圆钢筋属于低碳钢，质量稳定，塑性及焊接性能良好，但强度稍低，而且由于其表面为光面，与混凝土的黏结锚固性能较差，控制裂缝开展的能力很弱，用作受拉钢筋时末端需要加弯钩，给施工带来不便，一般只用作架立筋、分布筋等构造钢筋，以及吊环、小规格梁柱的箍筋，因此 GB 50010—2010 规范只列入直径不大于 14 mm 的 5 种 HPB300 钢筋。在图纸与计算书中，HPB300 用符号Φ表示。

过去，热轧光圆钢筋为 HPB235 钢筋，也用符号Φ表示。该钢筋应用历史很长，由于其强度低，现在已被 HPB300 钢筋取代。

（2）热轧带肋钢筋

土木工程采用的热轧带肋钢筋包括 HRB400、HRBF400、HRB500、HRBF500，公称直径范围为 6～50 mm，直径变化范围很大，有 6 mm、8 mm、10 mm、12 mm、14 mm、16 mm、18 mm、20 mm、22 mm、25 mm、28 mm、32 mm、36 mm、40 mm、50 mm 等 15 种，6～22 mm 之间的钢筋直径增量都为 2 mm。热轧带肋钢筋的强度、塑性及可焊性都较好。由于强度比较高，为增加钢筋与混凝土之间的黏结力，保证两者能共同工作，钢筋表面轧制成月牙肋。

过去，HRB335 钢筋在土木工程中应用最为广泛，目前由于其强度较低，国家标准

《钢筋混凝土用钢 第2部分:热轧带肋钢筋》(GB/T 1499.2—2018)已不再列入,《混凝土结构通用规范》(GB 55008—2021)也未列入该钢筋。目前在土木工程中,HRB400、HRB500钢筋已成为纵向受力钢筋的主导钢筋品种,在高层建筑的柱、大跨度与重荷载梁中采用HRB500钢筋作为纵向受力钢筋能获得较好的效益。在图纸与计算书中,HRB400、HRBF400、HRB500、HRBF500这四种钢筋分别用符号ϕ、ϕF、ϕ、ϕF表示,HRB335钢筋用符号ϕ表示。

2. 余热处理钢筋

余热处理钢筋是在钢筋热轧后淬火以提高其强度,再利用芯部余热回火处理而保留一定延性的钢筋,有RRB400、RRB500和RRB400W三种,数字400、500表示该级别钢筋的屈服强度标准值(单位为N/mm^2),W表示可焊的。余热处理钢筋资源能源消耗和生产成本低,但其延性、可焊性、机械连接性能及施工适应性也相应降低,在焊接时,焊接处可能会因受热降低其强度。此外,由于其高强部分集中在钢筋表面,抗疲劳的性能会受到影响,钢筋机械连接表面切削加工时也会削弱其强度,因此应用受到一定的限制,一般用于对钢筋变形性能及加工性能要求不高的构件,如基础、楼板、墙体及次要的结构构件。GB 50010—2010规范只列入了不可焊的RRB400,用符号ϕR表示。

3. 钢丝

我国预应力混凝土结构采用的钢丝都是消除应力钢丝。消除应力钢丝是将钢筋拉拔后,经中温回火消除应力并进行稳定化处理的钢丝。按照消除应力时采用的处理方式不同,消除应力钢丝又可分为低松弛和普通松弛两种,普通松弛钢丝用作预应力筋时应力松弛损失较大,现行国家标准《预应力混凝土用钢丝》(GB/T 5223—2014)已经取消了普通松弛钢丝。

消除应力钢丝极限抗拉强度有1 470 MPa、1 570 MPa、1 670 MPa、1 770 MPa和1 860 MPa五个等级,表面形状有光圆、螺旋肋及刻痕三种。光圆钢丝的公称直径范围为4~12 mm;螺旋肋钢丝是以普通低碳钢或普通低合金钢热轧的圆盘条为母材,经冷轧减径后在其表面冷轧成二面或三面有月牙肋的钢丝,公称直径与光圆钢丝相同;刻痕钢丝是在光圆钢丝的表面进行机械刻痕处理,以增加与混凝土的黏结能力,其公称直径分为≤5 mm和>5 mm两种。

消除应力钢丝强度高,为补充中等强度预应力筋的空缺,我国还生产中强度预应力钢丝,用于中、小跨度的预应力构件。中强度预应力钢丝极限抗拉强度有650 MPa、800 MPa、970 MPa、1 270 MPa和1 370 MPa五个等级。

中强度预应力钢丝表面形状分为螺旋肋和刻痕两种,它们的公称直径范围分别为4~12 mm和4~14 mm。

4. 钢绞线

钢绞线由多根钢丝捻制在一起经过低温回火处理清除内应力后而制成,用2根、3根、7根和19根钢丝捻制的钢绞线分别称为1×2、1×3、1×7、1×19。根据钢丝的外形、捻制的工艺和钢丝排列的不同,1×3、1×7、1×19 还有进一步的分类。

不同根数捻制的钢绞线有着不同的极限抗拉强度,如对于常用的 1×3 有 1 470 MPa、1 570 MPa、1 670 MPa、1 720 MPa、1 860 MPa 和 1 960 MPa 六个等级;1×7 有 1 470 MPa、1 570 MPa、1 670 MPa、1 720 MPa、1 770 MPa、1 820 MPa、1 860 MPa 和 1 960 MPa八个等级。钢绞线的极限抗拉强度除与捻制的根数有关外,还与其公称直径有关。

5. 预应力螺纹钢筋

过去习惯上将这种钢筋称为"高强精轧螺纹钢筋",目前称为"预应力混凝土用螺纹钢筋",或直接称为"预应力螺纹钢筋"。它以屈服强度划分级别,屈服强度有 785 MPa、830 MPa、930 MPa、1 080 MPa 和 1 200 MPa 五种;公称直径范围为 15～75 mm,直径变化范围很大,主要用作预应力锚杆。在我国的桥梁工程及水电站地下厂房的预应力岩壁吊车梁中,预应力螺纹钢筋有较多的应用。

6. 钢棒

预应力混凝土用钢棒按表面形状分为光圆钢棒、螺旋槽钢棒、螺旋肋钢棒、带肋钢棒四种,其主要优点为强度高、延性好,具有可焊性和镦锻性,也可盘卷。钢棒主要应用于预应力混凝土离心管桩、电杆、铁路轨枕、桥梁、码头基础、地下工程、污水处理工程及其他建筑预制构件中。GB 50010—2010 规范未列入钢棒。

除上述热轧钢筋和预应力钢丝、钢绞线等外,过去我国还有用于钢筋混凝土结构的冷拉 I 级钢筋和用于预应力混凝土结构的冷拉 II、III、IV 级钢筋,以及细直径的冷轧带肋钢筋等。钢筋经过冷拉或冷轧等冷加工后,屈服强度得到提高,但钢材变硬变脆,延性大大降低,这对于承受冲击荷载和抗震都是不利的。冷加工钢筋在我国经济困难、物质匮乏时期曾起到过节约钢材的作用,但在目前细直径的热轧钢筋、中强度和高强度的预应力钢丝等已能充分供应的情况下,我国已基本不再采用冷加工钢筋。但用于水运工程的《水运工程混凝土结构设计规范》(JTS 151—2011)仍列入冷拉 HRB400 钢筋,也就是原来的冷拉 III 级钢筋,用作预应力筋。

1.1.2　钢筋的力学性能

上节所述的各种钢筋与钢丝,由于化学成分及制造工艺的不同,力学性能有显著差别。按力学的基本性能可分为两种类型:(1) 热轧钢筋,其力学性质相对较软,通常被称为软钢;(2) 钢丝、钢绞线和钢棒,其力学性质高强且硬,也被称为硬钢。

1. 钢筋的应力-应变曲线

(1) 软钢的应力-应变曲线

软钢从开始加载到拉断,有四个阶段,即弹性阶段、屈服阶段、强化阶段与破坏阶段。下面以 HPB300 钢筋的受拉应力-应变曲线为例来说明软钢的力学特性。

如图 1-2 所示,自开始加载至应力达到 a 点以前,应力-应变呈线性关系,a 点称为比例极限,$0a$ 段属于线弹性工作阶段。应力达到 b 点后,钢筋进入屈服阶段,产生很大的塑性变形,应力-应变曲线呈现一水平段,称为流幅;b 点应力称为屈服强度(流限)。超过 c 点后,应力-应变关系重新表现为上升的曲线,此为强化阶段。曲线最高点 d 点的应力称为抗拉强度。此后钢筋试件产生颈缩现象,应力-应变关系成为下降曲线,应变继续增大,到 e 点钢筋被拉断。

e 点所对应的横坐标称为伸长率,它表示钢筋的塑性。伸长率越大,塑性越高。

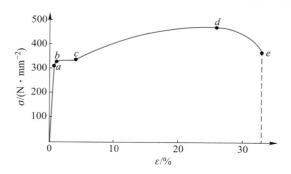

图 1-2　HPB300 钢筋的受拉应力-应变曲线

软钢的强度指标有屈服强度和抗拉强度,屈服强度(流限)是钢筋混凝土构件承载力设计时软钢强度取值的依据。混凝土结构构件中的钢筋,当应力达到屈服强度后,荷载不增加,应变会继续增大,使得混凝土裂缝开展过宽,构件变形过大,结构构件不能正常使用,所以设计中采用屈服强度作为软钢的受拉强度限值,其强化阶段只作为一种安全储备考虑。抗拉强度一般用作钢筋的实际破坏强度,它是钢筋混凝土结构倒塌验算时钢筋强度取值的依据。

钢材中含碳量越高,屈服强度和抗拉强度就越高,伸长率就越小,流幅也相应缩短。图 1-3 表示了不同强度软钢的受拉应力-应变曲线的差异。

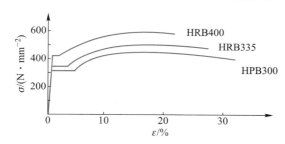

图 1-3　不同强度软钢的受拉应力-应变曲线

（2）硬钢的应力-应变曲线

硬钢强度高,但塑性差,脆性大。从加载到拉断,不像软钢那样有明显的阶段,基本上不存在屈服阶段(流幅)。

图 1-4 为硬钢的受拉应力-应变曲线。自开始加载至应力达到 a 点以前,应力-应变呈线性关系,钢筋具有明显的弹性性质,a 点称为比例极限。超过 a 点之后,钢筋

表现出一定的塑性,但应力与应变都持续增长,应力-应变曲线没有明显的屈服点。到达极限强度 b 点后,由于钢筋的颈缩现象出现下降段,至 c 点被拉断。

硬钢没有明显的屈服台阶(流幅),所以设计中一般以"协定流限"作为强度标准,所谓协定流限是指能使硬钢产生 0.2% 永久残余变形的应力,用 $\sigma_{0.2}$ 表示。$\sigma_{0.2}$ 亦称为"条件屈服强度"或"非比例延伸强度",一般相当于极限抗拉强度的 0.8~0.9 倍。如对消除应力钢丝、钢绞线,GB 50010—2010 规范取极限抗拉强度的 0.85 倍作为条件屈服强度。

硬钢塑性差,伸长率小。因此,用硬钢配筋的混凝土构件,受拉破坏时往往突然断裂,不像用软钢配筋的构件那样,在破坏前有明显的预兆。

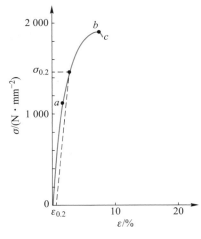

图 1-4   硬钢的受拉应力-应变曲线

2. 钢筋的疲劳

钢筋的疲劳是指钢筋在承受重复、周期性的动荷载作用下,经过一定次数的循环重复后突然脆断的现象。一些承受重复荷载的钢筋混凝土构件在正常使用期间会由于疲劳发生破坏,如吊车梁、铁路和公路桥梁、铁路轨枕、海上采油平台等。

钢筋的疲劳一般认为是由于钢材内部有杂质和气孔,外表面有斑痕缺陷,以及表面形状突变引起的应力集中造成的。应力集中过大时,钢筋晶粒滑移,使钢材发生微裂纹,在重复应力作用下,钢筋会因裂纹扩展而发生突然断裂。因此,钢筋的疲劳强度小于静荷载作用下的极限强度。

试验表明,影响疲劳强度的主要因素为钢筋的疲劳应力幅 Δf_y^f,Δf_y^f 为一次循环应力中同一层钢筋的最大应力 $\sigma_{s,max}^f$ 与最小应力 $\sigma_{s,min}^f$ 的差值,即 $\Delta f_y^f = \sigma_{s,max}^f - \sigma_{s,min}^f$。

GB 50010—2010 规范给出了不同等级钢筋的疲劳应力幅 Δf_y^f 的限值,并规定该限值与疲劳应力比值 $\rho_s^f = \sigma_{s,min}^f / \sigma_{s,max}^f$ 有关,当 $\rho_s^f > 0.9$ 时可不作疲劳验算。Δf_y^f 的限值除与 ρ_s^f 有关外,还与循环重复次数有关。循环重复次数要求越高,Δf_y^f 的限值就越小。我国要求满足的循环重复次数为 200 万次。

3. 钢筋的弹性模量

钢筋在弹性阶段的应力应变的比值,称为弹性模量,用符号 E_s 表示,常用钢筋的弹性模量 E_s 见附录 2 中的附表 2-5。

4. 钢筋的变形

钢筋的塑性能力除用伸长率 δ 表示外,还可以用总伸长率 δ_{gt} 来表示。钢筋的伸长率是指钢筋试件上标距为 $5d$ 或 $10d$(d 为钢筋直径)范围内的极限伸长率,记为 δ_5 和 δ_{10}。伸长率反映了钢筋拉断时残余变形的大小,其中还包含了断口颈缩区域的局部变形,这使得量测标距大时测得的伸长率小,反之则大。此外,量测钢筋拉断后长度时,需将拉断的两段钢筋对合后再量测,这一方面不能反映钢筋的弹性变形,另一方面也容易产生误差。

总伸长率 δ_{gt} 是钢筋达到最大应力(极限抗拉强度)d 点对应的横坐标(图1-2),按下式计算:

$$\delta_{gt} = \left(\frac{L-L_0}{L_0} + \frac{\sigma_b}{E_s} \right) \times 100\% \qquad (1-1)$$

式中　L_0——试验前的原始标距;

　　　L——试验后的量测标距之间的长度;

　　　σ_b——钢筋的最大拉应力;

　　　E_s——钢筋的弹性模量。

δ_{gt} 既能反映钢筋在最大应力下的弹性变形(σ_b/E_s),又能反映在最大应力下的塑性变形$[(L-L_0)/L_0]$,且测量误差比 δ 小,因此近年来常采用 δ_{gt} 来检验钢筋的塑性。在我国,钢筋验收检验时可从伸长率 δ 和总伸长率 δ_{gt} 两者选一,但仲裁检验时采用总伸长率 δ_{gt}。GB 50010—2010 规范规定了各种钢筋 δ_{gt} 的限值。

δ 和 δ_{gt} 越大,表示钢筋的变形能力越好。钢筋的变形能力除需检验 δ 或 δ_{gt} 外,还需用冷弯试验来检验,以保证加工时不至于断裂。冷弯就是把钢筋围绕直径为 D 的钢辊弯转 α 角而要求表面不产生裂纹。钢筋塑性越好,冷弯角 α 就可越大,钢辊直径 D 也可越小,见图1-5。在我国,检验钢筋时 α 角取为定值180°,钢辊直径 D 取值则与钢筋种类有关。

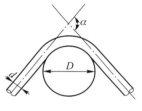

图1-5　钢筋的冷弯

1.1.3　混凝土结构对钢筋性能的要求

1. 钢筋的强度

采用高强度钢筋可以节约钢材,取得较好的经济效果,但混凝土结构中钢筋的强度并非越高越好。由于钢筋的弹性模量并不因其强度提高而增大,高强钢筋若充分发挥其强度,则与高应力相应的大伸长变形势必会引起混凝土结构过大的变形和裂缝宽度。因此,对于钢筋混凝土结构而言,钢筋的设计强度限值宜在 400 N/mm² 左右。预应力混凝土结构较好地解决了这个矛盾,但又带来钢筋与混凝土之间的锚固与协调受力的问题,过高的强度仍然难以充分发挥作用,故目前预应力筋的最高强度限值约为 2 000 N/mm² 左右。

2. 钢筋的塑性

要求钢筋有一定的塑性是为了使钢筋在断裂前有足够的变形,能给出构件裂缝开展过宽将要破坏的预兆信号。钢筋的伸长率、总伸长率和冷弯性能是验收钢筋塑性是否合格的主要指标。

3. 钢筋的可焊性

在很多情况下,钢筋之间的连接需通过焊接,可焊性是评定钢筋焊接后的接头性能的指标。可焊性好,就是要求在一定的工艺条件下钢筋焊接后不产生裂纹及过大的变形,焊接处的钢材强度不降低过多。我国的 HPB300、HRB400 和 HRB500 的可焊性均较好。应注意,高强钢丝、钢绞线等是不可焊的。

4. 钢筋与混凝土之间的黏结力

为了保证钢筋与混凝土共同工作,要求钢筋与混凝土之间必须有足够的黏结力,黏结力良好的钢筋方能使裂缝宽度控制在合适的限值内。钢筋的表面形状是影响黏结力的主要因素,带肋钢筋与混凝土之间的黏结性能明显优于光圆钢筋与混凝土之间的黏结性能,因此构件中的纵向受力钢筋应优先选用带肋钢筋。

1.2　混凝土的物理力学性能

混凝土是由水泥、水及骨料按一定配合比组成的人造石材,水泥和水在凝结硬化过程中形成水泥胶块把骨料黏结在一起。混凝土内部有液体和孔隙存在,是一种不密实的混合体,它主要依靠由骨料和水泥胶块中的结晶体组成的弹性骨架来承受外力。弹性骨架使混凝土具有弹性变形的特点,同时水泥胶块中的凝胶体又使混凝土具有塑性变形的性质。由于混凝土内部结构复杂,因此,它的力学性能也极为复杂。

1.2.1　混凝土的强度

1. 立方体抗压强度和强度等级

由于混凝土立方体试件的抗压强度量测比较稳定,我国混凝土结构设计规范把混凝土立方体试件的抗压强度作为混凝土各种力学指标的基本代表值,并把立方体抗压强度作为评定混凝土强度等级的依据。混凝土立方体抗压强度与水泥强度等级、水泥用量、水胶比、配合比、龄期、施工方法及养护条件等因素有关;试验方法及试件形状尺寸也会影响所测得的强度数值。

在国际上,用于确定混凝土抗压强度的试件有圆柱体和立方体两种,我国规范规定用 150 mm×150 mm×150 mm 的立方体试件作为标准试件。由标准立方体试件所测得的抗压强度,称为标准立方体抗压强度,用 f_{cu} 表示。

试验方法对立方体抗压强度有较大的影响。试块在压力机上受压,纵向发生压缩而横向发生鼓胀。当试块与压力机垫板直接接触时,试块上下表面与垫板之间有摩擦力存在,使试块横向不能自由扩张,就会提高混凝土的抗压强度。此时,靠近试块上下表面的区域内好像被箍住一样,试块中部由于摩擦力的影响较小,混凝土仍可横向鼓胀。随着压力的增加,试块中部先发生纵向裂缝,然后出现通向试块角隅的斜向裂缝。破坏时,中部向外鼓胀的混凝土向四周剥落,使试块只剩下如图 1-6a 所示的角锥体。

当试块上下表面涂有油脂或填以塑料薄片以减少摩擦力时,所测得的抗压强度就较不涂油脂或不填塑料薄片者为小。破坏时,试块出现垂直裂缝,如图 1-6b 所示。

这也说明,混凝土受压破坏是由于横向变形产生的拉应变引起混凝土开裂导致的,或者说混凝土纵向受压破坏是因其横向拉裂造成的。

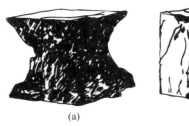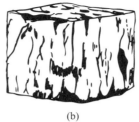

(a)　　　　　　　　　　(b)

图 1-6　混凝土立方体试块的破坏情况

（a）上下表面无减摩措施；（b）上下表面有减摩措施

为了统一标准,规定在试验中均采用不涂油脂、不填塑料薄片的试件。

当采用不涂油脂或不填塑料薄片的试件时,若立方体试件尺寸小于 150 mm,则试验时两端摩擦力的影响较大,测得的强度就较高;反之,当试件尺寸大于 150 mm 时测得的强度就较低。用非标准尺寸的试件进行试验,其结果应乘以换算系数,换算成标准试件的立方体抗压强度。200 mm×200 mm×200 mm 的试件,换算系数取 1.05;100 mm×100 mm×100 mm 的试件,换算系数取 0.95。

试验时加载速度对强度也有影响,加载速度越快则测得的强度越高。试验时采用的加载速度与混凝土立方体抗压强度 f_{cu} 有关,通常 f_{cu} 不大于 30 N/mm^2 时,加载速度宜取每秒增加 0.3~0.5 N/mm^2;f_{cu} 在 30~60 N/mm^2 时,加载速度宜取每秒增加 0.5~0.8 N/mm^2;f_{cu} 大于 60 N/mm^2 时,加载速度宜取每秒增加 0.8~1.0 N/mm^2。

由于混凝土中水泥胶块的硬化过程需要若干年才能完成,混凝土的强度也随龄期的增长而增长,开始增长得很快,以后逐渐变慢。试验观察得知,混凝土强度增长可延续 15 年以上,保持在潮湿环境中的混凝土,强度的增长会延续得更久。

我国混凝土结构设计规范规定以边长为 150 mm 的立方体,在温度为 20±2℃、相对湿度不小于 95% 的条件下养护 28 天,用标准试验方法测得的具有 95% 保证率的立方体抗压强度标准值 $f_{cu,k}$（图 1-7）作为混凝土强度等级,以符号 C 表示,单位为 N/mm^2。例如 C25 混凝土,就表示混凝土立方体抗压强度标准值为 25 N/mm^2。

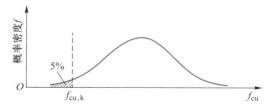

图 1-7　混凝土立方体抗压强度概率

分布曲线及强度等级 $f_{cu,k}$ 的确定

土木工程中所采用的混凝土强度等级分为 C20、C25、C30、C35、C40、C45、C50、C55、C60、C65、C70、C75、C80,共 13 个等级,其中 C50 及以下为普通混凝土,C50 以上为高强混凝土。混凝土强度等级的选用除与结构的用途、所处环境的耐久性要求等有关,还与钢筋的强度等级有关。如 GB 50010—2010 规范要求:素混凝土结构的强度等级不应低于 C20;钢筋混凝土结构的混凝土强度等级不应低于 C25;预应力混凝土结构的混凝土强度等级不宜低于 C40,且不应低于 C30。采用强度等级 500 N/mm² 及以上的钢筋或承受重复荷载的钢筋混凝土结构,混凝土强度等级不应低于 C30。

美国、日本、加拿大等国家的混凝土结构设计规范,采用圆柱体标准试件(直径 150 mm、高 300 mm)测定的抗压强度作为强度的标准,用符号 f'_c 表示。对不超过 C50 的混凝土,圆柱体抗压强度与我国立方体抗压强度的实测平均值之间的换算关系为

$$f'_c = (0.79 \sim 0.81) f_{cu} \tag{1-2}$$

立方体和圆柱体抗压强度都不能用来代表实际构件中混凝土真实的强度,只是作为在同一标准条件下表示混凝土相对强度水平和品质的标准。

2. 棱柱体抗压强度——轴心抗压强度 f_c

钢筋混凝土受压构件的实际长度常比它的截面尺寸大得多,因此采用棱柱体试件比采用立方体试件能更好地反映混凝土实际的抗压能力。用棱柱体试件测得的抗压强度称为轴心抗压强度,又称为棱柱体抗压强度,用符号 f_c 表示。

棱柱体抗压强度低于立方体抗压强度,即 f_c 小于 f_{cu},这是因为当试件高度增大后,两端接触面摩擦力对试件中部的影响逐渐减弱。f_c 随试件高度与宽度之比 h/b 而异,当 $h/b>3$ 时,f_c 趋于稳定。我国混凝土结构设计规范规定棱柱体标准试件的尺寸为 150 mm×150 mm×300 mm。取 $h/b = 2$ 既能基本上摆脱两端接触面摩擦力的影响,又能使试件免于失稳。

f_c 与 f_{cu} 大致呈线性关系,两者比值 $\alpha_{c1} = f_c/f_{cu}$ 和 f_{cu} 大小有关。根据试验结果,对于 C50 及以下混凝土,取 $\alpha_{c1} = 0.76$;对于 C80 混凝土,取 $\alpha_{c1} = 0.82$;中间,按线性规律变化取值。考虑到实际工程中的结构构件与试验室试件之间,存在制作及养护条件、尺寸大小及加载速度等因素的差异,对实际结构的混凝土轴心抗压强度还应乘以折减系数 0.88。另外,由于高强混凝土破坏时表现出明显的脆性性质,且工程经验相对较少,故在上述基础上再乘以考虑混凝土脆性的折减系数 α_{c2}。α_{c2} 的取值为:C40 及以下混凝土,$\alpha_{c2} = 1.0$;C80 混凝土,$\alpha_{c2} = 0.87$;中间,按线性规律变化取值。故实际结构中混凝土轴心抗压强度与标准立方体抗压强度的关系为

$$f_c = 0.88\alpha_{c1}\alpha_{c2} f_{cu} \tag{1-3}$$

3. 轴心抗拉强度 f_t

混凝土轴心抗拉强度 f_t 远低于轴心抗压强度 f_c,f_t 仅相当于 f_c 的 1/17~1/8(普通混凝土)或 1/24~1/20(高强混凝土),混凝土强度等级越高,f_t/f_c 的比值越低。凡影响

抗压强度的因素,一般对抗拉强度也有相应的影响。然而,不同因素对抗压强度和抗拉强度的影响程度却不同。例如水泥用量增加,可使抗压强度增加较多,而抗拉强度则增加较少。用碎石拌制的混凝土,其抗拉强度比用卵石的为大;而骨料形状对抗压强度的影响则相对较小。

各国测定混凝土抗拉强度的方法不尽相同。我国近年来采用的是直接受拉法,但各行业采用的试件形式及尺寸并不相同,图 1-8 是《混凝土物理力学性能试验方法标准》(GB/T 50081—2019)采用的试件中的一种,试件是用钢模浇筑成型,中间截面尺寸为 100 mm×100 mm,两端埋有拉环。

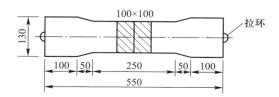

图 1-8 混凝土轴心拉伸试验及埋件

试验时张拉两端拉环,使试件受拉,直至混凝土试件的中部产生断裂。这种试验方法由于不易将拉力对中,会形成偏心影响,对 f_t 的正确量测有影响。

国内外也常用劈裂法测定混凝土的抗拉强度。对立方体试件(或平放的圆柱体试件)通过垫条施加集中荷载 P(图 1-9),在试件中间的垂直截面上除垫条附近极小部分外,都将产生均匀的拉应力。当拉应力达到混凝土的抗拉强度时,试件就对半劈裂。根据弹性力学可计算出其劈裂抗拉强度为

$$f_{ts} = \frac{2P}{\pi d^2} \tag{1-4}$$

式中 P——破坏荷载;

d——立方体边长。

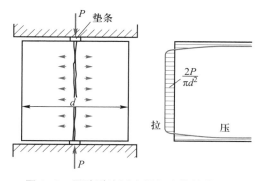

图 1-9 用劈裂法测定混凝土的抗拉强度

由劈裂法测定的 f_{ts} 值,一般比直接受拉法测得的 f_t 值低,但也有相反的情况。这主要是由于试件与垫条接触处有应力集中,如果垫条太细,应力集中影响会很大,所测

得的抗拉强度就比直接受拉法测得的低①。

根据我国过去对普通混凝土和近年来对高强混凝土轴心抗拉强度与立方体抗压强度的对比试验,两者的关系为

$$f_t = 0.395 f_{cu}^{0.55} \tag{1-5}$$

根据与轴心受压强度相同的理由,引入相应的折减系数,实际结构中混凝土轴心抗拉强度与标准立方体抗压强度的关系为

$$f_t = 0.88 \times 0.395 \alpha_{c2} f_{cu}^{0.55} \tag{1-6}$$

4. 复合应力状态下的混凝土强度

上面所讲的混凝土抗压强度和抗拉强度,均指单轴受力条件下所得到的混凝土强度。但实际上,结构物很少处于单向受压或单向受拉状态,工程上经常遇到的都是一些双向或三向受力的复合应力状态,如简支梁的弯剪段就存在着正应力与剪应力的共同作用。研究复合应力状态下的混凝土强度,对于进行混凝土结构的合理设计是极为重要的,但这方面的研究在 20 世纪 50 年代后才开始,加上问题比较复杂,目前还未能建立起比较完善的强度理论。

复合应力强度试验的试件形状大体可分为空心圆柱体、实心圆柱体、正方形板、立方体等几种。如图 1-10 所示,在空心圆柱体的两端施加纵向压力或拉力,并在其内部或外部施加液压,就可形成双向受压、双向受拉或一向受压一向受拉;如在两端施加一对扭转力矩,就可形成剪压或剪拉;实心圆柱体及立方体则可形成三向受力状态。

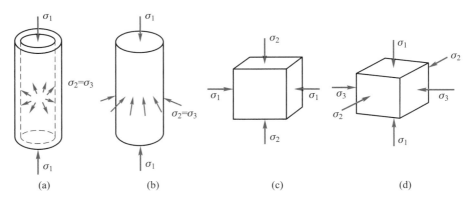

图 1-10   复合应力强度试验的试件形状及加载示意图

（a）一拉一压;（b）三向受压;（c）双向受压;（d）三向受压

---

① 过去常用 5 mm×5 mm 方钢垫条,所测得的抗拉强度一般均小于直接受拉法测得的强度。目前,《混凝土物理力学性能试验方法标准》(GB/T 50081—2019) 要求使用宽 20 mm、厚 3~4 mm 的普通胶合板或硬质纤维板,以及边长为 150 mm 的立方体标准试件。试验时,垫条与试验机上下压板之间还需安放横截面半径为 75 mm、高度为 20 mm 的钢制弧形垫块。

根据现有的试验结果,对双向受力状态可以绘出图1-11所示的强度曲线,从中得出以下几点规律:

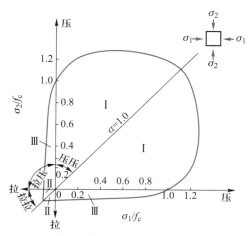

图1-11 混凝土双向应力下的强度曲线

(1)双向受压时(Ⅰ区),混凝土的抗压强度比单向受压的强度高。最大抗压强度为$(1.25\sim1.60)f_c$,发生在应力比$\sigma_1/\sigma_2=0.3\sim0.6$之间。

(2)双向受拉时(Ⅱ区),混凝土一向抗拉强度基本上与另一向拉应力的大小无关。也就是说,双向受拉时的混凝土抗拉强度与单向受拉强度基本相同。

(3)一向受拉一向受压时(Ⅲ区),混凝土抗压强度随另一向的拉应力的增加而降低,或者说,混凝土的抗拉强度随另一向的压应力的增加而降低,此时的抗压和抗拉强度分别低于单轴抗压和抗拉强度。

由于复合应力状态下的试验方法不统一,影响强度的因素很多,所得出的试验数据有时相差可达300%,根据各自的试验资料所提出的强度公式也多种多样,具体公式可参见有关文献[①]。

在单轴向压应力σ及剪应力τ共同作用下,混凝土的破坏强度曲线也可采用σ及τ与f_c的比值为坐标来表示,如图1-12所示。当有压应力存在时,混凝土的抗剪强度有所提高,但当压应力过大时,混凝土的抗剪强度反而有所降低;当有拉应力存在时,混凝土的抗剪强度随拉应力的增大而降低。或者说,当有剪应力存在时,混凝土抗压和抗拉强度分别低于单轴时的强度。

三向受压时,混凝土一向抗压强度随另两向压应力的增加而增加,并且极限压应变也可以大大提高,图1-13为一组三向受压的试验曲线。

复合受力时混凝土的强度理论是一个难度较大的理论问题,目前尚未圆满解决,研究一旦有所突破,将会对钢筋混凝土结构的计算方法带来根本性的改变。

① 如本书参考文献[20]~[23]。

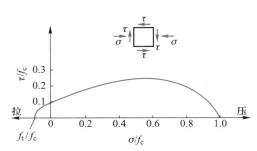

图 1-12   混凝土的复合受力强度曲线

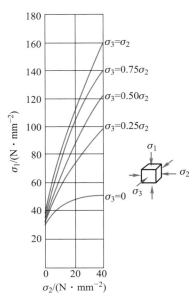

图 1-13   混凝土三向受压的试验曲线

1.2.2   混凝土的变形

混凝土的变形有两类:一类是在外荷载作用下产生的受力变形,另一类是由温度和干湿变化引起的体积变形。由于外荷载产生的变形与加载的方式(一次或重复)、荷载作用的持续时间(短期或长期)有关,因此变形又可分为一次短期加载、长期加载和重复加载等几种,下面分别予以介绍。

1. 混凝土在一次短期加载时的应力-应变曲线

混凝土的应力-应变关系是混凝土力学特征的一个重要方面,是钢筋混凝土结构构件的承载力计算、变形验算和有限元非线性计算等必不可少的依据。混凝土一次短期加载时的变形性能一般采用棱柱体试件测定,由试验得出的一次短期加载的受压应力-应变曲线如图 1-14 所示。

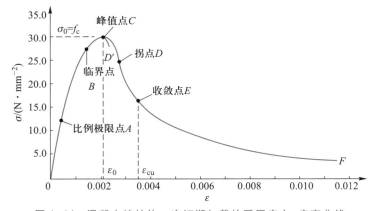

图 1-14   混凝土棱柱体一次短期加载的受压应力-应变曲线

从试验结果可以看出以下几点：

（1）当应力小于其极限强度的 30%~40% 时（比例极限点 A），混凝土的变形主要是骨料和水泥结晶体的弹性变形,应力-应变关系接近直线。

（2）当应力继续增大,应力-应变曲线就逐渐向下弯曲,呈现出塑性性质。当应力增大到接近极限强度的 80% 左右时（临界点 B）,应变就增长得更快。

（3）当应力达到极限强度（峰值点 C）时,试件表面出现与加载方向平行的纵向裂缝,试件开始破坏。这时达到的最大应力 σ_0 就是混凝土轴心抗压强度 f_c,相应的应变为 ε_0。ε_0 随混凝土强度等级的不同在 0.001 5~0.002 5 之间变动,结构计算时取 $\varepsilon_0 = 0.002$（普通混凝土）或 $\varepsilon_0 = 0.002~0.002\ 15$（高强混凝土）。

（4）试件在普通材料试验机上进行抗压试验时,达到最大应力后试件立即崩碎,呈脆性破坏特征。所得应力-应变曲线如图 1-14 中的 $0ABCD'$ 所示,下降段曲线 CD' 无一定规律。这种突然性破坏是由于试验机的刚度不足所造成的。因为试验机在加载过程中也发生变形,储存了很大的弹性应变能,当试件达到最大应力以后,试验机因试件的抗力减小而很快回弹变形（释放能量）,试件受到试验机的冲击而急速破坏。

（5）如果试验机的刚度极大或在试验机上增设了液压千斤顶之类的刚性元件,使得试验机所储存的弹性变形比较小或回弹变形得以控制,当试件达到最大应力后,试验机所释放的弹性能还不至于立即将试件破坏,则可以测出混凝土的应力-应变全过程曲线,如图 1-14 中的 $0ABCDEF$ 所示。也就是随着缓慢卸载,试件还能承受一定的荷载,应力逐渐减小而应变却持续增加。曲线中的 $0C$ 段称为上升段,$CDEF$ 段称为下降段。当曲线下降到拐点 D 后,应力-应变曲线凸向应变轴发展。在拐点 D 之后应力-应变曲线中曲率最大点 E 称为收敛点。点 E 以后试件中的主裂缝已很宽,内聚力几乎耗尽,对于无侧向约束的混凝土已失去了结构的意义。

应力-应变曲线中应力峰值 σ_0 与其相应的应变值 ε_0,以及破坏时的极限压应变 ε_{cu}（点 E）,是曲线的三大特征值。ε_{cu} 越大,表示混凝土的塑性变形能力越强,也就是延性（指构件最终破坏之前经受非弹性变形的能力）越好。

不同强度混凝土的应力-应变曲线有着相似的形状,但也有实质性的区别。图 1-15 的试验曲线表明,随着混凝土强度的提高,曲线上升段和峰值应变 ε_0 的变化不是很显著,而下降段形状有较大的差异。强度越高,下降段越陡,材料的延性越差。

当混凝土试件侧向受到约束,不能自由变形时（例如在混凝土周围配置了

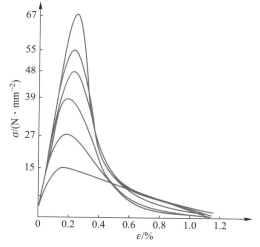

图 1-15 不同强度混凝土的应力-应变曲线

较密的箍筋,使混凝土在横向不能自由扩张),则混凝土的应力-应变曲线的下降段还可有较大的延伸,ε_{cu} 增大很多。

过去,人们习惯于从强度的观点来考虑问题,对混凝土力学性能的研究主要集中在混凝土的最大应力及弹性模量方面,也就是应力-应变曲线的上升段范围内。随着结构抗震理论的发展,需要深入了解材料达到极限强度后的变形性能,因此,研究的范围就扩展到应力-应变曲线的全过程。

混凝土的应力-应变曲线的表达式是钢筋混凝土结构学科中的一个基本问题,在许多理论研究和实践中都要用到。但其影响因素复杂,所提出的表达式各种各样。一般来说,曲线的上升段比较相近,对于中低强度的混凝土大体上可用下式表示:

$$\sigma = \sigma_0 \left[2 \frac{\varepsilon}{\varepsilon_0} - \left(\frac{\varepsilon}{\varepsilon_0} \right)^2 \right] \tag{1-7}$$

式中 σ_0——应力峰值;

ε_0——应变峰值,相应于应力峰值时的应变值,一般可取为 0.002。

曲线的下降段则差异很大,有的假定为一直线段,有的假定为曲线或折线,有的还考虑配筋的影响,这些表达式可参阅有关文献[1]。

混凝土受拉时的应力-应变关系与受压时类似,但它的极限拉应变比受压时的极限压应变小得多,应力-应变曲线的弯曲程度也比受压时小,在受拉极限强度的 50% 范围内,应力-应变曲线可认为是一直线。曲线下降段的坡度随混凝土强度的提高而更加陡峭。

从混凝土的应力-应变关系可以得知混凝土是一种弹塑性材料。但为什么混凝土有这种非弹性性质呢?就混凝土的基本成分而言,石子的应力-应变关系直到破坏都是直线;硬化了的水泥浆其应力-应变关系也近似直线;砂浆的应力-应变关系虽为曲线,但弯曲的程度仍比同样水胶比的混凝土的应力-应变曲线小。从这一现象可以得知,混凝土的非弹性性质并非其组成材料本身性质所致,而是它们之间的结合状态造成的,也就是说,在骨料与水泥石的结合面上存在着薄弱环节。

试验研究已表明:在混凝土拌和过程中,石子的表面吸附了一层水膜;成型时,混凝土中多余的水分上升,在粗骨料的底面停留形成水囊;凝结时水泥石收缩,使得骨料和水泥石的结合面上形成了局部的结合面微细裂缝(界面裂缝)。

棱柱体试件受压时,这些结合面裂缝就会扩展和延伸。当应力小于极限强度的 30% ~ 40% 时,混凝土的应变主要取决于由骨料和水泥胶块中的结晶体组成的骨架的弹性变形,结合面裂缝的影响可以忽略不计,所以应力-应变曲线接近于直线。当应力逐步增大后,水泥胶块中的凝胶体的黏性流动,以及结合面裂缝的扩展和延伸,使得混凝土应变的增长比应力的增长更快,造成了塑性变形。当应力达到极限强度的 80% 左右时,这些裂缝快速扩展延伸入水泥石中,并逐步连贯起来,表现为应变的剧增。当裂缝全部连贯形成平行于受力方向的纵向裂缝并在试件表面出现时,试件也就达到了它的最大承载力(图 1-16)。

混凝土的这种内部裂缝逐步扩展而导致破坏的机理说明,即使在轴向受压的情况下,混凝土的

---

① 如本书参考文献[20]~[23]。

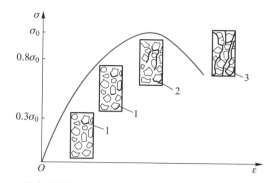

1—结合面裂缝;2—裂缝扩展入水泥石;3—形成连贯裂缝。

图 1-16 混凝土的 $\sigma-\varepsilon$ 曲线与内部裂缝扩展过程

破坏也是因为开裂而引起的,破坏的过程本质上是由连续材料逐步变成不连续材料的过程。混凝土这种内部裂缝的存在和扩展的机理也可以用试件的体积变化来加以证实。在加载初期试件的体积因受到纵向压缩而减小,其压缩量大致与所加荷载成比例。但当荷载增大到极限荷载的80%左右后,试件的表观体积反而随荷载的增加而增大,这说明内部裂缝的扩展使体积增大的影响已超过了纵向压缩使体积减小的影响。

2. 混凝土在重复荷载作用下的应力-应变曲线

混凝土在多次重复荷载作用下,其应力-应变的性质与短期一次加载有明显不同。由于混凝土是弹塑性材料,初次卸载至应力为零时,应变不能全部恢复。可恢复的那一部分称为弹性应变 ε_{ce},不可恢复的残余部分称为塑性应变 ε_{cp}(图 1-17)。因此,在一次加载卸载过程中,混凝土的应力-应变曲线形成一个环状。但随着加载卸载重复次数的增加,残余应变会逐渐减小,一般重复 5~10 次后,加载和卸载的应力-应变环状曲线就会越来越闭合并接近一直线,此时混凝土如同弹性体一样工作(图 1-18)。试验表明,这条直线与一次短期加载时的曲线在 O 点的切线基本平行。

当应力超过某一限值,则经过多次循环,应力-应变关系成为直线后,又很快会重新变弯,这时加载段曲线也凹向应力轴,且随循环次数的增加应变越来越大,试件很快破坏(图 1-18b)。这个限值就是混凝土能够抵抗周期重复荷载的疲劳强度(f_c^f)。

混凝土的疲劳强度与疲劳应力比值 ρ_c^f 有关,ρ_c^f 为截面同一纤维上的混凝土受到的最小应力 $\sigma_{c,min}^f$ 与最大应力 $\sigma_{c,max}^f$ 的比值,$\rho_c^f = \sigma_{c,min}^f / \sigma_{c,max}^f$。$\rho_c^f$ 越小,疲劳强度越低。疲劳强度还与荷载重复的次数有关,重复次数越多,疲劳强度越低。我国要求满足的循环重复次数为 200 万次,也就是混凝土疲劳强度定义为混凝土试件承受 200 万次重复荷载时发生破坏的应力值。

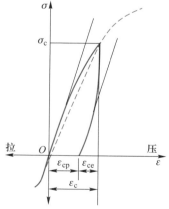

图 1-17 混凝土在短期一次加载卸载过程中的 $\sigma-\varepsilon$ 曲线

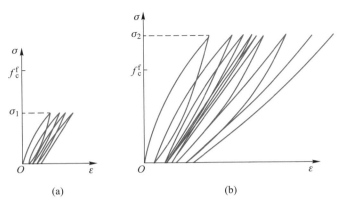

图 1-18   混凝土在重复荷载作用下的 $\sigma-\varepsilon$ 曲线

(a) $\sigma_1 < f_c^f$ ；(b) $\sigma_2 > f_c^f$

混凝土轴心抗压与轴心抗拉疲劳强度分别等于轴心抗压与轴心抗拉强度乘以相应的疲劳强度修正系数 γ_ρ。相同的 ρ_c^f 下，轴心抗压强度的 γ_ρ 要大于轴心抗拉强度的 γ_ρ，GB 50010—2010 规范给出了不同 ρ_c^f 对应下的轴心抗压和轴心抗拉强度的 γ_ρ。

3. 混凝土的弹性模量

计算超静定结构内力、温度应力及构件在使用阶段的截面应力时，为了方便，常近似地将混凝土看作弹性材料进行分析，这时，就需要用到混凝土的弹性模量。对于弹性材料，应力-应变为线性关系，弹性模量为一常量。但对于混凝土来说，应力-应变关系实为一曲线，因此，就产生了怎样恰当地规定混凝土的这项"弹性"指标的问题。

在图 1-19a 所示的受压混凝土应力-应变曲线中，通过原点的切线斜率为混凝土的初始弹性模量 E_0，但其稳定数值不易从试验中测得。目前规范是利用多次重复加载卸载后的应力-应变关系趋于直线的性质来确定弹性模量 E_c 的(图 1-19b)。试验时，先对试件对中预压，再进行重复加载：从 0.5 N/mm² 加载至 $f_c/3$，然后卸载至 0.5 N/mm²；重复加载卸载至少两次后，加载至试件破坏，取最后一次加载的 $f_c/3$ 与 0.5 N/mm² 的应力差与相应的应变差的比值作为混凝土的弹性模量。

中国建筑科学研究院等单位曾对普通混凝土弹性模量做了大量试验，得出了经验公式：

$$E_c = \frac{10^5}{2.2 + \dfrac{34.7}{f_{cu,k}}} \tag{1-8}$$

近年来进行的高强混凝土弹性模量试验统计表明，高强混凝土的 E_c 与 $f_{cu,k}$ 之间的关系与普通混凝土基本相同，式(1-8)也适用于高强混凝土。

式(1-8)被我国混凝土结构设计规范采用，包括 GB 50010—2010 规范，按上式计算的 E_c 值列于附表 2-2。

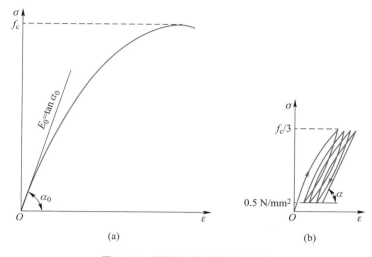

图 1-19 混凝土弹性模量的确定

（a）按单调加载曲线确定；（b）按重复加载曲线确定

实际上弹性模量的变化规律仅仅用强度 $f_{cu,k}$ 来反映是不够确切的。例如采用增加水泥用量而得到的高强度等级的混凝土与同等级的干硬性混凝土相比,其弹性模量值往往偏低,所以按式(1-8)计算的弹性模量值,其误差有时可达 20%。有些文献建议的弹性模量计算公式中就包括了骨料性质、胶凝材料的含量等因素;有些国家的规范则考虑了混凝土重力密度的因素。但总的来说,按式(1-8)计算基本能满足工程上的要求。

混凝土的弹性模量与强度一样,随龄期的增长而增长。这对大体积混凝土的温度应力计算会有显著的影响。同时,快速加载时,测得的混凝土弹性模量和强度均会提高。

根据中国水利水电科学研究院的试验,混凝土的受拉弹性模量与受压弹性模量大体相等,其比值为 0.82~1.12,平均为 0.995。所以在设计计算中,混凝土受拉与受压的弹性模量可取为同一值。

在应力较大时,混凝土的塑性变形比较显著,此时再用式(1-8)计算弹性模量 E_c 就不合适了,特别是需要把应力转换为应变或把应变转换为应力时,就不能再用常值 E_c,此时应该由应力-应变曲线[如式(1-7)]直接求解。

应力 σ_c 较大时的混凝土的应力与应变之比称为变形模量,常用 E_c' 表示,$E_c' = \sigma_c/\varepsilon_c$,$E_c'$ 与弹性模量 E_c 的关系可用弹性系数 ν 来表示:

$$E_c' = \nu E_c \tag{1-9}$$

ν 是小于1的变数,随着应力增大,ν 值逐渐减小。

混凝土的泊松比 ν_c 随应力大小而变化,并非常值。但在应力不大于 $0.5f_c$ 时,可以认为 ν_c 为一定值,一般取为 1/6。当应力大于 $0.5f_c$ 时,则内部结合面裂缝剧增,ν_c 值就迅速增大。

混凝土的剪切模量 G_c，目前还不易通过试验得出，可由弹性理论按下式计算：

$$G_c = \frac{E_c}{2(1+\nu_c)} \tag{1-10}$$

4. 混凝土的极限变形

混凝土的极限压应变 ε_{cu} 除与混凝土本身性质有关外，还与试验方法（加载速度、量测标距等）有关。因此，ε_{cu} 的实测值可以在很大范围内变化。

加载速度较快时，ε_{cu} 将减小；反之，ε_{cu} 将增大。

混凝土偏心受压试验表明，试件截面最大受压边缘的 ε_{cu} 还随着外力偏心距的增加而增大。受压边缘的 ε_{cu} 可为 0.002 5 ~ 0.005，大多在 0.003 ~ 0.004 的范围内。

钢筋混凝土受弯及偏心受压试件的试验表明，混凝土的 ε_{cu} 还与配筋数量有关。四川省建筑科学研究院等单位进行了 299 个钢筋混凝土偏心受压柱的试验，得出如下结论：偏心小时 ε_{cu} 为 0.003 12；偏心大时 ε_{cu} 为 0.003 35，平均可取 ε_{cu} 为 0.003 3。在我国规范中，均匀受压的 ε_{cu} 一般取为 ε_0；非均匀受压的 ε_{cu} 一般取为 0.003 3（普通混凝土）或 0.003 3 ~ 0.003 0（高强混凝土）。

混凝土的极限拉应变 ε_{tu}（极限拉伸值）比极限压应变 ε_{cu} 小得多，实测值也极为分散，在 0.000 05 ~ 0.000 27 的大范围内变化。计算时一般可取 0.000 1。

混凝土的 ε_{tu} 大小对建筑物的抗裂性能有很大影响，提高 ε_{tu} 就能直接提高构件的抗裂性能。

ε_{tu} 随着抗拉强度的增加而增加。除抗拉强度以外，影响 ε_{tu} 的因素还有很多：经潮湿养护的混凝土的 ε_{tu} 值可比干燥存放的大 20% ~ 50%；采用强度等级高的水泥可以提高 ε_{tu}；用低弹性模量骨料拌制的混凝土或碎石及粗砂拌制的混凝土，ε_{tu} 值也较大；水泥用量不变时，增大水胶比，会减小 ε_{tu} 值。

应注意，混凝土的抗裂性能并非只取决于极限拉伸值 ε_{tu} 这一个性能，还与混凝土的收缩、徐变等其他因素有关。因此，如何获得抗裂性能最好的混凝土，需从各方面综合考虑。

5. 混凝土在长期持续荷载作用下的变形——徐变

混凝土在长期持续荷载作用下，应力不变，变形会随着时间的增长而增长，这种现象称为混凝土的徐变，如图 1-20 所示。混凝土试件受到持续荷载作用，在加载的瞬间，试件就有一个变形，这个应变称为混凝土的初始瞬时应变 ε_0。当荷载保持不变并持续作用，应变会随时间增长。相关试验表明，中小型结构混凝土的最终徐变 $\varepsilon_{cr,\infty}$ 可为瞬时应变 ε_0 的 2 ~ 3 倍。如果在时间 t_1 时卸去荷载，变形就会恢复一部分。在卸载的瞬间，应变急速减少的部分是混凝土弹性影响引起的，它属于弹性变形；在卸载之后一段时间内，应变还可以逐渐恢复一部分，称为徐回；剩下的应变不再恢复，称为永久变形。如果在以后又重新加载，则瞬时应变和徐变再次发生，如图 1-20 中虚线所示。

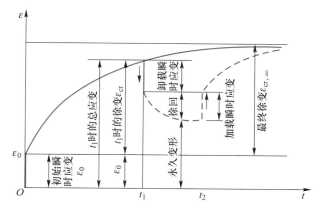

图 1-20 混凝土的徐变(应变与时间增长关系)

徐变与塑性变形不同。塑性变形主要是由混凝土中结合面裂缝的扩展延伸引起的,只有当应力超过了材料的弹性极限后才发生,而且是不可恢复的。徐变不仅部分可恢复,而且在较小的应力时就能发生。

一般认为产生徐变的原因主要有两个:一个原因是混凝土受力后,水泥石中的凝胶体产生的黏性流动(颗粒间的相对滑动)要延续一个很长的时间,因此沿混凝土的受力方向会继续发生随时间而增长的变形;另一个原因是混凝土内部的微裂缝在荷载长期作用下不断发展和增加,从而导致变形的增加。在应力较小时,徐变以第一种为主;应力较大时,以第二种为主。

试验表明,影响混凝土徐变的因素很多,主要有以下三个:

(1)徐变与加载应力大小的关系。一般认为,对于普通混凝土,应力低于 $0.5f_c$ 时,徐变与应力为线性关系,这种徐变称为线性徐变。它的前期徐变较大,在 6 个月中已完成了全部徐变的 70%~80%,一年后变形即趋于稳定,两年以后徐变就基本完成。当应力在 $0.5f_c$~$0.8f_c$ 之间时,徐变与应力不呈线性关系,徐变比应力增长快,徐变收敛性随应力增加而变差,但仍能收敛,这种徐变称为非线性徐变。当应力大于 $0.8f_c$ 时,徐变的发展是非收敛性的,最终将导致混凝土破坏。因此,在正常使用阶段混凝土应避免经常处于高应力状态,一般取 $0.8f_c$ 作为混凝土的长期抗压强度。

高强混凝土的徐变比普通混凝土小,在应力大于 $0.65f_c$ 时才开始产生非线性徐变,长期抗压强度约为 $(0.8~0.85)f_c$。

(2)徐变与加载龄期的关系。加载时混凝土龄期越长,水泥石晶体所占的比例越大,凝胶体的黏性流动就越少,徐变也就越小。

(3)环境湿度对徐变的影响。混凝土所处环境的湿度是影响徐变大小的主要因素之一。外界环境相对湿度越低,混凝土的徐变就越大。这是因为在总徐变值中还包括由于混凝土内部水分受到外力后向外逸出而造成的徐变。外界环境湿度越低,水分越易外逸,徐变就越大,反之亦然。同理,大体积混凝土(内部湿度接近饱和)的徐变比小构件的徐变来得小。

此外,水泥用量、水胶比、水泥品种、养护条件等也对徐变有影响。水泥用量多,形成的水泥凝胶体也多,徐变就大些。水胶比大,使水泥凝胶体的黏滞度降低,徐变就增大。水泥的活性低,混凝土结晶体形成得慢且少,徐变就越大。

影响徐变的因素众多,精确计算比较困难。常用的表达式是指数函数形式或幂函数与指数函数的乘积形式:

$$C(t,\tau) = (a+b\tau^{-c})[1-e^{-d(t-\tau)}] \tag{1-11}$$

式中 $C(t,\tau)$——单位应力作用下产生的徐变,也称徐变度;

τ——加载龄期;

$(t-\tau)$——持载时间;

a、b、c、d——试验常数,取决于混凝土的级配与材料性质。

混凝土的徐变会显著影响结构物的应力状态。可以从另一角度来说明徐变特性:如果结构受外界约束而无法变形,则结构的应力将会随时间的增长而降低,这种应力降低的现象称为应力松弛。松弛与徐变是一个事物的两种表现方式。

因混凝土徐变引起的应力变化,在不少情况下是有利的。例如,局部的应力集中可以因徐变而得到缓和;支座沉陷、温度与湿度变化引起的应力也可由于徐变而得到松弛。

混凝土的徐变还能使钢筋混凝土结构中的混凝土应力与钢筋应力发生重分布。以钢筋混凝土柱为例,在任何时刻,柱所承受的总荷载等于混凝土承担的力与钢筋承担的力之和。在开始受载时,混凝土与钢筋的应力大体与它们的弹性模量成比例。当荷载持久作用后,混凝土发生徐变,好像变"软"了一样,就导致混凝土应力的降低与钢筋应力的增大。

混凝土徐变的一个不利作用是它会使结构的变形增大。另外,在预应力混凝土结构中,它还会造成较大的预应力损失,是极为不利的,详见第 10 章。

6. 混凝土的温度变形和干湿变形

除了荷载引起的变形外,混凝土还会因温度和湿度的变化而引起体积变化,称为温度变形及干湿变形。

温度变形一般来说是很重要的,尤其对于大体积混凝土结构或超长结构。当这些结构的变形受到约束时,温度变化所引起的应力通常可能超过外部荷载引起的应力。有时,仅温度应力就可能形成贯穿性裂缝,进而导致渗漏、钢筋锈蚀、结构整体性能下降,使结构承载力和混凝土的耐久性显著降低。

混凝土的温度线膨胀系数 α_c 约在 $(7\sim11)\times10^{-6}/℃$ 之间。它与骨料性质有关,骨料为石英岩时 α_c 最大,其次为砂岩、花岗岩、玄武岩及石灰岩。一般计算时,也可取 $\alpha_c = 10\times10^{-6}/℃$。

大体积混凝土结构常需要计算温度应力。混凝土内的温度变化取决于混凝土的浇筑温度、水泥结硬过程中产生的水化热引起的绝热温升及外界介质的温度变化。

混凝土失水干燥时会产生收缩(干缩),已经干燥的混凝土再置于水中,混凝土又会重新发生膨胀（湿胀），这说明外界湿度变化时混凝土会产生干缩与湿胀。湿胀系数比干缩系数小得多，而且湿胀常产生有利的影响，所以在设计中一般不考虑湿胀的影响。当干缩变形受到约束时，结构会产生干缩裂缝，应加以注意。如果构件是能够自由伸缩的，则混凝土的干缩只是引起构件的缩短而不会导致干缩裂缝。但不少结构构件都不同程度地受到边界的约束作用，例如板受到四边梁的约束、梁受到支座的约束、大体积混凝土的表面混凝土受到内部混凝土的约束等。对于这些受到约束不能自由伸缩的构件，混凝土的干缩就会使构件产生有害的干缩应力，导致裂缝的产生。

混凝土的干缩是由于混凝土中水分的散失或湿度降低所引起的。混凝土内水分扩散的规律与温度的传播规律一样，但是干燥过程比降温冷却过程慢得多。所以对于大体积混凝土，干燥实际上只限于很浅的表面。有试验表明：一面暴露在 50% 相对湿度空气中的混凝土，干燥深度达到 70 mm 需时一个月，达到 700 mm 则需时将近 10 年。但干缩会引起表面广泛发生裂缝，这些裂缝向内延伸一定距离后，在湿度平衡区内消失。在不利条件下，表面裂缝还会发展成为危害性的裂缝。对于薄壁结构来说，干缩的有害影响就应予以足够的关注。

外界相对湿度是影响干缩的主要因素，此外，水泥用量越多，水胶比越大，干缩也越大。因此，应尽可能加强养护，不使其干燥过快，并增加混凝土密实度，减小水泥用量及水胶比。混凝土的干缩应变一般在 $2 \times 10^{-4} \sim 6 \times 10^{-4}$ 之间。美国钢筋混凝土房屋建筑规范 ACI 及欧洲混凝土委员会和国际预应力混凝土协会建议的 CEB-FIP 规范都提出了计算混凝土干缩应变的经验公式，可参考相关文献[①]。

在混凝土结构中，企图用钢筋来防止温度裂缝或干缩裂缝的出现是不可能的。但在不配钢筋或配筋过少的混凝土结构中，一旦出现裂缝，则裂缝数目虽不多但往往开展得很宽。布置适量钢筋后，能有效地使裂缝分散（增加裂缝条数），从而限制裂缝的开展宽度，减轻危害。所以对于遭受剧烈温度或湿度变化作用的混凝土结构表面，常配置一定数量的钢筋网。

为减少温度及干缩的有害影响，应在结构形式、施工工艺及施工程序等方面进行研究。措施之一就是间隔一定距离设置伸缩缝，大多数混凝土结构设计规范都规定了伸缩缝的最大间距。

1.2.3 混凝土的其他性能

除了上节所介绍的力学性能以外，混凝土还有一些特性需要在设计和施工中加以考虑。

1. 重力密度（或重度）

混凝土的重力密度与所用的骨料及振捣的密实程度有关。对于一般的骨料，在缺乏实际试验资料时，可按如下数值采用：

---

① 如本书参考文献[23]。

① 以石灰岩或砂岩为粗骨料的混凝土,经人工振捣的,重力密度为 23.0 kN/m³;经机械振捣的,重力密度为 24.0 kN/m³。

② 以花岗岩、玄武岩等为粗骨料的混凝土,按上列标准再加 1.0 kN/m³。

设计混凝土结构时,如其稳定性需由混凝土自重来保证,则混凝土重力密度应由试验确定。

设计一般的钢筋混凝土结构或预应力混凝土结构时,其重力密度可近似地取为 25.0 kN/m³。

2. 混凝土的耐久性

混凝土的耐久性在一般环境条件下是较好的。但混凝土如果抵抗渗透能力差,或受冻融循环、侵蚀介质的作用,都可能遭受碳化、冻害、腐蚀等,给结构的使用寿命造成严重影响。

混凝土的耐久性与其抗渗、抗冻、抗冲刷、抗碳化和抗腐蚀等性能有密切关系。本书第 8 章将结合我国的混凝土结构设计规范讨论混凝土结构耐久性的若干问题。

1.3　钢筋与混凝土的黏结

1.3.1　钢筋与混凝土之间的黏结力

钢筋与混凝土之间的黏结是这两种材料能组成复合构件共同受力的基本前提。一般来说,外力很少直接作用在钢筋上,钢筋所受到的力通常都要通过周围的混凝土来传给它,这就要依靠钢筋与混凝土之间的黏结力来传递。钢筋与混凝土之间的黏结力如果遭到破坏,就会使构件变形增加、裂缝剧烈开展甚至提前破坏。在重复荷载特别是强烈地震作用下,很多结构的毁坏都是由于黏结破坏及锚固失效引起的。

为了加强与混凝土的黏结,钢筋需轧制成有凸缘(肋)的表面。在我国,这种带肋钢筋常轧成月牙肋。

钢筋与混凝土之间的黏结应力可用拉拔试验来测定(图 1-21),即在混凝土试件的中心埋置钢筋,在加载端拉拔钢筋。沿钢筋长度上的黏结应力 τ_b 可由两点之间的钢筋拉力的变化除以钢筋与混凝土的接触面积来计算,即

$$\tau_b = \frac{\Delta\sigma_s A_s}{u \cdot 1} = \frac{d}{4}\Delta\sigma_s \qquad (1-12)$$

式中　$\Delta\sigma_s$——单位长度上钢筋应力变化值;

　　　A_s——钢筋截面面积;

　　　u——钢筋周长;

　　　d——钢筋直径。

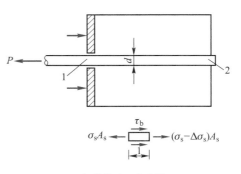

1—加载端;2—自由端。

图 1-21　钢筋拉拔试验

    测量钢筋沿长度方向各点的应变,就可得到钢筋应力 σ_s 及黏结应力 τ_b 沿钢筋长度方向的分布曲线,图 1-22 为一拉拔试验实测的钢筋应力及黏结应力图。

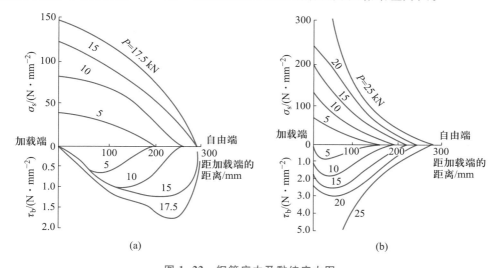

图 1-22　钢筋应力及黏结应力图

(a) 采用 Φ13 光圆钢筋时;(b) 采用 Φ13 带肋钢筋时

    从试验结果可以看出黏结应力有下列特点:① 光圆钢筋 σ_s 曲线为凸形,σ_s 随离加载端距离的增大逐渐减小;带肋钢筋 σ_s 曲线为凹形,σ_s 随离加载端距离的增大迅速减小。这表明带肋钢筋的应力传递比光圆钢筋快,黏结性能比光圆钢筋好。② 对于光圆钢筋,随着拉拔力的增加,τ_b 曲线的峰值位置由加载端向自由端移动,临近破坏时,移至自由端附近,同时 τ_b 图形的长度(有效锚固长度)也达到了自由端;对于带肋钢筋,τ_b 曲线的峰值位置始终在加载端附近,有效锚固长度增加得也很缓慢。这说明带肋钢筋的黏结强度大得多,钢筋中的应力能够很快向四周混凝土传递。

    试验表明,光圆钢筋的黏结力由三部分组成:① 水泥凝胶体与钢筋表面之间的胶结力;② 混凝土收缩,将钢筋紧紧握固而产生的摩擦力;③ 钢筋表面不平整与混凝土之间产生的机械咬合力。带肋钢筋的黏结力除了胶结力、摩擦力和机械咬合力以外,更主要的是钢筋表面凸出的横肋对混凝土的挤压力(图 1-23)。

    影响黏结强度的因素除了钢筋的表面形状以外,还有混凝土的抗拉强度、浇筑混凝土时钢筋的位置、钢筋周围的混凝土厚度等:

    (1) 光圆钢筋与带肋钢筋的黏结强度都随混凝土强度的提高而提高,大体上与混凝土的抗拉强度成正比。

    (2) 浇筑混凝土时钢筋的位置不同,其

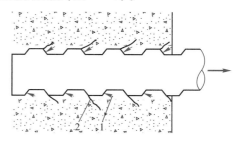

1—钢筋凸肋上的挤压力;2—内部裂缝。

图 1-23　钢筋横肋对混凝土的挤压力

周围混凝土的密实性不一样,也会影响黏结强度的大小。如浇筑层过深,钢筋底面的混凝土会出现沉淀和离析泌水,气泡逸出,使混凝土与水平放置的钢筋之间产生强度较低的疏松空隙层,从而削弱钢筋与混凝土之间的黏结。

（3）试验表明,当钢筋的埋长（锚固长度）不足时,有可能发生拔出破坏。带肋钢筋与混凝土的黏结强度比光圆钢筋大得多,只要带肋钢筋是埋在大体积混凝土中,而且有一定的埋长,就不至于发生拔出破坏。但带肋钢筋受力时,在钢筋凸肋的角端上,混凝土会发生内部裂缝（图 1-23）,如果钢筋周围的混凝土层过薄,就会发生由于混凝土撕裂裂缝的延展而导致的破坏,如图 1-24 所示。因而,钢筋之间的净间距与混凝土保护层厚度都不能太小。

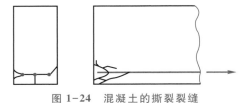

图 1-24   混凝土的撕裂裂缝

（4）试验表明,在重复荷载或反复荷载作用下,钢筋与混凝土的黏结强度将退化。所施加的应力越大,重复和反复次数越多,黏结强度退化就越多。

（5）受压钢筋受压后,横向膨胀挤压周围混凝土,增加了混凝土与钢筋之间的摩擦力,黏结强度要大于受拉钢筋。

1.3.2　钢筋的锚固

钢筋的锚固与连接是混凝土结构设计的重要内容,其实质是不同条件下的黏结问题。

为了保证钢筋在混凝土中锚固可靠,设计时应该使受拉钢筋在混凝土中有足够的锚固长度。当截面上受拉钢筋的强度被充分利用时,则钢筋从该截面起的锚固长度要大于基本锚固长度 l_{ab}。也就是说,基本锚固长度 l_{ab} 是受拉钢筋强度被充分利用时所需要的最小锚固长度。基本锚固长度 l_{ab} 可根据钢筋应力达到屈服强度 f_y 时钢筋才被拔动的条件确定。设基本锚固长度 l_{ab} 范围内平均黏结强度为 $\bar{\tau}_b$,则钢筋刚被拔动时,钢筋与混凝土之间的黏结力为 $\bar{\tau}_b \pi d l_{ab}$,$d$ 为钢筋直径,则

$$f_y A_s = l_{ab} \bar{\tau}_b \pi d \tag{a1}$$

$$l_{ab} = \frac{f_y A_s}{\bar{\tau}_b \pi d} = \frac{f_y d}{4 \bar{\tau}_b} \tag{a2}$$

又如前述,黏结强度与混凝土单轴抗拉强度 f_t 成正比,于是设 $\bar{\tau}_b = \dfrac{f_t}{4\alpha}$,代入式（a2）得

$$l_{ab} = \alpha \frac{f_y}{f_t} d \tag{1-13}$$

式中　α——锚固钢筋外形系数:热轧光圆钢筋取 $\alpha = 0.16$,热轧带肋钢筋取 $\alpha = 0.14$,预应力筋 α 值可查阅附表 4-2。

　　　　f_y——钢筋抗拉强度设计值,按附表 2-3 取用。

f_t——混凝土轴心抗拉强度设计值,按附表 2-1 取用;当混凝土强度等级大于 C60 时,按 C60 取值。

d——钢筋直径。

从式(1-13)可知,钢筋强度越高,直径越粗,混凝土强度越低,则锚固长度要求越长。

受拉钢筋的最小锚固长度 l_a 一般就取为基本锚固长度 l_{ab},但有时还应根据锚固条件的不同进行修正:

$$l_a = \zeta_a l_{ab} \tag{1-14}$$

式中　　l_a——最小锚固长度[①];

ζ_a——锚固长度修正系数。

如对钢筋直径大于 25 mm、钢筋在施工过程易受扰动等情况,由式(1-13)算得的 l_{ab} 还要乘以 $\zeta_a = 1.1$ 的修正系数,具体可查阅附录 4。

如截面上受拉钢筋的强度未被充分利用,则钢筋从该截面起的锚固长度可小于最小锚固长度 l_a。对于受压钢筋,由于钢筋受压时会侧向鼓胀,对混凝土产生挤压,增加了黏结力,所以它的锚固长度可以短些,但受压钢筋强度被充分利用时锚固长度不得小于相应受拉锚固长度的 0.7 倍。

为了保证光圆钢筋的黏结强度的可靠性,规范规定,当光圆钢筋用作纵向受拉钢筋时应在末端做成 180°弯钩,且要求弯钩的弯弧内直径 $D \geqslant 2.5d$(图 1-25),但用作纵向受压钢筋和构造钢筋时可不做弯钩。事实上,若采用焊接骨架且焊接质量可靠,与纵向受拉钢筋焊接的横向钢筋能为纵向受拉钢筋提供足够的锚固,纵向受拉光圆钢筋也可不做弯钩。

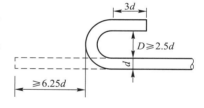

图 1-25　钢筋的弯钩

带肋钢筋由于黏结力较好,可不做弯钩。

1.3.3　钢筋的连接

出厂的钢筋,为了便于运输,除小直径的盘条外,一般为长约 9～12 m 的直条。在实际使用过程中,往往会出现钢筋长度不足的情况,这时需要把钢筋接长至设计长度,这就是钢筋的连接。

钢筋的连接有三种方法:绑扎搭接、焊接、机械连接。

钢筋的接头位置宜设置在构件受力较小处,并宜相互错开。

绑扎搭接接头是在钢筋搭接处用铁丝绑扎而成(图 1-26)的。采用绑扎搭接接头时,钢筋间力的传递依靠钢筋与混凝土之间的黏结力,因此必须有足够的搭接长度。

---

① 本教材为表述清楚,将钢筋至少要采用的锚固长度叫作"最小锚固长度 l_a",实际采用的锚固长度叫作"锚固长度"。

与锚固长度一样,钢筋强度越高和直径越大,要求的搭接长度就越长。GB 50010—2010 规范规定,纵向受拉钢筋搭接长度 l_l 应满足 $l_l \geqslant \zeta_l l_a$ 及 $l_l \geqslant 300$ mm, l_a 为受拉钢筋的最小锚固长度, ζ_l 为纵向受拉钢筋搭接长度修正系数,按表 1-1 取值。从表 1-1 看到, ζ_l 大于 1.0,即 l_l 是大于 l_a 的;位于同一连接区段搭接接头的钢筋越多,所需的 l_l 就越大。

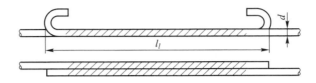

图 1-26   钢筋绑扎搭接接头

表 1-1   纵向受拉钢筋搭接长度修正系数

纵向钢筋搭接接头面积百分率/%	≤25	50	100
ζ_l	1.2	1.4	1.6

受压钢筋的搭接长度 l_l' 可小于受拉钢筋的搭接长度 l_l,应满足的条件为 $l_l' \geqslant 0.7\zeta_l l_a$ 及 $l_l' \geqslant 200$ mm。

轴心受拉或小偏心受拉的钢筋接头,不得采用绑扎搭接。当受拉钢筋直径 $d > 25$ mm 或受压钢筋直径 $d > 28$ mm 时,不宜采用绑扎搭接接头。

焊接接头是在两根钢筋接头处焊接而成。钢筋直径 $d \leqslant 28$ mm 的焊接接头,最好用对焊机将两根钢筋直接对头接触电焊(即闪光对焊),如图 1-27a 所示,或用手工电弧焊搭接(图 1-27b); $d \geqslant 28$ mm 且直径相同的钢筋,可采用将两根钢筋对头外加钢筋帮条的电弧焊接方式(图 1-27c)。焊接接头的具体要求可查阅《钢筋焊接及验收规程》(JGJ 18—2012)。

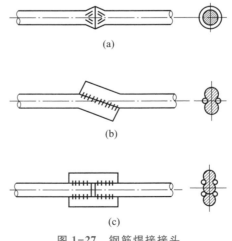

(a)

(b)

(c)

图 1-27   钢筋焊接接头

(a) 闪光对焊;(b) 手工电弧焊;(c) 钢筋帮条电弧焊

机械连接接头可分为挤压套筒接头和螺纹套筒接头两大类。钢筋挤压套筒接头可适用于直径 18~40 mm 各种类型的带肋钢筋,其连接方法是在两根待连接的钢筋端部套上钢套管,然后用大吨位便携式钢筋挤压机挤压钢套管,使之与带肋钢筋紧紧地咬合在一起,形成牢固接头。螺纹套筒接头是由专用套丝机在钢筋端部套成螺纹,然后在施工作业现场用螺纹套筒旋接,并采用专用测力扳手拧紧。螺纹套筒接头又可分为锥螺纹接头、镦粗直螺纹接头、滚压直螺纹接头等。图 1-28 所示为一锥螺纹接头,可连接直径 16~40 mm 的 HPB300、HRB400 同径或异径钢筋。

机械连接接头具有工艺操作简单、接头性能可靠、连接速度快、施工安全等特点。特别是用于过缝钢筋连接时,钢筋不会像焊接接头那样出现残余温度应力。机械连接接头目前已在实际工程中得到了较多的应用。

有关钢筋锚固和连接的具体规定可查阅附录 4。

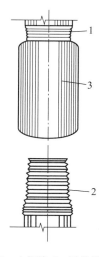

1—上钢筋;2—下钢筋;
3—套筒(内有凹螺纹)。

图 1-28 锥螺纹钢筋的
连接示意图

第 1 章
总结

思考题

1-1 在建筑工程中,钢筋混凝土结构常用的钢筋有哪几种?各用什么符号表示?如何按表面形状进行划分?

1-2 钢筋混凝土结构对所用的钢筋有哪些要求?在钢筋混凝土结构中,采用高强度钢筋是否合理?为什么?

1-3 带肋钢筋与光圆钢筋相比,主要有什么优点?为什么?

1-4 什么是钢筋的塑性?钢筋的塑性性能是由哪些指标反映的?

1-5 软钢和硬钢的应力-应变曲线各有哪些特征点?设计时分别采用什么强度作为它们的设计强度指标?

1-6 混凝土强度指标主要有几种?哪一种是基本的强度指标?各用什么符号表示?它们之间有何数量关系?为什么 f_c 小于 f_{cu}?

1-7 为什么在量测 f_{cu} 时要采用规定的标准立方体试件?为什么将 f_{cu} 作为混凝土的基本强度指标?

1-8 混凝土一次短期加载的受压应力-应变曲线有哪些特征点?曲线中的峰值应变 ε_0 和极限压应变 ε_{cu} 各指什么?计算时 ε_0 和 ε_{cu} 如何取值?曲线下降段对钢筋混凝土结构有什么作用?为什么曲线采用棱柱体试件量测,而不采用立方体试件?

1-9 什么是混凝土的疲劳强度 f_c^f?疲劳破坏时应力-应变曲线有哪些特点?

1-10 混凝土处于三向受压状态时,其强度和变形能力有何变化?某正方形钢筋混凝土柱浇筑后发现混凝土强度不足,如何加固?处于一拉一压和双向受拉状态下的混凝土,其抗压、抗拉强度与单轴强度相比有什么变化?

1-11 什么是混凝土的徐变?混凝土为什么会发生徐变?混凝土的徐变主要与哪些因素有关?如何减小混凝土的徐变?徐变对钢筋混凝土结构有什么有利和不利的影响?

1-12 在轴心受压构件中,当荷载维持不变时混凝土徐变将使钢筋应力及混凝土应力发生什么变化?

1-13 钢筋混凝土梁如图1-29所示,试分析当混凝土产生干缩和徐变时梁中受拉区钢筋和混凝土的应力变化情况。

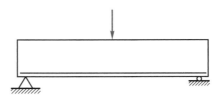

图 1-29 思考题 1-13 图

1-14 能否用钢筋来防止温度裂缝或干缩裂缝的出现?温度钢筋的作用是什么?

1-15 影响钢筋与混凝土之间黏结强度的主要因素是什么?为什么带肋钢筋与混凝土之间的黏结力大于光圆钢筋与混凝土之间的黏结力?在中心拉拔试验中,当拉拔力一定时,钢筋埋入混凝土的长度越长,黏结应力分布长度是否越长?如何保证钢筋与混凝土之间有可靠锚固?

1-16 钢筋的基本锚固长度是如何确定的?为什么钢筋的最小搭接长度要大于最小锚固长度。

第 1 章
思考题详解

第2章 钢筋混凝土结构设计计算原理

2.1 钢筋混凝土结构设计理论的发展

钢筋混凝土结构在土木工程中应用以来,随着实践经验的积累,其设计理论也不断发展,大体上可分为三个阶段。

2.1.1 容许应力法

最早的钢筋混凝土结构设计理论采用以材料力学为基础的容许应力法。它假定钢筋混凝土结构为弹性材料,要求在规定的使用阶段荷载作用下,按材料力学计算出的构件截面应力 σ 不大于规定的材料容许应力 $[\sigma]$。由于钢筋混凝土结构是由混凝土和钢筋两种材料组合而成的,因此分别规定如下:

$$\sigma_c \leqslant [\sigma_c] = \frac{f_c}{K_c} \qquad (2-1)$$

$$\sigma_s \leqslant [\sigma_s] = \frac{f_s}{K_s} \qquad (2-2)$$

式中　σ_c、σ_s——使用荷载作用下构件截面上的混凝土最大压应力和受拉钢筋的最大拉应力;

$[\sigma_c]$、$[\sigma_s]$——混凝土的容许压应力和钢筋的容许拉应力,它们是由混凝土抗压强度 f_c、钢筋抗拉屈服强度 f_y 除以相应的安全系数 K_c、K_s 确定,安全系数是一个大于 1 的值,根据经验判断取定。

由于钢筋混凝土并不是弹性材料,因此以弹性理论为基础的容许应力法不能如实地反映构件截面的应力状态,据此所设计出的钢筋混凝土结构构件的截面承载力是否安全也无法用试验来加以佐证。

但容许应力法的概念比较简明,只要相应的容许应力取得比较恰当,它也可在结构设计的安全性和经济性两方面取得很好的协调,因此容许应力法曾在相当长的时间内为工程界所采用。至今,在某些场合,如预应力混凝土构件等设计中仍采用它的一些计算原则。

2.1.2 破坏阶段法

20 世纪 30 年代出现了考虑钢筋混凝土塑性性能的"破坏阶段承载力计算方法"。

第 2 章

教学课件

这种方法着眼于研究构件截面达到最终破坏时的应力状态,从而计算出构件截面在最终破坏时能承载的极限内力(对梁、板等受弯构件,就是极限弯矩 M_u)。为保证构件在使用中有必要的安全储备,规定由使用荷载产生的内力应不大于极限内力除以安全系数 K。对受弯构件,就是使用荷载产生的弯矩 M 应不大于极限弯矩 M_u 除以安全系数 K,即

$$M \leqslant \frac{M_u}{K} \tag{2-3}$$

安全系数 K 仍是由工程实践经验判断取定的。

破坏阶段法的概念非常清楚,计算假定符合钢筋混凝土的特性,计算得出的极限内力可由试验得到证实,计算也非常简便,因此被迅速推广应用。其缺点是它只验证了构件截面的最终破坏状态,而无法得知构件在正常使用期间的使用情况,如构件的变形和裂缝开展等。

2.1.3 极限状态法

随着科学研究的不断深入,在 20 世纪 50 年代,钢筋混凝土构件变形和裂缝开展宽度的计算方法得到实现,从而使破坏阶段法迅速发展成为极限状态法。

极限状态法规定了结构构件的两种极限状态:承载能力极限状态(用于计算结构构件最终破坏时的极限承载力)和正常使用极限状态(用于验算构件在正常使用时的裂缝开展宽度和挠度变形是否满足适用性的要求)。显然,极限状态法比破坏阶段法更能反映钢筋混凝土结构的全面性能。

同时,极限状态法还把单一安全系数 K 改为多个分项系数,对不同的荷载、不同的材料,以及不同工作条件的结构,采用不同量值的分项系数,以反映它们对结构安全度的不同影响,这对于安全度的分析就更深入了一步。目前国际上几乎所有国家的混凝土结构设计规范都采用了多个系数表达的极限状态设计法。

20 世纪 80 年代,应用概率统计理论来研究工程结构可靠度(安全度)问题进入了一个新的阶段,它把影响结构可靠度的因素都视为随机变量,形成了以概率理论为基础的"概率极限状态设计法"。该方法以失效概率或可靠指标来度量结构构件的可靠度,并采用以分项系数表达的实用设计表达式进行设计。有关这方面的内容见本章 2.3 节~2.5 节。

2.2 结构的功能要求、作用效应与结构抗力

2.2.1 结构的功能要求

工程结构设计的基本目的是使结构在预定的设计工作年限内能满足设计所预定的各项功能要求,做到安全可靠和经济合理。

这里的"设计工作年限"是指设计规定的结构或结构构件不需进行大修即可按预

定目的使用的年限,也就是在正常设计、正常施工、正常使用和正常维护条件下,结构按设计预定功能使用应达到的年限。设计工作年限也称为设计使用年限。各类结构的设计工作年限并不相同,《工程结构通用规范》(GB 55001—2021)规定了房屋建筑的结构设计工作年限:临时性建筑结构为 5 年,普通房屋与构筑物为 50 年,特别重要的建筑结构为 100 年。

需要说明的是,结构设计工作年限并不等同于结构实际使用寿命或耐久年限。当结构达到设计工作年限后,并不意味结构会立即失效报废,只意味结构的可靠度将逐渐降低,可能会低于设计时的预期值,结构可继续使用或经维修后使用。

工程结构的功能要求主要包括三个方面:

(1) 安全性。安全性是指结构在正常施工和正常使用时能承受可能出现的施加在结构上的各种"作用";以及在发生设定的偶然事件和地震的情况下,结构仍能保持必要的整体稳定。如发生火灾时,结构在规定的时间内能保持足够的承载力和整体稳固性;发生爆炸、撞击、人为错误等偶然事件时,结构能保持必要的整体稳固性,不出现与起因不相称的破坏后果,能避免发生结构的连续倒塌;发生地震时,结构仅产生局部损坏而不致发生整体倒塌。

(2) 适用性。适用性是指结构在正常使用时具有良好的工作性能,如不产生影响正常使用的过大变形和振幅、不产生过宽的裂缝等。

(3) 耐久性。耐久性是指结构在正常维护条件下具有足够的耐久性能,即要求结构在规定的环境条件下,在预定的设计工作年限内,材料性能的劣化(如混凝土的风化、脱落、腐蚀、渗水,钢筋的锈蚀,等等)不会导致结构正常使用的失效。

完成上述三方面功能要求的能力称为结构的可靠性,也就是结构在设计规定的工作年限内和规定的条件下,完成预定功能的能力。而结构可靠度则是结构在设计规定的工作年限内和规定的条件下,完成预定功能的概率。

要得到符合要求的可靠性,就要妥善处理结构中对立的两个方面的关系,一个是施加在结构上的作用所引起的"作用效应"和环境作用对结构引起的"环境影响",另一个是由构件截面尺寸、配筋数量及材料强度构成的"结构抗力"。

2.2.2 作用与作用效应

"作用"是指直接施加在结构上的力(如自重、楼面荷载、风荷载、雪荷载等)和引起结构外加变形、约束变形的原因(如温度变形、基础沉降、地震等)的总称。前者称为"直接作用",通常也称为荷载;后者称为"间接作用"。而"作用"在结构构件内所引起的内力、变形和裂缝等反应则称为"作用效应"。

作用可进行如下分类。

1. 随时间的变异分类

(1) 永久作用。永久作用是指在设计工作年限内始终存在且其量值不随时间变化,或其变化与平均值相比可以忽略不计,或其变化是单调的并趋于某个限值的作用,如结构的自重、土压力、围岩压力、预应力等。永久作用也称为恒荷载,简称恒载,常用符号 G、g 表示。

(2)可变作用。可变作用是指在设计工作年限内其量值随时间变化,且其变化与平均值相比不可忽略的作用,如安装荷载、楼面荷载、风荷载、雪荷载、吊车荷载、温度作用等。可变作用也称为活荷载,简称活载,常用符号 Q、q 表示。其中,大写字母 G、Q 表示集中作用,小写字母 g、q 表示分布作用。

(3)偶然作用。偶然作用是指在设计工作年限内不一定出现,但一旦出现其量值很大且持续时间很短的作用,如爆炸、撞击等。

(4)地震作用。地震作用是指地震对结构产生的作用。它也是一种在设计工作年限内不一定出现,但一旦出现其量值很大且持续时间很短的作用。

2. 随空间位置的变异分类

(1)固定作用。固定作用是指在结构上具有固定位置的作用,如结构自重、固定设备荷载等。

(2)移动作用。移动作用是指在结构空间位置的一定范围内可任意移动的作用,如吊车荷载、汽车轮压、楼面人群荷载等,设计时应考虑它的最不利的分布。移动作用也称为自由作用。

3. 按结构的反应特点分类

(1)静态作用。静态作用是指不会使结构产生加速度,或产生的加速度可以忽略不计的作用,如自重、固定设备荷载等。

(2)动态作用。动态作用是指使结构产生不可忽略的加速度的作用,如地震、机械设备振动等。动态作用所引起的作用效应不仅与作用有关,还与结构自身的动力特征有关。设计时应考虑它的动力效应。

4. 按有无界值分类

(1)有界作用。有界作用是指在设计工作年限内不会超越某一界限值,且界限值确切或近似掌握的作用,如大坝的校核水位;或者达到界限值概率较低的作用,如装卸机械荷载。这类作用均为与人类活动有关的非自然作用,其作用值由材料自重、设备自重、载重量或限定的设计条件下不均匀性等决定,因此不会超过某一限值,且该限值可以确切或近似确定。

(2)无界作用。无界作用是指无法给出界限值的作用,如风荷载等。这类作用由自然因素产生,不为人类意志所决定。虽然工程上根据多年实测资料进行统计分析,按照某一重现期给出了相应的作用参数,但由于自然作用的复杂性和人类认识的局限性,这些作用参数取值需要不断调整,属于没有明确界限值的作用。

上述作用的不同分类,是出于结构设计规范化的需要。例如,吊车荷载,按时间变异分类属于可变作用,应考虑其作用值随时间变异大的情况对结构可靠性的不利影响;按空间位置变异分类属于移动作用,应考虑它在结构上最不利位置对内力的影响;按结构反应分类属于动态作用,应考虑结构的动力响应,按静力作用计算时需考虑是否要乘以动力系数;按有无界值分类属于有界作用,应考虑它实际作用值不可能超过某一限值对结构可靠性的有利影响。

作用是不确定的随机变量,甚至是与时间有关的随机过程,因此,宜用概率统计理论加以描述。

作用效应除了与作用数值的大小、作用分布的位置、结构的尺寸及结构的支承约束条件等有关外,还与作用效应的计算模式有关,而这些因素都具有不确定性,因此作用效应也是一个随机变量或随机过程。作用效应常用符号 S 表示。

2.2.3 环境影响和效应

环境影响是指二氧化碳、氧、盐、酸等环境因素对结构的影响。这种影响有可能使结构的材料性能随时间的变化发生不同程度的退化,影响结构的安全性和适用性。

环境影响对结构产生的效应主要是降低材料性能,从而影响结构的安全性或适用性,它与材料本身有密切关系。因此,环境影响的效应需根据材料特点予以确定。

和作用一样,环境影响对结构产生的效应也应尽量予以定量描述,但大多数情况下难以做到,目前主要以环境对结构的影响程度(轻微、轻度、中度、严重)进行定性描述,并在设计中采用相应的耐久性措施。

2.2.4 结构抗力

结构抗力是结构或结构构件承受作用效应 S 的能力,就本教材涉及的内容而言,主要指的是构件截面的承载力、构件的刚度、截面的抗裂度等,常用符号 R 表示。

结构抗力主要与结构构件的几何尺寸、钢筋用量、材料性能及抗力的计算模式与实际的吻合程度等有关,这些因素都是随机变量,显然结构抗力也是一个随机变量。

2.3 概率极限状态设计的概念

2.3.1 极限状态的定义与分类

结构的极限状态是指结构或结构的一部分超过某一特定状态就不能满足设计规定的某一功能要求,此特定状态就称为该功能的极限状态。

根据功能要求,《建筑结构可靠性设计统一标准》(GB 50068—2018)将钢筋混凝土结构的极限状态分为承载能力极限状态、正常使用极限状态和耐久性极限状态三类[①]。

---

① 以往,所有行业规范都将钢筋混凝土结构的极限状态分为承载能力极限状态和正常使用极限状态两类。目前,《建筑结构可靠性设计统一标准》(GB 50068—2018)将正常使用极限状态拆分为正常使用极限状态和耐久性极限状态两类,变成承载能力极限状态、正常使用极限状态和耐久性极限状态三类,但其他行业规范还未修改,仍将钢筋混凝土结构的极限状态分为承载能力极限状态和正常使用极限状态两类。新近颁布的《工程结构通用规范》(GB 55001—2021)仍将结构的极限状态分为承载能力极限状态和正常使用极限状态两类。

1. 承载能力极限状态

这一极限状态对应于结构或结构构件达到最大承载力或达到不适于继续承载的变形。超过承载能力极限状态,结构或构件就不满足安全性的功能要求。

出现下列情况之一时,就认为已达到承载能力极限状态:

(1) 结构构件或连接件因超过材料强度而破坏,或因过度的变形而不适于继续承载;

(2) 整个结构或其一部分作为刚体失去平衡;

(3) 结构转变为机动体系;

(4) 结构或结构构件丧失稳定;

(5) 结构因局部破坏而发生连续倒塌;

(6) 地基丧失承载能力而破坏;

(7) 结构或结构构件的疲劳破坏。

满足承载能力极限状态的要求是结构设计的头等任务,因为这关系结构的安全,所以对所有构件均应进行承载力计算,且应有较高的可靠度(安全度)水平。

2. 正常使用极限状态

这一极限状态对应于结构或结构构件达到影响正常使用的某项规定限值。

出现下列情况之一时,就认为已达到正常使用极限状态:

(1) 影响正常使用或外观的变形;

(2) 影响正常使用的局部损坏;

(3) 影响正常使用的振动;

(4) 影响正常使用的其他特定状态。

在建筑工程中,应根据钢筋混凝土结构构件不同的使用要求进行不同的验算,来满足正常使用极限状态要求。例如,对使用上需要控制变形的结构构件进行变形验算,对使用上要求不出现裂缝的构件进行抗裂验算,对使用上允许出现裂缝的构件进行裂缝宽度验算,对有舒适度要求的楼盖结构进行竖向自振频率验算。

3. 耐久性极限状态

这一极限状态对应于结构或结构构件在环境影响下出现的劣化达到了耐久性能的某项规定限值或标志。

出现下列情况之一时,就认为已达到耐久性极限状态:

(1) 影响承载能力和正常使用的材料性能劣化;

(2) 影响耐久性能的裂缝、变形、缺口、外观、材料削弱等;

(3) 影响耐久性能的其他特定状态。

结构或结构构件达到正常使用和耐久性极限状态时,会影响正常使用功能及耐久性,但还不会造成生命财产的重大损失,所以它的可靠度水平允许比承载能力极限状态的可靠度水平有所降低。

2.3.2 极限状态方程、失效概率和可靠指标

1. 极限状态方程

结构的极限状态可用极限状态函数(或称功能函数)Z 来描述。设影响结构极限状态的有 n 个独立变量 $X_i(i=1,2,\cdots,n)$，函数 Z 可表示为

$$Z=g(X_1,X_2,\cdots,X_n) \tag{2-4}$$

X_i 代表各种不同性质的作用、混凝土和钢筋的强度、构件的几何尺寸、配筋数量、施工的误差及计算模式的不定性等因素。从概率统计理论的观点，这些因素都不是"确定的值"而是随机变量，具有不同的概率特性和变异性。

为叙述简明起见，下面用最简单的例子加以说明，即将影响极限状态的众多因素用作用效应 S 和结构抗力 R 两个变量来代表，则

$$Z=g(R,S)=R-S \tag{2-5}$$

显然，当 $Z>0$(即 $R>S$)时，结构处于可靠状态；当 $Z<0$(即 $R<S$)时，结构就处于失效状态；当 $Z=0$(即 $R=S$)时，表示结构正处于极限状态。所以，公式 $Z=g(R,S)=0$ 就称为极限状态方程。

2. 失效概率

在概率极限状态设计法中，认为结构抗力和作用效应都不是"定值"，而是随机变量，因此用概率论的方法来描述。

由于 R、S 都是随机变量，故 Z 也是随机变量。

出现 $Z<0$ 的概率，也就是出现 $R<S$ 的概率，称为结构的失效概率，用 p_f 表示。p_f 值等于图 2-1 所示 Z 的概率密度分布曲线的阴影部分的面积。

从理论上讲，用失效概率 p_f 来度量结构的可靠度，比用一个完全由工程经验判定的安全系数 K 来得合理，它能比较确切地反映问题的本质。

如果假定结构抗力 R 和作用效应 S 这两个随机变量都服从正态分布，它们

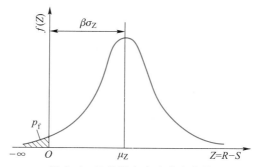

图 2-1　Z 的概率密度分布曲线
及 β 与 p_f 的关系

的平均值和标准差分别为 μ_R、μ_S 和 σ_R、σ_S，则由概率论可知，功能函数 Z 也服从正态分布，其概率密度函数为

$$f(Z)=\frac{1}{\sqrt{2\pi}\,\sigma_Z}\exp\left[-\frac{(Z-\mu_Z)^2}{2\sigma_Z^2}\right] \tag{2-6}$$

则由图 2-1 可知，失效概率 p_f 可由下式求得：

$$p_f=\int_{-\infty}^{0}\frac{1}{\sqrt{2\pi}\,\sigma_Z}\exp\left[-\frac{(Z-\mu_Z)^2}{2\sigma_Z^2}\right]\mathrm{d}Z \tag{2-7}$$

由上式可知,计算 p_f 是相当复杂的。

式(2-6)和式(2-7)中的 μ_Z 和 σ_Z 为 Z 的平均值和标准差。根据 $Z=R-S$ 的函数关系,由概率论可得

$$\left.\begin{array}{l} \mu_Z = \mu_R - \mu_S \\ \sigma_Z = \sqrt{\sigma_R^2 + \sigma_S^2} \end{array}\right\} \tag{2-8}$$

3. 可靠指标

在图 2-1 中,随机变量 Z 的平均值 μ_Z 可用它的标准差 σ_Z 来度量,即可令

$$\mu_Z = \beta \sigma_Z \tag{2-9}$$

从图 2-1 不难看出,β 与 p_f 之间存在着一一对应的关系。β 小,p_f 就大;β 大,p_f 就小。所以 β 和 p_f 一样,也可作为衡量结构可靠度的一个指标,我们把 β 称为可靠指标。

将式(2-8)代入式(2-9),可求得可靠指标:

$$\beta = \frac{\mu_R - \mu_S}{\sqrt{\sigma_R^2 + \sigma_S^2}} \tag{2-10}$$

比较上式与式(2-7),显然,计算可靠指标 β 比直接求失效概率 p_f 要简便。

由式(2-10)可知,可靠指标 β 不仅与结构抗力 R 和作用效应 S 的平均值 μ_R、μ_S 有关,还与它们的标准差 σ_R、σ_S 有关。μ_R 与 μ_S 相差越大,β 也越大,结构就越可靠,这与传统的采用定值的安全系数在概念上是一致的。在 μ_R、μ_S 不变的情况下,它们的标准差 σ_R、σ_S 越小,也就是它们的变异性(离散程度)越小时,β 值就越大,结构就越可靠,这是传统的安全系数 K 无法反映的。

用概率的观点来研究结构的可靠度,绝对可靠的结构是不存在的,但只要其失效概率很小,小到人们可以接受的程度,就可认为该结构是安全可靠的。

当结构抗力 R 和作用效应 S 均服从正态分布时,失效概率 p_f 和可靠指标 β 的对应关系如表 2-1 所列。

表 2-1　p_f 与 β 的对应关系

β	p_f	β	p_f	β	p_f
1.0	1.59×10^{-1}	2.7	3.47×10^{-3}	3.7	1.08×10^{-4}
1.5	6.68×10^{-2}	3.0	1.35×10^{-3}	4.0	3.17×10^{-5}
2.0	2.28×10^{-2}	3.2	6.87×10^{-4}	4.2	1.33×10^{-5}
2.5	6.21×10^{-3}	3.5	2.33×10^{-4}	4.5	3.40×10^{-6}

应当说明,式(2-10)只是两个变量的最简单的情况。在实际工程中,影响结构可靠度的变量可能不下十几个,它们有的服从正态分布,大部分却是非正态的,在计算中要先转化为"当量正态分布"后再投入运算,因此,可靠指标 β 就不能用式(2-10)那样

的简单公式计算了,它的计算就会变得非常复杂,无法在一般设计工作中直接应用。

有关结构可靠度设计理论的进一步探讨可参阅相关文献①。

4. 目标可靠指标与结构安全等级

为使所设计的结构构件既安全可靠又经济合理,必须确定一个大家能接受的结构允许失效概率$[p_f]$。要求在设计工作年限内,结构的失效概率p_f不大于允许失效概率$[p_f]$。

当采用可靠指标β表示时,则要确定一个目标可靠指标β_T,要求在设计工作年限内,结构的可靠指标β不小于目标可靠指标β_T。即

$$\beta \geqslant \beta_T \tag{2-11}$$

目标可靠指标β_T应根据结构的重要性、破坏后果的严重程度及社会经济等条件,以优化方法综合分析得出。但由于统计资料尚不完备,目前只能采用校准法来确定目标可靠指标。

校准法的实质认为,由原有的设计规范所设计的大量结构构件反映了长期工程实践的经验,其可靠度水平在总体上是可以接受和继承的,所以可以运用前述概率极限状态理论(或称为近似概率法)反算出由原有设计规范设计出的各类结构构件在不同材料和不同作用组合下的一系列可靠指标β_i,再在分析的基础上把这些β_i综合成一个较为合理的目标可靠指标β_T。

承载能力极限状态的目标可靠指标与结构的安全等级、构件的破坏性质有关。结构安全等级要求越高,目标可靠指标就应越大。钢筋混凝土受压、受剪等构件,破坏时发生的是突发性的脆性破坏,与受拉、受弯构件破坏前有明显变形或预兆的延性破坏相比,其破坏后果要严重许多,因此脆性破坏的目标可靠指标应高于延性破坏。

我国《建筑结构可靠性设计统一标准》(GB 50068—2018)根据结构破坏可能造成后果的严重性将建筑结构划分为三个安全等级,规定了它们各自的承载能力极限状态的目标可靠指标,见表2-2。表中的"很严重""严重"和"不严重"分别对应着破坏后果对人的生命、经济、社会或环境的影响"很大""较大"和"较小"。

表 2-2　建筑结构的安全等级和承载能力极限状态的目标可靠指标β_T

建筑结构的安全等级	破坏后果	承载能力极限状态的目标可靠指标	
		延性破坏	脆性破坏
一	很严重	3.7	4.2
二	严重	3.2	3.7
三	不严重	2.7	3.2

正常使用极限状态设计的目标可靠指标根据其作用效应的可逆程度宜取 0～

①　如本书参考文献[21]。

1.5,显然可以比承载能力极限状态设计的目标可靠指标低,这是因为正常使用极限状态只关系使用的适用性,而不涉及结构构件的安全性这一根本问题。

不可逆正常使用极限状态是指产生超过正常使用要求的作用卸除后,该作用产生的后果不可恢复,其 β_T 要求较高,取为 1.5;相对应的,可逆正常使用极限状态是指产生超过正常使用要求的作用卸除后,该作用产生的后果是可恢复的,β_T 取为 0。当可逆程度介于可逆与不可逆之间时 β_T 取 1~1.5,对可逆程度较低的结构构件 β_T 取较高值,反之取较低值。

耐久性极限状态设计的目标可靠指标根据其作用效应的可逆程度宜取 0~2.0,也明显低于承载能力极限状态设计的要求。

2.4　荷载代表值和材料强度标准值

我国各行业的混凝土结构设计规范基本上都采用以概率为基础的极限状态设计法,并以可靠指标 β 来度量结构的可靠度水平。但如前所述,β 的计算十分复杂,对每个因素(随机变量 X_i)都需得知它的平均值 μ_{X_i} 和标准差 σ_{X_i},以及它的概率分布类型,这就需要大量统计信息和进行十分烦琐的计算。所以在实际工作中,直接由式(2-11)来进行设计,是极不方便甚至不可能的。

因此,设计规范都采用了实用的设计表达式。为便于计算,在设计表达式中,作用和材料强度不用它们的平均值 μ_{X_i}、均方差 σ_{X_i} 等随机变量来表达,而是采用固定值,这些固定值就是作用的代表值和材料的强度值。此外,在设计表达式中,还设置了若干个分项系数,用来调整各个随机变量对可靠度的影响。因此,设计时不必直接计算可靠指标 β 值,而只要采用规范规定的作用的代表值、材料的强度值和各个分项系数,按实用设计表达式对结构构件进行设计,就认为设计出的结构构件所隐含的 β 值可满足式(2-11)的要求。

应予注意,不同混凝土结构设计规范所规定或采用的分项系数的个数和数值是有所不同的,不能将不同规范的系数相互混用。

在实用设计表达式中,首先要定出作用的代表值和材料的强度值,所以先对这两个问题进行介绍。

由于以后各章内容只涉及直接作用,且直接作用通常称为荷载,因而以下都用"荷载"和"荷载效应"来表述"作用"和"作用效应"。

2.4.1　荷载代表值

荷载,特别是可变荷载,是随时间变化而变化的,因而荷载代表值大小和确定其量值所采用的统计时间有关,这个统计时间称为设计基准期。在我国,不同行业设计基准期的规定有所不同,建筑结构的设计基准期一般取用为 50 年,而铁路桥涵结构一般为 100 年。

结构设计时,对不同的荷载效应组合,应采用不同的荷载代表值。永久荷载代表值只有一个,就是它的标准值;可变荷载代表值有标准值、组合值、频遇值和准永久值四种,其中标准值是可变荷载的基本代表值,其他代表值都是以标准值为基础乘以相应的系数后得出的。

1. 荷载标准值

荷载标准值是荷载的主要代表值,理论上它应按荷载最大值的概率分布的某一分位值确定,但目前在建筑工程中,只有部分荷载给出了概率分布,有些荷载,如土压力、风荷载、撞击力等,缺乏或根本无法取得正确的实测统计资料,所以其标准值主要还是根据历史经验确定或由理论公式推算得出。

建筑工程中的荷载标准值可由《工程结构通用规范》(GB 55001—2021)和《建筑结构荷载规范》(GB 50009—2012)查得,也可按这些规范规定的计算公式计算得到。当结构的设计工作年限大于或小于设计基准期时,设计采用的可变荷载标准值就需要用一个大于或小于 1.0 的荷载调整系数进行调整。

2. 可变荷载组合值

当结构构件承受两种或两种以上的可变荷载时,考虑到这些可变荷载不可能同时以其最大值(标准值)出现,因此除了一个主要的可变荷载取为标准值外,其余的可变荷载都可以取为"组合值"。如此,可使结构构件在两种或两种以上可变荷载参与的情况与仅有一种可变荷载参与的情况具有大致相同的可靠指标。

荷载组合值可以由可变荷载的标准值 Q_k 乘以组合值系数 ψ_c 得出,即荷载组合值就是乘积 $\psi_c Q_k$。

在建筑结构中,可变荷载的组合值系数 ψ_c 大部分取 $\psi_c = 0.7$,个别取 $\psi_c = 0.6$(风荷载和温度作用)、$\psi_c = 0.8$(工业厂房楼面可变荷载)和 $\psi_c = 0.9$(书库、档案库、贮藏室、密集柜书库、通风机房和电梯机房的楼面可变荷载),具体可由《工程结构通用规范》(GB 55001—2021)和《建筑结构荷载规范》(GB 50009—2012)查得。

3. 可变荷载准永久值与频遇值

可变荷载的量值是随时间变化的,有时出现得大些,有时出现得小些,有时甚至不出现,见图 2-2。在可变荷载的随机过程中,荷载超越某水平 Q_x 的表示方式,可用超载 Q_x 的总持续时间 $T_x = \sum t_i$ 与设计基准期 T 的比率 T_x/T 来表示。

荷载准永久值是指可变荷载在设计基准期 T 内,其超越的总时间约为设计基准期 $1/2$ 的荷载值,即在图 2-2 中,若 $(t_1+t_2+t_3+t_4)/T \approx 0.5$,则 Q_x 就为荷载准永久值。荷载准永久值由可变荷载标准值 Q_k 乘以准永久值系数 ψ_q 得到,即荷载准永久值就是乘积 $\psi_q Q_k$。荷载准永久值在设计基准期 T 内经常作用,其作用相当于永久荷载。

荷载频遇值是指可变荷载在结构设计基准期 T 内,其超越的总时间为规定的较小比率的荷载值,一般规定 $(t_1+t_2+t_3+t_4)/T \leqslant 0.1$。它由可变荷载标准值 Q_k 乘以频遇值系数 ψ_f 得到,即荷载频遇值就是乘积 $\psi_f Q_k$。荷载频遇值在设计基准期 T 内较频繁出现且量值较大,但总小于标准值。

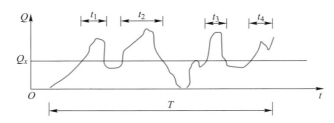

图 2-2　可变荷载随时间的变化

在建筑结构中,可变荷载准永久值系数 ψ_q 和频遇值系数 ψ_f 值由《工程结构通用规范》(GB 55001—2021)和《建筑结构荷载规范》(GB 50009—2012)查得,这两本规范规定了每一种可变荷载的 ψ_q 和 ψ_f 值。

不同行业规范对可变荷载的组合值系数 ψ_c、准永久值系数 ψ_q 和频遇值系数 ψ_f 的规定有所不同。前面看到,建筑行业规定了每一种可变荷载的 ψ_c、ψ_q 和 ψ_f 值,水运行业则取固定的 ψ_c、ψ_q 和 ψ_f 值,《水运工程混凝土结构设计规范》(JTS 151—2011)规定,除对经常以界值出现的有界荷载取 $\psi_c = 1.0$、$\psi_q = 1.0$ 外,其余荷载取 $\psi_c = 0.7$、$\psi_q = 0.6$,而 ψ_f 一直取 $\psi_f = 0.7$。在水利水电行业,由于给不出 ψ_c、ψ_q 和 ψ_f 值,《水工混凝土结构设计规范》(SL 191—2008)和《水工混凝土结构设计规范》(DL/T 5057—2009)则没有可变荷载组合值、准永久值、频遇值等概念。

2.4.2　材料强度标准值

1. 混凝土强度标准值

（1）混凝土强度等级

如前章所述,混凝土的强度等级是由混凝土标准立方体试件用标准试验方法测得的具有 95%保证率的立方体抗压强度标准值 $f_{cu,k}$。$f_{cu,k}$ 可由下式决定:

$$f_{cu,k} = \mu_{f_{cu}} - 1.645\sigma_{f_{cu}} = \mu_{f_{cu}}(1 - 1.645\delta_{f_{cu}}) \tag{2-12}$$

式中　$\mu_{f_{cu}}$——混凝土立方体抗压强度的统计平均值;

$\sigma_{f_{cu}}$——混凝土立方体抗压强度的统计标准差;

$\delta_{f_{cu}}$——混凝土立方体抗压强度的变异系数,$\delta_{f_{cu}} = \dfrac{\sigma_{f_{cu}}}{\mu_{f_{cu}}}$。

基于 1979—1980 年对全国十个省、自治区、直辖市的混凝土强度统计调查结果,以及对 C60 以上混凝土的估计判断,《混凝土结构设计规范》(GB 50010—2002)取用的 $\delta_{f_{cu}}$ 值如表 2-3 所列。从表 2-3 看到,混凝土强度等级越高,$\delta_{f_{cu}}$ 越小,质量越好。

表 2-3　GB 50010—2002 规范取用的 $\delta_{f_{cu}}$

混凝土强度等级	C15	C20	C25	C30	C35	C40	C45	C50	C55	C60～C80
$\delta_{f_{cu}}$	0.21	0.18	0.16	0.14	0.13	0.12	0.12	0.11	0.11	0.10

（2）混凝土轴心抗压强度标准值 f_{ck}

从第 1 章知,混凝土棱柱体轴心抗压强度平均值 μ_{f_c} 与立方体抗压强度平均值 $\mu_{f_{cu}}$

之间的关系为

$$\mu_{f_c} = 0.88\alpha_{c1}\alpha_{c2}\mu_{f_{cu}} \tag{2-13}$$

由此,混凝土轴心抗压强度标准值f_{ck}与立方体抗压强度标准值$f_{cu,k}$的关系为

$$f_{ck} = \mu_{f_c}(1-1.645\delta_{f_c})$$
$$= 0.88\alpha_{c1}\alpha_{c2}\mu_{f_{cu}}(1-1.645\delta_{f_c})$$
$$= 0.88\alpha_{c1}\alpha_{c2}\frac{f_{cu,k}}{1-1.645\delta_{f_{cu}}}(1-1.645\delta_{f_c}) \tag{2-14}$$

假定$\delta_{f_c}=\delta_{f_{cu}}$,则

$$f_{ck} = 0.88\alpha_{c1}\alpha_{c2}f_{cu,k} \tag{2-15}$$

（3）混凝土轴心抗拉强度标准值f_{tk}

同样从第1章知,混凝土轴心抗拉强度平均值μ_{f_t}与立方体抗压强度平均值$\mu_{f_{cu}}$之间的关系为

$$\mu_{f_t} = 0.88\times0.395\alpha_{c2}\mu_{f_{cu}}^{0.55} \tag{2-16}$$

同样假定轴心抗拉强度的变异系数δ_{f_t}与立方体抗压强度的变异系数$\delta_{f_{cu}}$相同,则可得混凝土轴心抗拉强度标准值f_{tk}与立方体抗压强度标准值$f_{cu,k}$的关系为

$$f_{tk} = \mu_{f_t}(1-1.645\delta_{f_t})$$
$$= 0.88\times0.395\alpha_{c2}\mu_{f_{cu}}^{0.55}(1-1.645\delta_{f_t})$$
$$= 0.88\times0.395\alpha_{c2}\left(\frac{f_{cu,k}}{1-1.645\delta_{f_{cu}}}\right)^{0.55}(1-1.645\delta_{f_t})$$
$$= 0.88\times0.395\alpha_{c2}f_{cu,k}^{0.55}(1-1.645\delta_{f_{cu}})^{0.45} \tag{2-17}$$

式(2-15)和式(2-17)中的系数α_{c1}、α_{c2}含义与取值见第1章式(1-3)。按式(2-15)和式(2-17)计算,分别保留一位和两位小数,即得出混凝土不同强度等级时的轴心抗压强度标准值f_{ck}和轴心抗拉强度标准值f_{tk},见附表2-6。

2. 钢筋强度标准值

为了使钢筋强度标准值与钢筋的检验标准统一,对于有明显物理流限的热轧钢筋,采用国家标准规定的钢筋屈服强度作为其强度标准值,用符号f_{yk}表示。国家标准规定的屈服强度即钢筋出厂检验的废品限值,其保证率不小于95%。附表2-7给出了热轧钢筋的强度标准值。

对于无明显物理流限的高强度预应力钢丝、钢绞线,采用国标规定的极限抗拉强度作为强度标准值,用符号f_{ptk}表示;对于中强度预应力钢丝和预应力螺纹钢筋,同时给出了屈服强度标准值和极限抗拉强度标准值,这些值都列于附表2-8。

2.5 《混凝土结构设计规范》的实用设计表达式

2.5.1 设计状况

设计状况是表示一定时间内结构的一组实际设计条件。结构在施工、安装、运行、

检修等不同阶段可能出现不同的结构体系、不同的荷载及不同的环境条件,所以在设计时应分别考虑不同的设计状况,保证结构在可能遇到的状况下不超越相关的极限状态,安全可靠。在建筑工程中,工程结构分成下列四种设计状况:

(1)持久设计状况——结构在使用过程中一定出现,且持续期很长的状况,其持续时间一般与设计工作年限为同一数量级,也就是结构使用时的正常状况。

(2)短暂设计状况——结构在施工和使用过程中出现概率较大,但与设计工作年限相比持续时段较短的,结构临时出现的状况,包括施工、维修和短期特殊使用等。

(3)偶然设计状况——在结构使用过程中出现概率很小,且持续期很短,使结构产生异常状态的状况,包括非正常撞击、火灾、爆炸等。

(4)地震设计状况——结构遭遇地震时的状况。在抗震设防地区的结构必须考虑地震设计状况。

上述四种设计状况,都应进行承载能力极限状态设计,以确保结构安全。

对持久设计状况,应进行正常使用极限状态的设计,并宜进行耐久性设计;对短暂设计状况和地震设计状况,可根据需要进行正常使用极限状态的设计;对偶然设计状况,可不进行正常使用极限状态的设计。

每一种设计状况所对应的荷载效应组合是不同的,结构设计时应根据所考虑设计状况选用不同的荷载效应组合。结构或结构构件按承载能力极限状态设计时,对持久和短暂设计状况,应采用荷载效应的基本组合;对偶然设计状况,应采用荷载效应的偶然组合;对地震设计状况,应采用地震组合。结构或结构构件按正常使用极限状态设计时,宜根据正常使用状态是否可逆、长期荷载效应是否起决定性作用等不同情况采用荷载效应的标准组合、频遇组合和准永久组合。

2.5.2　承载能力极限状态设计时采用的分项系数

GB 50010—2010 规范在承载能力极限状态实用设计表达式中,采用了三个分项系数,它们是结构重要性系数 γ_0、荷载分项系数 γ_G 和 γ_Q、材料分项系数 γ_c 和 γ_s。规范用这三个分项系数构成并保证结构的可靠度。

1. 结构重要性系数 γ_0

建筑物的结构构件安全等级不同,所要求的目标可靠指标也不同,为反映这种要求,可在计算出的荷载效应值上再乘以结构重要性系数 γ_0。《工程结构通用规范》(GB 55001—2021)、《建筑结构可靠性设计统一标准》(GB 50068—2018)和 GB 50010—2010规范都规定:对于持久和短暂设计状况,安全等级为一级、二级、三级的结构构件,γ_0 取值分别不应小于 1.1、1.0、0.9;对偶然和地震设计状况,γ_0 取值不应小于 1.0。

2. 荷载分项系数 γ_G 和 γ_Q

结构构件在其运行使用期间,实际作用的荷载仍有可能超过规定的荷载标准值。为考虑这一超载的可能性,在承载能力极限状态设计中规定对荷载标准值还应乘以相应的荷载分项系数。显然,对变异性较小的永久荷载,荷载分项系数 γ_G 就可小一些;对变异性较大的可变荷载,荷载分项系数 γ_Q 就应大一些。表 2-4 列出了《工程结构通用规范》(GB 55001—2021)规定的适用建筑工程混凝土结构的荷载分项系数。

表 2-4 《工程结构通用规范》(GB 55001—2021)规定的荷载分项系数

荷载分项系数		当荷载效应对承载力不利时	当荷载效应对承载力有利时
永久荷载分项系数 γ_G		≥1.3	≤1.0
可变荷载分项系数 γ_Q	标准值大于 $4.0\ kN/m^2$ 的工业房屋楼面可变荷载	≥1.4	0.0
	其他	≥1.5	0.0
预应力作用的分项系数 γ_P		≥1.3	≤1.0

荷载代表值乘以相应的荷载分项系数后,称为荷载设计值。但工程上,荷载设计值一般指荷载标准值与相应的荷载分项系数的乘积。

3. 材料分项系数 γ_c 和 γ_s

为了充分考虑材料强度的离散性及不可避免的施工误差等因素使材料实际强度低于材料强度标准值的可能,在承载能力极限状态计算时,规定对混凝土与钢筋的强度标准值还应分别除以混凝土材料分项系数 γ_c 与钢筋材料分项系数 γ_s。

GB 50010—2010 规范规定:在承载能力极限状态计算时,混凝土材料分项系数 γ_c 取为 1.40;延性较好的热轧钢筋除 HRB500、HRBF500 需适当提高安全储备,材料分项系数 γ_s 取为 1.15 外,其余都取为 1.10;延性较差的预应力用高强钢筋(消除应力钢丝、中强度预应力钢丝、钢绞线、预应力螺纹钢筋等)γ_s 一般取值不小于 1.20。

混凝土的轴心抗压强度和轴心抗拉强度标准值除以混凝土材料分项系数 γ_c 后,就得到混凝土轴心抗压和轴心抗拉的强度设计值 f_c 与 f_t。热轧钢筋的强度标准值除以钢筋的材料分项系数 γ_s 后,就得到热轧钢筋的抗拉强度设计值 f_y。而预应力筋的抗拉强度设计值 f_{py},对消除应力钢丝和钢绞线是由其条件屈服点除以 γ_s 后得出;对中强度预应力钢丝和预应力螺纹钢筋则是由其屈服强度标准值除以 γ_s,并考虑工程经验适当调整后得出的。

钢筋的抗压强度设计值 f_y' 由混凝土的极限压应变 ε_{cu} 与钢筋弹性模量 E_s 的乘积确定,同时规定 f_y' 不大于钢筋的抗拉强度设计值 f_y,详见第 3 章 3.5.1 小节内容。

由此得出的材料强度设计值见附表 2-1、附表 2-3 及附表 2-4,设计时可直接查用。所以,在承载能力极限状态实用设计表达式中就不再出现材料强度标准值及材料分项系数。

2.5.3 承载能力极限状态的设计表达式

1. 基本表达式

不同的设计状况和不同的荷载效应表达形式,有着不同的基本表达式[①]。对于持久和短暂设计状况,当用内力形式表达时,承载能力极限状态设计表达式为

$$\gamma_0 S_d \leqslant R_d \tag{2-18}$$

$$R_d = R(f_c, f_y, f_{py}, a_k) / \gamma_{Rd} \tag{2-19}$$

式中 γ_0——结构重要性系数,持久和短暂设计状况下,对安全等级为一级、二级、三级的结构构件,γ_0 分别不应小于 1.1、1.0、0.9;

S_d——荷载效应组合设计值,按式(2-20a)计算;

R_d——结构构件抗力设计值,按各类结构构件的承载力公式计算,计算公式详见以后各章;

$R(\cdot)$——结构构件的抗力函数;

γ_{Rd}——结构构件的抗力模型不确定系数:静力设计取 1.0,对不确定性较大的结构构件根据具体情况取大于 1.0 的数值;

f_c、f_y、f_{py}——混凝土、钢筋、预应力筋的强度设计值,按附表 2-1、附表 2-3 及附表 2-4 查用;

a_k——结构构件几何尺寸的标准值。

2. 荷载效应组合设计值

荷载效应和荷载之间的关系有线性和非线性两种,按线弹性体计算内力时一般按线性关系考虑。当荷载效应和荷载按线性关系考虑时,基本组合的效应设计值 S_d 按下式计算[②]:

$$S_d = \sum_{i \geqslant 1} \gamma_{Gi} S_{Gik} + \gamma_P S_P + \gamma_{Q1} \gamma_{L1} S_{Q1k} + \sum_{j > 1} \gamma_{Qj} \psi_{cj} \gamma_{Lj} S_{Qjk} \tag{2-20a}$$

式中 γ_{Gi}——第 i 个永久荷载的荷载分项系数:当荷载效应对承载力不利时,$\gamma_G = 1.3$;有利时,$\gamma_G \leqslant 1.0$。

S_{Gik}——第 i 个永久荷载标准值产生的荷载效应。

γ_P——预应力的分项系数:当预应力对承载力不利时,$\gamma_P = 1.3$;有利时,$\gamma_P \leqslant 1.0$。

S_P——预应力作用有关代表值的效应。

---

① 本教材只涉及以内力形式表达的持久与短暂设计状况的计算,故只列这部分的承载能力极限状态表达式和荷载效应计算表达式,其他表达式可参见《工程结构通用规范》(GB 55001—2021)、《建筑结构可靠性设计统一标准》(GB 50068—2018)和《建筑抗震设计规范》(GB 50011—2010)。

② 建筑工程混凝土结构设计,荷载效应计算由《工程结构通用规范》(GB 55001)、《建筑结构可靠性设计统一标准》(GB 50068)、《建筑结构荷载规范》(GB 50009)、《建筑抗震设计规范》(GB 50011)规定,GB 50010—2010 规范只涉及抗力的设计计算。

γ_{Q1}、γ_{Qj}——主导可变荷载和第 j 个可变荷载的荷载分项系数:对标准值大于 4.0 kN/m² 的工业房屋楼面可变荷载,当荷载效应对承载力不利时 $\gamma_Q = 1.4$,有利时 $\gamma_Q = 0$;对其他可变荷载,当荷载效应对承载力不利时 $\gamma_Q = 1.5$,有利时 $\gamma_Q = 0$。

γ_{L1}、γ_{Lj}——主导可变荷载和第 j 个可变荷载考虑结构设计工作年限的荷载调整系数,对设计工作年限为 5 年、50 年、100 年的结构,分别为 0.9、1.0、1.1。

S_{Q1k}、S_{Qjk}——主导可变荷载和第 j 个可变荷载标准值产生的效应,当 S_{Q1k} 无法明显判断时,轮次以各可变荷载效应为 S_{Q1k},选其中最不利荷载组合的荷载效应作为设计值。

ψ_{cj}——第 j 个可变荷载的组合系数,可由《工程结构通用规范》(GB 55001—2021)和《建筑结构荷载规范》(GB 50009—2012)查得。

对承载能力极限状态来说,它的荷载效应 S_d 就是荷载在结构构件上产生的内力,也就是构件截面上承受的弯矩 M、轴力 N、剪力 V 或扭矩 T 等。需要强调的是,为了表达式的简洁,在具体计算时,GB 50010—2010 规范将 γ_0 并入荷载效应组合设计值 S_d,并仍称 $\gamma_0 S_d$ 为荷载效应组合设计值。因此在本教材中,内力设计值 N、M、V、T 都是指荷载效应组合设计值 S_d 与 γ_0 的乘积。也就是在 GB 50010—2010 规范和本教材中,内力设计值按下式计算:

$$S_d = \gamma_0 \left(\sum_{i \geqslant 1} \gamma_{Gi} S_{Gik} + \gamma_P S_P + \gamma_{Q1} \gamma_{L1} S_{Q1k} + \sum_{j > 1} \gamma_{Qj} \psi_{cj} \gamma_{Lj} S_{Qjk} \right) \qquad (2-20b)$$

对承载能力极限状态来说,它的结构抗力 R 就是构件截面的极限承载力。具体对于某一截面,就是截面的极限弯矩 M_u、极限轴力 N_u、极限剪力 V_u 或极限扭矩 T_u 等。

2.5.4 正常使用极限状态的设计表达式

1. 基本表达式

正常使用极限状态的设计表达式为

$$S_d \leqslant C \qquad (2-21)$$
$$S_d = S_d(G_k, Q_k, f_k, a_k) \qquad (2-22)$$

式中　S_d——正常使用极限状态的荷载效应设计值;

$S_d(\cdot)$——正常使用极限状态的荷载效应组合值函数;

C——结构构件达到正常使用要求所规定的变形、裂缝宽度或应力等的限值;

G_k、Q_k——永久荷载、可变荷载标准值;

f_k——材料强度标准值;

a_k——结构构件几何尺寸的标准值。

2. 荷载组合的效应设计值

按正常使用极限状态验算时,应按荷载效应的标准组合、频遇组合及准永久组合分别进行验算。三种组合的效应设计值 S_d 按下列公式计算:

标准组合

$$S_d = \sum_{i \geqslant 1} S_{Gik} + S_P + S_{Q1k} + \sum_{j > 1} \psi_{cj} S_{Qjk} \tag{2-23}$$

频遇组合

$$S_d = \sum_{i \geqslant 1} S_{Gik} + S_P + \psi_{f1} S_{Q1k} + \sum_{j > 1} \psi_{qj} S_{Qjk} \tag{2-24}$$

准永久组合

$$S_d = \sum_{i \geqslant 1} S_{Gik} + S_P + \sum_{j \geqslant 1} \psi_{qj} S_{Qjk} \tag{2-25}$$

式中 ψ_{qj}、ψ_{f1}——第 j 个可变荷载的准永久值系数和主导可变荷载的频遇值系数 ψ_f，可由《工程结构通用规范》（GB 55001—2021）和《建筑结构荷载规范》（GB 50009—2012）查得。

其他符号含义和式（2-20）相同。

标准组合主要用于当一个极限状态被超越时将产生严重的永久性损害的情况，一般用于不可逆正常使用极限状态；频遇组合主要用于当一个极限状态被超越时将产生局部损害、较大的变形与短暂的振动等情况，一般用于可逆正常使用极限状态；准永久组合主要用于荷载的长期效应起主要作用的情况。

由式（2-23）~式（2-25）可见：

① 用于正常使用极限状态验算的三种荷载效应组合，其永久荷载取值相同，都取为标准值，差别在于可变荷载的取值。在标准组合中，主导可变荷载取为标准值，其他可变荷载取为组合值；在频遇组合中，主导可变荷载取为荷载频遇值，其他可变荷载取为荷载准永久值；在准永久组合中，可变荷载都取为荷载准永久值。

② 正常使用极限状态验算时，荷载采用代表值，材料强度取用为标准值。其原因是，正常使用极限状态设计主要是验算构件的变形、抗裂度或裂缝宽度。变形过大或裂缝过宽虽影响正常使用，但危害程度不及承载力不足引起的结构破坏造成的损失严重，所以它的可靠度水平要求可以低一些。

下面用两个算例来说明荷载组合效应设计值的计算。

【例 2-1】   某工业厂房屋面的一根钢筋混凝土简支梁，二级安全等级，计算跨度为 6.90 m。在使用期，梁自重和屋盖等引起的均布永久荷载标准值为 19.23 kN/m；不上人屋面活荷载引起的均布可变荷载标准值为 2.40 kN/m，其组合值系数、准永久值系数和频遇值系数分别为 0.7、0.0 和 0.5；屋面积灰荷载引起的均布可变荷载标准值为 3.60 kN/m，其组合值系数、准永久值系数和频遇值系数分别为 0.9、0.8 和 0.9。试计算按照 GB 50010—2010 规范设计时，该梁用于持久状况承载能力极限状态和正常使用极限状态设计的跨中弯矩设计值。

【解】

（1）资料

二级安全等级，结构重要性系数 γ_0 可取 1.0。永久荷载的分项系数 $\gamma_G = 1.3$，可

变荷载的分项系数 $\gamma_Q = 1.5$。各荷载标准值与可变荷载组合值系数 ψ_c、准永久值系数 ψ_q、频遇值系数 ψ_f 分别为

永久荷载　　　　$g_k = 19.23$ kN/m

屋面活荷载　　　$q_{1k} = 2.40$ kN/m，$\psi_{c1} = 0.7$，$\psi_{q1} = 0.0$，$\psi_{f1} = 0.5$

屋面积灰荷载　　$q_{2k} = 3.60$ kN/m，$\psi_{c2} = 0.9$，$\psi_{q2} = 0.8$，$\psi_{f2} = 0.9$

（2）用于承载能力极限状态计算的弯矩设计值

① 确定主导可变荷载

两个可变荷载的组合值系数 ψ_c 不同，但都为满布于简支梁的均布荷载，荷载效应系数相同，故可直接由可变荷载组合的大小判断哪个是主导可变荷载。

假定屋面活荷载为主导可变荷载时，可变荷载组合为

$$q_{1k} + \psi_{c2}q_{2k} = 2.40 \text{ kN/m} + 0.9 \times 3.60 \text{ kN/m} = 5.64 \text{ kN/m}$$

假定屋面积灰荷载为主导可变荷载时，可变荷载组合为

$$q_{2k} + \psi_{c1}q_{1k} = 3.60 \text{ kN/m} + 0.7 \times 2.40 \text{ kN/m} = 5.28 \text{ kN/m}$$

所以，屋面活荷载为主导可变荷载。

当可变荷载的荷载效应系数不同时，应以各可变荷载的荷载效应轮次作为 S_{Q1k}，由式（2-20b）分别计算，选其中最大值作为弯矩设计值。

② 计算弯矩设计值

对于持久状况承载能力极限状态计算，荷载效应采用基本组合。由式（2-20b）得荷载效应基本组合下的跨中弯矩设计值：

$$
\begin{aligned}
M &= \gamma_0(\gamma_G S_{Gk} + \gamma_Q S_{Q1k} + \gamma_Q \psi_{c2} S_{Q2k}) \\
&= \gamma_0 \left[\gamma_G \left(\frac{1}{8} g_k l_0^2 \right) + \gamma_Q \left(\frac{1}{8} q_{1k} l_0^2 \right) + \gamma_Q \psi_{c2} \left(\frac{1}{8} q_{2k} l_0^2 \right) \right] \\
&= \gamma_0 \left[\frac{1}{8} (\gamma_G g_k + \gamma_Q q_{1k} + \gamma_Q \psi_{c2} q_{2k}) l_0^2 \right] \\
&= 1.0 \times \left[\frac{1}{8} \times (1.3 \times 19.23 + 1.5 \times 2.40 + 1.5 \times 0.9 \times 3.60) \times 6.90^2 \right] \text{ kN} \cdot \text{m} \\
&= 199.12 \text{ kN} \cdot \text{m}
\end{aligned}
\tag{a1}
$$

上式还可以写为

$$
M = \gamma_0 \left[\frac{1}{8} (\gamma_G g_k + \gamma_Q q_{1k} + \gamma_Q \psi_{c2} q_{2k}) l_0^2 \right] = \gamma_0 \left[\frac{1}{8} (g + q_1 + \psi_{c2} q_2) l_0^2 \right]
\tag{a2}
$$

在式（a2）中，g、q_1 和 q_2 为永久荷载与可变荷载设计值。式（a2）说明在荷载效应和荷载呈线性关系时，荷载效应也可按荷载设计值进行计算。

$$g = \gamma_G g_k = 1.3 \times 19.23 \text{ kN/m} = 25.0 \text{ kN/m}$$

$$q_1 = \gamma_Q q_{1k} = 1.5 \times 2.40 \text{ kN/m} = 3.60 \text{ kN/m}$$

$$q_2 = \gamma_Q q_{2k} = 1.5 \times 3.60 \text{ kN/m} = 5.40 \text{ kN/m}$$

将荷载设计值 g、q 代入式（a2），有

$$M = \gamma_0 \left[\frac{1}{8} (g + q_1 + \psi_{c2} q_2) l_0^2 \right]$$

$$= \frac{1}{8} \times (25.0 + 3.60 + 0.9 \times 5.40) \times 6.90^2 \text{ kN} \cdot \text{m} = 199.12 \text{ kN} \cdot \text{m}$$

（3）用于正常使用极限状态计算的弯矩设计值

正常使用极限状态设计时,宜根据不同情况采用荷载效应的标准组合、频遇组合和准永久组合,下面分别计算。

① 标准组合

显然,在标准组合中主导可变荷载仍为屋面活荷载,由式(2-23)得标准组合跨中弯矩设计值:

$$M_k = \frac{1}{8} (g_k + q_{1k} + \psi_{c2} q_{2k}) l_0^2$$

$$= \frac{1}{8} \times (19.23 + 2.40 + 0.9 \times 3.60) \times 6.90^2 \text{ kN} \cdot \text{m} = 148.01 \text{ kN} \cdot \text{m}$$

② 频遇组合

以各可变荷载的荷载效应轮次作为 S_{Q1k},由式(2-24)分别计算,选其中最大值作为频遇组合跨中弯矩设计值。

假定屋面活荷载为主导可变荷载时,频遇组合为

$$M_\psi = \frac{1}{8} (g_k + \psi_{f1} q_{1k} + \psi_{q2} q_{2k}) l_0^2$$

$$= \frac{1}{8} \times (19.23 + 0.5 \times 2.40 + 0.8 \times 3.60) \times 6.90^2 \text{ kN} \cdot \text{m} = 138.72 \text{ kN} \cdot \text{m}$$

假定屋面积灰荷载为主导可变荷载时,频遇组合为

$$M_\psi = \frac{1}{8} (g_k + \psi_{f2} q_{2k} + \psi_{q1} q_{1k}) l_0^2$$

$$= \frac{1}{8} \times (19.23 + 0.9 \times 3.60 + 0.0 \times 2.40) \times 6.90^2 \text{ kN} \cdot \text{m} = 133.72 \text{ kN} \cdot \text{m}$$

所以,频遇组合跨中弯矩设计值为 138.72 kN · m,主导可变荷载仍为屋面活荷载。

③ 准永久组合

在准永久组合中,可变荷载都采用其准永久值,所以不用区分主导可变荷载,由式(2-25)得准永久组合弯矩设计值:

$$M_q = \frac{1}{8} (g_k + \psi_{q1} q_{1k} + \psi_{q2} q_{2k}) l_0^2$$

$$= \frac{1}{8} \times (19.23 + 0 \times 2.40 + 0.8 \times 3.60) \times 6.90^2 \text{ kN} \cdot \text{m} = 131.58 \text{ kN} \cdot \text{m}$$

【例 2-2】 某露天涵道,二级安全等级,底板顶高程为 1.10 m,侧墙顶高程为

5.50 m,外侧填土顶高程为 4.10 m,如图 2-3a 所示。涵道设计水位为 5.10 m,地下水位在 1.90～2.10 m 之间变化;外侧土层重度和浮重度为 $\gamma_{s1} = 18.50$ kN/m³ 和 $\gamma_{s2} = 10.0$ kN/m³,静止土压力系数 $K_0 = 0.33$;水重度为 $\gamma_w = 9.81$ kN/m³。试计算按照 GB 50010—2010规范设计时,涵道侧墙根部用于承载能力极限状态设计的弯矩设计值。

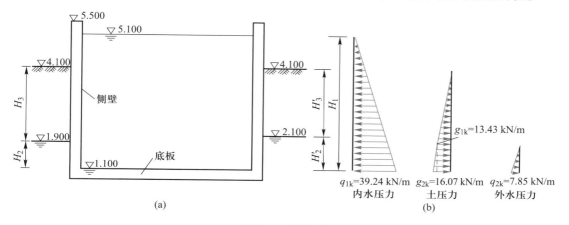

图 2-3　涵道壁
（a）截面形状与高程;（b）水压力与土压力分布

【解】

（1）资料

二级安全等级,结构重要性系数 γ_0 可取 1.0。该涵道侧墙受涵道内水压力和涵道外土压力、地下水压力的作用。正常运行时,侧墙内压大于外压,侧墙内侧受拉;检修时,涵道内无水,侧墙外侧受拉。两者受力状态不同,应分别进行设计。同时,该涵道长度较长,取长度 $b = 1.0$ m 进行计算。

（2）正常运行工况

正常运行工况为持久设计状况,其承载能力极限状态计算采用荷载效应基本组合。

① 荷载标准值与荷载分项系数

在正常运行工况,涵道内水压力为对承载力不利的可变荷载,$\gamma_{Q1} = 1.5$,设计水头为 $H_1 = 5.10$ m-1.10 m$= 4.0$ m。地下水压力为对承载力有利的可变荷载,规范规定对承载力有利的可变荷载取其荷载分项系数为零,但本教材认为,对于一直存在的对承载力有利的可变荷载,如果只是荷载数值有变化,可取其最小值进行计算,即地下水压力设计水头可取 $H_2 = 1.90$ m-1.10 m$= 0.80$ m,且取其荷载分项系数与永久荷载对承载力有利时的 γ_G 相同,$\gamma_{Q2} = 1.0$。涵道外土压力为对承载力有利的永久荷载,取 $\gamma_G = 1.0$,土层顶面至外水水位距离 $H_3 = 4.10$ m-1.90 m$= 2.20$ m。土压力按静止土压力计算。

侧墙根部水压力标准值:

内水 $q_{1k} = \gamma_w H_1 b = 9.81 \times 4.0 \times 1.0 \ kN/m = 39.24 \ kN/m$

外水 $q_{2k} = \gamma_w H_2 b = 9.81 \times 0.80 \times 1.0 \ kN/m = 7.85 \ kN/m$

土压力标准值：

地下水位处 $g_{1k} = K_0 \gamma_{s1} H_3 b = 0.33 \times 18.50 \times 2.20 \times 1.0 \ kN/m = 13.43 \ kN/m$

侧墙根部 $g_{2k} = g_{1k} + K_0 \gamma_{s2} H_2 b = 13.43 \ kN/m + 0.33 \times 10.0 \times 0.80 \times 1.0 \ kN/m = 16.07 \ kN/m$

由以上荷载值，可画出涵道内水压力和涵道外土压力、水压力的分布如图2-3b所示。

② 弯矩设计值

由式(2-20b)得涵道侧墙根部1 m宽度上的弯矩设计值：

$$
\begin{aligned}
M &= \gamma_0 \left[\frac{1}{6} \gamma_Q q_{1k} H_1^2 - \frac{1}{2} \gamma_G g_{1k} H_3 \left(\frac{1}{3} H_3 + H_2 \right) - \right. \\
&\quad \left. \frac{1}{2} \gamma_G g_{1k} H_2^2 - \frac{1}{6} \gamma_G (g_{2k} - g_{1k}) H_2^2 - \frac{1}{6} \gamma_{Q2} q_{2k} H_2^2 \right] \\
&= 1.0 \times \left[\frac{1}{6} \times 1.5 \times 39.24 \times 4.0^2 - \frac{1}{2} \times 1.0 \times 13.43 \times 2.20 \times \left(\frac{1}{3} \times 2.20 + 0.80 \right) - \right. \\
&\quad \frac{1}{2} \times 1.0 \times 13.43 \times 0.80^2 - \frac{1}{6} \times 1.0 \times (16.07 - 13.43) \times 0.80^2 - \\
&\quad \left. \frac{1}{6} \times 1.0 \times 7.85 \times 0.80^2 \right] kN \cdot m \\
&= 128.89 \ kN \cdot m
\end{aligned}
$$

（3）检修状况

检修状况为短暂设计状况，其承载能力极限状态计算仍采用荷载效应基本组合。

在检修状况，涵道内水放空，无内水压力，涵道侧墙仅承受外部土压力和水压力作用，所以地下水压力为对承载力不利的可变荷载，取其最高水位2.10 m进行计算，且取 $\gamma_Q = 1.5$；涵道外土压力为对承载力不利的永久荷载，$\gamma_G = 1.3$。具体计算过程和正常运行工况相同，读者可自行计算。

第2章
总结

📖 思考题

2-1 简要说明工程结构设计的内容和要求。

2-2 什么是结构上的作用？荷载属于哪种作用？作用效应与荷载效应的区别是什么？为什么说作用和作用效应都是随机变量？

2-3 荷载有哪些分类？为什么要有这些分类？为什么说永久荷载（包括自重）也是随机变量？

2-4 荷载代表值有哪些？

2-5 什么是结构抗力？影响结构抗力的主要因素是什么？为什么说结构抗力是随机变量？

2-6　建筑结构应满足哪些功能要求？建筑结构的安全等级是按什么原则划分的？结构的设计工作年限如何确定？设计工作年限与设计基准期有什么不同？超过结构设计工作年限后是否意味着结构不能再使用？

2-7　什么是结构的极限状态？分为几类？各有什么作用？

2-8　什么是结构的可靠度和可靠指标？允许失效概率$[p_f]$、目标可靠指标β_T和分项系数$(\gamma_0、\gamma_G$和$\gamma_Q、\gamma_s$和$\gamma_c)$之间有什么关系？

2-9　什么叫荷载设计值？它与荷载代表值有什么关系？荷载设计值和代表值各用在什么地方？

2-10　混凝土立方体抗压强度、轴心抗压强度和轴心抗拉强度标准值分别是如何确定的？钢筋强度标准值是如何确定的？材料强度标准值有什么用途？

2-11　材料强度设计值有什么用途？混凝土强度设计值与其标准值有什么关系？软钢、硬钢的抗拉强度设计值与其标准值分别有什么关系？钢筋抗压强度设计值是如何确定的？

△[1]2-12　有人认为γ_G的取值在任何情况下都不应小于1.3，这一说法对不对？为什么？

△2-13　规范规定，当可变荷载对结构受力有利时取其荷载分项系数$\gamma_Q = 0$，即不考虑该荷载的作用。但对于一直存在且数值不为零，只是大小有变化，对承载力有利的可变荷载，你有什么更好的处理方法？

2-14　承载能力极限状态和正常使用极限状态的设计表达式有什么区别？

2-15　什么是主导可变荷载？它是如何确定的？

2-16　持久和短暂设计状况承载能力极限状态计算时，采用什么荷载组合？该组合中永久荷载与可变荷载是如何取值的？

2-17　正常使用极限状态验算时，标准组合、频遇组合、准永久组合中的可变荷载取用有什么区别？为什么正常使用极限状态验算要区分这些组合？

📖 计算题

第2章
思考题详解

2-1　某一钢筋混凝土梁，承受的内力S（弯矩M）服从正态分布，且其平均值$\mu_S = \mu_M = 13.0 \text{ kN·m}$，其标准差$\sigma_S = \sigma_M = 0.91 \text{ kN·m}$；梁的抗力$R$也服从正态分布，其平均值$\mu_R = 20.80 \text{ kN·m}$，标准差$\sigma_R = 1.96 \text{ kN·m}$。试求此梁的受弯可靠指标$\beta$。

2-2　某框架柱，一级安全等级。在使用期，永久荷载、楼面均布可变荷载、风荷载标准值在柱底截面产生的弯矩分别为63.25 kN·m、7.85 kN·m、12.34 kN·m，其中楼面可变荷载、风荷载的组合值系数分别为0.7、0.6。试计算按照 GB 50010—2010 规范设计时，荷载效应基本组合下的柱底截面弯矩设计值。

_____

①　带△标记的题目表示有一定难度。

第 2 章
计算题详解

课程思政 3
工程结构的
功能要求

课程思政 4
典型工程事
故案例

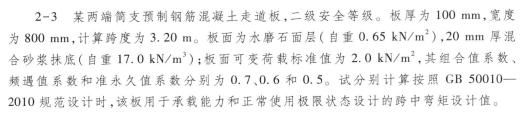

2-3   某两端简支预制钢筋混凝土走道板,二级安全等级。板厚为 100 mm,宽度为 800 mm,计算跨度为 3.20 m。板面为水磨石面层(自重 0.65 kN/m²),20 mm 厚混合砂浆抹底(自重 17.0 kN/m³);板面可变荷载标准值为 2.0 kN/m²,其组合值系数、频遇值系数和准永久值系数分别为 0.7、0.6 和 0.5。试分别计算按照 GB 50010—2010 规范设计时,该板用于承载能力和正常使用极限状态设计的跨中弯矩设计值。

2-4   某工业厂房屋面的一根钢筋混凝土简支梁,二级安全等级,计算跨度为 6.60 m。使用期内,梁上的自重等永久荷载标准值为 18.06 kN/m;不上人屋面可变荷载引起的均布可变荷载标准值为 2.80 kN/m,其组合值系数、频遇值系数和准永久值系数为 0.7、0.5 和 0;积灰荷载引起的均布可变荷载标准值为 4.20 kN/m,其组合值系数、频遇值系数和准永久值系数为 0.9、0.9 和 0.8。试分别计算按照 GB 50010—2010 规范设计时,该梁用于承载能力和正常使用极限状态设计的跨中弯矩设计值。

第3章　钢筋混凝土受弯构件正截面受弯承载力计算[①]

典型的受弯构件是板和梁。图 3-1 所示的整体式楼盖结构的面板、主梁、次梁,以及图 3-2 所示的梁板式码头的横梁、纵梁、面板都是受弯构件。图 3-3 所示的扶壁式挡土墙的立板和底板,也是受弯构件。

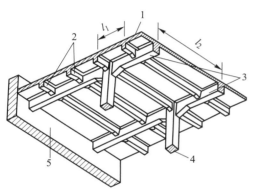

1—面板;2—次梁;3—主梁;4—柱;5—墩墙。

图 3-1　整体式楼盖结构

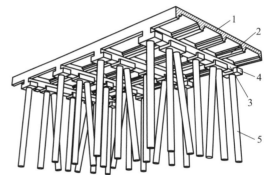

1—面板;2—纵梁;3—横梁;4—桩帽;5—桩。

图 3-2　梁板式码头

受弯构件的特点是在荷载作用下截面上承受弯矩 M 和剪力 V,在弯矩和剪力作用下它有可能发生两种破坏。若以等截面通长配筋的简支梁举例,一种破坏发生在沿弯矩最大的截面,如图 3-4a 所示,由于破坏截面与构件的轴线垂直,称为正截面破坏;另一种破坏发生在沿剪力最大或弯矩和剪力都较大的截面,如图 3-4b 所示,由于破坏截面与构件的轴线斜交,称为斜截面破坏。

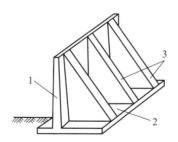

1—立板;2—底板;3—扶壁(肋板)。

图 3-3　扶壁式挡土墙

---

① 本章所指受弯构件为跨高比 $l_0/h \geqslant 5$ 的一般受弯构件。对于 $l_0/h < 5$ 的构件,应按深受弯构件计算,具体可参阅规范。

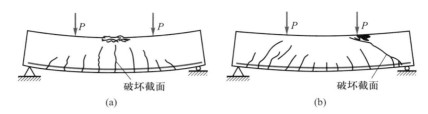

图 3-4   受弯构件的破坏形式

（a）正截面破坏；（b）斜截面破坏

受弯构件设计时，既要保证构件发生沿正截面破坏的概率小于其容许失效概率，又要保证构件发生沿斜截面破坏的概率小于其容许失效概率，也就是通常所说的既要保证构件不得沿正截面发生破坏又要保证构件不得沿斜截面发生破坏，因此要进行正截面承载力与斜截面承载力的计算。

所谓正截面承载力计算就是根据弯矩设计值，选择构件截面形式、尺寸和材料等级，计算配置纵向受力钢筋；或已知构件截面形式、尺寸和材料等级及纵向受力钢筋用量，计算构件能承受的弯矩。由于正截面破坏是由弯矩引起的，所以正截面承载力严格上应称为正截面受弯承载力。所谓斜截面承载力计算，包括斜截面受剪承载力和斜截面受弯承载力计算，其中前者就是根据剪力设计值配置抗剪钢筋，或已知抗剪钢筋用量，计算构件能承受的剪力。

抗剪钢筋也称为腹筋。腹筋可以采用垂直于梁轴的箍筋和由纵向钢筋弯起的斜筋（也称为弯起钢筋，简称弯筋）。纵筋、箍筋、弯筋和固定箍筋所需的架立筋（一般不考虑它参与受力）组成了构件的钢筋骨架，如图 3-5 所示。

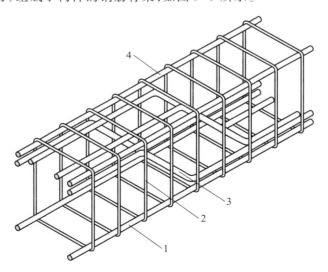

1,3—纵向受力钢筋；2—箍筋；3—弯起钢筋；4—架立钢筋。

图 3-5   梁的钢筋骨架

本章介绍受弯构件的正截面承载力计算和有关构造规定,斜截面承载力计算及其构造规定将在第 4 章介绍。

3.1　受弯构件的截面形式和构造

钢筋混凝土构件的截面尺寸与受力钢筋数量是由计算决定的,但在构件设计中,还需要满足许多构造上的要求,以照顾到施工的便利和某些在计算中无法考虑的因素,这是必须予以充分重视的。

下面列出建筑工程钢筋混凝土受弯构件正截面的一般构造规定,以供参考。

3.1.1　截面形式与截面尺寸

梁的截面最常用的是矩形、T 形和 I 形截面。在装配式构件中,为了减轻自重及增大截面惯性矩,也常采用Ⅱ形、箱形及空心形等截面(图 3-6a)。板的截面一般是实心矩形,也有采用槽形和空心的截面,如码头的空心大板等(图 3-6b)。

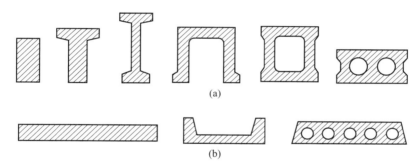

图 3-6　梁、板的截面形式
(a) 梁的截面形式;(b) 板的截面形式

受弯构件中,仅在受拉区配置纵向受力钢筋的截面称为单筋截面,如图 3-7a 所示;受拉区和受压区都配置纵向受力钢筋的截面称为双筋截面,如图 3-7b 所示。

为了使构件的截面尺寸有统一的标准,能重复利用模板并便于施工,确定截面尺寸时,通常要考虑以下一些规定。

现浇的矩形梁梁宽及 T 形梁梁肋宽 b 常取为 120 mm、150 mm、180 mm、200 mm、220 mm、250 mm,250 mm 以上者以 50 mm 为模数递增。梁高 h 常取为 250 mm、300 mm、350 mm、400 mm、…、800 mm,以 50 mm 为模数递增;800 mm 以上则可

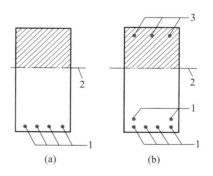

1—纵向受拉钢筋;2—中和轴;
3—纵向受压钢筋。

图 3-7　梁的单筋及双筋截面
(a) 单筋截面;(b) 双筋截面

以 100 mm 递增。

梁的高度 h 通常可由跨度 l_0 决定,独立简支梁和连续梁的高跨比 h/l_0 一般取为 $1/12 \sim 1/8$ 和 $1/15 \sim 1/12$。梁的宽度 b 通常由梁高 h 确定,矩形截面梁和 T 形截面梁的高宽比 h/b 一般取为 $2.0 \sim 3.5$ 和 $2.5 \sim 5.0$,但预制薄腹梁的 h/b 有时可达 6 左右。

对于实心板,其厚度一般不宜小于 100 mm。板的厚度在 250 mm 以下,以 10 mm 为模数递增;在 250 mm 以上则可以 50 mm 递增。

板的厚度 h 一般也由跨度 l_0 决定。厚度不大的简支板和连续板,厚跨比 h/l_0 一般取为 $1/35 \sim 1/30$ 和 $1/40 \sim 1/35$。

对预制构件,为了减轻自重,其截面尺寸可根据具体情况决定,级差模数不受上列规定限制。

3.1.2　混凝土保护层厚度

在钢筋混凝土构件中,为防止钢筋锈蚀,保证结构的耐久性、防火性及钢筋和混凝土能牢固黏结在一起,钢筋外面必须有足够厚度的混凝土保护层(图 3-8)。这种必要的保护层厚度主要与钢筋混凝土结构构件的种类、所处环境条件有关,环境条件越差,所需的保护层厚度就越大;板、墙、壳类结构由于构件厚度薄,所需的保护层厚度可小于梁、柱、杆类构件的保护层厚度。

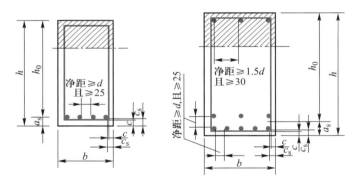

图 3-8　混凝土保护层厚度与梁内钢筋净距

纵向受力钢筋的混凝土保护层厚度 c_s(从纵向受力钢筋的外边缘算起),不应小于其钢筋直径,以保证握裹层混凝土对纵向受力钢筋提供足够的锚固。设计工作年限为 50 年混凝土结构,最外层钢筋的保护层厚度 c 不应小于附表 4-1 所列数值;设计工作年限为 100 年混凝土结构,最外层钢筋的保护层厚度不应小于附表 4-1 所列数值的 1.4 倍,目的是防止钢筋生锈,保证结构有足够的耐久性。

对梁而言,最外层钢筋是箍筋,也就是最外层钢筋保护层厚度 c 是箍筋外边缘到构件截面外边缘的最近距离。因此,最外层纵向钢筋保护层厚度 c_s 要满足:$c_s = c +$ 箍筋直径,且不小于纵向钢筋直径,箍筋直径一般取 $6 \sim 10$ mm。

3.1.3 梁内钢筋的直径和净距

为保证梁内钢筋骨架有较好的刚度并便于施工,梁的纵向受力钢筋的直径不能太细,梁高 $h \geqslant 300$ mm 时纵向受力钢筋直径不应小于 10 mm;同时为了减小受拉区混凝土的裂缝宽度,直径也不宜太粗,通常可选用直径为 10~28 mm 的钢筋。同一梁中,截面一边的纵向受力钢筋直径最好相同,但为了选配钢筋方便和节约钢材,也可用两种直径。当采用两种直径钢筋时,两种直径至少相差 2 mm,以便于识别;为受力均匀,两种直径相差也不宜超过 6 mm。

热轧钢筋的直径应选择常用直径,例如 12 mm、14 mm、16 mm、18 mm、20 mm、22 mm、25 mm、28 mm 等,当然也需根据材料供应的情况决定。

梁跨中截面纵向受力钢筋的根数一般不少于 3~4 根。截面尺寸特别小且不需要弯起钢筋的小梁,纵向受力钢筋也可少到 2 根。梁中钢筋的根数也不宜太多,太多会增加浇灌混凝土的困难。

为了便于混凝土的浇捣并保证混凝土与钢筋之间有足够的黏结力。梁内下部纵向钢筋的净距不应小于 d(纵向钢筋的最大直径),也不应小于 25 mm;上部纵向钢筋的净距不应小于 $1.5d$,也应不小于 30 mm(图 3-8)。下部纵向受力钢筋尽可能排成一层,当根数较多时,也可排成两层,但因钢筋重心向上移,内力臂减小,对承载力有一定影响。当两层还布置不开时,也允许将钢筋成束布置(每束以 2 根为宜)。在纵向受力钢筋多于两层的特殊情况下,第三层及以上各层的钢筋水平方向的间距应比下面两层的间距增大 1 倍。钢筋排成两层或两层以上时,应避免上下层钢筋互相错位,同时各层钢筋之间的净间距应不小于 25 mm 和 d,否则将给混凝土浇灌带来困难。

3.1.4 板内钢筋的直径与间距

一般厚度的板,其受力钢筋直径常用 6 mm、8 mm、10 mm、12 mm;当板厚较大时,受力钢筋直径可用 14~18 mm。为方便施工,同一板中受力钢筋尽量采用一种直径。有时为节约钢材,也可采用两种直径,但两种直径要相差 2 mm,以便于识别。

为传力均匀及避免混凝土局部破坏,板中受力钢筋的间距(中距)不能太稀,允许的受力钢筋最大间距和板厚 h 有关:

$h \leqslant 150$ mm 时:200 mm;

$h > 150$ mm 时:$1.5h$ 且每米不少于 4 根。

为便于施工,板中钢筋的间距也不要过密,最小间距为 70 mm,即每米板宽中最多配置 14 根钢筋。

在板中,若只在一个方向配置受力钢筋,在垂直于受力钢筋方向还要布置分布钢筋(图 3-9)。分布钢筋的作用是将板面荷载更均匀地传递给受力钢筋,同时在施工中固定受力钢筋,并起抵抗混凝土收缩和温度应力的作用。

分布钢筋主要起构造作用,布置在受力钢筋的内侧,可采用光圆钢筋。因此,对板

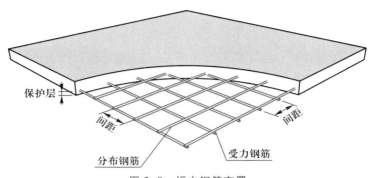

图 3-9   板内钢筋布置

而言,最外层钢筋就是纵向受力钢筋,最外层纵向钢筋保护层厚度 c_s 就等于 c,它应满足 $c_s = c$,且不小于纵向钢筋直径。

一般厚度的板中,分布钢筋的直径多采用 6~8 mm,间距不宜大于 250 mm,钢筋用量不宜少于单位宽度受力钢筋截面面积的 15%,且配筋率不宜小于 0.15%。当集中荷载较大时,分布钢筋用量尚应增加,且间距不宜大于 200 mm。

当板处于温度变幅较大或不均匀沉陷的复杂条件,且在与受力钢筋垂直的方向所受约束很大时,分布钢筋还宜适当增加。

3.2   受弯构件正截面的试验研究

3.2.1   梁的受弯试验和应力-应变阶段

钢筋混凝土构件的计算理论是建立在大量试验的基础之上的。因此,在计算钢筋混凝土受弯构件以前,应该对它从开始受力直到破坏为止整个受力过程中的应力-应变变化规律有充分的了解。

为了着重研究正截面的应力-应变变化规律,钢筋混凝土梁受弯试验常采用两点对称加载的方式,使梁两个对称荷载之间的中间区段处于纯弯曲状态,保证其发生正截面破坏,这个中间区段(纯弯段)就是试验要观察的部位,试验梁的布置如图 3-10 所示。试验时按预计的破坏荷载分级加载。采用仪表量测纯弯段内沿梁高两侧布置的测点的应变(梁的纵向变形),利用安装在跨中和两端的千分表测定梁的跨中挠度,并用读数放大镜观察裂缝的出现与开展。

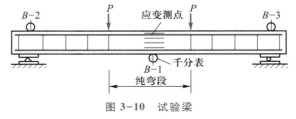

图 3-10   试验梁

由试验可知,在受拉区混凝土开裂之前,截面在变形后仍保持为平面。在裂缝发生之后,对裂缝截面来说,截面不再保持为绝对平面。但只要测量应变的仪表有一定的标距(跨过一条裂缝或几条裂缝),所测得的应变实际上为标距范围内的平均应变值(图 3-11),则沿截面高度测得的各纤维层的平均应变值从开始加载到接近破坏,基本上是按直线分布的,即可以认为始终符合平截面假定。由试验还可以看出,随着荷载的增加,受拉区裂缝向上延伸,中和轴不断上移,受压区高度逐渐减小。

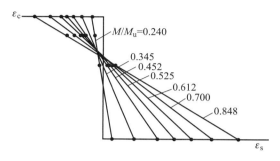

图 3-11 梁的截面应变实测结果

图 3-11 中 M 代表荷载产生的弯矩值,M_u 代表截面破坏时所承受的实测极限弯矩,ε_c 代表受压边缘混凝土的压缩应变,ε_s 代表纵向受拉钢筋的拉伸应变。

试验表明,钢筋混凝土梁从加载到破坏,正截面上的应力和应变不断变化,整个过程可以分为三个阶段(图 3-12)。

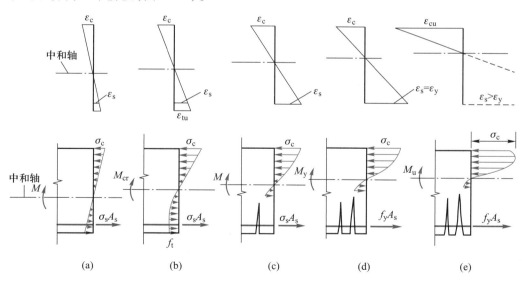

图 3-12 试验梁的应力-应变阶段

(a) 阶段Ⅰ:未裂阶段;(b) 阶段Ⅰ_a:未裂阶段末尾;(c) 阶段Ⅱ:裂缝阶段;

(d) 阶段Ⅲ:破坏阶段;(e) 阶段Ⅲ_a:破坏阶段末尾

1. 第Ⅰ阶段——未裂阶段

荷载很小时,梁的截面在弯曲后仍保持为平面。截面上混凝土应力 σ_c 与纵向受拉钢筋应力 σ_s 都不大,变形基本上是弹性的,应力与应变之间保持线性关系,混凝土受拉及受压区的应力分布均为线性,见图 3-12a,图中 A_s 为纵向受拉钢筋截面面积。

当荷载逐渐增加到这个阶段的末尾时,混凝土受拉应力大部分达到抗拉强度 f_t[①],受拉区边缘混凝土应变达到极限拉应变 ε_{tu}。此时受拉区混凝土呈现出很大的塑性变形,拉应力图形表现为曲线状,若荷载再稍有增加,受拉区混凝土就将发生裂缝。但在受压区,由于压应力还远小于混凝土抗压强度,混凝土的力学性质基本上还处于弹性范围,应力图形仍接近三角形。这一受力状态称为 I_a 阶段(图 3-12b),是计算受弯构件抗裂时所采用的应力阶段。

在未裂阶段中,拉力是由受拉混凝土与纵向受拉钢筋共同承担的,两者应变相同,所以钢筋应力很低,一般只达到 $20\sim30$ N/mm²。

2. 第Ⅱ阶段——裂缝阶段

当荷载继续增加,受拉区边缘混凝土应变超过受拉极限变形时,受拉区混凝土就出现裂缝,进入第Ⅱ阶段,即裂缝阶段。裂缝一旦出现,裂缝截面的受拉区混凝土大部分退出工作,拉力几乎全部由纵向受拉钢筋承担,纵向受拉钢筋应力和第Ⅰ阶段相比有突然的增大。

随着荷载增加,裂缝扩大并向上延伸,中和轴也向上移动,纵向受拉钢筋应力和受压区混凝土压应变不断增大。这时受压区混凝土也有一定的塑性变形发展,压应力图形呈平缓的曲线形(图 3-12c)。

第Ⅱ阶段相当于一般不要求抗裂的构件在正常使用时的情况,是计算受弯构件正常使用阶段的变形和裂缝宽度时所依据的应力阶段。

3. 第Ⅲ阶段——破坏阶段

随着荷载继续增加,纵向受拉钢筋应力和应变不断增大,当达到屈服强度 f_y 和屈服应变 ε_y 时(图 3-12d),即认为梁已进入破坏阶段。此时纵向受拉钢筋应力不增加而应变迅速增大,促使裂缝急剧开展并向上延伸。随着中和轴的上移,混凝土受压区面积减小,混凝土的压应力增大,受压混凝土的塑性特征也明显发展,压应力图形呈现曲线形。

当受压区边缘混凝土应变达到极限压应变 ε_{cu} 时,受压混凝土发生纵向水平开裂而被压碎,梁随之破坏。这一受力状态称为 $Ⅲ_a$ 阶段(图 3-12e),是计算受弯构件正截面承载力时所依据的应力阶段。

应当指出,上述应力阶段是对纵向受拉钢筋用量适中的梁来说的,对于纵向受拉钢筋用量过多或过少的梁则并不如此。

[①]　本教材在构件受力试验研究分析中,所有符号 f_t、f_c、f_y、f_y' 均表示各自强度的实际值,并非它们的设计值。

3.2.2　正截面的破坏特征

钢筋混凝土受弯构件正截面承载力计算,是以构件截面破坏阶段的应力状态为依据的。为了正确进行承载力计算,有必要对截面在破坏时的破坏特征加以研究。

试验指出,对于截面尺寸和混凝土强度等级相同的受弯构件,其正截面的破坏特征主要与纵向受拉钢筋数量有关,可分下列三种情况。

1. 第一种破坏情况——适筋破坏

纵向受拉钢筋配筋适中的截面,在开始破坏时,裂缝截面的纵向受拉钢筋应力首先到达屈服强度,发生很大的塑性变形,有一根或几根裂缝迅速开展并向上延伸,受压区面积大大减小,迫使受压区边缘混凝土应变达到极限压应变 ε_{cu},混凝土被压碎,构件即告破坏(图 3-13a),这种配筋情况称为"适筋"。适筋梁在破坏前,构件有显著的裂缝开展和挠度,即有明显的破坏预兆。在破坏过程中,虽然最终破坏时构件所能承受的荷载仅稍大于纵向受拉钢筋刚达到屈服时承受的荷载,但挠度的增长却相当大(参见图 3-14)。这意味着构件在截面承载力无显著变化的情况下,具有较大变形的能力,也就是构件的延性较好,属于延性破坏。

2. 第二种破坏情况——超筋破坏

若纵向受拉钢筋配筋过多,加载后纵向受拉钢筋应力尚未达到屈服强度前,受压区边缘混凝土应变却已先达到极限压应变而被压坏,致使整个构件也突然破坏(图 3-13b),这种配筋情况称为"超筋"。由于承载力控制于受压区混凝土,所以虽然配置了很多纵向受拉钢筋,但是不能增加截面承载力,纵向受拉钢筋未能发挥其应有的作用。超筋梁在破坏时裂缝根数较多,裂缝宽度比较细,挠度也比较小。但超筋构件由于混凝土压坏前无明显预兆,破坏发生突然,属于脆性破坏,对结构的安全很不利,因此,在设计中必须予以避免。

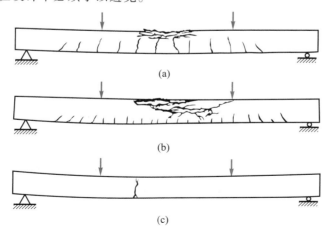

图 3-13　梁的正截面破坏情况

(a) 适筋破坏;(b) 超筋破坏;(c) 少筋破坏

3. 第三种破坏情况——少筋破坏

若纵向受拉钢筋配筋过少,受拉区混凝土一旦出现裂缝,裂缝截面的纵向受拉钢筋应力很快达到屈服强度,并可能经过流幅段而进入强化阶段,这种配筋情况称为"少筋"。少筋梁在破坏时往往只出现一条裂缝,但裂缝开展很宽,挠度也很大(图 3-13c)。虽然受压区混凝土还未被压碎,但对于一般的板、梁,实用上认为已不能使用。因此,可以认为它的开裂弯矩就是破坏弯矩。少筋构件的破坏基本上属于脆性破坏,在设计中也应避免采用。

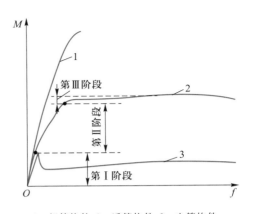

1—超筋构件;2—适筋构件;3—少筋构件。

图 3-14　三种配筋构件的弯矩-挠度曲线

图 3-14 为适筋、超筋及少筋构件的弯矩-挠度(M-f)曲线。由图可见,对于适筋构件,在裂缝出现前(第 I 阶段)和裂缝出现后(第 II 阶段),挠度随荷载的增加大致按线性变化增长。但在裂缝出现后,由于裂缝截面受拉区开裂混凝土退出工作,截面刚度显著降低,因此挠度的增长远较裂缝出现前为大。在第 I 阶段与第 II 阶段过渡处,挠度曲线有一转折,该转折点的标志是受拉区边缘混凝土应变达到了极限拉应变 ε_{tu}。当纵向受拉钢筋达到屈服(进入第 III 阶段)时,挠度增加更为剧烈,曲线出现第二个转折点,该转折点的标志是纵向受拉钢筋达到了屈服应变 ε_y。以后在弯矩变动不大的情况下,挠度持续增加,表现出良好的延性性质,直到受压区边缘混凝土应变达到极限压应变 ε_{cu},构件破坏。

对于超筋构件,由于直到破坏时纵向受拉钢筋应力还未达到屈服强度,因此挠度曲线没有第二个转折点,呈现出突然的脆性破坏性质,延性极差。

对于少筋构件,在达到开裂弯矩后,原由混凝土承担的拉力需要由纵向受拉钢筋承担,但因配筋量过小,纵向受拉钢筋马上屈服,不足以承担开裂前混凝土承担的拉力,使得此时截面能承受的弯矩还不及开裂前的大,因而曲线有一下降段,此后挠度急剧增加。

综上所述,当受弯构件的截面尺寸、混凝土强度等级相同时,正截面的破坏特征随纵向受拉钢筋配筋量多少而变化,其规律是:① 配筋量太少时,破坏弯矩接近于开裂弯矩,其大小取决于混凝土的抗拉强度和截面尺寸大小;② 配筋量过多时,配筋不能充分发挥作用,破坏弯矩取决于混凝土的抗压强度和截面尺寸大小;③ 配筋量适中时,破坏弯矩取决于配筋量、钢筋的强度和截面尺寸。合理的配筋应配筋量适中,避免发生超筋或少筋的破坏情况。因此,在下面计算公式推导中所取用的应力图形也仅是针对纵向受拉钢筋配筋量适中的截面来分析的。

3.3 正截面受弯承载力计算原则

3.3.1 计算方法的基本假定

（1）平截面假定。多年来,国内外对用各种钢材配筋（包括各种形状截面）的受弯构件所进行的大量试验表明,在各级荷载作用下,一定标距范围内的平均应变值沿截面高度线性分布,基本上符合平截面假定（参见图3-11）。根据平截面假定,截面上任意点的应变与该点到中和轴的距离成正比,所以平截面假定提供了变形协调的几何关系。

（2）不考虑受拉区混凝土的工作。对于极限状态下的承载力计算来说,受拉区混凝土的作用相对很小,完全可以忽略不计。

（3）受压区混凝土的应力-应变关系采用图3-15所示的设计曲线。

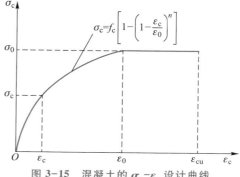

图 3-15 混凝土的 σ_c-ε_c 设计曲线

当 $\varepsilon_c \leqslant \varepsilon_0$ 时,应力-应变关系为下列曲线:

$$\sigma_c = f_c \left[1 - \left(1 - \frac{\varepsilon_c}{\varepsilon_0} \right)^n \right] \tag{3-1a}$$

当 $\varepsilon_0 < \varepsilon_c \leqslant \varepsilon_{cu}$ 时,应力-应变关系为水平线:

$$\sigma_c = f_c \tag{3-1b}$$

其中

$$\varepsilon_0 = 0.002 + 0.5(f_{cu,k} - 50) \times 10^{-5} \tag{3-1c}$$

$$\varepsilon_{cu} = 0.0033 - (f_{cu,k} - 50) \times 10^{-5} \tag{3-1d}$$

$$n = 2 - \frac{1}{60}(f_{cu,k} - 50) \tag{3-1e}$$

式中　f_c——混凝土轴心抗压强度设计值,按附表2-1取用。

$f_{cu,k}$——混凝土立方体抗压强度标准值。

ε_0——混凝土压应力达到其轴心抗压强度设计值 f_c 时的压应变,当 ε_0 计算值小于 0.002 时,取 $\varepsilon_0 = 0.002$。

ε_{cu}——混凝土极限压应变:混凝土非均匀受压时,ε_{cu} 按式（3-1d）计算,计算值大于 0.0033 时取 $\varepsilon_{cu} = 0.0033$;混凝土均匀受压时,取 $\varepsilon_{cu} = \varepsilon_0$。

n——系数,n 计算值大于 2 时,取 $n = 2$。

（4）有明显屈服点的钢筋（热轧钢筋）,其应力-应变关系可简化为图3-16所示的设计曲线,受拉钢筋极限拉应变取为 0.01。

当 $0 \leqslant \varepsilon_s \leqslant \varepsilon_y$ 时,应力-应变关系为斜率等于钢筋弹性模量 E_s 的直线:

$$\sigma_s = \varepsilon_s E_s \qquad (3\text{-}2a)$$

当 $\varepsilon_s > \varepsilon_y$ 时,应力-应变关系为水平线:

$$\sigma_s = f_y \qquad (3\text{-}2b)$$

式中　f_y——钢筋抗拉强度设计值,按附表 2-3
　　　　取用;

　　　ε_y——钢筋应力达到 f_y 时的应变。

将受拉钢筋极限拉应变 ε_{su} 取为 0.01,也
就是将 $\varepsilon_{su} = 0.01$ 作为构件达到承载能力极限
状态的标志之一。这样,只要达到 ε_{cu} 和 ε_{su} 两
个极限应变中的一个,构件就达到了承载能力极限状态。

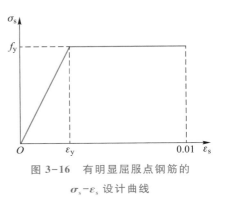

图 3-16　有明显屈服点钢筋的
σ_s-ε_s 设计曲线

3.3.2　等效矩形应力图形

当已知混凝土的应力-应变曲线,同时也已知截面的应变分布规律时,就可根据
截面各点的应变从混凝土的应力-应变曲线上求得相应的应力值,来确定截面上的混
凝土应力图形。如此,根据图 3-15 所示的受压区混凝土应力-应变关系和平截面假
定,可以得出截面受压区混凝土的应力图形(图 3-17a)。但采用图 3-17a 所示的曲线
应力图形进行计算仍比较烦琐,为了简化计算,便于应用,在进行正截面承载力计算
时,采用等效的矩形应力图形代替曲线应力图形,如图 3-17b 所示,矩形应力图中的
应力取为 $\alpha_1 f_c$,高度取为 $x = \beta_1 x_0$。其中,α_1、β_1 分别为矩形应力图形压应力等效系数
和受压区高度等效系数,x_0 为混凝土受压区的实际高度。

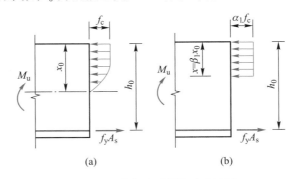

图 3-17　混凝土受压区应力图形
(a)按式(3-1)确定的混凝土应力图形;(b)混凝土等效矩形应力图形

根据图 3-17a 和图 3-17b 所示的两个应力图形合力相等和合力作用点位置不变
的原则,可以求得 α_1 和 β_1。为便于应用,GB 50010—2010 规范对 α_1 和 β_1 进行简化后
规定:对强度等级不超过 C50 的混凝土,取 $\alpha_1 = 1.0$、$\beta_1 = 0.8$;对 C80 混凝土,取 $\alpha_1 = 0.94$、
$\beta_1 = 0.74$;其间,按线性内插法确定。表 3-1 给出了各混凝土强度等级对应的 α_1 和
β_1 值。

表 3-1 α_1 和 β_1 值

混凝土强度等级	≤ C50	C55	C60	C65	C70	C75	C80
α_1	1.00	0.99	0.98	0.97	0.96	0.95	0.94
β_1	0.80	0.79	0.78	0.77	0.76	0.75	0.74

在实际设计计算时,常用矩形应力图形的受压区计算高度 x 代替 x_0,用相对受压区计算高度 ξ 代替 ξ_0,此处 $\xi = x/h_0$,$\xi_0 = x_0/h_0$。

3.3.3 适筋和超筋破坏的界限

如前所述,适筋破坏的特点是纵向受拉钢筋应力首先达到屈服强度 f_y,经过一段流幅变形后,受压区边缘混凝土压应变也达到极限压应变 ε_{cu},构件随即破坏。此时,$\varepsilon_s > \varepsilon_y = f_y/E_s$,而 $\varepsilon_c = \varepsilon_{cu}$。超筋破坏的特点是在纵向受拉钢筋应力尚未达到屈服强度时,受压区边缘混凝土压应变已达到极限压应变,构件破坏。此时,$\varepsilon_s < \varepsilon_y = f_y/E_s$,而 $\varepsilon_c = \varepsilon_{cu}$。显然,在适筋破坏和超筋破坏之间必定存在着一种界限状态,这种状态的特征是在纵向受拉钢筋应力达到屈服强度的同时,受压区边缘混凝土压应变恰好达到极限压应变 ε_{cu} 而破坏,即为界限破坏。此时,$\varepsilon_s = \varepsilon_y = f_y/E_s$,$\varepsilon_c = \varepsilon_{cu}$(图 3-18)。

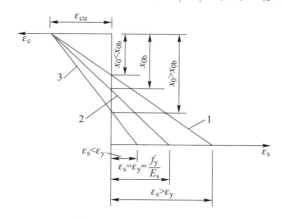

1—适筋破坏;2—界限破坏;3—超筋破坏。

图 3-18 适筋、超筋、界限破坏时的截面平均应变图

利用平截面假定所提供的变形协调条件,可以建立判别适筋或超筋破坏的界限条件。下面以单筋矩形截面为例加以说明(图 3-19)。

矩形截面有效高度为 h_0(纵向受拉钢筋合力点至截面受压区边缘的距离),纵向受拉钢筋截面面积为 A_s。在界限破坏状态,截面的界限受压区实际高度 x_0 等于 x_{0b}。由于在界限破坏时,$\varepsilon_s = \varepsilon_y = f_y/E_s$,$\varepsilon_c = \varepsilon_{cu}$,根据平截面假定,截面应变为直线分布,所以可按比例关系求出界限破坏时截面的界限受压区实际高度 x_{0b} 或相对受压区实际高度 ξ_{0b},在此 $\xi_{0b} = x_{0b}/h_0$。

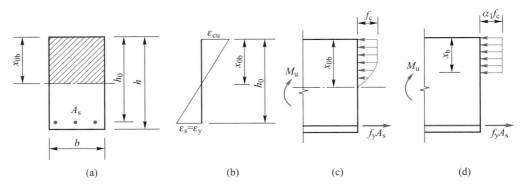

图 3-19   界限破坏时的截面受压区高度及混凝土应力图形

（a）截面尺寸；（b）应变分布；（c）按式（3-1）确定的混凝土应力图形；

（d）混凝土等效矩形应力图形

$$\xi_{0b} = \frac{x_{0b}}{h_0} = \frac{\varepsilon_{cu}}{\varepsilon_{cu} + \varepsilon_y} = \frac{\varepsilon_{cu}}{\varepsilon_{cu} + \frac{f_y}{E_s}} = \frac{1}{1 + \frac{f_y}{\varepsilon_{cu}E_s}}$$

非界限破坏时，截面受压区实际高度为 x_0，相对受压区实际高度为 ξ_0，$\xi_0 = x_0/h_0$。从图 3-18 可明显看出，当 $\xi_0 < \xi_{0b}$（即 $x_0 < x_{0b}$）时，$\varepsilon_s > \varepsilon_y = f_y/E_s$，纵向受拉钢筋应力可以达到屈服强度，因此，为适筋破坏；当 $\xi_0 > \xi_{0b}$（即 $x_0 > x_{0b}$）时，$\varepsilon_s < \varepsilon_y = f_y/E_s$，纵向受拉钢筋应力达不到屈服强度，因此，为超筋破坏。

对于界限状态，$x_0 = x_{0b}$，即此时的相对受压区计算高度 ξ 为 ξ_b，根据 ξ 的定义，可得

$$\xi_b = \frac{x_b}{h_0} = \frac{\beta_1 x_{0b}}{h_0} = \frac{\beta_1}{1 + \frac{f_y}{\varepsilon_{cu}E_s}} \tag{3-3}$$

式中 x_b——界限受压区计算高度；

$\quad\quad\quad \xi_b$——相对界限受压区计算高度；

$\quad\quad\quad h_0$——截面有效高度；

$\quad\quad\quad f_y$——钢筋抗拉强度设计值，按附表 2-3 取用；

$\quad\quad\quad E_s$——钢筋弹性模量，按附表 2-5 取用；

$\quad\quad\quad \beta_1$——矩形应力图形受压区高度等效系数。

从式（3-3）可以看出，相对界限受压区计算高度 ξ_b 与纵向受力钢筋种类及抗拉强度设计值有关；此外由于 β_1 和混凝土强度等级有关，所以 ξ_b 还与混凝土强度等级有关。为方便计算，将按式（3-3）计算得出的 ξ_b 列于表 3-2。

在进行构件设计时，若计算出的受压区计算高度 $x \leqslant \xi_b h_0$，则为适筋破坏；若 $x > \xi_b h_0$，则为超筋破坏。

表 3-2 ξ_b、α_{sb} 值

		≤C50	C55	C60	C65	C70	C75	C80
HPB300	ξ_b	0.576	0.566	0.556	0.547	0.537	0.528	0.518
	α_{sb}	0.410	0.406	0.401	0.397	0.393	0.389	0.384
HRB400 RRB400	ξ_b	0.518	0.508	0.499	0.490	0.481	0.472	0.463
	α_{sb}	0.384	0.379	0.374	0.370	0.365	0.361	0.356
HRB500	ξ_b	0.482	0.473	0.464	0.455	0.447	0.438	0.429
	α_{sb}	0.366	0.361	0.356	0.351	0.347	0.342	0.337

3.3.4 纵向受拉钢筋最小配筋率

从 3.2 节可知,钢筋混凝土构件不应采用少筋截面,以避免一旦出现裂缝后,构件因裂缝宽度或挠度过大而失效。在混凝土结构设计规范中,是通过规定纵向受拉钢筋配筋率 ρ 大于等于纵向受拉钢筋最小配筋率 ρ_{min},或纵向受拉钢筋用量 A_s 必须大于等于其最小配筋面积 $A_{s,min}$ 来避免构件出现少筋破坏的,即

$$\rho = \frac{A_s}{A_\rho} \geqslant \rho_{min} \tag{3-4a}$$

或

$$A_s \geqslant A_{s,min} = \rho_{min} A_\rho \tag{3-4b}$$

式中 ρ——受弯构件纵向受拉钢筋配筋率;

A_ρ——受弯构件计算配筋率所用的截面面积;

ρ_{min}——受弯构件纵向受拉钢筋最小配筋率,可按附表 4-6 取用。

不同的受力构件,A_ρ 计算方法有所不同。对受弯构件,A_ρ 为全截面面积扣除受压翼缘的面积,按下式计算:

矩形或 T 形截面

$$A_\rho = bh \tag{3-5a}$$

I 形或倒 T 形截面

$$A_\rho = bh + (b_f - b) h_f \tag{3-5b}$$

式中 b——矩形截面宽度或 I 形、倒 T 形截面的腹板宽度;

h——截面高度;

b_f、h_f——I 形、倒 T 形截面的受拉翼缘宽度和高度,见图 3-20。

在受弯构件中,最小配筋率 ρ_{min} 取 0.20% 和 0.45f_t/f_y 的较大值,即 ρ_{min} 与混凝土和纵向受拉钢筋的抗拉强度有关;计算配筋率 ρ 所用的截面面积 A_ρ 为按全截面面积扣除受压翼缘后的面积,即要计入所有受拉截面面积。这是因为,对于受弯构件,理论上 ρ_{min} 是少筋梁与适筋梁配筋的界限,如果仅从承载能力考虑,ρ_{min} 可以根据配置了最小配筋面积 $A_{s,min}$ 的钢筋混凝土受弯构件和素混凝土受弯构件破坏时的承载力 M_u 相等

的原则来确定。素混凝土受弯构件一开裂就破坏,其破坏
承载力 M_u 和混凝土开裂时的开裂弯矩 M_{cr} 相等。也就是
说,ρ_{min} 可按 $M_u = M_{cr}$ 的原则确定。M_{cr} 的大小取决于混凝
土抗拉强度 f_t 和截面面积,f_t 和截面面积越大,M_{cr} 越
大,由于受压区翼缘外伸部分面积 $(b'_f - b)h'_f$ 对 M_{cr} 影响甚
少,将其扣除;M_u 的大小与纵向受拉钢筋抗拉强度 f_y 有
关,f_y 越大,M_u 就越大,要 M_u 达到 M_{cr} 所需的纵向受拉钢
筋面积就越小。因此,ρ_{min} 与 f_t 成正比,与 f_y 成反比,A_p 采
用按全截面扣除受压翼缘后的面积。

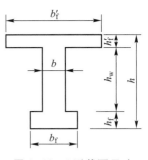

图 3-20   I 形截面尺寸

ρ_{min} 的确定除需考虑 $M_u = M_{cr}$ 外,还需考虑材料强度的离散性、混凝土收缩和温度
应力等不利影响,以及已有的工程经验,因此 GB 50010—2010 规范取受弯构件 ρ_{min} 为
0.20% 和 $0.45f_t/f_y$ 的较大值。对 HPB300、HRB400 和 HRB500 钢筋,当混凝土强度等
级分别不大于 C20、C35 和 C50 时,$\rho_{min} = 0.20\%$;否则 $\rho_{min} = 0.45f_t/f_y$。

3.4   单筋矩形截面构件正截面受弯承载力计算

3.4.1   计算简图与基本公式

根据受弯构件适筋破坏特征和正截面承载力计算基本假定,在进行受弯构件单筋
矩形截面构件正截面受弯承载力计算时,忽略受拉区混凝土的作用;受压区混凝土的
应力图形采用等效矩形应力图形,应力值取为 $\alpha_1 f_c$;纵向受拉钢筋应力达到 f_y。计算
简图如图 3-21 所示。

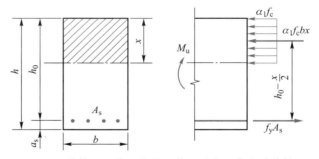

图 3-21   单筋矩形截面构件正截面受弯承载力计算简图

根据计算简图和截面内力的平衡条件,并满足承载能力极限状态的计算要求,可
得两个基本公式:

$$M \leqslant M_u = \alpha_1 f_c bx \left(h_0 - \frac{x}{2} \right) \tag{3-6}$$

$$\alpha_1 f_c bx = f_y A_s \tag{3-7}$$

式中　M——弯矩设计值,按式(2-20b)计算,其中,γ_0 为结构重要性系数,对于安全
　　　　　　等级为一级、二级、三级的结构构件,γ_0 分别不应小于 1.1、1.0、0.9;

　　M_u——截面极限弯矩;

　　　b——矩形截面宽度;

　　　x——混凝土受压区计算高度;

　　h_0——截面有效高度:$h_0 = h - a_s$,h 为截面高度,a_s 为纵向受拉钢筋合力点至截
　　　　　　面受拉边缘的距离;

　　α_1——矩形应力图形压应力等效系数,按表 3-1 取用;

　　f_c——混凝土轴心抗压强度设计值,按附表 2-1 取用;

　　f_y——钢筋抗拉强度设计值,按附表 2-3 取用;

　　A_s——纵向受拉钢筋截面面积。

　　为了保证构件是适筋破坏,应用基本公式时应满足下列两个适用条件:

$$x \leqslant \xi_b h_0 \tag{3-8}$$

$$\rho \geqslant \rho_{min} \tag{3-9}$$

式中　ξ_b——相对界限受压区计算高度,对于热轧钢筋,按式(3-3)计算或按表 3-2
　　　　　　取用;

　　ρ——纵向受拉钢筋配筋率[①];

　　ρ_{min}——受弯构件纵向受拉钢筋最小配筋率,按附表 4-6 取用。

　　式(3-8)是为了防止纵向受拉钢筋配筋过多而发生超筋破坏,式(3-9)是为了防止纵向受拉钢筋配筋过少而发生少筋破坏。如计算出的配筋率 ρ 小于 ρ_{min},则应按 ρ_{min} 配筋。

　　在已知材料强度、截面尺寸等条件下,可联立求解基本公式(3-6)和式(3-7),得出受压区计算高度 x 及纵向受拉钢筋截面面积 A_s。但利用基本公式求解时,必须解一元二次联立方程组,比较麻烦,为了计算方便可将基本公式作如下处理。

　　将 $\xi = x/h_0$(即 $x = \xi h_0$)代入式(3-6)、式(3-7),并令

$$\alpha_s = \xi(1 - 0.5\xi) \tag{3-10}$$

则有

$$M \leqslant M_u = \alpha_s \alpha_1 f_c b h_0^2 \tag{3-11}$$

---

　　① 以往我国规范中,受弯构件纵向受拉钢筋配筋率采用 $\rho = A_s/(bh_0)$ 计算,且 ρ_{min} 取固定值 0.20%。从 1989 年颁布的《混凝土结构设计规范》(GBJ 10—1989)开始,《混凝土结构设计规范》采用"$M_u = M_{cr}$"的原则来确定 ρ_{min},不再采用 $\rho = A_s/(bh_0)$ 来计算受弯构件的配筋率。但至今,许多用于土木工程的钢筋混凝土结构教材仍采用 $\rho = A_s/(bh_0)$ 计算受弯构件的配筋率,并对矩形截面受弯构件采用 $\rho = A_s/(bh_0) \geqslant \rho_{min}(h/h_0)$ 进行最小配筋率验算,但这些教材未交代倒 T 形或 I 形截面受弯构件最小配筋率验算的方法。

　　采用 $\rho = A_s/(bh_0)$ 的优点在于可以建立 ρ-ξ 之间的关系,$\rho = \xi(\alpha_1 f_c/f_y)$。在界限破坏时 $\xi = \xi_b$,ρ 达到最大配筋率 ρ_{max},$\rho_{max} = \xi_b(\alpha_1 f_c/f_y)$。有了 ρ_{max},就可以采用配筋率来避免发生少筋破坏和超筋破坏:$\rho \geqslant \rho_{min}$ 用于防止少筋破坏,$\rho \leqslant \rho_{max}$ 用于防止超筋破坏,也就更容易建立"适筋破坏要求纵向受拉钢筋不多不少"的概念。

$$\alpha_1 f_c b \xi h_0 = f_y A_s \qquad\qquad (3-12)$$

此时,其适用条件相应为

$$\xi \leqslant \xi_b \qquad\qquad (3-13)$$

$$\rho \geqslant \rho_{\min} \qquad\qquad (3-14)$$

式中 α_s——截面抵抗矩系数,按式(3-10)计算;

ξ——相对受压区计算高度。

设计时应满足 $M_u \geqslant M$,但为经济起见一般取 $M_u = M$。具体计算时,可先由式(3-11)求 α_s:

$$\alpha_s = \frac{M}{\alpha_1 f_c b h_0^2} \qquad\qquad (3-15)$$

再由式(3-10)求解 ξ:

$$\xi = 1 - \sqrt{1 - 2\alpha_s} \qquad\qquad (3-16)$$

将 ξ 代入式(3-12)即可求得纵向受拉钢筋截面面积 A_s:

$$A_s = \frac{\alpha_1 f_c b \xi h_0}{f_y} \qquad\qquad (3-17)$$

在确定截面有效高度 h_0 时,先确定最外层纵向钢筋保护层厚度 c_s。对于梁,$c_s = c +$箍筋直径,且不小于纵向钢筋直径 d,这里箍筋直径可取 10 mm;对于板,$c_s = c$,且不小于纵向钢筋直径 d。有了 c_s 就可确定 a_s,a_s 值由 c_s 和 d 计算得出。钢筋单层布置时,$a_s = c_s + \dfrac{d}{2}$;钢筋双层布置时,$a_s = c_s + d + \dfrac{e}{2}$,其中 e 为两层钢筋间的净距。一般情况下,a_s 值也可取下列近似值。

梁: 一层钢筋 $a_s = c_s + 10 \text{ mm}$ (3-18a)

　　　　两层钢筋 $a_s = c_s + 35 \text{ mm}$ (3-18b)

板: 薄板 $a_s = c_s + 5 \text{ mm}$ (3-19a)

　　　　厚板 $a_s = c_s + 10 \text{ mm}$ (3-19b)

最外层混凝土保护层厚度 c 可根据构件性质及构件所处的环境类别定出,其值应不小于附表 4-1 所列数值,表中的构件环境类别划分参见附录 1。

在基本公式中,是假定纵向受拉钢筋应力达到 f_y,受压区边缘混凝土应变达到 ε_{cu} 的。由前一节可知,这种应力状态只在纵向受拉钢筋配筋量适中的构件中才会发生,所以基本公式只适用于适筋构件,而不适用于超筋构件和少筋构件。

3.4.2   截面设计

截面设计时,一般可先根据建筑物使用要求、外荷载(弯矩设计值)大小及所选用的混凝土强度等级与钢筋种类,凭设计经验或参考类似结构定出构件的截面尺寸 $b \times h$,然后计算纵向受拉钢筋截面面积 A_s。

在设计中,可有多种不同截面尺寸供选择。显然,截面尺寸定得大,配筋量就可小一些。截面尺寸定得小,配筋量就会大一些。截面尺寸的选择应使计算得出的纵向受拉钢筋配筋率 ρ 处在常用配筋率范围之内,对一般板和梁,其常用配筋率范围是:

板   0.4% ~ 0.8%

矩形截面梁   0.6% ~ 1.5%

T 形截面梁   0.9% ~ 1.8% (相对于梁肋)

应当指出,对于有特殊使用要求的构件,则应灵活处理。例如为了减轻预制构件的自重,可采用比上述常用配筋率略高的数值。

正截面抗弯配筋的设计步骤如下。

(1) 作出板或梁的计算简图

计算简图中应表示支座和荷载的情况,以及板或梁的计算跨度。

简支板、梁(图 3-22)的计算跨度 l_0 可取下列各相应 l_0 值中的较小者:

实心板
$$\begin{cases} l_0 = l_n + a \\ l_0 = l_n + h \\ l_0 = 1.1 l_n \end{cases}$$

空心板和简支梁
$$\begin{cases} l_0 = l_n + a \\ l_0 = 1.05 l_n \end{cases}$$

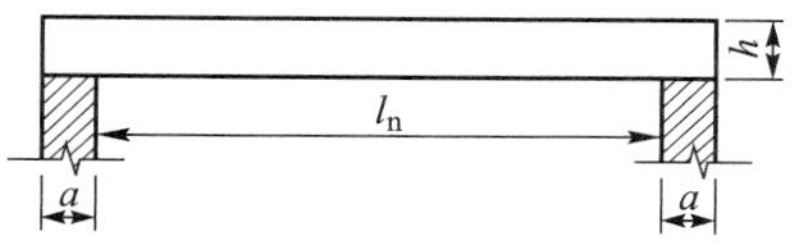

图 3-22 简支板、梁

式中 l_n——板或梁的净跨度;

a——板或梁的支承长度;

h——板厚。

对图 3-22 所示的简支板或梁,可按式(2-20b)求出跨中最大弯矩设计值。当板的宽度比较大时,计算宽度 b 可取单位宽度(1.0 m)。

(2) 配筋计算

① 由式(3-15)计算出 α_s;

② 根据 α_s 值,由式(3-16)计算出相对受压区计算高度 ξ,并检查 ξ 值是否满足适用条件 $\xi \leqslant \xi_b$。如不满足,则应加大截面尺寸、提高混凝土强度等级重新计算;若不能加大截面尺寸、提高混凝土强度等级,则采用双筋截面重新计算。ξ_b 按式(3-3)计算或直接由表 3-2 查出。

也可在第(1)步求 α_s 后,直接检查是否满足 $\alpha_s \leqslant \alpha_{sb}$,$\alpha_{sb} = \xi_b(1 - 0.5\xi_b)$。如不满足,则按 $\xi > \xi_b$ 处理。α_{sb} 也可直接由表 3-2 查出。

③ 再由式(3-17)计算出所需要的纵向受拉钢筋截面面积 A_s。

④ 计算纵向受拉钢筋配筋率 ρ,$\rho = A_s / A_\rho$,并检查是否满足适用条件 $\rho \geqslant \rho_{min}$。如不满足,则应按最小配筋率 ρ_{min} 配筋,即取 $A_s = \rho_{min} A_\rho$,A_ρ 按式(3-5)计算。

最好使求得的 ρ 处在常用配筋率范围内,如不在范围内,可修改截面尺寸,重新计算。经过一两次计算后,就能够确定出合适的截面尺寸和钢筋数量。

⑤ 根据附表 3-1 选择合适的钢筋直径及根数。对板,宽度较大时根据附表 3-2 选择合适的钢筋直径及间距。实际采用的钢筋截面面积一般应等于或略大于计算需要的钢筋截面面积,如若小于计算所需的面积,则相差不应超过 5%。钢筋的直径和间距等应符合 3.1 节所述的有关构造规定。

（3）绘制截面配筋图

配筋图上应注明截面尺寸和配筋情况,注意应按适当比例绘制。

3.4.3　承载力复核

有时已知构件截面尺寸、混凝土强度等级、钢筋种类和纵向受拉钢筋截面面积,需要复核该构件正截面受弯承载力的大小,可按下列步骤进行:

（1）由式(3-12)计算相对受压区计算高度 ξ,并检查是否满足适用条件式 $\xi \leqslant \xi_b$。如不满足,表示截面配筋属于超筋,承载力控制于混凝土受压区,则取 $\xi = \xi_b$ 计算。

（2）根据 ξ 值由式(3-10)计算 α_s。

（3）由式(3-11)计算出截面受弯承载力 M_u。

（4）当已知截面承受的弯矩设计值 M 时,按承载能力极限状态计算要求,应满足 $M \leqslant M_u$。

【例 3-1】　某钢筋混凝土简支梁,二级安全等级,一类环境类别,计算跨度 $l_0 = 5.60$ m,如图 3-23a 所示。梁承受均布可变荷载和跨中集中可变荷载,其标准值分别为 $q_k = 10.76$ kN/m 和 $Q_k = 52.54$ kN;两种可变荷载的组合值系数均为 $\psi_c = 0.7$。试计算梁截面所需的纵向受力钢筋截面面积。

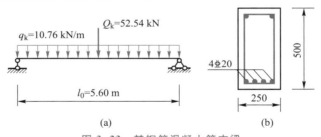

图 3-23　某钢筋混凝土简支梁

（a）内力计算简图;（b）截面纵向配筋

【解】

（1）资料

取梁宽 $b = 250$ mm,梁高 $h = 500$ mm。

混凝土采用 C25,$\alpha_1 = 1.0$,查附表 2-1 得 $f_c = 11.9$ N/mm^2,$f_t = 1.27$ N/mm^2;纵向受力钢筋采用 HRB400,查附表 2-3 得 $f_y = 360$ N/mm^2,查表 3-2 或按式(3-3)计算得 $\xi_b = 0.518$。混凝土重度 $\gamma = 25.0$ kN/m^3。

二级安全等级,结构重要性系数 $\gamma_0 = 1.0$。永久荷载分项系数 $\gamma_G = 1.3$,可变荷载分项系数 $\gamma_Q = 1.5$。

（2）荷载

均布永久荷载（梁自重）： 标准值 $g_k = bh\gamma = 0.25\ m \times 0.50\ m \times 25.0\ kN/m^3 = 3.13\ kN/m$

设计值 $g = \gamma_G g_k = 1.3 \times 3.13\ kN/m = 4.07\ kN/m$

均布可变荷载： 标准值 $q_k = 10.76\ kN/m$

设计值 $q = \gamma_Q q_k = 1.5 \times 10.76\ kN/m = 16.14\ kN/m$

集中可变荷载： 标准值 $Q_k = 52.54\ kN$

设计值 $Q = \gamma_Q Q_k = 1.5 \times 52.54\ kN = 78.81\ kN$

（3）内力计算

由于可变荷载一个为均布荷载,一个为集中荷载,荷载效应系数不同,但组合值系数相同,故可用荷载效应来判别哪一种可变荷载为主导可变荷载。

集中可变荷载引起的跨中弯矩设计值：

$$M_1 = \frac{1}{4}Ql_0 = \frac{1}{4} \times 78.81\ kN \times 5.60\ m = 110.33\ kN \cdot m$$

均布可变荷载引起的跨中弯矩设计值：

$$M_2 = \frac{1}{8}ql_0^2 = \frac{1}{8} \times 16.14\ kN/m \times 5.60^2\ m^2 = 63.27\ kN \cdot m$$

显然,集中可变荷载为主导可变荷载。

由式（2-20b）,简支梁跨中弯矩设计值为

$$M = \gamma_0 \left(\frac{1}{8}gl_0^2 + M_1 + \psi_c M_2 \right)$$

$$= 1.0 \times \left(\frac{1}{8} \times 4.07 \times 5.60^2 + 110.33 + 0.7 \times 63.27 \right) kN \cdot m = 170.57\ kN \cdot m$$

（4）配筋计算

一类环境类别,C25 混凝土,由附表 4-1 查得混凝土保护层最小厚度 $c = 25$ mm（混凝土强度等级不大于 C25 时,附表 4-1 所列保护层最小厚度应增加 5 mm）,初估纵向受力钢筋直径 $d = 20$ mm（单层布置）,则 $c_s = c + 10$ mm $= 35$ mm $\geqslant d$（截面设计时箍筋直径一般可预估为 10 mm）,$a_s = c_s + d/2 = 35$ mm $+ 20$ mm$/2 = 45$ mm,$h_0 = h - a_s = 500$ mm $- 45$ mm $= 455$ mm。

由式（3-15）得

$$\alpha_s = \frac{M}{\alpha_1 f_c b h_0^2} = \frac{170.57 \times 10^6}{1.0 \times 11.9 \times 250 \times 445^2} = 0.290$$

由式（3-16）得

$$\xi = 1 - \sqrt{1 - 2\alpha_s} = 1 - \sqrt{1 - 2 \times 0.290} = 0.352 < \xi_b = 0.518$$

满足不发生超筋的要求。

由式（3-17）得

$$A_s = \frac{\alpha_1 f_c b \xi h_0}{f_y} = \frac{1.0 \times 11.9 \times 250 \times 0.352 \times 445}{360}\ mm^2 = 1\ 294\ mm^2$$

$$\rho = \frac{A_s}{A_\rho} = \frac{A_s}{bh} = \frac{1\ 294}{250 \times 500} = 1.04\% > \rho_{min} = \max\left(0.20\%, 0.45\frac{f_t}{f_y}\right) = 0.20\%$$

满足纵向受拉钢筋最小配筋率要求。

查附表 3-1，选用 4$\pm$20（实际 A_s = 1 256 mm^2，比计算所需 A_s 少 3%，小于 5%，满足要求），钢筋配置如图 3-23b 所示。

4$\pm$20 排成一层，需要的宽度为 2×25 mm（2 侧保护层厚度）+2×10 mm（箍筋直径）+4×20 mm（钢筋直径）+3×25 mm（钢筋净距）= 225 mm，小于梁宽 250 mm，即 4$\pm$20 排成一层可行。

【讨论】

如将本例混凝土强度等级改用 C30，纵向受拉钢筋仍采用 HRB400，其截面面积需要 A_s = 1 237 mm^2。与前面计算结果相比较，混凝土强度等级由 C25 提高到 C30，f_c 值提高了 20.17%，但纵向受拉钢筋用量仅减少 4.40%。可见，在纵向受拉钢筋配筋适量的受弯构件中，承载力主要决定于纵向受拉钢筋用量及钢筋强度，而混凝土强度等级对正截面受弯承载力的影响并不敏感。但对混凝土率先受压破坏的超筋梁来说，混凝土强度等级大小对正截面受弯承载力 M_u 的影响就很大了。

【例 3-2】　某两端支承在砖墙上的钢筋混凝土简支板，二级安全等级，一类环境类别。板厚 100 mm，跨度为 3.30 m，计算跨度为 2.85 m，长 5.0 m，板上作用有标准值为 q_k = 3.0 kN/m^2 的均布可变荷载，如图 3-24a 所示。混凝土强度等级为 C25，纵向钢筋采用 HPB300。试配置钢筋。

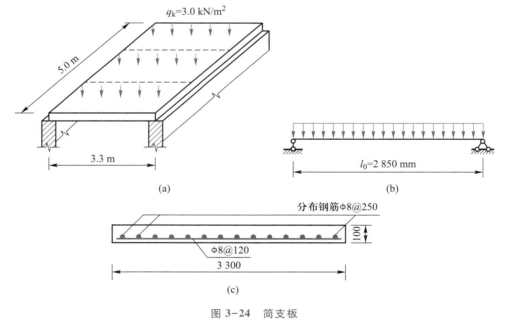

图 3-24　简支板

（a）尺寸与荷载；（b）内力计算简图；（c）配筋

【解】

（1）资料

C25 混凝土，$\alpha_1 = 1.0$，查附表 2-1 得 $f_c = 11.9 \text{ N/mm}^2$，$f_t = 1.27 \text{ N/mm}^2$；HPB300 钢筋，查附表 2-3 得 $f_y = 270 \text{ N/mm}^2$，查表 3-2 得 $\xi_b = 0.576$。混凝土重度 $\gamma = 25.0 \text{ kN/m}^3$。

二级安全等级，结构重要性系数 $\gamma_0 = 1.0$。永久荷载分项系数 $\gamma_G = 1.3$，可变荷载分项系数 $\gamma_Q = 1.5$。

（2）荷载设计值

取 1.0 m 宽板带进行计算。

均布永久荷载（板自重）： 标准值 $g_k = 0.10 \text{ m} \times 1.0 \text{ m} \times 25.0 \text{ kN/m}^3 = 2.50 \text{ kN/m}$

设计值 $g = \gamma_G g_k = 1.3 \times 2.50 \text{ kN/m} = 3.25 \text{ kN/m}$

均布可变荷载： 标准值 $q_k = 3.0 \text{ kN/m}^2 \times 1.0 \text{ m} = 3.0 \text{ kN/m}$

设计值 $q = \gamma_Q q_k = 1.5 \times 3.0 \text{ kN/m} = 4.50 \text{ kN/m}$

（3）内力计算

由式（2-20b），求得跨中最大弯矩设计值为

$$M = \gamma_0 \left[\frac{1}{8}(g+q)l_0^2 \right] = 1.0 \times \frac{1}{8} \times (3.25 + 4.50) \text{ kN/m} \times 2.85^2 \text{ m}^2 = 7.87 \text{ kN} \cdot \text{m}$$

（4）配筋计算

一类环境类别，C25 混凝土，由附表 4-1 取混凝土保护层厚度 $c = 20 \text{ mm}$，初估钢筋直径 $d = 10 \text{ mm}$，则 $c_s = c = 20 \text{ mm} \geq d$（在板中，纵向受力钢筋为最外层钢筋），$a_s = c_s + d/2 = 20 \text{ mm} + 10 \text{ mm}/2 = 25 \text{ mm}$，$h_0 = h - a_s = 100 \text{ mm} - 25 \text{ mm} = 75 \text{ mm}$。

由式（3-15）得

$$\alpha_s = \frac{M}{\alpha_1 f_c b h_0^2} = \frac{7.87 \times 10^6}{1.0 \times 11.9 \times 1\,000 \times 75^2} = 0.118$$

由式（3-16）得

$$\xi = 1 - \sqrt{1 - 2\alpha_s} = 1 - \sqrt{1 - 2 \times 0.118} = 0.126 < \xi_b = 0.576$$

由式（3-17）得

$$A_s = \frac{\alpha_1 f_c b \xi h_0}{f_y} = \frac{1.0 \times 11.9 \times 1\,000 \times 0.126 \times 75}{270} \text{ mm}^2 = 417 \text{ mm}^2$$

$$\rho = \frac{A_s}{A_p} = \frac{A_s}{bh} = \frac{417}{1\,000 \times 100} = 0.42\% > \rho_{min} = \max\left(0.20\%, 0.45 \frac{f_t}{f_y} \right) = 0.21\%$$

满足纵向受拉钢筋最小配筋率要求。

查附表 3-1，选用 Φ8@120（$A_s = 419 \text{ mm}^2$）。"Φ8@120"表示光圆钢筋、直径为 8 mm、间距（每两根钢筋中心线的距离）为 120 mm 的钢筋布置。

在受力钢筋的内侧应布置与受力钢筋相垂直的分布钢筋，按 3.1 节所述的构造要求，分布钢筋选用 Φ8@250。配筋图如图 3-24c 所示。

【例3-3】 某矩形截面钢筋混凝土梁,二级安全等级,一类环境类别。梁的截面尺寸 $b \times h = 250 \text{ mm} \times 500 \text{ mm}$,最大弯矩设计值 $M = 272.60 \text{ kN} \cdot \text{m}$。混凝土强度等级为C30,纵向受力钢筋采用HRB400。试计算截面所需的纵向受力钢筋截面面积。

【解】

(1)资料

二级安全等级,结构重要性系数 $\gamma_0 = 1.0$。C30 混凝土,$\alpha_1 = 1.0$,查附表 2-1 得 $f_c = 14.3 \text{ N/mm}^2$、$f_t = 1.43 \text{ N/mm}^2$;HRB400 钢筋,查附表 2-3 得 $f_y = 360 \text{ N/mm}^2$,查表 3-2 或由式(3-3)计算得 $\xi_b = 0.518$。

(2)配筋计算

一类环境类别,查附表 4-1 取 $c = 20 \text{ mm}$。由于弯矩较大,估计需要配置双层钢筋,初估纵向受力钢筋直径 $d = 20 \text{ mm}$,$c_s = c + 10 \text{ mm} = 20 \text{ mm} + 10 \text{ mm} = 30 \text{ mm} > d$,$a_s = c_s + d + e/2 = 30 \text{ mm} + 20 \text{ mm} + 25 \text{ mm}/2 = 62.5 \text{ mm}$,取整得 $a_s = 65 \text{ mm}$,则 $h_0 = h - a_s = 500 \text{ mm} - 65 \text{ mm} = 435 \text{ mm}$。

$$\alpha_s = \frac{M}{\alpha_1 f_c b h_0^2} = \frac{272.60 \times 10^6}{1.0 \times 14.3 \times 250 \times 435^2} = 0.403$$

$$\xi = 1 - \sqrt{1 - 2\alpha_s} = 1 - \sqrt{1 - 2 \times 0.403} = 0.559 > \xi_b = 0.518$$

$\xi > \xi_b$,说明由于构件截面尺寸偏小或混凝土强度等级偏低,出现了超筋现象。将截面尺寸改为 250 mm×550 mm 重新进行设计(梁高不大于 800 mm 时,梁高以 50 mm 模数增加),此时 $h_0 = h - a_s = 550 \text{ mm} - 65 \text{ mm} = 485 \text{ mm}$。

$$\alpha_s = \frac{M}{\alpha_1 f_c b h_0^2} = \frac{272.60 \times 10^6}{1.0 \times 14.3 \times 250 \times 485^2} = 0.324$$

$$\xi = 1 - \sqrt{1 - 2\alpha_s} = 1 - \sqrt{1 - 2 \times 0.324} = 0.407 < \xi_b = 0.518$$

$$A_s = \frac{\alpha_1 f_c b \xi h_0}{f_y} = \frac{1.0 \times 14.3 \times 250 \times 0.407 \times 485}{360} \text{ mm}^2 = 1\,960 \text{ mm}^2$$

$$\rho = \frac{A_s}{A_\rho} = \frac{A_s}{bh} = \frac{1\,960}{250 \times 550} = 1.43\% > \rho_{\min} = \max\left(0.20\%, 0.45 \frac{f_t}{f_y}\right) = 0.20\%$$

满足纵向受拉钢筋最小配筋率要求。

查附表 3-1,选用 2 ⽫ 22+4 ⽫ 20,实配钢筋面积 $A_s = 2\,016 \text{ mm}^2$。

此题也可不增加截面尺寸,而将混凝土强度等级提高到 C35,读者可自行计算。当截面尺寸不能增大、混凝土强度等级也不能提高时,就只能在混凝土受压区配置纵向受压钢筋,形成双筋矩形截面梁。

【例3-4】 某钢筋混凝土梁,一类环境类别,截面尺寸 $b \times h = 200 \text{ mm} \times 450 \text{ mm}$,混凝土强度等级为 C30,配置 3 ⽫ 16 纵向受力钢筋,如图 3-25 所示。该梁最大弯矩设计值 $M = 78.0 \text{ kN} \cdot \text{m}$。试验算该梁正截面受弯承载力是

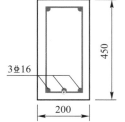

图 3-25 梁截面纵向配筋

否满足要求。

【解】

（1）资料

C30 混凝土，查附表 2-1 得 $f_c = 14.3$ N/mm²，$f_t = 1.43$ N/mm²；HRB400 钢筋，查附表 2-3 得 $f_y = 360$ N/mm²，查表 3-2 得 $\xi_b = 0.518$。查附表 3-1，3 Φ 16，$A_s = 603$ mm²。

一类环境类别，纵向受力钢筋单层布置，取 $a_s = 40$ mm，$h_0 = h - a_s = 450$ mm $- 40$ mm $= 410$ mm。

（2）正截面受弯承载力验算

由式（3-7）得

$$x = \frac{f_y A_s}{\alpha_1 f_c b} = \frac{360 \times 603}{1.0 \times 14.3 \times 200} \text{ mm} = 76 \text{ mm} < \xi_b h_0 = 0.518 \times 410 \text{ mm} = 212 \text{ mm}$$

由式（3-6）得

$$M_u = \alpha_1 f_c bx \left(h_0 - \frac{x}{2} \right) = 1.0 \times 14.3 \text{ N/mm}^2 \times 200 \text{ mm} \times 76 \text{ mm} \times \left(410 \text{ mm} - \frac{76 \text{ mm}}{2} \right)$$

$$= 80.86 \times 10^6 \text{ N} \cdot \text{mm} = 80.86 \text{ kN} \cdot \text{m} > M = 78.0 \text{ kN} \cdot \text{m}$$

正截面受弯承载力满足要求。

3.5 双筋矩形截面构件正截面受弯承载力计算

如果截面承受的弯矩很大，而截面尺寸受到建筑设计的限制不能加大，混凝土强度等级又不便于提高，以致采用单筋截面已无法满足 $\xi \leq \xi_b$ 的适用条件时，就需要在受压区配置纵向受压钢筋来帮助混凝土受压，此时就成为双筋截面，应按双筋截面公式计算。或者当截面既承受正向弯矩又可能承受反向弯矩，截面上下均应配置纵向受力钢筋，而在计算中又考虑纵向受压钢筋作用时，也应按双筋截面计算。

用钢筋来帮助混凝土受压是不经济的，但对构件的延性有利。因此，在抗震地区，一般都宜配置必要的纵向受压钢筋。

3.5.1 计算简图和基本公式

由于钢筋和混凝土共同工作时两者之间具有黏结力，因而纵向受压区钢筋和混凝土有相同的变形，即 $\varepsilon_s = \varepsilon_c$。当构件破坏时，受压区边缘混凝土的应变达到极限压应变 ε_{cu}，此时纵向受压钢筋应力最多可达到 $\sigma_s = \varepsilon_s E_s = \varepsilon_c E_s \approx \varepsilon_{cu} E_s$。$\varepsilon_{cu}$ 值在 0.002 ~ 0.004 范围内变化，而 E_s 值为 2.10×10^5 N/mm²（HPB300）或 2.00×10^5 N/mm²（带肋热轧钢筋），因而一般情况下，可取普通钢筋抗压设计强度 f_y' 和抗拉设计强度 f_y 相同。但对于均匀受压的轴压构件，破坏时的极限压应变 ε_{cu} 为 $\varepsilon_0 = 0.002$，这时 σ_s 最大只能达到 420 N/mm² 或 400 N/mm²，因此当 HRB500 和 HRBF500 钢筋应用于轴压构件时，取其 $f_y' = 400$ N/mm²，见附表 2-3。

对于预应力筋，为安全考虑，计算其受压应力时取 $\varepsilon_{cu} = 0.002$，而 E_s 值为 $2.05 \times 10^5 \text{ N/mm}^2$（钢丝）、$2.00 \times 10^5 \text{ N/mm}^2$（预应力螺纹钢筋）、$1.95 \times 10^5 \text{ N/mm}^2$（钢绞线），所以 σ_s 最大能达到 410 N/mm²、400 N/mm²、390 N/mm²，这时只能取用 410 N/mm²、400 N/mm²、390 N/mm² 作为钢丝、预应力螺纹钢筋、钢绞线的抗压强度设计值 f'_y，见附表 2-4。

双筋构件破坏时截面应力图形与单筋构件相似，不同之处仅在于受压区增加了纵向受压钢筋承受的压力（图 3-26）。试验表明，只要保证 $\xi \leqslant \xi_b$，双筋构件仍为适筋破坏。

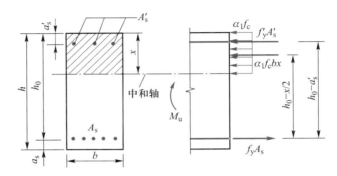

图 3-26　双筋矩形截面构件正截面受弯承载力计算简图

根据计算简图和内力平衡条件，可列出两个基本公式：

$$M \leqslant M_u = \alpha_1 f_c bx \left(h_0 - \frac{x}{2} \right) + f'_y A'_s (h_0 - a'_s) \tag{3-20}$$

$$\alpha_1 f_c bx = f_y A_s - f'_y A'_s \tag{3-21}$$

为了计算方便，将 $x = \xi h_0$ 代入式（3-20）和式（3-21），可得

$$M \leqslant M_u = \alpha_s \alpha_1 f_c b h_0^2 + f'_y A'_s (h_0 - a'_s) \tag{3-22}$$

$$\alpha_1 f_c b \xi h_0 = f_y A_s - f'_y A'_s \tag{3-23}$$

式中　f'_y——钢筋抗压强度设计值，按附表 2-3 取用；

　　　A'_s——纵向受压钢筋截面面积；

　　　a'_s——纵向受压钢筋合力点至受压区边缘的距离。

其余符号同前。

基本公式的适用条件有两个，分别为

$$\xi \leqslant \xi_b \tag{3-24}$$

$$x \geqslant 2a'_s \tag{3-25}$$

上述第一个条件[式（3-24）]的意义与单筋截面一样，即避免发生超筋情况。

第二个条件[式(3-25)]的意义是保证纵向受压钢筋应力能够达到抗压强度设计值。因为纵向受压钢筋如太靠近中和轴,将得不到足够的变形,应力就无法达到抗压强度设计值,基本公式(3-20)及式(3-21)便不能成立。只有当纵向受压钢筋布置在混凝土压应力合力点之上时,才认为纵向受压钢筋的应力能够达到抗压强度设计值。

如果计算中不计纵向受压钢筋的作用,则条件 $x \geqslant 2a'_s$ 就可取消。

对于 $x < 2a'_s$ 的情况,纵向受压钢筋应力达不到 f'_y,此时在计算中可近似地假定纵向受压钢筋的压力和受压混凝土的压力,其作用点均在纵向受压钢筋重心位置上(图3-27),以纵向受压钢筋合力点为矩心取矩,可得

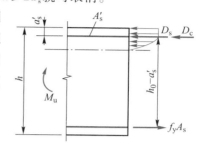

$$M \leqslant M_u = f_y A_s (h_0 - a'_s) \qquad (3-26)$$

图3-27　$x < 2a'_s$ 时的
双筋截面计算简图

上式是双筋截面当 $x < 2a'_s$ 时的唯一基本公式,纵向受拉钢筋数量可用此式确定。

条件 $x \geqslant 2a'_s$ 及式(3-26)的计算,都是由试验得出的近似假定。如果采用平截面假定,则可比较正确地求出截面破坏时纵向受压钢筋的实际应力,但计算就没有近似假定那么简便了。

对于因混凝土承载力不足而需配置纵向受压钢筋的双筋截面,一般承受的弯矩较大,相应的纵向受拉钢筋配置较多,均能满足其最小配筋率的要求,故可不再进行 ρ_{min} 条件的验算。

双筋截面中的纵向受压钢筋在压力作用下,可能产生纵向弯曲而向外凸出,这样就不能充分利用钢筋强度,而且会使受压区混凝土保护层过早崩裂。因此,在设计时必须采用封闭式箍筋将纵向受压钢筋箍住,箍筋的间距也不能太大,直径不能过细,其构造规定详见第4章4.4节。

3.5.2　截面设计

双筋截面设计时,将会遇到下面两种情况。

1. 第一种情况

已知弯矩设计值、截面尺寸、混凝土强度等级和钢筋种类,需求纵向受压钢筋和受拉钢筋截面面积。此时,可按下列步骤进行计算:

(1) 先由单筋截面的式(3-15)计算 α_s。

(2) 根据 α_s 值由式(3-16)计算相对受压区计算高度 ξ,并检查是否满足适用条件 $\xi \leqslant \xi_b$。也可检查 α_s 是否满足条件 $\alpha_s \leqslant \alpha_{sb}$,$\xi_b$ 和 α_{sb} 可直接由表3-2查得。如满足,则可按单筋矩形截面进行配筋计算,而不必配置纵向受压钢筋,或根据情况按构造配置适量纵向受压钢筋。

（3）如不满足适用条件 $\xi \leqslant \xi_b$，且不便加大截面尺寸、提高混凝土强度等级，则应按双筋截面设计。此时可根据充分利用受压区混凝土受压而使总的纵向钢筋用量 $(A_s + A'_s)$ 为最小的原则，取 $\xi = \xi_b$，即取 $\alpha_s = \alpha_{sb}$。

（4）将 α_{sb} 代入式（3-22），计算纵向受压钢筋截面面积 A'_s：

$$A'_s = \frac{M - \alpha_{sb}\alpha_1 f_c b h_0^2}{f'_y(h_0 - a'_s)} \qquad (3-27)$$

（5）将 ξ_b 及求得的 A'_s 值代入式（3-23），计算纵向受拉钢筋截面面积 A_s：

$$A_s = \frac{\alpha_1 f_c b \xi_b h_0 + f'_y A'_s}{f_y} \qquad (3-28)$$

应该指出，在纵向受压钢筋截面面积 A'_s 未知的第一种情况中，若实际选配 A'_s 超过按式（3-27）计算的 A'_s 较多时（例如，按公式算出的 A'_s 很小，而按构造要求配置的 A'_s 较多；或在地震区为了增加构件的延性有利于结构抗震，适当多配纵向受压钢筋 A'_s），由于此时实际的相对受压区计算高度 ξ 将小于相对界限受压区计算高度 ξ_b 较多，则应按纵向受压钢筋截面面积 A'_s 为已知（等于实际选配的 A'_s）的下述第二种情况计算纵向受拉钢筋截面面积 A_s，以减少纵向钢筋总用量。

2. 第二种情况

已知弯矩设计值、截面尺寸、混凝土强度等级和钢筋种类，并已知纵向受压钢筋截面面积 A'_s，需求纵向受拉钢筋截面面积 A_s。由于纵向受压钢筋截面面积 A'_s 已知，此时不能再取 $x = \xi_b h_0$ 进行计算，必须按下列步骤进行计算。

（1）由式（3-22）求 α_s：

$$\alpha_s = \frac{M - f'_y A'_s(h_0 - a'_s)}{\alpha_1 f_c b h_0^2} \qquad (3-29)$$

（2）根据 α_s 值由式（3-16）计算相对受压区计算高度 ξ，并检查是否满足适用条件 $\xi \leqslant \xi_b$。如不满足，则表示已配置的纵向受压钢筋 A'_s 数量还不够，应增加其数量，此时可看作纵向受压钢筋未知的情况（即前述第一种情况），且直接取 $\xi = \xi_b$ 按双筋截面计算 A'_s 和 A_s，无须判断是否要按双筋截面计算。

（3）如满足适用条件 $\xi \leqslant \xi_b$，则计算 $x = \xi h_0$，并检查是否满足适用条件 $x \geqslant 2a'_s$。如满足，则由式（3-21）计算纵向受拉钢筋截面面积 A_s：

$$A_s = \frac{\alpha_1 f_c b x + f'_y A'_s}{f_y} \qquad (3-30)$$

如不满足 $x \geqslant 2a'_s$ 的条件，表示纵向受压钢筋 A'_s 的应力达不到抗压强度，此时可改由式（3-26）计算纵向受拉钢筋截面面积 A_s：

$$A_s = \frac{M}{f_y(h_0 - a'_s)} \qquad (3-31)$$

为更好地理解双筋截面的用途和基本公式的适用范围，下面列出双筋矩形截面的配筋设计框图（图 3-28），以供参考。

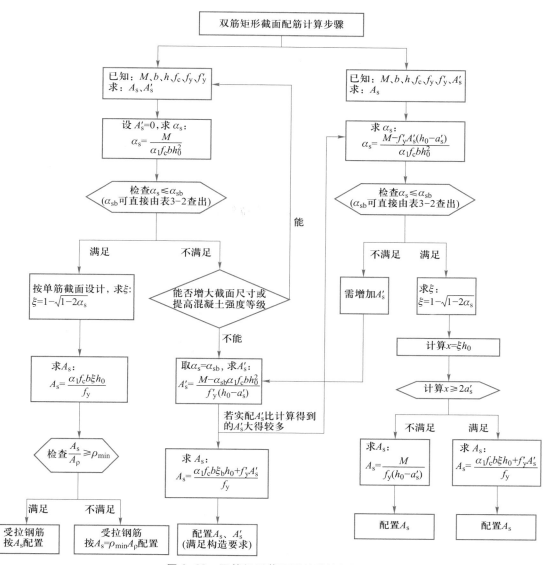

图 3-28　双筋矩形截面配筋设计框图

3.5.3　承载力复核

已知构件截面尺寸、混凝土强度等级、钢筋种类、纵向受拉钢筋和受压钢筋的截面面积,需要复核构件正截面受弯承载力的大小,可按下列步骤进行:

(1) 由式(3-21)计算受压区计算高度 x,检查是否满足适用条件式 $x \leqslant \xi_b h_0$。如不满足,则取 $x = \xi_b h_0$,再代入式(3-20)计算 M_u。

(2) 如满足条件 $x \leqslant \xi_b h_0$,检查是否满足条件 $x \geqslant 2a'_s$。如不满足 $x \geqslant 2a'_s$,则应由式(3-26)计算正截面受弯承载力 M_u;如满足 $x \geqslant 2a'_s$,则由式(3-20)计算正截面受弯承载力 M_u。

（3）当已知截面承受的弯矩设计值 M 时,应满足 $M \leqslant M_u$。

【例 3-5】 已知一矩形截面简支梁,二级安全等级,一类环境类别,截面尺寸 $b \times h = 200$ mm×500 mm,最大弯矩设计值 $M = 357.0$ kN·m。混凝土强度等级为 C30,纵向受力钢筋采用 HRB500。试配置该梁的纵向钢筋。

【解】

（1）资料

C30 混凝土,$\alpha_1 = 1.0$,查附表 2-1 得 $f_c = 14.3$ N/mm^2,$f_t = 1.43$ N/mm^2;HRB500 钢筋,查附表 2-3 得 $f_y = f_y' = 435$ N/mm^2,查表 3-2 得 $\xi_b = 0.482$,相应的 $\alpha_{sb} = 0.366$。

（2）配筋计算

一类环境类别,因弯矩较大,估计纵向受拉钢筋两层布置,取 $a_s = 65$ mm,则 $h_0 = h - a_s = 500$ mm-65 mm$= 435$ mm。

由式（3-15）得

$$\alpha_s = \frac{M}{\alpha_1 f_c b h_0^2} = \frac{357.0 \times 10^6}{1.0 \times 14.3 \times 200 \times 435^2} = 0.660 > \alpha_{sb} = 0.366$$

$\alpha_s > \alpha_{sb}$,即 $\xi > \xi_b$,这就说明,若设计成单筋矩形截面,将出现超筋情况。若不能加大截面尺寸,也不能提高混凝土强度等级,则应设计成双筋截面。

取 $\alpha_s = \alpha_{sb} = 0.366$,考虑纵向受压钢筋为单层,取 $a_s' = 40$ mm。

由式（3-27）得

$$A_s' = \frac{M - \alpha_{sb} \alpha_1 f_c b h_0^2}{f_y'(h_0 - a_s')} = \frac{357.0 \times 10^6 - 0.366 \times 1.0 \times 14.3 \times 200 \times 435^2}{435 \times (435 - 40)} \text{ mm}^2$$
$$= 925 \text{ mm}^2$$

纵向受压钢筋选用 3 Φ 20（$A_s' = 942$ mm^2）,和计算所需的 A_s' 相差不多,仍取 $\xi = \xi_b$,由式（3-28）得

$$A_s = \frac{\alpha_1 f_c b \xi_b h_0 + f_y' A_s'}{f_y} = \frac{1.0 \times 14.3 \times 200 \times 0.482 \times 435 + 435 \times 925}{435} \text{ mm}^2 = 2304 \text{ mm}^2$$

由此,计算得总用钢量 $A_s + A_s' = 2304$ mm^2 + 925 mm^2 = 3229 mm^2。

纵向受拉钢筋选用 2 Φ 25+4 Φ 22（$A_s = 2502$ mm^2）,见图 3-29。

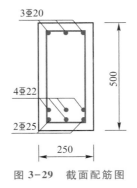

图 3-29 截面配筋图

【**例 3-6**】　上例简支梁,若受压区配置纵向受压钢筋 3 Φ 22(A'_s = 1 140 mm^2),试求纵向受拉钢筋截面面积 A_s。

【**解**】

（1）由式（3-29）计算 α_s,验算已配 A'_s 是否足够

$$\alpha_s = \frac{M - f'_y A'_s (h_0 - a'_s)}{\alpha_1 f_c b h_0^2} = \frac{357.0 \times 10^6 - 435 \times 1\ 140 \times (435 - 40)}{1.0 \times 14.3 \times 200 \times 435^2}$$
$$= 0.298 < \alpha_{sb} = 0.366$$

满足 $\alpha_s \leqslant \alpha_{sb}(\xi \leqslant \xi_b)$ 适用条件,表明已配的 A'_s 足够。

$$\xi = 1 - \sqrt{1 - 2\alpha_s} = 1 - \sqrt{1 - 2 \times 0.298} = 0.364 < \xi_b = 0.482$$

（2）计算 A_s

$$x = \xi h_0 = 0.364 \times 435\ \text{mm} = 158\ \text{mm} > 2a'_s = 2 \times 40\ \text{mm} = 80\ \text{mm}$$

满足条件 $x \geqslant 2a'_s$,由式（3-30）求纵向受拉钢筋截面面积 A_s:

$$A_s = \frac{\alpha_1 f_c b x + f'_y A'_s}{f_y} = \frac{1.0 \times 14.3 \times 200 \times 158 + 435 \times 1\ 140}{435}\ \text{mm}^2 = 2\ 179\ \text{mm}^2$$

纵向受拉钢筋可选用 3 Φ 25+2 Φ 22(A_s = 2 233 mm^2)。

本例是已知 A'_s 求 A_s,求得的 A_s 加已知的 A'_s 为 $A_s + A'_s$ = 2 179 mm^2 + 1 140 mm^2 = 3 319 mm^2。例 3-5 是 A'_s 未知,取 $\xi = \xi_b$ 计算 A_s 和 A'_s,求得的 $A_s + A'_s$ = 2 304 mm^2 + 925 mm^2 = 3 229 mm^2,小于 A'_s 已知时的 $A_s + A'_s$。可见,充分利用受压区混凝土对正截面受弯承载力的贡献能节省钢筋。

【**例 3-7**】　某矩形截面梁,截面尺寸 $b \times h$ = 200 mm×500 mm,一类环境类别,最大弯矩设计值 M = 182.0 kN·m。混凝土强度等级为 C30,纵向受力钢筋采用 HRB400,已配有 2 Φ 20 纵向受压钢筋。试计算纵向受拉钢筋截面面积 A_s。

【**解**】

（1）资料

C30 混凝土,α_1 = 1.0,查附表 2-1 得 f_c = 14.3 N/mm^2,f_t = 1.43 N/mm^2;HRB400 钢筋,查附表 2-3 得 $f_y = f'_y$ = 360 N/mm^2,查表 3-2 得 ξ_b = 0.518,相应的 α_{sb} = 0.384。

已知纵向受压钢筋为 2 Φ 20,查附表 3-1 得 A'_s = 628 mm^2。纵向受压钢筋和受拉钢筋均单层布置,$a_s = a'_s$ = 40 mm,h_0 = 500 mm - 40 mm = 460 mm。

（2）配筋计算

① 由式（3-29）计算 α_s,验算已配 A'_s 是否足够

$$\alpha_s = \frac{M - f'_y A'_s (h_0 - a'_s)}{\alpha_1 f_c b h_0^2} = \frac{182.0 \times 10^6 - 360 \times 628 \times (460 - 40)}{1.0 \times 14.3 \times 200 \times 460^2}$$
$$= 0.144 < \alpha_{sb} = 0.384$$

满足 $\alpha_s \leqslant \alpha_{sb}(\xi \leqslant \xi_b)$ 适用条件,表明已配 A'_s 足够。

$$\xi = 1 - \sqrt{1 - 2\alpha_s} = 1 - \sqrt{1 - 2 \times 0.144} = 0.156 < \xi_b = 0.518$$

② 计算 A_s

$$x = \xi h_0 = 0.156 \times 460 \text{ mm} = 72 \text{ mm} < 2a_s' = 2 \times 40 \text{ mm} = 80 \text{ mm}$$

不满足条件 $x \geq 2a_s'$，由式（3-31）求纵向受拉钢筋截面面积 A_s：

$$A_s = \frac{M}{f_y(h_0 - a_s')} = \frac{182.0 \times 10^6}{360 \times (460 - 40)} \text{ mm}^2 = 1\,204 \text{ mm}^2$$

纵向受拉钢筋可选用 2 ⊕ 25 + 1 ⊕ 20（$A_s = 1\,296 \text{ mm}^2$）。

【例 3-8】　某矩形截面简支梁，截面尺寸 $b \times h = 250 \text{ mm} \times 550 \text{ mm}$，一类环境类别，混凝土强度等级为 C30，配有纵向受压钢筋 2 ⊕ 18（$A_s' = 509 \text{ mm}^2$）、纵向受拉钢筋 4 ⊕ 22（$A_s = 1\,520 \text{ mm}^2$）。该梁最大弯矩设计值 $M = 230.0 \text{ kN} \cdot \text{m}$。试验算此梁正截面受弯承载力能否满足要求。

【解】

（1）资料

C30 混凝土，$\alpha_1 = 1.0$，查附表 2-1 得 $f_c = 14.3 \text{ N/mm}^2$，$f_t = 1.43 \text{ N/mm}^2$；HRB400 钢筋，查附表 2-3 得 $f_y = f_y' = 360 \text{ N/mm}^2$，查表 3-2 得 $\xi_b = 0.518$，相应的 $\alpha_{sb} = 0.384$。

一类环境类别，纵向钢筋单层布置，取 $a_s = a_s' = 40 \text{ mm}$，$h_0 = h - a_s = 550 \text{ mm} - 40 \text{ mm} = 510 \text{ mm}$。

（2）正截面受弯承载力验算

由式（3-21）得

$$x = \frac{f_y A_s - f_y' A_s'}{\alpha_1 f_c b} = \frac{360 \times 1\,520 - 360 \times 509}{1.0 \times 14.3 \times 250} \text{ mm} = 102 \text{ mm} \leq \xi_b h_0 = 0.518 \times 510 \text{ mm} = 264 \text{ mm}$$

$$x > 2a_s' = 2 \times 40 \text{ mm} = 80 \text{ mm}$$

满足条件 $x \geq 2a_s'$，由式（3-20）计算 M_u：

$$M_u = \alpha_1 f_c b x \left(h_0 - \frac{x}{2} \right) + f_y' A_s'(h_0 - a_s')$$

$$= 1.0 \times 14.3 \text{ N/mm}^2 \times 250 \text{ mm} \times 102 \text{ mm} \times \left(510 \text{ mm} - \frac{102 \text{ mm}}{2} \right) +$$

$$360 \text{ N/mm}^2 \times 509 \text{ mm}^2 \times (510 \text{ mm} - 40 \text{ mm})$$

$$= 253.50 \times 10^6 \text{ N} \cdot \text{mm} = 253.50 \text{ kN} \cdot \text{m} > M = 230.0 \text{ kN} \cdot \text{m}$$

正截面受弯承载力满足要求。

3.6　T 形截面构件正截面受弯承载力计算

3.6.1　一般说明

矩形截面的受拉区混凝土在承载力计算时由于开裂而不计其作用，若去掉其一部分，将纵向受拉钢筋集中放置，就成为 T 形截面（图 3-30），这样并不降低它的受弯承载

力,却能节省混凝土与减轻自重,显然较矩形截面有利。因而,承载较大的独立梁常采用
T 形截面,例如吊车梁。在整体式的肋形结构中,梁与板整浇在
一起,板就成为梁的翼缘,形成 T 形截面,在纵向与梁共同受力。

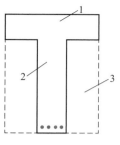

T 形梁由梁肋和位于受压区的翼缘组成。是否按 T 形截
面计算,要看混凝土的受压区形状。如图 3-31 所示 T 形外伸
梁,跨中截面(1—1)承受正弯矩,截面上部受压下部受拉,翼
缘位于受压区,即混凝土的受压区为 T 形,所以应按 T 形截面
计算;支座截面(2—2)承受负弯矩,截面上部受拉下部受
压,翼缘位于受拉区,由于翼缘受拉后混凝土会产生裂缝,不起
受力作用,所以仍应按矩形截面计算。

1—翼缘;2—梁肋;
3—去掉的混凝土。

图 3-30 T 形截面

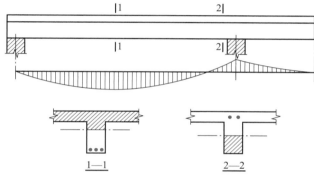

图 3-31 T 形外伸梁跨中截面与支座截面

I 形、Π 形、空心形等截面(图 3-32),它们
的受压区与 T 形截面相同,因此均可按 T 形截
面计算。

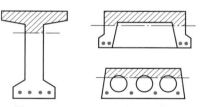

T 形梁受压区很大,混凝土足够承担压
力,不必再加纵向受压钢筋,一般都是单筋截面。

图 3-32 I 形、Π 形、空心形截面

根据试验和理论分析可知,当 T 形梁受力
时,沿翼缘宽度上压应力的分布是不均匀的,压应力由梁肋中部向两边逐渐减小,如
图 3-33a 所示。当翼缘宽度很大时,远离梁肋的一部分翼缘几乎不承受压力,因而在
计算中不能将离梁肋较远、受力很小的翼缘也算为 T 形梁的一部分。为了简化计
算,将 T 形截面的翼缘宽度限制在一定范围内,称为翼缘计算宽度 b_f'。在这个范围以
内,认为翼缘上所受的压应力是均匀的,最终均可达到混凝土的轴心抗压强度设计值
f_c。在这个范围以外,认为翼缘已不起作用,如图 3-33b 所示。

试验和理论计算表明,翼缘的计算宽度 b_f' 主要与梁的工作情况(是整体肋形梁还
是独立梁)、梁的跨度及翼缘高度与截面有效高度之比(h_f'/h_0)有关。GB 50010—2010
规范规定的翼缘计算宽度 b_f' 列于表 3-3(表中符号见图 3-34)。计算时,取所列各项
中的最小值,但 b_f' 应不大于受压翼缘的实有宽度。

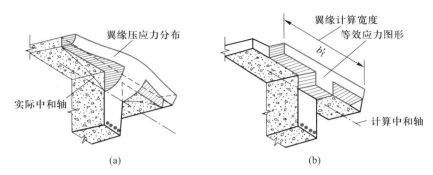

图 3-33 T 形梁受压区实际应力和计算应力图

（a）实际应力图形；（b）计算采用的应力图形

表 3-3   T 形、I 形及倒 L 形截面受弯构件翼缘计算宽度 b'_f

情况		T 形、I 形截面		倒 L 形截面
		肋形梁（板）	独立梁	肋形梁（板）
1	按计算跨度 l_0 考虑	$l_0/3$	$l_0/3$	$l_0/6$
2	按梁（肋）净距 s_n 考虑	$b+s_n$	—	$b+s_n/2$
3	按翼缘高度 h'_f 考虑 $h'_f/h_0 \geqslant 0.1$		—	$b+12h'_f$	—
	$0.1>h'_f/h_0 \geqslant 0.05$	$b+12h'_f$	$b+6h'_f$	$b+5h'_f$
	$h'_f/h_0 < 0.05$	$b+12h'_f$	b	$b+5h'_f$

注：1. 表中 b 为梁的腹板宽度，h_0 为有效截面高度；

2. 肋形梁在梁跨内设有间距小于纵肋间距的横肋时，可不考虑表中情况 3 的规定；

3. 加腋的 T 形、I 形和倒 L 形截面，当受压区加腋的高度 $h_h \geqslant h'_f$ 且加腋的宽度 $b_h \leqslant 3h_h$ 时，其翼缘计算宽度可按表中情况 3 的规定分别增加 $2b_h$（T 形、I 形截面）和 b_h（倒 L 形截面）；

4. 独立梁受压区的翼缘板在荷载作用下经验算沿纵肋方向可能产生裂缝时，其计算宽度应取用腹板宽度 b。

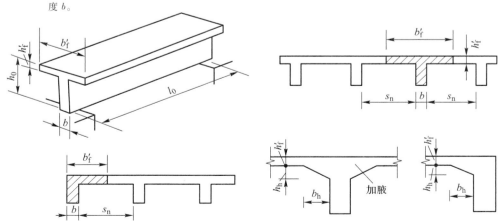

图 3-34   T 形、倒 L 形截面梁翼缘计算宽度 b'_f

3.6.2 计算简图和基本公式

T形梁的计算,按受压区计算高度 x 是否大于翼缘高度 h'_f 分为两种情况,也就是按计算中和轴所在位置的不同分为两种情况。

1. 第一种 T 形截面

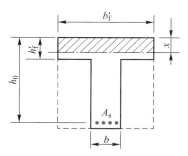

计算中和轴位于翼缘内,即受压区计算高度 $x \leqslant h'_f$,受压区为矩形(图 3-35)。因计算中和轴以下的受拉混凝土不起作用,所以这样的 T 形截面与宽度为 b'_f 的矩形截面完全一样,因而单筋矩形截面的基本公式及适用条件在此都能应用,但应注意截面的计算宽度为翼缘计算宽度 b'_f,而不是梁肋宽度 b。

图 3-35 第一种 T 形截面

应当指出,第一种 T 形截面显然不会发生超筋破坏,所以可不必验算 $\xi \leqslant \xi_b$ 的条件。还应提醒,在验算 $\rho \geqslant \rho_{\min}$ 时,T 形截面的配筋率仍然采用 $\rho = A_s/(bh)$ 计算,其中 b 按梁肋宽取用;I 形和倒 T 形截面纵向受拉钢筋配筋率采用 $\rho = A_s/[bh+(b_f-b)h_f]$ 计算,详见本章 3.3.4 节。

2. 第二种 T 形截面

计算中和轴位于梁肋内,即受压区计算高度 $x > h'_f$,受压区为 T 形,计算简图如图 3-36 所示。

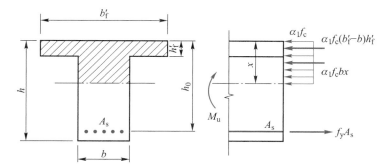

图 3-36 第二种 T 形截面受弯构件正截面承载力计算简图

根据计算简图和内力平衡条件,可列出第二种 T 形截面的两个基本公式:

$$M \leqslant M_u = \alpha_1 f_c bx\left(h_0 - \frac{x}{2}\right) + \alpha_1 f_c (b'_f - b) h'_f\left(h_0 - \frac{h'_f}{2}\right) \tag{3-32}$$

$$f_y A_s = \alpha_1 f_c bx + \alpha_1 f_c (b'_f - b) h'_f \tag{3-33}$$

将 $x = \xi h_0$ 代入式(3-32)及式(3-33),可得

$$M \leqslant M_u = \alpha_s \alpha_1 f_c bh_0^2 + \alpha_1 f_c (b'_f - b) h'_f\left(h_0 - \frac{h'_f}{2}\right) \tag{3-34}$$

$$f_y A_s = \alpha_1 f_c b \xi h_0 + \alpha_1 f_c (b_f' - b) h_f' \qquad (3-35)$$

式中 b_f'——T 形截面受压区的翼缘计算宽度,按表 3-3 确定;

   h_f'——T 形截面受压区的翼缘高度。

其余符号同前。

第二种 T 形截面的基本公式适用范围仍为 $\xi \leq \xi_b$ 及 $\rho \geq \rho_{min}$ 两项。倘若计算得出的 $\xi > \xi_b$ 时(一般不会发生),说明将发生超筋破坏,此时应在受压区配置纵向受压钢筋,成为双筋 T 形截面(它的基本公式和适用条件请读者自行推导)。第二种 T 形截面的纵向受拉钢筋配置必然比较多,均能满足 $\rho \geq \rho_{min}$ 的要求,一般可不必进行此项验算。

鉴别 T 形截面属于第一种还是第二种,可按下列办法进行:当 $x = h_f'$ 时为两种情况的分界,这时有平衡方程

$$M = \alpha_1 f_c b_f' h_f' \left(h_0 - \frac{h_f'}{2} \right) \qquad (3-36)$$

$$f_y A_s = \alpha_1 f_c b_f' h_f' \qquad (3-37)$$

所以当满足

$$M \leq \alpha_1 f_c b_f' h_f' \left(h_0 - \frac{h_f'}{2} \right) \qquad (3-38)$$

或

$$f_y A_s \leq \alpha_1 f_c b_f' h_f' \qquad (3-39)$$

时,说明受压区计算高度 $x \leq h_f'$,属于第一种 T 形截面,反之属于第二种 T 形截面。

3.6.3   截面设计

T 形梁的截面尺寸可预先假定或参考同类结构取用,梁高 h 一般取为梁跨长 l_0 的 $1/12 \sim 1/8$,梁的高宽比 h/b 取为 $2.5 \sim 5$。

截面尺寸确定后,先判断受压区计算高度 x 是否大于翼缘高度 h_f'。由于 A_s 未知,不能用式(3-39),而应该用式(3-38)来鉴别。

若 $x \leq h_f'$,则为第一种 T 形截面,按梁宽为 b_f' 的矩形截面计算。

若 $x > h_f'$,则为第二种 T 形截面。此时可先由式(3-34)求出 α_s,然后根据 α_s 由式(3-16)求得相对受压区计算高度 ξ,再由式(3-35)求得纵向受拉钢筋截面面积 A_s。

有关 T 形截面的配筋设计框图,读者可自行列出。

在独立 T 形梁中,除受拉区配置纵向受力钢筋以外,为保证受压区翼缘与梁肋的整体性,一般在翼缘板的顶面配置横向构造钢筋,其直径不小于 8 mm,间距取为 $5h_f'$,且每米跨长内不少于 3 根钢筋(图 3-37)。当翼缘板外伸较长而厚度又较薄时,则应按悬臂板计算翼缘的承载力,板顶面钢筋数量由计算决定。

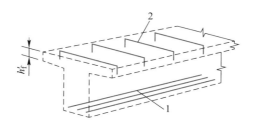

1—纵向受力钢筋;2—翼缘板横向构造钢筋。

图 3-37　翼缘顶面构造钢筋

3.6.4　承载力复核

首先用式(3-39)鉴别构件属于第一种还是第二种 T 形截面。若为第一种 T 形截面,则应按宽度为 b_f' 的矩形截面复核;若为第二种,则由式(3-33)计算受压区计算高度 x,再由式(3-32)计算正截面受弯承载力 M_u。当已知截面弯矩设计值 M 时,应满足 $M \leqslant M_u$。

【例 3-9】　已知一工业厂房的吊车梁,一类环境类别,计算跨度 $l_0 = 6.0$ m,截面尺寸为 $b = 200$ mm,$h = 500$ mm,$b_f' = 400$ mm,$h_f' = 100$ mm,如图 3-38 所示。该梁最大弯矩设计值 $M = 187.0$ kN·m,混凝土强度等级为 C30,纵向受力钢筋采用 HRB400。试求纵向受拉钢筋面积 A_s。

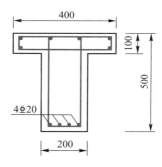

图 3-38　工业厂房吊车梁

【解】

（1）资料

C30 混凝土,$\alpha_1 = 1.0$,查附表 2-1 得 $f_c = 14.3$ N/mm²,$f_t = 1.43$ N/mm²;HRB400 钢筋,查附表 2-3 得 $f_y = 360$ N/mm²,查表 3-2 得 $\xi_b = 0.518$。

（2）配筋计算

一类环境类别,估计纵向受拉钢筋单层布置,取 $a_s = 40$ mm。$h_0 = h - a_s = 500$ mm $-$ 40 mm $= 460$ mm。

① 确定翼缘的计算宽度

该梁为独立梁,$h_f'/h_0 = 100/460$ mm $= 0.217 > 0.1$,查表 3-3 得

$$b_f' = b + 12h_f' = 200 \text{ mm} + 12 \times 100 \text{ mm} = 1\ 400 \text{ mm}$$

$$b_f' = l_0/3 = 6\ 000 \text{ mm}/3 = 2\ 000 \text{ mm}$$

上述数值均大于翼缘的实有宽度,所以按 $b_f' = 400$ mm 计算。

② 鉴别 T 形梁截面类型

按式(3-38)鉴别 T 形梁截面类型:

$$\alpha_1 f_c b_f' h_f' \left(h_0 - \frac{h_f'}{2} \right) = 1.0 \times 14.3 \times 400 \times 100 \times \left(460 - \frac{100}{2} \right) \text{ N} \cdot \text{mm}$$

$$= 234.52 \times 10^6 \text{ N} \cdot \text{mm} = 234.52 \text{ kN} \cdot \text{m} > M = 187.0 \text{ kN} \cdot \text{m}$$

属于第一种 T 形截面($x \leqslant h_f'$)。

③ 计算 A_s

$$\alpha_s = \frac{M}{\alpha_1 f_c b_f' h_0^2} = \frac{187.0 \times 10^6}{1.0 \times 14.3 \times 400 \times 460^2} = 0.155$$

$$\xi = 1 - \sqrt{1 - 2\alpha_s} = 1 - \sqrt{1 - 2 \times 0.155} = 0.169$$

$$A_s = \frac{\alpha_1 f_c b_f' \xi h_0}{f_y} = \frac{1.0 \times 14.3 \times 400 \times 0.169 \times 460}{360} \text{mm}^2 = 1235 \text{ mm}^2$$

$$\rho = \frac{A_s}{A_\rho} = \frac{A_s}{bh} = \frac{1235}{200 \times 500} = 1.24\% > \rho_{\min} = \max \left(0.20\%, 0.45 \frac{f_t}{f_y} \right) = 0.20\%$$

满足纵向受拉钢筋最小配筋率要求。

选用 4 Φ 20($A_s = 1\ 256 \text{ mm}^2$),配筋见图 3-38。

【例 3-10】 某钢筋混凝土 T 形截面梁,一类环境类别,截面尺寸为 $b = 250 \text{ mm}$, $h = 600 \text{ mm}$, $b_f' = 500 \text{ mm}$, $h_f' = 120 \text{ mm}$,如图 3-39 所示。最大弯矩设计值 $M = 552.0 \text{ kN} \cdot \text{m}$,混凝土强度等级为 C30,纵向受力钢筋采用 HRB400。求所需的纵向受拉钢筋面积 A_s。

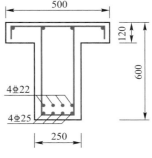

图 3-39 T 截面梁

【解】

(1)资料

C30 混凝土,$\alpha_1 = 1.0$,查附表 2-1 得 $f_c = 14.3 \text{ N/mm}^2$, $f_t = 1.43 \text{ N/mm}^2$;HRB400 钢筋,查附表 2-3 得 $f_y = 360 \text{ N/mm}^2$,查表 3-2 得 $\xi_b = 0.518$。

(2)配筋计算

一类环境类别,估计纵向受拉钢筋双层布置,取 $a_s = 65 \text{ mm}$。 $h_0 = h - a_s = 600 \text{ mm} - 65 \text{ mm} = 535 \text{ mm}$。

① 鉴别 T 形梁截面类型

按式(3-38)鉴别 T 形梁截面类型:

$$\alpha_1 f_c b_f' h_f' \left(h_0 - \frac{h_f'}{2} \right) = 1.0 \times 14.3 \times 500 \times 120 \times \left(535 - \frac{120}{2} \right) \text{ N} \cdot \text{mm}$$

$$= 407.55 \times 10^6 \text{ N} \cdot \text{mm} = 407.55 \text{ kN} \cdot \text{m} < M = 552.0 \text{ kN} \cdot \text{m}$$

属于第二种 T 形截面($x > h_f'$)。

② 计算 A_s

由式(3-34)得

$$\alpha_s = \frac{M - \alpha_1 f_c (b'_f - b) h'_f \left(h_0 - \frac{h'_f}{2}\right)}{\alpha_1 f_c b h_0^2}$$

$$= \frac{552.0 \times 10^6 - 1.0 \times 14.3 \times (500-250) \times 120 \times (535-120/2)}{1.0 \times 14.3 \times 250 \times 535^2} = 0.340$$

由式(3-16)得

$$\xi = 1 - \sqrt{1-2\alpha_s} = 1 - \sqrt{1-2\times 0.340} = 0.434 < \xi_b = 0.518$$

由式(3-35)得

$$A_s = \frac{\alpha_1 f_c b \xi h_0 + \alpha_1 f_c (b'_f - b) h'_f}{f_y}$$

$$= \frac{1.0 \times 14.3 \times 250 \times 0.434 \times 535 + 1.0 \times 14.3 \times (500-250) \times 120}{360} \text{ mm}^2 = 3\ 497 \text{ mm}^2$$

选配 4⾫25+4⾫22($A_s = 3\ 484\text{ mm}^2$),配筋见图 3-39。实配 A_s 比计算所需 A_s 少 0.4%,小于 5.0%,满足要求。

在实际工程中,有时也会遇到环形、圆形截面受弯构件和双向受弯构件,其正截面受弯承载力计算可按现行混凝土结构设计规范的有关公式进行。

3.7　受弯构件的延性

3.7.1　延性的意义

结构构件在设计时,除了考虑承载力以外,还应满足一定的延性要求。所谓延性是指结构构件或截面在受力钢筋应力超过屈服强度后,在承载力无显著变化的情况下的后期变形能力,也就是最终破坏之前经受非弹性变形的能力。延性好的结构,它的破坏过程比较长,破坏前有明显的预兆,因此,能提醒使用者及早采取措施,避免发生伤亡事故及建筑物的全面崩溃。延性差的结构,破坏时会突然发生脆性破坏,破坏后果较为严重。延性好的结构还可使超静定结构发生内力重分布,从而增加结构的极限荷载。并且,延性好的结构能以残余的塑性变形来吸收地震的巨大能量,这对地震区的建筑物来说是极为重要的。可以说,对抗震结构,延性至少是与承载能力同等重要的。

延性有多种描述方法,一般可从材料、构件和结构三个不同层次来描述。材料的延性,一般通过材料的应力-应变曲线下降段或材料的韧性等指标来描述;构件的延性,通常采用截面曲率延性系数、位移延性系数、塑性铰转动能力、滞回特性和耗能能力来描述;结构的延性,通常采用结构的位移延性系数或层间位移角来描述。

截面曲率延性系数以曲率的比值 ϕ_u/ϕ_y 表示,图 3-40 可以概括地说明截面曲率延性的概念。图 3-40 中,ϕ_y 相当于纵向受拉钢筋刚屈服时的截面曲率;ϕ_u 相当于混凝土最终被压碎时的截面曲率,即构件最终破坏时的截面曲率。ϕ_y 与 ϕ_u 可以由相应阶段的截面应变梯度求得,即 $\phi_y = \varepsilon_y / (h_0 - x_{0y})$,$\phi_u = \varepsilon_{cu}/x_{0u}$,式中 ε_y 为纵向受拉钢筋达到屈服强度时的应变;ε_{cu} 为混凝土极限压应变。显然,曲率延性系数 $\mu_\phi = \phi_u/\phi_y$ 越大,截面延性越好,在图 3-40 中,对比了脆性破坏和延性破坏的不同变形能力。

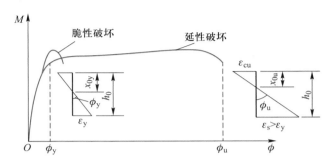

图 3-40   弯矩与截面曲率的关系曲线

对于整个结构来说,延性应该用整个结构的变形来衡量。对于钢筋混凝土结构,为抵抗强震,常要求位移延性系数 $\mu_\Delta = \Delta_u/\Delta_y$ 不小于 3~5。应注意 μ_Δ 在数值上与截面的曲率延性系数 μ_ϕ 是完全不同的。为了弄懂初步概念,本节只限于说明曲率延性。

3.7.2   影响受弯构件曲率延性的因素

通过理论分析和试验证明,受弯构件的曲率延性主要与下列因素有关。

1. 纵向钢筋用量

由纵向受拉钢筋刚开始屈服时的曲率 $\phi_y = \varepsilon_y / (h_0 - x_{0y})$ 与混凝土最终压碎时的 $\phi_u = \varepsilon_{cu}/x_{0u}$ 可知,增加纵向受拉钢筋配筋率 ρ,则两式中相应的受压区高度 x_{0y} 及 x_{0u} 均增加,从而 ϕ_y 增大而 ϕ_u 减小,于是曲率延性系数 μ_ϕ 就减小,延性降低。因此,为了使受弯构件破坏时具有足够的延性,纵向受拉钢筋配筋率不宜太大。

配置纵向受压钢筋 A_s' 可使延性增大。因为增加纵向受压钢筋配筋率 ρ',可使 x_{0y} 减小,因而 ϕ_y 减小 ϕ_u 增大,延性明显提高。

图 3-41 和图 3-42 表示了纵向钢筋配筋率 ρ 和 ρ' 对受弯构件截面延性的影响。

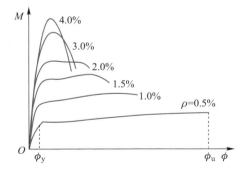

图 3-41   配筋率 ρ 对截面延性的影响

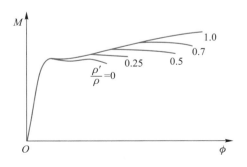

图 3-42   配筋率 ρ' 对截面延性的影响

2. 材料强度

混凝土强度提高或纵向钢筋强度降低时,延性增大;反之,延性减小。因此,为了保证结构有足够的延性,不宜采用高强度的纵向钢筋及强度等级过低的混凝土。但混凝土强度过高时,材性会变脆,即其 ε_{cu} 降低,也会使延性减小,故对抗震结构,混凝土等级不宜大于 C60。

3. 箍筋用量

沿梁的纵向配置封闭的箍筋,不但能防止脆性的剪切破坏(见第 4 章),而且可以对受压区混凝土起约束作用。混凝土受到约束后,其 ε_{cu} 能提高。箍筋(特别是螺旋形箍筋)布置得越密,直径越粗,其约束作用越大,对构件延性的提高也越大。特别是超筋情况,箍筋对延性的影响就更为显著。

在设计构件时,应充分注意上述纵向钢筋配筋率、箍筋用量及材料强度等级等要求。由于延性指标(特别是对整个结构来说的位移延性)的计算比较复杂,目前抗震规范对一般建筑还不要求进行延性的具体计算,而是做了相应的构造规定,认为只要遵循这些规定就可以满足抗震对延性的要求。因此,在设计抗震结构时应特别注意有关抗震的构造要求。

第 3 章
总结

📖 思考题

3-1　何谓混凝土保护层?它起什么作用?其最小厚度应如何确定?为什么混凝土保护层厚度与结构构件所处的环境类别有关?

3-2　在梁截面内布置纵向受力钢筋时,应注意哪些构造规定?

3-3　在板中,为什么受力钢筋的间距不能太稀或太密?最大间距与最小间距分别是多少?为何在垂直受力钢筋方向还要布置分布钢筋?分布钢筋如何选配?

3-4　一根发生正截面适筋破坏的钢筋混凝土梁,从加载到破坏,可划分为哪几个受力阶段?每个阶段的主要特点是什么?与计算有何联系?

3-5　受弯构件正截面有哪几种破坏形态?它们的破坏特点有何区别?在设计时如何防止发生这些破坏?

3-6　当受弯构件的其他条件相同时,正截面的破坏特征是如何随纵向受拉钢筋配筋量的多少而变化的?

△3-7　有两根钢筋混凝土适筋梁,仅纵向受拉钢筋用量不同,这两根梁的正截面开裂弯矩 M_{cr} 与正截面极限弯矩 M_u 的比值(M_{cr}/M_u)是否相同?如有不同,则哪根梁大,哪根梁小?

3-8　受弯构件正截面受弯承载力计算时有哪几项基本假定?什么是受压区混凝土等效矩形应力图形?它是怎样从受压区混凝土实际应力图形得来的?特征值 α_1 和 β_1 的物理意义是什么?

3-9　何谓界限破坏?试推导相对界限受压区计算高度 ξ_b 的计算公式。为什么

$\xi > \xi_b$ 时是超筋梁，$\xi \leqslant \xi_b$ 时是适筋梁？

3-10　截面设计时，若出现少筋问题，是截面尺寸取得太大，还是纵向受拉钢筋用量太少？ 若出现超筋问题，是截面尺寸取得太小，还是纵向受拉钢筋用量太多？

3-11　矩形截面梁截面设计时，如果求出 $\alpha_s = \dfrac{M}{\alpha_1 f_c b h_0^2} > \alpha_{sb}$，说明什么问题？ 在设计中应如何处理？

3-12　什么是双筋截面？ 什么情况下需采用双筋截面？ 在双筋截面中，纵向受压钢筋起什么作用？ 一般情况下配置纵向受压钢筋是否经济？

3-13　绘出双筋矩形截面受弯构件正截面受弯承载力计算简图，根据其推导出受弯承载力基本公式，并指出公式的适用范围(条件)。

△3-14　为什么混凝土强度等级对受弯构件正截面受弯承载力影响不是太大？ 是否施工中混凝土强度等级弄错了也无所谓？

△3-15　试从理论上探讨双筋受弯构件正截面受弯承载力计算基本公式适用条件 $x \geqslant 2a_s'$ 的合理性。

3-16　设计双筋截面，A_s' 及 A_s 均未知时，为使纵向钢筋用量最省，应补充什么条件？ 当 A_s' 已知时，写出计算 A_s 的步骤及公式，并考虑可能出现的各种情况及处理方法。

3-17　如何复核双筋截面的正截面受弯承载力？

△3-18　如果一个梁承受大小不等的异号弯矩(非同时作用)，应如何设计才较合理？

3-19　T形截面梁的翼缘为何要有计算宽度 b_f' 的规定？ 如何确定 b_f' 值？

3-20　按混凝土受压区计算高度 x 是否大于翼缘高度 h_f'，T形截面梁的承载力计算有哪几种情况？ 截面设计和承载力复核时，应分别如何确定属于哪一种T形截面？

3-21　为什么说第一种T形截面梁的正截面受弯承载力计算与矩形截面梁一样？ 计算上有哪些不同之处？ 分别说明理由。

△3-22　对配置有纵向受压钢筋 A_s' 的T形截面梁，应如何鉴别它属于哪一种T形截面梁？ 写出鉴别表达式。

△3-23　一T形截面梁的截面尺寸已定，纵向受拉钢筋用量不限，试列出其最大承载力的表达式。

△3-24　下列四种截面高度相同的梁(图3-43)，承受数值和作用方向均相同的截面弯矩(上部受压、下部受拉)，试问需要的纵向受拉钢筋用量 A_s 是否一样？ 为什么？

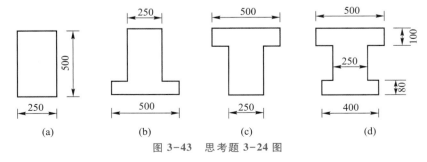

图3-43　思考题3-24图

3-25　试列表比较与总结单筋矩形、双筋矩形、T 形三种截面受弯构件正截面受弯承载力计算的异同(包括计算简图、基本公式及适用条件、截面设计与承载力复核方法)。

计算题

3-1　某钢筋混凝土简支梁,二级安全等级,一类环境类别,计算简图如图 3-44 所示,梁截面尺寸为 $b \times h = 200 \ mm \times 550 \ mm$,持久设计状况下承受均布永久荷载 $g_k = 6.0 \ kN/m$(含自重)和均布可变荷载 $q_k = 20.0 \ kN/m$。混凝土强度等级为 C35,纵向钢筋采用 HRB400。试求纵向受力钢筋截面面积 A_s,配置纵向钢筋并绘出符合构造要求的截面配筋图。

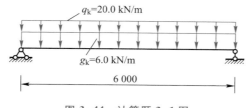

图 3-44　计算题 3-1 图

3-2　某钢筋混凝土简支梁,二级安全等级,一类环境类别,截面尺寸 $b \times h = 200 \ mm \times 500 \ mm$,持久设计状况下最大弯矩设计值 $M = 145.0 \ kN \cdot m$。试进行下列计算与分析:

(1)混凝土强度等级为 C30,纵向钢筋分别采用 HRB400 和 HRB500 时,计算所需的纵向受力钢筋截面面积;

(2)混凝土强度等级为 C35,纵向钢筋采用 HRB400 时,计算所需纵向受力钢筋截面面积;

(3)根据以上的计算结果,分析混凝土强度等级和钢筋级别对受弯构件纵向受拉钢筋配筋量的影响。从中能得出什么结论? 该结论在工程实践及理论上有哪些意义?

3-3　某钢筋混凝土伸臂梁,一级安全等级,二 a 类环境类别,截面尺寸 $b \times h = 300 \ mm \times 750 \ mm$,持久设计状况下荷载设计值产生的弯矩分布如图 3-45 所示。混凝土强度等级为 C30,纵向钢筋采用 HRB400。试配置跨中截面和支座截面纵向钢筋。

提示:跨中梁底纵向受力钢筋需双层布置。

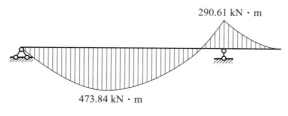

图 3-45　计算题 3-3 图

3-4 图 3-46 为某工业厂房叠合面板,二级安全等级,二 a 类环境类别。板厚 180 mm(其中预制板厚 100 mm,现浇板厚 80 mm),表面磨耗层 20 mm,板长 2.55 m,板宽 2.99 m。预制板直接搁置在纵梁上,搁置宽度为 150 mm,施工期承受可变荷载标准值为 1.50 kN/m²。混凝土强度等级为 C30,纵向钢筋采用 HRB400。试按施工期荷载组合配置该预制板的纵向钢筋,并绘出板的配筋图。

提示:磨耗层只考虑其自重,不参与受力,其自重取 $\gamma = 24.0$ kN/m³;施工期属于短暂设计状况。

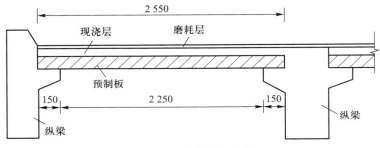

图 3-46 计算题 3-4 图

3-5 某梁截面尺寸及纵向受力钢筋配筋如图 3-47 所示,二级安全等级,一类环境类别。混凝土强度等级为 C30,纵向钢筋采用 HRB400,持久设计状况下最大弯矩设计值 $M = 63.20$ kN·m。试复核此梁正截面受弯承载力是否满足要求。

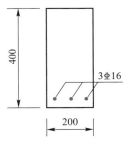

图 3-47 计算题 3-5 图

3-6 某梁截面尺寸与纵向受力钢筋配筋如图 3-48 所示,已知混凝土强度等级为 C30,该梁安全等级为二级。试求持久设计状况下该梁截面能承受的弯矩设计值 M。

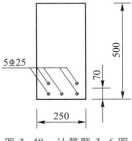

图 3-48 计算题 3-6 图

3-7　某矩形截面钢筋混凝土简支梁,二级安全等级,二 a 类环境类别,截面尺寸初定为 $b×h=250\ mm×500\ mm$,混凝土强度等级为 C35(混凝土强度等级不宜提高),纵向钢筋采用 HRB400。持久设计状况下跨中截面弯矩设计值 $M=326.60\ kN·m$。试进行正截面受弯承载力设计。若截面尺寸限制为 $b×h=250\ mm×500\ mm$,仍采用 C35 混凝土(混凝土强度等级不宜提高),试配置纵向钢筋,绘出截面配筋图。

提示:纵向受拉钢筋需双层布置。

3-8　若上题中的梁截面尺寸限制为 $b×h=250\ mm×500\ mm$,且由于构造的原因,截面已配有纵向受压钢筋 3⊉20。试求纵向受拉钢筋截面面积,并与上题比较钢筋总用量($A_s'+A_s$)。

3-9　若题 3-8 中纵向受压钢筋为 3⊉25,试求纵向受拉钢筋用量。

3-10　图 3-49 所示矩形截面梁,二级安全等级,混凝土强度等级为 C30。该梁截面能承担的弯矩设计值 M 有多大?

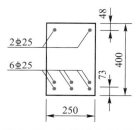

图 3-49　计算题 3-10 图

3-11　某钢筋混凝土 T 形简支梁,二级安全等级,环境类别为一类。梁截面高 $h=500\ mm$,肋宽 $b=200\ mm$,翼缘高 $h_f'=100\ mm$,翼缘宽 $b_f'=400\ mm$,计算跨度 $l_0=6.0\ m$,持久设计状况下跨中截面弯矩设计值 $M=217.60\ kN·m$。混凝土强度等级为 C35,纵向钢筋采用 HRB400。试配置纵向钢筋,绘出截面配筋图。

3-12　某工业厂房的简支 T 形吊车梁截面尺寸如图 3-50 所示,二级安全等级,二 a 类环境类别。梁支承在排架柱的牛腿上,支承宽度 $a=200\ mm$,梁净跨 $l_n=5.60\ m$,全长 $l=6.0\ m$,梁上承受一台吊车,最大轮压力 $Q_k=370.0\ kN$,另有均布永久荷载(包括吊车梁自重及吊车轨道等附件重)$g_k=7.50\ kN/m$。试按持久设计状况配置该梁跨中截面纵向钢筋,并绘出截面配筋图。

提示:

(1) 轮压力为移动的集中荷载,可位于吊车梁上各个不同位置,但两个轮压力之间距离保持不变。应考虑轮压所在最不利位置,以求跨中截面最大弯矩值。

(2) 混凝土可选用 C30,纵向钢筋可选用 HRB400。

(3) 梁底纵向受拉钢筋需双层布置。

(4) 吊车梁还承受横向水平力和扭矩,承受这些外力的钢筋应另行计算和配置。

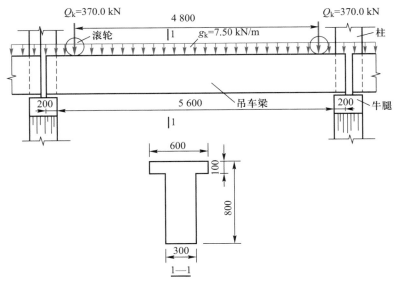

图 3-50   计算题 3-12 图

3-13   某独立 T 形梁的截面尺寸及配筋如图 3-51 所示,计算跨度 $l_0 = 5.50$ m,二级安全等级。混凝土强度等级为 C30。试求该截面能承受的极限弯矩 M_u。

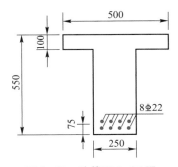

图 3-51   计算题 3-13 图

第 3 章
计算题详解

3-14   某 I 形截面简支梁,二级安全等级,一类环境类别,截面尺寸如图 3-52 所示,计算跨度 $l_0 =$ 6.0 m,持久设计状况下跨中截面弯矩设计值 $M =$ 1 400.0 kN·m。混凝土强度等级为 C30,纵向钢筋采用 HRB400。试求纵向受压钢筋截面面积 A'_s 及纵向受拉钢筋截面面积 A_s。

提示:纵向受拉钢筋需双层布置。

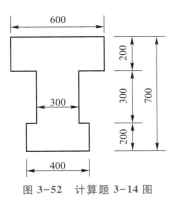

图 3-52   计算题 3-14 图

第4章　钢筋混凝土受弯构件斜截面承载力计算[①]

上一章已指出,承受弯矩 M 和剪力 V 的受弯构件有可能发生两种破坏:一种是沿弯矩最大的截面破坏,此时破坏截面与构件的轴线垂直,称为正截面破坏;另一种是沿剪力最大或弯矩和剪力都较大的截面破坏,此时破坏截面与构件的轴线斜交,称为斜截面破坏。受弯构件设计时,既要保证构件不沿正截面发生破坏,又要保证构件不沿斜截面发生破坏,因此要同时进行正截面承载力与斜截面承载力的计算。

斜截面破坏的原因,可以用受弯构件在弯矩与剪力共同作用下的应力状态进行简要说明。

由材料力学可知,在弯矩和剪力共同作用下,均质弹性材料梁中任意一微小单元体上作用有由弯矩引起的正应力 σ 和由剪力引起的剪应力 τ(图 4-1),而 σ 与 τ 在单元体上产生主拉应力 σ_{tp} 及主压应力 σ_{cp}。分析任一截面 I—I 上三个微小单元体 1、2、3 的应力状态,可得知主拉应力的方向各不相同:在中和轴处(单元体 2)$\sigma = 0$,主拉应力 σ_{tp} 与梁轴线的夹角为 45°;在中和轴以下的受拉区(单元体 3),σ 为拉应力,主拉应力 σ_{tp} 的方向与梁轴线的夹角小于 45°;在中和轴以上的受压区(单元体 1),σ 为压应力,主拉应力 σ_{tp} 的方向与梁轴线的夹角大于 45°。因此,主拉应力的轨迹线,除支座处受集中反力的影响外,大体如图 4-1 中虚线所示,与主拉应力成正交的主压应力的轨迹线则如图中实线所示。

对钢筋混凝土梁来说,当荷载很小、材料尚处于弹性阶段时,梁内应力分布近似于图 4-1。但当主拉应力接近于混凝土的抗拉强度时,由于塑性变形的发展,沿主应力轨迹上的主拉应力分布将逐渐均匀。当在一段范围内的主拉应力达到混凝土的抗拉强度时,就会出现大体上与主拉应力轨迹线相垂直的斜裂缝(参见图 4-2)。斜裂缝的出现和发展使梁内应力发生变化,最终导致在剪力较大区域的混凝土被剪压破碎或拉裂,发生斜截面破坏。

上一章介绍了钢筋混凝土受弯构件正截面的破坏形态、正截面受弯承载力计算方法和有关构造规定,本章将介绍斜截面的破坏形态、斜截面承载力计算方法及有关构造规定。其中,斜截面承载力计算又包括下列两个方面:一是斜截面受剪承载力计

[①] 本章所指受弯构件是指跨高比 $l_0/h \geqslant 5$ 的一般受弯构件。对于 $l_0/h < 5$ 的构件,应按深受弯构件计算,具体计算公式可参阅规范。

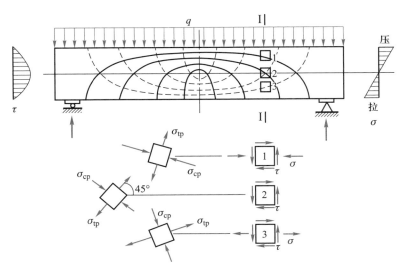

图 4-1　主应力轨迹线

算,配置腹筋(箍筋和弯起钢筋,参见图 3-5),保证斜截面受剪承载力满足要求;二是当腹筋采用了弯起钢筋或负弯矩区有切断纵向受力钢筋时,余留的纵向受力钢筋应仍能满足斜截面受弯承载力要求,这就是斜截面受弯承载力问题。目前,斜截面受弯承载力一般不采用承载力公式直接计算,而是通过画抵抗弯矩图并满足相应的要求来保证。

4.1　受弯构件斜截面受力分析与破坏形态

4.1.1　无腹筋梁斜截面受力分析

在实际工程中,钢筋混凝土梁内一般均配置腹筋,但为了更好地了解钢筋混凝土梁的抗剪性能及腹筋的作用,有必要先研究仅配有纵向钢筋而没有腹筋的梁(无腹筋梁)的抗剪性能。

1. 斜裂缝的种类

钢筋混凝土梁在荷载很小时,梁内应力分布近似于弹性体。当某段范围内的主拉应力超过混凝土的抗拉强度时,就出现与主拉应力相垂直的裂缝。

在弯矩 M 和剪力 V 共同作用的剪跨段,梁腹部的主拉应力方向是倾斜的,而在梁的下边缘主拉应力方向接近于水平,所以在这些区段可能在梁下部先出现较小的垂直裂缝,然后延伸为斜裂缝,裂缝上细下宽,如图 4-2a 所示。这种斜裂缝称为"弯剪裂缝",是一种常见的斜裂缝。

当梁腹很薄时,支座附近(主要是剪力 V 的作用)的最大主拉应力出现于梁腹中和轴周围,就可能在此处先出现斜裂缝,然后向上、下方延伸,裂缝两头细、中间宽,呈枣核形,如图 4-2b 所示,这种斜裂缝称为"腹剪裂缝"。

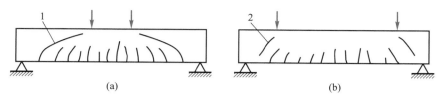

1—弯剪裂缝;2—腹剪裂缝。

图 4-2 弯剪裂缝与腹剪裂缝

(a) 一般梁裂缝分布;(b) 薄腹梁裂缝分布

试验表明,斜裂缝可能发生若干条,但荷载增加到一定程度时,在若干斜裂缝中总有一条开展得特别宽,并很快向集中荷载作用点处延伸的斜裂缝。这条斜裂缝常称为"临界斜裂缝"。在无腹筋梁中,临界斜裂缝的出现预示着斜截面受剪破坏即将来临。

2. 斜裂缝出现后的梁内受力状态

一承受两个对称集中荷载作用的无腹筋简支梁,在弯矩 M 和剪力 V 共同作用下出现了斜裂缝 BA,如图 4-3a 所示,现取支座到斜裂缝之间的梁段为隔离体来分析其应力状态。

在如图 4-3b 所示的隔离体上,外荷载在斜截面 BA 上引起的最大弯矩为 M_A,最大剪力为 V_A。斜截面上平衡 M_A 和 V_A 的力有:① 纵向钢筋的拉力 T;② 斜截面端部余留混凝土剪压面(AA')上混凝土承担的剪力 V_c 及压力 C;③ 在梁的变形过程中,斜裂缝的两侧发生相对剪切位移产生的骨料咬合力 V_a;④ 纵筋的销栓力 V_d[①]。

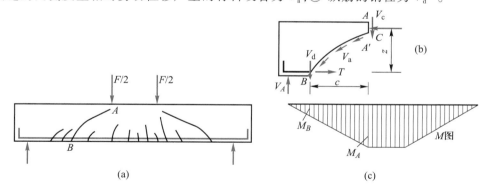

图 4-3 无腹筋梁的斜裂缝及隔离体受力图

(a) 梁发生斜截面破坏时的裂缝分布;(b) 斜截面隔离体;(c) 弯矩分布图

在这些力中能与 V_A 保持平衡的为 V_c、V_y 及 V_d 三个力,其中 V_y 为咬合力 V_a 的竖向分力,即

$$V_A = V_c + V_y + V_d \tag{4-1}$$

---

① 由于斜裂缝的两边有相对的上下错动,使穿过斜裂缝的纵向受拉钢筋也承担一定的剪力,这种剪力称为纵筋的销栓力 V_d。

　　在无腹筋梁中,纵筋的销栓作用很弱,因为能阻止纵向受拉钢筋发生垂直位移的只有其下面的混凝土保护层。在 V_d 作用下,纵向受拉钢筋两侧的混凝土产生垂直的拉应力(图 4-4)很容易沿纵向受拉钢筋将混凝土撕裂。混凝土产生撕裂裂缝后,销栓作用就随之降低。同时,纵向受拉钢筋就会失去和混凝土的黏结而发生滑动,使斜裂缝迅速增大,V_a 也相应减少。在梁接近破坏时,V_c 渐渐增加到它的最大值,此时梁内剪力主要由 V_c 承担,V_a 与 V_d 仅承担很小一部分。

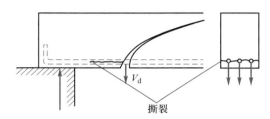

图 4-4　纵筋销栓力作用下混凝土发生撕裂

　　同时,由于剪力传递机理的复杂性,要分别确定 V_c、V_y 及 V_d 各自的大小还有相当的困难,因此目前常把三者笼统地全部归入 V_c,一并计算,即

$$V_A = V_c \tag{4-2}$$

　　再看截面上的内力又是如何平衡弯矩 M_A 的。如图 4-3b 所示,对压力 C 的作用点求矩,并假定 V_a 的合力通过压力 C 的作用点,则平衡 M_A 的内力矩为

$$M_A = Tz + V_d c \tag{4-3}$$

式中　T——纵向受力钢筋承受的拉力;

　　　z——纵向受力钢筋拉力到混凝土压应力合力点的力臂;

　　　c——斜裂缝的水平投影长度。

　　在无腹筋梁中,纵筋销栓力 V_d 数值较小且不可靠,为安全计可近似认为

$$M_A = Tz \tag{4-4}$$

　　3. 斜裂缝出现前后梁内应力状态的变化

　　由以上分析可见,斜裂缝发生前后,构件内的应力状态有如下变化:

　　(1) 在斜裂缝出现前,梁的整个混凝土截面均能抵抗外荷载产生的剪力 V_A。在斜裂缝出现后,主要是斜截面端部余留截面 AA' 来抵抗剪力 V_A。因此,一旦斜裂缝出现,混凝土所承担的剪应力就突然增大。

　　(2) 在斜裂缝出现前,各截面纵向钢筋的拉力 T 由该截面的弯矩决定,因此 T 沿梁轴线的变化规律基本上和弯矩图一致。但从图 4-3b、c 及式(4-4)可看到,斜裂缝出现后,截面 B 处的纵向钢筋拉力 T 却决定于截面 A 的弯矩 M_A,而 $M_A > M_B$。所以,斜裂缝出现后,穿过斜裂缝的纵向钢筋的应力突然增大。

　　(3) 由于纵向钢筋拉力的突增,斜裂缝更加向上开展,使受压区混凝土面积进一步缩小。所以在斜裂缝出现后,受压区混凝土的压应力更进一步上升。

（4）由于 V_d 的作用，混凝土沿纵向钢筋还受到撕裂力。

如果构件能适应上述这些应力的变化，就能在斜裂缝出现后重新建立平衡，否则构件会立即破坏，呈现出脆性。

4.1.2　有腹筋梁斜截面受力分析

为了提高钢筋混凝土梁的斜截面受剪承载力，防止梁沿斜截面发生脆性破坏，在实际工程中，除跨度和高度都很小的梁以外，一般梁内都应配置腹筋。

对有腹筋梁，在斜裂缝出现之前，混凝土在各方向的应变都很小，所以腹筋的应力也很低，对斜截面开裂荷载的影响很小。因此，在斜裂缝出现前，有腹筋梁的受力状态与无腹筋梁没有显著差异。但是当斜裂缝出现之后，与无腹筋梁相比，斜截面上增加了箍筋承担的剪力 V_{sv} 和弯起钢筋的拉力 T_{sb}（图 4-5），由此有腹筋梁通过以下几个方面大大地加强了斜截面受剪承载力 V_u：

（1）与斜裂缝相交的腹筋本身就能承担很大一部分剪力。

（2）腹筋能阻止斜裂缝开展过宽，延缓斜裂缝向上伸展，保留了更大的混凝土余留截面，从而提高混凝土的受剪承载力 V_c。

（3）腹筋能有效地减少斜裂缝的开展宽度，提高斜裂缝上的骨料咬合力 V_a。

（4）箍筋可限制纵向钢筋的竖向位移，有效地阻止混凝土沿纵筋的撕裂，从而提高纵筋的销栓力 V_d。

因此，可以认为从斜裂缝的产生直至腹筋屈服之前，有腹筋梁的斜截面受剪承载力 V_u 由 V_c、V_d、V_y、V_{sv} 及 $V_{sb} = T_{sb} \sin \alpha_s$ 构成。图 4-6 给出了仅配箍筋的有腹筋梁中上述各分量之间的大致分配情况。

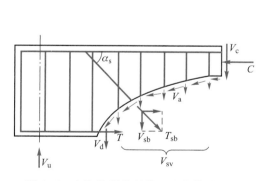

图 4-5　有腹筋梁的斜截面隔离体受力图

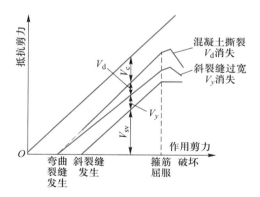

图 4-6　V_c、V_d、V_y、V_{sv} 之间的分配

弯起钢筋差不多和斜裂缝正交，因而传力直接，但弯起钢筋是由纵向钢筋弯起而成，一般直径较粗，根数较少，使梁的内部受力不很均匀；箍筋虽不与斜裂缝正交，但分布均匀，因而对斜裂缝宽度的遏制作用更为有效，且纵向钢筋也需要箍筋一起形成骨架。在配置腹筋时，一般总是先配一定数量的箍筋，需要时再加配适量的弯起钢筋。

4.1.3　受弯构件斜截面破坏形态

1. 无腹筋梁斜截面受剪破坏形态与发生条件

根据试验观察,无腹筋梁的受剪破坏形态大致可分为斜拉破坏、剪压破坏和斜压破坏三种,其发生的条件主要与剪跨比 λ 有关。

所谓剪跨比 λ,对梁顶只作用有集中荷载的梁,是指剪跨 a 与截面有效高度 h_0 的比值(图 4-7),即 $\lambda = \dfrac{a}{h_0} = \dfrac{Va}{Vh_0} = \dfrac{M}{Vh_0}$。$\lambda = \dfrac{M}{Vh_0}$ 反映截面上弯矩 M 和剪力 V 的比值,也就反映截面上正应力 σ 和 τ 的相对比值,因此 λ 是反映梁斜截面受剪承载力变化规律和区分斜截面受剪破坏形态的主要参数。

对于承受分布荷载或其他多种荷载的梁,剪跨比可用无量纲参数 $\dfrac{M}{Vh_0}$ 表达,一般也称 $\dfrac{M}{Vh_0}$ 为广义剪跨比。

(1) 斜拉破坏

当剪跨比 $\lambda > 3$ 时,无腹筋梁常发生斜拉破坏。在这种破坏形态中,斜裂缝一出现就很快形成临界斜裂缝,并迅速向上延伸到梁顶的集中荷载作用点处,将整个截面裂通,整个构件被斜拉为两部分而破坏(图 4-7a)。其特点是整个破坏过程急速而突然,破坏荷载比斜裂缝形成时的荷载增加不多。斜拉破坏的原因是混凝土余留截面上剪应力的上升,使截面上的主拉应力超过了混凝土抗拉强度。

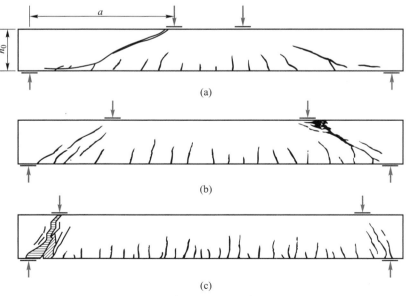

图 4-7　无腹筋梁的受剪破坏形态

(a) 斜拉破坏;(b) 剪压破坏;(c) 斜压破坏

（2）剪压破坏

当剪跨比 $1<\lambda\leqslant3$ 时,常发生剪压破坏。在这种破坏形态中,先出现垂直裂缝和几条细微的斜裂缝。当荷载增大到一定程度时,其中一条斜裂缝发展成临界斜裂缝。这条临界斜裂缝虽向斜上方伸展,但仍能保留一定的压区混凝土截面不裂通,直到斜裂缝末端的余留混凝土在剪应力和压应力共同作用下被压碎而破坏（图 4-7b）。它的破坏过程比斜拉破坏缓慢一些,破坏时的荷载明显高于斜裂缝出现时的荷载。剪压破坏的原因是混凝土余留截面上的主压应力超过了混凝土在压力和剪力共同作用下的抗压强度。

（3）斜压破坏

当剪跨比 $\lambda\leqslant1$ 时,常发生斜压破坏。在这种破坏形态中,在靠近支座的梁腹部首先出现若干条大体平行的斜裂缝,梁腹被分割成几条倾斜的受压柱体,随着荷载的增大,过大的主压应力将梁腹混凝土压碎（图 4-7c）。

图 4-8 为三根受弯构件的荷载-挠度曲线,它们尺寸相同,由于剪跨比不同而发生斜拉破坏、剪压破坏与斜压破坏。从图中曲线可见,就其受剪承载力而言,斜拉破坏最低,剪压破坏较高,斜压破坏最高。但就其破坏性质而言,它们达到破坏时的跨中挠度都不大,因而均属于无预兆的脆性破坏,其中斜拉破坏脆性最大。

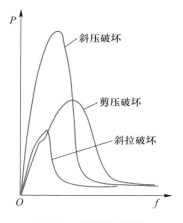

图 4-8 斜截面破坏的
荷载-挠度曲线

2. 有腹筋梁斜截面受剪破坏形态与发生条件

有腹筋梁的斜截面受剪破坏形态与无腹筋梁相似,也可归纳为斜拉破坏、剪压破坏及斜压破坏三种。它们的特征与无腹筋梁的三种破坏特征相同,但发生条件有所区别。在有腹筋梁中,除剪跨比 λ 对破坏形态有影响外,腹筋数量也影响着破坏形态的发生。

（1）斜拉破坏

腹筋数量配置很少的有腹筋梁,当斜裂缝出现以后,腹筋很快达到屈服,所以不能起到限制斜裂缝的作用,此时梁的破坏与无腹筋梁类似。因而,腹筋数量配置很少且剪跨比较大的有腹筋梁,将发生斜拉破坏。

（2）剪压破坏

腹筋配置比较适中的有腹筋梁大部分发生剪压破坏。这种梁在斜裂缝出现后,由于腹筋的存在,延缓和限制了斜裂缝的开展和延伸,使荷载仍能有较大的增长,直到腹筋屈服不能再控制斜裂缝开展,最终使斜裂缝末端余留截面混凝土在剪、压复合应力作用下达到极限强度而破坏。此时梁的斜截面受剪承载力主要与混凝土的强度和腹筋数量有关。

腹筋数量配置少但剪跨比不大的有腹筋梁,仍将发生剪压破坏。

（3）斜压破坏

当腹筋配置过多或剪跨比很小,尤其梁腹较薄(例如 T 形或 I 形薄腹梁)时,将发生斜压破坏。这种梁在箍筋屈服以前,斜裂缝间的混凝土因主压应力过大而被压坏,此时梁的斜截面受剪承载力取决于构件的截面尺寸和混凝土的强度,与无腹筋梁斜压破坏时的斜截面受剪承载力相近。

4.1.4　简支梁斜截面受剪机理

下面以简支梁为例来说明斜截面受剪机理。在无腹筋梁中,临界斜裂缝出现后,梁被斜裂缝分割为套拱式机构(图 4-9a)。内拱通过纵筋销栓力和混凝土骨料咬合力将力传给相邻外拱,最终传给基本拱 I,再传给支座。但由于纵筋销栓力和混凝土骨料咬合力很小,因此由内拱(II、III)所传递的力有限,主要靠基本拱 I 传递主压力。因此,无腹筋梁的传力体系可比拟为一个拉杆拱,斜裂缝顶部的余留截面为拱顶,纵筋为拉杆,基本拱 I 为拱身。当拱顶混凝土抗拉或抗压强度不足时,将发生斜拉或剪压破坏;当拱身的抗压强度不足时,将发生斜压破坏。

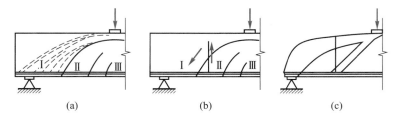

图 4-9　斜截面受剪机理
（a）无腹筋梁传力机理;（b）有腹筋梁传力机理;（c）有腹筋拱形桁架

在有腹筋梁中,临界斜裂缝出现后,腹筋除依靠"悬吊"作用直接将内拱(II、III)的内力传递给基本拱 I,再传给支座外(图 4-9b),还限制了斜裂缝的开展和纵向钢筋的竖向位移,从而加大了混凝土余留截面面积,提高了斜裂缝上的骨料咬合力和纵筋销栓力,增大了内外拱之间的传递力。此时,有腹筋梁可比拟为拱形桁架(图 4-9c)。基本拱 I 是拱形桁架的上弦压杆,斜裂缝之间的小拱(II、III)为受压腹杆,纵筋为拉杆,箍筋为受拉腹杆。当配有弯起钢筋时,可以将它看作受拉斜腹杆。这一比拟表明,当受拉腹杆较弱或适当时将发生斜拉或剪压破坏;当受拉腹杆过强时,将可能发生斜压破坏。

4.2　受弯构件斜截面受剪承载力的主要影响因素

影响钢筋混凝土梁斜截面受剪承载力 V_u 的因素很多,主要有剪跨比、混凝土强度、纵向受拉钢筋配筋率及其强度、腹筋配筋率及其强度、截面形状及尺寸、加载方式(直接、间接)和结构类型(简支梁、连续梁)等。

4.2.1　剪跨比 λ

剪跨比 λ 之所以能影响破坏形态,是因为 λ 反映了截面所承受的弯矩和剪力的相对大小,也就是正应力 σ 和剪应力 τ 的相对关系,而 σ 和 τ 的相对关系影响着主拉应力的大小与方向。同时还由于梁顶集中荷载及支座反力的局部作用,使受压区混凝土除受剪应力 τ 及沿梁轴方向的正应力 σ_x 外,还受垂直向的正应力 σ_y,这就减小了压区的主拉应力,有可能阻止斜拉破坏的发生。当 $\lambda = a/h_0$ 值增大,集中荷载的局部作用不能影响支座附近的斜裂缝时,斜拉破坏就会发生。

图 4-10 表示集中荷载作用下无腹筋梁的 $\dfrac{V_u}{f_t bh_0} - \lambda$ 的试验资料,其中 f_t 为混凝土抗拉强度,b 和 h_0 分别为梁截面宽度和有效高度。由图可见,斜截面受剪承载力 V_u 的试验值甚为离散,但仍可明显看出:当 λ 较大($\lambda > 3$)时,λ 对 V_u 影响不明显;当 λ 较小($\lambda < 3$)时,λ 对 V_u 影响明显,V_u 随着 λ 的减小有增大的趋势。

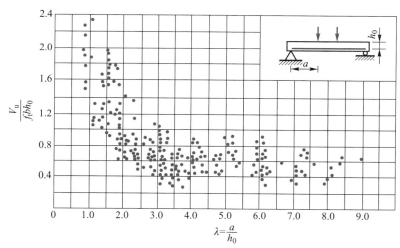

图 4-10　剪跨比对梁斜截面受剪承载力的影响

对于有腹筋梁,λ 对 V_u 的影响与腹筋多少有关。腹筋较少时,λ 的影响较大;随着腹筋的增加,λ 的影响就有所降低。

4.2.2　混凝土强度

图 4-11 为 5 组不同剪跨比的试验,它们的截面尺寸及纵向受拉钢筋配筋率相同,混凝土立方体抗压强度 f_{cu} 由 17 N/mm² 变化至 110 N/mm²。从图中可见,梁的斜截面受剪承载力 V_u 随 f_{cu} 的提高而增加,两者基本呈线性关系。小剪跨比梁的 V_u 随 f_{cu} 提高而增加的速率高于大剪跨比的情况。当 $\lambda = 1.0$ 时,梁发生斜压破坏,V_u 取决于混凝土的轴心抗压强度 f_c;当 $\lambda = 3.0$ 时,发生斜拉破坏,V_u 取决于混凝土的轴心抗拉强度 f_t。f_c 与 f_{cu} 基本上成正比,故直线的斜率较大;而 f_t 与 f_{cu} 并不成正比关系,当

f_{cu} 越大时 f_t 的增加幅度越小,故当近似取为线性关系时,其直线的斜率较小;当 $1.0 <$ $\lambda \leqslant 3.0$ 时,一般发生剪压破坏,其直线的斜率介于上述两者之间。

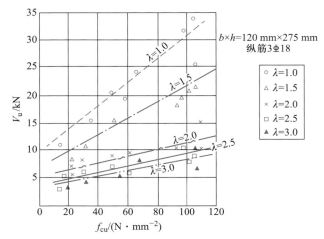

图 4-11   混凝土立方体抗压强度对梁斜截面受剪承载力的影响

由于混凝土强度等级大于 C50 之后,f_c 与 f_{cu} 的比值随 f_{cu} 的提高而增大,因此虽然梁的 V_u 近似与 f_{cu} 成正比,但对于高强混凝土,随 f_{cu} 的提高,梁的 V_u 随 f_c 的提高而增加的幅度变小。如此,若以 f_c 作为参数来衡量 V_u 的大小,可能会高估受剪承载力。而高强混凝土的 f_t 随 f_{cu} 的提高不像 f_c 那么明显,所以 V_u 和 f_t 之间有较好的线性关系(图 4-12),所以目前多采用 f_t 来计算斜截面受剪承载力 V_u。

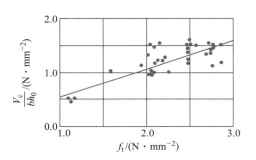

图 4-12   混凝土轴心抗拉强度对梁斜截面受剪承载力的影响

4.2.3   箍筋配筋率及其强度

试验表明,在配箍量适当的情况下,梁的斜截面受剪承载力 V_u 随配箍量的增多和箍筋强度的提高而有较大幅度的增长。配箍量大小一般用箍筋配筋率(又称配箍率)ρ_{sv} 表示,即

$$\rho_{sv} = \frac{A_{sv}}{bs} = \frac{nA_{sv1}}{bs} \qquad (4-5)$$

式中 A_{sv}——同一截面内的箍筋截面面积;

n——同一截面内的箍筋肢数;

A_{sv1}——单肢箍筋的截面面积;

b——截面宽度;

s——沿构件长度方向上箍筋的间距。

图 4-13 表示梁的 $\dfrac{V_u}{bh_0}$-$\rho_{sv}f_{yv}$ 关系,其中 f_{yv} 为箍筋的抗拉强度。从图可见,当其他条件不变时,两者大致呈线性关系,但要强调的是,这只在配箍量适当的条件下成立。

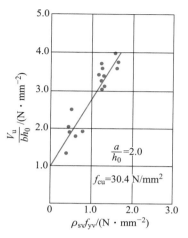

图 4-13　箍筋对梁斜截面受剪承载力的影响

4.2.4　纵向受拉钢筋配筋率及其强度

斜截面破坏的直接原因是剪压区混凝土被压碎(剪压)或拉裂(斜拉)。增加纵向受拉钢筋的配筋率 ρ,一方面可抑制斜裂缝向剪压区的伸展,增大剪压区混凝土余留高度,从而提高骨料咬合力和剪压区混凝土的抗剪能力;另一方面,纵向受拉钢筋数量的增加也提高了纵筋的销栓作用。因而,梁的斜截面受剪承载力 V_u 随纵向受拉钢筋配筋率 ρ 的提高而增大。

试验表明,梁的 $\dfrac{V_u}{f_t bh_0}$ 与 ρ 大致呈线性关系(图 4-14),但增幅不太大。从图中可以看出,各直线的斜率随剪跨比的不同而变化,小剪跨比时,纵筋的销栓作用较强,ρ 对 V_u 的影响也较大;剪跨比较大时,由于纵向受拉钢筋附近混凝土容易产生撕裂裂缝,纵向受拉钢筋的销栓作用减弱,ρ 对 V_u 的影响减小。

一般来说,在 ρ 相同的情况下,梁的 V_u 随纵向受拉钢筋强度的提高而有所增大,但纵向受拉钢筋强度对 V_u 的影响程度不如 ρ 的影响程度明显。

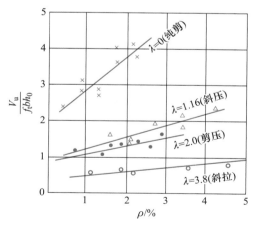

图 4-14　纵向受拉钢筋配筋率对梁斜截面受剪承载力的影响

纵向受拉钢筋配筋率 ρ 对无腹筋梁的 V_u 影响比较明显,对有腹筋梁的 V_u 影响就很小,并随配箍率的增大而减弱。

4.2.5　弯起钢筋及其强度

图 4-15 为纵向受拉钢筋配筋率相同时,配有弯起钢筋的梁的 $\dfrac{V_u}{f_t bh_0}$ 与 $\rho_{sb}\dfrac{f_y}{f_t}$ 的试验曲线,其中 ρ_{sb} 和 f_y 为弯起钢筋的配筋率和抗拉强度,$\rho_{sb}=\dfrac{A_{sb}}{bh_0}$,$A_{sb}$ 为弯起钢筋的截面面积。由图可见,$\dfrac{V_u}{f_t bh_0}$ 与 $\rho_{sb}\dfrac{f_y}{f_t}$ 大致呈线性关系,即梁的斜截面受剪承载力 V_u 随弯起钢筋截面面积的增大、强度的提高而线性增大。

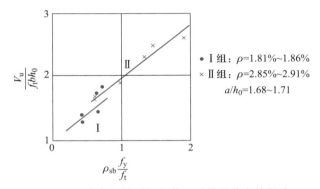

图 4-15　弯起钢筋对梁斜截面受剪承载力的影响

4.2.6　截面形状与尺寸

试验表明,对无腹筋受弯构件,随着构件截面高度的增加,斜裂缝的宽度加大,降低了裂缝间骨料的咬合力,从而使构件斜截面受剪承载力增加的速率有所降低,这就是通常所说的"截面尺寸效应"。因此对大尺寸构件,在计算斜截面受剪承载力时应考虑尺寸效应。

对于 T 形和 I 形等有受压翼缘的截面,由于剪压区混凝土面积的增大,其斜拉破坏和剪压破坏的承载力比相同宽度的矩形截面有所提高。试验表明,对无腹筋梁可提高约 20%,对有腹筋梁提高约 5%。即使倒 T 形截面梁的斜截面受剪承载力也较矩形截面梁略高,这是由于受拉翼缘的存在延缓了斜裂缝的开展和延伸。

4.2.7　加载方式

试验表明,当荷载不是作用在梁顶而是作用在梁的侧面时,即使剪跨比很小的梁也可能发生斜拉破坏。

除了上述几个主要影响因素外,构件的类型(简支梁、连续梁等)与受力状态(是否同时作用有轴向力、扭矩等)等因素,都将影响梁的斜截面受剪承载力。

4.3　受弯构件斜截面受剪承载力计算

4.3.1　受剪承载力计算理论概况

受剪承载力计算是一个极为复杂的问题。虽然各类构件的受剪承载力试验在国内外已累计进行了几千个,发表的论文已达数百篇,但至今仍未能提出一个被普遍认可的能适用于各种情况的破坏机理、破坏模式和计算理论。

造成受剪承载力计算理论复杂性的原因是影响受剪承载力的因素太多。各研究者给出的计算公式都是依据一定范围条件下的试验结果提出的,只能讨论其中若干主要因素,而不可能把所有因素都考虑在内。加上各研究者的试验条件和试验方法不同,因此所提出的公式的计算结果之间的差异是相当大的。

从第 3 章已知,当配筋适量时,受弯构件的正截面受弯承载力主要取决于纵向受拉钢筋数量和抗拉强度,钢筋的材性是比较均质的,因此正截面受弯承载力的试验结果离散性相对较小。而斜截面破坏与此不同,斜截面临界斜裂缝的产生主要取决于混凝土强度,且混凝土强度对最终破坏时的受剪承载力也起了很大作用,而混凝土强度的离散性很大(特别是抗拉强度),因此,即便是同一研究者的同一批试验,其试验结果的离散程度也相当大。

目前,国内外学者所提出的斜截面受剪的破坏机理和计算理论主要有:拉杆拱模型、平面比拟桁架模型、变角桁架模型、拱-梳状齿模型、极限平衡理论等。各种理论的计算结果不尽相同,某些计算模型过于复杂,还无法在工程设计中实际应用。

在我国设计规范中,斜截面受剪承载力计算公式是在大量试验的基础上,依据极限平衡理论,采用理论与经验相结合的方法建立起来的。其特点是考虑的因素较少,公式形式简单,计算比较方便。

从前面已得知,斜截面受剪有斜拉破坏、斜压破坏和剪压破坏三种破坏形态。其中,斜拉破坏的脆性最为严重,它类似于正截面受弯时的"少筋破坏",在设计中应该控制腹筋数量不能太少,即箍筋的配筋率不能小于它的最小配筋率,以防止斜拉破坏的发生。斜压破坏时的承载力主要取决于混凝土的抗压能力,破坏性质类似于正截面受弯时的"超筋破坏",在设计时应限制箍筋用量不能过多,也就是必须控制构件的截面尺寸不能过小、混凝土强度不能过低,以防止斜压破坏的发生。

斜拉破坏和斜压破坏采用配筋构造规定予以避免后,下面所述的斜截面受剪承载力基本计算公式实质上只是针对剪压破坏而言的。

4.3.2　基本计算公式

对配有箍筋和弯起钢筋的梁,当发生剪压破坏时,可取图 4-16 所示的隔离体进行分析。隔离体由梁靠近支座的一端与临界斜裂缝及上部余留的混凝土截面所围成。

为方便设计,骨料咬合力的竖向分力 V_y 及纵筋销栓力 V_d 已并入余留混凝土截面所承担的受剪承载力 V_c 之中。

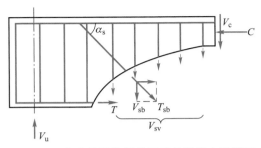

图 4-16 有腹筋梁的斜截面受剪承载力计算图

由隔离体竖向力的平衡,可认为梁的斜截面极限受剪承载力 V_u 是由混凝土承担的剪力 V_c、箍筋承担的剪力 V_{sv} 及弯起钢筋承担的剪力 V_{sb}(即弯起钢筋屈服时承担的拉力 T_{sb} 的竖向分力)三个独立部分所组成的,即梁的斜截面受剪承载力的基本计算公式为

$$V_u = V_c + V_{sv} + V_{sb} \tag{4-6}$$

式中 V_u——斜截面极限受剪承载力;

V_c——混凝土的受剪承载力;

V_{sv}——箍筋的受剪承载力;

V_{sb}——弯起钢筋的受剪承载力。

令 $V_{cs} = V_c + V_{sv}$,则式(4-6)变为

$$V_u = V_{cs} + V_{sb} \tag{4-7}$$

式中 V_{cs}——箍筋和混凝土总的受剪承载力。

为保证斜截面受剪的安全,GB 50010—2010 规范规定应满足下列条件:

$$V \leqslant V_u = V_{cs} + V_{sb} \tag{4-8}$$

式中 V——剪力设计值,按式(2-20b)计算。

其余符号同前。

4.3.3 仅配箍筋梁的斜截面受剪承载力计算

对于仅配箍筋的梁,可以认为其斜截面受剪承载力 V_u 是由混凝土的受剪承载力 V_c 和箍筋的受剪承载力 V_{sv} 两部分组成的。

1. 混凝土的受剪承载力 V_c

混凝土的受剪承载力 V_c 是通过无腹筋梁的大量试验资料(不同荷载形式、不同剪跨比或跨高比、不同混凝土强度、不同结构形式)得出的,即认为混凝土的受剪承载力 V_c 就是无腹筋梁的极限受剪承载力 V_u。

由于试验资料的离散性很大,V_c 是按试验值的偏下线取值的(见图 4-17)。对均

布荷载作用的一般受弯构件取 $V_c = 0.7f_tbh_0$；对集中荷载作用（包括有多种荷载作用，其中集中荷载对支座截面或节点边缘所产生的剪力值占总剪力值 75% 以上的情况）的独立梁，取 $V_c = \dfrac{1.75}{\lambda+1}f_tbh_0$。

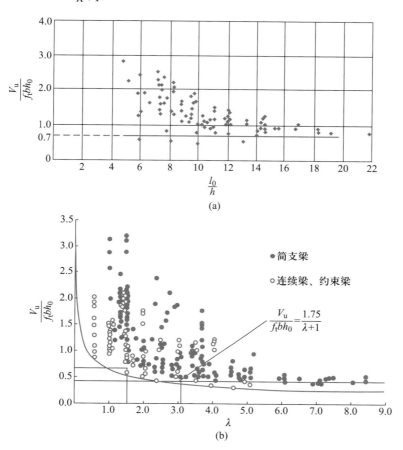

图 4-17　无腹筋梁斜截面受剪承载力试验结果
（a）均布荷载；（b）集中荷载

2. 箍筋的受剪承载力 V_{sv}

箍筋的受剪承载力 V_{sv} 取决于箍筋配筋率 ρ_{sv}、箍筋强度 f_{yv} 和斜裂缝水平投影长度。图 4-18 为仅配置箍筋梁在荷载作用下的受剪承载力实测数据，采用无量纲的 $\dfrac{V_u}{f_tbh_0}$ 和 $\rho_{sv}\dfrac{f_{yv}}{f_t}$ 来表示实测的斜截面受剪承载力与箍筋用量及箍筋强度之间的关系。

由试验可知，梁的斜截面受剪承载力随箍筋数量的增加、强度的提高而提高。同时可看出，实测出的 V_u 离散性是很大的，为此，规范取实测值的偏下线作为计算斜截面受剪承载力的依据。

当仅配箍筋时，式（4-8）变为

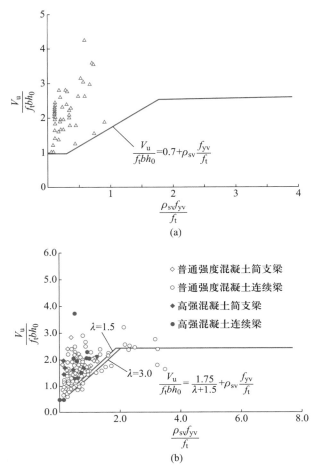

图 4-18   仅配箍筋梁的斜截面受剪承载力

（a）均布荷载；（b）集中荷载

$$V \leqslant V_u = V_{cs} \tag{4-9}$$

对仅配置箍筋的矩形、T 形和 I 形截面的一般受弯构件：

$$V_{cs} = 0.7 f_t b h_0 + f_{yv} \frac{A_{sv}}{s} h_0 \tag{4-10}$$

对集中荷载作用（包括有多种荷载作用，其中集中荷载对支座截面或节点边缘所产生的剪力值占总剪力值 75% 以上的情况）的独立梁：

$$V_{cs} = \frac{1.75}{\lambda + 1} f_t b h_0 + f_{yv} \frac{A_{sv}}{s} h_0 \tag{4-11}$$

将式（4-10）和式（4-11）合写，并代入式（4-9），有

$$V \leqslant V_u = V_{cs} = \alpha_{cv} f_t b h_0 + f_{yv} \frac{A_{sv}}{s} h_0 \tag{4-12}$$

式中　α_{cv}——斜截面混凝土受剪承载力系数：对一般受弯构件，取 $\alpha_{cv}=0.7$；对集中荷载作用（包括有多种荷载作用，其中集中荷载对支座截面或节点边缘所产生的剪力值占总剪力值 75% 以上的情况）的独立梁，取 $\alpha_{cv}=\dfrac{1.75}{\lambda+1}$。

　　　　λ——计算截面剪跨比，可取 $\lambda=a/h_0$，a 为集中荷载作用点至支座或节点边缘的距离。$\lambda<1.5$ 时，取 $\lambda=1.5$；$\lambda>3$ 时，取 $\lambda=3$。

　　　　b——矩形截面的宽度或 T 形、I 形截面的腹板宽度。

　　　　h_0——截面的有效高度。

　　　　f_t——混凝土轴心抗拉强度设计值，按附表 2-1 取用。

　　　　f_{yv}——箍筋抗拉强度设计值，按附表 2-3 中的 f_y 值确定，当 $f_y>360$ N/mm² 时取 $f_y=360$ N/mm²[①]。

　　　　A_{sv}——同一截面内的箍筋截面面积。

　　　　s——沿构件长度方向上箍筋的间距。

其余符号同前。

当剪跨比 λ 在 1.5~3.0 之间时，式（4-11）中第一项系数 $\dfrac{1.75}{\lambda+1}$ 在 0.70~0.44 之间变化，表明随 λ 增大，梁斜截面受剪承载力降低。可见，对于相同的截面梁，承受集中力时的斜截面受剪承载力比承受均布荷载时的低。

需要指出的是，式（4-12）中的 $\alpha_{cv}f_tbh_0$ 是根据无腹筋梁试验结果确定的，梁配置了箍筋后，由于箍筋限制了斜裂缝的开展，提高了余留截面混凝土承担的剪力，因此混凝土受剪承载力 V_c 较无腹筋梁增加，且增加的幅度与箍筋强度和数量有关。因此，式（4-12）中的箍筋受剪承载力 $f_{yv}\dfrac{A_{sv}}{s}h_0$ 还包括了有腹筋梁的 V_c 较无腹筋梁 V_c 的提高，因而通常用箍筋和混凝土总的受剪承载力 V_{cs} 来表示仅配箍筋梁的斜截面受剪承载力。

4.3.4　抗剪弯起钢筋的计算

既配箍筋又配弯起钢筋的梁，斜截面极限受剪承载力按式（4-7）计算。该公式中弯起钢筋的受剪承载力 V_{sb} 为弯筋拉力 T_{sb} 竖向分力（参见图 4-16）。弯起钢筋只能通过斜裂缝才起作用，同时若它穿过斜裂缝时太靠近斜裂缝顶端，则有可能会因接近受压区而达不到屈服。计算时考虑这一不利因素，假定斜截面破坏时弯起钢筋的应力只能达到其抗拉强度设计值的 0.8 倍。如此，若在同一弯起平面内弯起钢筋的截面面积为 A_{sb}，则 $T_{sb}=0.8f_yA_{sb}$，于是有

$$V_{sb}=0.8f_yA_{sb}\sin\alpha_s \tag{4-13}$$

[①]　试验结果表明，若箍筋采用 HRB500 钢筋，梁发生剪切破坏时箍筋应力达不到其抗拉强度设计值。

式中 A_{sb}——同一弯起平面内弯起钢筋的截面面积；

　　　　f_y——弯起钢筋的抗拉强度设计值，按附表 2-3 采用；

　　　　α_s——斜截面上弯起钢筋与构件纵向轴线的夹角。

由此得出，矩形、T 形和 I 形截面的受弯构件，同时配有箍筋和弯起钢筋时的斜截面受剪承载力计算公式为

$$V \leqslant V_u = V_{cs} + 0.8f_y A_{sb} \sin \alpha_s \tag{4-14}$$

上式中的 V_{cs} 按式(4-12)计算。

按式(4-14)设计抗剪弯起钢筋时，剪力设计值的取值按以下规定采用(图 4-19)·

当计算支座截面第一排(对支座而言)弯起钢筋时，取支座边缘处的最大剪力设计值 V_1；当计算以后每排弯起钢筋时，取用前一排(对支座而言)弯起钢筋弯起点处的剪力设计值 V_2……弯起钢筋的计算一直要进行到最后一排弯起钢筋弯起点已进入 V_{cs} 的控制区段为止。

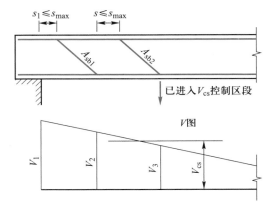

图 4-19   计算弯起钢筋时 V 的取值规定及弯筋间距要求

设计时，如能符合下式，说明仅靠混凝土的受剪承载力就能满足斜截面受剪承载力要求，则可不进行斜截面受剪承载力计算，仅需按构造要求配置箍筋(按 4.5 节表 4-3 所示的箍筋的最大间距和最小直径来配置)。

$$V \leqslant \alpha_{cv} f_t b h_0 \tag{4-15}$$

4.3.5   梁截面尺寸或混凝土强度等级的下限

从式(4-12)和式(4-14)来看，似乎只要增加箍筋 A_{sv}/s 或弯起钢筋 A_{sb}，就可以将构件的抗剪承载力提高到任何所需要的程度。但事实并非如此，当构件截面尺寸较小而荷载又过大时，就会在支座上方产生过大的主压应力，使构件端部发生斜压破坏，这种破坏形态的斜截面受剪承载力基本上取决于混凝土的抗压强度及构件的截面尺寸，而腹筋数量的影响甚微。为了防止发生斜压破坏和避免构件在使用阶段过早地出现斜裂缝及斜裂缝开展过大，GB 50010—2010 规范规定，构件截面尺寸应符合下列

要求：

当 $h_w/b \leqslant 4$（属于一般梁）时　　　　$V \leqslant 0.25\beta_c f_c b h_0$　　　　（4-16a）

当 $h_w/b \geqslant 6$（属于薄腹梁）时　　　　$V \leqslant 0.20\beta_c f_c b h_0$　　　　（4-16b）

当 $4 < h_w/b < 6$ 时，按线性内插法确定 V。

式中　V——支座边缘截面的最大剪力设计值。

　　　h_w——截面的腹板高度：矩形截面取有效高度 h_0，T 形截面取有效高度减去翼缘高度，I 形截面取腹板净高。

　　　β_c——混凝土强度影响系数：混凝土强度等级不超过 C50 时，取 $\beta_c = 1.0$；C80 时，取 $\beta_c = 0.8$；其间，β_c 按线性内插法确定。

　　　f_c——混凝土的轴心抗压强度设计值，按附表 2-1 取用。

其余符号同前。

式（4-16）表示梁在相应情况下斜截面受剪承载力的上限值，相当于规定了梁必须具有的最小截面尺寸和不可超过的箍筋最大配筋率。若上述条件不能满足，则必须加大截面尺寸或提高混凝土强度等级。

4.3.6　防止腹筋过稀过少

上面讨论的腹筋抗剪作用的计算，只是在箍筋和斜筋（弯起钢筋）具有一定密度和一定数量时才有效。如腹筋布置得过少过稀，即使计算上满足要求，仍可能出现斜截面受剪破坏的情况。

如腹筋间距过大，有可能在两根腹筋之间出现不与腹筋相交的斜裂缝，这时腹筋便无从发挥作用（图 4-20）。同时箍筋分布的疏密对斜裂缝开展宽度也有影响。采用较密的箍筋对抑制斜裂缝宽度有利，为此有必要对腹筋的最大间距 s_{max} 加以限制，箍筋的 s_{max} 值列于 4.5 节的表 4-3。对弯起钢筋而言，间距是指前一根弯筋的下弯点到后一根弯筋的上弯点之间的梁轴线投影长度，其 s_{max} 值按表 4-3 中的 $V > 0.7 f_t b h_0$ 项取用。在任何情况下，腹筋的间距 s 不得大于 s_{max}；同时，从支座算起第一根弯筋上弯点或第一根箍筋离开支座边缘的距离 s_1 也不得大于 s_{max}（图 4-20）。

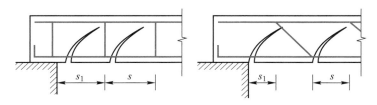

s_1——支座边缘到第一根箍筋的距离或支座边缘到第一根弯起钢筋上弯点的距离；

s——箍筋或斜筋的间距。

图 4-20　腹筋间距过大时产生的影响

箍筋配置过少，一旦斜裂缝出现，由于箍筋的抗剪作用不足以代替斜裂缝发生前混凝土原有的作用,箍筋就发挥不到应有的作用。为此,GB 50010—2010 规范规定当 $V>0.7f_tbh_0$ 时,箍筋的配置应满足其最小配筋率 $\rho_{sv,min}$ 要求:

$$\rho_{sv}=\frac{A_{sv}}{bs}\geqslant\rho_{sv,min}=0.24\frac{f_t}{f_{yv}} \tag{4-17}$$

式(4-17)符号同前。

4.3.7　斜截面抗剪配筋计算步骤

设计斜截面抗剪配筋的步骤如下:

(1)作梁的剪力设计值分布图。

(2)确定斜截面受剪承载力计算的截面位置。斜截面受剪承载力计算时,需对下列截面进行计算:

① 支座边缘处的截面(图 4-21 中截面 1—1);

② 受拉区弯起钢筋弯起点处的截面(图 4-21a 中截面 2—2、3—3);

③ 箍筋数量或间距改变处的截面(图 4-21b 中截面 4—4);

④ 腹板宽度改变处的截面。

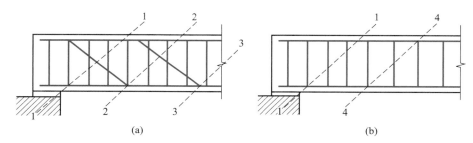

图 4-21　斜截面受剪承载力的计算位置

(a)弯起钢筋截面;(b)箍筋截面

(3)梁截面尺寸和混凝土强度复核。以式(4-16)验算构件截面尺寸和混凝土强度是否满足要求。如不满足,则必须加大截面尺寸或提高混凝土强度等级。

(4)确定是否需要进行斜截面受剪承载力计算。对于矩形、T 形及 I 形截面的受弯构件,如能符合式(4-15)则不需进行斜截面抗剪配筋计算,按构造要求配置腹筋即可。如不满足式(4-15),说明需要按计算配置腹筋。

(5)腹筋计算。当拟定只配箍筋时,可根据 $V=V_{cs}$ 的条件,以式(4-12)计算箍筋用量 A_{sv}/s,然后选配箍筋的直径和肢数,确定 A_{sv} 后再由 A_{sv}/s 计算得到 s,根据 s 计算值确定间距。最终确定的箍筋间距要小于 s 计算值和最大箍筋间距 s_{max},且满足配箍率大于最小配箍率 $\rho_{sv,min}$ 的要求。当箍筋间距不合理(过密或过稀)时,应调整箍筋直径或肢数,重新确定箍筋间距。

当拟定同时配置箍筋与弯起钢筋时,则应根据所选配的纵向钢筋情况,选择弯起钢筋的直径、根数与弯起位置,由式(4-14)式(4-12)计算箍筋的用量。

也可先选定箍筋方案(n、A_{sv1}、s),然后按式(4−12)和式(4−14)计算所需的弯筋面积,再选择合适的纵筋弯起。这时,弯起钢筋应满足 $s \leqslant s_{max}$,箍筋应满足 $\rho_{sv} \geqslant \rho_{sv,min}$ 和 $s \leqslant s_{max}$。

4.3.8　实心板的斜截面受剪承载力计算

对于普通薄板,由于其截面高度非常小,承载力主要取决于正截面受弯,因此普通薄板斜截面受剪不会发生问题,一般均可不作验算。但在高层房屋建筑中会有很厚的基础底板和转换层实心楼板。对于这些厚板就有可能发生斜截面受剪破坏,必须验算斜截面受剪承载力。

由于板类构件难于配置箍筋,所以常常成为不配置箍筋和弯筋的无腹筋厚板的斜截面受剪承载力计算问题。

影响无腹筋厚板斜截面受剪承载力的因素,除了截面尺寸和混凝土强度外,截面高度的尺寸效应也是一个相当重要的因素。试验表明,在其他条件相同的情况下,斜截面受剪承载力会随着板厚的加大而降低。其原因是随着板厚的加大,斜裂缝的宽度也会增大,从而会使混凝土的骨料咬合力相应减弱。因此规范规定,对于无腹筋(不配置箍筋和弯起钢筋)的一般板,其斜截面受剪承载力按下式计算:

$$V_u = 0.7\beta_h f_t b h_0 \tag{4−18}$$

式中　β_h——截面高度系数,按式(4−19)计算。

其余符号同前。

$$\beta_h = \left(\frac{800}{h_0}\right)^{1/4} \tag{4−19}$$

式中　h_0——截面的有效高度:$h_0 < 800$ mm 时,取 $h_0 = 800$ mm;$h_0 > 2\,000$ mm 时取 $h_0 = 2\,000$ mm。即,当 h_0 小于 800 mm 时,不宜考虑斜截面受剪承载力的提高;当 h_0 超过 2 000 mm 时,其受剪承载力还会有所下降,但因缺乏试验资料,只能取 $h_0 = 2\,000$ mm。

必须指出,式(4−18)只能用于无腹筋的实心板,绝不意味着对于梁也允许按无腹筋梁设计。

当板所受剪力很大,不能满足式(4−18)的要求时,也可考虑配置弯起钢筋,使之与混凝土共同承受剪力。

【例4−1】　已知某矩形截面简支梁,二级安全等级,一类环境类别,梁截面尺寸及计算简图如图4−22a所示。梁自重标准值 $g_k = 3.75$ kN/m,梁上均布可变荷载标准值 $q_k = 51.20$ kN/m。梁中已配有纵向受拉钢筋 4$\oplus$25,混凝土强度等级为 C30,箍筋采用 HPB300。试配置该梁的箍筋。

【解】

(1) 资料

二级安全等级,结构重要性系数 $\gamma_0 = 1.0$。永久荷载分项系数 $\gamma_G = 1.3$,可变荷载

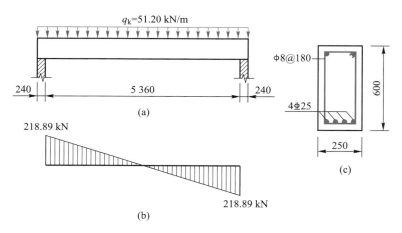

图 4-22   梁尺寸、剪力及截面配筋图

（a）尺寸与荷载分布；（b）剪力设计值分布；（c）截面配筋

分项系数 $\gamma_Q = 1.5$。C30 混凝土，$f_c = 14.3 \text{ N/mm}^2$，$f_t = 1.43 \text{ N/mm}^2$，混凝土强度影响系数 $\beta_c = 1.0$；HPB300 钢筋，$f_{yv} = 270 \text{ N/mm}^2$。

一类环境类别，纵向钢筋单层布置，取 $a_s = 40$ mm，$h_0 = h - a_s = 600 \text{ mm} - 40 \text{ mm} = 560$ mm。

（2）内力计算

梁净跨 $l_n = 5.36$ m，由式（2-20b）得支座边缘的剪力设计值为

$$V = \gamma_0 \left[\frac{1}{2} (\gamma_G g_k + \gamma_Q q_k) l_n \right] = 1.0 \times \left[\frac{1}{2} \times (1.3 \times 3.75 + 1.5 \times 51.20) \times 5.36 \right] \text{ kN}$$

$$= 218.89 \text{ kN}$$

剪力设计值分布如图 4-22b 所示。

（3）截面尺寸和混凝土强度验算

$h_w = h_0 = 560$ mm，$\dfrac{h_w}{b} = \dfrac{560}{250} = 2.24 < 4.0$，由式（4-16a）得

$$0.25 \beta_c f_c b h_0 = 0.25 \times 1.0 \times 14.3 \times 250 \times 560 \text{ N}$$

$$= 500.50 \times 10^3 \text{ N} = 500.50 \text{ kN} > V = 218.89 \text{ kN}$$

截面尺寸和混凝土强度满足抗剪要求。

（4）抗剪箍筋计算

该梁承受均布荷载，所以取式（4-12）和式（4-15）中的 $\alpha_{cv} = 0.7$。以支座边缘截面为计算截面，由式（4-15），有

$$V_c = \alpha_{cv} f_t b h_0 = 0.7 \times 1.43 \times 250 \times 560 \text{ N}$$

$$= 140.14 \times 10^3 \text{ N} = 140.14 \text{ kN} < V = 218.89 \text{ kN}$$

应由计算确定腹筋。

由式（4-12），得

$$\frac{A_{sv}}{s}=\frac{V-\alpha_{cv}f_{t}bh_{0}}{f_{yv}h_{0}}=\frac{(218.89\times10^{3}-140.14\times10^{3})\,\text{N}}{270\,\text{N}/\text{mm}^{2}\times560\,\text{mm}}=0.521\,\text{mm}^{2}/\text{mm}$$

选用双肢箍筋,箍筋选用$\Phi\,8$,即$A_{sv}=2\times A_{sv1}=101\,\text{mm}^{2}$,则

$$s\leqslant\frac{101}{0.521}\,\text{mm}=194\,\text{mm}$$

梁高 600 mm,由表 4-3 查得 $s_{\max}=250$ mm,取 $s=180$ mm$<s_{\max}=250$ mm,即箍筋选配双肢$\Phi\,8@\,180$。

$$\rho_{sv}=\frac{A_{sv}}{bs}=\frac{101}{250\times180}=0.22\%>\rho_{sv,\min}=0.24\,\frac{f_{t}}{f_{yv}}=0.24\times\frac{1.43}{270}=0.13\%$$

满足箍筋最小配筋率要求。

（5）选配箍筋,绘制截面配筋图

截面配筋见图 4-22c。

【例 4-2】 某工业厂房排架柱顶的一根钢筋混凝土独立梁,二级安全等级,二 a 类环境类别。梁上均布永久荷载标准值 $g_{k}=8.44$ kN/m（含自重）,梁跨中受屋架传来的集中永久荷载 $G_{k}=112.20$ kN、集中可变荷载 $Q_{k}=42.50$ kN,如图 4-23a 所示。梁截面尺寸 $b\times h=250$ mm$\times550$ mm。混凝土强度等级为 C35,箍筋采用 HPB300,梁中已配有 6Φ25 纵向受拉钢筋。试配置该梁的箍筋。

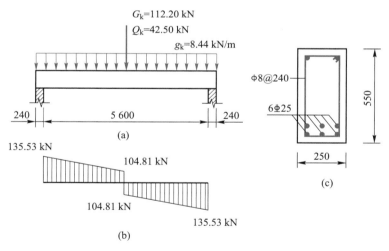

图 4-23 梁尺寸、剪力及截面配筋图
（a）尺寸与荷载分布;（b）剪力设计值分布;（c）截面配筋

【解】

（1）资料

二级安全等级,结构重要性系数 $\gamma_{0}=1.0$。永久荷载分项系数 $\gamma_{G}=1.3$,可变荷载分项系数 $\gamma_{Q}=1.5$。C35 混凝土,$f_{c}=16.7$ N/mm^{2},$f_{t}=1.57$ N/mm^{2},混凝土强度影响系数 $\beta_{c}=1.0$;HPB300 钢筋,$f_{yv}=270$ N/mm^{2}。

环境类别为二 a 类,纵向钢筋两层布置,$a_s = 70$ mm,$h_0 = h - a_s = 550$ mm $- 70$ mm $= 480$ mm。

（2）内力计算

梁净跨 $l_n = 5.60$ m,由式（2-20b）得支座边缘的剪力设计值为

$$V = \gamma_0 \left[\frac{1}{2} \gamma_G g_k l_n + \frac{1}{2} \gamma_G G_k + \frac{1}{2} \gamma_Q Q_k \right]$$

$$= 1.0 \times \left[\frac{1}{2} \times 1.3 \times 8.44 \times 5.60 + \frac{1}{2} \times 1.3 \times 112.20 + \frac{1}{2} \times 1.5 \times 42.50 \right] \text{ kN}$$

$$= 135.53 \text{ kN}$$

剪力设计值分布如图 4-23b 所示。

（3）截面尺寸和混凝土强度验算

$h_w = h_0 = 480$ mm,$\dfrac{h_w}{b} = \dfrac{480}{250} = 1.92 < 4.0$,由式（4-16a）得

$$0.25 \beta_c f_c b h_0 = 0.25 \times 1.0 \times 16.7 \times 250 \times 480 \text{ N}$$

$$= 501.0 \times 10^3 \text{ N} = 501.0 \text{ kN} > V = 135.53 \text{ kN}$$

截面尺寸和混凝土强度满足抗剪要求。

（4）抗剪箍筋计算

该梁同时承受均布荷载和集中荷载,且为独立梁,故需计算集中荷载对支座截面所产生的剪力值占总剪力值的百分比,以确定 α_{cv} 取值。

集中荷载在支座截面引起的剪力值 V_p 和占总剪力值的百分比 V_p/V 为

$$V_p = \frac{1}{2} \times (1.3 \times 112.20 + 1.5 \times 42.50) \text{ kN} = 104.81 \text{ kN}$$

$$\frac{V_p}{V} = \frac{104.81}{135.53} = 77.33\% > 75\%$$

所以,取式（4-12）和式（4-15）中的 $\alpha_{cv} = \dfrac{1.75}{\lambda + 1}$,其中 $\lambda = \dfrac{a}{h_0} = \dfrac{0.5 \times 5\,600}{480} = 5.83 > 3.0$,取 $\lambda = 3.0$。以支座边缘截面为计算截面,由式（4-15）有

$$V_c = \alpha_{cv} f_t b h_0 = \frac{1.75}{\lambda + 1} f_t b h_0 = \frac{1.75}{3.0 + 1} \times 1.57 \times 250 \times 480 \text{ N}$$

$$= 82.43 \times 10^3 \text{ N} = 82.43 \text{ kN} < V = 135.53 \text{ kN}$$

应由计算确定腹筋。

由式（4-12）,得

$$\frac{A_{sv}}{s} = \frac{V - \alpha_{cv} f_t b h_0}{f_{yv} h_0} = \frac{(135.53 \times 10^3 - 82.43 \times 10^3) \text{ N}}{270 \text{ N/mm}^2 \times 480 \text{mm}} = 0.410 \text{ mm}^2/\text{mm}$$

选用双肢箍筋,箍筋选用Φ 8,即 $A_{sv} = 2 \times A_{sv1} = 101$ mm^2,则

$$s \leqslant \frac{101}{0.410} = 246 \text{ mm}$$

梁高 550 mm，由表 4-3 查得 $s_{max} = 250$ mm，取 $s = 240$ mm$< s_{max}$，即箍筋选配双肢Φ8
@240。

$$\rho_{sv} = \frac{A_{sv}}{bs} = \frac{101}{250 \times 240} = 0.17\% > \rho_{sv,min} = 0.24 \frac{f_t}{f_{yv}} = 0.24 \times \frac{1.57}{270} = 0.14\%$$

满足箍筋最小配筋率要求。

（5）选配箍筋，绘制截面配筋图

截面配筋见图 4-23c。

【例 4-3】 某两端支承在砖墙上的钢筋混凝土矩形截面简支梁，二级安全级别，一
类环境类别，截面尺寸 $b \times h = 250$ mm$\times 500$ mm，承受均布荷载设计值 $g + q = 58.20$ kN/m
（包括自重），如图 4-24a 所示。混凝土强度等级为 C25，箍筋采用 HPB300，梁截面中
已配有纵向受拉钢筋 6Φ20。试配置该梁抗剪腹筋。

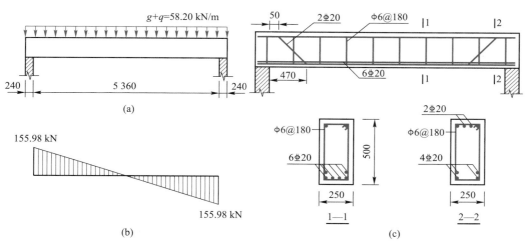

图 4-24 梁尺寸、剪力及配筋图

（a）尺寸与荷载分布；（b）剪力设计值分布；（c）配筋图

【解】

（1）资料

二级安全等级，结构重要性系数 $\gamma_0 = 1.0$。C25 混凝土，$f_c = 11.9$ N/mm^2，$f_t = 1.27$ N/mm^2，混凝土强度影响系数 $\beta_c = 1.0$；HPB300 钢筋，$f_{yv} = 270$ N/mm^2；HRB400
钢筋，$f_y = 360$ N/mm^2。

一类环境类别，C25 混凝土，$c_s = 35$ mm；纵向受拉钢筋两层布置，$a_s = 70$ mm，$h_0 = h - a_s = 500$ mm-70 mm$= 430$ mm。

（2）内力计算

梁净跨 $l_n = 5.36$ m，由式（2-20b）得支座边缘的剪力设计值：

$$V = \gamma_0 \left[\frac{1}{2} (g + q) l_n \right] = 1.0 \times \frac{1}{2} \times 58.20 \times 5.36 \text{ kN} = 155.98 \text{ kN}$$

剪力设计值分布如图 4-24b 所示。

（3）截面尺寸和混凝土强度验算

$h_w = h_0 = 430$ mm $,\dfrac{h_w}{b} = \dfrac{430}{250} = 1.72 < 4.0$,由式（4-16a）得

$$0.25\beta_c f_c b h_0 = 0.25 \times 1.0 \times 11.9 \times 250 \times 430 \text{ N}$$

$$= 319.81 \times 10^3 \text{ N} = 319.81 \text{ kN} > V = 155.98 \text{ kN}$$

截面尺寸和混凝土强度满足抗剪要求。

（4）抗剪腹筋计算

① 确定箍筋

该梁只承受均布荷载，所以取式（4-12）和式（4-15）中的 $\alpha_{cv} = 0.7$。以支座边缘截面为计算截面，由式（4-15）有

$$V_c = \alpha_{cv} f_t b h_0 = 0.7 \times 1.27 \times 250 \times 430 \text{ N}$$

$$= 95.57 \times 10^3 \text{ N} = 95.57 \text{ kN} < V = 155.98 \text{ kN}$$

应由计算确定腹筋。

梁高 $h = 500$ mm，查表 4-3 得 $s_{max} = 200$ mm，箍筋选配双肢Φ6@180，$s \leqslant s_{max}$。

$$\rho_{sv} = \frac{A_{sv}}{bs} = \frac{57}{250 \times 180} = 0.13\% \geqslant \rho_{sv,min} = 0.24\frac{f_t}{f_{yv}} = 0.24 \times \frac{1.27}{270} = 0.11\%$$

满足箍筋最小配筋率和最大间距要求。

$$V_{cs} = \alpha_{cv} f_t b h_0 + f_{yv}\frac{A_{sv}}{s}h_0$$

$$= \left(0.7 \times 1.27 \times 250 \times 430 + 270 \times \frac{57}{180} \times 430\right) \text{ N}$$

$$= 132.33 \times 10^3 \text{ N} = 132.33 \text{ kN} < V = 155.98 \text{ kN}$$

应配置弯起钢筋帮助抗剪。

② 确定弯起钢筋

取弯起钢筋起弯角为 45°，由式（4-14）有

$$A_{sb} = \frac{V - V_{cs}}{0.8 f_y \sin \alpha_s} = \frac{155.98 \times 10^3 - 132.33 \times 10^3}{0.8 \times 360 \times \sin 45°} \text{mm}^2 = 116 \text{ mm}^2$$

从抗弯纵筋中弯起 1Φ20（$A_{sb} = 314$ mm²）即可。但考虑到第一层钢筋有 4 根，为使梁有较好的对称性，弯起第一层中间的 2Φ20（$A_{sb} = 628$ mm²）。

第一排弯起钢筋的下弯点离支座边缘的距离为 $S_1 = s_1 + s\sin\alpha_s$，其中 s_1 为第一排弯起钢筋的上弯点至支座边缘距离①，取 $s_1 = 50$ mm $\leqslant s_{max}$；s 和 α_s 为弯起钢筋弯起段长度与起弯角，$\alpha_s = 45°$，则 $s\sin\alpha = h'$，h' 为弯起钢筋弯起前后水平段钢筋重心之间的距离，$h' = h - 2(c_s + d/2) = 500$ mm $- 2 \times (35 + 20/2)$ mm $= 410$ mm，$S_1 = s_1 + h' = 50$ mm +

---

① 本教材在计算弯起钢筋弯点位置时，以"上弯点"与"下弯点"表示弯起钢筋在梁顶和梁底的弯点。

410 mm=460 mm。

因此，第一排弯起钢筋下弯点截面的剪力设计值为 $V-\gamma_0(g+q)S_1=155.98$ kN-1.0×58.20 kN/m$\times0.46$ m$=129.21$ kN$<V_{cs}=132.33$ kN，不需要再弯第二排。

（5）绘制配筋图

配筋见图 4-24c。

【例 4-4】 均布荷载设计值 q 作用下的简支梁，二级安全级别，一类环境类别；梁截面 $b\times h=200$ mm$\times450$ mm，梁净跨 $l_n=4.50$ m。混凝土强度等级为 C25，箍筋采用 HPB300，梁截面中配有双肢箍筋$\phi 8@200$，$a_s=40$ mm。试求该梁按斜截面受剪承载力要求能承担的荷载设计值 q。

【解】

（1）资料

二级安全等级，结构重要性系数 $\gamma_0=1.0$。C25 混凝土，$f_c=11.9$ N/mm^2，$f_t=1.27$ N/mm^2，混凝土强度影响系数 $\beta_c=1.0$；HPB300 钢筋，$f_{yv}=270$ N/mm^2。双肢箍筋 $\phi 8@200$，$A_{sv}=101$ mm^2，$s=200$ mm，$a_s=40$ mm，$h_0=h-a_s=450$ mm-40 mm$=410$ mm。净跨 $l_n=4.50$ m。梁高 $h=450$ mm，查表 4-3 得 $s_{max}=200$ mm。

（2）箍筋最小配筋率复核

$$s=200 \text{ mm} \leqslant s_{max}=200 \text{ mm}$$

$$\rho_{sv}=\frac{A_{sv}}{bs}=\frac{101}{200\times200}=0.25\%>\rho_{sv,min}=0.24\frac{f_t}{f_{yv}}=0.24\times\frac{1.27}{270}=0.11\%$$

满足箍筋最小配筋率和最大间距要求。

（3）由受剪承载力条件确定最大剪力设计值

该梁只承受均布荷载，取式（4-12）中的 $\alpha_{cv}=0.7$。对仅配箍筋的梁，由式（4-12）得

$$V_u=V_{cs}=\alpha_{cv}f_tbh_0+f_{yv}\frac{A_{sv}}{s}h_0=\left(0.7\times1.27\times200\times410+270\times\frac{101}{200}\times410\right) \text{N}$$

$$=128.80\times10^3 \text{ N}=128.80 \text{ kN}$$

（4）截面尺寸和混凝土强度复核

$$h_w=h_0=410 \text{ mm}, \frac{h_w}{b}=\frac{410}{200}=2.05<4.0，由式（4-16a）得$$

$$0.25\beta_c f_c bh_0=0.25\times1.0\times11.9\times200\times410 \text{ N}$$

$$=243.95\times10^3 \text{ N}=243.95 \text{ kN}>V=128.80 \text{ kN}$$

截面尺寸和混凝土强度满足要求。

（5）确定可承受的最大均布荷载设计值 q

$$q=\frac{2V}{l_n}=\frac{2V_u}{l_n}=\frac{2\times128.80 \text{ kN}}{4.50 \text{ m}}=57.24 \text{ kN/m}$$

该梁按斜截面受剪承载力要求能承担的均布荷载设计值 q 为 57.24 kN/m。

在 4.3.1 小节已经提及,适筋梁正截面受弯承载力主要取决于材性比较均匀的纵向受拉钢筋的数量和强度,其试验结果离散性较小;斜截面受剪承载力受混凝土强度影响较大,而混凝土强度的离散性使得斜截面受剪承载力试验结果离散性较大。因而,我国各行业混凝土结构设计规范对正截面承载力计算原则和基本公式的规定基本相同,差别仅在于水工混凝土结构设计规范因水利水电工程一般不会采用高强度混凝土而固定取 $\alpha_1 = 1.0$ 和 $\beta_1 = 0.80$,但对斜截面受剪承载力计算的规定有较大差别,表 4-1 给出了各行业现行混凝土结构设计规范规定的斜截面受剪承载力计算公式。

表 4-1　各行业现行混凝土结构设计规范规定的斜截面受剪承载力计算公式

规范名称		斜截面受剪承载力计算公式	算例计算值/kN		
			算例	有弯筋	无弯筋
混凝土结构设计规范(2015 年版)(GB 50010—2010)	一般梁	$V_u = 0.7f_t bh_0 + f_{yv}\dfrac{A_{sv}}{s}h_0 + 0.8f_y A_{sb}\sin\alpha_s$	例 4-3	261.76	133.87
	集中力为主	$V_u = \dfrac{1.75}{\lambda+1}f_t bh_0 + f_{yv}\dfrac{A_{sv}}{s}h_0 + 0.8f_y A_{sb}\sin\alpha_s$	例 4-2	239.81	111.92
水运工程混凝土结构设计规范(JTS 151—2011)	一般梁	$V_u = \dfrac{1}{\gamma_d}\left(0.7\beta_h f_t bh_0 + f_{yv}\dfrac{A_{sv}}{s}h_0 + 0.8f_y A_{sb}\sin\alpha_s\right)$	例 4-3	237.96	121.70
	集中力为主	$V_u = \dfrac{1}{\gamma_d}\left(\dfrac{1.75}{\lambda+1.5}\beta_h f_t bh_0 + f_{yv}\dfrac{A_{sv}}{s}h_0 + 0.8f_y A_{sb}\sin\alpha_s\right)$	例 4-2	211.91	95.64
水工混凝土结构设计规范(DL/T 5057—2009)	一般梁	$V_u = 0.7f_t bh_0 + f_{yv}\dfrac{A_{sv}}{s}h_0 + f_y A_{sb}\sin\alpha_s$	例 4-3	293.73	133.87
	集中力为主	$V_u = 0.5f_t bh_0 + f_{yv}\dfrac{A_{sv}}{s}h_0 + f_y A_{sb}\sin\alpha_s$	例 4-2	280.42	120.55

注:JTS 151—2011 规范中 γ_d 为结构系数,用于进一步提高受剪承载力计算的可靠性,$\gamma_d = 1.1$;β_h 为截面高度系数,用于考虑尺寸效应引起的受剪承载力的降低,$\beta_h = \left(\dfrac{800}{h_0}\right)^{1/4}$,$800\text{ mm} \leqslant h_0 \leqslant 2\ 000\text{ mm}$,即 $h_0 \leqslant 800\text{ mm}$ 时 $\beta_h = 1.0$,$h_0 > 2\ 000\text{ mm}$ 时取 $h_0 = 2\ 000\text{ mm}$。

虽然各规范受剪承载力计算原则一致,计算公式都是由混凝土、箍筋和弯起钢筋三部分受剪承载力组成,混凝土受剪承载力由无腹筋梁试验结果确定,且都认为混凝土和箍筋的受剪承载力相互影响,但从上表可以看到计算公式差别较大。用于水运行业的 JTS 151—2011 规范和 GB 50010—2010 规范相比:① 引入取值为 1.1 的结构系数 γ_d,用于进一步提高受剪承载力计算的可靠性;② 对承受集中力为主的梁,取混凝土项为 $\dfrac{1.75}{\lambda+1.5}f_t bh_0$,小于 GB 50010—2010 规范的 $\dfrac{1.75}{\lambda+1}f_t bh_0$;③ 引入截面高度系数 β_h,用于考虑截面高度大于 800 mm 的构件因尺寸效应引起的混凝土受剪承载力的降低。而用于水利水电工程的 DL/T 5057—2009 规范则为了计算的方便,对承受集中力为主的梁,混凝土项取固定的 $0.5f_t bh_0$,它近似等于 $\dfrac{1.75}{\lambda+1}f_t bh_0 = (0.39\sim0.58)f_t bh_0$ 的平均值。

表 4-1 同时给出了各公式根据算例 4-2 和算例 4-3 尺寸和配筋计算得到的 V_u，可以看到 JTS 151—2011 规范计算值最小，DL/T 5057—2009 规范计算值最大。

由于受剪破坏试验结果的离散性，加之各行业混凝土构件截面尺寸的不同，以及各行业荷载效应组合的不同、对脆性破坏可靠度要求的不同，无法评价这些公式的优劣。要强调的是，规范公式要配套使用，荷载效应和抗力的计算、各项规定的采用都应按同一本规范执行。

还需指出的是，即使同一行业，各时期规范对受剪承载力计算公式的规定也是不同的。由于加大箍筋用量还能提高构件的延性，随着我国综合国力的增强，以往历次规范修编都提高了受剪承载力计算的可靠性，加大了箍筋用量，表 4-2 列出了建筑行业各时期混凝土结构设计规范规定的受剪承载力计算公式。以一般梁为例，从表 4-2 可以看到，$f_{yv}\dfrac{A_{sv}}{s}h_0$ 的系数逐步从 1.5 调低到 1.25，至现在的 1.0。

表 4-2　建筑行业各时期混凝土结构设计规范规定的斜截面受剪承载力计算公式

规范名称		斜截面受剪承载力计算公式
混凝土结构设计规范 （GBJ 10—1989）	一般梁	$V_u = 0.7f_t bh_0 + 1.5f_{yv}\dfrac{A_{sv}}{s}h_0 + 0.8f_y A_{sb}\sin\alpha_s$
	集中力为主	$V_u = \dfrac{2}{\lambda+1}f_t bh_0 + 1.25f_{yv}\dfrac{A_{sv}}{s}h_0 + 0.8f_y A_{sb}\sin\alpha_s$
混凝土结构设计规范 （GB 50010—2002）	一般梁	$V_u = 0.7f_t bh_0 + 1.25f_{yv}\dfrac{A_{sv}}{s}h_0 + 0.8f_y A_{sb}\sin\alpha_s$
	集中力为主	$V_u = \dfrac{1.75}{\lambda+1}f_t bh_0 + f_{yv}\dfrac{A_{sv}}{s}h_0 + 0.8f_y A_{sb}\sin\alpha_s$
混凝土结构设计规范 （2015 年版） （GB 50010—2010）	一般梁	$V_u = 0.7f_t bh_0 + f_{yv}\dfrac{A_{sv}}{s}h_0 + 0.8f_y A_{sb}\sin\alpha_s$
	集中力为主	$V_u = \dfrac{1.75}{\lambda+1}f_t bh_0 + f_{yv}\dfrac{A_{sv}}{s}h_0 + 0.8f_y A_{sb}\sin\alpha_s$

注：为便于比较，已将 GBJ 10—1989 规范公式中的 f_c 按 $f_c = 10f_t$ 换算成 f_t。

4.4　钢筋混凝土梁的正截面与斜截面受弯承载力

4.4.1　问题的提出

在讨论正截面与斜截面受弯承载力之前，首先来研究按梁内最大弯矩 M_{max} 配置受弯纵向钢筋后，为什么正截面与斜截面受弯承载力还会成为问题。

图 4-25 表示一承受均布荷载的简支梁和它的弯矩图，其中任一截面 A 的弯矩 M_A 是根据图 4-25c 所示的隔离体计算得出的。

设取一斜截面 AB,要计算作用在斜截面上的弯矩 M_{AB},所取隔离体如图 4-25d 所示,很明显,$M_{AB}=M_A$,所以,按跨中截面的最大弯矩 M_{max} 配置的纵筋,只要在梁全长内不切断也不弯起,则必然可以承受任何斜截面上的弯矩 M_{AB}。但是,如果一部分纵筋在截面 B 之前被弯起或被切断,则所余的纵筋可能出现下面两种情况:

① 所余的纵筋不能抵抗截面 B 上的正截面弯矩 M_B;

② 所余的纵筋虽能抵抗截面 B 上的正截面弯矩 M_B,但斜截面 AB 上的受弯承载力仍有可能不足,因为 $M_{AB}=M_A>M_B$。

因此,在纵筋被切断或被弯起时,沿梁轴线各正截面抗弯及斜截面抗弯就有可能成为问题。

下面将分别讨论在切断或弯起纵筋时,如何保证正截面与斜截面受弯承载力。在讨论之前,有必要先弄清楚怎样根据正截面弯矩确定切断或弯起纵筋的数量及位置。这个问题在设计中一般是通过画正截面抵抗弯矩图的方法来解决。抵抗弯矩图也称材料图,为了方便,下面简称 M_R 图。

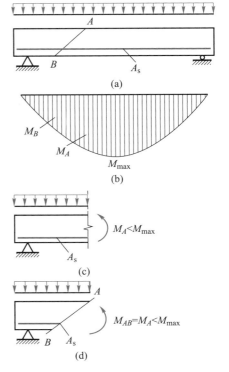

图 4-25   弯矩图与斜截面上的弯矩 M_{AB}

(a) 荷载分布与纵向配筋;(b) 弯矩分布;

(c) 正截面隔离体;(d) 斜截面隔离体

4.4.2   抵抗弯矩图的绘制

所谓抵抗弯矩图或 M_R 图,就是各正截面实际能抵抗的弯矩图形。图形上的各纵坐标就是各个正截面实际能够抵抗的弯矩值,它可根据截面实有的纵筋截面面积求得。作 M_R 图的过程也就是对纵筋布置进行图解设计的过程。现在以某梁中的负弯矩区段为例,说明 M_R 图的作法。

1. 纵筋的理论切断点与充分利用点

图 4-26 表示某梁的负弯矩区段的配筋情况(为清晰起见未画箍筋)。按支座最大负弯矩计算需配置 3 ⚡22+2 ⚡18,纵筋的布置及编号见剖面图。

支座截面 E 的配筋是按截面 E 的 M_{max} 计算出来的,所以在 M_R 图上点 E 的纵坐标 $E4$ 就等于 M_{max}[①]。在纵筋无变化的截面,M_R 图的纵坐标都和截面 E 相同(图中 EF 段)。

---

① 实际配置的钢筋截面面积与计算所需的值相差较大时,纵坐标 $E4$ 可根据实有的配筋面积 A_s 反算得到,即 $M_R=\alpha_1 f_c bx(h_0-x/2)$,其中 $x=\dfrac{f_y A_s}{\alpha_1 f_c b}$;也可采用公式 $M_R=M_{max}\dfrac{A_{s实配}}{A_{s计算}}$ 简化计算得到。

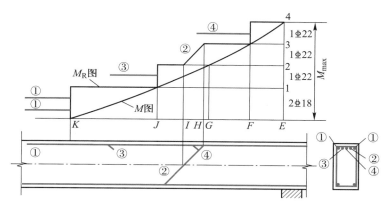

图 4-26　抵抗弯矩图(M_R 图)

　　我们可按钢筋截面面积的比例将坐标 $E4$ 近似划分为各纵筋各自抵抗的弯矩,例如坐标 $E1$ 代表 2 ⌀ 18(钢筋①)所抵抗的弯矩,坐标 $E2$ 代表 1 ⌀ 22+2 ⌀ 18(钢筋①+钢筋③)所抵抗的弯矩……显然,在截面 F,即坐标 $E3$ 与 M 图相交处的截面,可以减去(切断)1 ⌀ 22(钢筋④),也就是 2 ⌀ 22+2 ⌀ 18(钢筋①+钢筋③+钢筋②)已可满足正截面的抗弯要求。同样,在截面 G 处,又可再减去 1 ⌀ 22,但在图中由于要在截面 H 弯下 1 ⌀ 22(钢筋②),因此就不能再在截面 G 切断钢筋了。直到截面 J 及 K 才可切断 1 ⌀ 22(钢筋③)及 2 ⌀ 18(钢筋①)。

　　我们称截面 F 为钢筋④的"不需要点",因为在截面 F,理论上钢筋①+钢筋③+钢筋②已能抵抗荷载产生的弯矩;同时截面 F 又是钢筋②的"充分利用点",因为过了截面 F,钢筋②的强度就不再需要充分发挥了。

　　同样,截面 G 是钢筋②的不需要点,同时又是钢筋③的充分利用点;其他可类推。

　　一根钢筋的不需要点也称作该钢筋的"理论切断点",因为对正截面抗弯要求来说,这根钢筋既然是多余的,在理论上便可予以切断,但实际切断点还将伸过一定长度,见下节。

　　2. 钢筋切断与弯起时 M_R 图的表示方法

　　钢筋切断反映在 M_R 图上便是截面抵抗弯矩能力的突变,例如在图 4-26 中,M_R 图在截面 F 的突变反映钢筋④在该截面被切断。

　　图 4-26 中钢筋②在截面 H 处被弯下,这必然也要影响构件的 M_R 图。在截面 F、H 之间,M_R 的坐标值还是 $E3$,弯下钢筋②后,M_R 的坐标值应降为 $E2$。但是由于在弯下的过程中,弯筋多少还能起一些正截面的抗弯作用,所以 M_R 的下降不是像切断钢筋时那样突然,而是逐渐下降。在截面 I 处,弯筋穿过了梁的截面中和轴,基本上进入受压区,它的正截面抗弯作用才被认为完全消失。因此在截面 I 处,M_R 的坐标降为 $E2$。在截面 H、I 之间,M_R 假设为直线(斜线)变化,如图 4-26 所示。

4.4.3   如何保证正截面与斜截面的受弯承载力

1. 如何保证正截面的受弯承载力

M_R 图代表梁的正截面抗弯能力,为保证正截面受弯承载力,在各个截面上都要求 M_R 不小于 M,即与 M 图同一比例尺的 M_R 图必须将 M 图包含在内。

M_R 图与 M 图越贴近,表示钢筋强度的利用越充分,这是设计中应力求做到的一点。与此同时,也要考虑施工的便利,不要片面追求钢筋的利用程度以致钢筋构造复杂化。

2. 纵筋弯起时如何保证斜截面的受弯承载力

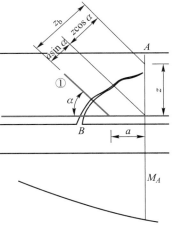

图 4-27   弯起钢筋的弯起点

试以图 4-27 所示的梁为例,截面 A 是钢筋①的充分利用点。在伸过截面 A 一段距离 a 以后,钢筋①被弯起。如果发生斜裂缝 AB,则斜截面 AB 上的弯矩仍为 M_A。若要求斜截面 AB 的受弯承载力仍足以抵抗 M_A,就必须要求

$$z_b \geqslant z \tag{a1}$$

此处,z 为钢筋①在弯起之前对混凝土压应力合力点取矩的力臂;z_b 为钢筋①弯起后对混凝土压应力合力点取矩的力臂。

由几何关系可得

$$z_b = a \sin \alpha + z \cos \alpha \tag{a2}$$

此处,α 为钢筋①弯起后和梁轴线的夹角。将式(a2)代入 $z_b \geqslant z$,得

$$a \sin \alpha + z \cos \alpha \geqslant z \tag{a3}$$

$$a \geqslant \frac{1-\cos \alpha}{\sin \alpha} z \tag{a4}$$

α 通常为 45° 或 60°,$z \approx 0.9 h_0$,所以 a 大约为 $0.37 h_0 \sim 0.52 h_0$。在设计时,可取

$$a \geqslant 0.5 h_0 \tag{4-20}$$

为此,在弯起纵筋时,弯起点必须设在该钢筋的充分利用点以外不小于 $0.5 h_0$ 的地方。

以上要求可能有时与腹筋最大间距的限值(表 4-3)相矛盾,尤其在承受负弯矩的支座附近容易出现这个问题,这是由于用一根弯筋同时抗弯又抗剪而引起的。这时我们要记住,腹筋最大间距的限制是为了保证斜截面受剪承载力而设的,而 $a \geqslant 0.5 h_0$ 的条件是为保证斜截面受弯承载力而设的。当两者发生矛盾时,可以在保证斜截面受弯承载力的前提下(即纵筋的弯起满足 $a \geqslant 0.5 h_0$),用另设斜钢筋的方法来满足斜截面受剪承载力的要求;也可以通过调整弯起钢筋与切断钢筋的顺序来满足 $a \geqslant 0.5 h_0$。

如图 4-26 中,若切断钢筋④后,紧接着切断钢筋③,再弯起钢筋②,则钢筋②不能满足 $a \geqslant 0.5h_0$;但切断钢筋④后,紧接着弯起钢筋②,再切断钢筋③,则钢筋②就能满足 $a \geqslant 0.5h_0$ 的要求。后一种方法不用另设斜钢筋,更为方便。

3. 切断纵筋时如何保证斜截面的受弯承载力

保证斜截面的受弯承载力就要保证斜截面上能承担的弯矩 M_u(图 4-28)大于该截面的弯矩设计值 M,即满足

$$M \leqslant M_u = f_y A_s z + f_y A_{sb} z_{sb} + f_{yv} A_{sv} z_{sw} \tag{4-21}$$

式中　z、z_{sb}、z_{sw}——纵向受拉钢筋的合力、同一平面内弯起钢筋的合力、同一斜截面上箍筋的合力至斜截面受压区合力作用点的距离,见图 4-28。

其余符号同前。

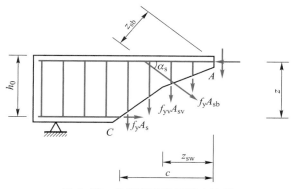

图 4-28　斜截面受弯承载力计算

下面以图 4-29 所示钢筋①为例来说明如何切断钢筋。在截面 B 处,按正截面弯矩 M_B 来看已不需要钢筋①。但如果将钢筋①在截面 B 处切断,见图 4-29a,则若发生斜裂缝 AB 时,余下的纵向受拉钢筋就不足以抵抗斜截面上的弯矩 M_A($M_A > M_B$)。这时只有当斜裂缝范围内箍筋承担的拉力对点 A 取矩形成的弯矩 $f_{yv} A_{sv} z_{sw}$ 能代偿所切断的钢筋①的抗弯作用时,才能保证斜截面受弯承载力。这只有在斜裂缝具有一定长度,可以与足够的箍筋相交才有可能。

因此,在正截面受弯承载力已不需要某一根钢筋时,我们应将该钢筋伸过其理论切断点(不需要点)一定长度 l_w 后才能将它切断。如图 4-29b 所示的钢筋①,它伸过其理论切断点 l_w 才被切断,这就可以保证在出现斜裂缝 AB 时,钢筋①仍起抗弯作用;而在出现斜裂缝 AC 时,钢筋①虽已不再起作用,但却已有足够的箍筋穿越斜裂缝 AC,这些穿越斜裂缝箍筋的拉力对点 A 取矩时,产生的弯矩 $f_{yv} A_{sv} z_{sw}$ 已能代偿钢筋①的抗弯作用。

所需 l_w 的大小显然与所切断的钢筋的直径 d、箍筋间距 s、箍筋的配筋率等因素有关。但在设计中,为简单起见,根据试验分析和工程经验,GB 50010—2010 规范有如下规定(图 4-30):

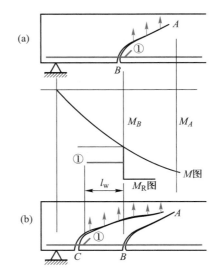

图 4-29　纵向钢筋的切断

（a）钢筋在理论切断点切断；（b）钢筋伸过理论切断点一定长度 l_w 后切断

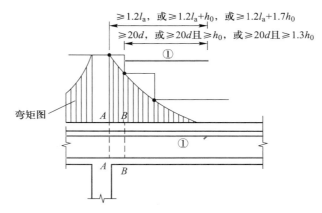

图 4-30　纵筋切断点及延伸长度要求

A—A—钢筋①的强度充分利用截面；B—B—按计算不需要钢筋①的截面

（1）为保证钢筋强度的充分发挥，该钢筋实际切断点至充分利用点的距离 l_d 应满足下列要求：

当 $V \leqslant 0.7 f_t b h_0$ 时，$\qquad\qquad l_d \geqslant 1.2 l_a$

当 $V > 0.7 f_t b h_0$ 时，$\qquad\qquad l_d \geqslant 1.2 l_a + h_0$ ①

式中　l_a——切断钢筋的最小锚固长度，按附录 4 规定计算采用；

———————————

①　$V > 0.7 f_t b h_0$，相当于有斜裂缝的情况。考虑斜裂缝的出现将使钢筋应力重分布，在斜裂缝范围内纵筋的应力可能接近于充分利用点处的纵筋应力值，因而，其延伸长度应考虑斜裂缝水平投影长度这一距离（一般可取为 h_0），即应满足 $l_d \geqslant 1.2 l_a + h_0$。

h_0——截面的有效高度。

（2）为保证理论切断点处出现裂缝时钢筋强度的发挥，该钢筋实际切断点至理论切断点的距离 l_w 应满足：

当 $V \leqslant 0.7 f_t b h_0$ 时，　　　　　　　　$l_w \geqslant 20d$

当 $V > 0.7 f_t b h_0$ 时，　　　　　　　　$l_w \geqslant 20d$ 且 $l_w \geqslant h_0$

式中　d——切断钢筋直径。

（3）若按上述规定确定的切断点仍位于负弯矩受拉区内，则钢筋还应延长。钢筋实际切断点至理论切断点的距离 l_w 应满足 $l_w \geqslant 20d$ 且 $l_w \geqslant 1.3h_0$，同时该钢筋实际切断点至充分利用点的距离 l_d 应满足 $l_d \geqslant 1.2l_a + 1.7h_0$。

必须说明一点，纵向受拉钢筋不宜在正弯矩受拉区切断，因为钢筋切断处钢筋面积骤减，引起混凝土拉应力突增，导致在切断钢筋截面过早出现斜裂缝。此外，纵向受拉钢筋在受拉区锚固也不够可靠，如果锚固不好，就会影响斜截面受剪承载力。所以图 4-29 中简支梁的纵向受拉钢筋①就应直通入支座，这里只是为叙述的方便才将钢筋①在正弯矩区切断。至于图 4-30 中支座处承受负弯矩的纵向受拉钢筋（如连续梁），为节约钢筋，必要时可按弯矩图的变化将理论上不需要的钢筋切断。

4.5　钢筋骨架的构造

为了使钢筋骨架适应受力的需要及具有一定的刚度以便施工，规范对钢筋骨架的构造做出了相应规定，现将一些主要要求列述如下。

4.5.1　箍筋的构造

1. 箍筋的形状

箍筋除提高梁的抗剪能力之外，还能固定纵筋的位置。箍筋常采用封闭式箍筋，它能固定梁的上下纵向钢筋及提高梁的抗扭能力。配有计算需要的纵向受压钢筋的梁，为防止纵向受压钢筋外凸，则必须采用封闭式箍筋。箍筋可按需要采用双肢或四肢（图 4-31）。当梁宽度大于 400 mm 且同一层内的纵向受压钢筋多于 3 根时，或当梁宽度不大于 400 mm 但同一层内的纵向受压钢筋多于 4 根时，应采用复合箍筋（四肢箍筋）。

2. 箍筋最小直径

梁越高，截面内余留的剪压区就越大，压力作用下其横向变形也越大，需要的箍筋直径就越大。同时，梁越高，为保持钢筋骨架的稳固性，箍筋直径就需相应增大。高度 $h > 800$ mm 的梁，箍筋直径不宜小于 8 mm；高度 $h \leqslant 800$ mm 的梁，箍筋

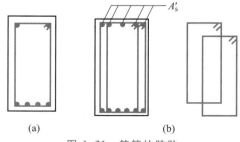

（a）　　　　　　　　　　（b）

图 4-31　箍筋的肢数

（a）双肢箍筋；（b）四肢箍筋

直径不宜小于 6 mm。当梁中配有计算需要的纵向受压钢筋时,为有效防止纵向受压钢筋外凸,箍筋直径尚不应小于 $d/4$(d 为纵向受压钢筋中的最大直径)。在梁中纵向钢筋搭接长度范围内,箍筋直径不应小于 $d/4$(d 为搭接钢筋的较大直径)。从箍筋加工成型的难易来看,最好不用直径大于 10 mm 的箍筋。

3. 箍筋的布置

按承载力计算不需要箍筋的梁,当截面高度大于 300 mm 时应沿梁全长设置构造箍筋;当截面高度为 150~300 mm 时,可仅在梁端 $l_0/4$ 范围内设置构造箍筋,l_0 为梁跨长。但当梁中部 $l_0/2$ 范围内有集中力作用时,则沿全长设置构造箍筋。当截面高度小于 150 mm 时可以不设置箍筋。

按承载力计算需要箍筋的梁,一般可在梁的全长均匀布置箍筋,也可以在梁两端剪力较大的部位布置得密一些。

在绑扎纵筋的搭接中,当受压钢筋直径 $d>25$ mm 时,尚应在搭接接头两个端面外 100 mm 范围内各设置两个箍筋。

4. 箍筋的最大间距

箍筋的最大间距不得大于表 4-3 所列的数值。从表看到,随梁高增加,箍筋最大间距增大。这是因为梁高越小,斜裂缝在梁轴线方向的水平投影长度就越短,为保证有足够的箍筋能与斜裂缝相交就需要将箍筋布置得密一些,因而箍筋最大间距越小。反之亦然。

表 4-3   梁中箍筋的最大间距 s_{max} mm

项次	梁高 h	最大间距		最小直径
		$V>0.7f_t bh_0$	$V\leqslant 0.7f_t bh_0$	
1	$150\leqslant h\leqslant 300$	150	200	6
2	$300<h\leqslant 500$	200	300	6
3	$500<h\leqslant 800$	250	350	6
4	$h\geqslant 800$	300	400	8

注:1. 梁中钢筋搭接处的箍筋间距宜适当减小;

　　2. 若梁中配有计算需要的纵向受压钢筋,箍筋直径不应小于 $d/4$。

当梁中配有计算需要的纵向受压钢筋时,箍筋间距在绑扎骨架中不应大于 15d,同时在任何情况下均不应大于 400 mm;当一层内纵向受压钢筋多于 5 根且直径大于 18 mm 时,箍筋间距不应大于 10d。d 为受压钢筋中的最小直径。

梁中纵向钢筋搭接长度范围内,箍筋间距要适当加密,其箍筋间距不应大于 5d,且不应大于 100 mm,d 为搭接钢筋中的最小直径。

4.5.2　纵向钢筋的构造

1. 纵向受力钢筋的接头

当构件太长而现有钢筋长度不够,需要接头时,可采用绑扎搭接、机械连接或焊接接头。由于钢筋通过连接接头传力的性能不如整根钢筋,因此设置钢筋连接的原则应为:钢筋接头宜设置在受力较小处;同一根钢筋上宜少设接头;同一构件中纵向受力钢筋的接头应相互错开。

为保证同一构件中纵向受力钢筋的接头能有效错开,规范用纵向钢筋搭接接头面积百分率来规定接头的布置。所谓纵向钢筋搭接接头面积百分率,就是在同一连接区段内,有搭接接头的纵向受力钢筋截面面积与全部纵向受力钢筋截面面积的比值,搭接钢筋的直径不同时按直径较小钢筋计算。

采用绑扎搭接连接时,梁、板及墙等构件受拉钢筋的搭接接头面积百分率不宜大于 25%,当工程确有必要加大时,梁类构件不宜大于 50%,板及墙等构件可根据实际情况放宽。其中,连接区段的长度为 $1.3l_l$(l_l 为搭接长度[①]),凡搭接接头中点位于该连接区段长度内的搭接接头均属于同一连接区段(图 4-32)。

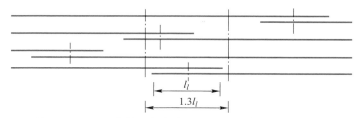

图 4-32　同一连接区段内的纵向受拉钢筋绑扎搭接接头

当钢筋采用机械连接与焊接接头连接时,连接区段的长度为 $35d$(d 为纵向受力钢筋的较小直径),采用焊接接头连接时连接区段的长度还应不小于 500 mm,纵向受拉钢筋的接头面积百分率不宜大于 50%,受压钢筋可不受限制。

轴心受拉及小偏心受拉构件的纵向受力钢筋不得采用绑扎搭接;其他构件采用绑扎搭接时,受拉钢筋直径不宜大于 25 mm,受压钢筋直径不宜大 28 mm。需进行疲劳验算的构件,纵向受拉钢筋不应采用绑扎搭接连接,也不宜采用焊接接头。

2. 纵向受力钢筋在支座中的锚固

(1) 简支梁

在构件的简支端,弯矩 M 等于零。按正截面抗弯要求,纵向受拉钢筋适当伸入支座即可。但当在支座边缘发生斜裂缝时,支座边缘处纵筋受力会突然增加,如无足够的锚固,纵筋将从支座拔出而导致破坏。为此,简支梁下部纵向受力钢筋伸入支座的锚固长度 l_{as} 应符合下列条件(图 4-33a):

---

① 搭接长度的确定方法见 1.3 节和附录 4。

$$当 V \leqslant 0.7f_tbh_0 时，\qquad\qquad l_{as} \geqslant 5d \qquad\qquad\qquad (4-22a)$$

$$当 V > 0.7f_tbh_0 时，\qquad\qquad l_{as} \geqslant 12d（带肋钢筋）\qquad (4-22b)$$

$$l_{as} \geqslant 15d（光圆钢筋）\qquad (4-22c)$$

式中　d——纵筋受力钢筋直径。

　　如下部纵向受力钢筋伸入支座的锚固长度不能符合上述规定时，可在梁端将钢筋向上弯（图 4-33b）或加焊锚固钢板（图 4-33c）。

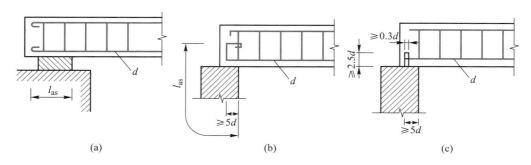

图 4-33　纵向受力钢筋在简支支座内的锚固

（a）受力纵筋直线锚固；（b）受力纵筋上弯；（c）受力纵筋端部加焊锚固钢板

　　混凝土强度等级为 C25 及以下的简支梁，在距支座边 1.5 倍梁高范围内作用有集中荷载，且 $V > 0.7f_tbh_0$ 时，带肋钢筋锚固长度不宜小于 15d 或需采用有效的锚固措施，d 为纵向受力钢筋的较大直径。

　　（2）悬臂梁和框架梁

　　对于悬臂梁和框架梁等，当纵向受力钢筋在支座处充分利用其强度时，则伸入支座内的锚固长度要大于最小锚固长度 l_a[①]。

　　3. 支座上部钢筋与架立钢筋的配置

　　当梁端按简支计算但实际受到部分约束时，应在支座区上部设置纵向构造钢筋。其截面面积不应少于梁跨中下部纵向受力钢筋计算所需截面面积的 1/4，且不应少于 2 根；其自支座边缘向跨内伸出的长度不应小于 $l_0/5$，l_0 为梁的计算跨度。

　　为了使纵向受力钢筋和箍筋能绑扎成骨架，在箍筋的四角必须沿梁全长配置纵向钢筋，在没有纵向受力钢筋的区段，则应补设架立钢筋（图 4-34）。为保持钢筋骨架的稳固性，随梁高增大，架立钢筋直径需相应增大。架立钢筋直径需满足：当梁的跨度小于 4 m 时不宜小于 8 mm，当梁的跨度为 4~6 m 时不宜小于 10 mm，当梁的跨度大于 6 m 时不宜小于 12 mm。

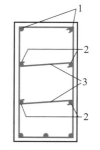

1—架立钢筋；2—腰筋；
3—拉筋。

图 4-34　架立钢筋、
腰筋及拉筋

---

　　① 锚固长度的确定方法见 1.3 节和附录 4。

4. 腰筋及拉筋的配置

当梁的腹板高度超过 450 mm 时,为防止由于温度变形及混凝土收缩等原因使梁中部产生竖向裂缝,在梁的两侧应沿高度配置纵向构造钢筋,称为"腰筋"(图 4-34)。腰筋间距不宜大于 200 mm,直径要求与架立钢筋相同,截面面积不应小于腹板截面面积(bh_w)的 0.1%,但当梁宽较大时可以适当放松。

两侧腰筋之间用拉筋连系起来,拉筋的直径可与箍筋相同,拉筋的间距常取为箍筋间距的倍数,一般在 500~700 mm 之间。

对薄腹梁,在上部 1/2 梁高腹板内,两侧纵向构造钢筋的配置和上述腰筋相同;在下部 1/2 梁高腹板内,两侧纵向构造钢筋的直径为 8~14 mm,间距为 100~150 mm,并按上疏下密的方式布置。

5. 弯起钢筋的构造

按抗剪设计需设置弯起钢筋时,弯筋的最大间距同箍筋一样,不应大于表 4-3 中 $V>0.7f_tbh_0$ 列的数值。

梁中弯起钢筋的起弯角为 45°~60°。当梁宽较大时,为使弯起钢筋在整个宽度范围内受力均匀,宜在一个截面内同时弯起两根钢筋。

在采用绑扎骨架的钢筋混凝土梁中,当设置弯起钢筋时,弯起钢筋的弯折终点应留有足够长的直线锚固长度(图 4-35),其长度在受拉区不应小于 $20d$,在受压区不应小于 $10d$。对光圆钢筋,其末端应设置弯钩(图 4-35c、d)。

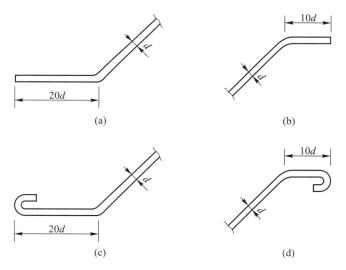

图 4-35 弯起钢筋的直线锚固段

(a)带肋弯起钢筋在受拉区直线锚固段;(b)带肋弯起钢筋在受压区直线锚固段;
(c)光圆弯起钢筋在受拉区直线锚固段;(d)光圆弯起钢筋在受压区直线锚固段

梁底排位于箍筋转角处的纵向受力钢筋不应弯起,而应直通至梁端部,以便和箍筋扎成钢筋骨架。

当弯起纵筋抗剪后不能满足抵抗弯矩图 M_R 图的要求时,可单独设置斜筋来抗剪。此时应将斜筋布置成吊筋形式(图 4-36a),俗称"鸭筋",而不应采用"浮筋"(图 4-36b)。浮筋在受拉区只有不长的水平长度,锚固的可靠性差,一旦浮筋发生滑移,将使裂缝开展过大。为此,应将斜筋焊接在纵筋上或者将斜筋布置成吊筋形式,两端均锚固在受压区内。

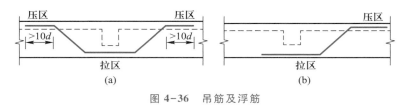

图 4-36   吊筋及浮筋

4.6   钢筋混凝土构件施工图

为了满足施工要求,钢筋混凝土构件结构施工图一般包括下列内容。

1. 模板图

模板图主要是注明构件的外形尺寸,以制作模板之用,同时用它来计算混凝土方量。模板图一般比较简单,所以比例尺不要太大,但尺寸一定要全。构件上的预埋铁件一般可表示在模板图上。对简单的构件,模板图可与配筋图合并。

2. 配筋图

配筋图表示钢筋骨架的形状及在模板中的位置,主要为绑扎骨架用。凡规格、长度或形状不同的钢筋必须编以不同的编号,编号写在小圆圈内,并在编号引线旁注上这种钢筋的根数及直径。

3. 钢筋表

钢筋表通过列表表示构件中所有不同编号的钢筋种类、规格、形状、长度、根数、重量等,主要为下料及加工成型使用,同时可用来计算钢筋用量。

4. 说明或附注

说明或附注包括尺寸单位、钢筋的混凝土保护层厚度、混凝土强度等级、钢筋种类及其他施工注意事项等内容。通过说明和附注,可以减少图纸的工作量,强调施工中必须引起注意的事项。

下面以一简支梁为例介绍钢筋长度的计算方法(图 4-37)。该梁的环境类别为一类,混凝土保护层最小厚度为 20 mm。

(1)直钢筋

图中钢筋①为直钢筋,由于它是 HPB300 的光圆钢筋[①],两端要加弯钩。直段上所

---

① 在一般构件中,为控制裂缝宽度,纵向受拉钢筋不宜采用光圆钢筋,这里采用光圆钢筋是为了说明带弯钩钢筋长度的算法。

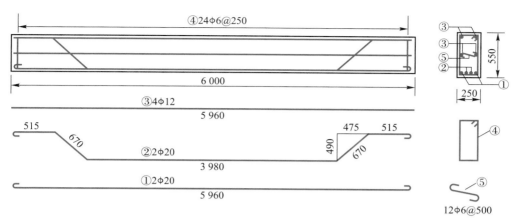

图 4-37　钢筋长度的计算

编号	形状	直径 /mm	长度 /mm	根数	总长 /m	质量 /kg
①	5 960	20	6 210	2	12.42	30.68
②	515　670　3 980　670　515	20	6 600	2	13.20	32.60
③	5 960	12	5 960	4	23.84	21.17
④	190　490	6	1 450	24	34.80	7.73
⑤	190	6	280	12	3.36	0.75
					总质量	92.93

注尺寸 5 960 mm 是指钢筋两端弯钩外缘之间的距离,即为全梁长 6 000 mm 减去两端弯钩外保护层各 20 mm。此长度再加上两端弯钩长即可得出钢筋全长,弯钩的弯弧内直径 D 取为 2.5d,每个弯钩长度为 6.25d,则钢筋①的全长为 5 960 mm+2×6.25×20 mm=6 210 mm。钢筋③是架立钢筋和腰筋,虽也为 HPB300 光圆钢筋,但它不是受拉钢筋,不需加弯钩,全长为 5 960 mm。

（2）弓铁

图中钢筋②的形状如弓,俗称弓铁,也叫元宝筋。所注尺寸中弯起部分的高度以弓铁外皮计算,即由梁高 550 mm 减去上下纵向钢筋的混凝土保护层厚度 c_s=30 mm,550 mm-2×30 mm=490 mm。由于弯起钢筋的起弯角 α_s=45°,故弯起部分的底宽及斜边各为 490 mm-20 mm/2-12 mm/2=474 mm≈475 mm 及 475 mm/sin 45°=672 mm≈670 mm(按钢筋中心线计算)[①]。钢筋②的中间水平直段长度可由图量出为 3 980 mm,而弯起后的水平直段长度可由计算求出,即(6 000-2×20-3 980-2×475) mm/2=

————————————

①　这是从底层纵筋弯起而计算的,如果从离梁底的第二层纵筋弯起时,则弓铁的高度还要扣去第一层纵筋直径及上下两层纵筋间的净距。

515 mm。最后可得弯起钢筋②的全长为 3 980 mm+2×670 mm+2×515 mm+2×6.25× 20 mm = 6 600 mm。

（3）箍筋

箍筋尺寸标注法不完全统一，大致分为标注箍筋外缘尺寸及标注箍筋内口尺寸两种。前者的好处在于与其他钢筋一致，即所标注尺寸均代表钢筋的外皮到外皮的距离；标注内口尺寸的好处在于便于校核，箍筋内口尺寸即构件截面外形尺寸减去混凝土保护层厚度和箍筋直径，箍筋内口高度也就是弓铁的外皮高度。在标注箍筋尺寸时，最好注明所标注尺寸是内口还是外缘。

箍筋的弯钩大小与纵筋的粗细、构件受力形式、纵筋的配筋率、结构是否要求抗震等有关①，这里为无抗震要求的非受扭构件，箍筋弯钩角度取135°，弯钩末端平直段长度取5d（d 为箍筋直径），如此，箍筋两个弯钩的增加长度可取为 90 mm。

图 4-37 中箍筋④的长度为 2×（490+190）mm+90 mm = 1 450 mm（内口）。

拉筋做法有拉筋同时钩住纵筋和箍筋、紧靠箍筋并钩住纵筋、紧靠纵筋并钩住箍筋三种，这里为第二种，拉筋弯钩的弯角仍取 135°，两个弯钩的增加长度为 90 mm。

图 4-37 中拉筋⑤的长度为 190 mm+90 mm = 280 mm。

此简支梁的钢筋表见图 4-37。

钢筋长度的计算和钢筋表的制作是一项细致而重要的工作，必须仔细运算、认真校核，方可无误。

必须注意，钢筋表内的钢筋长度还不是钢筋加工时的断料长度。由于钢筋在弯折及弯钩时要伸长一些，因此断料长度应等于计算长度扣除钢筋伸长值。伸长值和弯折角度大小等有关，具体可参阅有关施工手册。箍筋长度如标注内口，则计算长度即为断料长度。

4.7   钢筋混凝土伸臂梁设计例题

【例 4-5】   某库房的砖墙上支承一受均布荷载作用的外伸梁，二级安全等级，二 b 类环境类别，跨长和截面尺寸如图 4-38 所示。在基本荷载组合下该梁所承受的荷载设计值为：$g_1+q_1 = 60.0$ kN/m，$g_2+q_2 = 116.0$ kN/m（均包括自重）[②]。混凝土强度等级为 C30，纵向受力钢筋采用 HRB400，箍筋采用 HPB300。试设计该梁。

【解】

（1）资料

二级安全等级，$\gamma_0 = 1.0$；C30 混凝土，$f_c = 14.3$ N/mm²，$f_t = 1.43$ N/mm²，$\alpha_1 = 1.0$，$\beta_c = $

---

①   《混凝土结构施工图平面整体表示方法制图规则与构造详图》（国家建筑标准设计图集 16G101—1）详细规定了箍筋与拉筋的构造要求，箍筋与拉筋的具体做法可查阅该图集。

②   外伸梁设计时应考虑可变荷载的最不利布置，这里为简化直接规定了总荷载的设计值。

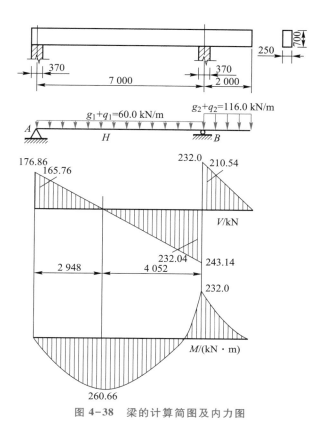

图 4-38 梁的计算简图及内力图

1.0;纵向受力钢筋采用 HRB400,$f_y = 360$ N/mm²,$\xi_b = 0.518$,$\rho_{min} = \max\left(0.20\%, 0.45\dfrac{f_t}{f_y}\right) = 0.20\%$;箍筋采用 HPB300,$f_{yv} = 270$ N/mm²;$b = 250$ mm,$h = 700$ mm。

（2）内力计算

弯矩及剪力设计值分布如图 4-38 所示,支座边缘截面剪力设计值[1]:

$$V_A = 165.76 \text{ kN}, V_B^l = 232.04 \text{ kN}, V_B^r = 210.54 \text{ kN}, V_{max} = V_B^l = 232.04 \text{ kN}$$

跨中截面最大弯矩和支座截面最大负弯矩设计值:

$$M_H = 260.66 \text{ kN} \cdot \text{m}, M_B = 232.0 \text{ kN} \cdot \text{m}$$

（3）截面尺寸和混凝土强度验算

二 b 类环境类别,由附表 4-1 取保护层厚度 $c = 35$ mm。由于弯矩较大,估计纵筋需排两排,取 $a_s = 80$ mm,$h_0 = h - a_s = 700$ mm $- 80$ mm $= 620$ mm,$h_w = h_0 = 620$ mm。

$\dfrac{h_w}{b} = \dfrac{620}{250} = 2.48 < 4.0$,由式（4-16a）得

$$0.25\beta_c f_c b h_0 = 0.25 \times 1.0 \times 14.3 \text{ N/mm}^2 \times 250 \text{ mm} \times 620 \text{ mm}$$

$$= 554.13 \times 10^3 \text{ N} = 554.13 \text{ kN} > V_{max} = 232.04 \text{ kN}$$

---

① 此处剪力 V 的下标表示某支座,上标 l、r 分别表示该支座左边与右边截面的剪力。

截面尺寸和混凝土强度满足抗剪要求。

（4）纵向受力钢筋计算

为使表达简洁，纵向受力钢筋列表计算，计算过程及结果见表 4-4。$\xi_b = 0.518$，$\rho_{min} = 0.20\%$。

表 4-4　纵向受力钢筋计算表

计算内容	跨中截面 H	支座截面 B
$M/(\text{kN} \cdot \text{m})$	260.66	232.0
$\alpha_s = \dfrac{M}{\alpha_1 f_c b h_0^2}$	0.190	0.169
$\xi = 1 - \sqrt{1 - 2\alpha_s}$	$0.213 < \xi_b$	$0.186 < \xi_b$
$A_s = \dfrac{\alpha_1 f_c b \xi h_0}{f_y} / \text{mm}^2$	1 311	1 145
ρ	$0.75\% > \rho_{min}$	$0.65\% > \rho_{min}$
选配钢筋	2 ⊈ 18+4 ⊈ 16	6 ⊈ 16
实配钢筋面积 A_s/mm^2	1 313	1 206

（5）抗剪钢筋计算

该梁只承受均布荷载，所以取式（4-12）和式（4-15）中的 $\alpha_{cv} = 0.7$。由式（4-15）得

$$\alpha_{cv} f_t b h_0 = 0.7 \times 1.0 \times 1.43 \text{ N/mm}^2 \times 250 \text{ mm} \times 620 \text{ mm}$$

$$= 155.16 \times 10^3 \text{ N} = 155.16 \text{ kN} < V_{max} = 232.04 \text{ kN}$$

需要计算配置腹筋。

梁高 $h = 700$ mm，查表 4-3 得 $s_{max} = 250$ mm。试在全梁配置双肢箍筋Φ6@180，则 $A_{sv} = 57$ mm^2，$s = 180$ mm $< s_{max} = 250$ mm。

$$\rho_{sv} = \frac{A_{sv}}{bs} = \frac{57}{250 \times 180} = 0.13\% \geqslant \rho_{sv,min} = 0.24 \frac{f_t}{f_{yv}} = 0.24 \times \frac{1.43}{270} = 0.13\%$$

满足箍筋最小配筋率和最大间距要求。

由式（4-12）得

$$V_{cs} = \alpha_{cv} f_t b h_0 + f_{yv} \frac{A_{sv}}{s} h_0$$

$$= 0.7 \times 1.43 \text{ N/mm}^2 \times 250 \text{ mm} \times 620 \text{ mm} + 270 \text{ N/mm}^2 \times \frac{57 \text{ mm}^2}{180 \text{ mm}} \times 620 \text{ mm}$$

$$= 208.17 \times 10^3 \text{ N} = 208.17 \text{ kN}$$

① 支座 B 左侧

$$V_B^l = 232.04 \text{ kN} > V_{cs} = 208.17 \text{ kN}$$

需加配弯起钢筋帮助抗剪。

取弯起钢筋的起弯角 $\alpha_s = 45°$，并取 $V_1 = V_B^l$，按式（4-14）计算第一排弯起钢筋：

$$A_{sb1} = \frac{V_1 - V_{cs}}{0.8f_y \sin \alpha_s} = \frac{232.04 \times 10^3 - 208.17 \times 10^3}{0.8 \times 360 \times \sin 45°} \text{ mm}^2 = 117 \text{ mm}^2$$

由跨中承担正弯矩的纵筋弯起 2 Φ 16（$A_{sb1} = 402 \text{ mm}^2$）。第一排弯起钢筋的上弯点安排在离支座边缘 200 mm 处，即 $s_1 = 200 \text{ mm} < s_{max} = 250 \text{ mm}$。

由图 4-39 可见，由于起弯角 $\alpha_s = 45°$，第一排弯起钢筋下弯点离支座边缘的距离为 $S = 700 \text{ mm} - (35 + 6 + 18 + 30 + 16/2) \text{ mm} - (35 + 6 + 16 + 30 + 16/2) \text{ mm} + 200 \text{ mm} = 708 \text{ mm}$，该处 $V_2 = V_B^l - \gamma_0(g_1 + q_1)S = 232.04 \text{ kN} - 1.0 \times 60.0 \text{ kN/m} \times 0.708 \text{ m} = 189.56 \text{ kN} < V_{cs} = 208.17 \text{ kN}$，故不需弯起第二排钢筋抗剪。

跨中截面 H 配置（图 4-38）纵向受力钢筋较多，可再弯起 1 Φ 16（$A_{sb2} = 201 \text{ mm}^2$）用于抵抗支座截面 B 的负弯矩，见图 4-39。

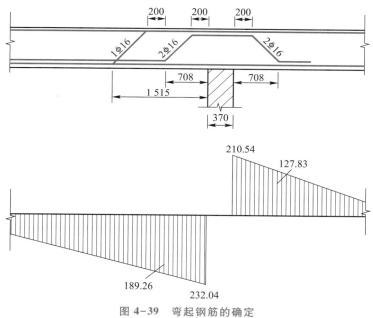

图 4-39　弯起钢筋的确定

② 支座 B 右侧

$$V_B^r = 210.54 \text{ kN} > V_{cs} = 208.17 \text{ kN}$$

需配置弯起钢筋抗剪。又因为 $V_B^r < V_B^l$，故同样弯下 2 Φ 16 即可满足要求，不必再进行计算。第一排弯起钢筋下弯点距支座边缘的距离为 708 mm，此处的 $V_2 = 210.54 \text{ kN} - 1.0 \times 116.0 \text{ kN/m} \times 0.708 \text{ m} = 128.41 \text{ kN} < V_{cs} = 208.17 \text{ kN}$，故不必再弯起第二排钢筋。

③ 支座 A

$$V_A = 165.76 \text{ kN} < V_{cs} = 208.17 \text{ kN}$$

理论上可不配弯起钢筋，但为了加强梁端的受剪承载力，仍由跨中弯起 2 Φ 16 至梁顶再伸入支座。

（6）钢筋的布置设计

钢筋的布置设计要利用抵抗弯矩图（M_R 图）进行图解。为此，先将弯矩图（M 图）、梁的纵剖面图按比例画出（图4-40），再在 M 图上作 M_R 图。

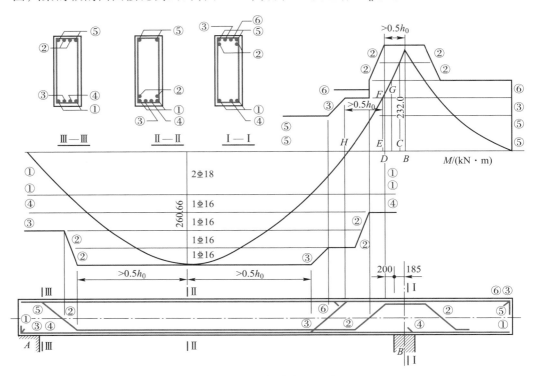

图4-40　钢筋的布置设计

先考虑跨中正弯矩的 M_R 图。跨中 M_{max} 为 260.66 kN·m，需配 $A_s = 1\ 311$ mm^2 的纵筋，实配 2Φ18+4Φ16（$A_s = 1\ 313$ mm^2），因两者钢筋截面面积相近，故可直接将 M 图中的跨中弯矩按各钢筋面积的比例划分出 2Φ18 及 1Φ16 钢筋能抵抗的弯矩值，这样就可确定出各钢筋各自的充分利用点。按预先布置（图4-40），要从跨中弯起 1Φ16（钢筋③）及 2Φ16（钢筋②）至支座 B；另弯起 2Φ16（钢筋②）至支座 A，其余 1Φ16（钢筋④）及 2Φ18（钢筋①）将直通而不再弯起。这样，根据前述钢筋弯起时的 M_R 图的绘制方法可容易地画出跨中的 M_R 图。由图4-40可以看出跨中钢筋的弯起点至充分利用点的距离 a 均大于 $0.5h_0 = 310$ mm 的条件。

再考虑支座 B 负弯矩区的 M_R 图。支座 B 需配纵筋 1 145 mm^2，实配 6Φ16（$A_s = 1\ 206$ mm^2，相差 5.32%），故实配钢筋能承担的弯矩为 232.0 kN·m×1 206/1 145 = 244.36 kN·m。在图上绘出实配钢筋能承担的弯矩（244.36 kN·m）并将其六等分，每一等份即为 1Φ16 所能承担的弯矩。在支座 B 左侧要弯下 2Φ16（钢筋②）及 1Φ16（钢筋③）；放在角隅的钢筋 2Φ16（钢筋⑤）因要绑扎箍筋形成骨架，故必须全梁直通；还有 1Φ16（钢筋⑥）可根据 M 图加以切断。在支座 B 右侧只需弯下 2Φ16

（钢筋②），其余钢筋（钢筋⑥和钢筋③）可以切断。

考察支座 B 左侧，在截面 C 本可切断 1⊕16（钢筋⑥），但应考虑到如果在此处切断了钢筋⑥，截面 C 就成为钢筋②的充分利用点，这时，当钢筋②下弯时，其弯起点（截面 D）和充分利用点之间的距离 DC 就小于 $0.5h_0 = 310$ mm，这就不满足斜截面受弯承载力的要求。所以不能在截面 C 切断钢筋⑥而应先在截面 D 弯下钢筋②，这时钢筋②的充分利用点在截面 B，而 $DB = 200$ mm（s_1）$+ 370$ mm/2（支座宽度的一半）$= 385$ mm$> 0.5h_0 = 310$ mm，满足斜截面受弯承载力的条件。同时截面 D（即钢筋②的上弯点）距支座 B 边缘为 200 mm，也满足不大于 $s_{max} = 250$ mm 的条件。

绘制出了钢筋②（2⊕16）的 M_R 图后，可发现在截面 E 还可切断 1⊕16（钢筋⑥），截面 E 与弯矩图的交点 F 即为钢筋⑥的理论切断点，由于在该截面上 $V > V_c$，故钢筋⑥应从充分利用点 G 延伸 l_d。对⊕16 钢筋和 C30 混凝土，按式（1-14）计算得 $l_a = 564$ mm，$l_d = 1.2l_a + h_0 = 1.2 \times 564$ mm $+ 620$ mm $= 1\ 297$ mm，且应自其理论切断点 F 延伸 $l_w = \max(20d, h_0) = \max(320\ \text{mm}, 620\ \text{mm}) = 620$ mm，由图 4-40 可知，GF 的水平投影距离为 180 mm，综上所述，以上两种情况取大者，故钢筋⑥应从理论切断点 F 至少延伸 $1\ 297$ mm-180 mm $= 1\ 117$ mm（$> l_w = 620$ mm）即可。然后在截面 H 弯下钢筋③，剩下 2⊕16（钢筋⑤）直通，并兼作架立钢筋。

同样方法绘制支座 B 右侧的 M_R 图。

从图 4-40 还看到，M 图在 M_R 的内部，即每个截面上 $M_R > M$，因而该梁的正截面抗弯承载力满足要求。

作 M_R 图时还需注意以下三点：

（1）在本例，从抵抗正截面弯矩的需求来讲，跨中钢筋③或④ 可以在Ⅱ—Ⅱ截面左侧跨中某部位切断，钢筋④还可以在Ⅱ—Ⅱ截面右侧跨中某部位切断，但在受拉区切断钢筋会影响纵筋的锚固作用，减弱受剪承载力，因此，钢筋④需左右直通支座 A 和支座 B；钢筋③左端直通支座 A，而右端弯起。在实际工程中，正弯矩区不切断钢筋，除弯起钢筋外其余钢筋均伸入支座。

在支座 B 右侧，从抵抗正截面弯矩的需要来讲，钢筋③、⑥可以切断，但 GB 50010—2010规范规定悬臂梁上部钢筋可以下弯，但不能切断。外伸梁受力状态和悬臂梁类似，一般也不在梁上部切断钢筋，本例将钢筋③、⑥直通梁端。另外，在外伸梁右端，钢筋⑤还需下弯 $12d$。

（2）在既有正弯矩又有负弯矩的构件中，支座附近截面的 M 和 V 都较大，若有弯起钢筋，则弯起钢筋既要抗剪又要抗弯，在布置时要加以综合研究。例如在本例支座 B 左侧，钢筋②弯下来是为了抗剪，因此要求其弯起点距支座边缘不大于 s_{max}（$s_1 \leqslant s_{max}$）。同时，钢筋②又是支座抵抗负弯矩的配筋之一，其充分利用点就是支座中间截面，这样从斜截面受弯承载力的角度来看，其弯起点距支座截面的距离应不小于 $0.5h_0$（$a \geqslant 0.5h_0$）。在本例，这两个要求都能得到满足。当这两个要求发生矛盾时，可在满足斜截面受弯承载力要求的前提下，单独另加斜筋来满足受剪承载力要求；或多配一

第 4 章
总结

根支座负弯矩钢筋,而钢筋②单纯作抗剪之用;或通过调整弯起钢筋与切断钢筋的顺序,使 $s_1 \leqslant s_{\max}$ 和 $a \geqslant 0.5h_0$ 两个要求都得到满足。

（3）将钢筋②弯到支座 A,从理论上只要满足水平锚固长度要求即可切断,但工程上的习惯做法是将钢筋②弯起后直伸到梁端。

还须指出,图 4-40 是以教学为目的而作的,以反映钢筋布置设计时常遇到的问题。在实际设计时,钢筋布置还可简化些,例如在支座 B 左侧,在弯起第二排钢筋抗弯时,可以同时弯起 2⌀16,即将钢筋④和钢筋③一样弯起,与钢筋③合并为一个编号,并直通梁端,这样就可不设短钢筋⑥了。

钢筋布置设计图作好后,就为施工图提供了依据。施工图中钢筋的某些区段的长度可以在布置设计图中量得,但必须核算各根钢筋的梁轴投影总长及总高是否符合模板内侧尺寸。

梁的配筋图见图 4-41。

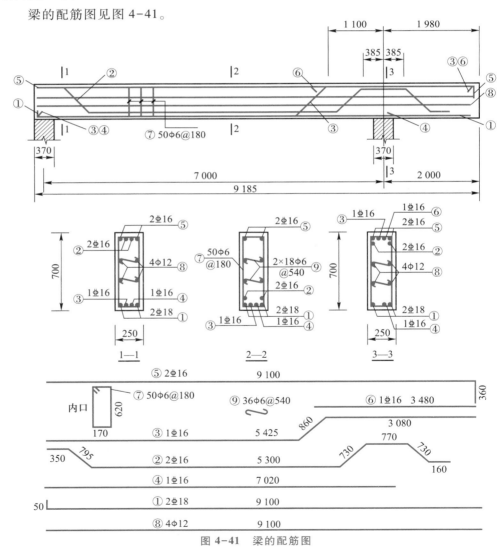

图 4-41　梁的配筋图

思考题

4-1　钢筋混凝土梁中为什么会出现斜裂缝？斜裂缝是沿着怎样的路径发展的？试分析图 4-42 所示矩形截面梁,如出现斜裂缝,斜裂缝将在哪些部位出现？如何发展？

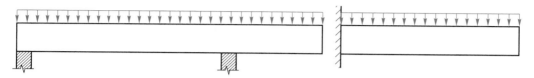

图 4-42　思考题 4-1 图

4-2　什么叫骨料咬合力和纵筋销栓力？它们在梁的受剪中分别起什么作用？

4-3　无腹筋梁斜裂缝出现以后,斜裂缝处纵筋应力和压区混凝土的受力将发生怎样的变化？

4-4　无腹筋梁的斜截面受剪破坏形态主要有哪几种？它们的破坏条件分别是什么？画出它们破坏时的混凝土裂缝分布与压碎区域。配置腹筋后,斜截面破坏形态和相应的破坏条件分别有什么变化？

4-5　影响有腹筋梁斜截面受剪承载力的主要因素有哪些？影响规律如何？

4-6　为什么要验算梁截面尺寸或混凝土强度等级的下限(式 4-16)？为什么对发生斜压破坏的梁,箍筋不能提高其受剪承载力？

△**4-7**　为什么要规定箍筋最小配筋率？"满足箍筋最小配筋率是为了防止发生斜拉破坏",这种说法是否正确？为什么？

4-8　为什么要规定箍筋的最小直径和最大间距？为什么箍筋最小直径要求与梁截面高度和受压钢筋直径有关,最大间距要求与梁截面高度有关？

4-9　斜截面受剪承载力计算时应取哪些计算截面？斜截面受剪承载力计算公式有什么适用条件？其意义是什么？斜截面受剪承载力公式中的系数 α_{cv} 是如何取值的？

4-10　当受弯梁满足 $V \leqslant \alpha_{cv} f_t b h_0$ 条件时,可按构造要求选配箍筋。此时,箍筋直径 d 和箍筋间距 s 如何选取？是否要求 $\rho_{sv} \geqslant \rho_{sv,min}$？

4-11　在梁中弯起一部分钢筋用于斜截面抗剪时,应注意哪些问题？

4-12　图 4-43 所示两根悬臂梁,已配有等直径等间距的箍筋,经计算需配置弯起钢筋。试指出各图中弯起钢筋配置的错误,并加以改正。

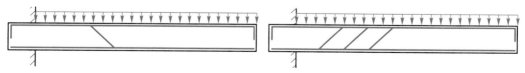

图 4-43　思考题 4-12 图

第 4 章
思考题详解

4-13　梁中抵抗正弯矩的纵向钢筋为什么不能在受拉区切断？

4-14　什么是抵抗弯矩图？为满足正截面受弯承载力,它与设计弯矩图之间的关系应当如何？

4-15　在抵抗弯矩图中,什么是钢筋的充分利用点和理论切断点？保证受弯构件斜截面受弯承载力的主要构造措施有哪些？简述理由。

4-16　纵向受力钢筋伸入支座的锚固有何要求？为什么伸入支座的锚固长度会有不小于 $5d$、$12d$、$15d$、l_a 的区别(d 为纵向受力钢筋直径,l_a 为其最小锚固长度)？

计算题

4-1　某钢筋混凝土矩形截面简支梁,二级安全等级,一类环境类别,截面尺寸 $b \times h = 250 \text{ mm} \times 600 \text{ mm}$,净跨 $l_n = 5.50 \text{ m}$,在使用期承受均布荷载设计值 $g + q = 82.50 \text{ kN/m}$(包括自重)。混凝土强度等级为 C30,纵向钢筋采用 HRB400,箍筋采用 HPB300,按正截面受弯承载力计算已配有 2Φ22+4Φ20 的纵向受拉钢筋。试进行下列计算:

(1) 只配箍筋,确定箍筋的直径和间距;

(2) 按构造要求和箍筋最小配筋率配置较少数量的箍筋,计算所需弯起钢筋的排数和数量,并选定直径和根数。

4-2　某钢筋混凝土矩形截面简支梁,二级安全等级,一类环境类别,截面尺寸为 $b \times h = 250 \text{ mm} \times 600 \text{ mm}$,净跨 $l_n = 5.65 \text{ m}$。在使用期承受恒荷载标准值 $g_k = 10.50 \text{ kN/m}$(包括梁自重),均布活荷载标准值 $q_k = 60.0 \text{ kN/m}$。混凝土强度等级为 C35,纵向钢筋采用 HRB400,箍筋采用 HPB300。经计算,受拉区配有 5Φ25、受压区配有 2Φ14 的纵向钢筋。若全梁配有双肢Φ8@250 的箍筋,试验算此梁的斜截面受剪承载力。若不满足要求,配置该梁的弯起钢筋。

4-3　某钢筋混凝土独立简支梁,二级安全等级,二 a 类环境类别,计算跨度 $l_0 = 4.0 \text{ m}$,净跨 $l_n = 3.8 \text{ m}$,截面尺寸 $b \times h = 250 \text{ mm} \times 600 \text{ mm}$,承受均布和集中荷载,如图 4-44所示。持久设计状况下集中荷载设计值 $G = 160.0 \text{ kN}$,均布荷载设计值 $g + q = 20.0 \text{ kN/m}$(包括梁自重)。混凝土选用 C35,箍筋采用 HPB300,纵向钢筋采用 HRB400。试进行下列计算:

(1) 求纵向钢筋用量;

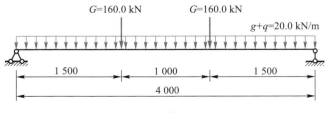

图 4-44　计算题 4-3 图

（2）仅配箍筋，求箍筋数量；

（3）全梁配置双肢Φ8@200 的箍筋，配置该梁的弯起钢筋；

（4）画出同时配置箍筋和弯起钢筋时的配筋图。

提示：纵向受拉钢筋需双层布置。

△4-4　有一根进行抗剪性能试验的钢筋混凝土简支梁如图 4-45 所示，跨度 $l=$ 2.5 m，矩形截面 $b×h=150$ mm×300 mm。纵向受拉钢筋采用 2Φ22，实测平均屈服强度 $f_y^0=390$ N/mm²；受压钢筋 2Φ8，实测平均屈服强度 $f_y'^0=350$ N/mm²；箍筋双肢Φ6@150，实测平均屈服强度 $f_{yv}^0=350$ N/mm²；混凝土实测立方体抗压强度 $f_{cu}^0=22.5$ N/mm²。纵向钢筋保护层厚度 25 mm，两根主筋在梁端有可靠锚固，采用两点加载。问：能否保证这根试验梁发生剪压破坏？

提示：在预判试验结果时，没有可靠度要求，荷载和材料强度均应采用实际值，也不考虑结构重要性系数。

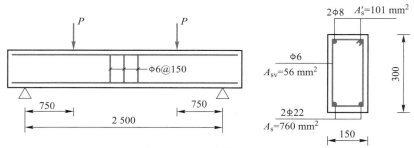

图 4-45　计算题 4-4 图

4-5　如图 4-46 所示的钢筋混凝土矩形截面外伸梁，二级安全等级，一类环境类别，截面尺寸 $b×h=250$ mm×700 mm。使用期承受的荷载设计值如计算简图所示，其中永久荷载已考虑自重。混凝土强度等级为 C30，纵向受力钢筋采用 HRB400，箍筋采用 HPB300。试进行下列计算：

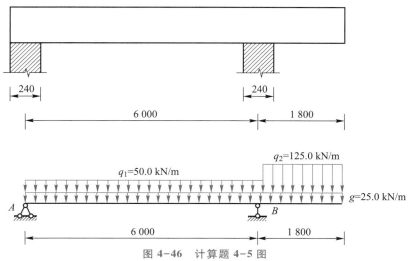

图 4-46　计算题 4-5 图

第 4 章
计算题详解

（1）确定纵向受力钢筋（跨中、支座）的直径和根数；

（2）确定腹筋（包括弯起钢筋）的直径和间距（箍筋建议选双肢Φ8@250）；

（3）按抵抗弯矩图布置钢筋，绘出纵剖面、横剖面配筋图及单根钢筋下料图。

提示：（1）在确定梁的控制截面内力时，要考虑可变荷载的不利位置。即在求梁内力时要考虑外伸梁有无可变荷载两种情况，取其大值进行设计。

（2）梁底纵向受拉钢筋需双层布置。

第 5 章　钢筋混凝土受压构件承载力计算

　　钢筋混凝土结构中,除了板、梁等受弯构件,另一种主要的构件就是受压构件。

　　受压构件可分为两种:轴向压力通过构件截面重心的受压构件称为轴心受压构件;轴向压力不通过构件截面重心,而与截面重心有一偏心距 e_0 的称为偏心受压构件。构件截面上同时作用弯矩 M 和通过截面重心的轴向压力 N 的压弯构件,也是偏心受压构件,因为弯矩 M 和轴向压力 N 可以换算成具有偏心距 $e_0 = M/N$ 的偏心轴向压力。

　　厂房中支承吊车梁的柱子是一个典型的偏心受压构件(图 5-1)。它承受屋架传来的垂直力 P_1 及水平力 H_1、吊车轮压 P_2、吊车横向制动力 T_H、风荷 W、自重 G_1、G_2 等外力,使截面同时受到通过截面重心的轴向压力和弯矩的作用。

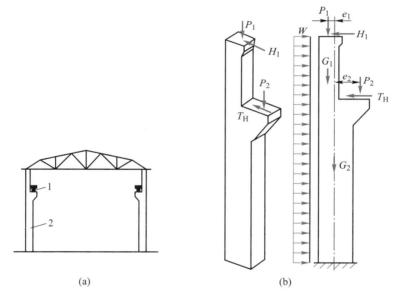

(a)　　　　　　　　　(b)

1—吊车梁;2—柱。

图 5-1　厂房柱

(a) 厂房;(b) 厂房柱受力

　　严格地说,实际工程中真正的轴心受压构件是不存在的。因为实际的荷载合力对构件截面重心来说总是或多或少存在着偏心,混凝土浇筑的不均匀、构件尺寸的施工误差、钢筋的偏位、装配式构件安装定位的不准确等因素都会导致轴向压力产生偏心。因此,不少国家的设计规范中规定了一个最小偏心距值,从而所有受压构件均按偏心受压构件设计。在我国,目前仍分别计算这两种构件,并认为等跨柱网的内柱、桁架的压杆、码头中的桩等受压构件在仅考虑竖向荷载作用的情况下偏心很小,在设计中可略去不计时,就可当作轴心受压构件计算。

但对偏心受压构件,GB 50010—2010 规范用附加偏心距 e_a 来考虑施工误差等原因使实际偏心距大于 $e_0 = M/N$ 的可能性。即在偏心受压构件正截面承载力计算时,除考虑由结构分析确定的偏心距 $e_0 = M/N$ 外,再考虑一个附加偏心距 e_a,取初始偏心距 $e_i = e_0 + e_a$。

附加偏心距 e_a 取 20 mm 与偏心方向截面尺寸的 1/30 两者中的较大值。

5.1   受压构件的构造要求

5.1.1   截面形式和尺寸

为了模板制作方便,受压构件一般均采用方形或矩形截面。偏心受压构件采用矩形截面时,截面长边布置在弯矩作用方向,长边与短边的比值一般为 1.5~2.5。

为了减轻自重,预制装配式受压构件也可能做成 I 形截面。某些厂房的框架立柱及拱结构中也有采用 T 形截面的。灌注桩、预制桩、预制电杆等受压构件则常采用圆形和环形截面。

受压构件的截面尺寸不宜太小,因为构件越细长,纵向弯曲的影响越大,承载力降低越多,就不能充分利用材料强度,矩形轴心受压柱截面尺寸的选择宜使计算长度与截面短边之比不大于 30。现浇立柱的边长不宜小于 300 mm,否则施工缺陷所引起的影响就较为严重。在水平位置浇筑的装配式柱则可不受此限制。顶部承受竖向荷载的承重墙,其厚度不应小于无支承高度的 1/25,也不宜小于 150 mm。

为施工方便,截面尺寸一般采用整数。柱边长在 800 mm 以下时以 50 mm 为模数,800 mm 以上者以 100 mm 为模数。

5.1.2   混凝土

受压构件的承载力主要取决于混凝土受压能力。因此,与受弯构件不同,混凝土的强度等级对受压构件的承载力影响很大,取用强度等级较高的混凝土是经济合理的。通常,排架立柱、拱圈等受压构件可采用强度等级为 C25、C30、C35 或强度等级更高的混凝土,目的是充分利用混凝土的优良抗压性能以减少构件截面尺寸。当截面尺寸不是由承载力条件确定时,可采用强度等级较低的混凝土,如 C20、C25 混凝土,但应满足耐久性对混凝土最低强度等级的要求。

5.1.3   纵向钢筋

受压构件的纵向钢筋一般可用 HRB400 钢筋,有时也采用 HRB500 钢筋。对受压钢筋来说,不宜采用高强度钢筋,因为它的抗压强度受到混凝土极限压应变的限制,不能充分发挥其高强度作用。

纵向受力钢筋的直径不宜小于 12 mm。过小则钢筋骨架柔性大,施工不便。工程中常用的纵向钢筋直径为 12~32 mm。对于矩形截面的受压构件,承受的轴向压力很大而弯矩很小时,纵向钢筋大体可沿周边布置,每边不少于 2 根;承受弯矩大而轴向压力小时,纵向钢筋则沿垂直于弯矩作用平面的两个边布置。对于圆形截面的受压构件,纵向钢筋宜沿周边均匀布置,根数不宜少于 8 根,最小不应少于 6 根。为了顺利地浇筑混凝土,现浇时纵向钢筋的净距不应小于 50 mm,水平浇筑(装配式柱)时净距可参照关于梁的规定。同时纵向受力钢筋的间距也不应大于 300 mm。偏心受压柱边长大于等于 600 mm 时,沿长边中间应设置直径不小于 10 mm 的纵向构造钢筋。

承重墙内竖向钢筋的直径不应小于 10 mm,间距不应大于 300 mm。当按计算不需配置竖向受力钢筋时,则在墙体截面两端应各设置不少于 4 根直径为 12 mm 或 2 根直径为 16 mm 的竖向构造钢筋。

纵向钢筋混凝土保护层的规定见附录 4。

受压构件的纵向钢筋用量不能过少。纵向钢筋太少,构件破坏时呈脆性,这对抗震很不利。同时,纵向钢筋太少,在荷载长期作用下,由于混凝土的徐变,容易引起纵向钢筋的过早屈服。受压构件纵向钢筋最小配筋率的规定见附表 4-6。纵向钢筋也不宜过多,配筋过多不经济,施工也不方便。此外,在使用荷载作用下混凝土已有塑性变形且可能有徐变产生,而纵向钢筋仍处于弹性阶段,若卸载,混凝土的塑性变形不可恢复,徐变虽可恢复一部分但恢复需要时间,而纵向钢筋能迅速回弹,这使得纵向钢筋受压而混凝土受拉,若纵向钢筋配筋过多可能会将混凝土拉裂。柱中全部纵向钢筋的合适配筋率为 0.8%~2.0%,荷载特大时,也不宜超过 5.0%。

需要指出的是,受压构件纵向钢筋配筋率 ρ 的定义和受弯构件不同。受压构件的 ρ 定义为纵向钢筋面积与全截面面积的比值,而在受弯构件中的截面面积要扣除受压翼缘的面积。

5.1.4　箍筋

受压构件中除了平行于轴向压力配置纵向钢筋外,还应配置箍筋。箍筋能阻止纵向钢筋受压时向外弯凸,从而防止混凝土保护层横向胀裂剥落。受压构件的箍筋都应做成封闭式,与纵向钢筋绑扎或焊接成一整体骨架。箍筋末端应做成135° 弯钩,弯钩末端平直段长度不应小于箍筋直径的 5 倍,圆柱中的箍筋还需满足搭接长度不小于锚固长度的要求。在墩墙类受压构件(如桥墩、船坞坞墙)中,可用水平钢筋代替箍筋,但应设置连系拉筋拉住墩墙两侧的钢筋。

箍筋直径不应小于 0.25 倍纵向钢筋的最大直径,且不应小于 6 mm。

箍筋间距 s 应符合下列三个条件(图 5-2):

① $s \leqslant 15d$, d 为纵向受力钢筋的最小直径;

② $s \leqslant b$, b 为截面的短边尺寸;

③ $s \leqslant 400$ mm。

当纵向钢筋的接头采用绑扎搭接时,则在搭接长度范围内箍筋应加密。对梁、柱、斜撑等构件间距不应大于 $5d$,对板、墙等平面构件间距不应大于 $10d$,且均不应大于 100 mm,此处 d 为纵向受力钢筋的直径。纵向受压钢筋直径大于 25 mm 时,尚应在搭接接头两个端面外 100 mm 范围内各设置两个箍筋。

当截面短边尺寸大于 400 mm 且各边纵向钢筋多于 3 根时,或当柱截面短边尺寸不大于 400 mm 但各边纵向钢筋多于 4 根时,必须设置复合箍筋(除上述基本箍筋外,为了防止中间纵向钢筋的曲凸,还需配置附加箍筋或连系拉筋),如图 5-3 所示。原则上希望纵向钢筋每

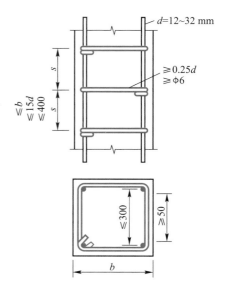

图 5-2　受压构件构造要求

隔一根就置于箍筋的转角处,使该纵向钢筋能在两个方向受到固定。当偏心受压柱截面长边设置纵向构造钢筋时,也要相应地设置附加箍筋或连系拉筋。

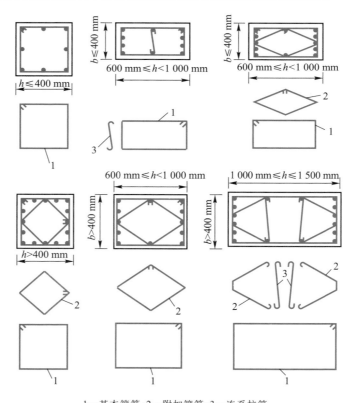

1—基本箍筋;2—附加箍筋;3—连系拉筋。

图 5-3　基本箍筋与复合箍筋(单位:mm)

对于 T 形或 I 形截面的受压构件,不应采用有内折角的箍筋(图 5-4b),内折角箍筋受力后有拉直的趋势,易使转角处混凝土崩裂。遇到截面有内折角时,箍筋可按图 5-4a 的方式布置。

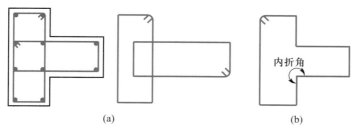

图 5-4　截面有内折角时箍筋的布置
(a)正确布置;(b)错误布置

当全部纵向受力钢筋的配筋率超过 3.0% 时,箍筋直径不宜小于 8 mm,且应焊成封闭环式,间距不应大于 10d(d 为纵向受力钢筋的最小直径),且不应大于 200 mm。箍筋末端应做成135°弯钩,且弯钩末端平直段长度不应小于箍筋直径的 10 倍。

箍筋除了固定纵向钢筋防止其弯凸外,还有抵抗剪力及增加受压构件延性的作用,对抗震有利,因此设计中适当加强箍筋的配置是十分必要的。

5.2　轴心受压构件正截面受压承载力计算

在轴心受压构件中,从构造简单和施工方便的角度考虑,多采用矩形或正方形截面和图 5-3 所示的普通箍筋,这种柱称为普通箍筋柱(图 5-5a)。当轴心受压构件承受很大的轴向压力,而截面尺寸由于建筑及使用的要求不能加大,若按普通箍筋柱设计,即使提高混凝土强度等级和增加纵向钢筋用量也不能满足受压承载力要求时,可采用螺旋式箍筋(图 5-5b)或焊接环式箍筋(图 5-5c)以提高其受压承载力,这种轴心

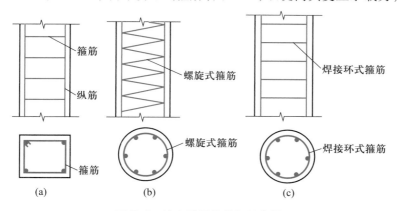

图 5-5　轴心受压构件钢筋布置
(a)普通箍筋柱;(b)螺旋式箍筋柱;(c)焊接环式箍筋柱

受压构件称为螺旋箍筋柱,其截面形状一般为圆形或多边形。

5.2.1   普通箍筋柱

1. 普通箍筋柱的试验结果与承载力分析

轴心受压构件试验时,采用配有纵向钢筋和箍筋的短柱体为试件。在整个加载过程中,可以观察到短柱全截面受压,其压应变是均匀的。由于纵向钢筋与混凝土之间存在黏结力,从加载到破坏,纵向钢筋与混凝土共同变形,两者的压应变始终保持一样。

在荷载较小时,材料处于弹性状态,所以混凝土和纵向钢筋两种材料应力的比值基本上符合它们的弹性模量之比。

随着荷载逐步加大,混凝土的塑性变形开始发展,其变形模量降低。因此,当柱子变形越来越大时,混凝土的应力却增加得越来越慢。而纵向钢筋由于在屈服之前一直处于弹性阶段,因此其应力增加始终与其应变成正比。在此情况下,混凝土和纵向钢筋两者的应力之比不再符合弹性模量之比,见图 5-6。如果荷载长期持续作用,混凝土还有徐变发生,此时混凝土与纵向钢筋之间更会引起应力的重分配,使混凝土的应力有所减小,而纵向钢筋的应力增大(图 5-6 中的实线)。

当纵向荷载达到柱子破坏荷载的 90% 左右时,柱子由于横向变形达到极限而出现纵向裂缝,如图 5-7a 所示,混凝土保护层开始剥落,最后,箍筋间的纵向钢筋发生屈折向外弯凸,混凝土被压碎,整个柱子也就破坏了,如图 5-7b 所示。

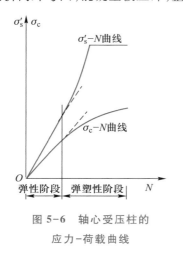

图 5-6   轴心受压柱的
应力-荷载曲线

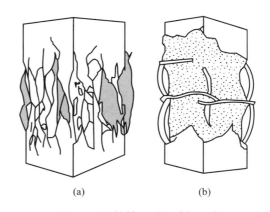

图 5-7   短柱轴心受压破坏形态
(a) 破坏荷载的 90% 左右时;(b) 破坏时

图 5-8 是混凝土和钢筋混凝土理想轴心受压短柱在短期荷载作用下的荷载与纵向压应变的关系示意图。所谓理想的轴心受压是指轴向压力通过截面重心。其中,曲线 A 代表不配筋的素混凝土短柱,其曲线形状与混凝土棱柱体受压的应力-应变曲线相同,曲线 B 代表配置普通箍筋的钢筋混凝土短柱(B_1、B_2 表示不同箍筋用量),曲线 C 代表配置螺旋箍筋的钢筋混凝土短柱(C_1、C_2、C_3 表示配置不同螺距的螺旋箍筋)。

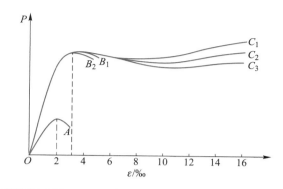

A—素混凝土短柱；B_1、B_2—普通箍筋短柱；C_1、C_2、C_3—螺旋箍筋短柱。

图 5-8　不同箍筋短柱的荷载-应变曲线

试验说明，钢筋混凝土短柱的承载力比素混凝土短柱高，其延性比素混凝土短柱也好得多，表现在最大荷载作用时的变形（应变）值比较大，而且荷载-应变曲线的下降段的坡度也较为平缓。素混凝土短柱达到最大压应力值时的压应变约为 0.001 5 ~ 0.002，而钢筋混凝土短柱混凝土达到应力峰值时的压应变一般为 0.002 5 ~ 0.003 5。试验还表明，柱子延性的好坏主要取决于箍筋的数量和形式。箍筋数量越多，对柱子的侧向约束程度越大，柱子的延性就越好。特别是螺旋箍筋，对增加延性的效果更明显。

短柱破坏时，一般是纵向钢筋先达到屈服强度，此时可继续增加一些荷载。最后混凝土达到极限压应变，构件破坏。当纵向钢筋的屈服强度较高时，可能会出现钢筋没有达到屈服强度而混凝土达到了极限压应变的情况。但由于在轴心受压构件中取热轧钢筋的抗压强度设计值 $f_y' \leqslant 400 \text{ N/mm}^2$（它是以构件的压应变达到 0.002 为控制条件确定的），因而可以认为，短柱破坏时混凝土的应力达到了混凝土轴心抗压强度设计值 f_c，纵向钢筋应力达到了抗压强度设计值 f_y'。

根据上述试验分析，配置普通箍筋的钢筋混凝土短柱的正截面受压极限承载力由混凝土和纵向钢筋两部分受压承载力组成（图 5-9），即

$$N_u = f_c A_c + f_y' A_s' \qquad (5-1)$$

式中　N_u——截面破坏时的极限轴向压力；

　　　f_c——混凝土轴心抗压强度设计值；

　　　A_c——混凝土截面面积；

　　　f_y'——纵向钢筋抗压强度设计值；

　　　A_s'——全部纵向受压钢筋截面面积。

上述破坏情况只是针对比较粗的短柱而言的。当柱子比较细长时，其破坏荷载小于短柱，且柱子越细长破坏荷载小得越多。

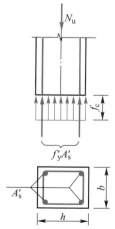

图 5-9　短柱轴心受压柱
正截面受压承载力计算简图

由试验得知,长柱在轴向压力作用下,不仅发生压缩变形,同时还发生纵向弯曲,产生横向挠度。在荷载不大时,长柱截面也是全部受压的。但由于发生纵向弯曲,内凹一侧的压应力就比外凸一侧来得大。在破坏前,横向挠度增加得很快,使长柱的破坏来得比较突然。破坏时,凹侧混凝土被压碎,纵向钢筋被压弯而向外弯凸;凸侧则由受压突然变为受拉,出现水平的受拉裂缝(图 5-10)。

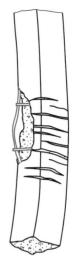

图 5-10   长柱轴心
受压破坏形态

这一现象的发生是由于钢筋混凝土柱不可能为理想的轴心受压构件,轴向压力多少存在一个初始偏心,这一偏心所产生的附加弯矩对于短柱来说影响不大,可以忽略不计。但对长柱来说,初始偏心会使构件产生横向挠度,横向挠度又加大了初始偏心,这样互为影响,使得柱子在弯矩及轴力共同作用下发生破坏。很细长的长柱还有可能发生失稳破坏,失稳时的承载力也就是临界压力。

因此,在设计中必须考虑由于纵向弯曲对柱子承载力降低的影响。常用稳定系数 φ 来表示长柱承载力较短柱降低的程度。φ 是长柱轴心受压承载力与短柱轴心受压承载力的比值,即 $\varphi = N_{u长} / N_{u短}$,显然 φ 是一个小于 1 的数值。

试验表明,影响 φ 值的主要因素为柱的长细比 l_0/i(l_0 为柱子的计算长度,i 为截面最小回转半径),混凝土强度等级和配筋率对 φ 值影响较小,可予以忽略。对于矩形和圆形截面,l_0/i 可换算为 l_0/b 和 l_0/d(b 为矩形截面短边尺寸,d 为圆形截面直径)。根据中国建筑科学研究院的试验资料并参照国外有关资料,φ 值与 l_0/i、l_0/b、l_0/d 的关系见表 5-1。对于矩形或圆形截面,当 $l_0/b \leqslant 8$ 或 $l_0/d \leqslant 7$ 时,$\varphi \approx 1$,可不考虑纵向弯曲问题,也就是 $l_0/b \leqslant 8$ 或 $l_0/d \leqslant 7$ 的柱可称为短柱。而当 $l_0/b > 8$ 或 $l_0/d > 7$ 时,φ 值随 l_0/b、l_0/d 的增大而减小。

表 5-1   钢筋混凝土轴心受压构件的稳定系数 φ

l_0/b	$\leqslant 8$	10	12	14	16	18	20	22	24	26	28
l_0/d	$\leqslant 7$	8.5	10.5	12.0	14.0	15.5	17.0	19.0	21.0	22.5	24.0
l_0/i	$\leqslant 28$	35	42	48	55	62	69	76	83	90	97
φ	1.0	0.98	0.95	0.92	0.87	0.81	0.75	0.70	0.65	0.60	0.56
l_0/b	30	32	34	36	38	40	42	44	46	48	50
l_0/d	26.0	28.0	29.5	31.0	33.0	34.5	36.5	38.0	40.0	41.5	43.0
l_0/i	104	111	118	125	132	139	146	153	160	167	174
φ	0.52	0.48	0.44	0.40	0.36	0.32	0.29	0.26	0.23	0.21	0.19

注:l_0 为构件计算长度,按表 5-2 计算或查 GB 50010—2010 规范;b 为矩形截面的短边尺寸;d 为圆形截面的直径;i 为截面最小回转半径。

受压构件的计算长度 l_0 与其两端的约束情况有关,可由表 5-2 查得。实际工程中,柱子两端的约束情况通常不是理想的完全固定或完全铰接,因此对具体情况应进行具体分析,GB 50010—2010 规范对单层厂房及多层房屋柱的计算长度均作了规定,具体可查阅规范。

表 5-2 受压构件的计算长度 l_0

杆件	两端约束情况	l_0
直杆	两端固定	$0.5l$
	一端固定,一端为不移动的铰	$0.7l$
	两端为不移动的铰	l
	一端固定,一端自由	$2.0l$
拱	三铰拱	$0.58S$
	两铰拱	$0.54S$
	无铰拱	$0.36S$

注:l 为构件支点间长度;S 为拱轴线长度。

必须指出,采用过分细长的柱子是不合理的,因为柱子越细长,受压后越容易发生纵向弯曲而导致失稳,构件承载力降低越多,材料强度不能充分利用。因此,对一般建筑物中的柱,常限制长细比 $l_0/b \leqslant 30$ 及 $l_0/h \leqslant 25$(b 为矩形截面的短边尺寸,h 为长边尺寸)。

2. 普通箍筋柱正截面受压承载力计算

(1)基本公式

根据以上受力性能分析,由式(5-1),再引入钢筋混凝土轴心受压柱稳定系数 φ 和可靠度调整系数 0.9,以分别考虑长柱承载力的降低和可靠度的调整,普通箍筋柱的正截面受压承载力可按下列公式计算:

$$N \leqslant N_u = 0.9\varphi(f_c A + f_y' A_s') \qquad (5-2)$$

式中 N——轴向压力设计值,按式(2-20b)计算;

N_u——截面破坏时的极限轴向压力;

0.9——可靠度调整系数;

φ——钢筋混凝土轴心受压构件稳定系数,见表 5-1;

f_c——混凝土的轴心抗压强度设计值,按附表 2-1 取用;

A——构件截面面积(当纵向钢筋配筋率 $\rho' > 3.0\%$ 时,需扣减纵向钢筋截面面积,$\rho' = A_s'/A$,A 为全截面面积);

f_y'——纵向钢筋的抗压强度设计值,按附表 2-3 取用;

A_s'——全部纵向钢筋的截面面积。

(2)截面设计

柱的截面尺寸可根据构造要求或参照同类结构确定。然后根据 l_0/b、l_0/d 或 l_0/i

由表 5-1 查出 φ 值,再按式(5-2)计算所需的纵向钢筋截面面积:

$$A_s' = \frac{N - 0.9\varphi f_c A}{0.9\varphi f_y'} \tag{5-3}$$

求得纵向钢筋截面面积 A_s' 后,验算配筋率 $\rho' = A_s'/A$ 是否适中(柱子的合适配筋率在 $0.8\% \sim 2.0\%$ 之间)。如果 ρ' 过大或过小,说明截面尺寸选择不当,可另行选定,重新进行计算。若 ρ' 小于最小配筋率 ρ_{min}',且柱截面尺寸由建筑要求确定无法改变时,要求 $\rho' \geqslant \rho_{min}'$。$\rho_{min}'$ 取值见附表 4-6。

（3）承载力复核

轴心受压柱的正截面受压承载力复核,是已知截面尺寸、纵向钢筋截面面积和材料强度后,验算截面承受某一轴向压力时是否安全,即计算截面能承担多大的轴向压力。

可根据 l_0/b、l_0/d 或 l_0/i 查表 5-1 得 φ 值,然后按式(5-2)计算所能承受的轴向压力 N。

【例 5-1】　某现浇框架结构厂房二层的轴心受压柱,二级安全等级,二 b 类环境类别,柱截面尺寸 $b \times h = 400 \text{ mm} \times 400 \text{ mm}$,柱高 $H = 4.10 \text{ m}$。永久荷载标准值产生的轴向压力 $N_{Gk} = 680.12 \text{ kN}$(包括自重),可变荷载标准值产生的轴向压力 $N_{Qk} = 951.30 \text{ kN}$。混凝土强度等级为 C30,纵向钢筋采用 HRB400。试设计该柱截面。

【解】

（1）资料

二级安全等级,结构重要性系数 $\gamma_0 = 1.0$;永久荷载分项系数 $\gamma_G = 1.3$,可变荷载分项系数 $\gamma_Q = 1.5$;C30 混凝土,$f_c = 14.3 \text{ N/mm}^2$;HRB400 钢筋,$f_y' = 360 \text{ N/mm}^2$,全部纵向钢筋的最小配筋率 $\rho_{min} = 0.55\%$。

该柱为现浇框架结构厂房二层柱,由 GB 50010—2010 规范表 6.2.20-2 查得其计算长度 $l_0 = 1.25H$,即计算长度 $l_0 = 1.25H = 1.25 \times 4.10 \text{ m} = 5.13 \text{ m}$。

（2）轴向压力设计值计算

由式(2-20b)得轴向压力设计值为

$$N = \gamma_0(\gamma_G N_{Gk} + \gamma_Q N_{Qk}) = 1.0 \times (1.3 \times 680.12 + 1.5 \times 951.30) \text{ kN} = 2\,311.11 \text{ kN}$$

（3）纵筋面积计算

$$\frac{l_0}{b} = \frac{5.13}{0.40} = 12.83 > 8$$

需考虑纵向弯曲的影响,由表 5-1 查得 $\varphi = 0.94$。

按式(5-3)计算 A_s':

$$A_s' = \frac{N - 0.9\varphi f_c A}{0.9\varphi f_y'} = \frac{2\,311.11 \times 10^3 - 0.9 \times 0.94 \times 14.3 \times 400 \times 400}{0.9 \times 0.94 \times 360} \text{ mm}^2 = 1\,233 \text{ mm}^2$$

$$\rho' = \frac{A_s'}{A} = \frac{1\,233}{400 \times 400} = 0.77\% > \rho_{min} = 0.55\%$$

满足纵向钢筋最小配筋率要求。同时,$\rho' < 3.0\%$,因而上述计算中截面面积 A 没有扣减 A'_s 是可行的。

（4）选配钢筋,绘制截面配筋图

选用 4 Φ 20 钢筋（$A'_s = 1\ 256\ \text{mm}^2$）,排列于柱子四角。二 b 类环境类别,取保护层厚度 $c = 35\ \text{mm}$,$c_s = 45\ \text{mm}$,$a_s = 55\ \text{mm}$,则钢筋间距 $400\ \text{mm} - 2 \times 55\ \text{mm} = 290\ \text{mm}$,满足不大于 $300\ \text{mm}$ 的要求。箍筋选用 Φ 8@ 250,满足箍筋直径大于等于 $d/4 = 20\ \text{mm}/4 = 5\ \text{mm}$,以及箍筋间距 $s \leqslant 400\ \text{mm}$、$s \leqslant b = 400\ \text{mm}$ 和 $s \leqslant 15d = 15 \times 20\ \text{mm} = 300\ \text{mm}$ 的要求（图 5-11）。

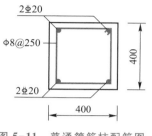

图 5-11　普通箍筋柱配筋图

5.2.2　螺旋箍筋柱

1. 螺旋式箍筋或焊接环式箍筋的作用

试验表明,在加载初期混凝土压应力较小时,螺旋式箍筋或焊接环式箍筋对核心混凝土（箍筋内侧的混凝土）的横向变形约束作用不明显。当混凝土压应力超过 $0.8f_c$ 时,混凝土横向变形急剧增大,使螺旋式箍筋或焊接环式箍筋产生拉应力,从而约束核心混凝土的变形,使混凝土抗压强度得以提高。当轴心压力逐步增大,混凝土压应变达到了无约束混凝土极限压应变时,箍筋外面的混凝土保护层开始剥落。当箍筋应力达到抗拉屈服强度时,就不能再有效约束混凝土的横向变形,混凝土的抗压强度也就不能再继续提高,这时构件破坏。由此可以看出,螺旋式箍筋或焊接环式箍筋的作用是给核心混凝土提供围压,使核心混凝土处于三向受压状态,从而提高混凝土的抗压强度。

虽然螺旋式箍筋或焊接环式箍筋垂直于轴向压力作用方向放置,但它间接起到了提高构件轴心受压承载力的作用,所以这种钢筋也称为"间接钢筋"。

2. 螺旋箍筋柱正截面受压承载力计算

（1）基本公式

混凝土在轴向压力和四周的径向均匀压力 σ_r 作用下时,由于它处于三向受压的复合应力状态,抗压强度将由单轴受压时的 f_c 提高到 f_{cc}:

$$f_{cc} = f_c + 4\alpha\sigma_r \tag{a1}$$

式中　f_{cc}——被约束后的混凝土轴心抗压强度;

　　　α——间接钢筋对混凝土约束的折减系数;

　　　σ_r——当螺旋式箍筋或焊接环式箍筋的应力达到屈服强度时,轴心受压构件的核心混凝土受到的径向压应力值。

由图 5-12 列平衡方程:

$$2f_{yv}A_{ss1} = 2\sigma_r s \int_0^{\frac{\pi}{2}} r_{cor}\sin\theta\,\mathrm{d}\theta = \sigma_r s d_{cor} \tag{a2}$$

式中 f_{yv}——箍筋抗拉强度设计值；

$\quad\quad A_{ss1}$——单肢箍筋截面面积；

$\quad\quad s$——沿构件轴线方向螺旋式箍筋的螺距或焊接环式箍筋的间距；

$\quad\quad d_{cor}$——核心混凝土的直径，也就是螺旋式箍筋或焊接环式箍筋内表面直径，如图 5-12 所示。

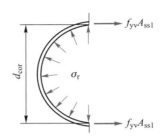

图 5-12   核心混凝土径向受力示意图

故

$$\sigma_r = \frac{2f_{yv}A_{ss1}}{sd_{cor}} = \frac{2f_{yv}A_{ss1}}{sd_{cor}} \cdot \frac{\pi d_{cor}}{\frac{4\pi d_{cor}}{4}} = \frac{2f_{yv}A_{ss1}\pi d_{cor}}{s\frac{4\pi d_{cor}^2}{4}} = \frac{f_{yv}A_{ss1}\pi d_{cor}}{2sA_{cor}} \quad\quad (a3)$$

式中 A_{cor}——构件的核心混凝土截面面积，$A_{cor} = \pi d_{cor}^2/4$。

再令

$$A_{ss0} = \frac{A_{ss1}\pi d_{cor}}{s} \quad\quad (5-4)$$

式中 A_{ss0}——间接钢筋（螺旋式箍筋或焊接环式箍筋）的换算截面面积。

将式(5-4)代入式(a3)，有

$$\sigma_r = \frac{f_{yv}A_{ss0}}{2A_{cor}} \qu\quad (a4)$$

列出力的平衡方程，再将式(a1)和式(a4)代入，有

$$N_u = f_{cc}A_{cor} + f'_y A'_s = \left(f_c + 2\alpha\frac{f_{yv}A_{ss0}}{A_{cor}} \right) A_{cor} + f'_y A'_s = f_c A_{cor} + f'_y A'_s + 2\alpha f_{yv}A_{ss0} \quad (a5)$$

再考虑可靠度调整系数 0.9，螺旋箍筋柱的正截面受压承载力可按下列公式计算：

$$N \leqslant N_u = 0.9(f_c A_{cor} + f'_y A'_s + 2\alpha f_{yv}A_{ss0}) \quad\quad (5-5)$$

式中 A_{cor}——构件的核心混凝土截面面积：$A_{cor} = \pi d_{cor}^2/4$，$d_{cor}$ 为核心混凝土的直径，如图 5-12 所示。

$\quad\quad f_{yv}$——箍筋抗拉强度设计值，按附表 2-3 取用。

$\quad\quad \alpha$——间接钢筋（螺旋式箍筋或焊接环式箍筋）对混凝土约束的折减系数：C50 及以下混凝土，取 $\alpha = 1.0$；C80 混凝土，取 $\alpha = 0.85$；其间，α 按线性内插法确定。

A_{ss0}——间接钢筋(螺旋式箍筋或焊接环式箍筋)的换算截面面积,按式(5-4)计算。

其余符号同前。

(2)限制条件

按式(5-5)计算螺旋箍筋柱受压承载力时,必须满足有关条件,否则就不能考虑间接钢筋的约束作用。规范规定:当遇到下列任意一种情况时,不应计入间接钢筋的影响,而应按普通箍筋柱计算,即按式(5-2)计算构件的受压承载力。

① $l_0/d>12$。此时构件长细比较大,有可能因纵向弯曲导致构件在螺旋式箍筋或焊接环式箍筋达到抗拉设计强度之前已经破坏;

② 按螺旋箍筋柱计算得到的受压承载力小于按普通箍筋柱计算得到的受压承载力,即按式(5-5)计算得到的 N_u 小于按式(5-2)计算得到的 $N_u^{普}$。

③ 间接钢筋换算截面面积 A_{ss0} 小于纵向钢筋截面面积的1/4。这时可以认为间接钢筋配置太少,间接钢筋对核心混凝土的约束作用不明显。

此外,为了防止间接钢筋外的保护层过早剥落,规范规定:按螺旋箍筋柱计算得到的受压承载力不得大于按普通箍筋柱计算得到的受压承载力的1.5倍,即按式(5-5)计算得到的 N_u 不得大于按式(5-2)计算得到的 $N_u^{普}$ 的1.5倍。

在螺旋箍筋柱中,如计算中考虑间接钢筋的作用,则螺旋式箍筋的螺距或焊接环式箍筋的间距 s 要同时满足:$s\leqslant 80\ \text{mm}$、$s\leqslant d_{cor}/5$ 和 $s\geqslant 40\ \text{mm}$。间距太大,不能提供有效的环向约束;间距太小,不能保证保护层混凝土的浇筑质量。

(3)截面设计

当截面尺寸和混凝土强度等级确定后按普通箍筋柱设计,即按式(5-2)计算受压承载力不能满足要求,且截面尺寸和混凝土强度等级不能更改,同时满足 $l_0/d\leqslant 12$ 时,可采用螺旋箍筋柱。计算步骤如下:

① 选定纵向钢筋配筋率 ρ',按 ρ' 得到纵向钢筋用量,选配纵向钢筋;

② 根据实配的纵向钢筋根数和直径,得到实配纵向钢筋截面面积 A_s';

③ 由式(5-5),取 $N=N_u$,计算得到 A_{ss0},判断 $A_{ss0}\geqslant A_s'/4$ 是否成立,若不成立,则重新选定纵向钢筋配筋率 ρ';

④ 若 $A_{ss0}\geqslant A_s'/4$ 成立,选择箍筋直径,得单肢箍筋截面面积 A_{ss1},由式(5-4)得箍筋间距 s。取用箍筋间距 s,s 需同时满足 $s\leqslant 80\ \text{mm}$、$s\leqslant d_{cor}/5$ 和 $s\geqslant 40\ \text{mm}$;

⑤ 按实配的纵向钢筋和箍筋,按式(5-5)和式(5-2)计算 N_u 和 $N_u^{普}$,验算 $N_u^{普}\leqslant N_u\leqslant 1.5N_u^{普}$ 是否成立;

⑥ 若 $N_u^{普}\leqslant N_u\leqslant 1.5N_u^{普}$ 成立,则直接验算受压承载力能否满足,即 $N\leqslant N_u$ 是否成立;若 $N_u>1.5N_u^{普}$ 取 $N_u=1.5N_u^{普}$,若 $N_u<N_u^{普}$ 取 $N_u=N_u^{普}$,再验算 $N\leqslant N_u$ 是否成立。

(4)承载力复核

螺旋箍筋柱正截面承载力复核时,计算步骤如下:

① 按式(5-2)计算得到 $N_u^{普}$,判断 $A_{ss0}>A_s'/4$ 和 $l_0/d\leqslant 12$ 是否成立,若不成立,取

$N_u = N_u^{普}$；

② 若 $A_{ss0} \geqslant A_s'/4$ 和 $l_0/d \leqslant 12$ 成立，按式（5-5）计算 N_u，验算 $N_u^{普} \leqslant N_u \leqslant 1.5 N_u^{普}$ 是否成立；

③ 若 $N_u^{普} \leqslant N_u \leqslant 1.5 N_u^{普}$ 成立，则直接验算 $N \leqslant N_u$ 是否成立；若 $N_u > 1.5 N_u^{普}$ 取 $N_u = 1.5 N_u^{普}$，若 $N_u < N_u^{普}$ 取 $N_u = N_u^{普}$，再验算 $N \leqslant N_u$ 是否成立。

【例 5-2】　某框架结构酒店门厅内现浇圆形钢筋混凝土柱，二级安全等级，一类环境类别。直径 $d = 500$ mm，高度 $H = 4.20$ m，轴心压力设计值 $N = 6\,319.50$ kN。混凝土强度等级为 C35，纵向受压钢筋和箍筋分别采用 HRB400 和 HPB300。试设计该柱的配筋。

【解】

（1）资料

C35 混凝土，$f_c = 16.7$ N/mm^2，间接钢筋对混凝土约束的折减系数 $\alpha = 1.0$；纵向钢筋采用 HRB400，$f_y' = 360$ N/mm^2；间接钢筋采用 HPB300，$f_{yv} = 270$ N/mm^2。一类环境类别，取保护层厚度 $c = 20$ mm。

该柱为现浇框架结构底层柱，高度 $H = 4.20$ m，由 GB 50010—2010 规范表 6.2.20-2 查得计算长度 $l_0 = H$，即 $l_0 = 4.20$ m。

（2）按普通箍筋柱计算

$$\frac{l_0}{d} = \frac{4\,200}{500} = 8.40 > 7$$

需考虑纵向弯曲的影响，查表 5-1 得 $\varphi = 0.98$。

圆形柱截面面积为

$$A = \pi d^2/4 = 3.142 \times 500^2 \text{ mm}^2/4 = 196\,375 \text{ mm}^2$$

由式（5-3）得

$$A_s' = \frac{N - 0.9\varphi f_c A}{0.9\varphi f_y'} = \frac{6\,319.50 \times 10^3 - 0.9 \times 0.98 \times 16.7 \times 196\,375}{0.9 \times 0.98 \times 360} \text{ mm}^2 = 10\,793 \text{ mm}^2$$

$$\rho' = \frac{A_s'}{A_\rho} = \frac{A_s'}{A} = \frac{10\,793}{196\,375} = 5.50\% > 5\%$$

纵向钢筋配筋率大于 5%，过高。

若不能提高混凝土强度等级和增大截面尺寸，由于满足 $l_0/d \leqslant 12$，因而可采用螺旋箍筋柱。间接钢筋采用螺旋式箍筋。

（3）确定螺旋箍筋方案

① 验算 A_{ss0}

取纵向配筋率 $\rho' = 4.50\%$，则

$$A_s' = 0.045 A = 0.045 \times 196\,375 \text{ mm}^2 = 8\,837 \text{ mm}^2$$

柱周长为 1 571 mm，由构造要求，纵筋净距不应小于 50 mm，中到中距离不宜大于 300 mm，根数不宜少于 8 根，故纵向钢筋根数宜不少于 8 根且不应多于 31 根，因而

纵向钢筋选用 18 Φ 25,实配 8 836 mm^2,实际配筋率 4.50%。

混凝土保护层厚度 $c = 20$ mm,估计箍筋直径为 12 mm,混凝土核心截面直径 $d_{cor} = 500$ mm$-2 \times (20+12)$ mm $= 436$ mm,核心截面面积为

$$A_{cor} = \pi d_{cor}^2/4 = 3.142 \times 436^2 \ mm^2/4 = 149\ 320 \ mm^2$$

由式(5-5)得

$$A_{ss0} = \frac{N-0.9(f_c A_{cor}+f_y' A_s')}{0.9 \times 2\alpha f_{yv}}$$

$$= \frac{6\ 319.50 \times 10^3 - 0.9 \times (16.7 \times 149\ 320 + 360 \times 8\ 836)}{0.9 \times 2 \times 1.0 \times 270} \ mm^2$$

$$= 2\ 495 \ mm^2 > 0.25A_s' = 0.25 \times 8\ 836 \ mm^2 = 2\ 209 \ mm^2$$

间接钢筋计算面积满足其最小截面面积的要求。

② 预设螺旋式箍筋方案

预设螺旋式箍筋直径 12 mm,单肢箍筋截面面积 $A_{ss1} = 113$ mm^2。由式(5-4)得螺旋式箍筋螺距为

$$s = \frac{A_{ss1}\pi d_{cor}}{A_{ss0}} = \frac{113 \times 3.142 \times 436}{2\ 495} \ mm = 62 \ mm$$

取螺旋式箍筋螺距 $s = 50$ mm,$s < d_{cor}/5 = 87$ mm,$s < 80$ mm,$s > 40$ mm,满足螺旋式箍筋螺距的构造要求。

③ 按实配钢筋验算是否满足 $A_{ss0} > 0.25A_s'$

按式(5-4)得

$$A_{ss0} = \frac{A_{ss1}\pi d_{cor}}{s} = \frac{113 \times 3.142 \times 436}{50}$$

$$= 3\ 096 \ mm^2 > 0.25A_s' = 0.25 \times 8\ 836 \ mm^2 = 2\ 209 \ mm^2$$

实配间接钢筋面积满足其最小截面面积的要求。

(4)柱承载力验算

① 验算正截面受压承载力

按式(5-5)得

$$N_u = 0.9(f_c A_{cor}+f_y' A_s'+2\alpha f_{yv} A_{ss0})$$

$$= 0.9 \times (16.7 \times 149\ 320 + 360 \times 8\ 836 + 2 \times 1.0 \times 270 \times 3\ 096) \ N$$

$$= 6\ 611.80 \times 10^3 \ N = 6\ 611.80 \ kN > N = 6\ 319.50 \ kN$$

满足正截面受压承载力要求。

② 验算与普通箍筋柱承载力关系

按普通箍筋柱计算,由式(5-2)得

$$N_u^{普} = 0.9\varphi(f_c A+f_y' A_s') = 0.9 \times 0.98 \times [16.7 \times (196\ 375-8\ 836)+360 \times 8\ 836] \ N$$

$$= 5\ 567.94 \times 10^3 \ N = 5\ 567.94 \ kN$$

因而有

$$N_u < 1.5N_u^{普} = 1.5 \times 5\,567.94 \text{ kN} = 8\,351.91 \text{ kN}$$

满足 $N_u^{普} \le N_u \le 1.5N_u^{普}$ 的要求。

截面配筋见图 5-13。

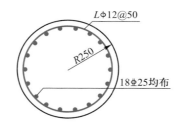

图 5-13   螺旋箍筋柱截面配筋图

5.3   偏心受压构件正截面受压承载力计算

偏心受压构件的纵向钢筋通常布置在截面偏心方向的两侧,离偏心压力较近一侧的受力钢筋为纵向受压钢筋,截面面积用 A_s' 表示;离偏心压力较远一侧的受力钢筋有可能受拉也有可能受压,但不论是受拉还是受压,截面面积都用 A_s 表示,见图 5-14。

5.3.1   偏心受压构件试验结果

在偏心压力作用下,构件会发生不同形态的正截面破坏。影响正截面破坏形态的因素很多,但主要取决于偏心距的大小和纵向钢筋的配置。试验结果表明,偏心受压短柱试件的破坏可归纳为两类情况。

1. 第一类破坏情况——受拉破坏(图 5-14)

当轴向压力的偏心距较大时,截面部分受拉、部分受压。如果受拉区配置的纵向受拉钢筋数量适中,则试件在受力后,受拉区先出现横向裂缝。随着荷载增加,裂缝不断开展延伸,纵向受拉钢筋应力首先达到受拉屈服强度 f_y。此时受拉应变的发展大于受压应变,中和轴向受压边缘移动,使混凝土受压区很快缩小,压区应变很快增加,最后混凝土压应变达到极限压应变 ε_{cu} 而被压碎,构件也就破坏了。破坏时混凝土压碎区的外轮廓线大体呈三角形,压碎区段较短,纵向受压钢筋应力一般也达到其抗压强度。因为这种破坏发生于轴向压力偏心距较大的场合,因此,也称为"大偏心受压破坏"。它的破

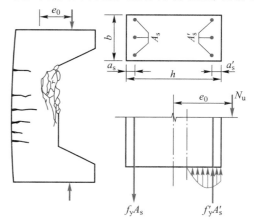

图 5-14   偏心受压短柱受拉破坏

坏特征是纵向受拉钢筋应力先达到屈服强度,然后受压区混凝土被压碎,与配筋量适中的双筋受弯构件的破坏相类似。

2. 第二类破坏情况——受压破坏(图 5-15)

这类破坏可包括下列三种情况:

(1)当偏心距很小时(图 5-15a),截面全部受压。一般是靠近轴向压力一侧的压应力较大一些,当荷载增大后,这一侧的混凝土先被压碎(发生纵向裂缝),纵向受压钢筋应力也达到受压强度。而另一侧的混凝土应力和纵向钢筋应力在构件破坏时均未能达到受压强度。

(2)当偏心距稍大时(图 5-15b),截面也会出现小部分受拉区。但由于纵向受拉钢筋很靠近中和轴,应力很小。受压应变的发展大于受拉应变的发展,破坏发生在受压一侧。破坏时受压一侧混凝土的应变达到极限压应变,并发生纵向裂缝,压碎区段较长。破坏无明显预兆,混凝土强度等级越高,破坏越带突然性。破坏时在受拉区一侧可能出现一些微细裂缝,也可能没有裂缝,纵向受拉钢筋应力达不到屈服强度。

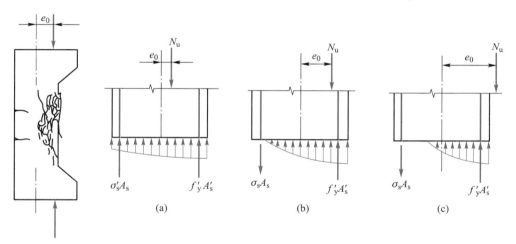

图 5-15 偏心受压短柱受压破坏

(a)e_0 很小时;(b)e_0 稍大时;(c)e_0 较大,但 A_s 过多时

(3)当偏心距较大时(图 5-15c),原来应发生第一类大偏心受压破坏,但如果纵向受拉钢筋配置特别多,那么受拉一侧的钢筋应变仍很小,破坏仍由受压区混凝土被压碎开始。破坏时纵向受拉钢筋应力达不到屈服强度。这种破坏性质与超筋梁类似,在设计中应予避免。

上述三种情况破坏时的应力状态虽有所不同,但破坏特征都是靠近轴向压力一侧的受压混凝土应变先达到极限压应变而被压坏,所以称为"受压破坏"。前两种破坏发生于轴向压力偏心距较小的场合,因此受压破坏也称为"小偏心受压破坏"。

在个别情况,由于轴向压力的偏心距极小(图 5-16),同时距轴向压力较远一侧的

纵向钢筋 A_s 配置过少时,破坏也可能在距轴向压力较远一侧发生。这是因为当偏心距极小时,如混凝土质地不均匀或考虑纵向钢筋截面面积后,截面的实际重心可能偏到轴向压力的另一侧。此时,离轴向压力较远的一边压应力就较大,靠近轴向压力一边的应力反而较小,破坏也就可能从离轴向压力较远的一边开始。

试验还说明,偏心受压构件的箍筋用量越多时,其延性也越好,但箍筋阻止混凝土横向扩张的作用不如在轴心受压构件中那样有效。

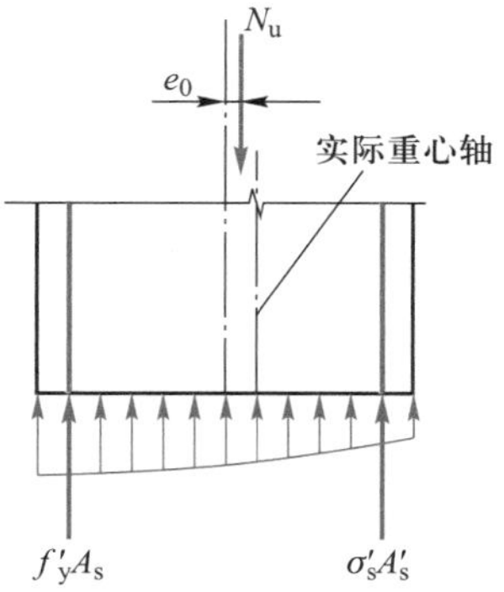

图 5-16   小偏心受压构件的个别破坏情况

5.3.2   偏心受压构件的二阶效应

1. 二阶效应对偏心受压构件承载力的影响

偏心受压构件在荷载作用下将发生纵向弯曲,产生附加弯矩,也就是二阶效应。长细比较小的柱(短柱),由于纵向弯曲引起的附加弯矩小,一般可不予考虑。但长细比较大的柱(长柱),纵向弯曲引起的附加弯矩不能忽略。

图 5-17 为两端铰支的偏心受压柱,轴向压力 N 在柱两端的偏心距为 e_0,柱中截面侧向挠度为 f。因此,对柱跨中截面来说,轴向压力 N 的实际偏心距为 e_i+f,即柱跨中截面的弯矩为 $M=N(e_i+f)$,$\Delta M=Nf$ 为柱跨中截面因侧向挠度引起的附加弯矩。在材料、截面配筋和初始偏心距 e_i 相同的情况下,随柱的长细比 l_0/h 增大,侧向挠度 f 与附加弯矩 ΔM 也随之增大,从而使构件承载力 N_u 降低;显然,长细比越大,其附加挠度也越大,承载力 N_u 降低也就越多。因此,在计算长细比较大的钢筋混凝土偏心受压构件时,纵向弯曲引起的附加弯矩对承载力 N_u 降低的影响是不能忽略的。

偏心受压构件在二阶效应影响下的破坏类型可分为材料破坏与失稳破坏两类。材料破坏是构件临界截面上的材料达到其极限强度而引起的破坏;失稳破坏则是构件纵向弯曲失去平衡而引起的破坏,这时材料并未达到其极限强度。

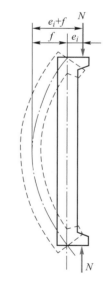

图 5-17   偏心受压长柱的纵向弯曲影响

图 5-18 为截面尺寸、配筋、材料强度、支承情况和轴向压力的偏心距等完全相同的三个偏心受压构件,从加载至破坏的 $N\text{-}M$ 曲线及其截面破坏时所能承担的 $N_u\text{-}M_u$ 曲线($ABCD$ 曲线)。在 5.5 节将给出 $N_u\text{-}M_u$ 曲线公式的推导。

对于短柱,可认为其偏心距保持不变,$N\text{-}M$ 关系曲线为直线 OB。当 N 达到最大值时,直线 OB 与 $N_u\text{-}M_u$ 曲线相交,这表明当轴向压力达到最大值时,截面发生破坏,即构件的破坏是由于临界截面上的材料达到其极限强度而引起的,为材料破坏。对于长细比在某一范围内的长柱(或称中长柱),实际偏心距随轴向压力的增大而增大,N-M关系曲线如OC所示,为曲线。当N达到最大值时,曲线OC与N_u-M_u曲线相交,也为材料破坏。对于长细比更大的细长柱,N-M关系曲线如OE所示,曲线OE和曲线OC相比弯曲程度更大。当N达到最大值时,曲线OE不与N_u-M_u曲线相交。这表明当N达到最大值时,构件临界截面上的材料并未达到其极限强度,为失稳破坏。在建筑、水运和水利水电工程中,钢筋混凝土偏心受压构件一般发生材料破坏。

2. 二阶效应的分类

(1)P-Δ效应与P-δ效应

严格上讲,二阶效应是指作用在结构上的重力或构件中的轴向压力,在产生了层间位移和挠曲变形后的结构或构件中引起的附加变形和相应的附加内力。其中,由侧移产生的二阶效应(图5-19)称为P-Δ效应;由挠曲产生的二阶效应称为P-δ效应,图5-17所示的二阶效应就是这种P-δ效应。P-Δ效应增大了柱端截面的弯矩,而P-δ效应通常会增大柱跨中截面的弯矩。

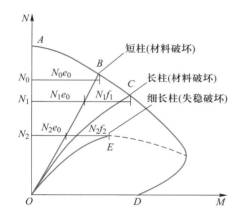

图5-18 不同长细比偏心受压构件
从加载到破坏的N-M关系

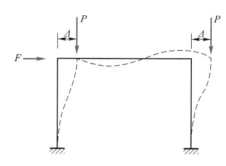

图5-19 有侧移框架的P-Δ效应

(2)柱两端弯矩同号时的P-δ效应

偏心受压柱在柱端同号弯矩M_1、M_2($M_2 > M_1$)和轴向压力P共同作用下,将产生单曲率弯曲,如图5-20a所示。不考虑P-δ效应时,柱的弯矩分布(一阶弯矩)如图5-20b所示,柱下端截面的弯矩M_2最大,为承载力计算的控制截面。考虑P-δ效应后,轴向压力P对柱跨中截面产生附加弯矩$P\delta$(图5-20c),与一阶弯矩M_0叠加后,得到考虑P-δ效应后的弯矩$M = M_0 + P\delta$(图5-20d)。

从图5-20看到,如果柱比较细长,使得跨中截面附加弯矩$P\delta$比较大,同时柱端弯矩M_1、M_2比较接近的话,就有可能发生$M > M_2$的情况,该截面就变为柱的控制截面,这时就要考虑P-δ效应。当$M_1 = M_2$时,控制截面就为柱跨中的中点。

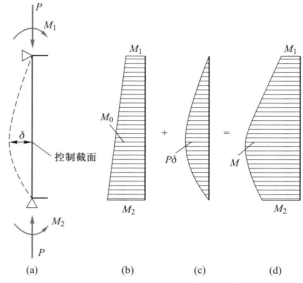

图 5-20　杆端弯矩同号时的 P-δ 效应

（a）单曲率弯曲；（b）一阶弯矩；（c）附加弯矩；（d）考虑 P-δ 效应后的弯矩

（3）柱两端弯矩异号时的 P-δ 效应

偏心受压柱在柱端异号弯矩 M_1、M_2（$|M_2|>|M_1|$）和轴向压力 P 共同作用下，将产生双曲率弯曲，柱跨中有反弯点，如图 5-21a 所示。不考虑 P-δ 效应时，柱的弯矩分布（一阶弯矩）如图 5-21b 所示。考虑 P-δ 效应后，轴向压力 P 对柱跨中截面产生附加弯矩 $P\delta$（图 5-21c），与一阶弯矩 M_0 叠加后，得到考虑 P-δ 效应后的弯矩为 $M = M_0 + P\delta$（图 5-21d）。在一般情况，$M < M_2$，控制截面仍在柱端，但不排除有 $M > M_2$ 的可能。

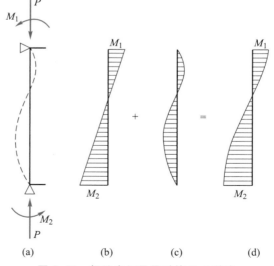

图 5-21　杆端弯矩异号时的 P-δ 效应

（a）双曲率弯曲；（b）一阶弯矩；（c）附加弯矩；（d）考虑 P-δ 效应后的弯矩

（4）P-Δ 效应

仍以图 5-19 所示的单层单跨框架来说明。在水平力作用下,框架柱发生侧移 Δ（图 5-22a）,框架柱产生一阶弯矩（图 5-22b）,这时若有轴向压力 P 作用,则轴向压力 P 对侧移产生附加弯矩（图 5-22c）,最终考虑 P-Δ 效应后的框架柱弯矩分布如图 5-22d如示。可见,P-Δ 效应将增大框架柱柱端截面的弯矩。

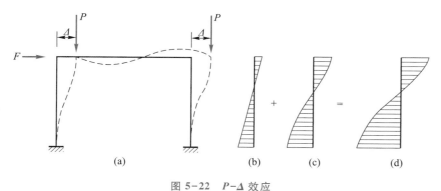

图 5-22　P-Δ 效应

（a）有侧移弯曲;（b）一阶弯矩;（c）附加弯矩;（d）考虑 P-Δ 效应后的弯矩

3. 二阶效应的工程设计处理方法

目前,工程设计对二阶效应的计算有 η-l_0 和 C_m-η_{ns} 两种方法。

η-l_0 法的优点是使用方便,被我国绝大多数混凝土结构设计规范采用;缺点是不区分 P-Δ 效应与 P-δ 效应。它根据一阶分析得到的弯矩 M 和轴力 N 计算偏心距 $e_0=M/N$,然后将偏心距 e_0 乘一个大于 1 的偏心距增大系数 η 来考虑二阶效应,而 η 的计算公式由两端简支的标准偏心受压柱得出;为能将 η 的计算公式应用于实际,则通过计算长度 l_0 将实际柱转化为标准柱。因此,该方法称为 η-l_0 法。

显然,当一个受压柱无侧移、M_1 与 M_2 数值相近但异号时,η-l_0 法就夸大了它的二阶效应。

C_m-η_{ns} 法首先将 P-Δ 效应与 P-δ 效应分别处理。认为结构的侧移二阶效应（P-Δ 效应）属于结构整体层面的问题,在结构整体内力与变形计算中考虑;受压柱挠曲效应（P-δ 效应）属于构件层面的问题,在构件截面设计时考虑。也就是说,钢筋混凝土偏心受压构件承载力计算时,已知的内力 N 和 M 已经考虑了 P-Δ 效应,只剩下 P-δ 效应没有考虑。其次,由于需考虑 P-δ 效应的受压柱并不普遍,为减少计算工作量,引入需考虑 P-δ 效应的判别条件。最后,引入柱端截面偏心距调节系数 C_m 和弯矩增大系数 η_{ns},分别用于考虑柱两端弯矩差异的影响和放大弯矩,得到考虑 P-δ 效应后的弯矩 $M=C_m\eta_{ns}M_2$,M_2 为柱两端弯矩绝对值的较大值。

C_m-η_{ns} 法的优点是理论合理,能区分 P-Δ 效应与 P-δ 效应,也能区分柱两端弯矩同号与异号时的 P-δ 效应的不同,但计算复杂。用于建筑工程的混凝土结构设计规范从 GB 50010—2010 规范开始,不再采用 η-l_0 法,而采用 C_m-η_{ns} 法。这也是基于建筑工程领域中能考虑 $P\text{-}\Delta$ 效应的结构计算软件已十分成熟,应用也十分普遍的基础上的。

4. $C_{\mathrm{m}}\text{-}\eta_{\mathrm{ns}}$ 法的理论分析

在图 5-20 中,假定 M_1 和 M_2 相等,且将轴向压力 P 改用 N 表示,有

$$M = M_2 + N\delta = \left(1 + \frac{\delta}{e_{2i}}\right)M_2 = \eta_{\mathrm{ns}}M_2 \tag{b1}$$

则

$$\eta_{\mathrm{ns}} = 1 + \frac{\delta}{e_{2i}} \tag{b2}$$

式中　η_{ns}——弯矩增大系数;

　　　e_{2i}——初始偏心距:$e_{2i} = M_2/N + e_a$,e_a 为附加偏心距。

试验表明,偏心受压构件达到或接近极限承载力时,挠度曲线与正弦曲线十分吻合,故可取挠度曲线为

$$y = \delta \sin \frac{\pi}{l_{\mathrm{c}}}x \tag{b3}$$

于是

$$y'' = -\delta \left(\frac{\pi}{l_{\mathrm{c}}}\right)^2 \sin \frac{\pi}{l_{\mathrm{c}}}x \tag{b4}$$

式中　l_{c}——构件计算长度。

当 $x = l_{\mathrm{c}}/2$ 时,有

$$y''\big|_{x=l_{\mathrm{c}}/2} = -\left(\frac{\pi}{l_{\mathrm{c}}}\right)^2 \delta \tag{b5}$$

$$\frac{1}{r_{\mathrm{c}}} = -y''\big|_{x=l_{\mathrm{c}}/2} = \left(\frac{\pi}{l_{\mathrm{c}}}\right)^2 \delta \tag{b6}$$

式中　r_{c}——曲率半径。

由上式得偏心受压构件长度中点的侧向挠度,即

$$\delta = \left(\frac{l_{\mathrm{c}}}{\pi}\right)^2 \frac{1}{r_{\mathrm{c}}} \tag{b7}$$

上式中的 $1/r_{\mathrm{c}}$ 为计算截面达到破坏时的曲率。当大、小偏心受压界限破坏时,纵向受拉钢筋达到屈服,其应变为 $\varepsilon_{\mathrm{y}} = f_{\mathrm{y}}/E_{\mathrm{s}}$;受压区边缘混凝土极限压应变为 $\varepsilon_{\mathrm{cu}}$,由平截面假定(图 5-23)得

$$\frac{1}{r_{\mathrm{c}}} = \frac{\varepsilon_{\mathrm{cu}} + \varepsilon_{\mathrm{y}}}{h_0} \tag{b8}$$

上式是发生界限破坏时的曲率 $1/r_{\mathrm{c}}$。对于偏心受压构件,破坏形态不同时,极限状态下纵向受拉钢筋 A_{s} 的应变 ε_{s} 不同,大

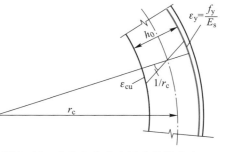

图 5-23　由纵向弯曲变形曲线推求 $1/r_{\mathrm{c}}$

偏心受压破坏时 ε_s 大于等于钢筋屈服应变 ε_y,小偏心受压破坏时 ε_s 小于 ε_y。因此,引入截面曲率修正系数 ζ_c 对上式表示的曲率进行修正,如此有

$$\frac{1}{r_c} = \frac{\varepsilon_{cu} + \varepsilon_y}{h_0} \zeta_c \qquad (b9)$$

为简化计算,不再区分高强混凝土与普通混凝土极限压应变 ε_{cu} 的差异,取 $\varepsilon_{cu} = 1.25 \times 0.003\,3$,其中 1.25 是徐变系数,用于考虑荷载长期作用下混凝土受压徐变对极限压应变的影响;同时考虑纵向受力钢筋主要为 HRB400 和 HRB500,取 $\varepsilon_y \approx 0.002$。将式(b9)代入式(b7),再将 ε_{cu} 和 ε_y 代入式中,有

$$\delta = \left(\frac{l_c}{\pi}\right)^2 \frac{\varepsilon_{cu} + \varepsilon_y}{h_0} \zeta_c = \left(\frac{l_c}{\pi}\right)^2 \frac{1.25 \times 0.003\,3 + 0.002}{h_0} \zeta_c = \left(\frac{l_c}{\pi}\right)^2 \frac{1}{163.27\,h_0} \zeta_c \quad (b10)$$

将上式代入式(b2),有

$$\eta_{ns} = 1 + \frac{\delta}{e_{2i}} = 1 + \frac{\delta}{M_2/N + e_a} = 1 + \frac{1}{\dfrac{\pi^2 (M_2/N + e_a) 163.27}{h_0}} \left(\frac{l_c}{h}\right)^2 \left(\frac{h}{h_0}\right)^2 \zeta_c \quad (b11)$$

近似取 $h/h_0 = 1.1$,则 $163.27\pi^2/(h/h_0)^2 \approx 1\,300$,上式变为

$$\eta_{ns} = 1 + \frac{1}{1\,300(M_2/N + e_a)/h_0} \left(\frac{l_c}{h}\right)^2 \zeta_c \qquad (b12)$$

5. GB 50010—2010 规范中的 $C_m - \eta_{ns}$ 法

(1)判别条件

从图 5-21 看到,当偏心受压构件为双曲率挠曲且两端弯矩绝对值接近,即构件的反弯矩点靠近构件跨中中部时,$P\text{-}\delta$ 效应较小;当轴向压力较小或构件长细比不大时,$P\text{-}\delta$ 效应也较小。因此需考虑 $P\text{-}\delta$ 效应的偏心受压构件并不普遍,为减少计算工作量,GB 50010—2010 规范规定,若同时满足下列三个条件,偏心受压构件可不考虑 $P\text{-}\delta$ 效应:

两端弯矩比:

$$M_1/M_2 \leqslant 0.9 \qquad (5-6a)$$

轴压比:

$$N/(Af_c) \leqslant 0.9 \qquad (5-6b)$$

计算长度与截面回转半径比:

$$l_c/i \leqslant 34 - 12(M_1/M_2) \qquad (5-6c)$$

式中 M_1、M_2——已考虑侧移影响的偏心受压构件两端截面按结构弹性分析确定的
　　　　　　对同一主轴的组合弯矩设计值,绝对值较大端为 M_2,绝对值较小端
　　　　　　为 M_1,当构件按单曲率弯曲时,M_1/M_2 取正值,否则取负值;

　　　　N——与弯矩设计值 M_2 相应的轴向压力设计值;

　　　　A——构件截面面积;

l_c——构件的计算长度,可近似取偏心受压构件相应主轴方向上下支撑点之间的距离;

i——偏心方向的截面回转半径:对矩形截面 $i=h/\sqrt{12}$,h 为截面高度;对圆形截面 $i=d/4$,d 为截面直径。

其余符号同前。

（2）计算公式

由图 5-20 可知,偏心受压构件临界截面弯矩的增大取决于两端弯矩的相对值,式(b12)是根据构件两端截面弯矩相等得到的,对于两端截面弯矩不相等的情况,引入 C_m 来考虑构件两端弯矩差异的影响。C_m 按下式计算:

$$C_m = 0.7+0.3\frac{M_1}{M_2} \tag{5-7}$$

式中　C_m——构件端截面偏心距调节系数,当 $C_m<0.7$ 时取 $C_m=0.7$。

如此,考虑 P-δ 效应后的弯矩设计值 M 按下式计算:

$$M = C_m\eta_{ns}M_2 \tag{5-8}$$

$$\eta_{ns} = 1+\frac{1}{1\ 300(M_2/N+e_a)/h_0}\left(\frac{l_c}{h}\right)^2\zeta_c \tag{5-9}$$

$$\zeta_c = \frac{0.5f_cA}{N} \tag{5-10}$$

式中　e_a——附加偏心距,取 20 mm 和偏心方向截面尺寸的1/30 两者中的较大值;

h_0——截面有效高度;

ζ_c——截面曲率修正系数,当计算值大于 1.0 时取 1.0。

其余符号同前。

在式(5-8)中,若计算得到 $C_m\eta_{ns}<1.0$ 时,取 $C_m\eta_{ns}=1.0$。另外还要强调,式(5-8)不适用于排架结构柱。对于排架结构柱可按下列公式计算:

$$M = \eta_sM_0 \tag{5-11}$$

$$\eta_s = 1+\frac{1}{1\ 500(M_0/N+e_a)/h_0}\left(\frac{l_0}{h}\right)^2\zeta_c \tag{5-12}$$

式中　M_0——一阶弹性分析柱端弯矩设计值;

N——与弯矩设计值 M_0 相应的轴向压力设计值;

l_0——计算长度,按 GB 50010—2010 规范或表 5-2 查用。

5.3.3　矩形截面偏心受压构件正截面受压承载力计算公式

1. 基本假定

钢筋混凝土偏心受压构件的正截面受压承载力计算采用的基本假定和受弯构件相同,仍然是:

（1）平截面假定（即构件的正截面在构件受力变形后仍保持为平面）;

（2）不考虑截面受拉区混凝土参加工作；

（3）受压区混凝土的应力－应变关系采用图 3-15 所示的设计曲线；

（4）有明显屈服点的钢筋（热轧钢筋），其应力－应变关系可简化为图 3-16 所示的设计曲线，受拉钢筋极限拉应变取为 0.01。

同时，和受弯构件一样，仍将混凝土非均匀的压应力图形等效为矩形应力图形。矩形应力图形的高度等于按平截面假定所确定的实际受压区高度乘以系数 β_1，矩形应力图形的应力值取为 $\alpha_1 f_c$，β_1 和 α_1 取值和受弯构件相同，见表 3-1。

2. 计算简图与基本公式

计算简图如图 5-24 所示。根据计算简图和截面内力的平衡条件，并满足承载能力极限状态的计算要求，可得出矩形截面偏心受压构件正截面受压承载力计算的两个基本公式：

$$N \leqslant N_u = \alpha_1 f_c bx + f_y' A_s' - \sigma_s A_s \tag{5-13}$$

$$Ne \leqslant N_u e = \alpha_1 f_c bx \left(h_0 - \frac{x}{2} \right) + f_y' A_s' (h_0 - a_s') \tag{5-14}$$

$$e = e_i + \frac{h}{2} - a_s \tag{5-15}$$

$$e_i = e_0 + e_a \tag{5-16}$$

$$e_0 = M/N \tag{5-17}$$

式中　α_1——矩形应力图形压应力等效系数：对强度等级不超过 C50 的混凝土，取 $\alpha_1 = 1.0$、$\beta_1 = 0.8$；对 C80 混凝土，取 $\alpha_1 = 0.94$、$\beta_1 = 0.74$；其间，按线性内插法确定，也可按第 3 章表 3-1 直接取用。

　　x——混凝土受压区计算高度，当计算得到的 $x > h$ 时，取 $x = h$。

　　σ_s——受拉边或受压较小边纵向钢筋的应力。

　　e——轴向压力作用点至纵向钢筋 A_s 合力点的距离。

　　e_i——初始偏心距。

　　e_0——轴向压力对截面重心的偏心距：$e_0 = M/N$。

　　e_a——附加偏心距，取 20 mm 和偏心方向截面尺寸的 1/30 两者中的较大值。

　　M——控制截面弯矩设计值，若需考虑 P-δ 效应时，M 按式（5-8）或式（5-11）计算。

　　N——与 M 相应的轴向压力设计值，若需考虑 P-δ 效应时，N 为 M_2 相对应的轴向压力设计值。

其余符号同前。

3. σ_s 的计算

在偏心受压构件承载力计算时，必须确定纵向受拉钢筋或受压应力较小边纵向钢筋的应力 σ_s。根据前述的平截面假定，可先确定纵向受拉钢筋或受压应力较小边纵向钢筋的应变 ε_s，然后再按钢筋的应力－应变关系，求得 σ_s 值，由图 5-25 可知

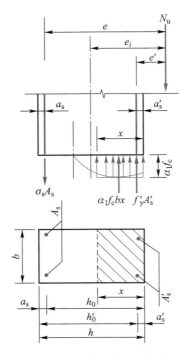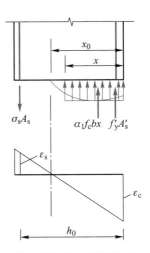

图 5-24   矩形截面偏心受压构件
正截面受压承载力计算简图

图 5-25   偏心受压构件
应力-应变分布图

$$\frac{\varepsilon_c}{\varepsilon_c+\varepsilon_s}=\frac{x_0}{h_0} \tag{c1}$$

所以

$$\varepsilon_s=\varepsilon_c\left(\frac{1}{x_0/h_0}-1\right) \tag{c2}$$

$$\sigma_s=E_s\varepsilon_s=E_s\varepsilon_c\left(\frac{1}{x_0/h_0}-1\right) \tag{c3}$$

根据基本假定,取 $x=\beta_1 x_0$,构件破坏时取 $\varepsilon_c=\varepsilon_{cu}$,相对受压区计算高度 $\xi=x/h_0$,
则得

$$\sigma_s=E_s\varepsilon_{cu}\left(\frac{\beta_1}{\xi}-1\right) \tag{c4}$$

由式(c4)可见,σ_s 与 ξ 呈双曲线关系,如将此关系代入基本公式计算正截面承载
力,必须求解 ξ 的三次方程式,计算十分麻烦。另外,该式在 $\xi>1$ 时偏离试验值较大
(图 5-26a)。试验结果表明,实测的纵向钢筋应力 σ 与 ξ 接近于直线分布。因而,为
了计算的方便,规范将 σ_s 与 ξ 之间的关系取为式(5-18)表示的线性关系。

$$\sigma_s=f_y\frac{\beta_1-\xi}{\beta_1-\xi_b} \tag{5-18}$$

式中 ξ_b——相对界限受压区计算高度。

式(5-18)是通过曲线 1 两个边界点确定的(图 5-26b):点①,当 $\xi=\xi_b$ 时,$\sigma_s=f_y$;

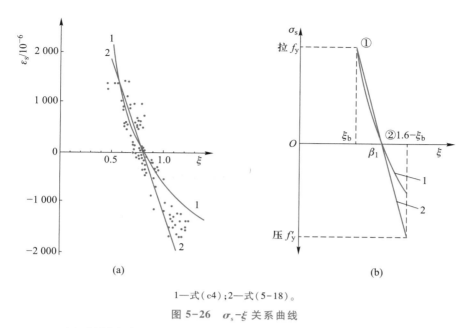

1—式(c4);2—式(5-18)。

图 5-26　σ_s-ξ 关系曲线

(a) 实测值与式(c4)、式(5-18)计算值对比;(b) ①、②两点确定式(5-18)

点②,当 $\sigma_s = 0$ 时,中和轴正好通过 A_s 合力点位置,此时 $x_0 = h_0$,所以 $\xi = x/h_0 = \beta_1 x_0 / h_0 = \beta_1$。由①、②两点的坐标关系可得到求 σ_s 的式(5-18)。

试验表明,式(5-18)与试验资料符合良好。

由式(5-18)容易看出,当 $\xi \leqslant \xi_b$ 时,计算得到的 $\sigma_s \geqslant f_y$,说明构件发生了大偏心受压破坏,此时取 $\sigma_s = f_y$;当 $\xi > \xi_b$ 时,$\sigma_s < f_y$,说明构件发生了小偏心受压破坏。因此,大小偏心受压破坏可用 ξ 和 ξ_b 之间的大小关系来判别:当 $\xi \leqslant \xi_b$ 时为纵向受拉钢筋达到屈服的大偏心受压破坏,当 $\xi > \xi_b$ 时为纵向受拉钢筋未达到屈服的小偏心受压破坏。

对于小偏心受压破坏,若 $\xi > 2\beta_1 - \xi_b$,式(5-18)计算得出的 $\sigma_s < -f_y'$,此时取 $\sigma_s = -f_y'$,即取 $\xi = 2\beta_1 - \xi_b$,同时取 ξ 不大于 h/h_0,也就是受压区高度不超过截面高度。

4. 相对界限受压区计算高度 ξ_b

按式(5-18)求解 σ_s 时,必须知道相对界限受压区计算高度 ξ_b。与受弯构件相类似,利用平截面假定可推导出相对界限受压区计算高度 ξ_b 的计算公式为

$$\xi_b = \frac{\beta_1}{1 + \dfrac{f_y}{\varepsilon_{cu} E_s}} \qquad (5-19)$$

式(5-19)和第 3 章式(3-3)相同,因而 ξ_b 也可直接查阅第 3 章表 3-2。

5.3.4   矩形截面偏心受压构件的截面设计及承载力复核[①]

矩形截面偏心受压构件的截面设计,一般是先进行结构受力分析,并参照同类的建筑物或凭设计经验,假定构件的截面尺寸,选用材料。截面设计主要决定纵向钢筋截面面积 A_s 及 A_s' 的用量和布置。当计算出的结果不合理时,可对初拟的截面尺寸加以调整,然后再重新进行设计。

在截面设计时,首先遇到的问题是如何判别构件属于大偏心受压还是小偏心受压,以便采用不同的公式进行配筋计算。在设计之前,由于纵向钢筋截面面积 A_s 及 A_s' 为未知数,构件截面的混凝土相对受压区高度 ξ 将无从计算,因此无法利用 ξ_b 判断截面属于大偏心受压还是小偏心受压。实际设计时常根据初始偏心距 e_i 的大小来判定。根据对设计经验的总结和理论分析,如果截面每边配置了不少于最小配筋率的纵向钢筋,则:

（1）若 $e_i > 0.3h_0$,可按大偏心受压构件设计。即当 $e_i > 0.3h_0$ 时,在正常配筋范围内一般均属于大偏心受压破坏。

（2）若 $e_i \leqslant 0.3h_0$,可按小偏心受压构件设计。即当 $e_i \leqslant 0.3h_0$ 时,在正常配筋范围内一般均属于小偏心受压破坏。

1. 矩形截面大偏心受压构件截面设计

（1）对于大偏心受压构件,受拉区纵向钢筋的应力可以达到受拉屈服强度 f_y ,取 $\sigma_s = f_y$,基本公式（5-13）、公式（5-14）可改写为

$$N \leqslant N_u = \alpha_1 f_c bx + f_y' A_s' - f_y A_s \tag{5-20}$$

$$Ne \leqslant N_u e = \alpha_s \alpha_1 f_c bh_0^2 + f_y' A_s'(h_0 - a_s') \tag{5-21}$$

式中, $\alpha_s = \xi(1 - 0.5\xi)$ 。

从以上两式可知,共有 A_s 、 A_s' 及 x 三个未知数,由两个基本公式可得出无数解答,其中最经济合理的解答应该是能使钢筋用量最少。要达到这个目的,需充分利用受压区混凝土的抗压作用。因此,与双筋受弯构件一样,补充 $x = \xi_b h_0$,也就是 $\alpha_s = \alpha_{sb}$ 这一条件,代入式（5-21）得

$$Ne = \alpha_{sb} \alpha_1 f_c bh_0^2 + f_y' A_s'(h_0 - a_s') \tag{5-22}$$

式中, $\alpha_{sb} = \xi_b(1 - 0.5\xi_b)$,其值如第 3 章表 3-2 所列。

所以

$$A_s' = \frac{Ne - \alpha_{sb} \alpha_1 f_c bh_0^2}{f_y'(h_0 - a_s')} \tag{5-23}$$

式中, $e = e_i + \dfrac{h}{2} - a_s$, $e_i = e_0 + e_a$ 。

若式（5-23）计算得到的 A_s' 不小于按其纵向钢筋最小配筋率配置的钢筋截面面积

---

① T 形、I 形、环形及圆形截面偏心受压构件的正截面受压承载力计算公式可参见现行混凝土结构设计规范。

$(A_s' \geqslant \rho_{min}' bh)$,且实配钢筋面积和计算所需钢筋面积相差不多,则将 $x = \xi_b h_0$ 及求得的 A_s' 值代入式(5-20),可求得 A_s:

$$A_s = \frac{\alpha_1 f_c b \xi_b h_0 + f_y' A_s' - N}{f_y} \qquad (5-24)$$

若实配钢筋面积和计算所需钢筋面积相差较多,则应按下列 A_s' 已知的情况计算。

(2)若式(5-23)计算得到的 $A_s' < \rho_{min}' bh$,则按 ρ_{min}' 和构造要求配置 A_s'。此时 A_s' 为已知,所以由两个基本公式正好解出 x 及 A_s 两个未知数,这时计算步骤和双筋受弯构件相同。

由式(5-21)可求得

$$\alpha_s = \frac{Ne - f_y' A_s'(h_0 - a_s')}{\alpha_1 f_c b h_0^2} \qquad (5-25)$$

根据 α_s 值,由第 3 章式(3-16)计算 ξ:

$$\xi = 1 - \sqrt{1 - 2a_s}$$

若所得的 $\xi \leqslant \xi_b$,可保证构件破坏时纵向受拉钢筋应力先达到 f_y,因而符合大偏心受压破坏情况;若 $x = \xi h_0 \geqslant 2a_s'$,则保证构件破坏时纵向受压钢筋有足够的变形,其应力能达到 f_y'。此时,由式(5-20)计算:

$$A_s = \frac{\alpha_1 f_c bx + f_y' A_s' - N}{f_y} \qquad (5-26)$$

若受压区高度 $x < 2a_s'$,则纵向受压钢筋的应力达不到 f_y'。此时与双筋受弯构件一样,可取以 A_s' 为矩心的力矩平衡公式计算(设混凝土压应力合力点与纵向受压钢筋合力点重合),得

$$Ne' = f_y A_s(h_0 - a_s') \qquad (5-27)$$

所以

$$A_s = \frac{Ne'}{f_y(h_0 - a_s')} \qquad (5-28)$$

式中　e'——轴向压力作用点至纵向钢筋 A_s' 合力点的距离:$e' = e_i - \dfrac{h}{2} + a_s'$,$e_i = e_0 + e_a$。

当上式中 e' 为负值时(即轴向压力 N 作用在纵向钢筋 A_s 合力点与 A_s' 合力点之间),则 A_s 一般可按最小配筋率和构造要求来配置[①]。

应当指出,在以上(1)、(2)两种情况下算得的纵向受拉钢筋配筋量 A_s 如小于其最小配筋率(附表 4-6)的要求,均需按最小配筋率配置 A_s。同时,全部纵向钢筋配筋量还应满足其最小配筋率要求。

---

① 当轴向压力作用在 A_s 与 A_s' 之间,计算出的 x 又小于 $2a_s'$,说明构件截面尺寸很大,而轴向压力 N 很小,截面上远离轴向压力一侧和靠近轴向压力一侧均不会发生破坏。

2. 矩形截面小偏心受压构件截面设计

分析研究表明,小偏心受压情况下,离轴向压力较远一侧的纵向钢筋可能受拉也可能受压,构件破坏时其应力 σ_s 一般均达不到屈服强度。

在构件截面设计时,可以利用计算 σ_s 的公式(5-18)与构件承载力计算的基本公式(5-13)、公式(5-14)联合求解,此时,共有四个未知数 ξ、A_s、A_s'、σ_s,因此,设计时需要补充一个条件才能求解。

由于构件破坏时 A_s 的应力 σ_s 一般达不到屈服强度。因此,为节约钢材,可按其最小配筋率及构造要求配置 A_s,即取 $A_s = \rho_{min} bh$ 或按构造要求配置。

由以上条件首先确定出 A_s 后,剩下 ξ、A_s' 及 σ_s 三个未知数,即可直接利用式(5-13)、式(5-14)和式(5-18)三个方程式进行截面设计。

若求得 ξ 满足 $\xi \leqslant 2\beta_1 - \xi_b$,求得 A_s',计算完毕。

若求得 $\xi > 2\beta_1 - \xi_b$,可取 $\sigma_s = -f_y'$ 及 $\xi = 2\beta_1 - \xi_b$(当 $\xi > h/h_0$ 时,取 $\xi = h/h_0$)代入式(5-13)和式(5-14)求得 A_s 和 A_s' 值。A_s 和 A_s' 必须满足其最小配筋率的要求,同时全部纵向钢筋也必须满足其最小配筋率要求。

此外,对小偏心受压构件,当 $N > f_c bh$ 时,由于偏心距很小,而轴向压力很大,全截面受压,远离轴向压力一侧的纵向钢筋 A_s 如配得太少,该侧混凝土的压应变就有可能先达到极限压应变而破坏(图 5-16)。为防止此种情况发生,还应满足对 A_s' 的外力矩小于或等于截面诸力对 A_s' 的抵抗力矩,按此力矩方程可对 A_s 用量进行核算,即应满足

$$A_s \geqslant \frac{Ne' - f_c bh\left(h_0' - \dfrac{h}{2}\right)}{f_y'(h_0' - a_s)} \tag{5-29}$$

式中,$e' = \dfrac{h}{2} - a_s' - (e_0 - e_a)$,$h_0' = h - a_s'$。

上式中,因按 $e_0 = M/N$ 算得的 e_0 与破坏侧不在同一侧,取 $e_i = e_0 - e_a$;另外由于全截面受压,取 $\alpha_1 = 1.0$。

3. 矩形截面偏心受压构件承载力复核

进行偏心受压构件的正截面承载力复核时,不能像截面设计那样按初始偏心距 e_i 的大小来作为两种偏心受压情况的分界,因为在截面尺寸、纵向钢筋截面面积及初始偏心距 e_i 均已确定的条件下,受压区高度 x 即已确定,所以应该根据 x 的大小来判别是大偏心受压还是小偏心受压。此时可先按大偏心受压的截面应力计算图形对 N_u 作用点取矩,直接求得 x(图 5-27):

$$\alpha_1 f_c bx\left(e - h_0 + \frac{x}{2}\right) = f_y A_s e - f_y' A_s' e' \tag{5-30}$$

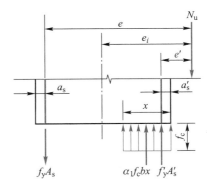

图 5-27   矩形截面大偏心
受压构件应力计算图形

式中，$e = e_i + \dfrac{h}{2} - a_s$，$e' = e_i - \dfrac{h}{2} + a'_s$，$e_i = e_0 + e_a$。

注意：当轴向压力作用在 A_s 和 A'_s 之间（$e_i < \dfrac{h}{2} - a'_s$）时，$e'$ 为负值。

（1）求出的 $x \leqslant \xi_b h_0$ 时，为大偏心受压。此时，当 $x \geqslant 2a'_s$ 时，将 x 代入式（5-20）可求得构件的承载力 N_u：

$$N_u = \alpha_1 f_c bx + f'_y A'_s - f_y A_s \tag{5-31}$$

当 $x < 2a'_s$ 时，则由式（5-27）得

$$N_u = \frac{f_y A_s (h_0 - a'_s)}{e'} \tag{5-32}$$

式中，$e' = e_i - \dfrac{h}{2} + a'_s$，$e_i = e_0 + e_a$。

若已知轴向压力设计值 N，则应满足 $N \leqslant N_u$。

（2）求出的 $x > \xi_b h_0$ 时，为小偏心受压。此时需按小偏心受压构件承载力计算公式重新计算。与推导式（5-30）类似可以得到

$$\alpha_1 f_c bx \left(e - h_0 + \frac{x}{2} \right) = \sigma_s A_s e - f'_y A'_s e' \tag{5-33}$$

以 $\sigma_s = f_y \dfrac{\beta_1 - \xi}{\beta_1 - \xi_b}$ 代入上式，可解得混凝土受压区计算高度 x。

当 $\xi = x / h_0 \leqslant 2\beta_1 - \xi_b$ 时，将 x 代入式（5-14）可求得 N_u：

$$N_u = \frac{\alpha_1 f_c bx \left(h_0 - \dfrac{x}{2} \right) + f'_y A'_s (h_0 - a'_s)}{e} \tag{5-34}$$

式中，$e = e_i + \dfrac{h}{2} - a_s$，$e_i = e_0 + e_a$。

当 $\xi = \dfrac{x}{h_0} \geqslant 2\beta_1 - \xi_b$ 时，则取 $\sigma_s = -f'_y$，代入式（5-33）求得 x，再代入式（5-13）计算 N_u：

$$N_u = \alpha_1 f_c bx + f'_y A'_s + f'_y A_s \tag{5-35}$$

若已知轴向压力设计值 N，则应满足 $N \leqslant N_u$。

有时构件破坏也可能在远离轴向压力一侧的钢筋 A_s 一边开始，所以还须用式（5-29）计算 N_u，并应满足 $N \leqslant N_u$。

5.3.5　垂直于弯矩作用平面的承载力复核

当偏心受压构件长细比较大，特别是当截面高宽比 h/b 较大，使得 l_0/b 比 l_0/h 少许多时，柱子还可能会因在与弯矩作用平面相垂直的平面内发生纵向弯曲而破坏。在这个平面内是没有弯矩作用的，因此还应按轴心受压构件采用式（5-2）进行正截面受

压承载力复核。计算时,须考虑稳定系数 φ 的影响,且应注意式(5-2)中的 A_s' 是截面上所有纵向钢筋的截面面积,包括纵向受力钢筋和纵向构造钢筋。

为更好地厘清计算步骤,也便于记忆,读者可仿照第3.5节的双筋截面计算框图,列出偏心受压构件的配筋设计和承载力复核的计算框图。

【例5-3】　某教学楼的钢筋混凝土柱,二级安全等级,一类环境类别,截面尺寸 $b \times h = 300$ mm×550 mm,弯矩作用平面内上下端支撑长度为 3.80 m,垂直于弯矩作用平面计算长度 $l_0 = 4.75$ m。上下端弯矩设计值 $M_1 = 268.72$ kN·m、$M_2 = 337.45$ kN·m(均使该柱左侧受拉且已考虑了 P-Δ 效应),与 M_2 相应的轴向压力设计值 $N = 386.25$ kN。混凝土强度等级为 C30,纵向钢筋采用 HRB400。试确定所需的纵向钢筋,并画出截面配筋图。

【解】

(1)资料

C30 混凝土,$f_c = 14.3$ N/mm^2,$\alpha_1 = 1.0$;HRB400 钢筋,$f_y = f_y' = 360$ N/mm^2,$\xi_b = 0.518$,全部纵向钢筋的最小配筋率 $\rho_{min} = 0.55\%$,一侧纵向钢筋的最小配筋率 $\rho_{min} = 0.20\%$。

一类环境类别,取保护层厚度 $c = 20$ mm;预估纵向钢筋单层布置,取 $a_s = a_s' = 40$ mm,$h_0 = h - a_s = 550$ mm $- 40$ mm $= 510$ mm。

(2)判断是否要考虑 P-δ 效应

杆端弯矩比　　　$\dfrac{M_1}{M_2} = \dfrac{268.72}{337.45} = 0.80 < 0.9$

轴压比　　　$\dfrac{N}{f_c A} = \dfrac{386.25 \times 10^3}{14.3 \times 300 \times 550} = 0.16 < 0.9$

长细比　　　$\dfrac{l_c}{i} = \dfrac{3\,800}{\dfrac{550}{\sqrt{12}}} = 23.93 < 34 - 12\dfrac{M_1}{M_2} = 34 - 12 \times 0.80 = 24.40$

可不考虑 P-δ 效应。

(3)配筋计算

① 判断大、小偏心

$$e_0 = \frac{M}{N} = \frac{337.45 \times 10^6}{386.25 \times 10^3}\ \text{mm} = 874\ \text{mm}$$

$$e_a = \max\left(20\ \text{mm}, \frac{h}{30}\right) = \max\left(20\ \text{mm}, \frac{550\ \text{mm}}{30}\right) = \max(20\ \text{mm}, 18\ \text{mm}) = 20\ \text{mm}$$

$$e_i = e_0 + e_a = 874\ \text{mm} + 20\ \text{mm} = 894\ \text{mm} > 0.3h_0 = 0.3 \times 510\ \text{mm} = 153\ \text{mm}$$

为大偏心受压构件。

② 计算 A_s'

$$e = e_i + \frac{h}{2} - a_s = 894\ \text{mm} + \frac{550\ \text{mm}}{2} - 40\ \text{mm} = 1\,129\ \text{mm}$$

取 $\xi=\xi_b=0.518$，相应 $\alpha_{sb}=0.384$。由式（5-23）得

$$A_s'=\frac{Ne-\alpha_{sb}\alpha_1 f_c bh_0^2}{f_y'(h_0-a_s')}=\frac{386.25\times10^3\times1\,129-0.384\times1.0\times14.3\times300\times510^2}{360\times(510-40)}\ \text{mm}^2$$

$$=45\ \text{mm}^2<\rho_{min}'bh=0.20\%\times300\ \text{mm}\times550\ \text{mm}=330\ \text{mm}^2$$

按其最小配筋率配筋，受压钢筋选用 2 Φ16（$A_s'=402\ \text{mm}^2$）。

③ 计算 A_s

由式（5-25）得

$$\alpha_s=\frac{Ne-f_y'A_s'(h_0-a_s')}{\alpha_1 f_c bh_0^2}=\frac{386.25\times10^3\times1\,129-360\times402\times(510-40)}{1.0\times14.3\times300\times510^2}=0.330$$

$$\xi=1-\sqrt{1-2\alpha_s}=1-\sqrt{1-2\times0.330}=0.417<\xi_b=0.518$$

$$x=\xi h_0=0.417\times510\ \text{mm}=213\ \text{mm}>2a_s'=80\ \text{mm}$$

因此，按式（5-26）计算 A_s，有

$$A_s=\frac{\alpha_1 f_c bx+f_y'A_s'-N}{f_y}$$

$$=\frac{1.0\times14.3\times300\times213+360\times402-386.25\times10^3}{360}\ \text{mm}^2$$

$$=1\,867\ \text{mm}^2>\rho_{min}bh=0.20\%\times300\ \text{mm}\times550\ \text{mm}=330\ \text{mm}^2$$

满足一侧纵向钢筋最小配筋率要求。

受拉钢筋选用 5 Φ22（$A_s=1\,900\ \text{mm}^2$）。

截面高度 $h=550\ \text{mm}<600\ \text{mm}$，无须沿长边设置纵向构造钢筋，则钢筋总用量为 402 mm^2+1 900 mm^2=2 302 mm^2，全部纵向钢筋配筋率：$\frac{2\,302}{300\times550}=1.40\%>0.55\%$，满足全部纵向钢筋最小配筋率要求。

（4）垂直于弯矩作用平面承载力验算

$$\frac{l_0}{b}=\frac{4.75}{0.30}=15.83>8$$

需考虑纵向弯曲的影响，由表 5-1 查得 $\varphi=0.87$。

全部纵向钢筋配筋率小于 3.0%，可取 $A=bh$，由式（5-2）得

$$N_u=0.9\varphi(f_c A+f_y'A_s')$$

$$=0.9\times0.87\times(14.3\times300\times550+360\times2\,302)\ \text{N}$$

$$=2\,496.38\times10^3\ \text{N}=2\,496.38\ \text{kN}>386.25\ \text{kN}$$

垂直于弯矩作用平面承载力满足要求。

（5）配筋图

箍筋选用 Φ8@240，截面配筋如图 5-28 所示。

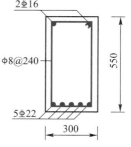

图 5-28 柱截面配筋

【例 5-4】　某厂房钢筋混凝土偏心受压柱，二级安全等级，一类环境类别，截面尺寸 $b \times h = 300 \text{ mm} \times 450 \text{ mm}$，柱高 $H = 4.50 \text{ m}$，垂直于弯矩作用平面计算长度 $l_0 = H$。上下端弯矩设计值 $M_1 = 206.42 \text{ kN} \cdot \text{m}$、$M_2 = 214.10 \text{ kN} \cdot \text{m}$（均使该柱左侧受拉且已考虑了 $P-\Delta$ 效应），与 M_2 相应的轴向压力设计值 $N = 493.54 \text{ kN}$。混凝土强度等级为 C30，纵向钢筋采用 HRB400。试确定所需的纵向钢筋，并画出截面配筋图。

【解】

（1）资料

C30 混凝土，$f_c = 14.3 \text{ N/mm}^2$，$\alpha_1 = 1.0$；HRB400 钢筋，$f_y = f_y' = 360 \text{ N/mm}^2$，$\xi_b = 0.518$，全部纵向钢筋的最小配筋率 $\rho_{min} = 0.55\%$，一侧纵向钢筋的最小配筋率 $\rho_{min} = 0.20\%$。

一类环境类别，取保护层厚度 $c = 20 \text{ mm}$；预估纵向钢筋单层布置，取 $a_s = a_s' = 40 \text{ mm}$，$h_0 = h - a_s = 450 \text{ mm} - 40 \text{ mm} = 410 \text{ mm}$。

（2）判断是否要考虑 $P-\delta$ 效应

杆端弯矩比　　$\dfrac{M_1}{M_2} = \dfrac{206.42}{214.10} = 0.96 > 0.9$

应考虑 $P-\delta$ 效应。

（3）计算考虑 $P-\delta$ 效应后的弯矩设计值

$$e_a = \max\left(20 \text{ mm}, \frac{h}{30}\right) = \max\left(20 \text{ mm}, \frac{450 \text{ mm}}{30}\right) = \max(20 \text{ mm}, 15 \text{ mm}) = 20 \text{ mm}$$

由式（5-7）得

$$C_m = 0.7 + 0.3 \frac{M_1}{M_2} = 0.7 + 0.3 \times 0.96 = 0.99$$

由式（5-10）得

$$\zeta_c = \frac{0.5 f_c A}{N} = \frac{0.5 \times 14.3 \times 300 \times 450}{493.54 \times 10^3} = 1.96 > 1.0，取 \zeta_c = 1.0$$

由式（5-9）得

$$\eta_{ns} = 1 + \frac{1}{1\,300(M_2/N + e_a)/h_0}\left(\frac{l_c}{h}\right)^2 \zeta_c$$

$$= 1 + \frac{1}{1\,300 \times \left(\dfrac{214.10 \times 10^6}{493.54 \times 10^3} + 20\right)\Big/ 410} \times \left(\frac{4\,500}{450}\right)^2 \times 1.0 = 1.07$$

$C_m \eta_{ns} = 0.99 \times 1.07 = 1.06 > 1.0$，由式（5-8）得

$$M = C_m \eta_{ns} M_2 = 1.06 \times 214.10 \text{ kN} \cdot \text{m} = 226.95 \text{ kN} \cdot \text{m}$$

（4）配筋计算

① 判断大、小偏心

$$e_0 = \frac{M}{N} = \frac{226.95 \times 10^6}{493.54 \times 10^3} \text{ mm} = 460 \text{ mm}$$

$$e_i = e_0 + e_a = 460 \text{ mm} + 20 \text{ mm} = 480 \text{ mm} > 0.3h_0 = 0.3 \times 410 \text{ mm} = 123 \text{ mm}$$

为大偏心受压构件。

② 计算 A_s'

$$e = e_i + \frac{h}{2} - a_s = 480 \text{ mm} + \frac{450 \text{ mm}}{2} - 40 \text{ mm} = 665 \text{ mm}$$

取 $\xi = \xi_b = 0.518$，相应 $\alpha_{sb} = 0.384$。由式（5-23）得

$$A_s' = \frac{Ne - \alpha_{sb}\alpha_1 f_c b h_0^2}{f_y'(h_0 - a_s')} = \frac{493.54 \times 10^3 \times 665 - 0.384 \times 1.0 \times 14.3 \times 300 \times 410^2}{360 \times (410-40)} \text{mm}^2$$

$$= 385 \text{ mm}^2 > \rho_{min}' bh = 0.20\% \times 300 \text{ mm} \times 450 \text{ mm} = 270 \text{ mm}^2$$

受压钢筋选用 2 ⊈ 16（$A_s' = 402 \text{ mm}^2$）。

③ 计算 A_s

实配钢筋面积 $A_s' = 402 \text{ mm}^2$ 和计算所需钢筋 $A_s' = 385 \text{mm}^2$ 相差不多，仍取 $\xi = \xi_b$ 计算，由式（5-24）得

$$A_s = \frac{\alpha_1 f_c b \xi_b h_0 + f_y' A_s' - N}{f_y}$$

$$= \frac{1.0 \times 14.3 \times 300 \times 0.518 \times 410 + 360 \times 385 - 493.54 \times 10^3}{360} \text{ mm}^2$$

$$= 1545 \text{ mm}^2 > \rho_{min} bh = 0.20\% \times 300 \text{ mm} \times 450 \text{ mm} = 270 \text{ mm}^2$$

受拉钢筋选用 5 ⊈ 20（$A_s = 1570 \text{ mm}^2$）。

截面高度 $h = 450 \text{ mm} < 600 \text{ mm}$，无须沿长边设置纵向构造钢筋，则钢筋总用量为 $402 \text{ mm} + 1570 \text{ mm}^2 = 1972 \text{ mm}^2$，全部纵向钢筋配筋率：$\frac{1972}{300 \times 450} = 1.46\% > 0.55\%$，满足一侧和全部纵向钢筋最小配筋率要求。

若按 A_s' 已知计算（$A_s' = 402 \text{ mm}^2$），则

$$\alpha_s = \frac{Ne - f_y' A_s'(h_0 - a_s')}{\alpha_1 f_c b h_0^2} = \frac{493.54 \times 10^3 \times 665 - 360 \times 402 \times (410-40)}{1.0 \times 14.3 \times 300 \times 410^2} = 0.381$$

$$\xi = 1 - \sqrt{1 - 2\alpha_s} = 1 - \sqrt{1 - 2 \times 0.381} = 0.512 < \xi_b = 0.518$$

$$x = \xi h_0 = 0.512 \times 410 \text{ mm} = 210 \text{ mm} > 2a_s' = 80 \text{ mm}$$

因此，按式（5-26）计算 A_s，有

$$A_s = \frac{\alpha_1 f_c bx + f_y' A_s' - N}{f_y}$$

$$= \frac{1.0 \times 14.3 \times 300 \times 210 + 360 \times 402 - 493.54 \times 10^3}{360} \text{ mm}^2$$

$$= 1534 \text{ mm}^2 > \rho_{min} bh = 0.20\% \times 300 \text{ mm} \times 450 \text{ mm} = 270 \text{ mm}^2$$

这时计算得到的 $A_s = 1534 \text{ mm}^2$ 小于前面计算得到的 $A_s = 1545 \text{ mm}^2$，但相差不

多。这是因为前面计算所需 $A'_s = 385 \text{ mm}^2$ 和实配 $A'_s = 402 \text{ mm}^2$ 相差不多,若两者相差较多时,则应采用实配钢筋面积按 A'_s 已知的情况计算。

（5）垂直于弯矩作用平面承载力验算

$$\frac{l_0}{b} = \frac{4.50}{0.30} = 15.0 > 8$$

需考虑纵向弯曲的影响,由表 5-1 查得 $\varphi = 0.90$。

全部纵向钢筋配筋率小于 3.0%,可取 $A = bh$,由式（5-2）得

$$
\begin{aligned}
N_u &= 0.9\varphi(f_c A + f'_y A'_s)\\
&= 0.9 \times 0.90 \times (14.3 \times 300 \times 450 + 360 \times 1\,972) \text{ N}\\
&= 2\,138.74 \times 10^3 \text{ N} = 2\,138.74 \text{ kN} > 493.54 \text{ kN}
\end{aligned}
$$

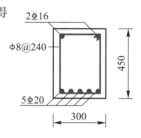

图 5-29   柱截面配筋

垂直于弯矩作用平面承载力满足要求。

（6）配筋图

箍筋选用 $\phi 8@240$,截面配筋如图 5-29 所示。

【例 5-5】 例 5-4 中,由于构造要求,截面上已配置受压钢筋 $3\,\underline{\Phi}\,20(A'_s = 942 \text{ mm}^2)$。试确定所需的纵向钢筋。

【解】

（1）（2）（3）同例 5-4。

（4）配筋计算

① 判断大、小偏心

同例 5-4。

② 计算 A_s

由式（5-25）得

$$\alpha_s = \frac{Ne - f'_y A'_s(h_0 - a'_s)}{\alpha_1 f_c b h_0^2} = \frac{493.54 \times 10^3 \times 665 - 360 \times 942 \times (410 - 40)}{1.0 \times 14.3 \times 300 \times 410^2} = 0.281$$

$$\xi = 1 - \sqrt{1 - 2\alpha_s} = 1 - \sqrt{1 - 2 \times 0.281} = 0.338 < \xi_b = 0.518$$

$$x = \xi h_0 = 0.338 \times 410 \text{ mm} = 139 \text{ mm} > 2a'_s = 80 \text{ mm}$$

因此,按式（5-26）计算 A_s,有

$$
\begin{aligned}
A_s &= \frac{\alpha_1 f_c b x + f'_y A'_s - N}{f_y}\\[2mm]
&= \frac{1.0 \times 14.3 \times 300 \times 139 + 360 \times 942 - 493.54 \times 10^3}{360} \text{ mm}^2\\[2mm]
&= 1\,227 \text{ mm}^2 > \rho_{\min} bh = 0.20\% \times 300 \text{ mm} \times 450 \text{ mm} = 270 \text{ mm}^2
\end{aligned}
$$

受拉钢筋选用 $2\,\underline{\Phi}\,18 + 2\,\underline{\Phi}\,22(A_s = 1\,269 \text{ mm}^2)$。

钢筋总用量为 $1\,269 \text{ mm}^2 + 942 \text{ mm}^2 = 2\,211 \text{ mm}^2$,全部纵向钢筋配筋率: $\dfrac{2\,211}{300 \times 450} =$

$1.64\% > 0.55\%$,满足一侧和全部纵向钢筋最小配筋率要求。

（5）垂直于弯矩作用平面承载力验算

同例5-4。

【例5-6】 例5-4中,由于构造要求,截面上已配置受压钢筋4Φ22($A_s' = 1\ 520\ mm^2$)。试确定所需的纵向钢筋A_s。

【解】

（1）（2）（3）同例5-4。

（4）配筋计算

① 判断大、小偏心

同例5-4。

② 计算A_s

根据式（5-21）得

$$\alpha_s = \frac{Ne - f_y'A_s'(h_0 - a_s')}{\alpha_1 f_c b h_0^2} = \frac{493.54 \times 10^3 \times 665 - 360 \times 1\ 520 \times (410 - 40)}{1.0 \times 14.3 \times 300 \times 410^2} = 0.174$$

$$\xi = 1 - \sqrt{1 - 2\alpha_s} = 1 - \sqrt{1 - 2 \times 0.174} = 0.193 < \xi_b = 0.518$$

$$x = \xi h_0 = 0.193 \times 410\ mm = 79\ mm < 2a_s' = 80\ mm$$

所以,按式（5-28）计算A_s,有

$$e' = e_i - \frac{h}{2} + a_s' = 480\ mm - \frac{450\ mm}{2} + 40\ mm = 295\ mm$$

$$A_s = \frac{Ne'}{f_y(h_0 - a_s')} = \frac{493.54 \times 10^3 \times 295}{360 \times (410 - 40)}\ mm^2$$

$$= 1\ 093\ mm^2 > \rho_{min}bh = 0.20\% \times 300\ mm \times 450\ mm = 270\ mm^2$$

受拉钢筋选用3Φ22($A_s = 1\ 140\ mm^2$)。

钢筋总用量为1 140 mm² + 1 520 mm² = 2 660 mm²,全部纵向钢筋的配筋率:
$\frac{2\ 660}{300 \times 450} = 1.97\% > 0.55\%$,满足一侧和全部纵向钢筋最小配筋率要求。

（5）垂直于弯矩作用平面承载力验算

同例5-4。

比较以上3个算例的计算结果可知:① 偏心受压构件和受弯构件双筋截面相同,当取$\xi = \xi_b$时充分利用了混凝土的抗压能力,总的钢筋用量($A_s + A_s'$)最小。② 当内力不变时,随纵向受压钢筋A_s'的增加,混凝土受压区计算高度x减小。

【例5-7】 某现浇框架结构底层矩形截面柱,二级安全等级,二 a 类环境类别。截面尺寸$b \times h = 400\ mm \times 600\ mm$,柱高$H = 5.40\ m$,垂直于弯矩作用平面计算长度$l_0 = H$。上下端弯矩设计值$M_1 = 147.0\ kN \cdot m$和$M_2 = 158.0\ kN \cdot m$(均使该柱左侧受拉且已考虑了$P-\Delta$效应),与$M_2$相应的轴向压力设计值$N = 3\ 125.0\ kN$。混凝土强度等级为C30,纵向钢筋采用HRB400。求纵向钢筋A_s和A_s',配筋并画出配筋图。

【解】

（1）资料

C30 混凝土，$f_c = 14.3$ N/mm^2，$\alpha_1 = 1.0$；HRB400 钢筋，$f_y = f'_y = 360$ N/mm^2，$\xi_b = 0.518$，全部纵向钢筋的最小配筋率 $\rho_{min} = 0.55\%$，一侧纵向钢筋的最小配筋率 $\rho_{min} = 0.20\%$。

环境类别为二 a，取保护层厚度 $c = 25$ mm。预估纵向钢筋单层布置，取 $a_s = a'_s = 45$ mm，$h_0 = h - a_s = 600$ mm $- 45$ mm $= 555$ mm。

（2）判断是否要考虑 $P\text{-}\delta$ 效应

杆端弯矩比　　　$\dfrac{M_1}{M_2} = \dfrac{147.0}{158.0} = 0.93 > 0.9$

应考虑 $P\text{-}\delta$ 效应。

（3）计算考虑 $P\text{-}\delta$ 效应后的弯矩设计值

$$e_a = \max\left(20 \text{ mm}, \frac{h}{30}\right) = \max\left(20 \text{ mm}, \frac{600 \text{ mm}}{30}\right) = \max(20 \text{ mm}, 20 \text{ mm}) = 20 \text{ mm}$$

由式（5-7）得

$$C_m = 0.7 + 0.3\frac{M_1}{M_2} = 0.7 + 0.3 \times 0.93 = 0.98$$

由式（5-10）得

$$\zeta_c = \frac{0.5 f_c A}{N} = \frac{0.5 \times 14.3 \times 400 \times 600}{3\,125.0 \times 10^3} = 0.55$$

由式（5-9）得

$$\eta_{ns} = 1 + \frac{1}{1\,300(M_2/N + e_a)/h_0}\left(\frac{l_0}{h}\right)^2 \zeta_c$$

$$= 1 + \frac{1}{1\,300 \times \left(\dfrac{158.0 \times 10^6}{3\,125.0 \times 10^3} + 20\right)\Big/555} \times \left(\frac{5\,400}{600}\right)^2 \times 0.55 = 1.27$$

$C_m \eta_{ns} = 0.98 \times 1.27 = 1.24 > 1.0$，由式（5-8）得

$$M = C_m \eta_{ns} M_2 = 1.24 \times 158.0 \text{ kN} \cdot \text{m} = 195.92 \text{ kN} \cdot \text{m}$$

（4）配筋计算

① 判断大、小偏心

$$e_0 = \frac{M}{N} = \frac{195.92 \times 10^6}{3\,125.0 \times 10^3} \text{ mm} = 63 \text{ mm}$$

$$e_i = e_0 + e_a = 63 \text{ mm} + 20 \text{ mm} = 83 \text{ mm} < 0.3 h_0 = 0.3 \times 555 \text{ mm} = 167 \text{ mm}$$

为小偏心受压构件。

② 计算 A_s 和 A'_s

按最小配筋率配置 A_s，$A_s = \rho_{min} bh = 0.20\% \times 400$ mm $\times 600$ mm $= 480$ mm^2，选用 3 ⊕ 16

$(A_s = 603 \text{ mm}^2)$。

$$N = 3\ 125.0 \text{ kN} < f_c bh = 14.3 \text{ N/mm}^2 \times 400 \text{ mm} \times 600 \text{ mm}$$
$$= 3\ 432.0 \times 10^3 \text{ N} = 3\ 432.0 \text{ kN}$$

不需要复核 A_s 值。

将 $x = \xi h_0$ 代入基本公式(5-13)及式(5-14),再联立求 σ_s 的式(5-18),并取 $\xi_b = 0.518, \beta_1 = 0.8, e = e_i + \dfrac{h}{2} - a_s = 83 + \dfrac{600 \text{ mm}}{2} - 45 \text{ mm} = 338 \text{ mm}$,有

$$\sigma_s = f_y \frac{\beta_1 - \xi}{\beta_1 - \xi_b} = 360 \text{ N/mm}^2 \times \frac{0.8 - \xi}{0.8 - 0.518} = (1\ 021 - 1\ 277\xi) \text{ N/mm}^2 \quad (\text{d1})$$

$$3\ 125.0 \times 10^3 \text{ N} = 1.0 \times 14.3 \text{ N/mm}^2 \times 400 \text{ mm} \times 555 \text{ mm} \times \xi +$$
$$360 \text{ N/mm}^2 \times A_s' - 603 \text{ mm}^2 \times \sigma_s \quad (\text{d2})$$

$$3\ 125.0 \times 10^3 \text{ N} \times 338 \text{ mm} = 1.0 \times 14.3 \text{ N/mm}^2 \times 400 \text{ mm} \times 555^2 \text{ mm}^2 \times$$
$$\xi(1 - 0.5\xi) + 360 \text{ N/mm}^2 \times (555 - 45) \text{ mm} \times A_s' \quad (\text{d3})$$

联立求解式(d1)~式(d3)得

$$\xi = 0.851 < 2\beta_1 - \xi_b = 1.08$$

$$A_s' = 1\ 061 \text{ mm}^2 > \rho_{\min} bh = 0.20\% \times 400 \text{ mm} \times 600 \text{ mm} = 480 \text{ mm}^2$$

选用 4Φ20($A_s' = 1\ 256 \text{ mm}^2$)。

截面高度 $h = 600 \text{ mm}$,需沿长边设置 2Φ12(钢筋用量 226 mm²)纵向构造钢筋,则钢筋总用量为 603 mm² + 1 256 mm² + 226 mm² = 2 085 mm²,全部纵向钢筋配筋率:
$\dfrac{2\ 085}{400 \times 600} = 0.87\% > 0.55\%$,满足一侧和全部纵向钢筋最小配筋率要求。

(5)垂直于弯矩作用平面承载力验算

$$\frac{l_0}{b} = \frac{5.40}{0.40} = 13.50 > 8$$

需考虑纵向弯曲的影响。由表 5-1 查得 $\varphi = 0.93$。

全部纵向钢筋配筋率小于 3.0%,可取 $A = bh$,由式(5-2)得

$$N_u = 0.9\varphi(f_c A + f_y' A_s')$$
$$= 0.9 \times 0.93 \times (14.3 \text{ N/mm}^2 \times 400 \text{ mm} \times 600 \text{ mm} + 360 \text{ N/mm}^2 \times 2\ 085 \text{ mm}^2)$$
$$= 3\ 500.84 \times 10^3 \text{ N}$$
$$= 3\ 500.84 \text{ kN} > 3\ 125.0 \text{ kN}$$

垂直于弯矩作用平面承载力满足要求。

(6)配筋图

箍筋选用Φ8@240,并在纵向构造钢筋 2Φ12 之间布置拉筋Φ8@240,截面配筋如图 5-30 所示。

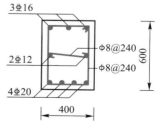

图 5-30 柱截面配筋

【例 5-8】   某无吊车单层工业厂房钢筋混凝土排架柱,二级安全级别,一类环境类别。截面尺寸 $b \times h = 350$ mm×550 mm,柱高 $H = 5.20$ m,垂直于弯矩作用平面计算长度 $l_0 = 5.20$ m。混凝土强度等级为 C35,纵向钢筋采用 HRB400。偏心压力设计值 $N = 620.10$ kN,偏心距 $e_0 = 228$ mm(已考虑了二阶效应)。靠近轴力一侧配有 3 Φ 18($A'_s = 763$ mm²),远离轴力一侧配有 4 Φ 16($A_s = 804$ mm²)。试复核柱截面的承载力是否满足要求。

【解】

(1)资料

C35 混凝土,$f_c = 16.7$ N/mm²,$\alpha_1 = 1.0$;HRB400 钢筋,$f_y = f'_y = 360$ N/mm²,$\xi_b = 0.518$。

一类环境类别,取保护层厚度 $c = 20$ mm;纵向钢筋单层布置,取 $a_s = a'_s = 40$ mm,$h_0 = h - a_s = 550$ mm-40 mm$= 510$ mm。

(2)判断大小偏心

$$e_a = \max\left(20 \text{ mm}, \frac{h}{30}\right) = \max\left(20 \text{ mm}, \frac{550 \text{ mm}}{30}\right) = \max(20 \text{ mm}, 18 \text{ mm}) = 20 \text{ mm}$$

$$e_i = e_0 + e_a = 228 \text{ mm} + 20 \text{ mm} = 248 \text{ mm}$$

$$e = e_i + \frac{h}{2} - a_s = 248 \text{ mm} + \frac{550 \text{ mm}}{2} - 40 \text{ mm} = 483 \text{ mm}$$

$$e' = e_i - \frac{h}{2} + a'_s = 248 \text{ mm} - \frac{550 \text{ mm}}{2} + 40 \text{ mm} = 13 \text{ mm}$$

由式(5-30)有

$$1.0 \times 16.7 \text{ N/mm}^2 \times 350 \text{ mm} \times (483 \text{ mm} - 510 \text{ mm} + 0.5x)x$$

$$= 360 \text{ N/mm}^2 \times 804 \text{ mm}^2 \times 483 \text{ mm} - 360 \text{ N/mm}^2 \times 763 \text{ mm}^2 \times 13 \text{ mm}$$

解得,$x = 245$ mm$> 2a'_s = 2 \times 40$ mm$= 80$ mm。

$$\xi = \frac{x}{h_0} = \frac{245}{510} = 0.480 < \xi_b = 0.518$$

为大偏心受压构件。

(3)弯矩作用平面承载力复核

由式(5-31),弯矩作用平面承载力为

$$N_u = \alpha_1 f_c bx + f'_y A'_s - f_y A_s$$

$$= 1.0 \times 16.7 \text{ N/mm}^2 \times 350 \text{ mm} \times 245 \text{ mm} +$$

$$360 \text{ N/mm}^2 \times 763 \text{ mm}^2 - 360 \text{ N/mm}^2 \times 804 \text{ mm}^2$$

$$= 1\ 417.27 \times 10^3 \text{ N} = 1\ 417.27 \text{ kN} > N = 620.10 \text{ kN}$$

(4)垂直于弯矩作用平面承载力复核

$$\frac{l_0}{b} = \frac{5.20}{0.35} = 14.86 > 8$$

需考虑纵向弯曲的影响,由表 5-1 查得 $\varphi = 0.90$。

全部纵向钢筋配筋率$\dfrac{804+763}{350 \times 550} = 0.81\% < 3\%$,可取 $A = bh$,由式(5-2)得

$$N_u = 0.9\varphi(f_c A + f_y' A_s')$$

$$= 0.9 \times 0.90 \times [16.7 \ \text{N/mm}^2 \times 350 \ \text{mm} \times 550 \ \text{mm} + 360 \ \text{N/mm}^2 \times (804 + 763) \ \text{mm}^2]$$

$$= 3\ 060.88 \times 10^3 \ \text{N} = 3\ 060.88 \ \text{kN} > 620.10 \ \text{kN}$$

综上,该柱的正截面受压承载力满足要求。

5.4 对称配筋矩形截面偏心受压构件
正截面受压承载力计算

从上一节可以看出,不论大、小偏心受压构件,两侧的纵向钢筋截面面积 A_s 和 A_s' 都是由各自的计算公式得出的,其数量一般不相等,这种配筋方式称为不对称配筋。不对称配筋比较经济,但施工不够方便。

在工程实践中,常在构件两侧配置相等的纵向钢筋,称为对称配筋。对称配筋虽然要多用一些钢筋,但构造简单,施工方便。特别是构件在不同的荷载组合下,同一截面可能承受数量相近的正负弯矩时,更应采用对称配筋。例如厂房的排(刚)架立柱在不同方向的风荷载作用时,同一截面就可能承受数值相差不大的正负弯矩,此时就应该设计成对称配筋。

下面给出对称配筋偏心受压构件正截面受压承载力的计算方法。

1. 大偏心受压

因为 $A_s = A_s'$,同时 $f_y = f_y'$,所以由式(5-20)可得

$$\xi = \frac{N}{\alpha_1 f_c b h_0} \tag{5-36}$$

如 $x = \xi h_0 \geqslant 2a_s'$,则由式(5-21)得

$$A_s = A_s' = \frac{Ne - \alpha_s \alpha_1 f_c b h_0^2}{f_y'(h_0 - a_s')} \tag{5-37}$$

式中,$e = e_i + \dfrac{h}{2} - a_s$,$e_i = e_0 + e_a$,$\alpha_s = \xi(1 - 0.5\xi)$。

如 $x < 2a_s'$,则由式(5-28)得

$$A_s = A_s' = \frac{Ne'}{f_y(h_0 - a_s')} \tag{5-38}$$

式中,$e' = e_i - \dfrac{h}{2} + a_s'$,$e_i = e_0 + e_a$。

实际配置的 A_s 及 A_s' 均必须大于其 $\rho_{\min} bh$,全部纵向钢筋配筋量也必须满足其最小配筋率的要求。

2. 小偏心受压

将 $A_s = A'_s$、$x = \xi h_0$ 及 $\sigma_s = f_y \dfrac{\beta_1 - \xi}{\beta_1 - \xi_b}$ 代入基本公式(5-13)和式(5-14)得

$$N \leqslant N_u = \alpha_1 f_c b \xi h_0 + f_y A_s \frac{\xi - \xi_b}{\beta_1 - \xi_b} \tag{5-39}$$

$$Ne \leqslant N_u = (1 - 0.5\xi)\alpha_1 f_c b h_0^2 \xi + f'_y A'_s (h_0 - a'_s) \tag{5-40}$$

将上述方程式联立求解可得出相对受压区高度 ξ 及钢筋截面面积 A'_s。但在联立求解上述方程式时,需求解 ξ 的三次方程,求解十分困难,必须简化。考虑到在小偏心受压范围内 ξ 在 $\xi_b \sim 1.1$ 之间,对于常用的普通混凝土和 HRB400 钢筋,ξ_b 在 $0.518 \sim 0.499$ 之间,相应 $\xi(1 - 0.5\xi)$ 在 $0.374 \sim 0.495$ 之间,GB 50010—2010 规范近似取为 0.43,为 0.374 和 0.495 平均值。因此在关于 ξ 的三次方程式中,以 $\xi(1 - 0.5\xi) = 0.43$ 代入,可得到近似公式:

$$\xi = \frac{N - \alpha_1 f_c b \xi_b h_0}{\dfrac{Ne - 0.43\alpha_1 f_c b h_0^2}{(\beta_1 - \xi_b)(h_0 - a'_s)} + \alpha_1 f_c b h_0} + \xi_b \tag{5-41}$$

由式(5-41)求出 ξ,代入式(5-40)得

$$A_s = A'_s = \frac{Ne - \xi(1 - 0.5\xi)\alpha_1 f_c b h_0^2}{f'_y(h_0 - a'_s)} \tag{5-42}$$

实际配置的 A_s 及 A'_s 均必须大于其 $\rho_{min} bh$,全部纵向钢筋配筋量也必须满足其最小配筋率的要求。

3. 大、小偏压构件的分界

采用对称配筋时,可像不对称配筋一样,按偏心距大小判断大、小偏心,并在计算过程中用 ξ 与 ξ_b 之间的关系加以验证。即,如 $e_i \leqslant 0.3h_0$,就用小偏心受压公式计算;如 $e_i > 0.3h_0$,则用大偏心受压公式计算,但此时如果算出的 $\xi > \xi_b$,则仍按小偏心受压计算。

也可直接按式(5-36)计算出 ξ,然后用 ξ 来判别:若 $\xi \leqslant \xi_b$,为大偏心受压构件;否则,为小偏心受压构件。

取 $\xi = \xi_b$,由式(5-36)可得大、小偏心受压界限时的界限轴向压力 N_b:

$$N_b = \xi_b \alpha_1 f_c b h_0 \tag{5-43}$$

因此也可用界限轴向压力 N_b 来判别大、小偏心受压:若 $N \leqslant N_b$,为大偏心受压构件;否则,为小偏心受压构件。

如此判别大、小偏心受压,有时会出现矛盾的情况。当轴向压力的初始偏心距 e_i 很小甚至接近零时,应该属于小偏心受压。然而,当截面尺寸较大而轴向压力较小时,用式(5-36)或式(5-43)计算得到的 ξ 或 N_b 来判别,$\xi \leqslant \xi_b$ 或 $N \leqslant N_b$,为大偏心受压。其原因是截面尺寸过大,此时,无论按大偏心受压还是小偏心受压构件计算,配筋均由最小配筋率控制。

对称配筋截面在构件承载力复核时,计算方法和步骤与不对称配筋截面基本相同,不再重述。

【例 5-9】　已知条件同例 5-4,设计成对称配筋。

【解】

（1）（2）（3）同例 5-4。

（4）配筋计算

由式（5-36）得

$$\xi = \frac{N}{\alpha_1 f_c b h_0} = \frac{493.54 \times 10^3}{1.0 \times 14.3 \times 300 \times 410} = 0.281 < \xi_b = 0.518$$

为大偏心受压构件。

$$x = \xi h_0 = 0.281 \times 410 \text{ mm} = 115 \text{ mm} > 2a_s' = 80 \text{ mm}$$

$$\alpha_s = \xi(1 - 0.5\xi) = 0.281 \times (1 - 0.5 \times 0.281) = 0.242$$

由式（5-37）得

$$A_s = A_s' = \frac{Ne - \alpha_s \alpha_1 f_c b h_0^2}{f_y'(h_0 - a_s')} = \frac{493.54 \times 10^3 \times 665 - 0.242 \times 1.0 \times 14.3 \times 300 \times 410^2}{360 \times (410 - 40)} \text{ mm}^2$$

$$= 1\ 154 \text{ mm}^2 > \rho_{min} bh = 0.20\% \times 300 \text{ mm} \times 450 \text{ mm} = 270 \text{ mm}^2$$

每边配置 4 ⊈ 20（$A_s = A_s' = 1\ 256 \text{ mm}^2$）。

钢筋总用量为 $1\ 256 \text{ mm}^2 + 1\ 256 \text{ mm}^2 = 2\ 512 \text{ mm}^2$,全部纵向钢筋配筋率:

$\dfrac{2\ 512}{300 \times 450} = 1.86\% > 0.55\%$,满足一侧和全部纵向钢筋最小配

筋率要求。

（5）垂直于弯矩作用平面承载力验算

同例 5-4。

（6）配筋图

箍筋选用 ⌀ 8@ 300,截面配筋如图 5-31 所示。与例题

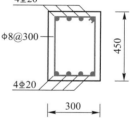

图 5-31　柱截面配筋

5-4 比较可以看出,采用对称配筋时,钢筋用量需多一些。

【例 5-10】　某钢筋混凝土框架办公楼底层柱,环境类别为 二 a,二级安全等级,截面尺寸 $b \times h = 400 \text{ mm} \times 600 \text{ mm}$,柱高 $H = 5.80 \text{ m}$,垂直于弯矩作用平面计算长度 $l_0 = H$。两端弯矩设计值 $M_1 = 332.10 \text{ kN} \cdot \text{m}$ 和 $M_2 = 398.52 \text{ kN} \cdot \text{m}$（均使该柱左侧受拉且已考虑了 P-Δ 效应）,与 M_2 相应的轴向压力设计值 $N = 2\ 230.80 \text{ kN}$。混凝土强度等级为 C35,纵向受力钢筋采用 HRB400,对称配筋。试配置该柱钢筋。

【解】

（1）资料

C35 混凝土,$f_c = 16.7 \text{ N/mm}^2$,$\alpha_1 = 1.0$,$\beta_1 = 0.8$;HRB400 钢筋,$f_y' = f_y = 360 \text{ N/mm}^2$,$\xi_b = 0.518$,全部纵向钢筋的最小配筋率 $\rho_{min} = 0.55\%$,一侧纵向钢筋的最小配筋率 $\rho_{min} = 0.20\%$。

二 a 类环境类别,取保护层厚度 $c=25$ mm;预估纵向钢筋单层布置,取 $a_s=a_s'=45$ mm, $h_0=h-a_s=600$ mm-45 mm$=555$ mm。

（2）判断是否要考虑 P-δ 效应

杆端弯矩比 $\quad\dfrac{M_1}{M_2}=\dfrac{332.10}{398.52}=0.83<0.9$

轴压比 $\quad\dfrac{N}{f_cA}=\dfrac{2\,230.80\times10^3}{16.7\times400\times600}=0.56<0.9$

长细比 $\quad\dfrac{l_c}{i}=\dfrac{5\,800}{\dfrac{600}{\sqrt{12}}}=33.49>34-12\dfrac{M_1}{M_2}=34-12\times0.83=24.04$

由于 $l_c/i>34-12(M_1/M_2)$,所以应考虑 P-δ 效应。

（3）计算考虑 P-δ 效应后的弯矩设计值

$$e_a=\max\left(20\text{ mm},\frac{h}{30}\right)=\max\left(20\text{ mm},\frac{600\text{ mm}}{30}\right)=\max(20\text{ mm},20\text{ mm})=20\text{ mm}$$

由式（5-7）得

$$C_m=0.7+0.3\frac{M_1}{M_2}=0.7+0.3\times0.83=0.95$$

由式（5-10）得

$$\zeta_c=\frac{0.5f_cA}{N}=\frac{0.5\times16.7\times400\times600}{2\,230.80\times10^3}=0.90$$

由式（5-9）得

$$\eta_{ns}=1+\frac{1}{1\,300(M_2/N+e_a)/h_0}\left(\frac{l_c}{h}\right)^2\zeta_c$$

$$=1+\frac{1}{1\,300\times\left(\dfrac{398.52\times10^6}{2\,230.80\times10^3}+20\right)\bigg/555}\times\left(\frac{5\,800}{600}\right)^2\times0.90=1.18$$

$C_m\eta_{ns}=0.95\times1.18=1.12>1.0$,由式（5-8）得

$$M=C_m\eta_{ns}M_2=1.12\times398.52\text{ kN}\cdot\text{m}=446.34\text{ kN}\cdot\text{m}$$

（4）配筋计算

① 判断大、小偏心

$$e_0=\frac{M}{N}=\frac{446.34\times10^6}{2\,230.80\times10^3}\text{ mm}=200\text{ mm}$$

$$e_i=e_0+e_a=200\text{ mm}+20\text{ mm}=220\text{ mm}>0.3h_0=0.3\times555\text{ mm}=167\text{ mm}$$

可先按大偏心受压构件计算。

$$\xi=\frac{N}{\alpha_1 f_cbh_0}=\frac{2\,230.80\times10^3}{1.0\times16.7\times400\times555}=0.602>\xi_b=0.518$$

虽 $e_i > 0.3h_0$，但 $\xi > \xi_b$，故按小偏心受压构件计算。

② 计算 A_s 和 A_s'

$$e = e_i + \frac{h}{2} - a_s = 220 \text{ mm} + \frac{600 \text{ mm}}{2} - 45 \text{ mm} = 475 \text{ mm}$$

按小偏心受压重新计算 ξ 值，由式（5-41）得

$$\xi = \frac{N - \alpha_1 f_c b \xi_b h_0}{\dfrac{Ne - 0.43\alpha_1 f_c b h_0^2}{(\beta_1 - \xi_b)(h_0 - a_s')} + \alpha_1 f_c b h_0} + \xi_b$$

$$= \frac{2\,230.80 \times 10^3 - 1.0 \times 16.7 \times 400 \times 0.518 \times 555}{\dfrac{2\,230.80 \times 10^3 \times 475 - 0.43 \times 1.0 \times 16.7 \times 400 \times 555^2}{(0.8 - 0.518) \times (555 - 45)} + 1.0 \times 16.7 \times 400 \times 555} + 0.518$$

$$= 0.581$$

由式（5-42）得

$$A_s = A_s' = \frac{Ne - \xi(1 - 0.5\xi)\alpha_1 f_c b h_0^2}{f_y'(h_0 - a_s')}$$

$$= \frac{2\,230.80 \times 10^3 \times 475 - 0.581 \times (1 - 0.5 \times 0.581) \times 1.0 \times 16.7 \times 400 \times 555^2}{360 \times (555 - 45)} \text{ mm}^2$$

$$= 1\,152 \text{ mm}^2 > \rho_{\min} bh = 0.20\% \times 400 \text{ mm} \times 600 \text{ mm} = 480 \text{ mm}^2$$

每边配置 4 ⊈ 20（$A_s = A_s' = 1\,256 \text{ mm}^2$）。

截面高度 $h = 600 \text{ mm}$，需沿长边设置 2 ⊈ 12 纵向构造钢筋（钢筋用量 226 mm²），则钢筋总用量为 $1\,256 \text{ mm}^2 + 1\,256 \text{ mm}^2 + 226 \text{ mm}^2 = 2\,738 \text{ mm}^2$，全部纵向钢筋配筋率：

$$\frac{2\,738}{400 \times 600} = 1.14\% > 0.55\%$$，满足一侧和全部纵向钢筋最小配筋率要求。

（5）垂直于弯矩作用平面承载力复核

$$\frac{l_0}{b} = \frac{5\,800}{400} = 14.50 > 8$$

需考虑纵向弯曲的影响，由表 5-1 查得 $\varphi = 0.91$。

全部纵向钢筋配筋率小于 3.0%，可取 $A = bh$，由式（5-2）得

$$N_u = 0.9\varphi(f_c A + f_y' A_s') = 0.9 \times 0.91 \times (16.7 \times 400 \times 600 + 360 \times 2\,738) \text{ N}$$

$$= 4\,089.82 \times 10^3 \text{ N}$$

$$= 4\,089.82 \text{ kN} > N = 2\,230.80 \text{ kN}$$

垂直于弯矩作用平面承载力满足要求。

（6）配筋图

箍筋选用Φ 8@ 300，并在纵向构造钢筋 2 ⊈ 12 之间布置拉筋Φ 8@ 300，截面配筋如图 5-32 所示。

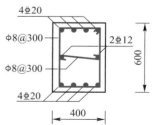

图 5-32　柱截面配筋图

5.5　偏心受压构件截面承载能力 N_u 与 M_u 的关系

同样材料、同样截面尺寸与配筋的偏心受压构件,当轴向压力的初始偏心距 e_i 不同时,将会得到不同的破坏轴向压力,这从试验也可完全得到证实。也就是说,构件截面将在不同的 N_u 及 M_u 组合下发生破坏。在设计中,同一截面会遇到不同的内力组合(即不同的 N 与 M 组合)。因此,必须能够判断哪一种组合是最危险的,以此用来进行配筋设计。为了简单起见,下面用对称配筋的公式为例来加以说明(非对称配筋也是同样的)。

大偏心受压时,由式(5-36)和式(5-37)可得

$$\xi = \frac{N}{\alpha_1 f_c b h_0} \tag{e1}$$

$$A_s = A_s' = \frac{N_u e - \xi(1-0.5\xi)\alpha_1 f_c b h_0^2}{f_y'(h_0 - a_s')} \tag{e2}$$

将 $e = e_i + \dfrac{h}{2} - a_s$ 和 $\xi = \dfrac{N}{\alpha_1 f_c b h_0}$ 代入式(e2),得

$$N_u e = N_u(e_i + 0.5h - a_s) = h_0 N_u\left(1 - 0.5\frac{N_u}{\alpha_1 f_c b h_0}\right) + f_y' A_s'(h_0 - a_s') \tag{e3}$$

整理上式可得

$$M_u = N_u e_i = 0.5h N_u - \frac{N_u^2}{2\alpha_1 f_c b} + f_y' A_s'(h_0 - a_s') \tag{e4}$$

由上式可见,在大偏心范围内,M_u 与 N_u 为二次函数关系。对一已知材料、尺寸与配筋的截面,可作出 M_u 与 N_u 的关系曲线如图 5-33 中的 AB 段。

小偏心受压时,若 $\xi > \xi_b$,取 $\sigma_s = f_y\dfrac{\beta_1 - \xi}{\beta_1 - \xi_b}$,并取 $f_y' A_s' = f_y A_s$,代入式(5-13),整理后可得受压区高度 x 的计算公式如下:

$$x = \frac{(\beta_1 - \xi_b)N + f_y A_s \xi_b}{(\beta_1 - \xi_b)\alpha_1 f_c b + (f_y A_s)/h_0} \tag{e5}$$

若 $\xi \geqslant \beta_1 - \xi_b$,取 $\sigma_s = -f_y'$,并取 $f_y' A_s' = f_y A_s$,则由式(5-13)可得

$$x = \frac{N - 2f_y A_s}{\alpha_1 f_c b} \tag{e6}$$

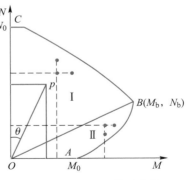

图 5-33　N_u-M_u 关系曲线

将 $e = e_i + \dfrac{h}{2} - a_s$ 和 x 代入式(5-14),并令 $N_u e_i = M_u$,可知 M_u 与 N_u 也是二次函数关系。但与大偏心范围不同的是,随着 N 的增大,M 却减小,如图 5-33 中的曲线

BC 段。

从图 5-33 可看出如下几点：

（1）图中 C 点为构件承受轴心压力时的承载力 N_0；A 点为构件承受纯弯曲作用时的承载力 M_0；B 点则为大、小偏心的分界。曲线 ABC 表示偏心受压构件在一定的材料、一定的截面尺寸及配筋下所能承受的 M_u 与 N_u 关系的规律。当外荷载使得截面承受的设计内力组合 (M,N) 的坐标位于曲线 ABC 的外侧时，就表示构件承载力已不足。

（2）图上任意一点 p 代表一组内力 (M,N)，pO 与 N 轴的夹角为 θ，则 $\tan\theta$ 代表偏心距 $e_0 = M/N$。OB 线把图形分为两个区域，Ⅰ区表示偏心较小区，Ⅱ区表示偏心较大区。

（3）在偏心较大区，对 M 值相同的两点，N 较小的点比 N 较大的点靠近 AB 线，即 N 较小的点比 N 较大的点危险。同样，当内力组合中 N 值相同，则 M 值越大就越危险。这是因为大偏心受压破坏控制于受拉区，轴向压力越小或弯矩越大就使受拉区应力增大，削弱了正截面受压承载力。

（4）在偏心较小区，对 M 值相同的两点，N 较大的点比 N 较小的点靠近 BC 线，即 N 较大的点比 N 较小的点危险。同样，当内力组合中 N 值相同时，则 M 值越大就越危险。这是因为小偏心受压破坏控制于受压区，轴向压力越大或弯矩越大就使受压区应力增大，削弱了正截面受压承载力。

在实际工程中，偏心受压柱的同一截面可能遇到许多种内力组合，有的组合使截面发生大偏心破坏，有的组合又会使截面发生小偏心破坏。在理论上常需要考虑下列组合作为最不利组合：

①　$\pm M_{max}$ 及相应的 N；

②　N_{max} 及相应的 $\pm M$；

③　N_{min} 及相应的 $\pm M$。

这样多种组合使计算很复杂，在实际设计中应该利用图 5-33 所示的规律性来具体地加以判断，选择其中最危险的几种情况进行设计计算。

5.6　偏心受压构件斜截面受剪承载力计算

实际工程中，偏心受压构件在承受轴向压力 N 和弯矩 M 的同时一般还承受剪力 V 的作用，因此，也同样有斜截面受剪承载力计算的问题。偏心受压构件相当于对受弯构件增加了一个轴向压力 N。轴向压力的存在能限制斜裂缝的开展，增强骨料间的咬合力，扩大混凝土剪压区高度，因而提高了混凝土的受剪承载力。

偏心受压构件斜截面受剪承载力的计算公式，是在受弯构件斜截面受剪承载力计算公式的基础上，加上由于轴向压力 N 的存在引起的混凝土受剪承载力提高值得到的。根据试验资料，从偏于安全考虑，混凝土受剪承载力提高值取为 $0.07N$。

GB 50010—2010 规范规定,矩形、T 形和 I 形截面偏心受压构件的斜截面受剪承载力应按下式计算:

$$V \le V_u = \frac{1.75}{\lambda+1} f_t b h_0 + f_{yv} \frac{A_{sv}}{s} h_0 + 0.07N \qquad (5-44)$$

式中　N——与剪力设计值 V 相应的轴向压力设计值,当 $N > 0.3f_c A$ 时,取 $N = 0.3f_c A$,A 为构件的截面面积;

　　　　λ——偏心受压构件计算截面的剪跨比。

其余符号和第 4 章式(4-12)相同。

剪跨比 λ 按下列原则确定:

(1) 对各类结构的框架柱,宜取 $\lambda = M/(Vh_0)$,其中 M 为计算截面上与剪力设计值 V 相应的弯矩设计值;对框架结构中的框架柱,当其反弯点在层高范围内时,可取 $\lambda = H_n/(2h_0)$,其中 H_n 为柱净高。当 $\lambda < 1$ 时,取 $\lambda = 1$;$\lambda > 3$ 时,取 $\lambda = 3$。

(2) 对于其他偏心受压构件,当承受均布荷载时 $\lambda = 1.5$;对集中荷载为主的独立梁(单独集中荷载作用,或有多种荷载作用但集中荷载对支座截面或节点边缘所产生的剪力值占总剪力 75% 以上的情况),$\lambda = a/h_0$,当 $\lambda < 1.5$ 时取 $\lambda = 1.5$,$\lambda > 3$ 时取 $\lambda = 3$,此处 a 为集中荷载作用点至支座或节点边缘的距离。

偏心受压构件的截面和受弯构件一样,也应满足第 4 章式(4-16)的要求,以防止产生斜压破坏。此外,如果能满足 $V \le \frac{1.75}{\lambda+1} f_t b h_0 + 0.07N$ 时,可不进行斜截面受剪承载力计算而按构造要求配置箍筋。

偏心受压构件受剪承载力的计算步骤和受弯构件受剪承载力计算步骤类似,可参照进行。

5.7　双向偏心受压构件正截面承载力计算

当偏心受压构件同时承受轴心压力 N 及作用在两个主平面内的弯矩 M_x 与 M_y 时,或承受不落在主平面内的偏心压力时,称为双向偏心受压构件,如图 5-34 所示。

设计双向偏心受压构件时,首先拟定构件的截面尺寸及钢筋的数量和布置形式,然后加以复核。复核双向偏心受压构件的正截面受压承载力时,按GB 50010—2010 规范,可采用如下公式:

$$N \le N_u = \frac{1}{\dfrac{1}{N_{ux}} + \dfrac{1}{N_{uy}} - \dfrac{1}{N_{u0}}} \qquad (5-45)$$

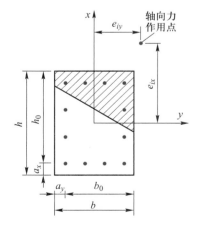

图 5-34　双向偏心受压构件的截面

第 5 章
总结

式中　N_{u0}——构件截面的轴心受压承载力,可按式(5-2)计算,但应取等号,将 N 以 N_{u0} 代替,且不考虑稳定系数 φ 和系数 0.9。

　　　N_{ux}——轴向压力作用于 x 轴并考虑相应的偏心距 e_{ix} 后,按全部纵向钢筋计算的构件偏心受压承载力。

　　　N_{uy}——轴向压力作用于 y 轴并考虑相应的偏心距 e_{iy} 后,按全部纵向钢筋计算的构件偏心受压承载力。

　e_{ix}、e_{iy}——轴向压力在 x 和 y 方向的初始偏心距:$e_{ix} = e_{0x} + e_{ax}$,$e_{iy} = e_{0y} + e_{ay}$。e_{ax} 和 e_{ay} 为 x 和 y 方向的附加偏心距。

　　当纵向钢筋在截面两对边配置时,构件的偏心受压承载力 N_{ux}、N_{uy} 可按 5.3 节或 5.4 节的规定计算,但应取等号,并将 N 以 N_{ux} 或 N_{uy} 代替。

思考题

第 5 章
思考题详解

5-1　在普通箍筋柱中,箍筋有什么作用? 有哪些构造要求? 轴心受压螺旋箍筋柱中,箍筋有什么作用? 有哪些构造要求?

5-2　轴心受压柱混凝土发生徐变后,钢筋与混凝土应力会发生什么变化? 轴心受压柱主要靠混凝土承受压力,为什么还要规定纵向钢筋的最小配筋率?

5-3　普通箍筋轴心受压短柱与长柱的破坏有何不同? 计算中如何考虑柱长细比对轴心受压承载力的影响?

5-4　轴心受压柱什么时候需设计成螺旋箍筋柱? 配置了螺旋式箍筋或焊接环式箍筋的轴心受压柱,按螺旋箍筋柱计算受压承载力应满足什么限制条件? 为什么要满足这些限制条件?

5-5　什么是偏心受压构件的附加偏心距? 什么是偏心受压构件的初始偏心距?

5-6　什么是二阶效应? 在偏心受压构件设计中如何考虑二阶效应? 说明弯矩增大系数 η_{ns} 的物理意义。

△5-7　什么是偏心受压构件的界限破坏? 试写出界限受压承载力设计值 N_b 及界限偏心距 e_{ib} 的表达式。这些表达式说明了什么?

5-8　试从破坏原因、破坏性质及影响承载力的主要因素来分析偏心受压构件正截面受压破坏的两种破坏特征。当构件的截面尺寸、材料强度及配筋给定时,发生两种正截面受压破坏的条件分别是什么?

5-9　在什么情况下可以用 e_i 和 $0.3h_0$ 的大小关系来判别偏心受压破坏类别? $0.3h_0$ 是根据什么情况给出的?

5-10　在偏心受压构件的截面配筋计算中,按小偏心受压构件设计时,为什么需首先确定距轴力较远一侧的配筋面积 A_s,且 A_s 的确定为什么与 A_s' 及 ξ 无关?

5-11　在小偏心受压构件截面设计计算时,若 A_s 和 A_s' 均未知,为什么可按最小配筋率确定 A_s? 在什么情况下 A_s 可能超过其最小配筋量,此时应如何计算 A_s?

5-12   设计不对称配筋矩形截面大偏心受压构件时:

(1)当 A_s 及 A'_s 均未知时,为使用钢量最省,需补充什么条件? 补充条件后,A'_s 和 A_s 分别如何计算? 当 A'_s 及 A_s 的计算值小于按其最小配筋率确定的用量时怎样处理?

(2)当 A'_s 已知时,怎样计算 A_s?

5-13   对截面尺寸、材料强度及配筋(A_s 及 A'_s)均给定的非对称配筋矩形截面偏心受压构件,当已知 e_i 需验算正截面受压承载力时,为什么不能用 e_i 和 $0.3h_0$ 的大小关系来判别偏心受压破坏类型?

5-14   为什么偏心受压构件要进行垂直于弯矩作用平面的受压承载力校核?

5-15   如何判别对称配筋矩形截面偏心受压构件的正截面受压破坏类型?

5-16   矩形截面偏心受压构件的 N_u–M_u 相关曲线是如何得出的? 它可以用来说明哪些问题?

5-17   截面尺寸、材料强度、配筋和偏心压力作用点等均相同,仅长细比不同的偏心受压构件,可能会出现哪些破坏? 在构件正截面受压承载力 N_u–M_u 相关曲线图上画出这些破坏的加载过程曲线。

△5-18   对称配筋的矩形截面偏心受压柱,其 N_u–M_u 相关曲线如图 5-35 所示,试分析在截面尺寸、配筋面积和钢筋强度均不变的情况下,当混凝土强度等级提高时,图中 A、B、C 三点的位置将发生怎样的改变。

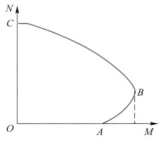

图 5-35   思考题 5-18 图

5-19   如图 5-36 所示构件,在轴向力 N 及荷载 P 的共同作用下,AB 段已处于大偏心受压的屈服状态(受拉钢筋已屈服,混凝土未压碎,构件尚未破坏),在下列四种情况下,(   )情况会导致构件正截面破坏。

A. 保持 P 不变,减小 N B. 保持 P 不变,适当增加 N

C. 保持 N 不变,增加 P D. 保持 N 不变,减小 P

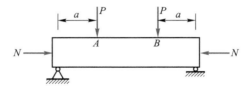

图 5-36   思考题 5-19 图

5-20　对称配筋的矩形截面偏心受压柱，截面尺寸为 $b×h=300\text{ mm}×400\text{ mm}$，$a_s=a_s'=40\text{ mm}$，二级安全等级，混凝土强度等级为 C30，纵向钢筋采用 HRB400，持久状况下该柱可能有下列两组内力设计值组合（已考虑了二阶效应）。应该用哪一组来计算配筋？

① $\begin{cases} N=1\,000.0\text{ kN} \\ M=262.0\text{ kN}\cdot\text{m} \end{cases}$　　② $\begin{cases} N=576.0\text{ kN} \\ M=252.0\text{ kN}\cdot\text{m} \end{cases}$

如果是下面两组内力设计值组合，应该用哪一组来计算配筋？

① $\begin{cases} N=1\,235.0\text{ kN} \\ M=200.0\text{ kN}\cdot\text{m} \end{cases}$　　② $\begin{cases} N=1\,645.0\text{ kN} \\ M=195.0\text{ kN}\cdot\text{m} \end{cases}$

计算题

5-1　某钢筋混凝土现浇框架结构底层轴心受压柱，二级安全等级，一类环境类别。柱截面尺寸 $b×h=400\text{ mm}×400\text{ mm}$，柱高 $H=3.50\text{ m}$，计算长度 $l_0=H$。使用期永久荷载标准值产生的轴心压力 $N_{Gk}=750.0\text{ kN}$（包括自重），可变荷载标准值产生的轴心压力 $N_{Qk}=1\,300.0\text{ kN}$。混凝土强度等级为 C35，纵向受力钢筋采用 HRB400。试设计柱的截面。

5-2　某圆形截面钢筋混凝土轴心受压柱，二级安全等级，一类环境类别。柱高度 $H=6.0\text{ m}$，底端固定，顶端为不动铰支座，截面半径 $r=300\text{ mm}$，承受轴心压力设计值 $N=9\,351.0\text{ kN}$。混凝土强度等级为 C35，纵向钢筋采用 HRB400，箍筋采用 HPB300。试设计该柱截面。

5-3　某矩形截面钢筋混凝土柱，二级安全等级，一类环境类别。截面尺寸 $b×h=350\text{ mm}×550\text{ mm}$，弯矩平面内柱的上下端支撑长度为 4.50 m，弯矩平面外柱的计算长度 $l_0=4.50\text{ m}$。柱顶和柱底截面的弯矩设计值分别为 $M_1=275.45\text{ kN}\cdot\text{m}$、$M_2=290.58\text{ kN}\cdot\text{m}$（弯矩均使该柱左侧受拉且已考虑了 $P-\Delta$ 效应），柱底截面轴心压力设计值 $N=482.70\text{ kN}$。混凝土强度等级为 C35，纵向钢筋采用 HRB400。试配置该柱的钢筋。

5-4　某库房矩形截面钢筋混凝土偏心受压柱，二级安全等级，三 b 类环境类别。截面尺寸 $b×h=400\text{ mm}×600\text{ mm}$，柱高 $H=6.50\text{ m}$，垂直于弯矩方向柱的计算长度 $l_0=H$。柱顶和柱底截面弯矩设计值分别为 $M_1=438.0\text{ kN}\cdot\text{m}$、$M_2=510.0\text{ kN}\cdot\text{m}$（弯矩均使该柱左侧受拉且已考虑了 $P-\Delta$ 效应），柱底截面轴心压力设计值 $N=1\,250.0\text{ kN}$。混凝土强度等级为 C30，纵向钢筋采用 HRB400。试计算纵向受力钢筋截面面积，并选配钢筋。

5-5　已知条件同计算题 5-4，并已知 $A_s'=1\,900\text{ mm}^2$（5 ⻊ 22），试确定受拉钢筋截面面积 A_s，然后将两题计算所得的 (A_s+A_s') 值加以比较分析。

5-6　某矩形截面钢筋混凝土偏心受压柱，二级安全等级，二 b 类环境类别。截面

尺寸 $b \times h = 400 \text{ mm} \times 600 \text{ mm}$，上下端弯矩设计值 $M_1 = 325.0 \text{ kN} \cdot \text{m}$、$M_2 = 376.0 \text{ kN} \cdot \text{m}$（均使该柱左侧受拉且已考虑了 $P{-}\Delta$ 效应），与 M_2 相应的轴向压力设计值 $N = 2\,928.0 \text{ kN}$。弯矩作用方向的计算长度 $l_0 = 4.0 \text{ m}$，垂直弯矩方向的计算长度 $l_0 = 2.80$。混凝土强度等级为 C30，纵向钢筋采用 HRB400。试求该柱截面所需的纵向钢筋面积 A_s 及 A'_s，并选配钢筋。

5-7　某库房边柱为钢筋混凝土偏心受压构件，二级安全等级，二 b 类环境类别。截面尺寸为 $b \times h = 300 \text{ mm} \times 400 \text{ mm}$，柱高 $H = 5.0 \text{ m}$，垂直于弯矩平面的计算长度 $l_0 = 5.0 \text{ m}$。持久设计状况下承受弯矩设计值 $M = 134.0 \text{ kN} \cdot \text{m}$（已考虑了二阶效应）、轴向压力设计值 $N = 450.0 \text{ kN}$。柱内配有纵向受压钢筋 2 Φ 16、纵向受拉钢筋 4 Φ 18，混凝土强度等级为 C35。试复核柱截面的承载力是否满足要求。

5-8　某矩形截面钢筋混凝土偏心受压构件，二级安全等级，一类环境类别，柱截面尺寸 $b \times h = 300 \text{ mm} \times 500 \text{ mm}$，柱高 $H = 5.0 \text{ m}$，垂直于弯矩平面的计算长度 $l_0 = H$。使用期柱顶和柱底截面的弯矩设计值分别为 $M_1 = 182.0 \text{ kN} \cdot \text{m}$、$M_2 = 206.0 \text{ kN} \cdot \text{m}$（均使该柱左侧受拉且已考虑了 $P{-}\Delta$ 效应），柱底截面轴向压力设计值 $N = 392.0 \text{ kN}$。混凝土强度等级为 C30，纵向钢筋采用 HRB400，对称配筋。试配置该柱纵向钢筋。

5-9　某矩形截面钢筋混凝土偏心受压构件，二级安全等级，三 a 类环境类别。柱高 $H = 6.0 \text{ m}$，截面尺寸 $b \times h = 400 \text{ mm} \times 500 \text{ mm}$，垂直于弯矩平面的计算长度 $l_0 = H$。在使用阶段柱顶和柱底截面弯矩设计值分别为 $M_1 = 107.0 \text{ kN} \cdot \text{m}$、$M_2 = 120.0 \text{ kN} \cdot \text{m}$（均使该柱左侧受拉且已考虑 $P{-}\Delta$ 效应），柱底截面轴向压力设计值 $N = 2\,800.0 \text{ kN}$。混凝土强度等级为 C30，纵向钢筋采用 HRB400，对称配筋。试求该柱纵向钢筋截面面积。

△5-10　有一试验短柱如图 5-37 所示，混凝土的实际棱柱体抗压强度 $f_c^0 = 17.1 \text{ N/mm}^2$，偏压受力状态下实际极限压应变 $\varepsilon_{cu}^0 = 0.003\,5$，钢筋的实际屈服强度 $f_y^0 = f_y'^0 = 415 \text{ N/mm}^2$，实际弹性模量 $E_s^0 = 2.05 \times 10^5 \text{ N/mm}^2$。当变动轴向压力 N 的偏心距 e_0（对截面重心的偏心距）时，柱的承载力也随之改变。试回答：

（1）在何种偏心距情况下，试件将有最大的 N，并估算此时的 N 值；

（2）在何种情况下，试件将有最大的 M，并估算此时的 N 和 e_0 值。

第 5 章
计算题详解

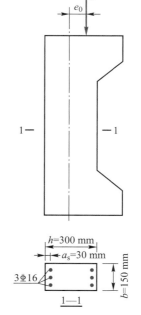

图 5-37　计算题 5-10 图

第6章 钢筋混凝土受拉构件承载力计算

构件上作用有轴向拉力 N 时,便形成受拉构件。当拉力作用在构件截面重心时,即为轴心受拉构件,如薄壁圆形水管在内水压力作用下,忽略自重时就可认为是轴心受拉构件,如图 6-1a 所示。当拉力作用点偏离构件截面重心,或构件上既作用有拉力又作用有弯矩时,则为偏心受拉构件,如圆形水管在管外土压力与管内水压力共同作用下,沿环向便成为拉力与弯矩共同作用的偏心受拉构件,如图 6-1b 所示。

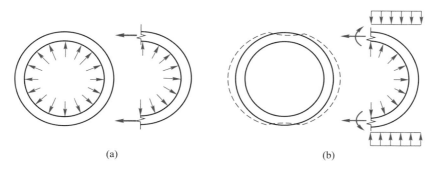

图 6-1 圆形水管管壁的受力
(a)内水压力作用下管壁轴心受拉;(b)土压力与内水压力共同作用下管壁偏心受拉

又如矩形水池的池壁、桁架屋架或托梁的受拉弦杆和腹杆、拱的拉杆,也是偏心受拉构件。

6.1 偏心受拉构件正截面受拉承载力计算

6.1.1 大、小偏心受拉构件的界限

受拉构件可按其受力形态分为大、小偏心受拉构件,而轴心受拉构件则可作为一个特例包括在小偏心受拉构件中。

设有一矩形截面受拉构件,作用有轴向拉力 N,N 的作用点与截面重心距离为 e_0;在靠近 N 的一侧配有纵向钢筋 A_s,在另一侧配有纵向钢筋 A_s'。随着 N 的增加,截面上的应力也随之增大,直到拉应力较大的一侧,也就是配筋为 A_s 一侧的混凝土开裂。

这里需要区分两种不同的情况:① N 作用在 A_s 合力点的外侧;② N 作用在 A_s 合

力点与 A_s' 合力点之间。

当 N 作用在 A_s 合力点的外侧时（图 6-2a），截面虽开裂，但必然有压区存在，否则截面受力得不到平衡。既然还有压区，截面就不会裂通。这类受拉构件称为大偏心受拉构件。

当 N 作用在 A_s 合力点与 A_s' 合力点之间时（图 6-2b），在截面开裂后不会有压区存在，否则截面受力不能平衡，因此破坏时必然全截面裂通，仅由纵向钢筋 A_s 及 A_s' 受拉以平衡轴向拉力 N。这类受拉称为小偏心受拉构件。

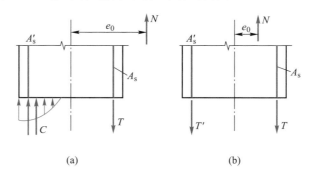

图 6-2　大、小偏心受拉的界限

（a）N 作用在 A_s 合力点的外侧，大偏心受拉构件；

（b）N 作用在 A_s 合力点与 A_s' 合力点之间，小偏心受拉构件

应该指出，在开裂之前，小偏心受拉构件截面上有时也可能存在压区，只是在开裂之后，拉区混凝土退出工作，拉力集中到纵向钢筋 A_s 上，才使原来的压区转为受拉并使截面裂通。

根据以上分析，可将轴向拉力 N 的作用点在 A_s 合力点之外或在 A_s 合力点与 A_s' 合力点之间，作为判别大、小偏心受拉构件的依据。

6.1.2　小偏心受拉构件正截面受拉承载力计算

对于小偏心受拉构件，破坏时截面全部裂通，拉力全部由纵向钢筋承受（图 6-3）。计算构件的正截面受拉承载力时，可分别对 A_s 合力点及 A_s' 合力点取矩：

$$\left.\begin{array}{l} Ne' \leqslant N_u e' = f_y A_s (h_0 - a_s') \\ Ne \leqslant N_u e = f_y A_s' (h_0 - a_s') \end{array}\right\} \qquad (6-1)$$

式中　N——轴向拉力设计值，按式（2-20b）计算；

　　　f_y——纵向钢筋的抗拉强度设计值，见附表 2-3；

　　　A_s——靠近轴向拉力一侧的纵向钢筋截面面积；

　　　A_s'——远离轴向拉力一侧的纵向钢筋截面面积；

　　　h_0——截面有效高度：$h_0 = h - a_s$，h 为截面高度，a_s 为 A_s 合力点至截面受拉边缘的距离；

　　　a_s'——A_s' 合力点至截面受压边缘的距离；

e_0——轴向拉力至截面重心的偏心距：$e_0 = M/N$；

M——与轴向拉力设计值 N 相对应的弯矩设计值；

e'——轴向拉力至 A'_s 合力点的距离：$e' = \dfrac{h}{2} - a'_s + e_0$；

e——轴向拉力至 A_s 合力点的距离：$e = \dfrac{h}{2} - a_s - e_0$。

由式（6-1）可得所需的纵向钢筋截面面积为

$$\left.\begin{aligned} A_s &\geq \frac{Ne'}{f_y(h_0 - a'_s)} \\[2mm] A'_s &\geq \frac{Ne}{f_y(h_0 - a'_s)} \end{aligned}\right\} \tag{6-2a}$$

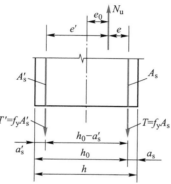

图 6-3 小偏心受拉构件的正截面受拉承载力计算简图

以上即为矩形截面小偏心受拉构件正截面受拉承载力的配筋计算公式。若将 e 及 e' 代入，并代入 $M = Ne_0$，则可得

$$\left.\begin{aligned} A_s &\geq \frac{N(h - 2a'_s)}{2f_y(h_0 - a'_s)} + \frac{M}{f_y(h_0 - a'_s)} \\[2mm] A'_s &\geq \frac{N(h - 2a_s)}{2f_y(h_0 - a'_s)} - \frac{M}{f_y(h_0 - a'_s)} \end{aligned}\right\} \tag{6-2b}$$

式（6-2b）中的第一项代表轴向拉力 N 所需的配筋，第二项代表弯矩 M 的存在对配筋用量的影响，可见 M 的存在增加了 A_s 而降低了 A'_s。因此，在设计中如遇到若干组不同的荷载组合（M, N）时，应按最大 N 与最大 M 的荷载组合计算 A_s，而按最大 N 与最小 M 的荷载组合计算 A'_s。

计算得到的 A_s 和 A'_s 都应满足其最小配筋率要求，最小配筋率按附表 4-6 取用。

当 $M = 0$ 时，即为轴心受拉构件，则所需的纵向钢筋截面面积为

$$A_s = \frac{N}{f_y} \tag{6-3}$$

式中 A_s——全部受拉钢筋截面面积。

受拉构件的纵向钢筋的接头必须采用焊接,并且在构件端部应将纵向钢筋可靠地锚固于支座内。

6.1.3   大偏心受拉构件正截面受拉承载力计算

大偏心受拉构件的破坏形态与受弯构件或大偏心受压构件类似,即在受拉的一侧发生裂缝,受拉纵向钢筋承受全部拉力,而在另一侧形成受压区。随着荷载的增加,裂缝进一步开展,受压区混凝土面积减少,压应力增大,最后纵向受拉钢筋应力达到屈服强度 f_y,受压区混凝土被压碎而破坏。在计算中所采用的应力图形与大偏心受压构件类似,因此,计算公式及步骤与大偏心受压构件相似,但应注意轴向力 N 的方向与偏心受压构件正好相反。

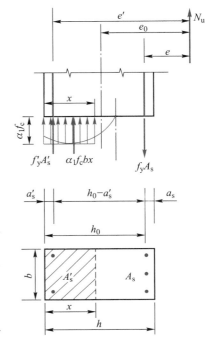

图 6-4 为矩形截面大偏心受拉构件的正截面受拉承载力计算简图,和受弯构件一样,也用矩形图形代替实际的混凝土曲线形压应力分布图形,矩形应力图中的应力取为 $\alpha_1 f_c$。

根据图 6-4,由力和力矩的平衡条件可列出矩形截面大偏心受拉构件正截面受拉承载力计算的基本公式:

图 6-4   矩形截面大偏心受拉构件的正截面受拉承载力计算简图

$$N \leqslant N_u = f_y A_s - \alpha_1 f_c bx - f_y' A_s' \qquad (6-4)$$

$$Ne \leqslant N_u e = \alpha_1 f_c bx\left(h_0 - \frac{x}{2}\right) + f_y' A_s'(h_0 - a_s') \qquad (6-5)$$

式中 e——轴向拉力至 A_s 合力点的距离,$e = e_0 - \dfrac{h}{2} + a_s$。

其余符号同前。

与大偏心受压构件相同,式(6-4)与式(6-5)的适用范围为

$$\xi \leqslant \xi_b \qquad (6-6)$$

$$x \geqslant 2a_s' \qquad (6-7)$$

其意义与受弯构件双筋截面相同。

当 $x < 2a_s'$ 时,则式(6-4)、式(6-5)不再适用。此时可假设混凝土压应力合力点与纵向受压钢筋 A_s' 合力点重合,取以 A_s' 合力点为矩心的力矩平衡公式计算:

$$Ne' \leqslant N_u e' = f_y A_s(h_0 - a_s') \qquad (6-8)$$

式中 e'——轴向拉力作用点与纵向受压钢筋 A_s' 合力点之间的距离:$e' = e_0 + \dfrac{h}{2} - a_s'$。

其余符号同前。

由此可见,大偏心受拉构件的截面设计公式与大偏心受压构件类似,所不同的只是轴向力 N 的方向与偏心受压构件相反。

当已知截面尺寸、材料强度及偏心拉力设计值 N 和偏心距 e_0,要求计算截面所需配筋 A_s 及 A_s' 时,可先令 $x=\xi_b h_0$,然后代入公式(6-5)求解 A_s'。将 A_s' 及 x 代入式(6-4)得 A_s。如果解得的 A_s' 太小或出现负值时,可按其最小配筋率要求选配 A_s',并在 A_s' 为已知的情况下,由式(6-5)求得 x,代入式(6-4)求出 A_s。A_s 的配筋率应不小于其最小配筋率。A_s 和 A_s' 的最小配筋率仍按附表4-6取用。

当截面尺寸、材料强度及配筋为已知,要复核截面承载力是否能抵抗偏心拉力 N 时,可联立求解式(6-4)及式(6-5)得 x。在 x 满足式(6-6)及式(6-7)的条件下,可由式(6-4)求解截面所能承受的轴向拉力 N;如 $x>\xi_b h_0$,则取 $x=\xi_b h_0$ 代入式(6-5)求 N;如 $x<2a_s'$,则由式(6-8)求 N。

【例6-1】　某厂房钢筋混凝土屋架下弦杆,二级安全等级,一类环境类别,截面尺寸 $b\times h=200\ \text{mm}\times150\ \text{mm}$。当内力分析不考虑该下弦杆自重时,截面承受轴心拉力设计值 $N=243.25\ \text{kN}$。混凝土强度等级为C35,纵向钢筋采用HRB400。试配置该下弦杆截面的纵向钢筋。

【解】

(1)资料

C35混凝土,$f_c=16.7\ \text{N/mm}^2$,$f_t=1.57\ \text{N/mm}^2$;HRB400钢筋,$f_y=360\ \text{N/mm}^2$。由附表4-6知,轴心受拉构件的纵向受拉钢筋最小配筋率 $\rho_{\min}=\max\left(0.20\%,0.45\dfrac{f_t}{f_y}\right)=0.20\%$。

(2)配筋计算

由式(6-3)得

$$A_s=\frac{N}{f_y}=\frac{243.25\times10^3}{360}\ \text{mm}^2=676\ \text{mm}^2$$

选配 6Φ12($A_s=678\ \text{mm}^2$),沿截面的长边各配 3Φ12,则一侧受拉钢筋的最小配筋量为 226 mm²,其配筋率

$$\rho=\frac{226}{200\times150}=0.75\%>\rho_{\min}=0.20\%$$

满足纵向受拉钢筋最小配筋率要求。

(3)配筋图

截面配筋如图6-5所示,箍筋选用 Φ8@300。

【例6-2】　条件同例6-1。在内力分析时,考虑了该下弦杆的自重,截面承受轴心拉力设计值 $N=243.25\ \text{kN}$,弯矩设计值 $M=3.21\ \text{kN·m}$。试配置该下弦杆截面的纵向钢筋。

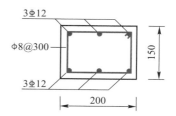

图6-5　屋架下弦杆按轴心
受拉构件计算的截面配筋

【解】

（1）资料

C35 混凝土，$f_c = 16.7$ N/mm^2，$f_t = 1.57$ N/mm^2，$\alpha_1 = 1.0$；HRB400 钢筋，$f_y = f'_y = 360$ N/mm^2，$\xi_b = 0.518$。

一类环境类别，取保护层厚度 $c = 20$ mm；预估纵向钢筋单层布置，取 $a_s = a'_s = 40$ mm，$h_0 = h - a_s = 150$ mm $- 40$ mm $= 110$ mm。

（2）判别大、小偏拉

$$e_0 = \frac{M}{N} = \frac{3.21 \times 10^6}{243.25 \times 10^3} \text{ mm} = 13 \text{ mm} < \frac{h}{2} - a_s = \frac{150 \text{ mm}}{2} - 40 \text{ mm} = 35 \text{ mm}$$

轴向拉力作用点作用在 A_s 合力点和 A'_s 合力点之间，为小偏心受拉构件。由附表 4-6 知，小偏心受拉构件一侧纵向受拉钢筋最小配筋率 $\rho_{\min} = \max\left(0.20\%, 0.45\dfrac{f_t}{f_y}\right) = 0.20\%$。

（3）计算 A_s 和 A'_s

$$e = \frac{h}{2} - a_s - e_0 = \frac{150 \text{ mm}}{2} - 40 \text{ mm} - 13 \text{ mm} = 22 \text{ mm}$$

$$e' = \frac{h}{2} - a'_s + e_0 = \frac{150 \text{ mm}}{2} - 40 \text{ mm} + 13 \text{ mm} = 48 \text{ mm}$$

由式（6-2a）得

$$A_s = \frac{Ne'}{f_y(h_0 - a'_s)} = \frac{243.25 \times 10^3 \times 48}{360 \times (110 - 40)} \text{ mm}^2 = 463 \text{ mm}^2$$

$$A'_s = \frac{Ne}{f_y(h_0 - a'_s)} = \frac{243.25 \times 10^3 \times 22}{360 \times (110 - 40)} \text{ mm}^2 = 212 \text{ mm}^2$$

$$\rho = \frac{A_s}{bh} = \frac{463}{200 \times 150} = 1.54\% > \rho_{\min} = 0.20\%$$

满足纵向受拉钢筋最小配筋率要求，配置 3 ⨮ 14（$A_s = 461$ mm^2）。

$$\rho' = \frac{A'_s}{bh} = \frac{212}{200 \times 150} = 0.71\% > \rho_{\min} = 0.20\%$$

满足纵向受拉钢筋最小配筋率要求，配置 2 ⨮ 12（$A'_s = 226$ mm^2）。

（4）配筋图

截面配筋如图 6-6 所示，箍筋选用 Φ8@300。

若采用对称配筋，则按 $A_s = A'_s = 463$ mm^2 配筋，每边配 3 ⨮ 14。

【例 6-3】 某自来水厂矩形水池，二级安全等级，二 b 类环境类别，壁厚为 350 mm。通过内力分析，求得跨中沿水平方向每米宽度上最大弯矩设计值 $M = 129.26$ kN·m，相应轴向拉力设计值 $N = 257.54$ kN。

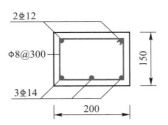

图 6-6 屋架下弦杆按偏拉
构件计算的截面配筋

混凝土强度等级为 C30,纵向钢筋采用 HRB400。试配置该水池池壁截面的纵向钢筋。

【解】

（1）资料

C30 混凝土,$f_c = 14.3$ N/mm²,$f_t = 1.43$ N/mm²,$\alpha_1 = 1.0$;HRB400 钢筋,$f_y' = f_y = 360$ N/mm²,$\xi_b = 0.518$,相应的 $\alpha_{sb} = 0.384$。

二 b 类环境类别,取保护层厚度 $c = 35$ mm;预估纵向钢筋单层布置,取 $a_s = a_s' = 55$ mm,$h_0 = h - a_s = 350$ mm-55 mm$= 295$ mm。

（2）判别大、小偏拉

$$e_0 = \frac{M}{N} = \frac{129.26 \times 10^6}{257.54 \times 10^3} \text{ mm} = 502 \text{ mm} > \frac{h}{2} - a_s = \frac{350 \text{ mm}}{2} - 55 \text{ mm} = 120 \text{ mm}$$

轴向拉力的作用点作用在 A_s 合力点外侧,为大偏心受拉构件。由附表 4-6 知:大偏心受拉构件受压侧最小配筋率按偏心受压构件一侧纵向钢筋考虑,$\rho_{min}' = 0.20\%$;受拉侧最小配筋率 $\rho_{min} = \max\left(0.20\%, 0.45\frac{f_t}{f_y}\right) = 0.20\%$。

（3）配筋计算

① 计算 A_s'

$$e = e_0 - \frac{h}{2} + a_s = 502 \text{ mm} - \frac{350 \text{ mm}}{2} + 55 \text{ mm} = 382 \text{ mm}$$

取 $\xi = \xi_b = 0.518$,相应 $\alpha_{sb} = 0.384$。由式(6-5)得

$$A_s' = \frac{Ne - \alpha_{sb}\alpha_1 f_c bh_0^2}{f_y'(h_0 - a_s')} = \frac{257.54 \times 10^3 \times 382 - 0.384 \times 1.0 \times 14.3 \times 1\,000 \times 295^2}{360 \times (295 - 55)} \text{ mm}^2 < 0$$

不满足纵向受压钢筋最小配筋率要求,取 $A_s' = \rho_{min}'bh = 0.20\% \times 1\,000 \text{ mm} \times 350 \text{ mm} = 700$ mm²,选配Φ12@160($A_s' = 707$ mm²)。

② 计算 A_s

由式(6-5)得

$$\alpha_s = \frac{Ne - f_y'A_s'(h_0 - a_s')}{\alpha_1 f_c bh_0^2} = \frac{257.54 \times 10^3 \times 382 - 360 \times 707 \times (295 - 55)}{1.0 \times 14.3 \times 1\,000 \times 295^2} = 0.030$$

$$\xi = 1 - \sqrt{1 - 2\alpha_s} = 1 - \sqrt{1 - 2 \times 0.030} = 0.030 < \xi_b = 0.518$$

$$x = \xi h_0 = 0.030 \times 295 \text{ mm} = 9 \text{ mm} < 2a_s' = 110 \text{ mm}$$

应按式(6-8)计算 A_s,有

$$e' = e_0 + \frac{h}{2} - a_s = 502 \text{ mm} + \frac{350 \text{ mm}}{2} - 55 \text{ mm} = 622 \text{ mm}$$

$$A_s = \frac{Ne'}{f_y(h_0 - a_s')} = \frac{257.54 \times 10^3 \times 622}{360 \times (295 - 55)} \text{ mm}^2 = 1\,854 \text{ mm}^2$$

$$\rho = \frac{1\,854}{1\,000 \times 350} = 0.53\% > \rho_{min} = 0.20\%$$

满足纵向受拉钢筋最小配筋率要求,选配Ф14@80($A_s = 1\,924\ \text{mm}^2$)。

6.2　偏心受拉构件斜截面受剪承载力计算

当偏心受拉构件上同时作用有剪力 V 时,就需进行斜截面受剪承载力计算。偏心受拉构件相当于对受弯构件增加了一个轴向拉力 N。由第 1 章混凝土在复合应力状态下的受力性能可知,截面上有拉应力存在时,混凝土的抗剪强度将降低。此外,轴向拉力的存在会增加裂缝开展宽度,使原来不贯通的裂缝有可能贯通,使剪压区面积减小,甚至没有剪压区,从而降低混凝土的受剪承载力。

偏心受拉构件斜截面受剪承载力的计算公式,是在受弯构件斜截面受剪承载力计算公式的基础上,减去由于轴向拉力 N 引起的混凝土受剪承载力的降低值得到的。根据试验资料,从偏于安全考虑,混凝土受剪承载力的降低值取为 $0.2\,N$。

GB 50010—2010 规范规定,矩形、T 形和 I 形截面偏心受拉构件的斜截面受剪承载力应按下式计算:

$$V \leqslant V_u = \frac{1.75}{\lambda+1}f_t bh_0 + f_{yv}\frac{A_{sv}}{s}h_0 - 0.2\,N \qquad (6\text{-}9)$$

式中　V——与轴向拉力设计值 N 相应的剪力设计值。

其余符号与第 5 章式(5-44)相同。

由于箍筋的存在,且至少可以承担 $f_{yv}\dfrac{A_{sv}}{s}h_0$ 大小的剪力,所以,当式(6-9)计算得

到的 V_u 小于 $f_{yv}\dfrac{A_{sv}}{s}h_0$ 时,取等于 $f_{yv}\dfrac{A_{sv}}{s}h_0$。同时,为保证箍筋占有一定数量的受剪承载

力,还要求

$$f_{yv}\frac{A_{sv}}{s}h_0 \geqslant 0.36f_t bh_0 \qquad (6\text{-}10)$$

此外,偏心受拉构件的截面和受弯构件一样,也应满足第 4 章式(4-16)的要求。

偏心受拉构件斜截面受剪承载力的计算步骤与受弯构件斜截面受剪承载力的计算步骤类似,故不再赘述。

思考题

6-1　判断大、小偏心受拉构件的条件是什么? 试说明为什么大、小偏心受拉构件的区分只与轴向力的作用位置有关,而与纵向钢筋配筋率无关。

6-2　大偏心受拉构件非对称配筋,如果计算中出现 $x<2a_s'$ 时,应如何计算?

△6-3　为什么对称配筋的矩形截面偏心受拉构件,无论大、小偏心受拉情况,均可按公式 $Ne' \leqslant f_y A_s (h_0-a_s')$ 计算受拉承载力?

6-4　大偏心受拉构件正截面承载力计算时,ξ_b取值为什么和受弯构件、偏心受压构件正截面承载力计算时的ξ_b相同?

6-5　偏心受拉和偏心受压构件的斜截面受剪承载力计算公式有何不同? 为什么有这种不同?

第6章
思考题详解

计算题

6-1　某偏心受拉构件,二级安全等级,一类环境类别,截面尺寸 $b \times h = 300 \text{ mm} \times 500 \text{ mm}$。承受轴向拉力设计值 $N = 570.0 \text{ kN}$、弯矩设计值 $M = 82.50 \text{ kN} \cdot \text{m}$。混凝土强度等级为 C35,纵向钢筋采用 HRB400。试计算截面钢筋用量。

6-2　某偏心受拉构件,二级安全等级,一类环境类别,截面尺寸 $b \times h = 400 \text{ mm} \times 500 \text{ mm}$。承受轴向拉力设计值 $N = 375.0 \text{ kN}$、弯矩设计值 $M = 150.0 \text{ kN} \cdot \text{m}$。混凝土强度等级为 C35,纵向钢筋采用 HRB400。试计算截面钢筋用量。

第6章
计算题详解

6-3　有一单跨简支偏心受拉构件,二级安全等级,二 a 类环境类别,净跨度 $l_n = 4.50 \text{ m}$,截面尺寸 $b \times h = 250 \text{ mm} \times 400 \text{ mm}$。承受轴向拉力设计值 $N = 150.0 \text{ kN}$,在离支座 1.20 m 处作用一集中力 $F = 100.0 \text{ kN}$(设计值)。混凝土强度等级为 C35,箍筋采用 HPB300 钢筋,取 $a_s = a_s' = 50 \text{ mm}$。试计算该构件的抗剪箍筋。

第7章　钢筋混凝土受扭构件承载力计算

　　钢筋混凝土结构构件除承受弯矩、轴力、剪力外,还可能受到扭矩的作用。如当荷载作用平面偏离构件主轴线使截面产生转角时(图 7-1a),构件就受扭。工程中,钢筋混凝土结构构件的扭转可分两类:一类是由荷载直接引起的扭转,其扭矩可利用静力平衡条件求得,与构件的抗扭刚度无关,一般称之为平衡扭转,如图 7-1b 所示的吊车梁和图 7-1c 所示的阳台梁均属于这类构件,其中吊车梁承受的扭矩就是刹车力 P 与它至截面扭转中心距离 e 的乘积。另一类是超静定结构中由于变形的协调使构件产生的扭转,其扭矩需根据静力平衡条件和变形协调条件求得,称为协调扭转或附加扭转。在协调扭转中,构件所承受的扭矩不但与所承受的荷载有关,而且和连接处构件各自的刚度有关,如图 7-1d 所示的现浇框架结构中的边梁就属于这类构件。在图 7-1d 中,由于次梁梁端的弯曲转动使得边梁产生扭转,截面产生扭矩,这个扭矩也是次梁支座截面的负弯矩。在边梁受扭或次梁受弯开裂后,边梁抗扭刚度或次梁支座截面抗弯刚度迅速降低,出现内力重分布,从而使边梁所受到的扭矩也随之减小。

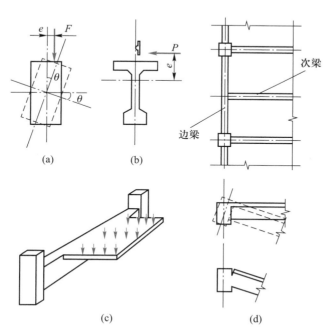

图 7-1　受扭构件实例

(a)受扭构件截面;(b)吊车梁(平衡扭转);(c)阳台梁(平衡扭转);(d)边梁(协调扭转)

　　本章只讨论平衡扭转构件的承载力计算,至于协调扭转构件的承载力计算方法可参见有关文献[①]。

　　实际工程中,受扭构件通常还同时受到弯矩和剪力的作用(图 7-1c)。因此,受扭构件承载力的计算问题,实质上是一个弯、剪、扭(有时还承受压力或拉力)的复合受力计算问题。为便于分析,本章首先介绍纯受扭构件的承载力计算,然后介绍构件在弯、剪、扭作用下的承载力计算。

7.1　钢筋混凝土受扭构件的破坏形态及开裂扭矩

7.1.1　矩形截面纯扭构件的破坏形态

　　由材料力学可知,构件在扭转时截面上将产生剪应力 τ。扭转剪应力 τ 使其在与构件轴线成 45°方向产生主拉应力 σ_{tp},根据应力的平衡可知:扭矩在构件中引起的主拉应力数值与剪应力相等,即 $\sigma_{tp} = \tau$,而方向相差 45°。当一段范围内的主拉应力 σ_{tp} 超过混凝土的轴心抗拉强度 f_t 时,混凝土就会沿垂直主拉应力的方向开裂。因而,构件的裂缝方向总是与构件轴线成 45°角(图 7-2)。

图 7-2　纯扭构件斜裂缝

　　因此,从受力合理的角度来看,抗扭钢筋应采用与构件纵轴成 45°角的螺旋箍筋。但这会给施工带来诸多不便,特别是当扭矩方向改变时,45°方向布置的螺旋箍筋要相应改变方向。所以,实际工程中采用垂直于构件纵轴且布置于截面周边的抗扭箍筋和顺构件纵轴且沿截面周边均匀布置的抗扭纵筋组成的空间钢筋骨架来承担扭矩(参见图 7-9)。

　　钢筋混凝土构件的受扭破坏形态主要与抗扭钢筋配筋量的多少有关。

　　1. 少筋破坏

　　当抗扭钢筋配置过少或配筋间距过大时,破坏形态如图 7-3a 所示。构件在扭矩作用下,首先在剪应力最大的截面长边中点附近最薄弱处出现一条与构件纵轴大约成 45°方向的斜裂缝。构件一旦开裂,裂缝迅速向相邻两侧面呈螺旋形延伸,形成三面开裂、一面受压(压区很小)的空间扭曲裂面而破坏,它的受扭承载力控制于混凝土抗拉强度及截面尺寸,破坏扭矩基本上等于开裂扭矩(图 7-4 曲线 1)。破坏时与斜裂缝相交的钢筋超过屈服点甚至被拉断,构件截面的扭转角较小,破坏过程急速而突然,无任

<hr>

　　① 　《混凝土结构设计规范》(GB 50010—2002)曾给出协调扭转钢筋混凝土构件承载力的计算原则。

何预兆,属于脆性破坏,在设计中应予避免。规范通过满足抗扭钢筋的最小配筋率和其他构造等要求来防止发生少筋破坏。

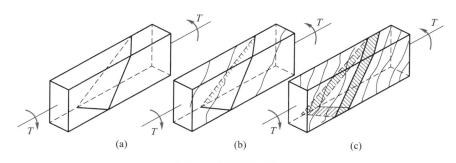

图 7-3　受扭破坏形态

(a)少筋破坏;(b)适筋破坏;(c)超筋破坏

2. 适筋破坏

当构件的抗扭钢筋配置适量时,破坏形态如图7-3b 所示。在扭矩作用下,构件形成多条大体平行的螺旋形裂缝。当穿过主斜裂缝的抗扭纵筋和抗扭箍筋达到屈服强度后,这条斜裂缝不断开展,并向相邻的两个面延伸,直到最后形成三面开裂、一面受压的空间扭曲面。随着第四个面上的受压区混凝土被压碎,构件即破坏,它的受扭承载力比少筋构件有很大提高(图7-4 曲线 2),整个破坏过程具有一定的延性和明显的预兆,破坏时,扭转角较大。钢筋混凝土受扭构件的受扭承载力计算以此种破坏为依据。

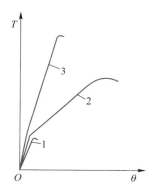

1—少筋破坏;2—适筋破坏;

3—超筋破坏。

图 7-4　扭矩-扭转角关系曲线

3. 超筋破坏

当构件的抗扭纵筋和抗扭箍筋配置过多时,破坏形态如图7-3c 所示。在扭矩作用下,构件上出现许多宽度小、间距密的螺旋裂缝。由于抗扭钢筋配置过多,在纵筋和箍筋尚未屈服时,某相邻两条螺旋裂缝间的混凝土被压碎,构件随之破坏,它的受扭承载力取决于混凝土抗压强度及截面尺寸。破坏时扭转角也较小,属于无预兆的脆性破坏(图7-4 曲线 3),在设计中也应予以避免。规范通过控制构件截面尺寸不过小和混凝土强度等级不过低来防止发生超筋破坏,也就是通过限制抗扭钢筋的最大配筋率来防止发生超筋破坏。

抗扭钢筋是由抗扭纵筋和抗扭箍筋两部分组成的,若其中一种配置过多,会造成混凝土压碎时,抗扭箍筋与抗扭纵筋两者之一尚不屈服,这种破坏称为部分超筋破坏。抗扭纵筋和抗扭箍筋均未屈服的破坏称为完全超筋破坏。

7.1.2 矩形截面构件在弯、剪、扭共同作用下的破坏形态

钢筋混凝土弯剪扭构件是指同时承受弯矩和扭矩或同时承受弯矩、剪力和扭矩的构件。试验表明,随着弯矩、剪力、扭矩的比值不同和配筋的不同,弯剪扭构件有以下三种典型破坏形态,其破坏面均为螺旋形空间扭曲面,如图 7-5 所示。

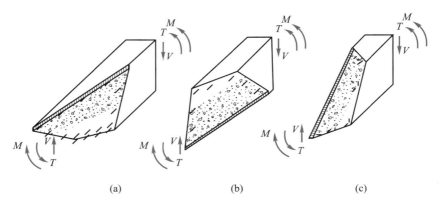

图 7-5   弯剪扭构件的破坏形态及破坏类型
(a)弯型破坏;(b)扭型破坏;(c)剪扭型破坏

1. 弯型破坏

当剪力很小、扭矩不大、弯矩相对较大,且配筋量适中时,构件的破坏由弯矩起控制作用,称为弯型破坏。弯矩作用使构件顶部受压、底部受拉,因此,扭转斜裂缝首先在弯曲受拉的底面出现,然后发展到两个侧面,弯曲受压的顶面一般无裂缝。由于底部的裂缝开展较大,当底部钢筋达到屈服强度时,裂缝迅速发展,与螺旋形主斜裂缝相交的纵筋和箍筋也相继达到屈服,最后顶面混凝土被压碎而破坏,如图 7-5a 所示。

当底部钢筋多于顶部钢筋很多或混凝土强度过低时,会发生顶部混凝土先压碎的破坏,这种破坏也称为弯型破坏。

2. 扭型破坏

当剪力较小、弯矩不大、扭矩相对较大,且顶部钢筋少于底部钢筋时,构件的破坏由扭矩起控制作用,称为扭型破坏。由于弯矩不大,它在构件顶部引起的压应力也较小,使得扭矩产生的顶部拉应力有可能抵消弯矩产生的压应力,使得顶面和两侧面发生扭转裂缝。又由于顶部钢筋少于底部钢筋,使顶部钢筋先达到屈服强度,最后促使底部混凝土被压碎而破坏,如图 7-5b 所示。

3. 剪扭型破坏

当弯矩很小、剪力和扭矩比较大时,构件的破坏由剪力和扭矩起控制作用,称为剪扭型破坏。此时,剪力与扭矩均引起剪应力。这两种剪应力叠加的结果,使得截面一侧的剪应力增大,而另一侧的剪应力减小。裂缝首先在剪应力较大的侧面出现,然后向顶面和底面延伸扩展,而另一侧面则受压。当截面顶部和底部配置的纵筋较多,而

箍筋及侧面纵筋配置较少时,该侧面的纵筋(抗扭)和箍筋(抗扭、抗剪)首先屈服,然后另一侧面的受压混凝土被压碎而破坏,如图 7-5c 所示。若截面的高宽比较大,侧面的抗扭纵筋和箍筋数量较少时,即使无剪力作用,破坏也可能由扭矩作用引起一侧面的钢筋先屈服,另一侧面混凝土被压碎。

由上可知,矩形截面构件在弯、剪、扭复合受力情况下的破坏形态与以下因素有关:截面尺寸,截面的高宽比,混凝土强度,弯、剪、扭内力大小和相互比值,截面的顶、底纵筋承载力比,纵筋与箍筋配筋强度比,等等。

7.1.3 矩形截面纯扭构件的开裂扭矩

在图 7-4 中,当混凝土开裂时,曲线 2 的第一个转折点和曲线 3 的转折点都接近曲线 1 的最高点,这表明抗扭钢筋的用量多少对开裂扭矩的影响很小。因此,可忽略抗扭钢筋对开裂扭矩的贡献,近似取素混凝土纯扭构件的受扭承载力作为开裂扭矩。

假定混凝土为弹性材料时,纯扭构件截面上最大剪应力发生在截面长边的中点,见图 7-6a。当最大剪应力 $\tau_{\max}$ 引起的主拉应力 σ_{tp} 达到混凝土轴心抗拉强度 f_t ($\sigma_{tp} = f_t$)时,构件截面长边的中点首先开裂,出现沿 45° 方向的斜裂缝,见图 7-6b。由内力平衡可求得素混凝土纯扭构件能够承受的开裂扭矩 T_{cr},从弹性理论可知:

$$T_{cr} = f_t W_{te} \tag{7-1}$$

式中　W_{te}——截面受扭弹性抵抗矩。

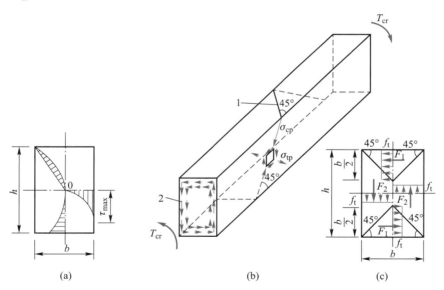

1—45°螺旋形斜裂缝;2—剪应力流。

图 7-6　扭矩作用下截面剪应力分布

(a)弹性材料剪应力分布;(b)主拉应力方向;(c)塑性材料剪应力分布

若假定混凝土为完全塑性材料,纯扭构件截面上某一点应力达到 f_t 时并不立即破坏,该点能保持极限应力而继续变形,截面也能继续承载,直到截面上所有部位的剪应力均达到最大剪应力 $\tau_{max} = f_t$ 时(图 7-6c),构件才达到极限承载力 T_{cu}(也就是它的开裂扭矩),所以 T_{cu} 将大于 T_{cr}。将图 7-6c 所示截面四部分的剪应力分别合成为 F_1 和 F_2,并计算其所组成的力偶,可求得开裂扭矩 T_{cu}:

$$T_{cu} = f_t \frac{b^2}{6}(3h - b) = f_t W_t \qquad (7-2)$$

式中 W_t——截面受扭塑性抵抗矩,对矩形截面按式(7-3)计算。

$$W_t = \frac{b^2}{6}(3h - b) \qquad (7-3)$$

式中 b、h——矩形截面的短边尺寸和长边尺寸。

试验表明,按弹性理论确定的开裂扭矩 T_{cr} 小于实测值甚多,说明按照弹性分析方法低估了钢筋混凝土构件的实际开裂扭矩,而按完全塑性材料的应力分布来确定的开裂扭矩 T_{cu} 又高于实测值。因为混凝土实际上为弹塑性材料,其开裂扭矩值应介于式(7-1)和式(7-2)的计算值之间。为方便实用,规范规定矩形截面纯扭构件的开裂扭矩 T_{cr} 可按完全塑性状态的截面应力分布进行计算,但需乘以小于 1.0 的降低系数。

通过试验发现,对于素混凝土纯扭构件,降低系数在 0.87~0.93 之间变化;对于钢筋混凝土纯扭构件,则在 0.87~1.06 之间变化。高强混凝土塑性比普通混凝土差,相应的降低系数要小一些。根据这些试验结果,规范偏安全取降低系数为 0.7,即

$$T_{cr} = 0.7 f_t W_t \qquad (7-4)$$

对于素混凝土纯扭构件,T_{cr} 就是它的极限扭矩。而对于钢筋混凝土构件,混凝土开裂以后,主拉应力可由钢筋承担,T_{cr} 相当于它的开裂扭矩。

T_{cr} 低于 $f_t W_t$ 的原因除了混凝土不是理想塑性材料,素混凝土纯扭构件在破坏前不可能在整个截面上完成塑性应力重分布外,还因为在构件内与主拉应力垂直方向上存在有主压应力,在拉压复合应力状态下,混凝土的抗拉强度要低于单向受拉的抗拉强度 f_t。

7.1.4   T 形、I 形和箱形截面纯扭构件的开裂扭矩

工程中常会遇到截面带有翼缘的受扭构件,如 T 形、I 形截面的吊车梁和倒 L 形截面檩条梁等。这些构件开裂扭矩的大小取决于翼缘参与受载的程度,即 b'_f、b_f、h'_f、h_f、h_w 的尺寸大小及比例关系,计算的关键是截面受扭塑性抵抗矩 W_t 的求取。

规范规定:计算时取用的上、下有效翼缘的宽度应满足 $b'_f \leqslant b + 6h'_f$ 及 $b_f \leqslant b + 6h_f$ 的条件,即左右伸出腹板能参与受力的翼缘长度均不超过翼缘厚度的 3 倍。

试验表明,对带有翼缘的 T 形和 I 形截面,其受扭塑性抵抗矩仍可按塑性材料的应力分布图形进行计算,并近似以腹板 W_{tw}、受压翼缘 W'_{tf} 和受拉翼缘 W_{tf} 三个部分的塑性抵抗矩之和作为全截面总的受扭塑性抵抗矩,即

$$W_t = W_{tw} + W'_{tf} + W_{tf} \qquad (7-5)$$

理论上,将 T 形、I 形截面划分为小块矩形截面的原则是:首先满足较宽矩形截面的完整性,即当 $b>h'_f$ 和 h_f 时按图 7-7a 划分,当 $b<h'_f$ 和 h_f 时按图 7-7b 划分。但实际上,若按图 7-7b 划分会给剪扭构件计算带来很大的困难。为了简化起见,实际计算时全部按图 7-7a 划分。如此,有

腹板塑性抵抗矩

$$W_{tw} = \frac{b^2}{6}(3h-b) \tag{7-6}$$

受压翼缘塑性抵抗矩

$$W'_{tf} = \frac{h'^2_f}{2}(b'_f-b) \tag{7-7}$$

受拉翼缘塑性抵抗矩

$$W_{tf} = \frac{h^2_f}{2}(b_f-b) \tag{7-8}$$

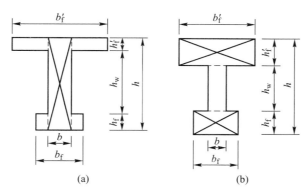

图 7-7　T 形、I 形截面的小块矩形划分方法

(a) $b>h'_f$;(b) $b<h'_f$

应当指出,式(7-7)和式(7-8)是将受压翼缘和受拉翼缘分别视为受扭整体截面而按式(7-6)确定的,如对图 7-7a 所示的受压翼缘,有

$$W'_{tf} = \frac{h'^2_f}{6}(3b'_f-h'_f) - \frac{h'^2_f}{6}(3b-h'_f) = \frac{h'^2_f}{2}(b'_f-b) \tag{a}$$

上式中的 $\dfrac{h'^2_f}{6}(3b'_f-h'_f)$ 和 $\dfrac{h'^2_f}{6}(3b-h'_f)$ 分别为 $b'_f \times h'_f$、$b \times h'_f$ 矩形截面的受扭塑性抵抗矩,两者的差就是受压翼缘的受扭塑性抵抗矩。

对于箱形截面构件,在扭矩作用下,截面上的剪应力流方向一致(图 7-8a),截面受扭塑性抵抗矩很大,如将截面划分为 4 个矩形块(图 7-8b),相当于将剪应力流限制在各矩形面积范围内,沿内壁的剪应力方向与实际整体截面的剪应力方向相反,故按分块法计算的受扭塑性抵抗矩小于其实际值。因此,箱形截面构件的受扭塑性抵抗矩应按整体计算,即

$$W_t = \frac{b_h^2}{6}(3h_h - b_h) - \frac{(b_h - 2t_w)^2}{6}[3h_w - (b_h - 2t_w)] \qquad (7-9)$$

式（7-9）中的尺寸符号含义见图 7-8。可见，箱形截面受扭塑性抵抗矩 W_t 等于 $h_h \times b_h$ 矩形截面的 W_t 减去孔洞矩形截面的 W_t。

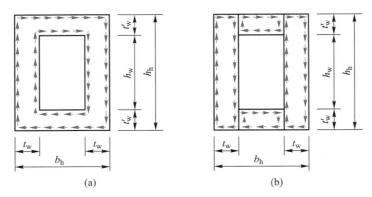

图 7-8　箱形截面的剪应力流

(a) 整体截面；(b) 分成 4 个矩形块

7.2　钢筋混凝土纯扭构件的承载力计算

7.2.1　受扭构件的配筋形式和构造要求

图 7-9 为受扭构件的配筋形式及构造要求。由于扭矩引起的剪应力在截面四周最大，并为满足扭矩变号的要求，抗扭钢筋应由抗扭纵筋和抗扭箍筋组成（图 7-9a）。抗扭纵筋应沿截面周边均匀对称布置，截面四角处必须放置，其间距不应大于 200 mm 和截面宽度 b，并应按受拉钢筋要求锚固在支座内。抗扭箍筋必须封闭，每边都能承担拉力，箍筋末端应弯成 135° 的弯钩，且弯钩端头平直段长度不应小于 $10d_{sv}$（d_{sv} 为箍筋直径），以使箍筋端部锚固于截面核心混凝土内（图 7-9b）。抗扭箍筋的最大间距应满足第 4 章表 4-3 的规定。当采用复合箍筋时，位于截面内部的箍筋不应计入受扭所需的截面面积。

为使受扭构件的破坏形态呈现适筋破坏，充分发挥抗扭钢筋的作用，避免出现部分超筋破坏，抗扭纵筋和抗扭箍筋应有合理的搭配。规范中引入 ζ 系数，ζ 为受扭的纵向钢筋与箍筋的配筋强度比：

$$\zeta = \frac{f_y A_{stl} s}{f_{yv} A_{stl} u_{cor}} \qquad (7-10)$$

式中　f_y——抗扭纵向钢筋的抗拉强度设计值，按附表 2-3 取用；

　　　A_{stl}——受扭计算中取对称布置的全部抗扭纵向钢筋截面面积，因截面内力平衡

的需要,对不对称配置纵向钢筋截面面积的情况,在计算中只取对称配置的纵向钢筋截面面积;

s——抗扭箍筋的间距;

f_{yv}——抗扭箍筋的抗拉强度设计值,按附表 2-3 中的 f_y 确定,当 $f_y>360\ \text{N/mm}^2$ 时取 $f_y=360\ \text{N/mm}^2$;

A_{st1}——受扭计算中沿截面周边配置的抗扭箍筋的单肢截面面积;

u_{cor}——截面核心部分的周长:$u_{cor}=2(b_{cor}+h_{cor})$,$b_{cor}$、$h_{cor}$ 为从箍筋内表面计算的截面核心部分的短边长度和长边长度,见图 7-9b。

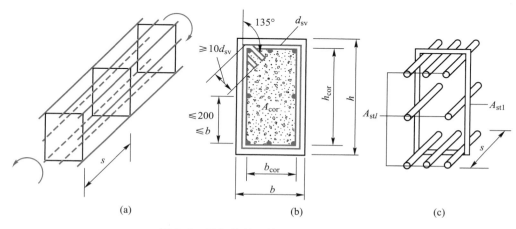

图 7-9 受扭构件配筋形式及构造要求

(a)抗扭钢筋组成;(b)抗扭钢筋构造;(c)A_{stl}、A_{st1} 和 s 图示

试验结果表明,ζ 值在 0.5~2.0 时,抗扭纵筋和抗扭箍筋均能在构件破坏前屈服,为安全起见,规范规定 ζ 值应符合 $0.6\leqslant\zeta\leqslant1.7$,当 $\zeta>1.7$ 时取 $\zeta=1.7$。设计时,通常可取 $\zeta=1.2$(最佳值)。

式(7-10)可写为 $\zeta=\dfrac{f_y A_{stl} s}{f_{yv} A_{st1} u_{cor}}=\dfrac{f_y}{f_{yv}}\cdot\dfrac{A_{stl} s}{A_{st1} u_{cor}}$,因此 ζ 可理解为抗扭纵筋和抗扭箍筋的强度比 $\dfrac{f_y}{f_{yv}}$ 与体积比 $\dfrac{A_{stl} s}{A_{st1} u_{cor}}$ 的乘积;式(7-10)也可写为 $\zeta=\dfrac{f_y A_{stl} s}{f_{yv} A_{st1} u_{cor}}=\dfrac{\dfrac{f_y A_{stl}}{u_{cor}}}{\dfrac{f_{yv} A_{st1}}{s}}$,因此 ζ 也可理解为沿截面核心周长单位长度内抗扭纵筋配筋强度 $\dfrac{f_y A_{stl}}{u_{cor}}$ 与沿构件长度方向单位长度内的单侧抗扭箍筋配筋强度 $\dfrac{f_{yv} A_{st1}}{s}$ 的比值,参见图 7-9c。

7.2.2　矩形截面纯扭构件的承载力计算

目前钢筋混凝土纯扭构件的承载力计算,虽已有较接近实际的理论计算方法,例如,变角空间桁架模型及斜弯理论(扭曲破坏面极限平衡理论),但由于受扭构件受力复杂,影响承载力的因素又很多,因此根据理论分析得到的承载力计算公式还需根据试验结果进行修正。

在变角空间桁架模型理论的基础上,通过对试验结果统计的分析,可得到矩形截面纯扭构件承载力的计算公式[①]。GB 50010—2010 规范规定,矩形截面纯扭构件的受扭承载力可按下式计算:

$$T \leqslant T_u = T_c + T_s = 0.35 f_t W_t + 1.2 \sqrt{\zeta} f_{yv} \frac{A_{st1}}{s} A_{cor} \qquad (7-11)$$

式中　T——扭矩设计值,按式(2-20b)计算;

　　　T_c——混凝土的受扭承载力;

　　　T_s——箍筋的受扭承载力;

　　　f_t——混凝土轴心抗拉强度设计值,按附表 2-1 取用;

　　　A_{cor}——截面核心部分面积,$A_{cor} = b_{cor} h_{cor}$。

其余符号同前。

上式等号右边第一项为开裂后的混凝土由于抗扭钢筋使骨料间产生咬合作用而具有的受扭承载力;第二项则为抗扭钢筋的受扭承载力,其表达式形式由变角空间桁架模型得到。

式(7-11)的计算值与试验值的比较见图 7-10。如图可知,按式(7-11)得到的计算值(直线 1),比由变角空间桁架模型理论得到的计算值(直线 2)要偏低一些,这是因为构件破坏时钢筋有可能并非全部屈服,式(7-11)考虑了这一因素,和变角空间桁架模型相比,其计算值更符合试验结果。

图 7-11 为变角空间桁架模型,其基本假定为:① 受扭构件为一带有多条螺旋形裂缝的混凝土薄壁箱形截面构件,不考虑破坏时截面核心混凝土的作用;② 由薄壁上裂缝间的混凝土为斜压腹杆(倾角 α)、箍筋为受拉腹杆、纵筋为受拉弦杆组成一变角(α)空间桁架;③ 纵筋、箍筋和混凝土的斜压腹杆在交点处假定为铰接,满足节点平衡条件(忽略裂缝面上混凝土的骨料咬合作用,不考虑纵筋的销栓作用)。

公式推导如下:

设箱形截面上混凝土斜压腹杆的压力分别为 $2C_h$、$2C_b$。V_h、V_b 分别为垂直于轴线方向的分力,由力矩平衡,可得

$$T = V_h b_{cor} + V_b h_{cor} \qquad (b1)$$

[①]　本章所列的受扭承载力计算公式只适用于腹板净宽 h_w 与宽度 b 之比小于 6 的构件,对 $\frac{h_w}{b} \geqslant 6$ 的构件,受扭承载力计算应作专门研究。

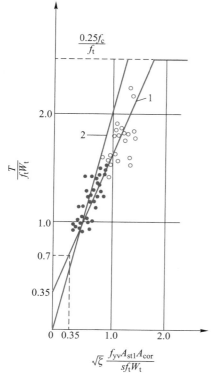

1—式（7-11）计算曲线；

2—变角空间桁架模型理论计算曲线。

图 7-10 计算值与实测值的比较图

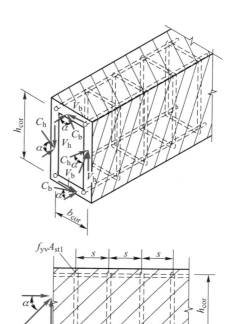

图 7-11 变角空间桁架模型

$\dfrac{V_{h}}{\tan \alpha}$、$\dfrac{V_{b}}{\tan \alpha}$ 分别为轴线方向的分力，应与纵筋拉力平衡，可得

$$f_{y}A_{st} = 2\,\frac{V_{h}+V_{b}}{\tan \alpha} \tag{b2}$$

由受扭斜面上箍筋拉力与 V_{h}、V_{b} 平衡，得

$$C_{h}\sin \alpha = V_{h} = \frac{h_{cor}}{s \tan \alpha}f_{yv}A_{st1} \tag{b3}$$

$$C_{b}\sin \alpha = V_{b} = \frac{b_{cor}}{s \tan \alpha}f_{yv}A_{st1} \tag{b4}$$

通过归并，可消去 V_{h}、V_{b}，得 $\tan^{2}\alpha = \dfrac{f_{yv}A_{st1}u_{cor}}{f_{y}A_{st}s}$，并令 $\tan \alpha = \sqrt{1/\zeta}$，得

$$T = 2\sqrt{\zeta}\,\frac{f_{yv}A_{st1}A_{cor}}{s} \tag{b5}$$

上式即图 7-10 中通过原点的直线 2，它与构件尺寸、混凝土强度无关，即没有反映构件受扭承载力随构件尺寸和混凝土强度增大而提高的规律，但它揭示了抗扭纵筋和抗扭箍筋的受力机理，为构件受扭承载力计算公式的建立提供了理论基础。

试验表明，受扭构件表面斜裂缝倾角 α 随 ζ 值的变化而改变，故上述模型称为变角空间桁架模型。

7.2.3 带翼缘截面纯扭构件的承载力计算

试验表明,带翼缘的 T 形、I 形截面构件受扭时第一条斜裂缝仍出现在构件腹板侧面中部,裂缝走向和破坏形态基本上类似于矩形截面。破坏时截面的受扭塑性抵抗矩与腹板及上、下翼缘各小块的矩形截面受扭塑性抵抗矩的总和接近。故可将 T 形或 I 形截面按前述方法划分为小块矩形截面,按各小块的受扭塑性抵抗矩比值的大小来计算各小块矩形截面所应承受的扭矩,即

腹板

$$T_w = \frac{W_{tw}}{W_t}T \tag{7-12a}$$

受压翼缘

$$T'_f = \frac{W'_{tf}}{W_t}T \tag{7-12b}$$

受拉翼缘

$$T_f = \frac{W_{tf}}{W_t}T \tag{7-12c}$$

式中 T——T 形和 I 形截面承受的总扭矩设计值;

T_w、T'_f、T_f——腹板、受压翼缘、受拉翼缘截面承受的扭矩设计值;

W_t——T 形和 I 形截面总的受扭塑性抵抗矩,按式(7-5)计算;

W_{tw}、W'_{tf}、W_{tf}——腹板、受压翼缘、受拉翼缘的受扭塑性抵抗矩,按式(7-6)~式(7-8)计算。

由上述方法求得各小块矩形截面所分配的扭矩后,再分别按式(7-11)进行各小块矩形截面的配筋计算。计算所得的抗扭纵筋应配置在整个截面的外边沿上。

试验及理论研究表明,对于图 7-8 所示的箱形截面,当具有一定壁厚($t_w \geq 0.4b_h$)时,其受扭承载力与实心截面 $h_h \times b_h$ 的基本相同。当壁厚较薄时,其受扭承载力则小于实心截面的受扭承载力。因此,箱形截面受扭承载力计算公式与矩形截面相似,仅在混凝土受扭项考虑了与截面相对壁厚有关的折减系数 α_h,即

$$T \leq T_u = T_c + T_s = 0.35\alpha_h f_t W_t + 1.2\sqrt{\zeta}f_{yv}\frac{A_{st1}}{s}A_{cor} \tag{7-13}$$

式中 α_h——箱形截面壁厚影响系数:$\alpha_h = 2.5t_w/b_h$,当 $\alpha_h > 1$ 时,取 $\alpha_h = 1.0$。

其余符号同前。

7.2.4 抗扭配筋的上下限

1. 抗扭配筋的上限

当截面尺寸过小、配筋过多时,构件会发生超筋破坏。此时,破坏扭矩主要取决于混凝土的抗压强度和构件截面尺寸,而增加配筋对破坏扭矩几乎没有什么影响。因

此,这个破坏扭矩也代表了配筋构件所能承担的扭矩的上限,根据对试验结果的分析,规范规定以截面尺寸和混凝土强度的限制条件作为配筋率的上限。GB 50010—2010 规范规定如下:对于 $h_w/b \leqslant 6$ 的矩形、T 形、I 形截面和 $h_w/t_w \leqslant 6$ 的箱形截面构件,要求满足:

当 h_w/b(或 h_w/t_w)$\leqslant 4$ 时

$$\frac{T}{0.8W_t} \leqslant 0.25\beta_c f_c \qquad (7-14a)$$

当 h_w/b(或 h_w/t_w)$= 6$ 时

$$\frac{T}{0.8W_t} \leqslant 0.20\beta_c f_c \qquad (7-14b)$$

当 $4 < h_w/b$(或 h_w/t_w)< 6 时,按线性内插法确定。

式中　h_w——截面腹板高度:矩形截面取有效高度 h_0,T 形截面取有效高度减去翼缘高度,I 形和箱形截面取腹板净高。

　　　b——截面宽度:矩形截面取截面宽度,T 形和 I 形截面取腹板宽度,箱形截面取两侧壁厚之和 $2t_w$。

　　　t_w——箱形截面壁厚,其值不应小于 $b_h/7$,此处 b_h 为箱形截面宽度。

　　　β_c——混凝土强度影响系数:混凝土强度等级不超过 C50 时,取 $\beta_c = 1.0$;C80 时,取 $\beta_c = 0.8$;其间,β_c 按线性内插法确定。

　　　f_c——混凝土轴心抗压强度设计值,按附表 2-1 取用。

其余符号同前。β_c 的含义与取值和第 4 章防止斜压破坏的式(4-16)是相同的。

若不满足式(7-14)条件,则需增大截面尺寸或提高混凝土强度等级。当 h_w/b(或 h_w/t_w)> 6 时,受扭构件的截面尺寸要求及扭曲截面承载力计算应符合专门的规定。

2. 抗扭配筋的下限

在抗扭配筋过少过稀时,配筋将无补于开裂后构件的抗扭能力。因此,为了防止纯扭构件在低配筋时发生少筋的脆性破坏,抗扭纵筋和抗扭箍筋不能过少。GB 50010—2010 规范规定,纯扭构件的抗扭纵筋和箍筋的配筋应满足下列最小配筋率要求。

(1)抗扭纵筋:

$$\rho_{tl} \geqslant \rho_{tl,\min} = 0.6\sqrt{\frac{T}{Vb}} \cdot \frac{f_t}{f_y} \qquad (7-15)$$

式中　ρ_{tl}——抗扭纵筋配筋率:$\rho_{tl} = \dfrac{A_{stl}}{bh}$;

　　　A_{stl}——全部抗扭纵筋的截面面积;

　　　b——受剪的截面宽度:矩形截面取截面宽度,T 形和 I 形截面取腹板宽度,箱形截面取 b_h(图 7-8);

　　　h——截面高度;

　　　V——和扭矩设计值 T 相应的剪力设计值,当 $T/(Vb) \geqslant 2.0$ 时,取 $T/(Vb) = 2.0$。

（2）箍筋[1]：

$$\rho_{sv} \geqslant \rho_{sv,min} = 0.28\frac{f_t}{f_{yv}} \tag{7-16}$$

式中 ρ_{sv}——箍筋配筋率：$\rho_{sv}=\dfrac{A_{sv}}{bs}$；

A_{sv}——同一截面内的箍筋截面面积。

其余符号同前。

再次强调，当采用复合箍筋时，位于截面内部的箍筋不应计入抗扭所需的箍筋面积。

符合下列条件时：

$$\frac{T}{W_t} \leqslant 0.7f_t \tag{7-17}$$

只需根据构造要求配置抗扭钢筋。

【例 7-1】   已知矩形截面构件，二级安全等级，一类环境类别，截面尺寸 $b \times h =$ 250 mm×600 mm。承受的扭矩设计值 $T = 18.74$ kN·m。混凝土强度等级为 C30，纵向钢筋采用 HRB400，箍筋采用 HPB300。试配置该构件的钢筋。

【解】

（1）资料

C30 混凝土，$f_c = 14.3$ N/mm²，$f_t = 1.43$ N/mm²，$\alpha_1 = 1.0$，$\beta_c = 1.0$；HRB400 钢筋，$f_y = 360$ N/mm²；HPB300 钢筋，$f_{yv} = 270$ N/mm²。

一类环境类别，取保护层厚度 $c = 20$ mm；预估纵向钢筋单层布置，取 $a_s = a'_s = 40$ mm，$h_0 = h - a_s = 600$ mm -40 mm $= 560$ mm。

$\rho_{tl,min} = 0.6\sqrt{\dfrac{T}{Vb}} \cdot \dfrac{f_t}{f_y}$，其中 $\dfrac{T}{Vb} \leqslant 2$，故 $V = 0$ 时 $\rho_{tl,min} = 0.6 \times \sqrt{2} \times \dfrac{1.43}{360} = 0.34\%$。

（2）计算受扭塑性抵抗矩

由式（7-3）得

$$W_t = \frac{b^2}{6}(3h-b) = \frac{250^2}{6} \times (3 \times 600 - 250) \text{ mm}^3 = 16.15 \times 10^6 \text{ mm}^3$$

（3）验算截面尺寸和混凝土强度

$$h_w = h_0 = 560 \text{ mm}, \frac{h_w}{b} = \frac{560}{250} = 2.24 \leqslant 4$$

按式（7-14a）进行验算，有

$$\frac{T}{0.8W_t} = \frac{18.74 \times 10^6}{0.8 \times 16.15 \times 10^6} \text{ N/mm}^2$$

$$= 1.45 \text{ N/mm}^2 \leqslant 0.25\beta_c f_c = 0.25 \times 1.0 \times 14.3 \text{ N/mm}^2 = 3.58 \text{ N/mm}^2$$

---

[1]   规范规定了弯剪扭构件的最小配箍率，未规定纯扭构件的最小配箍率。即规范规定了抗剪箍筋与抗扭箍筋之和的最小配箍率，未单独规定抗扭箍筋的最小配箍率。

截面尺寸和混凝土强度满足要求。

（4）验算是否需要按计算配置抗扭钢筋

由式（7-17）得

$$\frac{T}{W_t} = \frac{18.74 \times 10^6}{16.15 \times 10^6} \text{ N/mm}^2 = 1.16 \text{ N/mm}^2 > 0.7 f_t = 0.7 \times 1.43 \text{ N/mm}^2 = 1.0 \text{ N/mm}^2$$

应按计算配置抗扭钢筋。

（5）配筋计算

预估箍筋直径 $d = 8$ mm。

$$b_{cor} = b - 2c - 2d = 250 \text{ mm} - 2 \times 20 \text{ mm} - 2 \times 8 \text{ mm} = 194 \text{ mm}$$

$$h_{cor} = h - 2c - 2d = 600 \text{ mm} - 2 \times 20 \text{ mm} - 2 \times 8 \text{ mm} = 544 \text{ mm}$$

$$u_{cor} = 2(b_{cor} + h_{cor}) = 2 \times (194 + 544) \text{ mm} = 1\ 476 \text{ mm}$$

$$A_{cor} = b_{cor} h_{cor} = 194 \times 544 \text{ mm}^2 = 105\ 536 \text{ mm}^2$$

① 抗扭箍筋计算

取 $\zeta = 1.2$，由式（7-11）得

$$\frac{A_{st1}}{s} \geqslant \frac{T - 0.35 f_t W_t}{1.2 \sqrt{\zeta} f_{yv} A_{cor}} = \frac{18.74 \times 10^6 - 0.35 \times 1.43 \times 16.15 \times 10^6}{1.2 \times \sqrt{1.2} \times 270 \times 105\ 536} \text{ mm} = 0.285 \text{ mm}$$

箍筋选用 ϕ 8，单肢面积为 50.3 mm²，则

$$s \leqslant \frac{50.3}{0.285} \text{ mm} = 176 \text{ mm}$$

查表 4-3 得 $s_{max} = 250$ mm，取 $s = 150$ mm $< s_{max}$。

$$\rho_{sv} = \frac{A_{sv}}{bs} = \frac{101}{250 \times 150} = 0.27\% > \rho_{sv,min} = 0.28 \frac{f_t}{f_{yv}} = 0.28 \times \frac{1.43}{270} = 0.15\%$$

满足箍筋最小配筋率要求，故箍筋选配双肢 ϕ 8@ 150。

② 抗扭纵筋计算

由式（7-10）得

$$A_{stl} = \zeta \frac{f_{yv} A_{st1} u_{cor}}{f_y s} = 1.2 \times \frac{270 \times 50.3 \times 1\ 476}{360 \times 150} \text{ mm}^2 = 445 \text{ mm}^2$$

$$\rho_{tl} = \frac{A_{stl}}{bh} = \frac{445}{250 \times 600} = 0.30\% < \rho_{tl,min} = 0.34\%$$

不满足抗扭纵筋最小配筋率要求，取 $A_{stl} = \rho_{tl,min} bh = 0.003\ 4 \times 250 \text{ mm} \times 600 \text{ mm} = 510 \text{ mm}^2$。

抗扭纵筋间距不应大于 200 mm 和梁的截面宽度，该梁截面高 600 mm，宽 250 mm，$a_s = a_s' = 40$ mm，故纵筋沿截面高度分为四层，每层布置两根。每层的纵筋面积为 $\frac{A_{stl}}{4} = \frac{510}{4}$ mm² $= 128$ mm²，选配 2 ⊈ 12（$A_s = 226$ mm²）。如此，构件中间每侧布置 2 ⊈ 12，同时满足：当 $h_w = h_0 > 450$ mm 时，梁每侧应设置面积不小于 $0.10\% bh_w = 0.10\% \times 250$ mm $\times 560$ mm $= 140$ mm² 纵向构造钢筋的要求。

（6）配筋图

该构件的配筋图如图 7-12 所示。

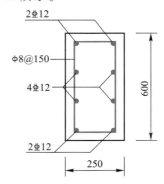

图 7-12   矩形截面受扭构件截面配筋

7.3   钢筋混凝土构件在弯、剪、扭共同作用下的承载力计算

7.3.1   构件在剪、扭作用下的承载力计算

试验表明,剪力和扭矩共同作用下的构件承载力比单独受剪或单独受扭时的承载力要低。构件的受扭承载力随剪力的增大而减小,受剪承载力也随着扭矩的增加而减小,这便是剪力与扭矩的相关性。图 7-13a 给出了无腹筋构件在不同扭矩与剪力比值作用下的承载力试验结果,图中的横坐标为 V_c/V_{c0},纵坐标为 T_c/T_{c0}。这里的 V_c、T_c 为无腹筋构件剪、扭共同作用时的受剪承载力和受扭承载力,V_{c0}、T_{c0} 为无腹筋构件单独受剪和单独受扭时的受剪承载力和受扭承载力。从图中不难发现受扭和受剪承载力的相关关系近似于 1/4 圆,即随着同时作用的扭矩的增大,构件受剪承载力逐渐降低,当扭矩达到构件的纯受扭承载力时,其受剪承载力下降为零;反之亦然。

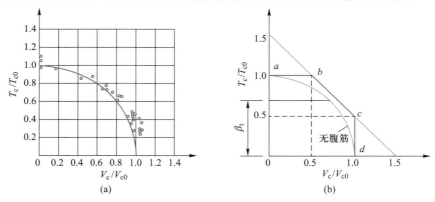

图 7-13   剪扭承载力相关图

（a）混凝土剪扭承载力相关性试验曲线；（b）混凝土剪扭承载力相关性计算曲线

对于有腹筋的剪扭构件,为了计算方便,也为了与单独受扭、单独受剪承载力计算公式相协调,可采用两项式的表达形式来计算其承载力。第一项为混凝土的承载力(考虑剪扭的相关作用),第二项为钢筋的承载力(不考虑剪扭的相关作用)。同时,近似假定有腹筋构件在剪、扭作用下混凝土部分所能承担的扭矩和剪力的相互关系与无腹筋构件一样符合 1/4 圆的关系(图 7-13b)。这时,无腹筋构件单独受剪时的受剪承载力 V_{c0} 与单独受扭时的受扭承载力 T_{c0} 可分别取为受剪承载力公式[式(4-10)]中的混凝土作用项和纯扭构件受扭承载力公式中[式(7-11)]的混凝土作用项,即

$$V_{c0} = 0.7f_t bh_0 \tag{7-18}$$
$$T_{c0} = 0.35f_t W_t \tag{7-19}$$

为了简化,在图 7-13b 中用三条折线 ab、bc、cd 来代替 1/4 圆。三条折线的方程和条件为

ab 段:$\dfrac{V_c}{V_{c0}} \leqslant 0.5$,$\dfrac{T_c}{T_{c0}} = 1$,为水平线,即不考虑剪力对受扭承载力的影响;

cd 段:$\dfrac{T_c}{T_{c0}} \leqslant 0.5$,$\dfrac{V_c}{V_{c0}} = 1$,为垂直线,即不考虑扭矩对受剪承载力的影响;

bc 段:$\dfrac{V_c}{V_{c0}} > 0.5$ 和 $\dfrac{T_c}{T_{c0}} > 0.5$,$\dfrac{T_c}{T_{c0}} + \dfrac{V_c}{V_{c0}} = 1.5$,为斜线,即考虑剪扭承载力相关性。

令 $\alpha = V_c/V_{c0}$,$\beta_t = T_c/T_{c0}$,则

$$\alpha + \beta_t = 1.5 \tag{c1}$$

又,α 和 β_t 的比例关系为

$$\frac{\alpha}{\beta_t} = \frac{V_c/V_{c0}}{T_c/T_{c0}} = \frac{V_c}{T_c} \cdot \frac{0.35f_t W_t}{0.7f_t bh_0} = 0.5\frac{V_c}{T_c} \cdot \frac{W_t}{bh_0} = 0.5\frac{V}{T} \cdot \frac{W_t}{bh_0} \tag{c2}$$

在上式近似取 $\dfrac{V_c}{T_c} = \dfrac{V}{T}$,联立求解上述两式得

$$\beta_t = \frac{1.5}{1 + 0.5\dfrac{V}{T} \cdot \dfrac{W_t}{bh_0}} \tag{7-20}$$

β_t 为一般剪扭构件混凝土受扭承载力降低系数,它是根据 bc 段导出的,因此,β_t 计算值应符合 $0.5 \leqslant \beta_t \leqslant 1.0$ 的要求。当 $\beta_t < 0.5$ 时,取 $\beta_t = 0.5$;当 $\beta_t > 1.0$ 时,取 $\beta_t = 1.0$。所以,一般剪扭构件中混凝土承担的扭矩和剪力相应为

$$T_c = 0.35\beta_t f_t W_t \tag{7-21}$$
$$V_c = 0.7(1.5 - \beta_t)f_t bh_0 \tag{7-22}$$

由第 4 章式(4-12)和本章式(7-11)中已知,箍筋的受剪承载力 $V_{sv} = f_{yv}\dfrac{A_{sv}}{s}h_0$,抗扭钢筋的受扭承载力 $T_s = 1.2\sqrt{\zeta}f_{yv}\dfrac{A_{st1}}{s}A_{cor}$,则一般矩形截面构件在剪、扭作用下的受剪

承载力和受扭承载力可分别按下列公式计算：

$$V \leqslant V_u = 0.7(1.5 - \beta_t)f_t b h_0 + f_{yv}\frac{A_{sv}}{s}h_0 \tag{7-23}$$

$$T \leqslant T_u = 0.35\beta_t f_t W_t + 1.2\sqrt{\zeta}f_{yv}\frac{A_{st1}}{s}A_{cor} \tag{7-24}$$

集中荷载作用下的独立剪扭构件受扭承载力仍按式（7-24）计算，受剪承载力和 β_t 分别按下列式（7-25）、式（7-26）计算：

$$V \leqslant V_u = \frac{1.75}{\lambda + 1}(1.5 - \beta_t)f_t b h_0 + f_{yv}\frac{A_{sv}}{s}h_0 \tag{7-25}$$

$$\beta_t = \frac{1.5}{1 + 0.2(\lambda + 1)\dfrac{V}{T}\cdot\dfrac{W_t}{b h_0}} \tag{7-26}$$

式（7-23）和式（7-25）中的符号与第 4 章式（4-12）相同。

如第 4 章所述，T 形和 I 形截面受剪承载力计算时不考虑翼缘的抗剪作用，按截面宽度等于腹板宽度、高度等于截面总高度的矩形截面计算。因此，对于 T 形和 I 形截面剪扭构件，腹板应承受全部剪力和所分配到的扭矩，翼缘仅承受所分配到的扭矩。即 T 形和 I 形截面剪扭构件的受剪和受扭承载力计算应分成两部分：① 腹板的受剪、受扭承载力仍采用式（7-23）、式（7-24）和式（7-20）或式（7-25）、式（7-24）和式（7-26）计算，但在计算时应将式中的 T 及 W_t 相应改为 T_w 及 W_{tw}；② 受压翼缘及受拉翼缘承受的剪力极小，可不予考虑，故它仅承受所分配的扭矩，其受扭承载力应按式（7-11）计算，但在计算时应将式中的 T 及 W_t 相应改为 T'_f、W'_{tf} 或 T_f、W_{tf}。

一般箱形截面剪扭构件的受剪承载力按式（7-23）计算，宽度 b 取箱形截面的侧壁厚度之和 $2t_w$；受扭承载力按下式计算：

$$T \leqslant T_u = 0.35\alpha_h\beta_t f_t W_t + 1.2\sqrt{\zeta}f_{yv}\frac{A_{st1}}{s}A_{cor} \tag{7-27}$$

对于集中荷载作用下的箱形截面剪扭构件，受扭承载力仍采用式（7-27）计算，但受剪承载力计算要考虑剪跨比的影响，采用式（7-25）计算，且 β_t 采用式（7-26）计算，但用 $\alpha_h W_t$ 代替 W_t，仍然是 $\beta_t < 0.5$ 时取 $\beta_t = 0.5$，$\beta_t > 1.0$ 时取 $\beta_t = 1.0$；宽度 b 取箱形截面的侧壁厚度之和 $2t_w$；其余符号同前。

7.3.2　抗扭配筋的上下限

1. 剪扭配筋的上限

当截面尺寸过小而配筋量过多时，构件将由于混凝土首先被压碎而破坏。因此，必须对截面的最小尺寸和混凝土的最低强度加以限制，以防止这种破坏的发生。

试验表明，剪扭构件截面限制条件基本上符合剪力、扭矩叠加的线性关系，因此，对于在弯矩、剪力和扭矩共同作用下，$h_w/b \leqslant 6$ 的矩形、T 形、I 形截面构件和 $h_w/$

$t_w \leqslant 6$ 的箱形截面构件,GB 50010—2010 规范规定其截面应符合下列要求:

当 h_w/b(或 h_w/t_w)$\leqslant 4$ 时 $\quad \dfrac{V}{bh_0} + \dfrac{T}{0.8W_t} \leqslant 0.25\beta_c f_c$ (7-28a)

当 h_w/b(或 h_w/t_w)$= 6$ 时 $\quad \dfrac{V}{bh_0} + \dfrac{T}{0.8W_t} \leqslant 0.20\beta_c f_c$ (7-28b)

当 $4 < h_w/b$(或 h_w/t_w)< 6 时,按线性内插法确定。

式中符号含义同式(7-14)。若不满足式(7-28)条件,则需增大截面尺寸或提高混凝土强度等级。

2. 剪扭配筋的下限

对剪扭构件,为防止发生少筋破坏,抗扭纵筋、抗扭和抗剪箍筋的配筋率应分别满足式(7-15)和式(7-16)的要求,当采用复合箍筋时,位于截面内部的箍筋不应计入受扭所需的箍筋面积;箍筋间距要满足第 4 章表 4-3 的要求。

与纯扭构件类似,当符合下列条件时:

$$\frac{V}{bh_0} + \frac{T}{W_t} \leqslant 0.7f_t \quad\quad\quad (7-29)$$

可不对构件进行剪扭承载力计算,仅需按构造要求配置钢筋。

7.3.3 构件在弯、扭作用下的承载力计算

弯矩、扭矩共同作用下的构件受弯和受扭承载力,可分别按受弯构件的正截面受弯承载力和纯扭构件的受扭承载力进行计算,求得的钢筋应分别按弯矩、扭矩对纵筋和箍筋的构造要求进行配置,位于相同部位的钢筋可将所需钢筋截面面积叠加后统一配置。

7.3.4 构件在弯、剪、扭作用下的承载力计算

钢筋混凝土构件在弯矩、剪力和扭矩共同作用下的受力性能影响因素很多,比剪扭、弯扭更复杂。目前弯、剪、扭共同作用下的承载力计算还是采用按受弯和受剪扭分别计算,然后进行叠加的近似计算方法。即纵向钢筋应根据正截面受弯承载力计算求得的抗弯纵筋和剪扭构件的受扭承载力计算求得的抗扭纵筋进行配置,位于相同部位的纵向钢筋截面面积可叠加。箍筋应根据剪扭构件受剪承载力计算求得的抗剪箍筋和受扭承载力计算求得的抗扭箍筋进行配置,相同部位的箍筋截面面积也可叠加。

具体计算步骤如下:

(1)根据经验或参考已有设计,初步确定截面尺寸和材料强度等级。

(2)验算截面尺寸和混凝土强度(防止剪扭构件超筋破坏),如能符合式(7-28)的条件,则截面尺寸合适。否则,应加大截面尺寸或提高混凝土的强度等级。

(3)验算是否需要按计算确定抗剪扭钢筋,如能符合式(7-29)的条件,则不需对构件进行剪扭承载力计算,仅按构造要求配置抗剪扭钢筋,但受弯承载力仍需进行计算。

(4)确定计算方法,即确定是否要考虑剪扭相关性。

① 确定是否可忽略剪力的影响,如能符合

$$V \leqslant 0.35 f_t b h_0 \text{(一般构件)} \tag{7-30a}$$

或

$$V \leqslant \frac{0.875}{\lambda + 1} f_t b h_0 \text{(集中荷载独立构件)} \tag{7-30b}$$

则可不计剪力 V 的影响,只需按受弯构件的正截面受弯和纯扭构件的受扭分别进行承载力计算。即,若剪力设计值 V 小于等于无腹筋构件单独受剪时受剪承载力的一半,可不考虑剪力 V 对构件承载力的影响。

② 确定是否可忽略扭矩的影响,如能符合:

$$T \leqslant 0.175 f_t W_t \text{(矩形、T 形与 I 形截面)} \tag{7-31a}$$

或

$$T \leqslant 0.175 \alpha_h f_t W_t \text{(箱形截面)} \tag{7-31b}$$

则可不计扭矩 T 的影响,只需按受弯构件的正截面受弯和斜截面受剪分别进行承载力计算。即,若扭矩设计值 T 小于等于无腹筋构件单独受扭时受扭承载力的一半,可不考虑扭矩 T 对构件承载力的影响。

(5) 若剪力和扭矩均不能忽略,即构件不满足式(7-30)和式(7-31)的条件时,则按下列两方面进行计算:

① 按第 3 章相应公式计算满足正截面受弯承载力所需的抗弯纵筋。

② 对于矩形、T 形和 I 形截面,按本章式(7-23)和式(7-24)或式(7-25)和式(7-24)计算抗剪扭所需的箍筋和纵筋。

对于箱形截面,按本章式(7-23)和式(7-27)或式(7-25)和式(7-27)计算抗剪扭所需的箍筋和纵筋。

叠加上述两者所需的纵筋与箍筋截面面积,即得弯剪扭构件的配筋面积。应注意,抗弯纵筋、抗扭纵筋、箍筋都应满足各自的最小配筋率要求和其他构造要求。

还应注意,抗弯受拉纵筋 A_s 配置在截面受拉区底面,受压纵筋 A_s' 配置在截面受压区顶面,抗扭纵筋 A_{stl} 则应在截面周边对称均匀布置。如果抗扭纵筋 A_{stl} 准备分三层配置,且截面顶面与底面的抗扭纵筋都只需 2 根,则每一层的抗扭纵筋截面面积为 $A_{stl}/3$。因此,叠加时,截面底层所需的纵筋为 $A_s + A_{stl}/3$,中间层为 $A_{stl}/3$,顶层为 $A_s' + A_{stl}/3$。钢筋面积叠加后,顶、底层钢筋可统一配置(图 7-14)。

抗剪所需的抗剪箍筋 A_{sv} 是指同一截面内箍筋各肢的全部截面面积,等于 $n A_{sv1}$,n 为同一截面内箍筋的肢数(可以是 2 肢或 4 肢),A_{sv1} 为单肢箍筋的截面面积。而抗扭所需的抗扭箍筋 A_{stl} 则是沿截面周边配置的单肢箍筋截面面积。所以公式求得的 $\dfrac{A_{sv}}{s}$ 和 $\dfrac{A_{stl}}{s}$ 是不能直接相加的,只能以 $\dfrac{A_{sv1}}{s}$ 和 $\dfrac{A_{stl}}{s}$ 相加,然后统一配置在截面的周边。当采用复合箍筋时,位于截面内部的箍筋只能抗剪而不能抗扭(图 7-15)。

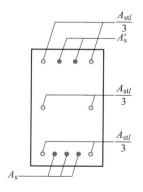

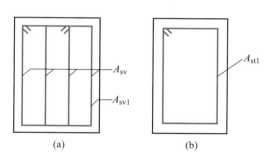

图 7-14 弯剪扭构件的纵向钢筋配置   图 7-15 弯剪扭构件的箍筋配置

(a)抗剪箍筋;(b)抗扭箍筋

【例 7-2】 某工业厂房中均布荷载作用下的 T 形截面构件,二级安全级别,一类环境类别,截面尺寸 $b=250$ mm,$h=500$ mm,$b'_f=400$ mm,$h'_f=100$ mm。荷载作用下该构件承受的内力设计值 $M=120.11$ kN·m,$V=95.24$ kN,$T=16.85$ kN·m。混凝土强度等级为 C30,纵向钢筋采用 HRB400,箍筋采用 HPB300。试配置该构件的钢筋。

【解】

(1)资料

C30 混凝土,$f_c=14.3$ N/mm²,$f_t=1.43$ N/mm²,$\alpha_1=1.0$,$\beta_c=1.0$;HRB400 钢筋,$f_y=360$ N/mm²,$\xi_b=0.518$;HPB300 钢筋,$f_{yv}=270$ N/mm²。

一类环境类别,取保护层厚度 $c=20$ mm;预估纵向钢筋单层布置,取 $a_s=a'_s=40$ mm,$h_0=h-a_s=500$ mm-40 mm$=460$ mm。

(2)计算受扭塑性抵抗矩

按图 7-7a 将 T 形截面划分为两块矩形截面,按式(7-6)和式(7-7)计算截面受扭塑性抵抗矩:

腹板 $\quad W_{tw}=\dfrac{b^2}{6}(3h-b)=\dfrac{250^2}{6}\times(3\times500-250)$ mm³ $=13.02\times10^6$ mm³

翼缘 $\quad W'_{tf}=\dfrac{h'^2_f}{2}(b'_f-b)=\dfrac{100^2}{2}\times(400-250)$ mm³ $=0.75\times10^6$ mm³

整个截面 $\quad W_t=W_{tw}+W'_{tf}=(13.02+0.75)\times10^6$ mm³ $=13.77\times10^6$ mm³

(3)验算截面尺寸和混凝土强度

$$h_w=h_0-h'_f=460 \text{ mm}-100 \text{ mm}=360 \text{ mm},\quad \frac{h_w}{b}=\frac{360}{250}=1.44\leqslant4$$

按式(7-28a)进行验算,有

$$\frac{V}{bh_0}+\frac{T}{0.8W_t}=\left(\frac{95.24\times10^3}{250\times460}+\frac{16.85\times10^6}{0.8\times13.77\times10^6}\right) \text{ N/mm}^2$$

$$=2.36 \text{ N/mm}^2\leqslant0.25\beta_c f_c=0.25\times1.0\times14.3 \text{ N/mm}^2=3.58 \text{ N/mm}^2$$

截面尺寸和混凝土强度满足要求。

（4）验算是否需要按计算配置抗剪扭钢筋

由式（7-29）得

$$\frac{V}{bh_0}+\frac{T}{W_t}=\left(\frac{95.24\times10^3}{250\times460}+\frac{16.85\times10^6}{13.77\times10^6}\right)\ \text{N/mm}^2$$

$$=2.05\ \text{N/mm}^2>0.7f_t=0.7\times1.43\ \text{N/mm}^2=1.00\ \text{N/mm}^2$$

应按计算配置抗剪扭钢筋。

（5）判别是否按弯剪扭构件计算

按式（7-30a）验算是否可忽略剪力：

$$0.35f_tbh_0=0.35\times1.43\ \text{N/mm}^2\times250\ \text{mm}\times460\ \text{mm}$$

$$=57.56\times10^3\ \text{N}=57.56\ \text{kN}<V=95.24\ \text{kN}$$

不可忽略剪力的影响。

按式（7-31a）验算是否可忽略扭矩：

$$0.175f_tW_t=0.175\times1.43\times13.77\times10^6\ \text{N}\cdot\text{mm}=3.45\times10^6\ \text{N}\cdot\text{mm}$$

$$=3.45\ \text{kN}\cdot\text{m}<T=16.85\ \text{kN}\cdot\text{m}$$

也不能忽略扭矩的影响，应按弯剪扭构件计算。

（6）配筋计算

1）抗弯纵筋计算

$$\alpha_1f_cb_f'h_f'\left(h_0-\frac{h_f'}{2}\right)=1.0\times14.3\times400\times100\times\left(460-\frac{100}{2}\right)\ \text{N}\cdot\text{mm}$$

$$=234.52\times10^6\ \text{N}\cdot\text{mm}=234.52\ \text{kN}\cdot\text{m}>M=120.11\ \text{kN}\cdot\text{m}$$

属于第一种类型的 T 形截面梁。

$$\alpha_s=\frac{M}{\alpha_1f_cb_f'h_0^2}=\frac{120.11\times10^6}{1\times14.3\times400\times460^2}=0.099$$

$$\xi=1-\sqrt{1-2\alpha_s}=1-\sqrt{1-2\times0.099}=0.104$$

$$A_s=\frac{\alpha_1f_cb_f'\xi h_0}{f_y}=\frac{1.0\times14.3\times400\times0.104\times460}{360}\ \text{mm}^2=760\ \text{mm}^2$$

$$\rho=\frac{A_s}{bh}=\frac{760}{250\times500}=0.61\%>\rho_{min}=\max\left(0.20\%,0.45\frac{f_t}{f_y}\right)=0.20\%$$

满足纵向受拉钢筋最小配筋率要求。

2）抗剪和抗扭钢筋计算

① 腹板和翼缘承受的扭矩

按式（7-12）将 T 形截面的扭矩分配到腹板和翼缘：

腹板 $$T_w=\frac{W_{tw}}{W_t}T=\frac{13.02\times10^6}{13.77\times10^6}\times16.85\ \text{kN}\cdot\text{m}=15.93\ \text{kN}\cdot\text{m}$$

翼缘 $T_f' = \dfrac{W_{tf}'}{W_t} T = \dfrac{0.75 \times 10^6}{13.77 \times 10^6} \times 16.85 \text{ kN} \cdot \text{m} = 0.92 \text{ kN} \cdot \text{m}$

② 腹板配筋计算

预估箍筋直径 $d = 8$ mm。

$$b_{cor} = b - 2c - 2d = 250 \text{ mm} - 2 \times 20 \text{ mm} - 2 \times 8 \text{ mm} = 194 \text{ mm}$$

$$h_{cor} = h - 2c - 2d = 500 \text{ mm} - 2 \times 20 \text{ mm} - 2 \times 8 \text{ mm} = 444 \text{ mm}$$

$$u_{cor} = 2(b_{cor} + h_{cor}) = 2 \times (194 + 444) \text{ mm} = 1\,276 \text{ mm}$$

$$A_{cor} = b_{cor} h_{cor} = 194 \text{ mm} \times 444 \text{ mm} = 86\,136 \text{ mm}^2$$

a. 抗剪扭箍筋计算

由式(7-20)得

$$\beta_t = \frac{1.5}{1 + 0.5 \dfrac{V}{T_w} \cdot \dfrac{W_{tw}}{bh_0}} = \frac{1.5}{1 + 0.5 \times \dfrac{95.24 \times 10^3}{15.93 \times 10^6} \times \dfrac{13.02 \times 10^6}{250 \times 460}} = 1.12 > 1.0$$

取 $\beta_t = 1.0$。

取 $\zeta = 1.2$，由式(7-24)得

$$\frac{A_{st1}}{s} \geqslant \frac{T_w - 0.35 \beta_t f_t W_{tw}}{1.2 \sqrt{\zeta} f_{yv} A_{cor}} = \frac{15.93 \times 10^6 - 0.35 \times 1.0 \times 1.43 \times 13.02 \times 10^6}{1.2 \times \sqrt{1.2} \times 270 \times 86\,136} \text{ mm}$$

$$= 0.308 \text{ mm}$$

由式(7-23)得

$$\frac{A_{sv}}{s} \geqslant \frac{V - 0.7(1.5 - \beta_t) f_t bh_0}{f_{yv} h_0} = \frac{95.24 \times 10^3 - 0.7 \times (1.5 - 1.0) \times 1.43 \times 250 \times 460}{270 \times 460} \text{ mm}$$

$$= 0.303 \text{ mm}$$

采用双肢箍筋，则腹板所需的单肢箍筋总面积为

$$\frac{A_{st1}}{s} + \frac{A_{sv}}{ns} = 0.308 \text{ mm} + \frac{0.303 \text{ mm}}{2} = 0.460 \text{ mm}$$

箍筋选用 $\phi 8$，单肢面积为 50.3 mm^2，则

$$s \leqslant \frac{50.3}{0.460} \text{ mm} = 109 \text{ mm}$$

查表 4-3 得 $s_{max} = 200$ mm，取 $s = 100$ mm $< s_{max}$。

$$\rho_{sv} = \frac{A_{sv}}{bs} = \frac{2 \times 50.3}{250 \times 100} = 0.40\% > \rho_{sv,min} = 0.28 \frac{f_t}{f_{yv}} = 0.28 \times \frac{1.43}{270} = 0.15\%$$

满足箍筋最小配筋率要求，故箍筋选配双肢 $\phi 8@100$。

b. 抗扭纵筋计算

由式(7-10)得

$$A_{stl} = \zeta \frac{f_{yv} A_{st1} u_{cor}}{f_y s} = \zeta \frac{f_{yv} u_{cor}}{f_y} \cdot \frac{A_{st1}}{s} = 1.2 \times \frac{270 \times 1\,276}{360} \times 0.308 \text{ mm}^2 = 354 \text{ mm}^2$$

$$\rho_{tl} = \frac{A_{stl}}{bh} = \frac{354}{250 \times 500}$$

$$= 0.28\% \geqslant \rho_{tl,\min} = 0.6\sqrt{\frac{T_w}{Vb}} \cdot \frac{f_t}{f_y} = 0.6 \times \sqrt{\frac{15.93 \times 10^6}{95.24 \times 10^3 \times 250}} \times \frac{1.43}{360} = 0.19\%$$

满足抗扭纵筋最小配筋率要求。

抗扭纵筋间距不应大于 200 mm 和梁的截面宽度，该梁高 500 mm，腹板宽 250 mm，$a_s = a_s' = 40$ mm，同时考虑在翼缘高度范围内要布置两层，故沿截面高度分四层布置纵筋，每层布置两根。

最下层：$\dfrac{A_{stl}}{4} + A_s = \dfrac{354 \text{ mm}^2}{4} + 760 \text{ mm}^2 = 849 \text{ mm}^2$，选配 3 $\underline{\Phi}$ 20（$A_s = 942 \text{ mm}^2$）；

其余各层：$\dfrac{A_{stl}}{4} = \dfrac{354 \text{ mm}^2}{4} = 89 \text{ mm}^2$，选 2 $\underline{\Phi}$ 12（$A_s = 226 \text{ mm}^2$）。

③ 翼缘配筋计算

翼缘按纯扭计算，箍筋直径 $d = 8$ mm。

$$b_{cor} = b_f' - b - 2c - 2d = 400 \text{ mm} - 250 \text{ mm} - 2 \times 20 \text{ mm} - 2 \times 8 \text{ mm} = 94 \text{ mm}$$

$$h_{cor} = h_f' - 2c - 2d = 100 \text{ mm} - 2 \times 20 \text{ mm} - 2 \times 8 \text{ mm} = 44 \text{ mm}$$

$$u_{cor} = 2(b_{cor} + h_{cor}) = 2 \times (94 + 44) \text{ mm} = 276 \text{ mm}$$

$$A_{cor} = b_{cor} h_{cor} = 94 \text{ mm} \times 44 \text{ mm} = 4\ 136 \text{ mm}^2$$

a. 抗扭箍筋计算

取 $\zeta = 1.2$，由式（7-11）得

$$\frac{A_{st1}}{s} \geqslant \frac{T_f' - 0.35 f_t W_{tf}'}{1.2\sqrt{\zeta} f_{yv} A_{cor}} = \frac{0.92 \times 10^6 - 0.35 \times 1.43 \times 0.75 \times 10^6}{1.2 \times \sqrt{1.2} \times 270 \times 4\ 136} \text{ mm} = 0.371 \text{ mm}$$

箍筋选用 Φ 8，单肢面积为 50.3 mm²，则

$$s \leqslant \frac{50.3}{0.371} \text{ mm} = 136 \text{ mm}$$

间距取与腹板相同，即 $s = 100$ mm。

$$\rho_{sv} = \frac{A_{sv}}{bs} = \frac{2 \times 50.3}{(400 - 250) \times 100} = 0.67\% > \rho_{sv,\min} = 0.28 \frac{f_t}{f_{yv}} = 0.28 \times \frac{1.43}{270} = 0.15\%$$

满足箍筋最小配筋率要求，故箍筋选配双肢 Φ 8@100。

b. 抗扭纵筋计算

由式（7-10）得

$$A_{stl} = \zeta \frac{f_{yv} A_{st1} u_{cor}}{f_y s} = 1.2 \times \frac{270 \times 50.3 \times 276}{360 \times 100} \text{ mm}^2 = 125 \text{ mm}^2$$

$$\rho_{tl} = \frac{A_{stl}}{bh} = \frac{125}{(400 - 250) \times 100}$$

$$= 0.83\% \geqslant \rho_{tl,\min} = 0.6\sqrt{\frac{T}{Vb}}\frac{f_t}{f_y} = 0.6 \times \sqrt{2} \times \frac{1.43}{360} = 0.34\%$$

满足抗扭纵筋最小配筋率要求。抗扭纵筋选用选 4 Φ 12 ($A_s = 452$ mm²)。

（7）配筋图

该梁的截面配筋如图 7-16 所示。

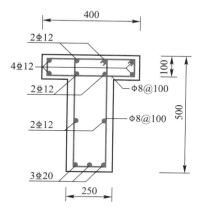

图 7-16　T 形截面弯剪扭构件截面配筋

第 7 章
总结

思考题

7-1　什么是平衡扭转？什么是协调扭转？它们各有什么特点？

7-2　钢筋混凝土矩形截面纯扭构件有哪几种受扭破坏形态？简述它们的破坏特点和破坏性质。

7-3　钢筋混凝土纯扭构件的开裂扭矩如何计算？矩形截面受扭塑性抵抗矩计算公式是根据什么假定推导得到的？这个假定和实际有什么区别？

7-4　T 形和 I 形截面、箱形截面受扭塑性抵抗矩是根据什么原则计算得到的？

7-5　为什么需要同时配置抗扭纵筋和抗扭箍筋？它们对于构件的承载力和开裂扭矩有何影响？

7-6　钢筋混凝土纯扭构件破坏时，在什么条件下抗扭纵筋和抗扭箍筋都会屈服，然后混凝土才压坏，即产生延性破坏？

7-7　试说明受扭构件承载力计算公式中参数 ζ 的物理意义，写出它的计算公式，并说明它的合理取值范围及含义。

7-8　在剪扭构件计算中，为什么要引入系数 β_t？说明它的物理意义和取值范围。

7-9　有人说 β_t 为剪扭构件混凝土受扭承载力降低系数，所以如果一钢筋混凝土纯扭构件的受扭承载力为 100 kN·m，当它受剪扭时 $\beta_t = 0.8$，则此时它的受扭承载力

第 7 章
思考题详解

为 80 kN·m。这种说法是否正确？

　　7-10　纯扭构件设计时如何避免超筋破坏和部分超筋破坏？

　　7-11　如何确定弯剪扭构件的纵向受力钢筋和箍筋？分别应如何布置？

　　7-12　纯扭构件能否采用四肢箍筋？为什么？

　　7-13　说明规范采用的弯剪扭构件的配筋计算方法。

　　7-14　T 形和 I 形截面钢筋混凝土纯扭构件的受扭承载力如何计算？

　　7-15　箱形截面与矩形截面纯扭构件的受扭承载力公式有何区别？

　　7-16　剪扭作用下,一般构件与集中荷载作用下独立构件的受剪和受扭承载力公式有何区别？

计算题

　　7-1　某矩形截面钢筋混凝土受扭构件,二级安全等级,一类环境类别。截面尺寸 $b \times h = 250 \text{ mm} \times 500 \text{ mm}$,持久设计状况下承受的扭矩设计值 $T = 23.50 \text{ kN·m}$。混凝土强度等级为 C30,纵筋和箍筋分别采用 HRB400 和 HPB300 钢筋。试配置抗扭钢筋并绘制配筋图。

　　7-2　均布荷载作用下的钢筋混凝土矩形截面弯剪扭构件,二级安全等级,一类环境类别。截面尺寸 $b \times h = 250 \text{ mm} \times 550 \text{ mm}$,持久设计状况下承受的弯矩、剪力和扭矩设计值分别为 $M = 125.10 \text{ kN·m}$、$V = 171.10 \text{ kN}$ 和 $T = 17.90 \text{ kN·m}$。混凝土强度等级为 C35,纵筋和箍筋分别采用 HRB400 和 HPB300 钢筋。试配置钢筋并绘制配筋图。

第 7 章
计算题详解

　　7-3　均布荷载作用下的钢筋混凝土 T 形截面弯剪扭构件,二级安全等级,一类环境类别。$b'_f = 500 \text{ mm}$、$h'_f = 110 \text{ mm}$、$b = 200 \text{ mm}$、$h = 500 \text{ mm}$,持久设计状况下承受的弯矩、剪力和扭矩设计值分别为 $M = 105.10 \text{ kN·m}$、$V = 71.0 \text{ kN}$、$T = 15.30 \text{ kN·m}$。混凝土强度等级为 C30,纵筋和箍筋分别采用 HRB400 和 HPB300 钢筋。试配置钢筋并绘制配筋图。

第8章 钢筋混凝土构件正常使用与耐久性极限状态验算与设计

钢筋混凝土结构设计首先应进行承载能力极限状态计算,以保证结构构件的安全可靠;其次还应根据构件的使用要求进行正常使用极限状态验算,对允许或不允许出现裂缝的构件进行裂缝宽度或抗裂验算,对需要控制变形的构件进行挠度验算,以保证结构构件能正常使用;再次,还要进行耐久性极限状态设计,使结构构件出现耐久性极限状态标志或限值的年限不小于其设计工作年限。在有些情况下,正常使用极限状态的验算和耐久性极限状态设计也有可能成为设计中的控制因素。

对于一般钢筋混凝土构件,在使用荷载作用下,除部分偏心距较小的偏心受压构件外,构件截面的拉应变总是大于混凝土的极限拉应变的,要求构件在正常使用时不出现裂缝是不现实的。因此,一般的钢筋混凝土构件允许出现裂缝,是带裂缝工作的。但过宽的裂缝会产生下列不利影响:① 影响外观并使人心理上产生不安全感。② 在裂缝处,缩短了混凝土碳化到达钢筋表面的时间,导致钢筋提早锈蚀;气体、水分和有害介质会通过裂缝渗入混凝土内部,加速钢筋锈蚀,影响结构的耐久性。③ 对承受水压的结构,当水头较大时,渗入裂缝的水压会使裂缝进一步扩展,甚至会影响结构的承载力。因此,对允许开裂的构件应进行裂缝宽度验算,根据使用要求使裂缝宽度小于相应的限值。

裂缝宽度限值的取值是根据结构的功能要求、环境条件对钢筋的腐蚀影响、钢筋种类对腐蚀的敏感性及荷载作用时间等因素来考虑的。然而到目前为止,一些同类规范考虑裂缝宽度限值的影响因素各有侧重,具体规定并不完全一致。GB 50010—2010规范参照国内外有关资料,根据钢筋混凝土结构构件所处的环境类别,规定了相应的最大裂缝宽度限值,如附表5-1所列。

在实际工程中,有些结构构件是不允许出现裂缝的,如不应发生渗漏的储液或储气罐、压力管道等,这些结构构件出现裂缝会直接影响其使用功能。采用钢筋混凝土结构虽然也能实现抗裂的功能要求,但由于构件开裂前主要靠混凝土承担拉力,要实现抗裂就不得不要求构件有较大的截面尺寸,使混凝土有足够的抗裂能力,此时采用预应力混凝土结构比钢筋混凝土结构更为有利。所以,建筑工程中要求抗裂的结构构件都是采用预应力混凝土结构的,而钢筋混凝土结构都是允许开裂的。

混凝土构件的挠度应不影响结构的正常使用功能和外观要求。例如,吊车梁或门机轨道梁等构件,挠度过大时会妨碍吊车或门机的正常行驶;屋面梁、板挠度过大,会引起屋顶积水;门、窗过梁挠度过大,会影响门、窗正常开关。结构变形过大,还会对附属于该结构的非结构构件产生不良影响,如原油码头的栈桥变形过大会使输油管道产生弯曲变形,有可能导致输油管道出现破损。对于这类有严格限制变形要求的构件及截面尺寸特别单薄的装配式构件,就需要进行变形验算,以控制构件的变形。GB 50010—2010 规范根据受弯构件的类型,规定了最大挠度限值,见附表 5-2。

由于混凝土结构本身组成成分及承载特点,在周围环境中的水及侵蚀介质作用下,随时间的推移,混凝土将出现裂缝、破碎、酥裂、磨损、溶蚀,钢筋将产生锈蚀、脆化、疲劳等现象,钢筋与混凝土之间的黏结作用将逐渐减弱,即出现耐久性问题。耐久性问题开始时表现为对结构构件外观和使用功能的影响,发展到一定阶段,可能会引起承载力降低,造成结构构件的破坏。

如果结构因耐久性不足而失效或为继续使用而需大规模维修,则代价巨大,因此 GB 50010—2010 规范和《混凝土结构耐久性设计标准》(GB/T 50476—2019)对混凝土结构的耐久性设计进行了详细的规定。

正常使用极限状态验算、耐久性极限状态设计与承载能力极限状态计算相比,所要求的目标可靠指标不同。对于正常使用极限状态验算和耐久性极限状态设计,可靠指标 β 宜根据其可逆程度分别取为 0~1.5 和 1.0~2.0,这是因为超出正常使用和耐久性极限状态所产生的后果不像超出承载能力极限状态所造成的后果(危及安全)那么严重。因而规范规定,进行正常使用极限状态验算时材料强度取其标准值,荷载取其标准值、频遇值或准永久值,而不是它们的设计值。而耐久性极限状态设计主要是根据结构或构件所处的环境及可能遭受腐蚀的程度,选择相应的技术措施和构造要求,保证结构或构件达到预期的使用寿命。

需要指出的是,本章涉及的裂缝控制计算只是针对直接作用在结构上的外力荷载所引起的裂缝而言的,不包括温度、收缩、支座沉降等变形受到约束而产生的裂缝。

8.1　裂缝宽度验算

8.1.1　裂缝成因

混凝土产生裂缝的原因十分复杂,归纳起来有外力荷载引起的裂缝和非荷载因素引起的裂缝两大类。

1. 外力荷载引起的裂缝

钢筋混凝土结构在使用荷载作用下,除部分偏心距较小的偏心受压构件外,截面上的混凝土拉应变一般是大于混凝土极限拉应变的,因而构件在使用时大多是带裂缝工作的。作用于截面上的弯矩、剪力、轴向拉力和扭矩等内力都可能引起钢筋混凝土构件开裂,但不同性质的内力所引起的裂缝,其形态不同。

　　裂缝一般与主拉应力方向大致垂直,且最先在内力最大处产生。如果内力相同,则裂缝首先在混凝土抗拉能力最薄弱处产生。

　　外力荷载引起的裂缝主要有正截面裂缝和斜截面裂缝。由弯矩、轴心拉力、偏心拉(压)力等引起的裂缝称为正截面裂缝或垂直裂缝,由剪力或扭矩引起的与构件轴线斜交的裂缝称为斜截面裂缝或斜裂缝。

　　由荷载引起的裂缝主要通过合理的配筋,例如选用与混凝土黏结较好的带肋钢筋,控制使用期钢筋应力不过高、钢筋直径不过粗、钢筋间距不过大等措施,来控制正常使用条件下的裂缝不致过宽。

　　2. 非荷载因素引起的裂缝

　　钢筋混凝土结构构件除了由外力荷载引起的裂缝外,很多非荷载因素,如温度变化、混凝土收缩、基础不均匀沉降、冻融循环、钢筋锈蚀、塑性坍落及碱骨料化学反应等,都有可能引起裂缝。

　　(1)温度变化引起的裂缝

　　结构构件会随着温度的变化而产生变形,即热胀冷缩。当冷缩变形受到约束时,就会产生温度应力(拉应力),当温度应力产生的拉应变大于混凝土极限拉应变时就会产生裂缝。减小温度应力的实用方法是尽可能地撤去约束,允许其自由变形。在建筑物中设置伸缩缝就是这种方法的典型例子。

　　高层建筑基础板等大体积混凝土开裂的主要原因之一是温度应力。混凝土在浇筑凝结硬化过程中会产生大量的水化热,导致混凝土温度上升。如果热量不能很快散失,混凝土块体内外温差过大,就会产生温度应力,使结构内部受压外部受拉。混凝土在硬化初期抗拉强度很低,如果内外温度差较大,就容易出现裂缝。防止这类裂缝的措施包括:采用低热水泥以减少水化热,掺用优质掺合料以降低水泥用量,预冷骨料及拌和用水以降低混凝土入仓温度,预埋冷却水管通水冷却和合理分层分块浇筑混凝土以降低内部温度,加强隔热保温养护以减小内外温差,等等。

　　(2)混凝土收缩引起的裂缝

　　混凝土在结硬时会体积缩小,产生收缩变形。如果构件能自由伸缩,则混凝土的收缩只是引起构件的缩短而不会导致收缩裂缝。但实际上结构构件都不同程度地受到边界约束作用,例如板受到四边梁的约束,梁受到支座的约束。对于这些受到约束而不能自由伸缩的构件,混凝土的收缩就可能导致裂缝的产生。

　　在配筋率很高的构件中,即使边界没有约束,也会因混凝土收缩受到钢筋的制约而产生拉应力,有可能引起构件产生局部裂缝。此外,新老混凝土的界面上很容易产生收缩裂缝。

　　混凝土的收缩变形随着时间而增长,初期收缩变形发展较快,两周可完成全部收缩量的25%,一个月可完成约50%,三个月后增长缓慢,一般两年后趋于稳定。

　　混凝土收缩可分为自生收缩和干燥收缩两部分。自生收缩是指在恒温绝湿条件下,由于胶凝材料水化引起的自干燥使混凝土宏观体积减小;干燥收缩是指混凝土在不饱和空气中结硬时或结硬后,内部毛细孔和凝胶孔的吸附水蒸发而引起的混凝土的体积收缩。

防止和减少收缩裂缝的措施包括:合理地设置伸缩缝,改善水泥性能,降低水胶比,水泥用量不宜过多,配筋率不宜过高,在梁的支座下设置垫层以减小摩擦约束,合理设置构造钢筋使收缩裂缝分布均匀,尤其要注意加强混凝土的潮湿养护。

（3）基础不均匀沉降引起的裂缝

基础不均匀沉降会使超静定结构受迫变形而引起裂缝。防止的措施包括根据地基条件及上部结构形式采用合理的构造措施及设置沉降缝等。

（4）冻融循环引起的裂缝

水在结冰过程中体积要增加。处在饱水状态的混凝土受冻时,在正负温度交替作用下,其毛细孔壁同时承受冰胀压力和渗透压力的作用。当这两种压力产生的拉应变超过混凝土极限拉应变时,混凝土就会开裂。在反复冻融循环作用后,混凝土中的损伤不断扩大和积累,混凝土中的裂缝相互贯通,混凝土强度也逐渐降低,最后甚至完全丧失,造成混凝土结构由表及里的破坏。防止这类裂缝的措施包括:掺用引气剂或减水剂及引气型减水剂,严格控制水胶比以提高混凝土密实性,加强早期养护或掺入防冻剂防止混凝土早期受冻。

（5）钢筋锈蚀引起的裂缝

当混凝土保护层厚度过薄,特别是混凝土的密实性不良时,埋置于混凝土中的钢筋容易生锈。钢筋的生锈过程是电化学反应过程,其生成物铁锈的体积大于原钢筋的体积。这种效应可在钢筋周围的混凝土中产生胀拉应力,当混凝土保护层比较薄,不足以抵抗这种拉应力时,就会沿着钢筋形成一条顺筋裂缝。顺筋裂缝的发生又进一步促进钢筋锈蚀程度的增加,形成恶性循环,最后导致混凝土保护层剥落,甚至钢筋锈断,如图 8-1 所示。这种顺筋裂缝对结构的耐久性影响极大,防止的措施可分为两类:一类是常规防腐蚀方法,一类是特殊防腐蚀方法。常规防腐蚀方法主要是从材料选择、工程设计、施工质量、维护管理四个方面采取综合措施,以提高混凝土的密实度和抗渗性,保证有足够的混凝土保护层厚度。特殊防腐蚀方法包括:阴极保护,采用环氧树脂涂层钢筋、镀锌钢筋或纤维增强塑料（FRP）代替普通钢筋,在混凝土内或钢筋表面加防腐剂。

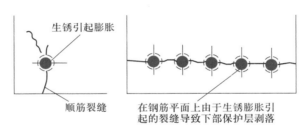

图 8-1　钢筋锈蚀的影响

8.1.2　裂缝宽度控制验算方法的分类

目前国内外混凝土结构设计规范采用的裂缝宽度控制验算方法大致可分为下列几类：

（1）设计规范中列出了裂缝宽度计算公式和裂缝宽度限值，要求裂缝宽度计算值不得大于所规定的限值，但所给出的裂缝宽度计算公式仅适用于外力荷载产生的裂缝。在过去较长时间内，以及现在，大部分设计规范都采用这种方法，GB 50010—2010规范、《水运工程混凝土结构设计规范》（JTS 151—2011）属于这一类。

（2）设计规范既不给出裂缝宽度计算公式，也不规定裂缝宽度限值，只规定了以限裂为目的的构造要求。这主要是因为在大多数情况下，裂缝是在温度、收缩和外力荷载综合作用下产生的，与施工养护质量有很大的关系。原来所建议的裂缝宽度计算公式并不能完全符合工程实际，自然也不能真正解决工程问题。以限裂为目的的配筋构造要求包括钢筋间距要求、受拉钢筋最小配筋率、限制高强钢筋使用等规定。可以认为，处于一般环境条件下的构件，只要满足了这些构造要求，裂缝宽度就自然满足了正常使用的要求。但对处于高侵蚀性环境或需要防止渗水、对限裂有更高要求的结构构件，这类规范仍规定裂缝控制要做专门研究。美国2014年的钢筋混凝土房屋建筑规范（ACI 318—14）、美国2016年的水工钢筋混凝土结构强度设计规范（EM 1110-2-2104）、英国2002年的混凝土结构设计规范（BS8110）属于这一类。

（3）设计规范既不给出裂缝宽度计算公式，也不规定裂缝宽度限值，而是在满足最小钢筋用量、保护层厚度和钢筋间距条件下，通过限制钢筋应力来满足裂缝控制。美国2009年的混凝土结构设计规范（AS 3600—2009）属于这一类。

（4）设计规范既给出了裂缝宽度计算公式，又规定了以限裂为目的的构造要求。如欧洲2004年的混凝土结构设计规范（Euro code 2），它一方面给出了裂缝宽度计算公式和裂缝宽度限值，另一方面规定在某些情况下可不进行裂缝宽度验算。如承受弯矩的薄板，在满足纵向受拉钢筋最小配筋率、直径和间距等规定后就可不进行裂缝宽度计算。

（5）设计规范同时列出裂缝宽度计算公式和钢筋应力计算方法。如我国现行《水工混凝土结构设计规范》（SL 191—2008）、《水工混凝土结构设计规范》（DL/T 5057—2009），它对一般构件给出了外力荷载作用下的裂缝宽度计算公式，要求裂缝宽度计算值不得大于所规定的裂缝宽度限值；对无法求得裂缝宽度的非杆件体系结构，除建议按钢筋混凝土有限单元法计算裂缝宽度外，同时给出了钢筋应力的计算方法，要求钢筋应力计算值不得大于所规定的钢筋应力限值，用来间接控制裂缝宽度。

8.1.3　裂缝宽度计算理论概述

到目前为止，裂缝宽度的计算仅限于一般梁柱构件，由外力荷载产生的弯矩、偏心拉（压）力或轴向拉力所引起正截面裂缝。其他裂缝，如非杆件体系结构中的裂缝，非荷载作用(温度、收缩等)产生的裂缝,荷载产生的剪力或扭矩所引起的斜截面裂缝,迄今还未有简便的裂缝宽度计算方法。

影响裂缝开展的因素极为复杂,要建立一个能概括各种因素的计算方法是十分困难的。对于外力荷载引起的裂缝,国内外研究者根据各自的试验成果,曾提出过许多裂缝宽度计算公式,公式之间的差异相当大。这些公式大体上可以分为两种类型,即半理论半经验公式和数理统计公式。

1. 半理论半经验公式

半理论半经验公式是根据裂缝开展的机理分析,从某一力学模型出发推导出的理论计算公式,但公式中的一些系数则借助于试验结果或经验确定。GB 50010—2010 规范、《水工混凝土结构设计规范》(SL 191—2008) 和《水工混凝土结构设计规范》(DL/T 5057—2009)中的裂缝宽度计算公式即属于此类。

在半理论半经验公式中,裂缝开展机理及其计算理论大体上可分为三种:① 黏结滑移理论;② 无滑移理论;③ 综合理论。

黏结滑移理论是最早提出的,它认为裂缝的开展是由于纵向受拉钢筋和混凝土之间不再保持变形协调而出现相对滑移造成的。在一个裂缝区段(裂缝间距 l_{cr})内,纵向受拉钢筋与混凝土伸长之差就是裂缝宽度 w,因此 l_{cr} 越大,w 也越大。而 l_{cr} 又取决于纵向受拉钢筋与混凝土之间的黏结力大小及分布。根据这一理论,影响裂缝宽度的因素除了纵向受拉钢筋应力 σ_s 以外,主要是纵向受拉钢筋直径 d 与其配筋率 ρ 的比值。同时,这一理论还意味着混凝土表面的裂缝宽度与内部钢筋表面处的裂缝宽度是一样的,如图 8-2a 所示。

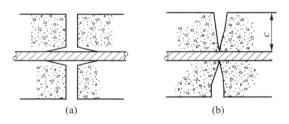

图 8-2   两种裂缝形状

(a)黏结滑移理论;(b)无滑移理论

无滑移理论是 20 世纪 60 年代中期提出的,它假定裂缝开展后,混凝土截面在局部范围内不再保持为平面,而纵向受拉钢筋与混凝土之间的黏结力并不破坏,相对滑移可忽略不计,这就意味着裂缝的形状如图 8-2b 所示。按此理论,裂缝宽度在纵向受拉钢筋表面处为零,在构件表面处最大。表面裂缝宽度受从纵向受拉钢筋到构件表面的应变梯度控制,也就是与保护层厚度 c 的大小有关。

综合理论是在前两种理论的基础上建立起来的。黏结滑移理论和无滑移理论对于裂缝主要影响因素的分析和取舍各有侧重,都有一定试验结果的支撑,又都不能完全解释所有的试验现象和结果。综合理论将这两种理论相结合,既考虑了保护层厚度

对裂缝宽度 w 的影响,也考虑了纵向受拉钢筋可能出现的滑移,更为全面。

2. 数理统计公式

数理统计公式根据大量实测资料,采用回归分析方法分析不同参数对裂缝宽度的影响程度,选择其中最合适的参数表达形式,然后用数理统计方法直接建立由一些主要参数组成的经验公式。数理统计公式虽不是来源于对裂缝开展机理的分析,但它建立在大量实测资料的基础上,具有公式简便的特点,也有相当良好的计算精度。《公路钢筋混凝土及预应力混凝土桥涵设计规范》(JTG 3362—2018)、《水运工程混凝土结构设计规范》(JTS 151—2011)的裂缝宽度计算公式即属于此类。

应该注意到,无论是半理论半经验公式,还是数理统计公式,它们所依据的实测资料都是在试验室内由外力荷载作用下测得的裂缝宽度,尚不能完全反映实际工程中的裂缝状态。

8.1.4 裂缝出现的过程及出现过程中应力状态的变化

为了建立计算裂缝宽度的公式,必须明确裂缝出现的过程和出现过程中构件各截面纵向受拉钢筋与混凝土应力的变化。由于目前裂缝宽度计算公式仅适用于荷载产生的正截面裂缝,下面以受弯构件纯弯区段为例予以讨论。

在裂缝出现前,受拉区由纵向钢筋与混凝土共同受力,各截面受拉区的纵向钢筋应力、混凝土应力沿构件长度方向大体上保持均匀分布。

由于各截面混凝土的实际抗拉强度稍有差异,当荷载增加到一定程度时,在某一最薄弱的截面上,如图 8-3 中的 a 截面,首先出现第一条裂缝。有时也可能在几个截面上同时出现第一批裂缝。在裂缝截面,开裂的混凝土不再承受拉力,原先由受拉混凝土承担的拉力就转由纵向钢筋承担,所以裂缝截面的纵向钢筋拉应力就突然增大,纵向钢筋的拉应变也有一个突增。加上原来因受拉而张紧的混凝土在裂缝出现瞬间将分别向裂缝两边回缩,所以裂缝一出现就会有一定的宽度。

裂缝出现瞬间,受拉张紧的混凝土向裂缝两边回缩,混凝土和纵向受拉钢筋产生相对滑移和黏结力。通过黏结力的作用,纵向钢筋拉力部分传递给混凝土,从而使纵向钢筋拉应力随距裂缝截面距离的增加而逐渐减小;混凝土拉应力则从裂缝截面为零,逐渐随距裂缝截面距离的增加而增加。当达到某一距离后,各截面的纵向钢筋拉应力、混凝土拉应力又恢复到未开裂的状态,沿构件长度方向大体上保持均匀分布。

当荷载再有微小增加时,在拉应变大于混凝土实际极限拉应变的地方又将出现第二条裂缝,如图 8-3 中的 b 截面。第二条裂缝出现后,该截面的混凝土又脱离工作,应力下降为零,纵向钢筋拉应力则又突增。所以在裂缝出现后,沿构件长度方向,纵向钢筋与混凝土的拉应力是随着与裂缝位置的距离不同而变化的(图 8-4)。中和轴也不是保持在一个水平面上,而是随着裂缝位置呈波浪形起伏。

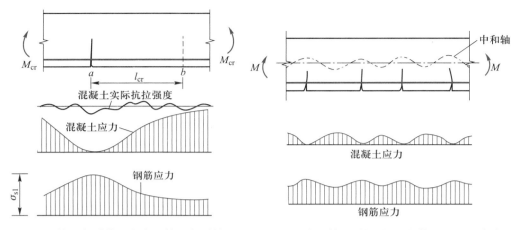

图 8-3　第一条裂缝至将出现第二条裂缝间　　图 8-4　中和轴、受拉区纵向钢筋及混凝土应力
　　　　受拉区混凝土及纵向钢筋应力分布　　　　　　　随裂缝位置变化的情况

试验得知,由于混凝土质量的不均匀,裂缝间距总是有疏有密。在同一纯弯区段内,裂缝的最大间距可为平均间距的 1.3~2 倍。裂缝的出现也有先有后,当两条裂缝的间距较大时,随着荷载的增加,在两条裂缝之间还有可能出现新的裂缝。但当已有裂缝间距小于 2 倍最小裂缝间距时,其间不可能再出现新的裂缝,因为这时通过黏结力传递的混凝土拉力不足以使混凝土开裂。我国的一些试验指出,大概在荷载超过开裂荷载 50% 时,裂缝间距才趋于稳定。对正常配筋率或配筋率较高的梁来说,在正常使用时期,可以认为裂缝间距已基本稳定。也就是说,此后荷载再继续增加时,构件不再出现新的裂缝,而只是使原有的裂缝扩展与延伸,荷载越大,裂缝越宽。随着荷载逐步增加,裂缝间的混凝土逐渐脱离工作,纵向钢筋拉应力逐渐趋于均匀。

8.1.5　裂缝宽度的影响因素

试验指出,在同一纯弯区段、同一纵向受拉钢筋应力下,裂缝开展的宽度有大有小,差别也是很大的。从实际设计意义上来说,所考虑的应是裂缝的最大宽度。在半理论半经验公式中,最大裂缝宽度的计算值可由平均裂缝宽度 w_m 乘以一个扩大系数 α 而得到,因而首先来讨论平均裂缝宽度 w_m。

1. 平均裂缝宽度 w_m

如果把混凝土的性质加以理想化,可以得出以下结论:当荷载达到抗裂弯矩 M_{cr} 时,出现第一条裂缝。在裂缝截面,混凝土拉应力下降为零,纵向钢筋拉应力增大。离开裂缝截面,混凝土仍然受拉,且离裂缝截面越远,受力越大。在拉应变达到极限拉应变 ε_{tu} 处,就是出现第二条裂缝的地方。接着又会相继出现第三条、第四条……由于把问题理想化,所以理论上裂缝是等间距分布,而且也几乎是同时发生的。此后荷载的增加只是裂缝宽度加大而不再产生新的裂缝。而且,各条裂缝的宽度在同一荷载下也是相等的。

由图 8-5 可知,裂缝发生后,在纵向受拉钢筋重心处的裂缝宽度 w_m 应等于两条相邻裂缝之间的纵向钢筋伸长与混凝土伸长之差,即

$$w_m = \varepsilon_{sm} l_{cr} - \varepsilon_{cm} l_{cr} = \varepsilon_{sm} l_{cr} (1 - \varepsilon_{cm}/\varepsilon_{sm}) = \alpha_c \varepsilon_{sm} l_{cr} \qquad (8-1)$$

式中 ε_{sm}、ε_{cm}——裂缝间纵向受拉钢筋重心处的钢筋、混凝土的平均应变;

$\qquad\quad l_{cr}$——裂缝间距;

$\qquad\quad \alpha_c$——系数:$\alpha_c = (1 - \varepsilon_{cm}/\varepsilon_{sm})$,用于考虑裂缝间混凝土自身伸长对裂缝宽度的影响。

由于裂缝之间的混凝土仍能承受部分拉力(参见图 8-4),因此纵向受拉钢筋应变在裂缝截面处最大,随离开裂缝截面距离的增加逐渐减小,纵向受拉钢筋在整个 l_{cr} 长度内的平均应变 ε_{sm} 小于裂缝截面的应变 ε_s。为了能用裂缝截面的 ε_s 来表示裂缝宽度 w_m,引入裂缝间纵向受拉钢

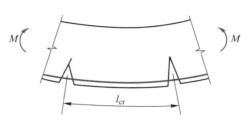

图 8-5   裂缝宽度计算图

筋应变不均匀系数 ψ,它定义为 ε_{sm} 与 ε_s 的比值,即 $\psi = \varepsilon_{sm}/\varepsilon_s$,用来表示裂缝之间因混凝土承受拉力而对纵向受拉钢筋应变所引起的影响。

显然,ψ 是不会大于 1 的,ψ 值越小,表示混凝土参与承受拉力的程度越大;ψ 值越大,表示混凝土参与承受拉力的程度越小,纵向钢筋在各截面上的拉应力就比较均匀;$\psi = 1$ 时,表示混凝土完全脱离工作。

由于 $\psi = \varepsilon_{sm}/\varepsilon_s$,所以:

$$\varepsilon_{sm} = \psi \varepsilon_s = \psi \frac{\sigma_s}{E_s} \qquad (a1)$$

将式(a1)代入式(8-1),得

$$w_m = \alpha_c \psi \frac{\sigma_s}{E_s} l_{cr} \qquad (8-2)$$

式(8-2)是根据黏结滑移理论得出的平均裂缝宽度基本计算公式。从式(8-2)看到,平均裂缝宽度 w_m 取决于裂缝截面的纵向受拉钢筋应力 σ_s、裂缝间距 l_{cr}、裂缝间纵向受拉钢筋应变不均匀系数 ψ 和裂缝间混凝土自身伸长对裂缝宽度的影响系数 α_c,因而影响这四个变量的因素就是裂缝宽度的主要影响因素。下面以轴心受拉构件为例,说明确定 σ_s、l_{cr}、ψ 和 α_c 的方法,以寻找影响裂缝宽度的因素。

(1) σ_s 值

对于轴心受拉构件,在裂缝截面,整个截面拉力全由纵向钢筋承担,故在使用荷载下的纵向钢筋拉应力 σ_s 可由下式求得:

$$\sigma_s = \frac{N}{A_s} \qquad (8-3)$$

式中 N——正常使用阶段的轴向拉力;

A_s——轴心受拉构件的全部纵向钢筋截面面积。

纵向钢筋拉应力 σ_s 与轴向力 N 成正比,当外荷载增大时,σ_s 相应增大,裂缝宽度也随之加宽。

（2）l_{cr} 值

图 8-6 所示为一轴心受拉构件,在截面 a—a 出现第一条裂缝,并即将在截面 b—b 出现第二条相邻裂缝时的一段混凝土脱离体的应力图形。

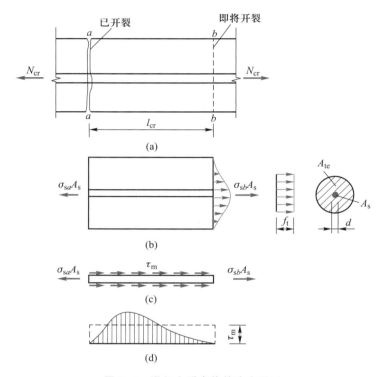

图 8-6　混凝土脱离体的应力图形

(a)已开裂截面与即将开裂截面;(b)已开裂截面与即将开裂截面上的应力分布;
(c)黏结应力与纵向钢筋应力分布;(d)黏结应力分布与平均黏结应力

在 a—a 截面,全截面混凝土应力为零,纵向钢筋拉应力为 σ_{sa};在 b—b 截面上,纵向钢筋拉应力为 σ_{sb},混凝土的拉应力在靠近钢筋处最大,离开钢筋越远,应力越小。将受拉混凝土折算成应力值为混凝土轴心抗拉强度 f_t 的作用区域,这个区域称为有效受拉混凝土截面面积 A_{te},见图 8-6b。

由图 8-6b 知,a—a 截面与 b—b 截面两端纵向钢筋的拉力差 $A_s\sigma_{sa}-A_s\sigma_{sb}$ 由 b—b 截面受拉混凝土所受的拉力 f_tA_{te} 相平衡,即

$$A_s\sigma_{sa}-A_s\sigma_{sb}=f_tA_{te} \tag{b1}$$

由图 8-6c 知,$A_s\sigma_{sa}-A_s\sigma_{sb}$ 又由混凝土与纵向钢筋之间的黏结力 $\tau_m u l_{cr}$ 相平衡,即

$$A_s\sigma_{sa}-A_s\sigma_{sb}=\tau_m u l_{cr} \tag{b2}$$

所以 $$\tau_{\mathrm{m}}ul_{\mathrm{cr}}=f_{\mathrm{t}}A_{\mathrm{te}}$$ （b3）

$$l_{\mathrm{cr}}=\frac{f_{\mathrm{t}}A_{\mathrm{te}}}{\tau_{\mathrm{m}}u}$$ （b4）

式中　τ_{m}——l_{cr} 范围内纵向受拉钢筋与混凝土的平均黏结应力；

　　　u——纵向受拉钢筋截面总周长：$u=n\pi d$，n 和 d 分别为钢筋的根数和直径。

引入纵向受拉钢筋的有效配筋率 ρ_{te}，$\rho_{\mathrm{te}}=A_{\mathrm{s}}/A_{\mathrm{te}}$。将 $\rho_{\mathrm{te}}=A_{\mathrm{s}}/A_{\mathrm{te}}$、$A_{\mathrm{s}}=n\pi d^2/4$ 及 $u=n\pi d$ 代入式（b4），得

$$l_{\mathrm{cr}}=\frac{f_{\mathrm{t}}d}{4\tau_{\mathrm{m}}\rho_{\mathrm{te}}}$$ （b5）

当混凝土抗拉强度增大时，钢筋和混凝土之间的黏结强度也随之增加，因而对同一种类钢筋可近似认为 $f_{\mathrm{t}}/\tau_{\mathrm{m}}$ 为一常值，故式（b5）可改写为

$$l_{\mathrm{cr}}=K_0\frac{d}{\rho_{\mathrm{te}}}$$ （8-4）

这是对同一种类钢筋而言的，对于不同种类钢筋，如带肋钢筋和光圆钢筋，因带肋钢筋与混凝土之间的黏结力强于光圆钢筋，其裂缝间距 l_{cr} 要减小。

式（8-4）中，纵向受拉钢筋的有效配筋率 ρ_{te} 主要取决于有效受拉混凝土截面面积 A_{te} 的取值。从前面已经知道，A_{te} 并不是指全部受拉混凝土的截面面积，因为对于裂缝间距和裂缝宽度而言，纵向受拉钢筋的作用仅仅影响到它周围的有限区域，裂缝出现后只是纵向受拉钢筋周围有限范围内的混凝土受到钢筋的约束，而距钢筋较远的混凝土受钢筋的约束影响很小。国内外学者对 A_{te} 的取值进行了较多的研究，如早在 20 世纪 50 年代，在研究梁的裂缝宽度时就将梁的受拉区假想为轴心拉杆，取与纵向受拉钢筋重心相重合的受拉区混凝土截面面积作为有效混凝土截面面积 A_{te}，如图 8-7a 所示；而大保护层钢筋混凝土受弯构件裂缝控制的试验结果表明，有效受拉混凝土半径可取为 $5.5d$（d 为钢筋直径），如图 8-7b 所示。目前，许多国家的混凝土结构设计规范都引入了有效受拉混凝土截面面积的概念，并反映在裂缝宽度计算公式中，但对于有效受拉混凝土截面面积尚没有统一的取值方法。

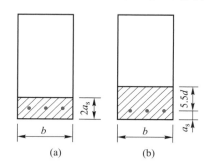

图 8-7　有效受拉混凝土截面面积 A_{te} 的取值
（a）$A_{\mathrm{te}}=2a_{\mathrm{s}}b$；（b）$A_{\mathrm{te}}=(5.5d+a_{\mathrm{s}})b$

由上述黏结滑移理论推求出的裂缝间距 l_{cr} 主要与纵向受拉钢筋直径 d 及有效配筋率 ρ_{te} 有关，l_{cr} 与 d/ρ_{te} 成正比。但无滑移理论则认为，对于带肋钢筋，钢筋与混凝土之间有充分的黏结强度，裂缝开展时两者之间几乎不发生相对滑移，即认为在纵向受拉钢筋表面处，裂缝宽度应等于零，而构件表面的裂缝宽度完全是由纵向受拉钢筋外围混凝土的弹性回缩造成的。因此，根据无滑移理论，混凝土保护层厚度 c_{s} 就成为影响构件表面裂缝宽度的主要因素。事实上，混凝

土一旦开裂,裂缝两边原来受拉张紧的混凝土立即回缩,纵向受拉钢筋阻止混凝土回缩,钢筋与混凝土之间产生黏结力,将钢筋拉应力向混凝土传递,使混凝土拉应力逐渐增大。由于纵向受拉钢筋周围的混凝土应力并不均匀,离开钢筋越远混凝土拉应力越小(参见图 8-6b),因而混凝土保护层厚度越大,外表面混凝土达到极限拉应变的位置离开已有裂缝的距离也就越大,即裂缝间距 l_{cr} 将增大。试验证明,当保护层厚度从 15 mm 增加到 30 mm 时,平均裂缝间距增加 40%。

显然,最后的综合理论认为影响裂缝间距 l_{cr} 的因素既有 d 与 ρ_{te},又有 c_s,更为全面。因此,可把裂缝间距的计算公式表示为

$$l_{cr} = K_1 c_s + K_2 \frac{d}{\rho_{te}} \tag{8-5}$$

式中 K_1、K_2——试验常数,可由大量试验资料确定。

(3)ψ 值

裂缝间纵向受拉钢筋应变不均匀系数 $\psi = \varepsilon_{sm}/\varepsilon_s$,显然 ψ 是一个不大于 1 的系数,它反映了裂缝间受拉混凝土参与工作的程度。随着外力的增加,裂缝截面的纵向钢筋拉应力 σ_s 随之增大,钢筋与混凝土之间的黏结逐步被破坏,受拉混凝土也就逐渐退出工作,ψ 逐渐增大,因此 ψ 值必然与 σ_s 有关。当最终受拉混凝土全部退出工作时,ψ 值就趋近于 1.0。影响 ψ 的因素很多,除纵向受拉钢筋拉应力外,还有混凝土抗拉强度、纵向受拉钢筋配筋率、钢筋与混凝土的黏结性能、荷载作用的时间和性质等。准确地计算 ψ 值是十分复杂的,目前大多是根据试验资料给出半理论半经验的计算公式,如

$$\psi = A_1 - \frac{A_2 f_t}{\sigma_s \rho_{te}} \tag{8-6}$$

式中 A_1、A_2——试验常数。

(4)α_c 值

试验表明,裂缝间混凝土自身伸长对裂缝宽度的影响系数 α_c 与纵向受拉钢筋配筋率、截面形状和混凝土保护层厚度有关,但变幅不大,最主要和受力特征有关。根据试验结果,为简化计算,对受弯和偏心受压构件取 $\alpha_c = 0.77$,对轴心和偏心受拉构件取 $\alpha_c = 0.85$。

求得 σ_s、l_{cr}、ψ、α_c 值后,代入式(8-2)就可求得平均裂缝宽度 w_m。

2. 最大裂缝宽度 w_{max}

以上求得的 w_m 是整个梁段的平均裂缝宽度,而实际上由于混凝土质量的不均匀,裂缝的间距有疏有密,每条裂缝开展的宽度有大有小,离散性是很大的。并且随着荷载的持续作用,裂缝宽度还会继续增加。衡量裂缝宽度是否超过限值,应以最大宽度为准,而不是其平均值。最大裂缝宽度值可由平均裂缝宽度 w_m 乘以扩大系数 τ_s 和 τ_l 得到,其中,τ_s 用于考虑裂缝宽度的随机性,τ_l 用于考虑荷载的长期作用。由此可得

$$w_{max} = \tau_s \tau_l w_m = \tau_s \tau_l \psi \alpha_c \frac{\sigma_s}{E_s} l_{cr} \tag{8-7}$$

从以上分析可知,裂缝宽度的影响因素有:纵向受拉钢筋弹性模量 E_s、裂缝截面的纵向受拉钢筋应力 σ_s(σ_s 越大,裂缝宽度越大)、纵向受拉钢筋直径 d(d 越大,裂缝宽度越大)和有效配筋率 ρ_{te}(ρ_{te} 越大,裂缝宽度越小)及混凝土保护层厚度 c_s(c_s 越大,裂缝宽度越大)、混凝土徐变(由于徐变,裂缝在长期荷载作用下会随时间增加而加大)、受力特征(轴心受拉构件、偏心受拉构件、受弯构件与偏心受压构件应变梯度依次增大,裂缝宽度依次减小)、纵向受拉钢筋外表面特征(光圆钢筋的黏结力小于带肋钢筋,配置光圆钢筋构件的裂缝宽度大于带肋钢筋)。

8.1.6 《混凝土结构设计规范》规定的裂缝宽度控制验算方法

了解了影响裂缝宽度的因素后,本节介绍 GB 50010—2010 规范规定的裂缝宽度控制验算方法。

1. 裂缝控制等级

GB 50010—2010 规范和国内其他混凝土结构设计规范一样,将裂缝宽度控制等级分为下列三级,分别用应力和裂缝宽度进行控制。

一级——严格要求不出现裂缝的构件。按荷载效应标准组合[式(2-23)]进行计算时,构件受拉边缘混凝土不应产生拉应力。

这意味着构件在正常使用时始终处于受压状态,构件出现裂缝的概率很小。处于三类环境类别下的预应力混凝土结构构件,就需一级裂缝控制。

二级——一般要求不出现裂缝的构件。按荷载效应标准组合[式(2-23)]进行计算时,构件受拉边缘混凝土拉应力不超过混凝土轴心抗拉强度标准值。

这意味着构件可以处于有限的拉应力状态,在此条件下,构件一般不会出现裂缝,在短期内即使可能出现裂缝,裂缝宽度也较小,不会产生大的危害,因此不必进行裂缝验算。处于二 b 类环境类别下的预应力混凝土结构构件,就需二级裂缝控制。

三级——允许出现裂缝的构件。对于钢筋混凝土构件和预应力混凝土构件分别按荷载效应准永久组合[式(2-25)]和标准组合[式(2-23)],并考虑长期荷载影响进行裂缝宽度计算时,其最大裂缝宽度 w_{max} 不应超过规定的限值 w_{lim},即

$$w_{max} \leqslant w_{lim} \tag{8-8}$$

要使结构构件的裂缝控制达到一级和二级,必须对其施加预应力,即设计成预应力混凝土结构构件。钢筋混凝土结构构件在正常使用时都允许带裂缝工作,属于三级控制。

对处于四、五类环境类别下的结构构件,裂缝控制要符合专门标准的有关规定。

2. 钢筋混凝土构件最大裂缝宽度 w_{max} 计算公式

GB 50010—2010 规范规定,在使用阶段允许出现裂缝的钢筋混凝土构件,应验算荷载效应准永久组合并考虑长期荷载影响下的裂缝宽度,裂缝宽度限值如附表 5-1 所列。

钢筋混凝土矩形、T 形、倒 T 形、I 形截面的受拉、受弯和偏心受压构件按荷载效应

准永久组合并考虑长期荷载影响的最大裂缝宽度 $w_{\max}$ 按下列公式计算：

$$w_{\max} = \alpha_{\mathrm{cr}}\psi\frac{\sigma_{\mathrm{s}}}{E_{\mathrm{s}}}\left(1.9c_{\mathrm{s}} + 0.08\frac{d_{\mathrm{eq}}}{\rho_{\mathrm{te}}}\right) \tag{8-9}$$

$$\psi = 1.1 - 0.65\frac{f_{\mathrm{tk}}}{\rho_{\mathrm{te}}\sigma_{\mathrm{s}}} \tag{8-10}$$

$$d_{\mathrm{eq}} = \frac{\sum n_i d_i^2}{\sum n_i \nu_i d_i} \tag{8-11}$$

$$\rho_{\mathrm{te}} = \frac{A_{\mathrm{s}}}{A_{\mathrm{te}}} \tag{8-12}$$

式中 α_{cr}——构件受力特征系数：受弯与偏心受压构件，取 $\alpha_{\mathrm{cr}} = 1.9$；偏心受拉构件，取 $\alpha_{\mathrm{cr}} = 2.4$；轴心受拉构件，取 $\alpha_{\mathrm{cr}} = 2.7$。

      ψ——裂缝间纵向受拉钢筋应变不均匀系数：当 $\psi < 0.2$ 时，取 $\psi = 0.2$；当 $\psi > 1.0$，取 $\psi = 1.0$；对直接承受重复荷载的构件，取 $\psi = 1.0$。

      σ_{s}——按荷载准永久组合计算的钢筋混凝土构件纵向受拉钢筋应力（$\mathrm{N/mm}^2$）。

      E_{s}——钢筋弹性模量（$\mathrm{N/mm}^2$），按附表 2-5 查用。

      c_{s}——最外层纵向受拉钢筋外边缘至受拉区底边的距离（mm）：当 $c_{\mathrm{s}} < 20$ mm 时，取 $c_{\mathrm{s}} = 20$ mm；$c_{\mathrm{s}} > 65$ mm 时，取 $c_{\mathrm{s}} = 65$ mm。

      ρ_{te}——按有效受拉混凝土截面面积 A_{te} 计算的纵向受拉钢筋的有效配筋率：$\rho_{\mathrm{te}} = A_{\mathrm{s}}/A_{\mathrm{te}}$，当 $\rho_{\mathrm{te}} < 0.01$ 时，取 $\rho_{\mathrm{te}} = 0.01$。

      A_{te}——有效受拉混凝土截面面积（mm^2）：对轴心受拉构件，A_{te} 取截面面积；对受弯、偏心受拉和偏心受压构件，$A_{\mathrm{te}} = 0.5bh + (b_{\mathrm{f}} - b)h_{\mathrm{f}}$，此处 b_{f}、h_{f} 为受拉翼缘的宽度和高度。

      A_{s}——纵向受拉钢筋截面面积（mm^2）：对轴心受拉构件，A_{s} 取全部纵向钢筋截面面积；对受弯、偏心受拉及大偏心受压构件，A_{s} 取受拉区纵向钢筋截面面积；对全截面受拉的偏心受拉构件，A_{s} 取拉应力较大一侧的钢筋截面面积。

      d_{eq}——纵向受拉钢筋的等效直径（mm）。

      d_i——第 i 种纵向受拉钢筋直径（mm）。

      n_i——第 i 种纵向受拉钢筋的根数。

      ν_i——第 i 种纵向受拉钢筋的相对黏结特性系数：对光圆钢筋，取 $\nu_i = 0.7$；对带肋钢筋，取 $\nu_i = 1.0$。

在上式中，构件受力特征系数 α_{cr} 包括了四部分：

① 构件受力状态对裂缝间距的影响，该系数 β 取值为：轴心受拉构件，$\beta = 1.1$；其他构件，$\beta = 1.0$。

② 短期裂缝宽度随机性引起的裂缝的扩大，该扩大系数 τ_{s} 取值的保证率为 95%，取值为：受弯与偏心受压构件，$\tau_{\mathrm{s}} = 1.66$；偏心和轴心受拉构件，$\tau_{\mathrm{s}} = 1.9$。

③ 荷载长期作用(徐变)引起的裂缝的扩大,该扩大系数取值为:$\tau_l = 1.5$。

④ 裂缝间混凝土自身伸长对裂缝宽度的影响,该系数 α_c 取值为:受弯和偏心受压构件,$\alpha_c = 0.77$;轴心受拉和偏心受拉构件,$\alpha_c = 0.85$。

按荷载效应准永久组合计算的纵向受拉钢筋应力 σ_s 可按下列公式计算,其中 A_s 取值与式(8-12)中 $\rho_{te} = A_s/A_{te}$ 采用的 A_s 相同。

(1)轴心受拉构件

$$\sigma_s = \frac{N_q}{A_s} \qquad (8-13)$$

式中 N_q——按荷载准永久组合计算得到的轴向拉力值。

(2)受弯构件

对于受弯构件,在正常使用荷载作用下,可假定裂缝截面的受压区混凝土处于弹性阶段,应力图形为三角形分布,受拉区混凝土作用忽略不计。根据平截面假定,可求得应力图形的内力臂 z,一般可近似地取 $z = 0.87h_0$,如图 8-8 所示。故

$$\sigma_s = \frac{M_q}{0.87h_0A_s} \qquad (8-14)$$

式中 M_q——按荷载准永久组合计算得到的弯矩值;
h_0——截面有效高度:$h_0 = h - a_s$,h 为截面高度,a_s 为纵向受拉钢筋合力点至截面受拉边缘的距离。

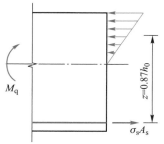

图 8-8 受弯构件在使用阶段的截面应力图形

(3)偏心受压构件

在正常使用荷载下,偏心受压构件截面应力图形的假设,同受弯构件一样,见图 8-9。根据受压区混凝土三角形应力分布假定和平截面假定,精确推求内力臂时,将求解三次方程式,不便于设计中采用,故规范给出了考虑截面形状的内力臂 z 的近似计算公式:

$$z = \left[0.87 - 0.12(1 - \gamma_f')\left(\frac{h_0}{e}\right)^2 \right]h_0 \qquad (8-15)$$

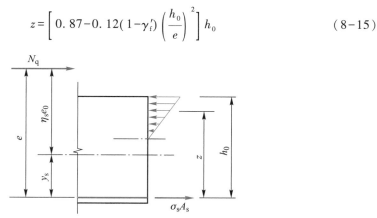

图 8-9 大偏心受压构件在使用阶段的截面应力图形

由图 8-9 的力矩平衡条件可得

$$\sigma_s = \frac{N_q}{A_s}\left(\frac{e}{z}-1\right) \tag{8-16}$$

$$e = \eta_s e_0 + y_s \tag{8-17}$$

$$\eta_s = 1 + \frac{1}{4\,000\dfrac{e_0}{h_0}}\left(\frac{l_0}{h}\right)^2 \tag{8-18}$$

式中　e——轴向压力作用点至纵向受拉钢筋合力点的距离;

　　　z——纵向受拉钢筋合力点至受压区合力点的距离;

　　　e_0——轴向压力对截面重心的偏心距:$e_0 = M/N$;

　　　η_s——使用阶段的偏心距增大系数,当 $\dfrac{l_0}{h} \leqslant 14$ 时,可取 $\eta_s = 1.0$;

　　　y_s——截面重心至纵向受拉钢筋合力点的距离;

　　　γ_f'——受压翼缘面积与腹板有效面积的比值:$\gamma_f' = \dfrac{(b_f'-b)h_f'}{bh_0}$,其中 b_f'、h_f' 分别为受

　　　　　压翼缘的宽度、高度,当 $h_f' > 0.2h_0$ 时取 $h_f' = 0.2h_0$;

　　　l_0——构件的计算长度,按表 5-2 所列公式计算。

其余符号同前。

（4）偏心受拉构件（矩形截面）

小偏心受拉构件在使用荷载作用下,裂缝贯穿整个截面高度,故拉力全部由纵向钢筋承担,如图 8-10a 所示。大偏心受拉构件在使用荷载作用下,截面受力计算简图如图 8-10b 所示。如果近似采用小偏心受拉构件的截面内力臂长度 $h_0 - a_s'$,则大、小偏心受拉构件的 σ_s 统一为

$$\sigma_s = \frac{N_q e'}{A_s(h_0 - a_s')} \tag{8-19}$$

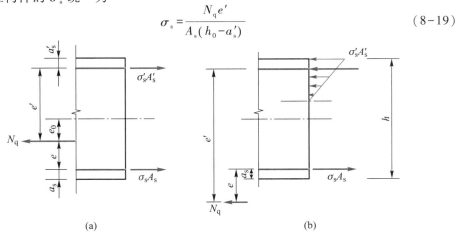

图 8-10　偏心受拉构件在使用阶段的截面应力图形
（a）小偏心受拉;（b）大偏心受拉

式中 e'——轴向拉力作用点至 A_s'（对全截面受拉的偏心受拉构件，为拉应力较小一侧的钢筋）合力点的距离。

使用裂缝宽度验算公式时应注意下列几个问题：

（1）公式只能用于常见的梁、柱类构件，用于厚板已不太合适，更不能用于非杆件体系的块体结构。

（2）从式（8-9）可以看出，纵向受拉钢筋混凝土保护层厚度 c_s 越小，则裂缝宽度计算值 w_{max} 也越小。但决不能因此认为可以采用减薄保护层厚度的办法来满足裂缝宽度的验算要求。恰恰相反，过薄的保护层厚度将严重影响钢筋混凝土结构构件的耐久性。长期暴露性试验和工程实践证明，垂直于钢筋的横向受力裂缝截面处，钢筋被腐蚀的程度并不像原先认为的那样严重。相反，足够厚的密实的混凝土保护层对防止钢筋锈蚀具有更重要的作用。必须保证混凝土保护层厚度不小于规定的最小厚度（见附表 4-1）。

（3）试验表明，对 $e_0/h_0 \leqslant 0.55$ 的偏心受压构件，在正常使用阶段，裂缝宽度很小，可不必验算裂缝宽度。

最后要指出的是，由式（8-9）计算得到的裂缝宽度是指纵向受拉钢筋重心处侧表面的裂缝宽度。

【例 8-1】 某旅馆过道下的钢筋混凝土矩形截面简支梁，二级安全级别，一类环境类别，截面尺寸为 $b \times h = 250 \text{ mm} \times 500 \text{ mm}$，计算跨度 $l_0 = 6.0 \text{ m}$。承受永久荷载标准值 $g_k = 9.10 \text{ kN/m}$，可变荷载标准值 $q_k = 12.13 \text{ kN/m}$，准永久值系数 $\psi_q = 0.4$。混凝土强度等级为 C30，纵向受力钢筋采用 HRB400。试配置该梁的纵向受力钢筋，并验算梁的最大裂缝宽度是否满足要求。

【解】

（1）资料

二级安全等级，结构重要性系数 $\gamma_0 = 1.0$。永久荷载分项系数 $\gamma_G = 1.3$，可变荷载分项系数 $\gamma_Q = 1.5$。C30 混凝土，$f_c = 14.3 \text{ N/mm}^2$，$f_t = 1.43 \text{ N/mm}^2$，$f_{tk} = 2.01 \text{ N/mm}^2$，$\alpha_1 = 1.0$；HRB400 钢筋，$f_y = 360 \text{ N/mm}^2$，$\xi_b = 0.518$，$E_s = 2.0 \times 10^5 \text{ N/mm}^2$。

一类环境类别，混凝土保护层厚度 $c = 20 \text{ mm}$，箍筋直径 10 mm，纵向受力钢筋单层布置，取 $a_s = 40 \text{ mm}$，$h_0 = h - a_s = 500 \text{ mm} - 40 \text{ mm} = 460 \text{ mm}$。由附表 5-1 查得最大裂缝宽度的限值 $w_{lim} = 0.30 \text{ mm}$。

（2）梁的最大弯矩设计值

永久荷载设计值 $g = \gamma_G g_k = 1.3 \times 9.10 \text{ kN/m} = 11.83 \text{ kN/m}$

可变荷载设计值 $q = \gamma_Q q_k = 1.5 \times 12.13 \text{ kN/m} = 18.20 \text{ kN/m}$

由式（2-20b）得跨中最大弯矩设计值为

$$M = \gamma_0 \left[\frac{1}{8}(g+q) l_0^2 \right] = 1.0 \times \frac{1}{8} \times (11.83 + 18.20) \times 6.0^2 \text{ kN} \cdot \text{m} = 135.14 \text{ kN} \cdot \text{m}$$

（3）纵向受力钢筋配筋计算

$$\alpha_s = \frac{M}{\alpha_1 f_c b h_0^2} = \frac{135.14 \times 10^6}{1.0 \times 14.3 \times 250 \times 460^2} = 0.179$$

$$\xi = 1 - \sqrt{1 - 2\alpha_s} = 1 - \sqrt{1 - 2 \times 0.179} = 0.199 < \xi_b = 0.518$$

满足要求。

$$A_s = \frac{\alpha_1 f_c b \xi h_0}{f_y} = \frac{1.0 \times 14.3 \times 250 \times 0.199 \times 460}{360} \text{ mm}^2 = 909 \text{ mm}^2$$

$$\rho = \frac{A_s}{bh} = \frac{909}{250 \times 500} = 0.73\% > \rho_{min} = \max\left(0.20\%, 0.45 \frac{f_t}{f_y}\right) = 0.20\%$$

满足纵向受拉钢筋最小配筋率要求，选配 3 ⻘ 20（$A_s = 942 \text{ mm}^2$）。

（4）裂缝宽度验算

由式（2-25）得荷载准永久组合下的弯矩值：

$$M_q = \frac{1}{8}(g_k + \psi_q q_k) l_0^2 = \frac{1}{8} \times (9.10 + 0.4 \times 12.13) \times 6.0^2 \text{ kN} \cdot \text{m} = 62.78 \text{ kN} \cdot \text{m}$$

由式（8-14）得裂缝截面处的钢筋应力为

$$\sigma_s = \frac{M_q}{0.87 h_0 A_s} = \frac{62.87 \times 10^6}{0.87 \times 460 \times 942} \text{ N/mm}^2 = 167 \text{ N/mm}^2$$

由式（8-12）得纵向受拉钢筋有效配筋率为

$$\rho_{te} = \frac{A_s}{A_{te}} = \frac{A_s}{0.5bh} = \frac{942}{0.5 \times 250 \times 500} = 1.51\% > 0.01$$

由式（8-10）得裂缝间纵向受拉钢筋应变不均匀系数为

$$\psi = 1.1 - 0.65 \frac{f_{tk}}{\rho_{te} \sigma_s} = 1.1 - 0.65 \times \frac{2.01}{0.0151 \times 167} = 0.582, \quad 0.2 < \psi < 1.0$$

受弯构件受力特征系数 $\alpha_{cr} = 1.9$，最外层纵向受拉钢筋外边缘至受拉区底边距离 $c_s = 20 \text{ mm} + 10 \text{ mm} = 30 \text{ mm}$，带肋钢筋相对黏结特性系数 $\nu_i = 1.0$，纵向受拉钢筋等效直径 $d_{eq} = 20 \text{ mm}$。由式（8-9）得最大裂缝宽度为

$$w_{max} = \alpha_{cr} \psi \frac{\sigma_s}{E_s}\left(1.9 c_s + 0.08 \frac{d_{eq}}{\rho_{te}}\right)$$

$$= 1.9 \times 0.582 \times \frac{167}{2.0 \times 10^5} \times \left(1.9 \times 30 + 0.08 \times \frac{20}{0.015\,1}\right) \text{ mm} = 0.15 \text{ mm} < w_{lim} = 0.30 \text{ mm}$$

裂缝宽度满足要求。

【例 8-2】 一矩形截面对称配筋偏心受压柱，二 a 类环境类别，截面尺寸 $b \times h = 400 \text{ mm} \times 600 \text{ mm}$，柱的计算长度 $l_0 = 4.50 \text{ m}$。由荷载效应准永久组合产生的内力 $N_q = 398.25 \text{ kN}$，弯矩 $M_q = 204.34 \text{ kN} \cdot \text{m}$。两侧配有纵向受力钢筋 4 ⻘ 25（$A_s = A_s' = 1\,964 \text{ mm}^2$），箍筋直径为 8 mm，混凝土强度等级为 C25，混凝土保护层厚度 $c = 25 \text{ mm}$。试验算裂缝宽度是否满足要求。

【解】

（1）资料

C25 混凝土，$f_{tk}=1.78$ N/mm²；HRB400 钢筋，$E_s=2.0\times10^5$ N/mm²。

二 a 类环境类别，混凝土保护层厚度 $c=25$ mm，箍筋直径为 8 mm，根据配筋方案，取 $a_s=25$ mm$+8$ mm$+\dfrac{25\ \text{mm}}{2}=46$ mm，$h_0=h-a_s=600$ mm-46 mm$=554$ mm。由附表 5-1 查得最大裂缝宽度限值 $w_{lim}=0.20$ mm。

（2）判断是否需要验算裂缝宽度

$$e_0=\frac{M_q}{N_q}=\frac{204.34\times10^6}{398.25\times10^3}\ \text{mm}=513\ \text{mm}$$

$$\frac{e_0}{h_0}=\frac{513}{554}=0.93>0.55$$

需验算裂缝宽度。

（3）最大裂缝宽度验算

$$\frac{l_0}{h}=\frac{4\ 500}{600}=7.50<14$$

取使用阶段偏心距增大系数 $\eta_s=1.0$。

对称配筋，$y_s=\dfrac{h}{2}-a_s=\dfrac{600\ \text{mm}}{2}-46$ mm$=254$ mm

由式（8-17）有

$$e=\eta_s e_0+y_s=1.0\times513\ \text{mm}+254\ \text{mm}=767\ \text{mm}$$

矩形截面，$\gamma_f'=0$

由式（8-15）有

$$z=\left[0.87-0.12(1-\gamma_f')\left(\frac{h_0}{e}\right)^2\right]h_0=\left[0.87-0.12\times(1-0)\times\left(\frac{554}{767}\right)^2\right]\times554\ \text{mm}=447\ \text{mm}$$

由式（8-16）得裂缝截面处的钢筋应力为

$$\sigma_s=\frac{N_q}{A_s}\left(\frac{e}{z}-1\right)=\frac{398.25\times10^3}{1\ 964}\times\left(\frac{767}{447}-1\right)\ \text{N/mm}^2=145\ \text{N/mm}^2$$

由式（8-12）得纵向受拉钢筋有效配筋率为

$$\rho_{te}=\frac{A_s}{A_{te}}=\frac{A_s}{0.5bh}=\frac{1\ 964}{0.5\times400\times600}=1.64\%>0.01$$

由式（8-10）得裂缝间纵向受拉钢筋应变不均匀系数为

$$\psi=1.1-0.65\frac{f_{tk}}{\rho_{te}\sigma_s}=1.1-0.65\times\frac{1.78}{0.016\ 4\times145}=0.613,0.2<\psi<1.0$$

偏心受压构件受力特征系数 $\alpha_{cr}=1.9$，最外层纵向受拉钢筋外边缘至受拉区底边距离 $c_s=25$ mm$+8$ mm$=33$ mm，带肋钢筋相对黏结特性系数 $\nu_i=1.0$，纵向受拉钢筋等

效直径 $d_{eq}=25$ mm。由式（8-9）得最大裂缝宽度为

$$w_{max} = \alpha_{cr}\psi\frac{\sigma_s}{E_s}\left(1.9c_s + 0.08\frac{d_{eq}}{\rho_{te}}\right)$$

$$= 1.9\times0.613\times\frac{145}{2.0\times10^5}\times\left(1.9\times33 + 0.08\times\frac{25}{0.016\ 4}\right)\text{ mm} = 0.16\text{ mm} < w_{lim} = 0.20\text{ mm}$$

裂缝宽度满足要求。

3. 裂缝宽度计算公式的局限性与裂缝控制措施

从前面的裂缝宽度验算可以看出，现有的裂缝宽度计算公式有很大的局限性：

（1）现有裂缝宽度计算公式仅适用于梁、柱类构件的裂缝宽度计算，不适用于非杆件体系结构。

（2）现有的裂缝宽度计算公式仅能计算外力荷载引起的正截面裂缝，而实际上裂缝除正截面裂缝外，还有由于扭矩、剪力引起的斜裂缝。

（3）现有裂缝宽度计算公式的计算值是指钢筋重心处侧表面的裂缝宽度，但人们关心的却是结构顶、底表面的裂缝宽度，有些结构钢筋重心处侧表面的裂缝宽度并无实际的物理意义。

（4）裂缝宽度计算模式的不统一，使得由不同规范得出的裂缝宽度计算值有较大的差异。

（5）有些裂缝主要是由温度、收缩、基础沉降等作用产生的，这些裂缝的宽度利用现有公式均无法计算。因此，现有的裂缝宽度公式的计算值还远远不能反映工程结构实际的裂缝开展形态。

因此，裂缝宽度控制除需满足计算得到的最大裂缝宽度 w_{max} 不超过规定的限值 w_{lim} 外，还应注重配筋构造措施，如温度构造钢筋等。

若式（8-9）求得的最大裂缝宽度 w_{max} 不超过教材附表 5-1 规定的限值，则认为结构构件已满足裂缝宽度验算的要求。若计算所得的最大裂缝宽度 w_{max} 超过限值，则应采取相应措施，以减小裂缝宽度。例如，纵向受拉钢筋可改用直径较小的带肋钢筋，适当增加受拉区纵向钢筋截面面积，等等。但增加的钢筋截面面积不宜超过承载力计算所需纵向钢筋截面面积的 30%，单纯靠增加受力钢筋用量来减小裂缝宽度的办法是不可取的。

如仍不满足要求，则应考虑采取其他工程措施，例如，采用更为合理的结构外形，减小高应力区范围，降低应力集中程度；在受拉区混凝土中设置钢筋网，等等。

当无法防止裂缝出现时，也可通过构造措施（如预埋隔离片）引导裂缝在预定位置出现，并采取有效措施避免引导缝对观感和使用功能造成影响。必要时对结构构件受拉区施加预应力。对于抗裂和限制裂缝宽度而言，最根本的方法是采用预应力混凝土结构，其内容将在第 10 章中介绍。

需要指出的是，对处于高侵蚀性环境或需要防止渗水而对限裂有更高要求的结构，裂缝控制要做专门研究。

表 8-1 列出了《水运工程混凝土结构设计规范》（JTS 151—2011）（简称 JTS 151—2011 规范）和

《水工混凝土结构设计规范》(DL/T 5057—2009)(简称 DL/T 5057—2009 规范)采用的最大裂缝宽度计算公式。其中,JTS 151—2011 规范采用的最大裂缝宽度计算公式属于经验公式,其表达式和属于半经验半理论的式(8-9)完全不同,但它所考虑的裂缝宽度影响因素,以及这些影响因素的影响规律和式(8-9)相同,仍然是纵向受拉钢筋弹性模量 E_s、裂缝截面的纵向受拉钢筋应力 σ_s(σ_s 越大,裂缝宽度越大)、纵向受拉钢筋直径 d(d 越大,裂缝宽度越大)和有效配筋率 ρ_{te}(ρ_{te} 越大,裂缝宽度越小)及混凝土保护层厚度 c_s(c_s 越大,裂缝宽度越大)、混凝土徐变(徐变使裂缝宽度加大)、构件受力特征(轴心受拉构件、偏心受拉构件、受弯构件与偏心受压构件裂缝宽度依次减小)、纵向受拉钢筋外表面特征(配置光圆钢筋构件的裂缝宽度大于带肋钢筋)。

DL/T 5057—2009 规范采用的最大裂缝宽度计算公式和式(8-9)一样,属于半经验半理论公式,和式(8-9)相比,虽表达式形式相同,但大多数参数的计算和规定不同。

表 8-1 还给出了例 8-1 采用这 3 个不同的裂缝宽度计算公式得到的最大裂缝宽度,它们有不小的差别。由于裂缝宽度试验结果的离散性,加之各行业混凝土构件所处的环境不同,特别是各行业钢筋混凝土构件裂缝宽度计算时采用的荷载效应组合不同(JTS 151—2011 规范和 GB 50010—2010 规范采用准永久组合,DL/T 5057—2009 规范采用标准组合),无法评价这些公式的优劣。要强调的是,规范公式要配套使用,荷载效应和抗力的计算、各项规定的采用都应按同一本规范执行。

表 8-1　各行业现行规范规定的最大裂缝宽度计算公式

规范名称	最大裂缝宽度计算公式	例 8-1 计算值
水运工程混凝土结构设计规范 (JTS 151—2011)	$$W_{max} = \alpha_1 \alpha_2 \alpha_3 \frac{\sigma_s}{E_s}\left(\frac{c_s+d}{0.30+1.4\rho_{te}}\right)$$ 式中　α_1——构件受力特征的系数:偏心受压构件,取 $\alpha_1 = 0.95$;受弯构件,取 $\alpha_1 = 1.0$;偏心受拉构件,取 $\alpha_1 = 1.10$;轴心受拉构件,取 $\alpha_1 = 1.20$。 　α_2——考虑纵向受拉钢筋表面形状的系数:光圆钢筋,取 $\alpha_2 = 1.4$;带肋钢筋,取 $\alpha_2 = 1.0$。 　α_3——考虑荷载效应准永久组合或重复荷载影响的系数:一般取 $\alpha_3 = 1.5$;对于短暂状况的正常使用极限状态荷载组合取 $\alpha_3 = 1.0 \sim 1.2$;对施工期,取 $\alpha_3 = 1.0$。 　ρ_{te}——纵向受拉钢筋的有效配筋率:$\rho_{te} = A_s/A_{te}$。 　A_{te}——有效受拉混凝土截面面积(mm^2):对轴心受拉构件,A_{te} 取为截面面积;对受弯、偏心受拉及偏心受压构件,$A_{te} = 2a_s b$。 　σ_s——纵向受拉钢筋应力(N/mm^2),除偏心受拉构件外,其余构件 σ_s 计算公式与 GB 50010—2010 规范相同。 其余符号的意义与计算方法和 GB 50010—2010 规范相同。	0.17 mm

续表

规范名称	最大裂缝宽度计算公式	例 8-1 计算值
水工混凝土 结构设计规范 （DL/T 5057—2009）	$$w_{\max} = \alpha_{cr}\psi\frac{\sigma_{sk}-\sigma_0}{E_s}l_{cr}$$ 其中 $$\psi = 1-1.1\frac{f_{tk}}{\rho_{te}\sigma_{sk}}$$ 当 $20\text{ mm} \leqslant c \leqslant 65\text{ mm}$ 时 $l_{cr} = \left(2.2c_s + 0.09\frac{d}{\rho_{te}}\right)\nu$ 当 $65\text{ mm} \leqslant c \leqslant 150\text{ mm}$ 时 $l_{cr} = \left(65 + 1.2c_s + 0.09\frac{d}{\rho_{te}}\right)\nu$ 式中 α_{cr}——考虑构件受力特征的系数：对受弯和偏心受压构件，取 $\alpha_{cr} = 1.90$；对偏心受拉构件，取 $\alpha_{cr} = 2.15$；对轴心受拉构件，取 $\alpha_{cr} = 2.45$。 ψ——裂缝间纵向受拉钢筋应变不均匀系数：当 $\psi < 0$ 时，取 $\psi = 0.2$；对直接承受重复荷载的构件，取 $\psi = 1$。 σ_0——钢筋的初始应力：对于长期处于水下的结构，允许采用 $\sigma_0 = 20.0\text{ N/mm}^2$；对于干燥环境中的结构，取 $\sigma_0 = 0$。 ρ_{te}——纵向受拉钢筋的有效配筋率：$\rho_{te} = A_s/A_{te}$，当 $\rho_{te} < 0.03$ 时，取 $\rho_{te} = 0.03$。 A_{te}——有效受拉混凝土截面面积（mm^2），对受弯、偏心受拉及大偏心受压构件，$A_{te} = 2a_s b$；对轴心受拉构件，A_{te} 取为 $2a_s l_s$，但不大于构件全截面面积，l_s 为沿截面周边配置的受拉钢筋重心连线的总长度。 ν——考虑钢筋表面形状的系数：对带肋钢筋，取 $\nu = 1.0$；对光圆钢筋，取 $\nu = 1.4$。 σ_s——纵向受拉钢筋应力（N/mm^2），除偏心受拉构件外，其余构件 σ_s 计算公式与 GB 50010—2010 规范相同。 其余符号的意义与计算方法和 GB 50010—2010 规范相同。	0.12 mm （按准永久组合计算） 0.20 mm （按标准组合计算）
混凝土结构 设计规范 （2015 年版） （GB 50010—2010）	见式（8-9）~式（8-19）	0.15 mm

注：在 JTS 151—2011 规范与 DL/T 5057—2009 规范中，大、小偏心受拉构件的 σ_s 采用不同公式计算，且两本规范规定的计算公式略有差别；在 GB 50010—2010 规范中，为简化，大、小偏心受拉构件的 σ_s 都按小偏心受拉构件计算。

8.2　受弯构件变形验算

为保证结构的正常使用,对需要控制变形的构件应进行变形验算。对于受弯构件,其在荷载效应准永久组合下并考虑荷载长期作用影响的最大挠度计算值不应超过附表 5-2 规定的挠度限值。

8.2.1　钢筋混凝土受弯构件的挠度试验曲线

由材料力学可知,对于均质弹性材料梁,挠度的计算公式为

$$f = S \frac{M l_0^2}{EI} \tag{8-20}$$

式中　M——梁内最大弯矩;

　　　S——与荷载形式、支承条件有关的系数,如计算承受均布荷载的单跨简支梁的跨中挠度时,$S = 5/48$;

　　　l_0——梁的计算跨度;

　　　EI——梁的截面抗弯刚度。

如果梁的截面尺寸和材料已定,截面的抗弯刚度 EI 就为一常数,所以由上式可知弯矩 M 与挠度 f 为线性关系,如图 8-11 中的虚线 OD 所示。

钢筋混凝土梁不是弹性体,具有一定的塑性性质。一方面是因为混凝土材料的应力-应变关系为非线性的,变形模量不是常数;另一方面,钢筋混凝土梁随着受拉区裂缝的产生和发展,截面有所削弱,截面的惯性矩不断地减小,也不再保持为常数。因此,随着荷载的增加,钢筋混凝土梁的刚度值逐渐降低,实际的弯矩与挠度关系曲线($M\text{-}f$ 曲线)如图 8-11 中的 $OA'B'C'D'$ 所示。

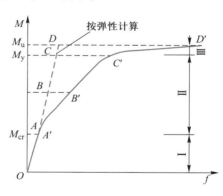

图 8-11　适筋梁的实测 $M\text{-}f$ 曲线(实线)

钢筋混凝土适筋梁的实测 $M\text{-}f$ 曲线大体上可分为三个阶段(图 8-11):

(1) 荷载较小,裂缝出现之前(阶段 Ⅰ),曲线 OA' 与直线 OA 非常接近。临近出现裂缝时,f 值增加稍快,实测曲线稍微偏离线性。这是由于受拉区混凝土出现了塑性变形,变形模量略有降低的缘故。

(2) 裂缝出现后(阶段 Ⅱ),$M\text{-}f$ 曲线发生明显的转折,出现了第一个转折点(A')。配筋率越低的构件,转折越明显。这不仅因为混凝土的塑性发展,变形模量降低,而且由于截面开裂,并随着荷载的增加裂缝不断扩展,混凝土有效受力截面减小,截面的抗弯刚度逐步降低,曲线 $A'B'$ 偏离直线的程度也就随着荷载的增加而非线

性增加。正常使用阶段的挠度验算，主要是指这个阶段的挠度验算。

（3）当钢筋屈服时（阶段Ⅲ），$M\text{-}f$ 曲线出现第二个明显的转折点（C'）。之后，由于裂缝的迅速扩展和受压区出现明显的塑性变形，截面刚度急剧下降，弯矩稍许增加就会引起挠度的剧增。

对于正常使用状况（属第Ⅱ阶段）下的钢筋混凝土梁，如果仍采用材料力学公式〔式（8-20）〕中的刚度 EI 计算挠度，显然不能反映梁的实际情况。因此，计算钢筋混凝土梁挠度时，应采用抗弯刚度 B 来取代式（8-20）中的 EI，即

$$f = S\frac{Ml_0^2}{B} \tag{8-21}$$

在此，B 为一个随弯矩 M 增大而减小的变量。

对于钢筋混凝土梁的抗弯刚度 B，不同国家的规范采用不同的计算方法。例如美国钢筋混凝土房屋建筑规范（ACI318-14）采用有效惯性矩的方法，我国混凝土结构设计规范采用材料力学挠度计算公式基础上的简化计算方法。下面介绍 GB50010—2010 规范采用的方法。

8.2.2　受弯构件的短期抗弯刚度 B_s

1. 不出现裂缝的构件

对于不出现裂缝的钢筋混凝土受弯构件，实际挠度比按弹性体公式（8-20）算得的数值偏大（参见图 8-11），说明梁的实际刚度低于 EI 值。这是因为混凝土出现受拉塑性，实际弹性模量有所降低，但截面并未削弱，I 值不受影响，所以只需将刚度 EI 稍加修正，即可反映不出现裂缝的钢筋混凝土梁的实际情况。为此，将式（8-20）中的刚度 EI 改用 B_s 代替，并取

$$B_s = 0.85E_c I_0 \tag{8-22}$$

式中　B_s——不出现裂缝的钢筋混凝土受弯构件的短期抗弯刚度；

　　　E_c——混凝土的弹性模量，可由附表 2-2 查得；

　　　I_0——换算截面对其重心轴的惯性矩；

0.85——考虑混凝土出现塑性时弹性模量降低的系数。

在建筑结构工程中，裂缝控制等级为一级或二级的预应力构件，属于严格或一般不出现裂缝的构件，其受弯构件的短期刚度按式（8-22）计算。

所谓换算截面是指将纵向钢筋截面面积 A_s、A_s' 换算成同位置上 α_E 倍 A_s、A_s' 的混凝土面积形成的截面（图 8-12b），其中 α_E 为钢筋与混凝土弹性模量比，$\alpha_E = E_s/E_c$。对于图 8-12a 所示的双筋 I 形截面，根据材料力学可得其换算截面（图 8-12b）的特征值 y_0、I_0 如下：

换算截面重心至受压边缘的距离

$$y_0 = \frac{\dfrac{bh^2}{2} + (b_f'-b)\dfrac{h_f'^2}{2} + (b_f-b)h_f\left(h-\dfrac{h_f}{2}\right) + \alpha_E A_s h_0 + \alpha_E A_s' a_s'}{bh + (b_f-b)h_f + (b_f'-b)h_f' + \alpha_E A_s + \alpha_E A_s'} \tag{8-23}$$

换算截面对其重心轴的惯性矩

$$I_0 = \frac{b_f' y_0^3}{3} - \frac{(b_f'-b)(y_0-h_f')^3}{3} + \frac{b_f(h-y_0)^3}{3} - \frac{(b_f-b)(h-y_0-h_f)^3}{3} + \qquad (8-24)$$

$$\alpha_E A_s (h_0-y_0)^2 + \alpha_E A_s' (y_0-a_s')^2$$

对于矩形、T形或倒 T 形截面,只需在 I 形截面的基础上去掉无关项即可。

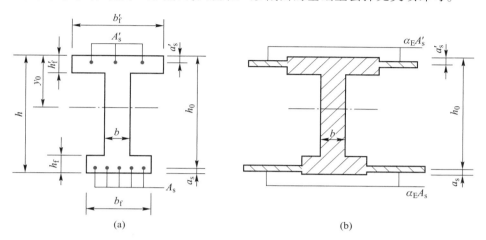

图 8-12 双筋 I 形截面的换算截面

(a)双筋 I 形截面;(b)双筋 I 形截面的换算截面

2. 出现裂缝的构件

从 8.1 节已知,正常使用阶段裂缝稳定后,受弯构件纯弯段截面中和轴和纵向受拉钢筋应力 σ_s 沿构件轴向呈波浪形变化(参见图 8-4),因此纵向受拉钢筋应变 ε_s 沿构件轴向也呈波浪形变化,裂缝截面处 ε_s 较大,裂缝中间截面处 ε_s 较小;裂缝间纵向受拉钢筋平均应变 ε_{sm} 可用 $\varepsilon_{sm} = \psi \varepsilon_s$ 表示,其中 ψ 为受拉钢筋应变不均匀系数。

事实上,此时受压边缘混凝土应变 ε_c 沿构件轴向也呈波浪形变化(图 8-13),裂缝截面处 ε_c 较大,裂缝中间截面处 ε_c 较小。同样,混凝土平均应变 ε_{cm} 可用 $\varepsilon_{cm} = \psi_c \varepsilon_c$ 表示,其中 ψ_c 为混凝土应变不均匀系数。

由第 3 章可知,从开始加载到接近破坏,受弯构件纯弯段截面平均应变基本上按直线分布,即可以认为平均应变 ε_{sm} 和 ε_{cm} 符合平截面假定,由此得到截面平均曲率 ϕ_m:

$$\phi_m = \frac{1}{r_m} = \frac{\varepsilon_{cm} + \varepsilon_{sm}}{h_0} \qquad (8-25)$$

由于裂缝截面受力明确,故取裂缝截面进行分析。为简化计算,将裂缝截面混凝土压应力图形用应力等于 $\omega \sigma_c$、高度等于 ξh_0 的矩形图形来表示,见图 8-14。其中,σ_c 为混凝土受压区边缘应力,ω 为压应力图形丰满程度系数,ξ 为混凝土相对受压区高

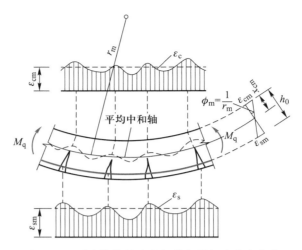

图 8-13   受弯构件纯弯段钢筋和混凝土应变分布

度。如此,对于 T 形截面,混凝土合力 C 为

$$C = \omega\sigma_c [b\xi h_0 + (b_f' - b) h_f'] = \omega\sigma_c(\xi + \gamma_f') bh_0 \qquad (c1)$$

其中

$$\gamma_f' = \frac{(b_f' - b) h_f'}{bh_0} \qquad (c2)$$

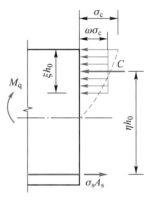

分别对纵向受拉钢筋合力作用点和受压混凝土合力作用点取矩,有

$$M_q = C\eta h_0 = \omega\sigma_c(\xi + \gamma_f') \eta bh_0^2 \qquad (c3)$$

$$M_q = A_s\sigma_s\eta h_0 \qquad (c4)$$

由上两式得

图 8-14   裂缝截面应力分布

$$\sigma_c = \frac{M_q}{\omega(\xi + \gamma_f') \eta bh_0^2} \qquad (c5)$$

$$\sigma_s = \frac{M_q}{A_s\eta h_0} \qquad (c6)$$

由于受压区混凝土已进入非线性阶段,这时弹性模量可取为 νE_c,其中 ν 为混凝土弹性系数,由式(c5)得

$$\varepsilon_{cm} = \psi_c\varepsilon_c = \psi_c \frac{\sigma_c}{\nu E_c} = \frac{M_q}{\dfrac{\omega(\xi + \gamma_f') \eta\nu}{\psi_c} bh_0^2 E_c} = \frac{M_q}{\zeta bh_0^2 E_c} \qquad (8-26)$$

其中,ζ 称为受压区边缘混凝土平均应变综合系数,按下式计算:

$$\zeta = \frac{\omega(\xi + \gamma_f') \eta\nu}{\psi_c} \qquad (8-27)$$

纵向受拉钢筋仍处于弹性阶段,弹性模量仍为 E_s,由式(c6)得

$$\varepsilon_{sm} = \psi \varepsilon_s = \psi \frac{\sigma_s}{E_s} = \frac{\psi}{\eta} \cdot \frac{M_q}{E_s A_s h_0} \tag{8-28}$$

将式(8-26)和式(8-28)代入式(8-25),有

$$\phi_m = \frac{1}{r_m} = \frac{\dfrac{M_q}{\zeta b h_0^2 E_c} + \dfrac{\psi}{\eta} \cdot \dfrac{M_q}{E_s A_s h_0}}{h_0} = M_q \left(\frac{1}{\zeta b h_0^3 E_c} + \frac{\psi}{\eta} \cdot \frac{1}{E_s A_s h_0^2} \right) \tag{8-29}$$

由上式得荷载准永久组合下的截面弯曲刚度,即短期刚度 B_s:

$$B_s = \frac{M_q}{\phi_m} = \frac{1}{\dfrac{1}{\zeta b h_0^3 E_c} + \dfrac{\psi}{\eta} \cdot \dfrac{1}{E_s A_s h_0^2}} = \frac{E_s A_s h_0^2}{\dfrac{E_s}{E_c} \cdot \dfrac{A_s}{\zeta b h_0} + \dfrac{\psi}{\eta}} = \frac{E_s A_s h_0^2}{\dfrac{\alpha_E \rho}{\zeta} + \dfrac{\psi}{\eta}} \tag{8-30}$$

其中

$$\rho = A_s / (b h_0) \tag{8-31}$$

式(8-30)中分母第一项反映了受压区混凝土变形对刚度的影响,第二项反映了纵向受拉钢筋应变不均匀程度或受拉区混凝土参与受力的程度对刚度的影响。当 M_q 较小时,纵向受拉钢筋应力 σ_s 较小,其应变不均匀系数 ψ 也较小,短期刚度 B_s 就较大。

在式(8-30)中还有两个未知量 η 和 ζ 需要确定。

(1) 裂缝截面的内力臂系数 η

确定式(8-14)时已知,在正常使用阶段裂缝截面的内力臂可近似取为 $z = 0.87h_0$,即裂缝截面的内力臂系数可取为 $\eta = 0.87$,η 也可以写为 $\eta = 1/1.15$。

(2) 受压区边缘混凝土平均应变综合系数 ζ

ζ 可由试验结果按式(8-27)求得。试验表明,ζ 随荷载增大而减小,在裂缝出现后降低很快,而后逐渐减缓,在使用荷载范围内基本稳定,因此对 ζ 取值不需考虑荷载的影响。根据试验结果,回归得到下式:

$$\frac{\alpha_E \rho}{\zeta} = 0.2 + \frac{6 \alpha_E \rho}{1 + 3.5 \gamma_f'} \tag{8-32}$$

取 $\eta = 1/1.15$,并将式(8-32)代入(8-30),得矩形、T 形、倒 T 形及 I 形截面构件的短期刚度计算公式:

$$B_s = \frac{E_s A_s h_0^2}{1.15 \psi + 0.2 + \dfrac{6 \alpha_E \rho}{1 + 3.5 \gamma_f'}} \tag{8-33}$$

式中 E_s——钢筋弹性模量,按附表 2-5 查用。

A_s——纵向受拉钢筋截面面积。

h_0——截面有效高度。

ψ——裂缝间纵向受拉钢筋应变不均匀系数,仍按式(8-10)计算。同样,当 $\psi < 0.2$ 时,取 $\psi = 0.2$;当 $\psi > 1.0$ 时,取 $\psi = 1.0$;对直接承受重复荷载的构

件,取 $\psi = 1.0$。

α_E——钢筋与混凝土的弹性模量比:$\alpha_E = E_s / E_c$。

ρ——纵向受拉钢筋的配筋率:$\rho = \dfrac{A_s}{bh_0}$,b 为截面肋宽。

γ'_f——受压翼缘面积与腹板有效面积的比值:$\gamma'_f = \dfrac{(b'_f - b) h'_f}{bh_0}$,其中 b'_f、h'_f 分别为受压翼缘的宽度、高度,当 $h'_f > 0.2h_0$ 时取 $h'_f = 0.2h_0$。

8.2.3　受弯构件的抗弯刚度 B

荷载长期作用下,受弯构件受压区混凝土将产生徐变,即使荷载不增加,挠度也将随时间的增加而增大。

混凝土收缩也是造成受弯构件抗弯刚度降低的原因之一。尤其是当受弯构件的受拉区配置了较多的纵向受拉钢筋而受压区配筋很少或未配钢筋时(图 8-15),由于受压区未配钢筋,受压区混凝土可以较自由地收缩,即梁的上部缩短;受拉区由于配置了较多的纵向钢筋,混凝土的收缩受到纵向钢筋的约束,使得梁下部缩短较小。由于梁下部缩短小于梁上部,梁产生向下的挠度。同时,混凝土收缩受到钢筋的约束,使得混凝土受拉,甚至可能出现裂缝。因此,混凝土收缩也会引起梁的抗弯刚度降低,使挠度增大。

图 8-15　配筋对混凝土收缩的影响

如上所述,荷载长期作用下挠度增加的主要原因是混凝土的徐变和收缩,所以凡是影响混凝土徐变和收缩的因素,如纵向受压钢筋的配筋率、加载龄期、荷载的大小及持续时间、使用环境的温度和湿度、混凝土的养护条件等都对挠度的增长有影响。

试验表明,在加载初期,梁的挠度增长较快,以后增长缓慢,后期挠度虽仍继续增大,但增值很小。实际应用中,对一般尺寸的构件,可取 1 000 天或 3 年的挠度作为最终值。对于大尺寸的构件,挠度增长达 10 年后仍未停止。

考虑荷载长期作用对受弯构件挠度影响的方法有多种:① 直接计算由于荷载长期作用而产生的挠度增长和由收缩而引起的翘曲;② 由试验结果确定荷载长期作用下的挠度增大系数 θ,采用 θ 值来计算抗弯刚度。

我国规范采用上述第② 种方法。根据国内外对受弯构件长期挠度观测结果,θ 值可按下式计算:

$$\theta = 2.0 - 0.4 \frac{\rho'}{\rho} \tag{8-34}$$

式中 ρ'、ρ——纵向受压钢筋和受拉钢筋的配筋率:$\rho' = \dfrac{A'_s}{bh_0}$, $\rho = \dfrac{A_s}{bh_0}$。

由式(8-34)可知,当不配置受压钢筋时,$\rho' = 0$,则 $\theta = 2.0$;当 $\rho' = \rho$ 时,$\theta = 1.6$;当 ρ' 为中间数值时,θ 按线性内插法取用。对于翼缘位于受拉区的倒 T 形截面,θ 应增加 20%。

于是,荷载效应准永久组合并考虑部分荷载长期作用影响的矩形、T 形、倒 T 形及 I 形截面受弯构件抗弯刚度 B 可按下式计算:

$$B = \frac{B_s}{\theta} \tag{8-35}$$

8.2.4 最小刚度原则与受弯构件的挠度验算

钢筋混凝土受弯构件的抗弯刚度 B 确定后,挠度值就可应用材料力学或结构力学公式求得,仅需用 B 代替有关公式中弹性体刚度 EI 即可。

应当指出,钢筋混凝土受弯构件的截面抗弯刚度随弯矩增大而减小,因此,即使对于等截面梁,由于各截面的弯矩并不相等,故各截面抗弯刚度也不相等。如图 8-16 所示的简支梁,当中间部分开裂后,靠近支座的截面抗弯刚度要比中间区域的大,如果按照抗弯刚度的实际分布采用变刚度来计算梁的挠度,对于工程设计而言显然是过于烦琐了。在实际计算中,考虑到支座附近弯矩较小的区段虽然抗弯刚度较大,但对全梁变形的影响不大,且挠度计算仅考虑弯曲变形的影响,未考虑剪切段内还存在的剪切变形,故对于等截面构件,一般取同号弯矩区段内弯矩最大截面的抗弯刚度作为该区段的刚度。也就是说,对于简支梁,按式(8-33)计算刚度时,纵向受拉钢筋配筋率 ρ 和裂缝间纵向受拉钢筋应变不均匀系数 ψ 按跨中最大弯矩截面选取,并将此刚度作为全梁的抗弯刚度;对于带悬挑的简支梁、连续梁或框架梁,则取最大正弯矩截面和最大负弯矩截面的刚度,分别作为相应区段的刚度。这就是挠度计算中的"最小刚度原则"。

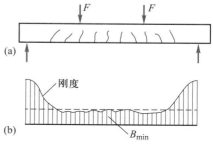

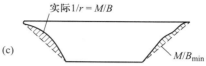

图 8-16 沿梁长的刚度和曲率分布

当计算跨度内的支座截面刚度不大于跨中截面刚度的 2 倍且不小于跨中截面刚度的 0.5 倍时,该跨也可以按等刚度构件计算,其受弯刚度可取跨中最大弯矩截面的刚度。

例如图 8-17 所示的一端简支一端固定的梁,承受均布荷载,跨中截面按梁的最

大正弯矩 M_1 配筋,纵向受拉钢筋用量和配筋率为 A_{s1} 和 ρ_1;支座截面按梁的最大负弯矩 M_2 配筋,纵向受拉钢筋用量和配筋率为 A_{s2} 和 ρ_2。计算时,先按 M_1、A_{s1} 和 M_2、A_{s2} 计算 ψ_1 和 ψ_2,然后将 ρ_1、ψ_1 和 ρ_2、ψ_2 代入式 (8-33) 求得跨中截面和支座截面的短期抗弯刚度 B_{s1} 和 B_{s2},再代入式(8-35)求得它们相应的截面抗弯刚度 B_{l1} 和 B_{l2};若 $0.5B_{l1} \leqslant B_{l2} \leqslant 2B_{l1}$,则将梁视为刚度为 B_{l1} 的等刚度的梁,直接利用材料力学的公式求出该梁的挠度。

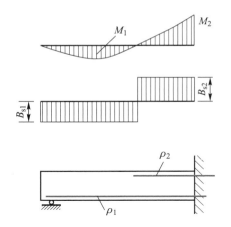

图 8-17 一端简支一端固定梁的弯矩及刚度图

受弯构件的挠度应按荷载效应准永久组合进行计算,所得的挠度计算值 f 不应超过附表 5-2 规定的限值 $[f]$,即

$$f \leqslant [f] \tag{8-36}$$

若验算挠度不能满足式(8-36)要求时,则表示构件的截面抗弯刚度不足。由式(8-33)可知,增加截面尺寸、提高混凝土强度等级、增加纵向钢筋配筋量及选用合理的截面(如 T 形或 I 形等)都可提高构件的刚度,但合理而有效的措施是增大截面的高度。

【例 8-3】 某办公楼走道 T 形截面简支梁,一类环境类别,计算跨度 $l_0 = 5.20$ m,截面尺寸为 $b = 250$ mm,$h = 600$ mm,$b_f' = 400$ mm,$h_f' = 100$ mm。混凝土强度等级为 C30,配有纵向受拉钢筋 4 Φ 22($A_s' = 1\,520$ mm^2),截面有效高度 $h_0 = 560$ mm。按荷载准永久组合计算的跨中弯矩值 $M_q = 128.52$ kN·m。试验算该梁的跨中挠度是否满足要求。

【解】

(1)资料

C30 混凝土,$f_{tk} = 2.01$ N/mm^2,$E_c = 3.0 \times 10^4$ N/mm^2;HRB400 钢筋,$E_s = 2.0 \times 10^5$ N/mm^2。查附表 5-2 得挠度允许值 $[f] = l_0/200$。

(2)抗弯刚度计算

由式(8-14)得纵向受拉钢筋应力为

$$\sigma_s = \frac{M_q}{0.87h_0A_s} = \frac{128.52\times10^6}{0.87\times560\times1\,520} \text{ N/mm}^2 = 174 \text{ N/mm}^2$$

由式(8-12)得纵向受拉钢筋有效配筋率为

$$\rho_{te} = \frac{A_s}{A_{te}} = \frac{A_s}{0.5bh} = \frac{1\,520}{0.5\times250\times600} = 2.03\% > 0.01$$

由式(8-10)得裂缝间纵向受拉钢筋应变不均匀系数为

$$\psi = 1.1 - 0.65\frac{f_{tk}}{\rho_{te}\sigma_s} = 1.1 - 0.65\times\frac{2.01}{0.020\,3\times174} = 0.730, 0.2 < \psi < 1.0$$

$$\alpha_E = \frac{E_s}{E_c} = \frac{2.0\times10^5}{3.0\times10^4} = 6.67$$

$$\rho = \frac{A_s}{bh_0} = \frac{1\,520}{250\times560} = 1.09\%$$

$$h'_f = 100 \text{ mm} < 0.2h_0 = 0.2\times560 \text{ mm} = 112 \text{ mm}$$

按 $h'_f = 100$ mm 计算 γ'_f。

$$\gamma'_f = \frac{(b'_f - b)h'_f}{bh_0} = \frac{(400-250)\times100}{250\times560} = 0.11$$

由式(8-33)得短期刚度 B_s 为

$$B_s = \frac{E_s A_s h_0^2}{1.15\psi + 0.2 + \frac{6\alpha_E\rho}{1+3.5\gamma'_f}} = \frac{2.0\times10^5\times1\,520\times560^2}{1.15\times0.730 + 0.2 + \frac{6\times6.67\times0.010\,9}{1+3.5\times0.11}} \text{ N}\cdot\text{mm}^2$$

$$= 70.39\times10^{12} \text{ N}\cdot\text{mm}^2$$

该梁截面未配置受压钢筋，由式(8-34)得 $\theta = 2.0$。

由式(8-35)得长期刚度为

$$B = \frac{B_s}{\theta} = \frac{70.39\times10^{12}}{2.0} \text{ N}\cdot\text{mm}^2 = 35.20\times10^{12} \text{ N}\cdot\text{mm}^2$$

（3）挠度验算

$$f = \frac{5}{48}\cdot\frac{M_q l_0^2}{B} = \frac{5}{48}\times\frac{128.52\times10^6\times5.20^2\times10^6}{35.20\times10^{12}} \text{ mm}$$

$$= 10.28 \text{ mm} < [f] = \frac{5\,200}{200} = 26.0 \text{ mm}$$

满足挠度要求。

8.3 混凝土结构耐久性极限状态设计

8.3.1 混凝土结构耐久性的概念

耐久性是指结构在设计工作年限内和正常使用及维护条件下，保持安全性与适用性的能力。所谓正常维护，是指结构在使用过程中仅需一般维护（包括构件表面涂刷等）而不进行花费过高的大修；所谓正常使用，是指使用过程中不改变设计确定的使用条件，包括工作环境和使用功能。这里的工作环境是指结构所在地区的自然环境及工业生产形成的环境。

耐久性作为混凝土结构可靠性的三大功能指标（安全性、适用性和耐久性）之一，越来越受到工程设计的重视，结构的耐久性设计也成为结构设计的重要内容之一。目前大多数国家和地区的混凝土结构设计规范中已列入耐久性设计的有关规定和要求,如美国和欧洲等国家的混凝土结构设计规范将耐久性设计单独列为一章,我国建筑、交通、水工和水运等行业的混凝土结构设计规范也将耐久性要求列为基本规定中的重要内容。同时,我国住房和城乡建设部也制定颁布了国家标准《混凝土结构耐久性设计标准》(GB/T 50476—2019)。

导致混凝土结构耐久性失效的原因主要有:① 混凝土的碳化与钢筋锈蚀;② 混凝土的低强度风化;③ 碱骨料反应;④ 渗漏溶蚀;⑤ 冻融破坏;⑥ 硫酸盐侵蚀;⑦ 由荷载、温度、收缩等原因产生的裂缝及止水失效等引起渗漏病害的加剧;等等。因而,除了根据结构所处的环境条件控制结构的裂缝宽度外,还需通过混凝土保护层最小厚度、混凝土最低抗渗等级、混凝土最低抗冻等级、混凝土最低强度等级、最小水泥用量、最大水胶比、最大氯离子含量、最大碱含量及结构形式和专门的防护措施等具体规定来保证混凝土结构的耐久性。

8.3.2   混凝土结构的耐久性设计内容

混凝土结构耐久性设计的目标,应使结构构件出现耐久性极限状态标志或限值的年限不小于其设计工作年限。理论上,应与承载能力和正常使用极限状态一样,建立混凝土结构耐久性极限状态方程进行设计,但由于对混凝土结构耐久性的研究尚不够完善,目前还难以实现定量设计。

结构的耐久性与结构所处的环境类别、结构使用条件、结构形式和细部构造、结构表面保护措施及施工质量等均有关系。现行规范都是根据混凝土结构所处的环境类别和设计工作年限,选择采用相应的技术措施和构造要求保证结构的耐久性,使结构或构件达到预期的使用寿命。

耐久性设计具体包括下列内容:① 确定结构所处的环境类别;② 提出对混凝土材料的耐久性基本要求;③ 确定构件中钢筋的混凝土保护层厚度;④ 确定不同环境条件下的耐久性技术措施;⑤ 提出结构使用阶段的检测与维护要求。

对临时性的混凝土结构,可不考虑耐久性要求。

8.3.3   混凝土结构的耐久性要求

1. 混凝土结构所处的环境类别

GB 50010—2010 规范首先具体划分了混凝土结构所处的环境类别,要求按不同环境类别满足不同的耐久性要求。规范根据室内、室外、海风与海岸、海水、侵蚀性物质影响等将环境条件划分为五个环境类别,其中二类与三类又分为二 a 和二 b、三 a 和三 b,环境类别越高,环境条件越差,具体见附录 1。

永久性混凝土结构设计时,在一般情况下根据结构所处的环境类别、设计工作年限提出相应的耐久性要求,也可根据工程经验及预期的施工质量控制水平,将环境类别适当提高或降低。

对设计工作年限为 50 年的混凝土结构,GB 50010—2010 规范只给出一类、二类和三类环境类别下的混凝土结构耐久性要求,对四类、五类环境类别下的混凝土结构,只强调其耐久性要求应符合有关标准的规定。

对设计工作年限为 100 年的混凝土结构,GB 50010—2010 规范只给出一类环境类别下的混凝土结构耐久性要求,对二类、三类环境类别下的混凝土结构,只强调应采取专门的有效措施。

2. 保证耐久性的技术措施

(1) 混凝土原材料的选择和施工质量控制

为保证结构具有良好的耐久性,首先应正确选用混凝土原材料。例如受冻地区的混凝土宜采用普通硅酸盐水泥和硅酸盐水泥,不宜采用火山灰质硅酸盐水泥;当采用矿渣硅酸盐水泥、粉煤灰硅酸盐水泥、火山灰质硅酸盐水泥时,宜同时掺加减水剂或高效减水剂。骨料应选用质地坚固耐久、具有良好级配的天然河沙、碎石或卵石,控制杂质的含量。应避免含有活性氧化硅以致引起碱骨料反应的骨料。

影响耐久性的一个重要因素是混凝土本身的质量,因此混凝土的配合比设计、拌和、运输、浇筑、振捣和养护等均应严格遵照施工规范的规定,尽量提高混凝土的密实性和抗渗性,从根本上提高混凝土的耐久性。

(2) 耐久性对混凝土强度的最低要求

混凝土强度等级越高,微裂缝越不容易出现,混凝土密实性就越好。同时,混凝土强度等级越高,其抗风化能力就越强。因而,近年来各规范都根据混凝土结构所处的环境类别、设计工作年限按耐久性要求规定了混凝土的最低强度等级。同样,GB 50010—2010 规范也根据建筑工程自身的特点,从环境类别、构件所在部位、符合耐久性要求的最大水胶比等因素综合考虑,确定了混凝土结构基于耐久性要求的混凝土最低强度等级,见表 8-2。

表 8-2 设计工作年限为 50 年的结构混凝土材料的耐久性基本要求

环境等级	最大水胶比	最低强度等级	最大氯离子含量/%	最大碱含量/(kg·m⁻³)
一	0.60	C20	0.30	不限制
二 a	0.55	C25	0.20	
二 b	0.50(0.55)	C30(C25)	0.15	
三 a	0.45(0.50)	C35(C30)	0.15	3.0
三 b	0.40	C40	0.10	

注:1. 氯离子含量系指其占胶凝材料总量的百分比;

　　2. 预应力构件混凝土中的最大氯离子含量为 0.06%;其最低混凝土强度等级宜按表中的规定提高两个等级;

　　3. 素混凝土构件的水胶比及最低强度等级的要求可适当放松;

　　4. 有可靠工程经验时,二类环境中的最低混凝土强度等级可降低一个等级;

　　5. 处于严寒和寒冷地区二 b、三 a 类环境中的混凝土应使用引气剂,并可采用括号中的有关参数;

　　6. 当使用非碱活性骨料时,对混凝土中的碱含量可不作限制。

（3）最大氯离子含量

碳化与钢筋生锈是影响钢筋混凝土结构耐久性的主要因素。混凝土中的水泥在水化过程中生成氢氧化钙，使得混凝土的孔隙水呈碱性，一般 pH 可达到 13 左右，在如此高的 pH 情况下，钢筋表面就生成一层极薄的氧化膜，称为钝化膜，它能起到保护钢筋防止锈蚀的作用。但大气中的二氧化碳或其他酸性气体，通过混凝土中的毛细孔隙渗入混凝土内，在有水分存在的条件下，与混凝土中的碱性物质发生中性化的反应，就会使混凝土的碱度（pH）降低，这一过程称为混凝土的碳化。

当碳化深度超过混凝土保护层厚度而达到钢筋表层时，钢筋表面的钝化膜就遭到破坏，在同时存在氧气和水分的条件下，钢筋发生电化学反应，钢筋就开始生锈。

钢筋的锈蚀会引起锈胀，导致混凝土沿钢筋出现顺筋裂缝，严重时会发展为混凝土保护层剥落，最终使结构承载力降低，严重影响结构的耐久性和安全性。同时碳化还会引起混凝土收缩，使混凝土表面产生微细裂缝，使混凝土表层强度降低。

不接触氯盐的淡水环境下的钢筋混凝土结构构件，拌合物中的氯离子含量是引起钢筋腐蚀的主要因素，应对其进行限制；处于海水环境下的钢筋混凝土结构构件，由于海水中的氯离子会不断渗入钢筋周围，因此，对混凝土拌合物氯离子含量的限制更严；预应力混凝土结构，由于预应力筋一直处于高应力状态，对氯盐腐蚀非常敏感，易发生应力腐蚀，因此，更需严格限制混凝土拌合物氯离子含量。至于素混凝土结构构件，虽然不存在钢筋腐蚀问题，但若混凝土中的氯离子含量过大，混凝土拌合物易发生速凝，此外，氯盐的存在还会促进碱骨料反应。因此，GB 50010—2010 规范根据结构种类、环境类别等条件规定了混凝土中最大氯离子含量限值，参见表 8-2。

（4）混凝土密实性控制

在混凝土浇筑过程中会有气体侵入而形成气泡和孔穴。在水泥水化期间，水泥浆体中随多余的水分蒸发会形成毛细孔和水隙，同时由于水泥浆体和骨料的线膨胀系数及弹性模量的不同，其界面会产生许多微裂缝。毛细孔和水隙越少，混凝土密实性越好。

影响混凝土抗冻性、抗渗性和钢筋腐蚀的主要因素是它的渗透性，为了获得耐久性良好的混凝土，混凝土应尽可能密实。水胶比越大，水分蒸发形成的毛细孔和水隙就越多，混凝土密实性越差，混凝土内部越容易受外界环境的影响。试验证明，当水胶比小于 0.3 时，钢筋就不会锈蚀。国外海工混凝土建筑的水胶比一般控制在 0.45 以下。为此，除选择级配良好的骨料和精心施工保证混凝土充分捣实，以及采用适当的养护方法保证水泥充分水化外，还应对水胶比进行限制，GB 50010—2010 规范给出的水胶比限值见表 8-2。

（5）钢筋的混凝土保护层厚度

对钢筋混凝土结构来说，耐久性主要取决于钢筋是否锈蚀。而钢筋锈蚀的条件，首先取决于混凝土碳化达到钢筋表面的时间 t，t 大约正比于混凝土保护层厚度 c 的平方；其次混凝土抵抗钢筋锈蚀造成的锈胀力的能力也取决于混凝土保护层厚度和密实度。所以，混凝土保护层的厚度 c 及密实性是决定结构耐久性的关键。混凝土保护层不仅要有一定的厚度,更重要的是必须浇筑振捣密实。

按环境类别的不同,GB 50010—2010 规范规定了钢筋混凝土结构及预应力混凝土结构受力钢筋的混凝土保护层最小厚度,见附表 4-1。

（6）碱含量

碱骨料反应是指混凝土孔隙中水泥的碱性溶液与活性骨料（含活性 SiO_2）发生化学反应生成碱-硅酸凝胶,碱-硅酸凝胶遇水后可发生膨胀,将混凝土胀裂。开始时在混凝土表面形成不规则的鸡爪形细小裂缝,然后由表向里发展,裂缝中充满白色沉淀。

碱骨料化学反应对结构构件的耐久性影响很大。为了控制碱骨料的化学反应,应选择低含碱量的水泥,混凝土结构的水下部分不宜（或不应）采用活性骨料。GB 50010—2010 规范规定了最大碱含量限值,列于表 8-2。

（7）混凝土的抗渗等级与抗冻等级

混凝土越密实,水胶比越小,其抗渗性能越好。混凝土抗渗性能用抗渗等级表示,一般按 28d 龄期的标准试件测定,也可根据混凝土结构开始承受水压力的时间,利用 60d 或 90d 龄期的试件测定抗渗等级。掺用引气剂、减水剂可显著提高混凝土的抗渗性能。

混凝土处于冻融交替环境中时,渗入混凝土内部空隙中的水分在低温下结冰后体积膨胀,使混凝土产生胀裂,经多次冻融循环后将导致混凝土疏松剥落,引起混凝土结构的破坏。调查结果表明,在严寒或寒冷地区,混凝土的冻融破坏有时是极为严重的,特别是在长期潮湿的建筑物阴面或水位变化部位。此外,实践还表明,即使在气候温和的地区,如抗冻性不足,混凝土也会发生冻融破坏以致剥蚀露筋。混凝土的抗冻性能用抗冻等级来表示,可按 28d 龄期的试件用快冻试验方法测定。经论证,也可用 60d 或 90d 龄期的试件测定。

我国涉水的混凝土结构设计规范,《水工混凝土结构设计规范》（SL 191—2008）、《水工混凝土结构设计规范》（DL/T 5057—2009）和《水运工程混凝土结构设计规范》（JTS 151—2011）都规定了混凝土抗渗等级和抗冻等级的要求。

例如,水运工程混凝土抗渗等级分为 P4、P6、P8、P10、P12 五级,抗冻等级分为 F350、F300、F250、F200、F150、F100 六级,数字越大表示抗渗和抗冻能力越强。JTS 151—2011 规范规定,结构所需的混凝土抗渗等级应根据所承受的水头、水力梯度、水质条件和渗透水的危害程度等因素确定,且不低于表 8-3 的规定值。

表 8-3　JTS 151—2011 规范规定的混凝土抗渗等级选用标准

最大作用水头与混凝土壁厚之比	<5	5～10	10～15	15～20	>20
抗渗等级	P4	P6	P8	P10	P12

同时,JTS 151—2011 规范规定了表 8-4 所示的混凝土抗冻等级选用标准。对于有抗冻要求的结构,应按表 8-4 根据气候分区、冻融循环次数、表面局部小气候条件、水分饱和程度、结构构件重要性和检修条件等选定抗冻等级。在不利因素较多时,可

选用高一级的抗冻等级。浪溅区范围内的下部 1 m 应按水位变动区选用抗冻等级。码头面层混凝土可选用比同一地区水位变动区低 2~3 级的抗冻等级。

表 8-4　JTS 151—2011 规范规定的混凝土抗冻等级选用标准

建筑物所在地区	海水环境		淡水环境	
	钢筋混凝土和预应力混凝土	素混凝土	钢筋混凝土和预应力混凝土	素混凝土
严重受冻地区（最冷月平均气温低于-8℃）	F350	F300	F250	F200
受冻地区（最冷月平均气温在-4~-8℃之间）	F300	F250	F200	F150
微冻地区（最冷月平均气温在0~-4℃之间）	F250	F200	F150	F100

注：开敞式码头和防波堤等建筑物混凝土，宜选用比同一地区高一等级的抗冻等级或采用其他措施。

GB 50010—2010 规范没有给出混凝土抗渗等级和抗冻等级的具体要求，但强调：① 有抗渗要求的混凝土结构，混凝土的抗渗等级应符合有关标准的要求；② 严寒及寒冷地区的潮湿环境中，结构混凝土应满足抗冻要求，混凝土抗冻等级应符合有关标准的要求。

（8）混凝土的抗化学侵蚀

侵蚀性介质的渗入，造成混凝土中的一些成分被溶解、流失，使混凝土产生孔隙和裂缝，甚至酥裂破碎；有的侵蚀性介质与混凝土中的一些成分反应后生成的物体，会体积膨胀，引起混凝土结构胀裂破坏。常见的一些主要侵蚀性介质和引起腐蚀的原因有硫酸盐腐蚀、酸腐蚀、海水腐蚀、盐酸类结晶型腐蚀等。海水除对混凝土造成腐蚀外，还会造成钢筋锈蚀或加快钢筋的锈蚀速度。

混凝土抗氯离子渗入的能力用其抗氯离子渗透性指标表示，指标数值越小，防止或延缓由于氯离子渗入引起混凝土结构构件发生钢筋腐蚀的能力越强。JTS 151—2011 规范对海水环境下的混凝土规定了混凝土氯离子渗透性限值，见表 8-5。

表 8-5　JTS 151—2011 规范规定的海水环境下混凝土氯离子渗透性限值　　　C

环境条件	钢筋混凝土		预应力混凝土	
	北方	南方	北方	南方
大气区	≤2 000	≤2 000	≤2 000	≤1 500
浪溅区	≤1 500	≤1 500	≤1 000	≤1 000
水位变动区	≤2 000	≤2 000	≤1 500	≤1 500

注：试验用的混凝土试件应在标准条件下养护 28 d，试验应在 35 d 内完成，对掺加粉煤灰或磨细粒化高炉矿渣的混凝土，可按 90 d 龄期结果评定。

当不能满足表 8-5 中的要求时,可采取在混凝土表面浸涂或覆盖防腐材料、采用环氧涂层钢筋、在混凝土中加入钢筋阻锈剂、阴极保护等措施,防止钢筋生锈。

但 GB 50010—2010 规范没有规定该限值。

3. 保证耐久性的构造要求

对处于海水环境水位变动区、浪溅区、大气区的混凝土构件宜采用高性能混凝土,也可以同时采用其他防腐蚀措施。

结构的形式应有利于排除积水,避免水汽凝聚和有害物质积聚于区间。结构的外形应力求规整,应尽量避免采用薄壁、薄腹及多棱角的结构形式。这些结构形式暴露面大,比平整表面更易使混凝土碳化从而导致钢筋更易锈蚀。

一般情况下尽可能采用细直径、密间距的配筋方式,以使横向的受力裂缝能分散和变细。但当构件处于严重腐蚀环境时,普通受力钢筋直径不宜小于 16 mm,预应力混凝土构件宜采用密封和防腐性能良好的孔道管,不宜采用抽孔法形成的孔道。如不采用密封护套或孔道管,则不应采用细钢丝作预应力筋。

处于二、三类环境中的构件,暴露在混凝土外的吊环、紧固件、连接件等铁件应与混凝土中的钢筋隔离。对预应力筋、锚具及连接器应采用专门的防护措施,预应力筋的锚头应采用无收缩高性能细石混凝土或水泥基聚合物混凝土封端。

处在三类环境中的混凝土结构构件,可采用阻锈剂、环氧树脂涂层钢筋或其他具有耐腐蚀性能的钢筋、阴极保护或可更换的构件等措施。

同时,结构构件在正常使用阶段的受力裂缝也应控制在允许的范围内,特别是对于配置高强钢丝的预应力混凝土构件则必须严格抗裂。因为,高强钢丝如稍有锈蚀,就易引发应力腐蚀而脆断。

第 8 章
总结

4. 设计工作年限为 100 年的耐久性技术措施

表 8-2 只适用于设计工作年限为 50 年的混凝土结构,对于设计工作年限为 100 年的混凝土结构,耐久性要求还要加强,但 GB 50010—2010 规范只给出了一类环境下的要求:① 钢筋混凝土结构的最低强度等级为 C30,预应力混凝土结构的最低强度等级为 C40;② 混凝土中的最大氯离子含量为 0.06%;③ 宜使用非碱活性骨料,当使用碱活性骨料时,混凝土中的最大碱含量为 3.0 kg/m³;④ 最外层钢筋的保护层厚度不应小于附表 4-1 所列数值的 1.4 倍,但当采取有效的表面防护措施时,混凝土保护层厚度可适当减小。

最后,为保证混凝土结构的耐久性,还应在设计工作年限内遵守下列规定:① 建立定期检测、维修制度;② 设计中可更换的混凝土构件应按规定更换;③ 构件表面的防护层,应按规定维护或更换;④ 结构出现可见的耐久性缺陷时,应及时进行处理。

 思考题

8-1　验算钢筋混凝土构件裂缝宽度与变形的目的是什么?验算时,为什么采用荷载效应准永久组合下的内力值？

8-2   建筑工程中钢筋混凝土与预应力混凝土结构的裂缝控制分几级？各级的要求是什么？钢筋混凝土构件的裂缝控制等级属于哪一级？

△8-3   为什么在建筑工程中钢筋混凝土构件都是限裂构件（正常使用时允许开裂的构件），而在水利水电工程中钢筋混凝土构件可以做成抗裂构件（正常使用时不允许开裂的构件）？

8-4   试描述在钢筋混凝土梁的等弯矩区段内，第一条裂缝出现前后直到第二条裂缝产生，受拉混凝土与受拉钢筋的应力沿梁轴的变化，并画出其应力分布图形。为什么钢筋混凝土构件在荷载作用下一出现裂缝就会有一定的宽度？

△8-5   垂直于纵向钢筋的受力裂缝对钢筋混凝土构件的耐久性有什么影响？提高构件耐久性的主要措施是什么？为什么配置高强钢丝的预应力混凝土构件必须抗裂？

8-6   平均裂缝间距的基本公式是如何得出的？在确定平均裂缝间距时为什么又要考虑保护层厚度的影响？

8-7   影响裂缝宽度的主要因素有哪些？在裂缝宽度计算公式［式（8-9）］中，徐变、受力特征、裂缝宽度的随机性这些影响因素是在哪些参数中体现的？

8-8   若构件的最大裂缝宽度不能满足要求，可采取哪些措施？哪些措施最有效？能通过减小保护层厚度或一味增加纵向受拉钢筋用量来减小裂缝宽度吗？

8-9   裂缝宽度计算公式有哪两类？GB 50010—2010 规范采用哪一类？现有裂缝宽度计算公式的适用范围是什么？

△8-10   试分析纵向钢筋用量对受弯构件正截面承载力、裂缝宽度及挠度的影响。

8-11   提高受弯构件抗弯刚度的措施有哪些？最有效的措施是什么？

8-12   试描述钢筋混凝土梁的 M-f 关系曲线，它与弹性均质梁的 M-f 关系曲线有哪些不同？

8-13   GB 50010—2010 规范中，求解短期抗弯刚度 B_s 的公式，即教材式（8-33）中，纵向受拉钢筋配筋率 ρ 应该取构件中哪个截面的钢筋用量来计算？如何计算？和验算纵向受拉钢筋最小配筋率时的配筋率计算有什么不同？

8-14   什么叫"最小刚度原则"？为什么受弯构件挠度计算时要采用和可采用该原则？

8-15   试分析影响混凝土结构耐久性的主要因素。GB 50010—2010 规范采用哪些措施保证结构的耐久性？

第 8 章
思考题详解

📖 计算题

8-1   某厂房钢筋混凝土屋架下弦杆轴心受拉构件，一类环境类别，截面尺寸 $b\times$

$h = 200 \text{ mm} \times 150 \text{ mm}$。混凝土强度等级为 C35，配有纵向受拉钢筋 6 Φ 12，箍筋直径 6 mm。荷载效应准永久组合下的轴向拉力 $N_q = 140.70 \text{ kN}$。试验算裂缝宽度是否满足要求。

8-2　某矩形截面钢筋混凝土简支梁承受均布荷载，一类环境类别，截面尺寸 $b \times h = 200 \text{ mm} \times 550 \text{ mm}$，计算跨度 $l_0 = 5.80 \text{ m}$。混凝土强度等级为 C30，配有纵向受拉钢筋 4 Φ 18，箍筋直径 8 mm。荷载效应准永久组合下的跨中弯矩 $M_q = 83.40 \text{ kN} \cdot \text{m}$，挠度限值为 $l_0/200$。试验算挠度是否满足要求。

8-3　某钢筋混凝土矩形截面简支梁，二级安全级别，一类环境类别，截面尺寸为 $b \times h = 250 \text{ mm} \times 550 \text{ mm}$，计算跨度 $l_0 = 6.0 \text{ m}$，净跨 $l_n = 5.70 \text{ m}$。混凝土强度等级为 C30，纵向受力钢筋采用 HRB400，箍筋直径为 10 mm。使用期承受永久荷载标准值 $g_k = 10.23 \text{ kN/m}$，可变荷载标准值 $q_k = 14.72 \text{ kN/m}$，准永久值系数 $\psi_q = 0.4$，挠度限值为 $l_0/200$。试设计该梁。

提示：可仅配箍筋抗剪。

第 8 章
计算题详解

第9章　钢筋混凝土梁板结构

　　梁板结构是由梁和板组成的结构体系,在工程中应用广泛。工业与民用建筑厂房中的屋盖(图9-1)和楼盖(参见图3-1)、楼梯、雨篷、筏板基础,高装码头的上部结构(参见图3-2)等都是梁板结构。

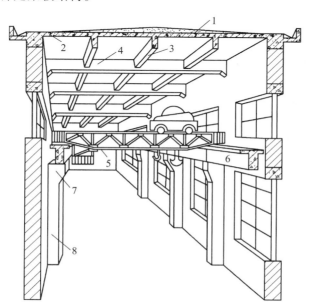

1—屋面构造层;2—屋面板;3—纵梁(次梁);4—屋面大梁(主梁);
5—吊车;6—吊车梁;7—牛腿;8—柱。

图9-1　厂房示意图

　　本章主要介绍建筑工程中楼盖的设计方法,同时对楼梯、雨篷等构件的设计方法作简要介绍。

　　楼盖一方面将楼面荷载传递给竖向承重结构,并最终传给地基;另一方面,将各竖向承重结构联成整体,成为竖向承重结构的水平支撑,增加了竖向承重结构的整体性与稳定性。

　　按结构形式,目前常用的楼盖可分为肋梁楼盖、井字楼盖、无梁楼盖、密肋楼盖、空心楼盖等,第3章图3-1和上述图9-1所示的就是肋梁楼盖,图9-2为井字楼盖与无梁楼盖。

　　肋梁楼盖也称肋形楼板,应用最广,可分为单向板肋梁楼盖和双向板肋梁楼盖两

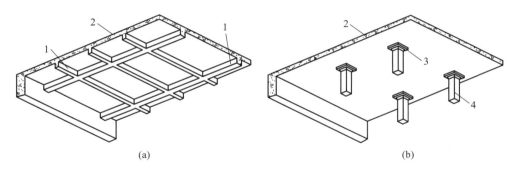

1—梁;2—板;3—柱帽;4—柱。

图 9-2   井字楼盖与无梁楼盖

(a) 井字楼盖;(b) 无梁楼盖

种。肋梁楼盖荷载传递途径明确,极限承载力较高,楼盖刚度大,造价较低,但梁的截面高度较大,减少了房间使用高度。

井字楼盖两个方向梁的截面高度通常相等,在梁交叉处不设柱,梁的间距一般为 1.5~3.0 m,间距较小,适用于长短跨度之比不大于 1.5 的平面,常用于小礼堂和建筑的门厅楼盖。井字楼盖结构形式美观,但造价较高。

无梁楼盖是一种双向受力的板柱结构,不设梁,钢筋混凝土板直接支撑在柱上。为提高柱顶平板抗冲切能力,常在柱顶设置柱帽。无梁楼盖的构造高度小于肋梁楼盖,层间可利用空间大;底板平滑,改善了采光与通风条件;楼盖平整,平面布置灵活,便于管线布置和设备安装。但抗侧移刚度较差,挠度比柱网尺寸相同的肋梁楼盖大;板较厚,柱端可能发生冲切破坏。无梁楼盖跨度在 6 m 内时较为经济。

密肋楼盖由薄板和肋梁构成,肋梁净距较小,一般小于 1.5 m。根据肋梁布置方向可分为单向密肋楼盖和双向密肋楼盖。双向密肋楼盖受力方式与井字楼盖类似,但在柱之间设置主梁,楼盖内部布置截面尺寸较小的肋梁。由于肋梁排列紧密,密肋楼盖内力分布比井字楼盖更紧密,肋梁截面尺寸小于井字楼盖,层间可利用高度更大,适用于大跨度大荷载结构。

目前,空心楼盖大多现浇,是在现浇混凝土楼板中按规则布置一定数量的预制永久薄壁箱体形成的。它通过柱间实心暗梁和芯模之间形成的 I 字形截面梁进行传力。空心楼盖自重轻,跨度大,平面布置灵活;能提高建筑隔音效果,方便管线布设,常用于大跨度的办公楼、地下车库、商场。但施工复杂,施工过程中空心箱体容易上浮。

按施工方法,钢筋混凝土楼盖可分为现浇、预制装配式和装配整体式。现浇楼盖整体刚度大,抗震性能好,对不规则平面和开洞的适应性强,但需要大量模板,工期也长。预制装配式楼盖施工进度快,但整体刚度差。装配整体式楼盖是在预制铺板上再加钢筋混凝土现浇层,兼具现浇和预制装配式楼盖的优点。

按是否施加预应力,楼盖可分为钢筋混凝土楼盖和预应力混凝土楼盖。采用预应力混凝土,可建造大跨度楼盖。

不同结构形式的楼盖,其设计方法有所不同,但总体的设计思路相同,特别是承载能力计算与正常使用验算的方法是相同的,它们之间的差别主要在于内力计算及构造要求。本章主要讨论整浇肋梁楼盖的设计方法,其他楼盖设计方法可参阅相关教材与文献[①]。

对于整浇肋梁楼盖,由于梁格布置方案不同,板上荷载传给支承梁的途径不一样,板的受力情况也就不同。四边支承的矩形板,两个方向的跨度之比对荷载传递的影响很大。假定图 9-3 为一四边支承的矩形板,板沿短跨和长跨方向的跨度分别为 l_1 和 l_2,板上作用有均布荷载 p,若设想从板的中部沿短跨、长跨方向取出两个互相垂直的单位宽度的板带,那么板上的荷载就由这些交叉的板带沿互相垂直的两个方向传给支承梁。将荷载 p 分为 p_1 及 p_2,p_1 由 l_1 方向的板带承担,p_2 由 l_2 方向的板带承担。若不计相邻板带的影响,上述两个板带的受力如同受弯梁,由两个板带中点挠度相等的条件可得

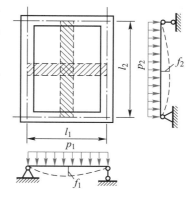

图 9-3 受均布荷载作用的
四边支承矩形板

$$\alpha_1 \frac{p_1 l_1^4}{EI_1} = \alpha_2 \frac{p_2 l_2^4}{EI_2} \qquad (a)$$

式中 EI_1、EI_2——沿短跨 l_1 和长跨 l_2 板带的刚度;

α_1、α_2——沿短跨 l_1 和长跨 l_2 板带的挠度系数,和板条两端的支承条件有关,如两端简支时挠度系数为 5/384。

忽略钢筋在两个方向的用量与布设位置不同,则 $EI_1 = EI_2$;再假定两个方向的板条支承条件相同,即 $\alpha_1 = \alpha_2$,则有

$$p_2/p_1 = (l_1/l_2)^4 \qquad (9-1)$$

从式(9-1)可以算得,当板的长跨与短跨的跨度比 $l_2/l_1 \geqslant 2$ 时,沿长跨方向传递的荷载 p_2 仅为全部荷载 p 的 6% 以下,为简化计算,可不考虑沿长跨方向传递荷载。但当 $l_2/l_1 < 2$ 时,计算时就应考虑板上荷载沿两个方向的传递。因此,根据梁格布置情况的不同,整体式肋梁楼盖可分为单向板肋梁楼盖和双向板肋梁楼盖两种类型。

(1)单向板肋梁楼盖

当梁格布置使板的长、短跨度之比 $l_2/l_1 \geqslant 2$ 时,则板上荷载绝大部分沿短跨 l_1 方向传递,因此,可仅考虑板在短跨方向受力,故称为单向板肋梁楼盖。这时,梁有主梁与次梁之分(参见图 9-1 和图 3-1),板上荷载先传给次梁,再由次梁传给主梁。

(2)双向板肋梁楼盖

当梁格布置使板的长、短跨度之比 $l_2/l_1 < 2$ 时,则板上荷载将沿两个方向传到四边

① 如本书参考文献[16]、[18]和[19]。

的支承梁上,计算时应考虑两个方向受力,故称为双向板肋梁楼盖。这时,板上荷载同时向两边梁传递。

GB 50010—2010 规范规定:当 $l_2/l_1 \leqslant 2$ 时,应按双向板肋梁楼盖计算;当 $2 < l_2/l_1 < 3$ 时,宜按双向板肋梁楼盖计算。当 $l_2/l_1 \geqslant 3$ 时,宜按沿短边方向受力的单向板计算,并应沿长边方向布置构造钢筋。

钢筋混凝土肋梁楼盖的设计步骤如下:结构布置,板和梁的计算简图确定,内力计算,承载能力和正常使用极限状态设计,配筋图绘制。

若楼盖跨度较大或业主有其他要求时,还应根据使用要求进行竖向自振频率验算。对住宅和公寓、办公楼与旅馆、大跨度公共建筑,其竖向自振频率分别不宜低于 5 Hz、4 Hz、3 Hz。

9.1   单向板肋梁楼盖的结构布置和计算简图

9.1.1   梁格布置

在肋梁楼盖中,应根据建筑物的平面尺寸、柱网布置、洞口位置及荷载大小等因素进行梁格布置。

在民用与工业建筑中,单向板肋梁楼盖结构平面布置方案通常有以下三种:

(1)主梁横向布置,次梁纵向布置,如图 9-4a 所示。它的优点是主梁和柱可形成横向框架,横向抗侧移刚度大,各榀横向框架间由纵向次梁相连,房屋的整体性较好。此外,由于外纵墙处仅设次梁,故窗户高度可开得大一些,对采光有利。

(2)主梁纵向布置,次梁横向布置,如图 9-4b 所示。这种布置适用于横向柱距比纵向柱距大得多或房屋有集中通风要求的情况。它的优点是增加了室内净空高度,但房屋的横向刚度较差,而且常由于次梁支承在窗过梁上而限制窗洞的高度。

(3)只布置次梁,不设主梁,如图 9-4c 所示。它适用于有中间走道的砌体承重的混合结构房屋。这种砌体承重结构抗震性能差,目前已较少应用。

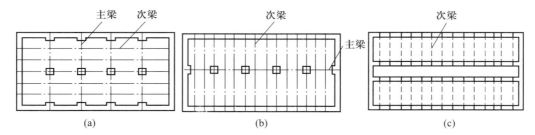

图 9-4   民用与工业建筑单向板肋梁楼盖的梁格布置

(a)主梁横向布置;(b)主梁纵向布置;(c)只布置次梁

在肋梁楼盖中,板的面积较大,其混凝土用量约占整个结构混凝土用量的 50%~70%,所以一般情况是板较薄时,材料较省,造价也较低。梁格布置时应尽量避免集中荷载直接作用在板上,在机器支座与隔墙的下面尽量设置梁,使集中荷载直接作用在梁上。当板上没有孔洞并承受均布荷载时,板和梁宜尽量布置成等跨度或接近等跨,这样材料用量较省,造价较经济,设计计算和配筋构造也较简便。

梁格尺寸确定要综合考虑材料用量与施工难易之间的平衡。如果梁布置得比较稀疏,施工时可省模板和省工,但板的跨度加大,板厚也随之增加,这就要多用混凝土,结构自重也相应增大。如果梁布置得比较密,可使板的跨度减小,板厚减薄,结构自重减轻,但施工时要费模板和费工。

在一般肋梁楼盖中,板的跨度以 1.7~2.5 m 为宜,一般不宜超过 3.0 m;板的常用厚度为 120 mm 左右。按刚度要求,板厚不宜小于其跨长的 1/30(单向板)和 1/12(悬臂板)。表 9-1 给出了 GB 50010—2010 规范规定的现浇单向板和悬臂板最小厚度要求。

表 9-1 GB 50010—2010 规范规定的现浇单向板和悬臂板最小厚度　　mm

板类型	单向板				悬臂板根部	
	屋面板	民用建筑楼板	工业建筑楼板	行车道下楼板	悬臂长度 ≤0.50 m	悬臂长度 1.20 m
厚度	60	60	70	80	60	100

板的跨度确定后,便可安排次梁及主梁的位置。根据经验,次梁的跨度一般以 4~6 m 为宜,主梁的跨度一般以 5~8 m 为宜;梁截面高度与跨长的比值,次梁为 1/18~1/12,主梁为 1/15~1/10;梁截面宽度为高度的 1/3~1/2[①]。在同一楼层中,梁的截面尺寸应根据建筑要求统一布置,种类不宜过多。

结构布置应使结构受力合理,在图 9-5 所示的三种次梁布置方式中,从主梁受力情况来说,图 9-5a、图 9-5c 的布置方式比图 9-5b 的布置方式要好,因为前者所引起的主梁跨中弯矩较小。当建筑物的宽度不大时,也可只在一个方向布置梁,图 9-4c 就是只在一个方向布置梁。

建筑物的平面尺寸很大时,为避免由于温度变化及混凝土干缩引起裂缝,应设置永久的伸缩缝将建筑物分成几个部分。伸缩缝的间距宜根据气候条件、结构形式和地基特性等情况确定,并不大于 GB 50010—2010 规范规定的伸缩缝最大间距。

结构的建筑高度不同,或上部结构各部分传到地基的压力相差过大,以及地基情况变化显著时,应设置沉降缝,以避免地基的不均匀沉降。沉降缝应从基础直至屋顶全部分开,而伸缩缝则只需将基础以上的建筑构件,如板、梁、柱、墙等分开,基础可不分开。沉降缝可同时起伸缩缝的作用。

---

① 详细的梁、板尺寸等构造要求可参阅本书参考文献[12]。

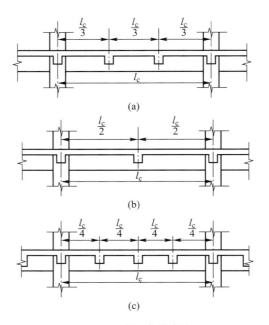

图 9-5　次梁布置方式

（a）双次梁布置；（b）单次梁布置；（c）三次梁布置

　　肋梁楼盖也可以采用预制装配式,即在现浇的梁上搁支预制的空心楼板或屋面板形成肋梁楼盖。预制装配式结构虽然可以节省模板,加快施工进度,但由于预制板与梁之间的连接十分单薄,结构的整体性不强,不利于抗震。万一发生地震,预制板容易坍落,目前已较少采用。若需采用预制板,也宜设计成装配整体结构,即利用预制板作为模板,在预制板上再整浇一层配筋的后浇混凝土,形成叠合式结构构件。

9.1.2　计算简图

　　整体式单向板肋梁楼盖由板、次梁和主梁整体浇筑而成,设计时可把它分解为板、次梁和主梁分别进行计算。内力计算时,应先画出计算简图,表示出梁（板）的跨数、各跨的计算跨度、支座的性质、荷载的形式与大小及作用位置等。

　　1. 支座的简化

　　图 9-6 所示为单向板肋梁楼盖[①],其周边搁支在砖墙上,可假定为铰支座。板的

---

　　① 为简化问题,本节以内框架结构举例。在内框架结构中,内部为梁、柱组成的框架,外部为砖墙,梁板嵌固于砖墙内,约束较弱。因而可以认为,水平荷载（风载）由外墙承受,内部框架只承受垂直荷载,即内部框架的梁板可按楼盖设计。由于钢筋混凝土与砖两种材料的弹性模量不同,两者的刚度、变形不协调,内框架结构的整体性、整体刚度、抗震性能都较差,在经济发达地区内框架结构已被框架结构替代。

　　在框架结构中,内部和四周都为梁、柱结构,墙体不承重,仅起围护作用。对于板与次梁,按弹性理论计算时边支座仍可简化为铰支座,但须加强边支座上部钢筋的构造要求,以抵抗实际存在的负弯矩;按塑性理论计算时,边支座的负弯矩可查表得到。对于框架梁,工程上直接按框架结构设计,即将框架梁与柱作为刚架来设计,这时框架梁与柱不但承受垂直荷载,而且承受水平荷载。框架的设计方法将在后续课程中学习。

中间支承为次梁,次梁的中间支承为主梁,计算时一般也可假定为铰支座。这样,板可以看作以边墙和次梁为铰支座的多跨连续板(图 9-6b);次梁可以看作以边墙和主梁为铰支座的多跨连续梁(图 9-6c)。主梁的中间支承是柱,当主梁与柱的线刚度之比大于 5 时,柱对主梁的约束作用较小,可把主梁看作以边墙和柱为铰支座的连续梁(图 9-6d);当主梁与柱的线刚度之比小于 5 时,柱对主梁的约束作用较大,则应把主梁和柱的连接视为刚性连接,按刚架结构设计主梁。

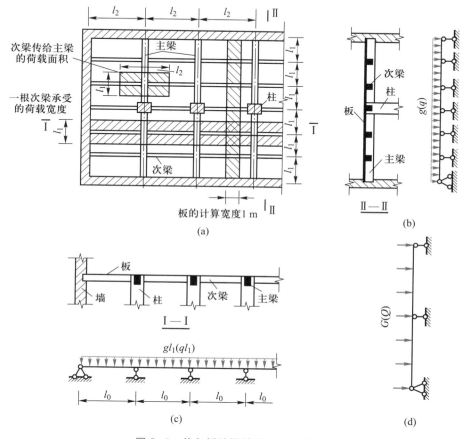

图 9-6 单向板肋梁楼盖与计算简图
(a) 平面图;(b) 板计算简图;(c) 次梁计算简图;
(d) 主梁与柱线刚度比大于 5 时的主梁计算简图

将板与次梁的中间支座简化为铰支座,可以自由转动,实际上是忽略了次梁对板、主梁对次梁的转动约束能力。在现浇混凝土楼盖中,梁和板是整浇在一起的,当板在隔跨可变荷载作用下产生弯曲变形时,将带动作为支座的次梁产生扭转,而次梁的抗扭刚度将约束板的弯曲转动,使板在支承处的实际转角 θ' 比铰支承时的转角 θ 小,如图 9-7 所示,其效果相当于降低了板跨中挠度和弯矩值。也就是说,如果假定板的中间支座为铰支座,就把板的跨中挠度和弯矩值算大了。类似情况也会发生在次梁与主梁之间。同时,将板和次梁的中间支座简化为铰支座,还忽略了支承板的次梁和支承次梁的主梁的挠度。

精确计算这种次梁(或主梁)的抗扭刚度对连续板(或次梁)内力的有利影响颇为复杂,实际上都是采用调整荷载的办法来加以考虑。

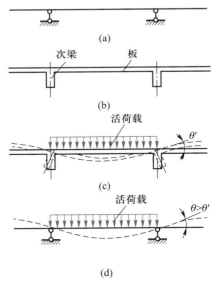

作用于楼盖上的荷载一般有永久荷载 g 和可变荷载 q 两种。永久荷载 g 一直作用,也称为恒荷载;可变荷载 q 则有时作用,有时可能并不存在,也称为活荷载,设计时应考虑其最不利的布置方式。

所谓调整荷载,就是加大恒荷载、减小活荷载,以调整后的折算荷载代替实际作用的荷载进行荷载最不利组合和内力计算。折算荷载可按下列规定取值:

图 9-7　支座抗扭刚度的影响
(a) 计算简图;(b) 实际结构剖面;
(c) 实际变形;(d) 计算简图变形

(1) 板的折算荷载:

$$\left.\begin{aligned} g' &= g + \frac{1}{2}q \\ q' &= \frac{1}{2}q \end{aligned}\right\} \tag{9-2}$$

(2) 次梁的折算荷载:

$$\left.\begin{aligned} g' &= g + \frac{1}{4}q \\ q' &= \frac{3}{4}q \end{aligned}\right\} \tag{9-3}$$

式中　g'、q'——折算永久荷载及折算可变荷载;
　　　g、q——实际的永久荷载及可变荷载。

采用折算荷载后,对作用有活荷载的梁跨,$g'+q'=g+q$,总荷载不变;而对只作用有恒荷载的相邻跨,其折算恒荷载大于实际恒荷载,如此就减小了作用有活荷载的梁跨的跨中挠度和弯矩而增大了支座负弯矩,其效果相当于考虑了支座约束。

(3) 对于主梁不作调整,即 $g'=g$,$q'=q$。

当板或次梁不与支座整体连接(如梁、板搁支在墩墙上)时,则不存在上述约束作用,即假定中间支座为铰支座是符合实际受力情况的,因而不作荷载调整。

2. 荷载计算

永久荷载主要是结构的自重,结构自重的标准值可由结构体积乘以材料重度得出。材料的重度及可变荷载的标准值可从相关荷载规范中查到。

作用在板和梁上的荷载分配范围如图 9-6a 所示。板通常取单位宽度的板带来计算,这样沿板跨方向单位长度上的荷载即均布荷载 g 或 q(图 9-6b);次梁承受由板传来的均布荷载 gl_1 或 ql_1 及次梁自重(图 9-6c);主梁则承受由次梁传来的集中荷载 $G = gl_1l_2$ 或 $Q = ql_1l_2$ 及主梁自重。主梁自重为均布荷载,它比次梁传来的荷载要小得多,为简化计算,可将主梁自重折算成集中荷载后与 G、Q 一并计算(图 9-6d)。

3. 计算跨度

梁(板)在支承处有的与其支座整体连接(图 9-8a),有的搁支在墩墙上(图 9-8b),在计算时都可作为铰支座(图 9-8c)。但实际上支座具有一定的宽度 b,有时支承宽度还比较大,这就提出了计算跨度的问题。

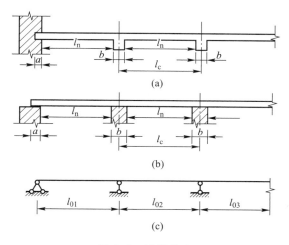

图 9-8 计算跨度
(a) 弹性嵌固支座;(b) 搁支支座;(c) 计算简图

计算弯矩时,计算跨度取为 l_0,l_0 按下列数值采用。其中:l_c 为支座中心线间的距离,$l_c = l_n + b$;l_n 为净跨;b 为支座宽度;h 为板厚;a 为板、梁在墩墙上的搁支宽度。

(1)当按弹性方法计算内力时

对于板,当两端与梁整体连接时,取 $l_0 = l_c$;当两端搁支在墙上时,取 $l_0 = l_n + h \leqslant l_c$;当一端与梁整体连接,另一端搁支在墙上时,取 $l_0 = l_n + h/2 + b/2 \leqslant l_c$。

对于梁,当两端与梁或柱整体连接时,取 $l_0 = l_c$;当两端搁支在墙上时,取 $l_0 = 1.05l_n \leqslant l_c$;当一端与梁或柱整体连接,另一端搁支在墙上时,取 $l_0 = 1.025l_n + b/2 \leqslant l_c$。

(2)当按塑性方法计算内力时

对于板,当两端与梁整体连接时,取 $l_0 = l_n$;当两端搁支在墙上时,取 $l_0 = l_n + h \leqslant l_c$;当一端与梁整体连接,另一端搁支在墙上时,取 $l_0 = l_n + h/2 \leqslant l_n + a/2$。

对于梁,当两端与梁或柱整体连接时,取 $l_0 = l_n$;当两端搁支在墙上时,取 $l_0 = 1.05l_n \leqslant l_c$;当一端与梁或柱整体连接,另一端搁支在墙上时,取 $l_0 = 1.025l_n \leqslant l_n + a/2$。

计算剪力时,计算跨度取为净跨 l_n。

9.2   单向板肋梁楼盖按弹性理论的计算

钢筋混凝土连续梁(板)的内力计算方法有按弹性理论计算和考虑塑性变形内力重分布计算两种。按弹性理论计算就是把钢筋混凝土梁(板)看作均质弹性构件用结构力学的方法进行内力计算。

9.2.1   利用图表计算连续梁(板)的内力

按弹性理论计算连续梁(板)的内力可采用力法或弯矩分配法,实际工程设计多利用计算机程序或现成图表进行计算。计算图表的类型很多,这里仅介绍几种等跨度等刚度连续梁(板)的内力计算表格,供设计时查用。

(1)对于承受均布荷载的等跨连续梁(板),弯矩和剪力可利用附录 6 的表格按下列公式计算:

$$M = \alpha g l_0^2 + \alpha_1 q l_0^2 \tag{9-4}$$

$$V = \beta g l_n + \beta_1 q l_n \tag{9-5}$$

式中 α、α_1——弯矩系数;

β、β_1——剪力系数;

l_0、l_n——梁(板)的计算跨度和净跨度。

(2)两端带悬臂的梁(板)(见图 9-9a),其内力可用叠加方法确定,即将图 9-9b和图 9-9c 的内力相加而得。仅一端悬臂上有荷载时,连续梁(板)的弯矩和剪力可利用附录 7 的表格按下列公式计算:

$$M = \alpha' M_A \tag{9-6}$$

$$V = \beta' \frac{M_A}{l_0} \tag{9-7}$$

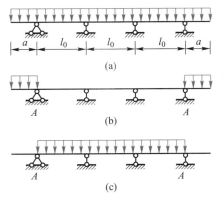

图 9-9   两端带悬臂的梁(板)

(a)原结构与荷载;(b)只在悬臂上有荷载;(c)只在连续跨有荷载

式中 α'、β'——弯矩系数和剪力系数;

　　　M_A——由悬臂上的荷载所产生的端支座负弯矩。

（3）对于承受固定或移动集中荷载的等跨连续梁,其弯矩和剪力可利用内力影响线系数表,按下列公式计算:

$$M = \alpha Q l_0 \quad 或 \quad M = \alpha G l_0 \qquad (9-8)$$
$$V = \beta Q \quad 或 \quad V = \beta G \qquad (9-9)$$

式中 α、β——弯矩系数和剪力系数;

　　　Q、G——固定或移动的集中力。

上面介绍的承受均布荷载的等跨连续梁(板)的内力系数计算图表,跨数最多为五跨。对于超过五跨的等刚度连续梁(板),由于中间各跨的内力与第3跨的内力非常接近,设计时可按五跨连续梁(板)计算,将所有中间跨的内力和配筋都按第3跨来处理,这样既简化了计算,又可得到足够精确的结果。例如图9-10a所示的九跨连续梁,可按图9-10b所示的五跨连续梁进行计算。中间支座 D、E 的内力数值取与支座 C 相同;中间各跨(4、5跨)的跨中内力取与第3跨相同。梁的配筋构造则按图9-10c确定。

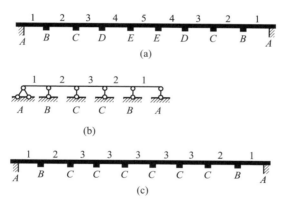

图 9-10　连续梁(板)的简图
(a)实际图形;(b)计算简图;(c)配筋构造图

如果连续梁(板)的跨度不相等,但跨度相差不超过10%,也可采用等跨度的图表计算内力。当求支座弯矩时,计算跨度取该支座相邻两跨计算跨度的平均值;当求跨中弯矩时,则用该跨的计算跨度。如梁(板)各跨的截面尺寸不同,但相邻跨截面惯性矩的比值不大于1.5时,也可作为等刚度梁计算内力,即可不考虑不同刚度对内力的影响。

9.2.2　连续梁(板)的内力包络图

由于作用在连续梁(板)上的荷载有永久荷载(恒荷载)和可变荷载(活荷载)两种,恒荷载的作用位置是不变的,而活荷载的作用位置则是可变的,因而梁(板)截面上的内力是变化的。只有按截面可能产生的最大或最小内力(M、V)进行设计,连续梁(板)才是可靠的,这就需要求出连续梁(板)的内力包络图。要求出连续梁(板)的内力包络图,首先要确定活荷载最不利布置方式。利用结构力学影响线的原理,可得到多跨连续梁活荷载最不利布置方式是:

(1)求某跨跨中最大正弯矩时,活荷载在本跨布置,然后再隔跨布置。

(2)求某跨跨中最小弯矩时,活荷载在本跨不布置,在其邻跨布置,然后再隔跨布置。

(3)求某支座截面的最大负弯矩时,活荷载在该支座左右两跨布置,然后再隔跨布置。

(4)求某支座截面的最大剪力时,活荷载的布置与求该支座最大负弯矩时的布置相同。

为了计算方便,当承受均布荷载时,假定活荷载在一跨内整跨布满,不考虑一跨内局部布置的情况。五跨连续梁在求各截面最大(或最小)内力时均布活荷载的可能布置方式如表 9-2 所示。梁上恒荷载应按实际情况考虑。

表 9-2　五跨连续梁求最不利内力时均布活荷载布置图

活荷载布置图	最不利内力		
	最大弯矩	最小弯矩	最大剪力
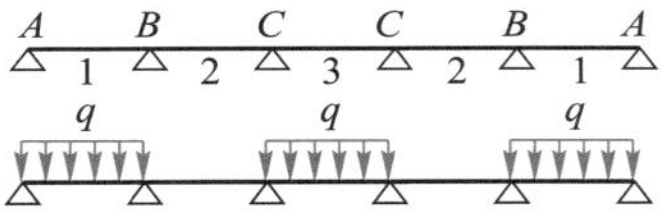	M_1、M_3	M_2	V_A
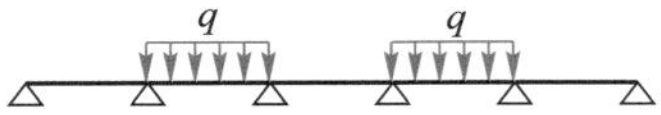	M_2	M_1、M_3	
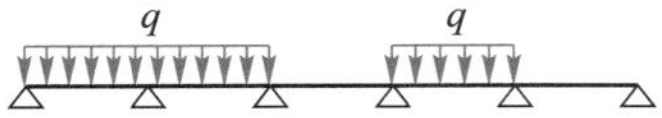		M_B	V_B^l、V_B^r
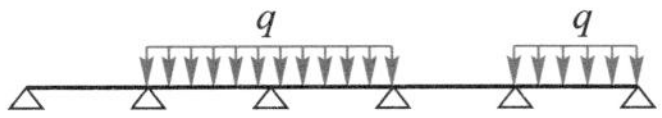		M_C	V_C^l、V_C^r

注:表中 M、V 的下标 1、2、3 分别为跨的代号,A、B、C 分别为截面的代号,上标 l、r 分别为截面左、右边的代号,下同。

活荷载最不利布置确定后,对于每一种荷载布置情况,都可绘出其内力图(弯矩图或剪力图)。以恒荷载所产生的内力图为基础,叠加某截面最不利布置活荷载所产生的内力,便得到该截面的最不利内力图。例如图 9-11 所示三跨连续梁,在均布恒荷载 g 作用下可绘出一个弯矩图,在均布活荷载 q 的各种不利布置情况下可分别绘出弯矩图。将图 9-11a 与图 9-11b 两种荷载所产生的弯矩图叠加,便得到边跨最大弯矩和中间跨最小弯矩的图线 1(图 9-11e);将图 9-11a 与图 9-11c 两种荷载所形成的弯矩图叠加,便得到边跨最小弯矩和中间跨最大弯矩的图线 2;将图 9-11a 与图 9-11d 两种荷载所形成的弯矩图叠加,便得到支座 B 最大负弯矩图线 3。显然,外包线 4 就代表各截面在各种可能的活荷载布置下产生的弯矩上下限。不论活荷载如何布置,梁各截面上产生的弯矩值均不会超出此外包线所表示的弯矩值。这个外包线就叫作弯矩包络图(图 9-11e)。用同样方法可绘出梁的剪力包络图(图 9-11f)。弯矩包络图用来计算和配置梁的各截面的纵向钢筋,剪力包络图则用来计算和配置箍筋及弯起钢筋。

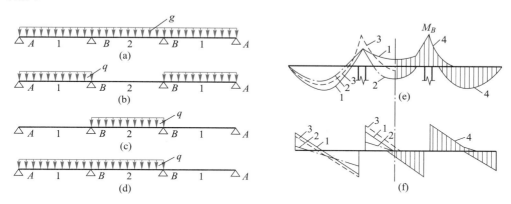

图 9-11　连续梁的内力包络图

(a)永久荷载布置;(b)跨 1 最大弯矩和支座 A 最大剪力可变荷载布置;

(c)跨 2 最大弯矩可变荷载布置;(d)支座 B 最大负弯矩与最大剪力可变荷载布置;

(e)弯矩包络图;(f)剪力包络图

　　绘制每跨弯矩包络图时,可根据最不利布置的荷载求出相应的两边支座弯矩,以支座弯矩间连线为基线,绘制相应荷载作用下的简支梁弯矩图,将这些弯矩图逐个叠加,其外包线即为所求的弯矩包络图。

　　承受均布荷载的等跨连续梁,也可利用等跨连续梁弯矩包络图计算系数表直接绘出弯矩包络图;承受集中荷载的等跨连续梁,其弯矩包络图可利用内力影响线系数表绘制。这些表格可查阅工程设计手册。连续板一般不需要绘制内力包络图。

　　还应注意,用上述方法求得的支座弯矩 M_c 一般为支座中心处的弯矩值。当连续梁(板)与支座整体浇筑时(图 9-12a),在支座范围内的截面高度很大,梁(板)在支座内破坏的可能性较小,故其最危险的截面应在支座边缘处。因此,可取支座边缘处的弯矩 M 作为配筋计算的依据。若弯矩计算时计算跨度取为 $l_0 = l_c$,则支座边缘截面的弯矩的绝对值可近似按下列公式计算:

$$M = |M_c| - |V_0| \frac{b}{2} \tag{9-10}$$

式中　V_0——支座边缘处的剪力,可近似按单跨简支梁计算;

　　　　b——支座宽度。

　　如果梁(板)直接搁支在墩墙上时(图 9-12b),则不存在上述支座弯矩的削减问题。

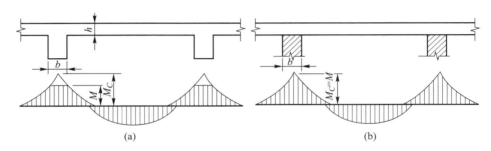

图 9-12   连续梁（板）支座弯矩取值

（a）连续梁（板）与支座整体浇筑；（b）梁（板）直接搁支在墩墙上

9.3   单向板肋梁楼盖考虑塑性变形内力重分布的计算

按弹性方法计算连续梁（板）的内力是偏安全的。因为它的出发点是认为结构中任一截面的内力达到其极限承载力时，即导致整个结构的破坏。对于静定结构及脆性材料做成的结构来说，这种出发点是完全合理的。但对于具有一定塑性性能的钢筋混凝土超静定结构，当结构中某一截面的内力达到其极限承载力时，结构并不破坏，仍可承担继续增加的荷载。这说明按弹性方法计算钢筋混凝土连续梁（板）的内力，设计结果偏于安全且有多余的承载力储备。

9.3.1   基本原理

试验研究表明，在钢筋混凝土适筋梁纯弯段截面上，弯矩 M 与曲率 ϕ 之间的关系如图 9-13 所示。由图可见，从钢筋开始屈服（b 点）到截面最后破坏（c 点），M-ϕ 关系接近水平直线，可以认为这个阶段（bc 段）是梁的屈服阶段，在这个阶段，截面所承受的弯矩基本上等于截面的极限承载力 M_{u}。由图 9-13 还可以看出，纵向受拉钢筋配筋率 ρ 越高，这个屈服阶段的过程就越短；如果纵向受拉钢筋配筋过多，截面将呈脆性破坏，就没有这个屈服阶段。

试验表明，当钢筋混凝土梁某一截面的内力达到其极限承载力 M_{u} 时，只要截面中纵向受拉钢筋配筋率不是太高，且采用塑性较好的钢筋，则截面中的纵向受拉钢筋将首先屈服，截面开始进入屈服阶段，梁就会围绕该截面发生相对转动，好像出现了一个铰一样（见图 9-14），这个铰称为塑性铰。塑性铰与理想铰的不同之处在于：① 理想铰不能传递弯矩，而塑性铰能承担相当于该截面极限承载力 M_{u} 的弯矩。② 理想铰可以在两个方向自由转动，而塑性铰是单向铰，不能反向转动，只能在弯矩 M_{u} 作用下沿弯矩作用方向作有限的转动。塑性铰的转动能力与纵向受拉钢筋配筋率 ρ 及混凝土极限压应变 $\varepsilon_{\mathrm{cu}}$ 有关，ρ 越小塑性铰转动能力越大。塑性铰不能无限制地转动，当截面受压区混凝土被压碎时，转动幅度也就达到其极限值（图 9-13 中的 c 点）。③ 理想铰集中于某一截面，塑性铰实际上不是集中于某一截面而是具有一定长度的塑性铰区，但在计算时假定塑性铰集中于某一截面。

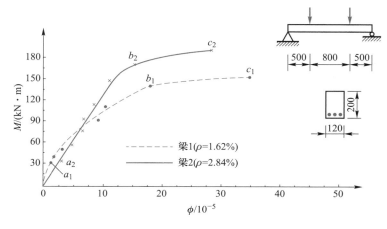

a_1、a_2—出现裂缝；b_1、b_2—钢筋屈服；c_1、c_2—截面破坏。

图 9-13　弯矩与曲率的关系

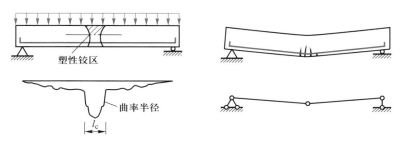

图 9-14　塑性铰区

　　在静定结构中,只要有一个截面形成塑性铰便不能再继续加载,因为此时静定结构已变成机动体系而破坏(图 9-14)。但在超静定结构中则不然,每出现一个塑性铰仅意味着减少一次超静定次数,荷载仍可继续增加,直到塑性铰陆续出现使结构变成破坏机构为止。

　　下面以图 9-15a 所示承受均布荷载的单跨固端梁为例,来分析该固端梁在加载过程中截面弯矩的变化过程,以及按塑性方法计算与按弹性方法计算的区别。固端梁长度 $l=6.0$ m,梁各截面的尺寸及上下纵向钢筋配筋量均相同,所能承受的正负极限弯矩均为 $M_u=36.0$ kN·m。

　　当荷载较小时,梁处于弹性阶段,梁各截面弯曲刚度的比值没有改变,弯矩分布可由弹性理论确定。

　　由于两端固结梁的支座弯矩是跨中弯矩的两倍,当荷载增大后,支座截面首先受拉开裂,截面弯曲刚度下降,但跨中截面尚未开裂,使得支座与跨中截面的弯曲刚度比值下降,进而导致支座弯矩增长速度低于跨中截面。继续加载,跨中截面也开裂,使得支座与跨中截面的弯曲刚度比值回升,支座弯矩增长速度又有所加快。这个阶段称为弹塑性阶段。

　　当荷载增加到支座纵向受拉钢筋屈服时,支座塑性铰形成。再继续加载,梁从固端变为简支梁。此后随荷载增加,支座弯矩保持不变,为其极限弯矩 M_u,跨中弯矩增大。当简支梁跨中形成塑性铰,则梁成为机构而破坏。这个阶段称为塑性铰阶段。

因而,塑性内力重分布可以概括为两个过程:第一个过程主要发生在混凝土开裂到第一个塑性铰形成之前,由于截面弯曲刚度比值的改变而引起塑性内力重分布;第二个过程发生于第一个塑性铰形成以后直到形成机构,结构破坏,由于结构计算简图的改变而引起塑性内力重分布。显然,第二个过程的塑性内力重分布比第一个过程显著得多,通常所说的塑性内力重分布是指第二个过程。

若按弹性方法设计,当荷载 $p_1 = 12.0$ kN/m 时,支座弯矩 $M_A = M_B = 36.0$ kN · m,跨中弯矩 $M_C = 18.0$ kN · m,见图 9-15b。此时支座截面的弯矩已等于该截面的极限弯矩 M_u,即按弹性方法进行设计时,该梁能够承受的最大均布荷载为 $p_1 = 12.0$kN/m。

但实际上,若梁纵向钢筋配筋率不是太高且采用塑性较好的钢筋,在 p_1 作用下梁并未破坏,而仅使支座截面 A 及 B 形成塑性铰,梁上荷载还可继续增加。在继续加载的过程中,由于支座截面已形成塑性铰,其承担的弯矩保持 $M_u = 36.0$ kN · m 不变,仅使跨中弯矩增大,此时的梁如同简支梁一样工作(图 9-15c)。当继续增加的荷载达到 $p_2 = 4.0$kN/m 时,按简支梁计算的跨中弯矩增加 18.0 kN · m,此时跨中弯矩 $M_C = 18.0$ kN · m+18.0 kN · m=36.0 kN · m,即跨中截面也达到了它的极限承载力 M_u 而形成塑性铰,此时全梁由于已形成机构而破坏。因此,这根梁实际上能够承受的极限均布荷载应为 $p_1+p_2 = 16.0$ kN/m,而不是按弹性方法计算确定的 12.0 kN/m。

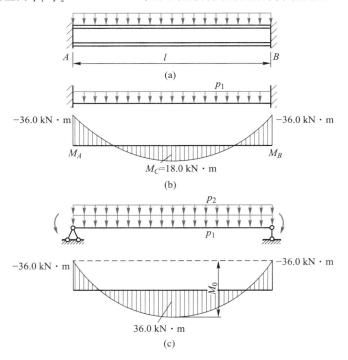

图 9-15   固端梁的塑性内力重分布

(a) 梁的荷载与约束;(b) 梁端出现塑性铰时弯矩分布;(c) 梁中出现塑性铰时弯矩分布

由此可见,从支座形成塑性铰到梁变成破坏机构,梁尚有承受 4.0 kN/m 均布荷载的潜力,考虑塑性变形的内力计算就能充分利用材料的这部分潜力,取得更为经济的效果。

从上述例子可以得到:

(1)塑性材料超静定结构的破坏过程是,首先在一个或几个截面上形成塑性铰,随着荷载的增加,塑性铰相继出现,直到形成破坏机构为止。结构的破坏标志不是一个截面的屈服而是破坏机构的形成。

(2)在加载过程中,当某一截面混凝土进入塑性或开裂后,各截面弯矩比值一直在发生变化,这说明材料的塑性变形引起了结构内力的重分布。所以,这种内力计算方法就称为"考虑塑性变形内力重分布的计算方法"。

(3)虽然支座截面出现塑性铰后,支座弯矩与跨中弯矩的比例发生改变,但始终遵守力的平衡条件,即跨中弯矩加上两个支座弯矩的平均值始终等于简支梁的跨中弯矩 M_0(图 9-16a)。对均布荷载作用下的梁,有

$$M_C + \frac{1}{2}(M_A + M_B) = M_0 = \frac{1}{8}(p_1 + p_2)l_0^2 \qquad (9-11)$$

(4)超静定结构塑性变形的内力重分布在一定程度上可以由设计者通过控制截面的极限弯矩 M_u(即调整配筋数量)来掌握。控制截面的弯矩值可以由设计者在一定程度内自行指定,这就为有经验的设计人员提供了一个计算钢筋混凝土超静定结构内力的便捷手段。

如前所述,若把支座截面的极限弯矩指定为 36.0 kN·m,则在 $p_1 = 12.0$ kN/m 时开始产生塑性内力重分布。假如支座截面的极限弯矩指定得比较低,则塑性铰就出现较早,为了满足力的平衡条件,跨中截面的极限弯矩就必须调整得比较高(图 9-16b);反之,如果支座截面的极限弯矩指定得比较高,则跨中截面的弯矩就可调整得低一些(图 9-16c)。这种按照设计需要调整控制截面弯矩的计算方法称为"弯矩调幅法"[①]。

应该指出的是,弯矩的调整也不是随意的。如果指定的支座截面弯矩值比按弹性方法计算的支座截面弯矩值小得太多,则该截面的塑性铰会出现得太早,内力重分布的过程就会太长,导致塑性铰转动幅度过大,裂缝开展过宽,不能满足正常使用的要求。甚至还有可能出现截面受压区混凝土被压坏,无法形成完全的塑性内力重分布。所以,按考虑塑性变形内力重分布的方法计算内力时,弯矩的调整幅度应有所控制。截面弯矩调整的幅度采用弯矩调幅系数 β 来表示,$\beta = 1 - M_a/M_e$,M_a、M_e 分别为调幅后的弯矩和按弹性方法计算的弯矩。

综上所述,采用弯矩调幅法计算钢筋混凝土连续梁(板)的内力时,应遵守以下原则:

[①] 目前,钢筋混凝土超静定结构考虑塑性内力重分布的计算方法有极限平衡法、塑性铰线法、弯矩调幅法和非线性全过程计算等,但只有弯矩调幅法最为简单,为多数国家的设计规范所采用。我国《钢筋混凝土连续梁和框架考虑内力重分布设计规程》(CECS 51:93)也采用弯矩调幅法。

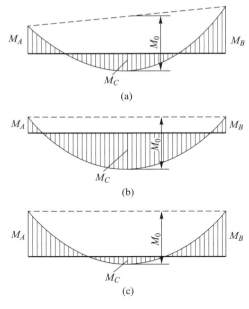

图 9-16   弯矩调幅

（a）两端极限弯矩不相等时；（b）两端极限弯矩降低时；（c）两端极限弯矩提高时

（1）为保证先形成的塑性铰具有足够的转动能力，必须限制截面的纵向受拉钢筋配筋率，即要求调幅截面的相对受压区高度满足 $0.10 \leqslant \xi \leqslant 0.35$；同时宜采用塑性较好的 HPB300、HRB400 热轧钢筋，混凝土强度等级宜在 C20～C45 范围内。

（2）为防止塑性铰过早出现而使裂缝过宽，截面的弯矩调幅系数 β 不宜超过 0.25，即调整后的截面弯矩不宜小于按弹性方法计算所得弯矩的 75%。降低连续板、梁各支座截面弯矩的调幅系数 β 不宜超过 0.20。

（3）弯矩调幅后，梁（板）各跨两支座弯矩平均值的绝对值与跨中弯矩之和，不应小于按简支梁计算的跨中最大弯矩 M_0 的 1.02 倍。这是因为在连续梁（板）中，一跨两端负弯矩一般不相等，在均布荷载作用下，其跨中最大弯矩不在跨中间截面，所以用跨中弯矩进行控制时应将其增大，乘以 1.02 的增大系数。

同时，各控制截面的弯矩值不宜小于 $M_0/3$，以保证结构在形成机构前能达到设计要求的承载力。

（4）为了保证结构在实现弯矩调幅所要求的内力重分布之前不发生剪切破坏，连续梁在下列区段内应将计算得到的箍筋用量增大 20%：对集中荷载，取支座边至最近集中荷载之间的区段；对均布荷载，取支座边至距支座边 $1.05h_0$ 的区段，其中 h_0 为梁的有效高度。此外，还要求箍筋配筋率 $\rho_{sv} \geqslant 0.3 f_t/f_{yv}$，其中 f_t 为混凝土轴心抗拉强度设计值，f_{yv} 为箍筋抗拉强度设计值。

目前在超静定混凝土结构设计中，结构的内力分析与构件的截面设计是不协调的，结构内力采用结构力学等弹性分析方法计算，而构件的截面设计考虑了材料的塑性性能。实际上,超静定混凝土结构在承载过程中,由于混凝土的塑性、裂缝的出现和发展、钢筋的锚固滑移,特别是塑性铰的形成与转动,结构构件截面刚度在不断发生变化,从而使结构的内力与变形明显不同于按刚度不变的弹性理论分析得到的结果。所以在钢筋混凝土连续梁(板)设计时,考虑塑性内力重分布,不仅可以使结构的内力分析与截面设计相协调,而且有下列优点:

(1) 能更正确地估计结构的承载力和使用阶段的变形、裂缝宽度。

(2) 可在一定条件和范围人为控制结构的弯矩分布,从而简化设计,合理调整钢筋布置,克服支座钢筋拥挤现象,方便混凝土浇筑。

(3) 可以使结构破坏时有较多截面达到其承载力,从而发挥结构的潜力,节约材料。

按考虑塑性变形内力重分布的方法设计的结构在使用阶段,钢筋应力较高,裂缝宽度及变形较大,故下列结构不宜采用这种方法:

(1) 直接承受动力荷载和重复荷载的结构;

(2) 在使用阶段不允许有裂缝产生或对裂缝宽度及变形有严格要求的结构;

(3) 处于侵蚀环境中的结构;

(4) 预应力结构和二次受力的叠合结构;

(5) 要求有较高安全储备的结构。

9.3.2　按考虑塑性变形内力重分布的方法计算连续梁(板)的内力

下面介绍我国工程建设标准化协会标准《钢筋混凝土连续梁和框架考虑内力重分布设计规程》(CECS 51：93)所给出的单向连续板及连续梁的内力计算方法。该规程(下文简称 CECS 51：93 规程)采用弯矩调幅法考虑结构塑性内力重分布,用弯矩调幅系数 β 表示构件截面的弯矩调整幅度。

对于等跨单向连续板和连续梁,CECS 51：93 规程直接给出了下列内力计算公式和相应的系数。

(1) 均布荷载作用下的等跨连续板的弯矩

$$M = \alpha_{mp}(g+q)l_0^2 \tag{9-12}$$

式中　α_{mp}——板的弯矩系数,按表 9-3 查用;

　　　l_0——计算跨度,取值见本章 9.1.2 小节。

(2) 均布荷载或集中荷载作用下的等跨连续梁的弯矩和剪力

① 承受均布荷载时

$$\left.\begin{array}{l} M = \alpha_{mb}(g+q)l_0^2 \\[2mm] V = \alpha_{vb}(g+q)l_n \end{array}\right\} \tag{9-13}$$

式中　α_{mb}、α_{vb}——梁的弯矩系数和剪力系数,分别按表 9-4、表 9-5 查用;

　　　l_n——净跨度。

② 承受间距相同、大小相等的集中荷载时

$$\left. \begin{array}{c} M = \eta \alpha_{mb} (G+Q) l_0 \\ V = \alpha_{vb} n (G+Q) \end{array} \right\} \tag{9-14}$$

式中 α_{mb}、α_{vb}——梁的弯矩系数和剪力系数,分别按表 9-4、表 9-5 查用;

η ——集中荷载修正系数,依据一跨内集中荷载的不同情况按表 9-6 确定;

n——一跨内集中荷载的个数。

表 9-3 等跨连续板考虑塑性内力重分布的弯矩系数 α_{mp}

端支座 支承情况	跨中弯矩			支座弯矩		
	M_1	M_2	M_3	M_A	M_B	M_C
搁支在墙上	1/11	1/16	1/16	0	−1/10(用于两跨连续板)	−1/14
与梁整体连接	1/14			−1/16	−1/11(用于多跨连续板)	

表 9-4 等跨连续梁考虑塑性内力重分布的弯矩系数 α_{mb}

端支座 支承情况	跨中弯矩			支座弯矩		
	M_1	M_2	M_3	M_A	M_B	M_C
搁支在墙上	1/11	1/16	1/16	0	−1/10(用于两跨连续梁)	−1/14
与梁整体连接	1/14			−1/24	−1/11(用于多跨连续梁)	
与柱整体连接	1/14			−1/16		

表 9-5 等跨连续梁考虑塑性内力重分布的剪力系数 α_{vb}

荷载情况	端支座支承情况	剪力				
		Q_A	Q_B^l	Q_B^r	Q_C^l	Q_C^r
均布荷载	搁支在墙上	0.45	0.60	0.55	0.55	0.55
	梁与梁或梁与柱整体连接	0.50	0.55			
集中荷载	搁支在墙上	0.42	0.65	0.60	0.55	0.55
	梁与梁或梁与柱整体连接	0.50	0.60			

表 9-6 集中荷载修正系数 η

荷载情况	M_1	M_2	M_3	M_A	M_B	M_C
跨中中点处作用一个集中荷载时	2.2	2.7	2.7	1.5	1.5	1.6
跨中三分点处作用两个集中荷载时	3.0	3.0	3.0	2.7	2.7	2.9
跨中四分点处作用三个集中荷载时	4.1	4.5	4.8	3.8	3.8	4.0

表 9-3、表 9-4 中的弯矩系数,适用于荷载比 $q/g>0.3$ 的等跨连续梁(板)。表中系数也适用于跨度相差不大于 10% 的不等跨连续梁(板),但在计算跨中弯矩和支座剪力时应取本跨的跨度值,计算支座弯矩时应取相邻两跨的较大跨度值。

对于不符合上述规定的单向连续板和连续梁(跨度相差太大或各跨荷载值相差较大),CECS 51:93 规程给出了详细的计算步骤和要点,实际应用时可参照执行。下面以连续梁为例进行简要说明。

(1)按荷载的最不利布置用弹性理论计算得到连续梁各控制截面的最不利弯矩。

(2)降低连续梁各支座截面的弯矩,即在进行正截面受弯承载力计算时连续梁各支座截面的弯矩设计值 M 可按下列公式计算:

当连续梁搁支在墙上时 $\qquad M=(1-\beta)M_e$ $\qquad$ (9-15a)

当连续梁两端与梁或柱整体连接时 $\quad M=(1-\beta)M_e-\frac{1}{3}V_0b$ $\qquad$ (9-15b)

式中 $\quad M_e$——按弹性理论计算得到的支座弯矩设计值;

$\qquad V_0$——按简支梁计算的支座剪力设计值;

$\qquad b$——支座宽度;

$\qquad \beta$——调幅系数,不宜超过 0.20。

(3)连续梁各跨中截面的弯矩不宜调整,其弯矩设计值可取考虑荷载最不利布置并按弹性方法算得的弯矩设计值和按下列公式计算的弯矩设计值的较大者:

$$M=1.02M_0-\left|\frac{M_a^l+M_a^r}{2}\right| \qquad (9-16)$$

式中 $\quad M_a^l$、M_a^r——连续梁左右支座调幅后的弯矩设计值;

$\qquad M_0$——按简支梁计算的跨中弯矩设计值。

(4)连续梁各控制截面的剪力设计值可按荷载最不利布置根据调整后的支座弯矩用静力平衡条件计算,也可近似取用考虑荷载最不利布置按弹性方法算得的剪力值。

9.4 单向板肋梁楼盖的截面设计和构造要求

9.4.1 连续梁(板)的截面设计

连续梁(板)为受弯构件,因此连续梁(板)的正截面及斜截面承载力计算、裂缝宽度和变形验算等,均可按前面几章介绍的方法进行。下面仅指出在进行连续梁(板)截面设计时应注意的几个问题。

计算连续梁(板)的钢筋用量时,一般只需根据各跨跨中的最大正弯矩和各支座的最大负弯矩进行计算,其他各截面可通过绘制抵抗弯矩图来校核是否满足要求。连续梁(板)的抵抗弯矩图,可按第 4 章所讲的方法绘制。对于承受均布荷载的等跨连续板,当相邻各跨跨度相差不超过 20% 时,一般可不绘制抵抗弯矩图,钢筋布置方式可按构造要求处理。

肋梁楼盖中的连续板,若无集中荷载直接作用,可不进行受剪承载力计算,即板的剪力由混凝土承受,不设置腹筋。对于连续梁,则需对每一支座左、右两侧分别进行斜截面承载力计算,以确定箍筋、弯起钢筋的用量和弯起钢筋的位置。

在荷载作用下,板在支座处上部开裂,跨中下部开裂,板内的压力轴线为拱形(图 9-17),从而对支座产生水平推力。如果板四周与梁整体连接,且梁有足够的刚度,则板支座难以自由转动,将对板产生反作用的水平推力,使得板内弯矩有所降低。因而,对四周与梁整体连接的板区格,无论单向板肋梁楼盖还是双向板肋梁楼盖的板,计算所得弯矩可予以折减。其中,对于单向板肋梁楼盖的板,中间跨跨中截面及中间支座截面的弯矩折减 20%,但边跨跨中截面、从楼板边缘算起的第一和第二支座截面的弯矩不折减。

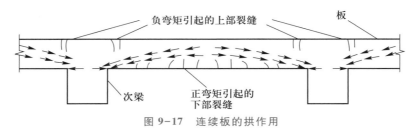

图 9-17   连续板的拱作用

整体式肋梁楼盖中次梁和主梁是以板为翼缘的连续 T 形梁,但在支座截面承受负弯矩,上面受拉、下面受压,受压区在梁肋内,因此应按矩形截面进行设计;而跨中截面大多承受正弯矩,所以应按 T 形截面设计。

计算主梁支座截面时,由于次梁和主梁在柱上纵横相交,而且板、次梁及主梁支座的纵向钢筋又互相交叉重叠(图 9-18),主梁纵向受拉钢筋位于最下层,所以主梁支座截面的有效高度 h_0 应根据实际配筋的情况来确定。$h_0 = h - a_s$,当支座负弯矩钢筋为单排时 a_s 可取 50~60 mm,当为双排时 a_s 可取 70~80 mm。

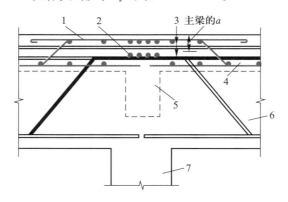

1—板支座钢筋;2—次梁支座钢筋;3—主梁支座钢筋;4—板;5—次梁;6—主梁;7—柱。

图 9-18   主梁支座处钢筋相交示意图

9.4.2 连续梁(板)的构造要求

第 3、4 章中有关受弯构件的各项构造要求对于连续梁(板)也完全适用。在此仅就连续梁(板)的配筋构造进行介绍。

1. 连续板

(1) 连续板的配筋形式有两种:弯起式(图 9-19)和分离式(图 9-20)。

① 弯起式。在配筋时可先选配跨中正弯矩钢筋,然后将跨中钢筋的一半(最多不超过 2/3)在支座附近弯起并伸过支座。这样在中间支座就由从相邻两跨弯起的钢筋承担负弯矩,如果还不能满足要求,可另加直钢筋。为了受力均匀和施工方便,板中钢筋排列要有规律,这就要求相邻两跨跨中正弯矩钢筋的间距相等或成倍数,另加直钢筋的间距也应如此。为了使间距能够协调,可以采用不同直径的钢筋,但直径的种数也不宜过多,否则规格复杂,施工中容易出错。在同一板中,同一方向受力钢筋的直径不应多于两种,采用两种不同的直径时,两者一般要相差 2 mm。板中钢筋的弯起角度一般采用 $30°$,当板厚 $h \geq 120$ mm 时,可采用 $45°$。垂直于受力钢筋方向还要配置分布钢筋,分布钢筋应布置在受力钢筋的内侧,在受力钢筋的弯折处一般都应布置分布钢筋。弯起式配筋锚固性能好,可节约一些钢筋,但设计和施工制作较为复杂。

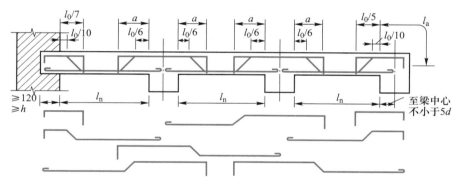

图 9-19 连续板的弯起式配筋

② 分离式。配筋时将跨中正弯矩钢筋和支座负弯矩钢筋分别配置,并全部采用直钢筋。

支座负弯矩钢筋向跨内的延伸长度应由抵抗弯矩图确定,对于常规的肋梁楼盖,延伸长度 a 也可按图 9-20 的规定取值。跨中正弯矩钢筋宜全部伸入支座,可每跨断开(图 9-20a),也可连续几跨不切断(图 9-20b)。

分离式配筋耗钢量略高,但设计和施工比较方便,目前工程中大多采用分离式配筋。

图 9-19 和图 9-20 中的 a 值,当 $q/g \leq 3$ 时,取 $a = l_n/4$;当 $q/g > 3$ 时,取 $a = l_n/3$。其中 g、q 和 l_n 分别是恒荷载、活荷载和板的净跨度。

(2) 在肋梁楼盖中,板中受力钢筋的常用直径为 6 mm、8 mm、10 mm、12 mm 等,为了施工中不易被踩下,支座上部承受负弯矩的钢筋直径一般不宜小于 8 mm。当

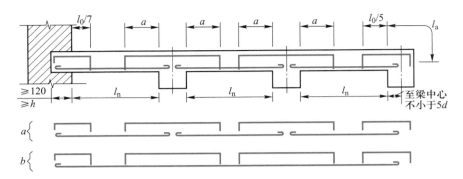

图 9-20　连续板的分离式配筋

板厚不大于 150 mm 时,受力钢筋的间距不宜大于 200 mm;板厚大于 150 mm 时,受力钢筋的间距不宜大于 1.5 倍板厚和 250 mm。

板中下部受力钢筋伸入支座的锚固长度不应小于 $5d$,d 为伸入支座的钢筋直径。当连续板内温度收缩应力较大时,伸入支座的锚固长度宜适当增加。

当板较薄时,支座上部承受负弯矩的钢筋端部可做成直角弯钩,向下直伸到板底,以便固定钢筋。

(3)在单向板肋梁楼盖中,分布钢筋的间距不宜大于 250 mm,直径不宜小于 6 mm。单位长度上的分布钢筋截面面积不宜小于单位长度上的受力钢筋截面面积的 15%,且配筋率不宜小于 0.15%;当承受的集中荷载较大时,分布钢筋要加强,具体可参见第 3 章 3.1.4 的内容。

当连续板处于温度变幅较大或不均匀沉陷的复杂条件,且在与受力钢筋垂直的方向所受约束很大时,分布钢筋宜适当增加。

(4)板边嵌固于砖墙内或与边梁整浇的板(图 9-21),由于墙体和边梁的约束作用,在支承处会产生一定的负弯矩。若计算时按简支考虑,则在嵌固支承处,板面沿板边应布置垂直于板边的构造钢筋,构造钢筋伸出支座边界的长度不宜小于 $l_1/7$(板嵌固于砖墙时)或 $l_1/4$(板与边梁整浇时),l_1 为板的短边计算跨度;在墙角附近,板顶面往往产生与墙大约成 45°角的弧形裂缝,故上述构造钢筋伸出长度不应小于 $l_1/4$,且因两个方向都有构造钢筋伸出,故形成双向配置的钢筋网。

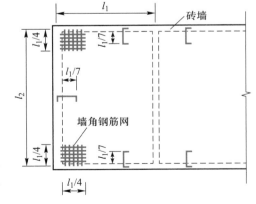

图 9-21　嵌固于墙内的板其板边及板角处的配筋构造

上述板面构造钢筋在梁内、墙内或柱内应有可靠锚固,且直径不宜小于 8 mm,间距不宜大于 200 mm,其截面面积不宜小于该方向跨中板底钢筋截面面积的 1/3;与混凝土梁、混凝土墙整体浇筑的单向板的非受力方向,钢筋截面面积尚不宜小于受力方向跨中板底钢筋截面面积的 1/3。

（5）板与主梁梁肋连接处实际上也会产生一定的负弯矩,计算时却没有考虑,故应在与主梁连接处的板的顶面,沿与主梁垂直方向配置构造钢筋。其单位长度内的总截面面积不宜少于板中单位长度内受力钢筋截面面积的 1/3,直径不宜小于 8 mm,间距不宜大于 200 mm,伸过主梁边缘的长度不宜小于板计算跨度的 1/4(图 9-22)。

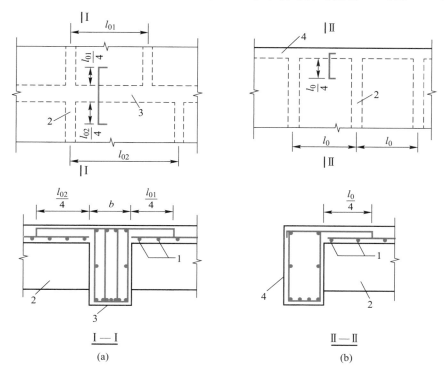

1—板内受力钢筋;2—次梁;3—主梁;4—边梁。

图 9-22　板与主梁梁肋连接处的附加钢筋

（a）中间主梁;（b）边主梁

（6）在温度、收缩应力较大的现浇板区域内,钢筋间距宜取为 150~200 mm,并应在板的未配筋表面布置温度收缩钢筋,板的上、下表面沿纵、横两个方向的配筋率不宜小于 0.10%。

温度收缩钢筋可利用原有钢筋贯通布置,也可另行设置构造钢筋网,并与原有钢筋按受拉钢筋的要求搭接或在周边构件中锚固。

（7）由于使用要求,往往要在肋形结构的板面上开设一些孔洞,这些孔洞削弱了板的整体作用,因此在洞口周围应布置钢筋予以加强。通常可按以下方式进行构造处理:

① 当 d 或 b（d 为圆孔直径,b 为垂直于板的受力钢筋方向的孔洞宽度）小于

300 mm时,可不设附加钢筋,只将受力钢筋间距作适当调整,或将受力钢筋绕过孔洞周边,不予切断。

②当 d 或 b 等于 300~1 000 mm,且在孔洞周边无集中荷载时,应在洞边每侧配置附加钢筋(图9-23和图9-24),每侧的附加钢筋截面面积不应小于洞口宽度内被切断的钢筋截面面积的1/2,且不应小于2根直径为12mm的钢筋;对圆形孔洞尚应附加2根直径8~12 mm的环形钢筋,顶层和底层各一根,搭接长度不宜小于钢筋直径的30倍,且圆形洞口应设置放射形钢筋。

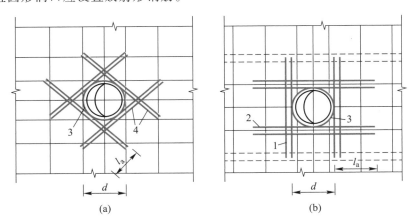

1—附加钢筋,放下排,并伸入梁内;2—附加钢筋,放上排;

3—环筋,顶面、底面各一根;4—附加钢筋。

图9-23   圆形孔洞构造钢筋

(a)孔口附近无梁;(b)孔口附近有梁

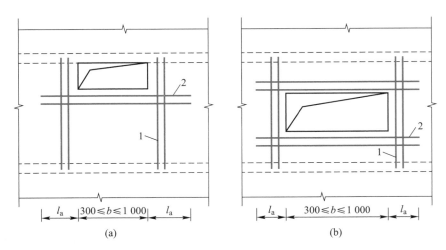

1—附加钢筋,放下排,并伸入梁内;2—附加钢筋,放上排。

图9-24   矩形孔洞构造钢筋

(a)孔口在梁边;(b)孔口不在梁边

③ 当 d 或 b 大于 300 mm 且孔洞周边有集中荷载，或当 d 或 b 大于 1 000 mm 时，宜在孔洞边加设小梁，圆形洞口应设置放射形钢筋（图 9-25）。

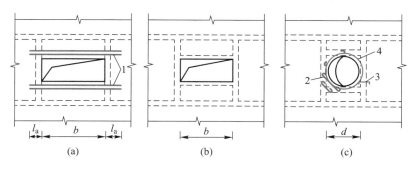

1—附加钢筋；2—角部下部钢筋；3—角部上部钢筋；4—环形钢筋。

图 9-25　矩形孔洞及圆形孔洞构造钢筋

（a）矩形孔洞构造钢筋布置；（b）矩形孔洞小梁布置；（c）圆形孔洞小梁与构造钢筋布置

④ 板内预留小孔或预埋管时，孔边或管壁至板边缘的净矩不宜小于 100 mm。

2. 连续梁

连续梁配筋时，一般是先选配各跨跨中的纵向受力钢筋，然后将其中部分钢筋根据斜截面受剪承载力的需要，在支座附近弯起后伸入支座，用以承担支座负弯矩。如两邻跨弯起伸入支座的钢筋尚不能满足支座正截面受弯承载力的需要，可在支座上另加直钢筋。当所配箍筋及从跨中弯起的钢筋不能满足斜截面受剪承载力的需要时，可另加斜筋或鸭筋。钢筋弯起的位置一般应根据剪力包络图来确定，然后绘制抵抗弯矩图进行校核，并确定支座顶面纵向受力钢筋的切断位置。

当梁端按简支计算但实际受到部分约束时，应在支座区上部设置纵向构造钢筋。其截面面积不应小于梁跨中下部纵向受力钢筋计算所需截面面积的 1/4，且不应少于 2 根。该纵向构造钢筋自支座边缘向跨内伸出的长度不应小于 $l_0/5$，l_0 为梁的计算跨度。当跨中也可能产生负弯矩时，还需在梁的顶面布置纵向受力钢筋，否则在跨中顶面只需配置架立钢筋。

由上面所述，主梁和次梁纵向受拉钢筋的弯起与切断，原则上应由弯矩与剪力包络图确定，但对于相邻跨跨度相差不超过 20%，活荷载与恒荷载比值 $q/g \leqslant 3$ 的连续梁，可参照图 9-26 配置。

在图 9-26 中，若支座上部受力钢筋截面面积为 A_s，则第一批切断钢筋截面面积不得大于 $A_s/2$，切断点至支座边缘距离不得小于 $l_n/5+20d$；第二批切断钢筋截面面积不得大于 $A_s/4$，切断点至支座边缘距离不得小于 $l_n/3$。其中，l_n 为净跨，d 为钢筋直径。

在图 9-26b 中，中间支座有负弯矩钢筋弯起，第一排的上弯点距支座边缘距离为 50 mm，第二排和第三排上弯点距支座边缘为 h 和 $2h$，h 为截面高度。由于第一排上弯点距支座边缘距离只有 50 mm，因此该钢筋在支座的起弯侧只是为了抗剪弯起，不能抵抗负弯矩，即该钢筋截面面积不能计入支座上部受力钢筋截面面积 A_s 中。

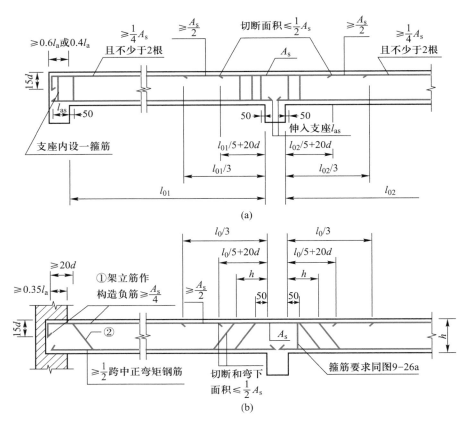

图 9-26　次梁的纵向钢筋布置

（a）无弯起钢筋；（b）有弯起钢筋

梁底部纵向受拉钢筋伸入支座的锚固长度 l_{as} 按第 4 章式（4-22）确定。图 9-26a 左端支座为固结支座（梁与梁整浇），若直线锚固长度能满足最小锚固长度 l_a，则直锚；否则，钢筋应直线伸入后再弯折。其中，对于直线锚固段，计算中按简支考虑时要大于等于 $0.4l_a$，计算中按固定考虑时大于等于 $0.6l_a$；弯折段长度取 $15d$。图 9-26b 左端为梁伸入砖墙，非完全固结支座，其上部纵向受力钢筋伸入支座的锚固长度可小于固结支座，直线锚固段要大于等于 $0.35l_a$，弯折段长度仍取 $15d$。

主梁与次梁交接处，主梁的两侧承受次梁传来的集中荷载，因而可能在主梁的中下部引起斜向裂缝。为了防止这种破坏，应在次梁两侧设置附加横向钢筋（附加箍筋或吊筋，宜优先采用附加箍筋）。附加横向钢筋的数量是根据集中荷载全部由附加横向钢筋承担的原则来确定的，即可按下式计算：

$$A_{sv} \geqslant \frac{F}{f_{yv}\sin\alpha} \qquad (9\text{-}17)$$

式中　F——由次梁传给主梁的集中力设计值，为作用在次梁上的荷载设计值对主梁产生的集中力与 γ_0 的乘积；γ_0 为结构重要性系数，对于安全等级为一级、二级、三级的结构构件，γ_0 分别取为 1.1、1.0、0.9。

　　f_{yv}——附加横向钢筋的抗拉强度设计值，按附表 2-3 中的 f_y 值确定。

　　α——附加吊筋与梁轴线的夹角。

　　A_{sv}——附加横向钢筋的总截面面积：当仅配箍筋时，$A_{sv} = mnA_{sv1}$；当仅配吊筋时，$A_{sv} = 2A_{sb}$。A_{sv1} 为一肢附加箍筋的截面面积，n 为在同一截面内附加箍筋的肢数，m 为在长度 s 范围内附加箍筋的排数；A_{sb} 为附加吊筋的截面面积。

　　考虑主梁与次梁交接处的破坏面大体上在图 9-27 中的虚线范围内，若采用附加箍筋，则附加箍筋应布置在 $s = 2h_1 + 3b$ 的范围内，布置于次梁两侧；若采用吊筋，弯起段应伸至梁的上边缘，末端水平长度在受拉区不应小于 20d，在受压区不应小于 10d。若吊筋采用光圆钢筋，其末端应设置弯钩。

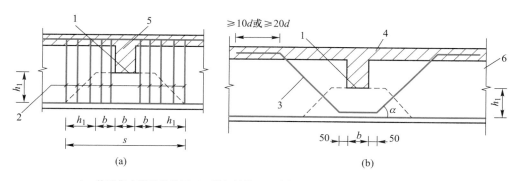

1—传递集中荷载的位置；2—附加箍筋；3—附加吊筋；4—板；5—次梁；6—主梁。

图 9-27　主、次梁交接处的附加箍筋或吊筋

（a）采用箍筋；（b）采用吊筋

　　当梁支座处的剪力较大时，可在梁的下部加做支托，将梁局部加高，以满足斜截面受剪承载力的要求（图 9-28）。支托的长度一般为 $l_n/8 \sim l_n/6$（l_n 为梁的净跨度），且不宜小于 $l_n/10$。支托的高度不宜超过 $0.4h$，且应满足斜截面受剪承载力的最小截面尺寸的要求。支托中的附加钢筋一般采用 2~4 根，其直径与梁底面纵向受力钢筋的直径相同。

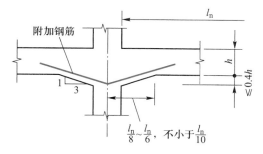

图 9-28　梁支座处支托的构造要求

9.4.3 单向板肋梁楼盖例题

【例 9-1】 某多层框架结构厂房,一类环境类别,二级安全等级,无抗震设防要求,楼梯设置在室外,建筑平面图如图 9-29 所示。

在该框架结构中,除横向和纵向框架梁外,在横向框架梁的每跨跨内沿纵向布置两根次梁,形成如图 9-30 所示的肋梁楼盖。试设计该楼盖中的板和次梁[①]。

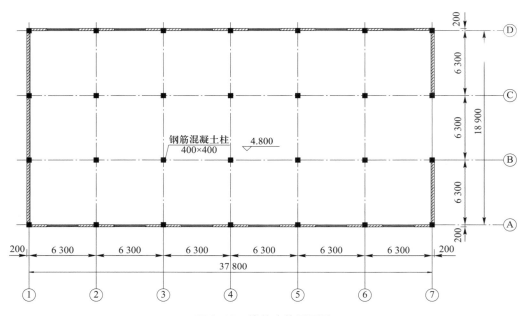

图 9-29 楼盖建筑平面图

【解】

1. 设计资料

(1)楼面做法:水磨石面层(单位面积自重为 0.65 kN/m²),钢筋混凝土现浇板(重度为 25.0 kN/m³),20 mm 厚混合砂浆(重度为 17.0 kN/m³)抹底。

(2)材料:混凝土强度等级为 C30;梁中纵向钢筋采用 HRB400,其余采用 HPB300。

(3)荷载:楼面均布可变荷载标准值为 8.0 kN/m²。

(4)钢筋混凝土柱截面尺寸为 400 mm×400 mm。

2. 截面尺寸确定

由图 9-30 知,板长、短跨跨度为 $l_{02} = 6.30$ m 和 $l_{01} = 6.30$ m$/3 = 2.10$ m,$l_2/l_1 = 6.30/2.10 = 3$,按单向板设计。

---

① 框架梁和柱相连形成的空间框架结构除承受楼面传来的垂直荷载外还承受水平荷载,应按框架结构设计。框架结构的设计方法将在后续课程中学习,因而这里只进行板和次梁的设计。同时为节约篇幅,只进行承载能力极限状态设计。

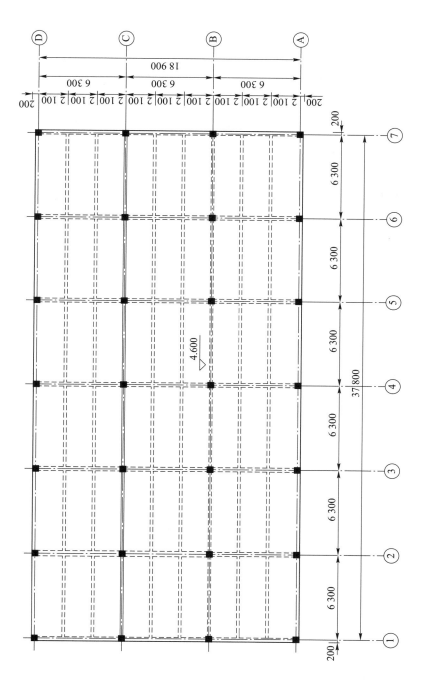

图 9-30 楼盖结构布置图

按刚度要求,对单向板,板厚不宜小于跨长的 $1/30$,$h \geqslant 2\ 100/30 = 70$ mm。再由表 9-1 知,工业建筑楼板要求 $h \geqslant 70$ mm,取板厚 $h = 80$ mm。

同样由刚度要求,横向框架梁截面高度与跨长的比值为 $1/15 \sim 1/10$,即其截面高度 $h = (1/15 \sim 1/10) l_0 = (1/15 \sim 1/10) \times 6\ 300$ mm $= 420 \sim 630$ mm,取 $h = 600$ mm。纵向框架梁和次梁截面尺寸相同,其高度与跨长的比值为 $1/18 \sim 1/12$,即其截面高度 $h = (1/18 \sim 1/12) l_0 = (1/18 \sim 1/12) \times 6\ 300$ mm $= 350 \sim 525$ mm,取 $h = 500$ mm。

梁截面宽度为高度的 $1/3 \sim 1/2$,则横向框架梁截面宽度 $b = (1/3 \sim 1/2) h = (1/3 \sim 1/2) \times 600$ mm $= 200 \sim 300$ mm,取 $b = 300$ mm;纵向框架梁和次梁截面宽度 $b = (1/3 \sim 1/2) h = (1/3 \sim 1/2) \times 500$ mm $= 167 \sim 250$ mm,取 $b = 200$ mm。

如此,横向框架梁截面尺寸 $b \times h = 300$ mm$\times 600$ mm,纵向框架梁和次梁截面尺寸 $b \times h = 200$ mm$\times 500$ mm。

3. 板的设计

板按弯矩调幅法设计。

(1)荷载

板的永久荷载标准值:

水磨石面层	0.65 kN/m^2
钢筋混凝土现浇板	0.08 m$\times 25.0$ kN/m^3 $= 2.0$ kN/m^2
20 mm 混合砂浆粉底	0.02 m$\times 17.0$ kN/m^3 $= 0.34$ kN/m^2
小计	$g_k = 2.99$ kN/m^2

板的可变荷载标准值: $q_k = 8.0$ kN/m^2

永久荷载分项系数 $\gamma_G = 1.3$,可变荷载分项系数为 $\gamma_Q = 1.5$,则板的荷载设计值:

永久荷载	$g = 1.3 \times 2.99$ kN/m^2 $= 3.89$ kN/m^2
可变荷载	$q = 1.5 \times 8.0$ kN/m^2 $= 12.0$ kN/m^2
总荷载	15.89 kN/m^2

(2)计算简图

板两端与梁整体连接,按弯矩调幅法设计时取计算跨度为净跨度,$l_0 = l_n$。次梁 $b \times h = 200$ mm$\times 500$ mm,则板的计算跨度:

边跨 $l_{01} = l_{n1} = 2\ 100$ mm $- 200$ mm$/2 = 2\ 000$ mm

中间跨 $l_{02} = l_{n2} = 2\ 100$ mm $- 200$ mm $= 1\ 900$ mm

取 1 m 宽的板带计算,计算简图如图 9-31 所示。因计算跨度相差不超过 10%,仍查等跨度的图表计算。

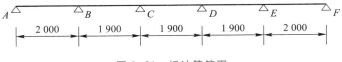

图 9-31   板计算简图

（3）弯矩设计值

查表计算内力时，板中弯矩按式(9-12)计算，其中弯矩系数 α_{mp} 由表 9-3 查得，计算结果见表 9-7。表中，支座 B 左右跨的计算跨度不同，按弯矩调幅法计算 M_B 时计算跨度取较大值。

表 9-7 按弯矩调幅法计算板中弯矩

位置	支座 A M_A	第 1 跨跨中 M_1	支座 B M_B	第 2 跨跨中 M_2	支座 C M_C	第 3 跨跨中 M_3
计算跨度 l_0/m	2.0	2.0	2.0	1.90	1.90	1.90
α_{mp}	-1/16	1/14	-1/11	1/16	-1/14	1/16
弯矩/(kN·m)	-3.97	4.54	-5.78	3.59	-4.10	3.59

（4）正截面受弯承载力计算

二级安全等级，$\gamma_0 = 1.0$；C30 混凝土，$f_c = 14.3$ N/mm²，$f_t = 1.43$ N/mm²，$\alpha_1 = 1.0$，$\beta_c = 1.0$；HPB300 钢筋，$f_y = 270$ N/mm²，$\xi_b = 0.576$，$\rho_{min} = \max\left(0.20\%, 0.45\dfrac{f_t}{f_y}\right) = 0.24\%$。

一类环境类别，取板保护层厚度 $c = 15$ mm，$a_s = 20$ mm，$h_0 = h - a_s = 80$ mm-20 mm=60 mm。

上述计算弯矩时取计算跨度 $l_0 = l_n$，计算得到的弯矩就是支座边缘截面的弯矩，不用进行支座弯矩削峰处理。

该楼盖中的板四周都与梁整体连接，可考虑内拱的有利作用，中间跨的跨中截面及中间支座截面的弯矩折减 20%，边跨截面及从楼板边缘算起的第一和第二支座截面的弯矩不折减。

表 9-8 给出了板的配筋计算过程和配筋。从表 9-8 看到，各支座截面的 ξ 均小于 0.35，符合按弯矩调幅法设计的要求。

表 9-8 板的正截面受弯承载力计算

截面	A	1	B	2(3)	C
弯矩设计值 M/(kN·m)	1.0×3.97 =3.97	1.0×4.54 =4.54	1.0×5.78 =5.78	1.0×0.8×3.59 =2.87	1.0×0.8×4.10 =3.28
$\alpha_s = \dfrac{M}{\alpha_1 f_c b h_0^2}$	0.077	0.088	0.112	0.056	0.064
$\xi = 1 - \sqrt{1 - 2\alpha_s}$	0.080	0.092	0.119	0.058	0.066
$A_s = \dfrac{\alpha_1 f_c b \xi h_0}{f_y}$/mm²	254	292	378	184	210
$\rho = \dfrac{A_s}{bh}$	0.32%	0.37%	0.47%	0.23%	0.26%
选配钢筋	Φ8@190	Φ8@170	Φ8@130	Φ6/8@200	Φ6/8@180
实际配筋面积/mm²	265	296	387	196	218

（5）配筋图

采用分离式，按图 9-20 布置钢筋，配筋见图 9-32。在图 9-32 中：

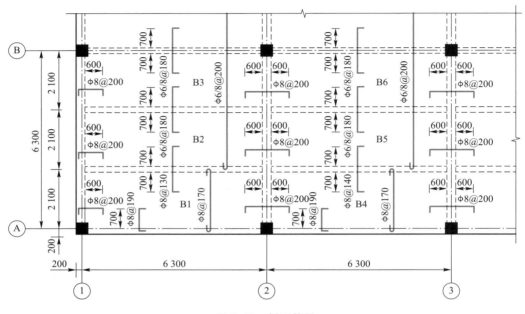

图 9-32　板配筋图

① 因可变荷载和永久荷载的比值 $q/g = 12.0/3.89 = 3.1 > 3$，支座顶面钢筋切断点至支座边缘的距离 $a = l_n/3 = 2\,000$ mm$/3 = 667$ mm，取 $a = 700$ mm。

② 板与横向框架梁交界处，板面钢筋宜如下配置：用量不少于板中板底钢筋截面面积的 1/3，直径不小于 8 mm，间距不大于 200 mm，伸过框架梁的长度不小于板计算长度的 1/4，故取为 φ8@200，伸出框架梁的长度为 600 mm。

③ 板底钢筋伸入支座长度不小于 5 d，取为 40 mm。由于采用 HPB300，钢筋两端要做弯钩。

④ 在板与边纵向框架梁连接处，板顶钢筋被充分利用，伸入支座的锚固长度应不小于 $l_a = \alpha \dfrac{f_y}{f_t} d = 0.16 \times \dfrac{270}{1.43} \times 8$ mm $= 242$ mm［l_a 计算公式见式（1-13）］，取为250 mm，大于边纵向框架梁宽度 200 mm，无法直线锚固，只能采用水平段 + 弯折段的锚固方式。其中水平段长度不小于 0.6 l_a，取为 150 mm；弯折段长度为 12 d，取为100 mm。若板顶钢筋未被充分利用，水平段长度可减小至不小于 0.35 l_a。

在板与边横向框架梁连接处，由于边横向框架梁宽度为 300 mm，大于 l_a，板顶钢筋可采用直线锚固，也可以采用和边纵向框架梁与板连接处一样的锚固。

需要说明的是，板采用分离式配筋时，理论上各跨板底钢筋和各支座板顶钢筋的间距可以各不相同。在图 9-32 中，为了使实配钢筋截面面积与计算钢筋截面面积尽量接近,采用了多种钢筋间距。但在实际工程中,为了施工方便,避免出错,板中钢筋间距宜尽可能统一,尽量减少钢筋间距的种类。

4. 次梁按弯矩调幅法设计

次梁分别按弯矩调幅法和弹性理论两种方法设计,按弹性理论设计又考虑有无弯起钢筋抗剪两种配筋方案,以进行对比。

（1）荷载

次梁除自重外还承受板传来的荷载,其作用宽度为 6.30 m/3 = 2.10 m。

永久荷载设计值:

| 板传来的永久荷载 | $1.3 \times 2.99 \times 2.10$ kN/m = 8.16 kN/m |

次梁自重 $1.3 \times 0.20 \times (0.50 - 0.08) \times 25$ kN/m = 2.73 kN/m

次梁粉刷 $1.3 \times 0.02 \times (0.50 - 0.08) \times 2 \times 17$ kN/m = 0.37 kN/m

小计 $g = 11.26$ kN/m

可变荷载设计值: $q = 1.5 \times 8.0 \times 2.10$ kN/m = 25.20 kN/m

总荷载 $g + q = 11.26$ kN/m + 25.20 kN/m = 36.46 kN/m

（2）计算简图

次梁两端与横向框架梁整体连接,按弯矩调幅法设计时取计算跨度为净跨度,$l_0 = l_n$。横向框架梁截面尺寸为 300 mm×600 mm,则次梁的计算跨度:

边跨 $l_{01} = l_{n1} = 6\ 300$ mm $- 100$ mm $- 300$ mm$/2 = 6\ 050$ mm

中间跨 $l_{02} = l_{n2} = 6\ 300$ mm $- 300$ mm $= 6\ 000$ mm

计算简图如图 9-33 所示,因计算跨度相差不超过 10%,仍查等跨度的图表计算。

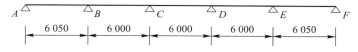

图 9-33 次梁按弯矩调幅法设计时的计算简图

（3）内力计算

查表计算内力时,次梁弯矩和剪力按式(9-13)计算,其中弯矩系数 α_{mp} 和剪力系数 α_{vb} 由表 9-4 和表 9-5 查得,计算结果见表 9-9 和表 9-10。

表 9-9 按弯矩调幅法计算次梁弯矩

位置	支座 A M_A	第 1 跨跨中 M_1	支座 B M_B	第 2 跨跨中 M_2	支座 C M_C	第 3 跨跨中 M_3
计算跨度/m	6.05	6.05	6.05	6.0	6.0	6.0
α_{mp}	$-1/24$	$1/14$	$-1/11$	$1/16$	$-1/14$	$1/16$
弯矩/(kN·m)	-55.61	95.32	-121.32	82.04	-93.75	82.04

表 9-10   按弯矩调幅法计算次梁剪力

位置	支座 A V_A	支座 B 左侧 V_B^l	支座 B 右侧 V_B^r	支座 C 左侧 V_C^l	支座 C 右侧 V_C^r
计算跨度/m	6.05	6.05	6.0	6.0	6.0
α_{mp}	0.50	0.55	0.55	0.55	0.55
剪力/kN	110.29	121.32	120.32	120.32	120.32

（4）正截面受弯承载力计算

二级安全等级，$\gamma_0 = 1.0$；C30 混凝土，$f_c = 14.3 \ \text{N/mm}^2$，$f_t = 1.43 \ \text{N/mm}^2$，$\alpha_1 = 1.0$，$\beta_c = 1.0$；HRB400 钢筋，$f_y = 360 \ \text{N/mm}^2$，$\xi_b = 0.518$，$\rho_{\min} = \max\left(0.20\%, 0.45\dfrac{f_t}{f_y}\right) = 0.20\%$。

一类环境类别，取保护层厚度 $c = 20 \ \text{mm}$。除支座 B 截面纵向受力钢筋按两层布置外，其余截面纵向受力钢筋均单层布置。纵向钢筋单层布置时，取 $a_s = 40 \ \text{mm}$，$h_0 = h - a_s = 500 \ \text{mm} - 40 \ \text{mm} = 460 \ \text{mm}$；纵向钢筋两层布置时，取 $a_s = 65 \ \text{mm}$，$h_0 = h - a_s = 500 \ \text{mm} - 65 \ \text{mm} = 435 \ \text{mm}$。

正截面受弯承载力计算时，梁跨中截面（承受正弯矩）按 T 形截面计算，支座截面（承受负弯矩）按矩形截面计算。按 T 形截面计算时，根据表 3-3 确定翼缘计算宽度 b_f'：

按计算跨度 l_0 考虑 $b_f' = l_0/3 = 6 \ 300 \ \text{mm}/3 = 2 \ 100 \ \text{mm}$

按梁（肋）净距 s_n 考虑 $b_f' = b + s_n = 200 \ \text{mm} + 1 \ 900 \ \text{mm} = 2 \ 100 \ \text{mm}$

按翼缘高度 h_f' 考虑 $h_f'/h_0 = 80/460 = 0.17 > 0.1$，不用考虑

取上述两者中的较小值，所以 $b_f' = 2 \ 100 \ \text{mm}$。

上述弯矩计算时取计算跨度 $l_0 = l_n$，计算得到的弯矩就为支座边缘弯矩，不需要进行支座弯矩削峰处理。次梁正截面受弯承载力计算过程列于表 9-11。

表 9-11   次梁按弯矩调幅法设计时的正截面受弯承载力计算

截面	A	1	B	2(3)	C
弯矩设计值 $M/(\text{kN} \cdot \text{m})$	$1.0 \times (-55.61)$ $= -55.61$	1.0×95.32 $= 95.32$	$1.0 \times (-121.32)$ $= -121.32$	1.0×82.04 $= 82.04$	$1.0 \times (-93.57)$ $= -93.57$
h/mm	500	500	500	500	500
h_0/mm	460	460	435	460	460
b/mm	200	200	200	200	200
b_f'/mm	—	2 100	—	2 100	—
h_f'/mm	—	80	—	80	—
$\alpha_1 f_c b_f' h_f'\left(h_0 - \dfrac{h_f'}{2}\right)/(\text{kN} \cdot \text{m})$	—	1 009.01	—	1 009.01	—
T 形截面类型	—	第一类	—	第一类	—
$\alpha_s = \dfrac{M}{\alpha_1 f_c b h_0^2}$ 或 $\alpha_s = \dfrac{M}{\alpha_1 f_c b_f' h_0^2}$	0.092	0.015	0.224	0.013	0.155
$\xi = 1 - \sqrt{1 - 2\alpha_s}$	0.097	0.015	0.257	0.013	0.169

续表

$A_s = \dfrac{\alpha_1 f_c b \xi h_0}{f_y}$ 或 $A_s = \dfrac{\alpha_1 f_c b_f' \xi h_0}{f_y}/\text{mm}^2$	354	576	888	499	618
$\rho = \dfrac{A_s}{bh}$	0.35%	0.58%	0.89%	0.50%	0.62%
选配钢筋	2 Φ 16	3 Φ 16	3 Φ 16+ 2 Φ 14	2 Φ 18	3 Φ 16
实际配筋截面面积/mm^2	402	603	911	509	603

从表 9-11 看到,各支座截面的 ξ 均小于 0.35,符合按弯矩调幅法设计的要求。

（5）斜截面受剪承载力计算

按弯矩调幅法设计时,查表计算得到跨中和支座弯矩、支座剪力,不作内力包络图,因此不弯起钢筋,仅配箍筋抗剪。

$$h_w = h_0 - h_f' = 435 \text{ mm} - 80 \text{ mm} = 355 \text{ mm}, \frac{h_w}{b} = \frac{355}{200} = 1.78 < 4.0$$

支座 B 左侧截面剪力最大,取其作为计算截面,$V_{max} = 1.0 \times 121.32$ kN $= 121.32$ kN。由式（4-16a）得

$$0.25\beta_c f_c b h_0 = 0.25 \times 1.0 \times 14.3 \times 200 \times 435 \text{ N}$$
$$= 311.03 \times 10^3 \text{ N} = 311.03 \text{ kN} > V_{max} = 121.32 \text{ kN}$$

截面尺寸和混凝土强度满足抗剪要求。

采用双肢Φ6 箍筋,$A_{sv} = 2 \times A_{sv1} = 57 \text{ mm}^2$。均布荷载作用,斜截面混凝土受剪承载力系数 $\alpha_{cv} = 0.7$,由式（4-12）得

$$s = \frac{f_{yv} A_{sv} h_0}{V - \alpha_{cv} f_t b h_0} = \frac{270 \times 57 \times 435}{121.32 \times 10^3 - 0.7 \times 1.43 \times 200 \times 435} \text{ mm} = 196 \text{ mm}$$

为保证在实现弯矩调幅所要求的内力重分布之前不发生剪切破坏,对承受均布荷载的连续梁,支座边至距支座边 $1.05h_0$ 范围内箍筋用量应增大 20%,且要求箍筋配筋率 $\rho_{sv} \geq 0.3 f_t/f_{yv}$。如此:

① 调整箍筋间距,$s = 0.8 \times 196 \text{ mm} = 157 \text{ mm}$,取箍筋间距 $s = 150 \text{ mm} < s_{max} = 200 \text{ mm}$。为方便施工,箍筋间距沿次梁全长不变。

② 验算箍筋配筋率,$\rho_{sv} = \dfrac{A_{sv}}{bs} = \dfrac{57}{200 \times 150} = 0.19\% > \rho_{sv,min} = 0.3 \dfrac{f_t}{f_{yv}} = 0.3 \times \dfrac{1.43}{270} = 0.16\%$,满足弯矩调幅法 $\rho_{sv} \geq 0.3 f_t/f_{yv}$ 的要求。

（6）配筋图

仅配箍筋抗剪,可根据图 9-26a 进行钢筋布置,配筋见图 9-34。在图 9-34 中:

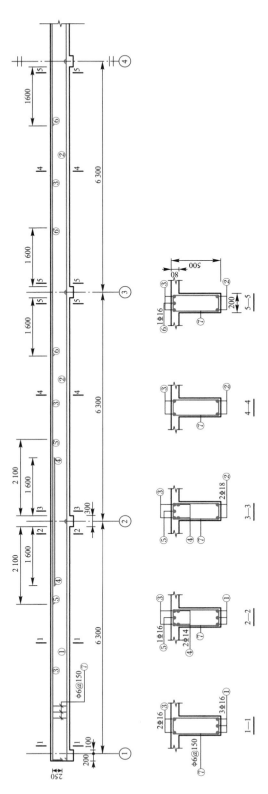

图 9-34　次梁按弯矩调幅法设计配筋图

① 在支座 B[轴线②],第一批切断钢筋为④ 2⾮14,小于总面积 A_s 的一半;切断点至支座边缘距离为 $l_{01}/5+20d=6\,050\text{ mm}/5+20\times14\text{ mm}=1\,490\text{ mm}$,取为 1 600 mm。第二批切断钢筋为⑤ 1⾮16,剩余 2⾮16,剩余的钢筋截面面积大于总面积 A_s 的 1/4;切断点至支座边缘距离为 $l_{01}/3=6\,050\text{ mm}/3=2\,016\text{ mm}$,取为 2 100 mm。

② 在支座 C[轴线③],只切断一根钢筋[⑥ 1⾮16],切断点至支座边缘距离为 $l_{02}/5+20d=6\,000\text{ mm}/5+20\times16\text{ mm}=1\,520\text{ mm}$,取为 1 600 mm。

5. 次梁按弹性理论设计(仅配箍筋抗剪)

荷载计算和弯矩调幅法相同。

(1)计算简图

次梁两端与横向框架梁整体连接,按弹性理论设计时取计算跨度为支承中心线之间的距离,$l_0=l_c$。横向框架梁截面尺寸为 300 mm×600 mm,则次梁的计算跨度:

边跨　　　　$l_{01}=6\,300\text{ mm}+100\text{ mm}=6\,400\text{ mm}$

中间跨　　　$l_{02}=6\,300\text{ mm}$

计算简图如图 9-35 所示,因计算跨度相差不超过 10%,仍查等跨度的图表计算。按弹性理论设计时,次梁边支座简化为简支支座。

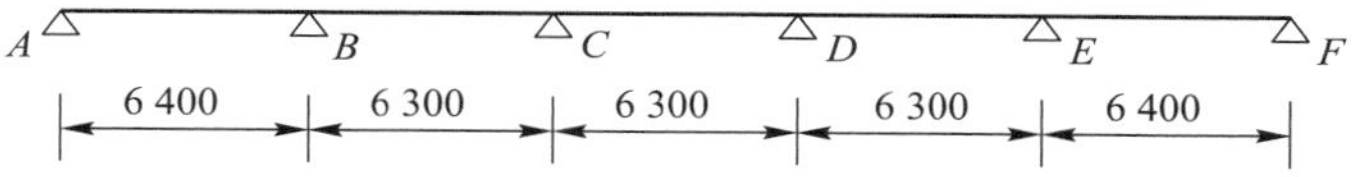

图 9-35　次梁按弹性理论计算时的计算简图

(2)内力计算

当仅配箍筋抗剪时,可根据图 9-26b 进行钢筋布置,因此无须作内力包络图,仅需求出跨中最大弯矩和支座最大负弯矩。表 9-12 和表 9-13 和给出了弯矩和剪力计算过程,表中,$M=\alpha gl_0^2+\alpha_1 ql_0^2$,$V=\beta gl_n+\beta_1 ql_n$,$\alpha$、$\alpha_1$ 为弯矩系数,β、β_1 为剪力系数,可由附表 6-4 查得;弯矩(g)为永久荷载满布下的弯矩,弯矩(q)为相应可变荷载布置下的弯矩,弯矩($g+q$)为永久荷载满布下的弯矩+相应可变荷载布置下的弯矩;弯矩单位为 kN·m。剪力表示方式相同,单位为 kN。

按弹性理论计算时,永久荷载和可变荷载产生的内力分开计算,荷载需采用折算荷载:$g'=g+q/4=11.26\text{ kN/m}+25.20\text{ kN/m}/4=17.56\text{ kN/m}$,$q'=3q/4=3/4\times25.20\text{ kN/m}=18.90\text{ kN/m}$;支座 B 左右跨的计算跨度不同,计算 M_B 时计算跨度取它们的平均值。

(3)正截面受弯承载力计算

上述弯矩计算时取计算跨度 $l_0=l_c$,计算得到的弯矩为支座中点的弯矩,需对支座弯矩进行削峰处理得到支座边缘截面的弯矩,计算公式见式(9-10),表 9-14 给出了计算过程,其中支座宽度 b 为横向框架梁宽度,$b=300\text{ mm}$。

翼缘计算宽度 b_f'、保护层厚度 c、纵向钢筋布置的层数、纵向受拉钢筋合力作用点至截面受拉边缘的距离 a_s 等与按弯矩调幅法设计相同。表 9-15 给出了具体的计算过程,其中支座 B 负弯矩取其支座两侧边缘截面负弯矩绝对值的较大值。

表 9-12   按弹性理论计算次梁弯矩

荷载编号	荷载布置与计算简图	内容	第1跨跨中 M_1	支座 B M_B	第2跨跨中 M_2	支座 C M_C	第3跨跨中 M_3
		计算跨度 l_0/m	6.40	$\dfrac{6.40+6.30}{2}=6.35$	6.30	6.30	6.30
①		系数 α	**0.078**	**-0.105**	**0.033**	**-0.079**	**0.046**
		弯矩 (g)/(kN·m)	**56.10**	**-74.35**	**23.0**	**-55.06**	**32.06**
②		系数 α	**0.100**	-0.053	-0.046	-0.040	**0.085**
		弯矩 (q)/(kN·m)	**77.41**	-40.39	-34.51	-30.01	63.76
		弯矩 (g+q)/(kN·m)	**133.51**	-114.74	-11.51	-85.07	**95.82**
③		系数 α	-0.026	-0.053	**0.079**	-0.040	-0.040
		弯矩 (q)/(kN·m)	-20.13	-40.39	**59.26**	-30.01	-30.01
		弯矩 (g+q)/(kN·m)	35.97	-114.74	**82.26**	-85.07	2.05
④		系数 α	0.073	**-0.119**	0.059	-0.022	—
		弯矩 (q)/(kN·m)	56.51	**-90.69**	44.26	-16.50	—
		弯矩 (g+q)/(kN·m)	112.61	**-165.04**	67.26	-71.56	32.06
⑤		系数 α	—	-0.035	0.055	**-0.111**	0.064
		弯矩 (q)/(kN·m)	—	-26.67	41.26	**-83.27**	48.01
		弯矩 (g+q)/(kN·m)	—	-101.02	64.26	**-138.33**	80.07
弯矩最大值/(kN·m)			**133.51**	**-165.04**	**82.26**	**-138.33**	**95.82**

注:不作弯矩包络图时只需计算表中加粗的数据。

表 9-13 按弹性理论计算次梁剪力

荷载编号	荷载布置与计算简图	内容	支座 A V_A	支座 B 左侧 V_B^l	支座 B 右侧 V_B^r	支座 C 左侧 V_C^l	支座 C 右侧 V_C^r
	1 B 2 3 C	净跨 l_n/m	6.05	6.05	6.0	6.0	6.0
①	g 1 B 2 3 C	系数 β	**0.394**	**−0.606**	**0.526**	**−0.474**	**0.500**
		剪力(g)/kN	**41.86**	**−64.38**	**55.42**	**−49.94**	**52.68**
②	q 1 B 2 3 C	系数 β	**0.447**	−0.553	0.013	0.013	0.500
		剪力(q)/kN	**51.11**	−63.23	1.47	1.47	56.70
		剪力$(g+q)$/kN	**92.97**	−127.61	56.89	−48.47	109.38
④	q 1 B 2 3 C	系数 β	0.380	**−0.620**	**0.598**	−0.402	−0.023
		剪力(q)/kN	43.45	**−70.89**	**67.81**	−45.59	−2.61
		剪力$(g+q)$/kN	85.31	**−135.27**	**123.23**	−95.53	50.07
⑤	q 1 B 2 3 C	系数 β	−0.035	−0.035	0.424	**−0.576**	**0.591**
		剪力(q)/kN	−4.00	−4.00	48.08	**−65.32**	**67.02**
		剪力$(g+q)$/kN	37.86	−68.38	103.50	**−115.26**	**119.70**
剪力最大值/kN			**92.97**	**−135.27**	**123.23**	**−115.26**	**119.70**

注:不作剪力包络图时只需计算表中加粗的数据。

表 9-14 次梁按弹性理论设计时支座弯矩削峰计算

截面	支座 B	支座 B 左侧	支座 B 右侧	支座 C	支座 C 左侧	支座 C 右侧
支座弯矩/(kN·m)	−165.04			−138.33		
净跨/m		6.05	6.0		6.0	6.0
支座边剪力 V_0/kN		110.29	109.38		109.38	109.38
支座边弯矩/(kN·m)		−148.50	−148.63		−121.92	−121.92

表 9-15 次梁按弹性理论设计时的正截面承载力计算

截面	1	B	2	C	3
弯矩设计值 M/(kN·m)	$1.0×133.51$ $=133.51$	$1.0×(−148.63)$ $=−148.63$	$1.0×82.26$ $=82.26$	$1.0×(−121.92)$ $=−121.92$	$1.0×95.82$ $=95.82$
h/mm	500	500	500	500	500
h_0/mm	460	435	460	460	460
b/mm	200	200	200	200	200
b_f'/mm	2 100	—	2 100	—	2 100

续表

h_f'/mm	80	—	80	—	80
$\alpha_1 f_c b_f' h_f'\left(h_0-\dfrac{h_f'}{2}\right)/\text{kN}\cdot\text{m}$	1 009.01	—	1 009.01	—	1 009.01
T 形截面类型	第一类	—	第一类	—	第一类
$\alpha_s=\dfrac{M}{\alpha_1 f_c b h_0^2}$ 或 $\alpha_s=\dfrac{M}{\alpha_1 f_c b_f' h_0^2}$	0.021	0.275	0.013	0.201	0.015
$\xi=1-\sqrt{1-2\alpha_s}$	0.021	0.329	0.013	0.227	0.015
$A_s=\dfrac{\alpha_1 f_c b\xi h_0}{f_y}$ 或 $A_s=\dfrac{\alpha_1 f_c b_f'\xi h_0}{f_y}/\text{mm}^2$	806	1 137	499	830	576
$\rho=\dfrac{A_s}{bh}$	0.81%	1.14%	0.50%	0.83%	0.58%
选配钢筋	4 Φ 16	3 Φ 18+2 Φ 16	3 Φ 16	2 Φ 18+2 Φ 16	3 Φ 16
实际配筋截面面积/mm^2	804	1 165	603	911	603

（4）斜截面受剪承载力计算

$h_w=h_0-h_f'=435\text{ mm}-80\text{ mm}=355\text{ mm}$，$\dfrac{h_w}{b}=\dfrac{355}{200}=1.78<4.0$，支座 B 左侧截面剪力最大，取其为计算截面，$V_{\max}=1.0\times135.27\text{ kN}=135.27\text{ kN}$。由式（4-16a）得

$$0.25\beta_c f_c bh_0=0.25\times1.0\times14.3\times200\times435\text{ N}$$
$$=311.03\times10^3\text{ N}=311.03\text{ kN}>V_{\max}=135.27\text{ kN}$$

截面尺寸和混凝土强度等级满足抗剪要求。

采用双肢Φ6 箍筋，$A_{sv}=2\times A_{sv1}=57\text{ mm}$。由式（4-12）得

$$s=\frac{f_{yv}A_{sv}h_0}{V-\alpha_{cv}f_t bh_0}=\frac{270\times57\times435}{135.27\times10^3-0.7\times1.43\times200\times435}\text{ mm}=139\text{ mm}$$

取 $s=130\text{ mm}<s_{\max}=200\text{ mm}$。

$$\rho_{sv}=\frac{A_{sv}}{bs}=\frac{57}{200\times130}=0.22\%>\rho_{sv,\min}=0.24\frac{f_t}{f_{yv}}=0.24\times\frac{1.43}{270}=0.13\%$$

箍筋布置满足箍筋最大间距和最小配筋率要求。

（5）配筋图

仅配箍筋抗剪，可根据图 9-26b 进行钢筋布置，配筋见图 9-36。在图 9-36 中：

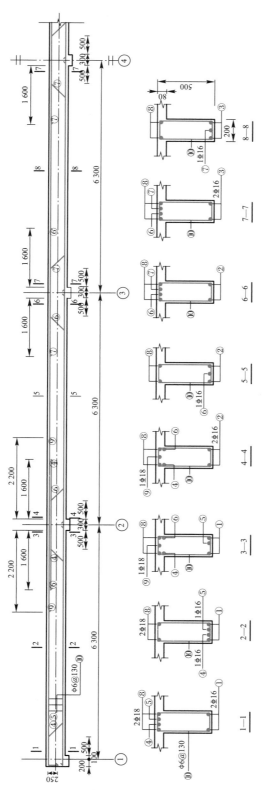

图 9-36 次梁按弹性理论设计无弯起钢筋抗剪配筋图

① 在支座 B[轴线②],左右侧各切断两批钢筋,第一批切断钢筋左侧为⑥ 1 $\underline{\Phi}$ 16,右侧为④ 1 $\underline{\Phi}$ 16,切断钢筋截面面积均小于总面积 A_s 的一半,左右侧切断点至支座左右边缘距离分别为 $l_{01}/5+20d=6\ 400$ mm$/5+20\times16$ mm $=1\ 600$ mm 和 $l_{02}/5+20d=6\ 300$ mm$/5+20\times16$ mm $=1\ 580$ mm,都取为 $1\ 600$ mm;第二批切断钢筋左右侧都为⑨ 1 $\underline{\Phi}$ 18,剩余 2 $\underline{\Phi}$ 18,剩余的钢筋截面面积大于总面积 A_s 的 $1/4$,其切断点至支座左右边缘距离为 $l_{01}/3=6\ 400$ mm$/3=2\ 133$ mm 和 $l_{02}/3=6\ 300$ mm$/3=2\ 100$ mm,都取为 $2\ 200$ mm。

② 在支座 C[轴线③],左右侧各切断一批钢筋,左侧切断⑦ 1 $\underline{\Phi}$ 16,右侧切断⑥ 1 $\underline{\Phi}$ 16,切断钢筋截面面积均小于总面积 A_s 的一半,左右侧切断点至支座左右边缘距离分别为 $l_{02}/5+20d=6\ 300$ mm$/5+20\times16$ mm $=1\ 580$ mm 和 $l_{03}/5+20d=6\ 300$ mm$/5+20\times16$ mm $=1\ 580$ mm,取为 $1\ 600$ mm。

③ 因仅配箍筋抗剪,在支座处无须配置弯起钢筋抗剪,但为抵抗支座 B 的负弯矩,在图 9-26b 所示的第二排弯起钢筋处,从梁底弯起钢筋至支座 B 顶面,左侧弯起钢筋④,右侧弯起钢筋⑥,它们的上弯点距离支座 B 左右边缘距离都为 500 mm。

在支座 B,也可以不弯起钢筋④和⑥,而另配一根直钢筋 1 $\underline{\Phi}$ 16,左右侧在距离支座 B 左右边缘 $1\ 600$ mm 处切断。

其他中间支座纵向钢筋的处理方法和支座 B 相同。

比较表 9-11 和表 9-15 知,按弹性理论设计与按弯矩调幅法设计相比,前者的纵向受力钢筋明显要比后者都多用一些。

6. 次梁按弹性理论设计(有弯起钢筋抗剪)

荷载计算和弯矩调幅法相同。

(1) 内力包络图

当需弯起钢筋抗剪时,就需要作内力包络图。将表 9-12 所列支座弯矩叠加按均布荷载简支梁计算得到的各截面弯矩,就可得到各种荷载布置下的弯矩,即各截面弯矩可按下式计算:

对于无可变荷载跨 $M_i=M^l+\dfrac{l}{l_0}(M^r-M^l)+\dfrac{gl}{2}(l_0-l)$

对于有可变荷载跨 $M_i=M^l+\dfrac{l}{l_0}(M^r-M^l)+\dfrac{(g+q)\,l}{2}(l_0-l)$

式中 M_i、M^l、M^r——该跨第 i 个截面和左右端支座截面的弯矩;

l_0、l——该跨计算跨度和该截面距左端支座的距离。

由于均布荷载作用下的剪力是直线分布,所以只需将表 9-13 所列每跨两端支座的剪力直线相连就得到剪力分布。

将表 9-12 和表 9-13 所列荷载布置下的弯矩和剪力分布分别绘制在同一张图中,就得到弯矩包络图和剪力包络图,见图 9-37 和图 9-38。

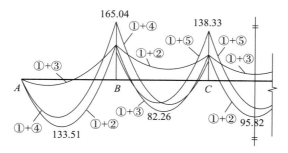

图 9-37 次梁弯矩包络图(单位 kN·m)

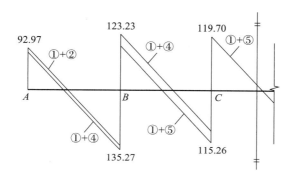

图 9-38 次梁剪力包络图(单位:kN)

(2)正截面受弯和斜截面受剪承载力计算

正截面受弯承载力计算过程和计算结果与无弯起钢筋抗剪时相同,计算过程仍见表 9-15。

箍筋采用双肢Φ 6@ 170,$s = 170$ mm$< s_{\max} = 200$ mm,箍筋配筋率:

$$\rho_{sv} = \frac{A_{sv}}{bs} = \frac{57}{200 \times 170} = 0.17\% > \rho_{sv,\min} = 0.24\frac{f_t}{f_{yv}} = 0.24 \times \frac{1.43}{270} = 0.13\%$$

箍筋布置满足箍筋最大间距和最小配筋率要求。

由式(4-12)得

$$V_{cs} = \alpha_{cv} f_t b h_0 + f_{yv}\frac{A_{sv}}{s} h_0$$

$$= 0.7 \times 1.43 \times 200 \times 435 \text{ N} + 270 \times \frac{57}{170} \times 435 \text{ N} = 126.47 \times 10^3 \text{ N} = 126.47 \text{ kN}$$

从图 9-38 的剪力包络图看到,除 $V_{cs} < V_{B,\max}^l = 135.27$ kN 外,其他截面箍筋与混凝土已能满足斜截面受剪承载力要求,因此,只需在支座 B 左侧配置弯起钢筋抗剪。

取弯起钢筋的弯起角度 $\theta = 45°$,由式(4-14)计算得弯起钢筋所需面积:

$$A_{sb} = \frac{V - V_{cs}}{0.8 f_y \sin \alpha_s} = \frac{135.27 \times 10^3 - 126.47 \times 10^3}{0.8 \times 360 \times \sin 45°} \text{ mm}^2 = 43 \text{ mm}^2$$

弯起钢筋 1 Φ 16,$A_{sb} = 201$ mm$^2 > 46$ mm^2。

弯起钢筋下弯点距支座边缘的距离为 $S_1 = s_1 + s \sin \theta$,其中 s_1 为弯起钢筋上弯点至支座左侧边缘截面距离,取 $s_1 = 50$ mm $\leqslant s_{\max} = 200$ mm;$\theta = 45°$,则 $s \sin \theta = h'$,h' 为弯起钢筋弯起前后水平段钢筋重心之间的距离,因钢筋弯起到支座 B 纵向钢筋的第二层,所以 $h' = 500$ mm $-$ (20+6+16/2) mm $-$ (20+6+18+30+16/2) mm $= 384$ mm,$S_1 = s_1 + h' = 50$ mm $+ 384$ mm $= 434$ mm。因此,第一排弯起钢筋下弯点截面的剪力设计值:

$$V = V_{B,\max}^l - (g+q) S_1 = 135.27 \text{ kN} - 36.46 \times 0.434 \text{ kN} = 119.45 \text{ kN} < V_{cs} = 126.47 \text{ kN}$$

所以,不需要再弯起钢筋抗剪。为了充分利用钢筋,从支座 B 左侧跨内再弯起 1 Φ 16 伸入支座 B,上弯点至支座左侧边缘截面距离 $s_2 = 500$ mm,下弯点至支座左侧边缘截面 $S_2 = s_2 + h' = 500$ mm $+ 384$ mm $= 884$ mm。

同时,在支座 B 右侧跨也弯起 1 Φ 16,上弯点至支座右侧边缘截面距离也取为 50 mm。

（3）钢筋的布置与斜截面受弯承载力

支座 B 左侧跨梁底钢筋弯起后,该钢筋在支座 B 左侧能否承担跨中正弯矩和支座负弯矩,在支座 B 右侧何时才能切断? 这都要根据抵抗弯矩图（M_R 图）和弯矩图（M 图）确定,图 9-39 在给出配筋图的同时,给出了 M_R 和 M 图。从图 9-39 看到:

① 在第一跨、第二跨和第三跨正弯矩区,钢筋④~钢筋⑦的弯起点至充分利用点的距离 $a \geqslant 0.5h_0 = 230$ mm,满足斜截面抗弯的要求。

② 在支座 B:

（a）钢筋⑤ 1 Φ 16 从第一跨梁底弯起伸入支座 B,上弯点距支座 B 左侧边缘 50 mm,其弯起点和充分利用点之间的距离 $a < 0.5h_0 = 218$ mm,不满足斜截面受弯承载力的要求,因此钢筋⑤ 在支座 B 左侧就不能抵抗负弯矩,只在支座 B 右侧抵抗负弯矩。

（b）钢筋⑥ 1 Φ 16 从第二跨梁底弯起伸入支座 B,上弯点距支座 B 右侧边缘 50 mm,同理,因弯起点和充分利用点之间距离 $a < 0.5h_0$,钢筋⑥ 在支座 B 右侧不能抵抗负弯矩,只在支座 B 左侧抵抗负弯矩。

（c）钢筋④ 1 Φ 16 也是从第一跨梁底弯起伸入支座 B,但其上弯点距离支座 B 左侧边缘 500 mm,起弯点和充分利用点之间的距离 $a \geqslant 0.5h_0$,故钢筋④ 在支座 B 左右两侧都能抵抗负弯矩。

（d）在支座 B 的左侧,钢筋⑥和⑨可以切断。在支座 B 的右侧,钢筋④、⑤、⑨可以切断。以支座 B 左侧的钢筋⑥的切断为例,点 G 为钢筋⑥的充分利用点,点 H 为钢筋⑥的理论切断点。由于在该截面上 $V > 0.7f_t bh_0$,故钢筋⑥应从充分利用点 G 延伸 l_d,从其理论切断点 H 延伸 l_w。对于 Φ 16 钢筋和 C30 混凝土,按式（1-13）计算得 $l_a = 564$ mm,$l_d \geqslant 1.2l_a + h_0 = 1.2 \times 564$ mm $+ 435$ mm $= 1\,112$ mm。$l_w \geqslant \max(20d, h_0) = \max(320 \text{ mm}, 435 \text{ mm}) = 435$ mm,由图 9-39 可知,GH 的水平投影距离为 193 mm。因此,要满足以上两个要求,钢筋⑥的实际切断点应从理论切断点 H 至少延伸 $1\,112$ mm $- 193$ mm $= 919$ mm。最终,取钢筋⑥ 距离支座边缘 $1\,110$ mm 切断。用同样的方法,可以确定其他钢筋切断点至支座 B 的左、右侧边缘的距离。

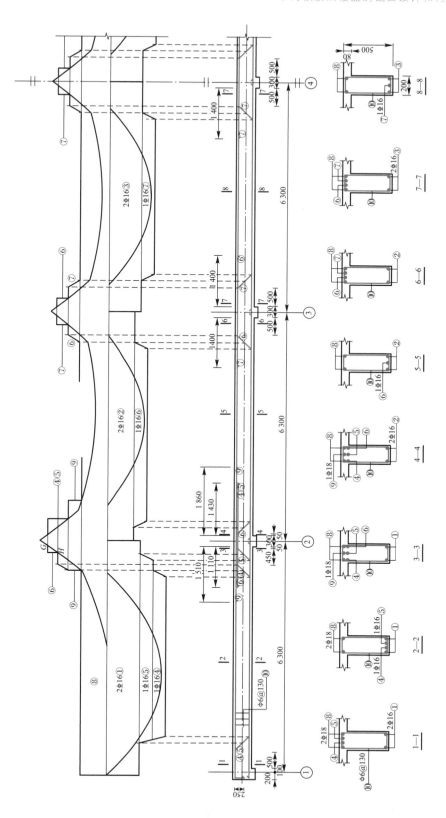

图 9-39　有弯起钢筋抗剪时次梁配筋、弯矩包络图及抵抗弯矩图

其余部位的 M_R 图及钢筋布置情况不再赘述。

从图 9-39 看到,M 图在 M_R 的内部,即每个截面上 $M_R > M$,因而该梁的正截面抗弯承载力满足要求。

7. 次梁各配筋方案的比较

(1)按弯矩调幅法设计时,次梁的中间支座负弯矩值、跨内正弯矩值均小于按弹性理论设计时的弯矩值,即与按弹性理论设计相比,按弯矩调幅法设计的纵向钢筋用量较省。

(2)比较图 9-39 和图 9-36 可知,图 9-39 负弯矩钢筋的切断长度小于图 9-36 中相应的切断长度,说明按图 9-36 进行纵向钢筋布置能够满足梁的正截面和斜截面受弯承载力要求。

(3)若无须弯起钢筋抗剪,则可以在图 9-26b 中取消第一排弯起钢筋,使弯起钢筋的弯起点距离其充分利用点之间的距离 $a \geqslant 0.5h_0$,弯起钢筋既能在梁底抵抗正弯矩,又能在支座左右两侧抵抗负弯矩。

9.5 双向板肋梁楼盖的设计

肋梁楼盖布置中,如果板的长边跨度与短边跨度之比 $l_2/l_1 \leqslant 2$ 时,即构成双向板肋梁楼盖。规范规定,当 $2 < l_2/l_1 \leqslant 3$ 时,也宜按双向板设计。

9.5.1 双向板试验结果

四边简支的正方形板(图 9-40a)在均布荷载作用下,因跨中两个方向的弯矩相等,主弯矩方向与对角线方向一致,故第一批裂缝出现在板底面的中间部分,随后沿着对角线的方向朝四角扩展。接近破坏时,板顶面四角附近也出现了与对角线垂直且大致成一圆形的裂缝,这种裂缝的出现,促使板底面对角线方向的裂缝进一步扩展。

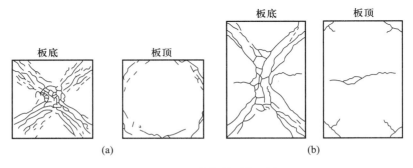

图 9-40 双向板的破坏形态

(a) 正方形板;(b) 矩形板

在四边简支的矩形板中（图 9-40b），由于短跨跨中的弯矩大于长跨跨中的弯矩，第一批裂缝出现在板底面中间部分，且平行于长边方向，随着荷载的继续增加，这些裂缝逐渐延长，然后沿 45°方向朝四角扩展。接近破坏时，板顶面四角也先后出现垂直于对角线方向的裂缝。这些裂缝的出现，促使板底面 45°方向的裂缝进一步扩展。最后，跨中受力钢筋达到屈服强度，板随之破坏。

理论上来说，板中钢筋应沿着垂直于裂缝的方向配置。但试验表明，板中钢筋的布置方向对破坏荷载的数值并无显著影响。钢筋平行于板边配置时，对推迟第一批裂缝的出现有良好的作用，且施工方便，所以采用最多。

四边简支的双向板，在荷载作用下，板的四角都有翘起的趋势。因此，板传给四边支座的压力，沿边长并不是均匀分布的，而是在支座的中部较大，向两端逐渐减小。

当配筋率相同时，采用较细的钢筋对控制裂缝宽度较为有利；当钢筋数量相同时，将板中间部分的钢筋排列较密些要比均匀布置对板受力更为有效。

9.5.2　双向板按弹性方法计算内力

双向板的内力计算也有按弹性方法和塑性方法两种。塑性方法有多种，其中塑性铰线法较为常用。本节只介绍弹性方法，若需按塑性方法计算，可参阅其他教材与文献[①]。

按弹性方法计算双向板的内力是根据弹性薄板小挠度理论的假定进行的。在工程设计中，大多根据板的荷载及支承情况利用计算机程序或已制成的表格进行计算。

1. 单块双向板的内力计算

对于承受均布荷载的单块矩形双向板，可根据板的四边支承情况及沿 x 方向和 y 方向板的跨度之比，利用附录 8 的表格按下式计算：

$$M = \alpha p l_x^2 \tag{9-18}$$

式中　M——相应于不同支承情况的单位板宽内跨中的弯矩值或支座中点的弯矩值；

　　　α——弯矩系数，根据板的支承情况和板跨长比 l_x/l_y 由附录 8 查得；

　　l_x、l_y——板沿短跨方向和长跨方向的跨长，见附录 8；

　　　p——作用在双向板上的均布荷载。

附录 8 的表格适用于泊松比 $\nu = 1/6$ 的钢筋混凝土板。

2. 连续双向板的内力计算

多跨连续双向板的内力计算，也需考虑活荷载的最不利布置方式，并将连续的双向板简化为单块双向板来计算。

（1）跨中最大弯矩

当板作用有均布恒荷载 g 和均布活荷载 q 时，对于板块 A 来说，最不利的荷载应按图 9-41a 的方式布置。此时可将活荷载转化为满布的 $q/2$ 和一上一下作用的 $q/2$

---

① 如本书参考文献[16]、[18]和[19]。

两种荷载情况之和。假设全部荷载 $p=g+q$ 由 p'（图 9-41c）和 p''（图 9-41d）组成，$p'=g+q/2$，$p''=\pm q/2$。在满布的荷载 p' 作用下，因为荷载是正对称的，可近似地认为连续双向板的中间支座都是固定支座；在一上一下的荷载 p'' 作用下，荷载近似符合反对称关系，可认为中间支座的弯矩等于零，即连续双向板的中间支座都可近似地看作简支支座；至于边支座则可根据实际情况确定。这样，就可将连续双向板分解成作用有 p' 及 p'' 的单块双向板来计算，将上述两种情况下求得的跨中弯矩相叠加，便可得到活荷载在最不利位置时所产生的跨中最大和最小弯矩。

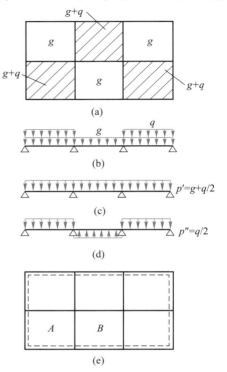

图 9-41 连续双向板求跨中最大弯矩时简化为单块板计算

（a）荷载最不利布置；（b）荷载简图；（c）对称荷载；
（d）反对称荷载；（e）四周简支双向板

（2）支座中点最大弯矩

求连续双向板的支座弯矩时，可将全部荷载 $p=g+q$ 布满各跨来计算，并近似认为板的中间支座都是固定支座。这样，连续双向板的支座弯矩系数也可由附录 8 查得。当相邻两跨板的另一端支承情况不一样，或跨度不相等时，可取相邻两跨板的同一支座弯矩的平均值作为该支座的计算弯矩值。

例如，图 9-41a 所示两列三跨双向板，当周边均为简支时（图 9-41e），在一上一下的荷载 p'' 作用下，每块板均可看作四边简支板。而在满布的荷载 p' 作用下，角跨板 A 可看作两邻边固定、两邻边简支的双向板；中跨板 B 则可看作三边固定、一边简支的双向板。

9.5.3 双向板的截面设计与构造

双向板的厚度不宜小于 80 mm。由于不另外验算挠度，双向板的板厚与短跨跨度的比值应满足 $h/l_1 > 1/40$ 的刚度要求。

对于周边与梁整体连接的双向板，由于在两个方向受到支承构件的变形约束，整块板内存在穹顶作用（图 9-17），板内弯矩大大减小，因而其弯矩设计值可按下列规定折减：

（1）对于连续板的中间区格的跨中截面及中间支座，弯矩减小 20%；

（2）对于边区格的跨中截面及从楼板边缘算起的第二支座截面，当 $l_b/l_0 < 1.5$

时,弯矩减小 20%;当 $1.5 \leqslant l_b/l_0 < 2$ 时,弯矩减小 10%。在此,l_0 为垂直于楼板边缘方向的计算跨度,l_b 为沿楼板边缘方向的计算跨度。

（3）对于角区格各截面,弯矩不折减。

求得双向板跨中和支座的最大弯矩值后,即可按一般受弯构件计算其钢筋用量。但需注意,双向板跨中两个方向均需配置受力钢筋。短跨方向的弯矩较大,钢筋应排在下层;长跨方向的弯矩较小,钢筋应排在上层。

按弹性方法计算出的板跨中最大弯矩是板中点板带的弯矩,故所求出的钢筋用量是中间板带单位宽度内所需要的钢筋用量。四边支承板在破坏时的形状好像一个倒置的四面落水的坡屋面,各板条之间不但受弯而且受扭,靠近支座的板带,其弯矩比中间板带的弯矩要小,其钢筋用量也可减少。为方便施工,可按图 9-42 处理,即将板在两个方向各划分为三个板带,两个方向边缘板带的宽度均为 $l_1/4$,其余为中间板带。在中间板带上,按跨中最大弯矩值配筋;在边缘板带上,按相应中间板带单位宽度内钢筋用量的一半配置。但在任何情况下,每米宽度内的钢筋不应少于 3 根。

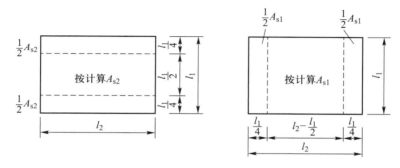

图 9-42 配筋板带的划分

由支座最大负弯矩求得的支座钢筋数量,应沿支座全长均匀布置,不应分带减少。

双向板沿墙边或边梁、墙角的构造钢筋与单向板相同。理论上可将每一方向的跨中正弯矩钢筋弯起 1/3～1/2 伸入支座上面去,以作为墙边或边梁、墙角的构造钢筋,但如此配筋施工复杂,工程上一般不弯起跨中钢筋,而直接在支座处加短钢筋。

双向板配筋形式与单向板相同,仍有弯起式和分离式两种。受力钢筋的直径、间距及弯起点、切断点的位置等规定,与单向板的规定相同。双向板采用弯起式配筋时,设计与施工复杂,工程中一般采用分离式配筋。

9.5.4 双向板支承梁的计算特点

双向板上的荷载沿两个方向传递到四边的支承梁上,精确地计算双向板传递给支承梁的荷载较为困难,在设计中多采用近似方法分配。即对每一区格,从板的四角作与板边成 45°角的斜线与平行于长边的中线相交（见图 9-43）,将板的面积分为四小块,认为每小块面积上的荷载就近传递到相邻的梁上。因此,短跨方向的支承梁将承受板传来的三角形分布荷载,长跨方向的支承梁将承受板传来的梯形分布荷载。对于梁的自重或直接作用在梁上的荷载应按实际情况考虑。梁上的荷载确定后,即可计算梁的内力。

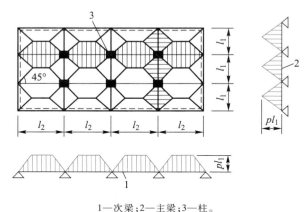

1—次梁;2—主梁;3—柱。
图 9-43   双向板传给梁的荷载

双向板支承梁和柱构成框架结构,按框架结构计算内力。

【例 9-2】   某工业厂房楼盖结构,一类环境类别,二级安全等级,结构布置如图 9-44 所示。试按弹性理论设计该结构的楼板。

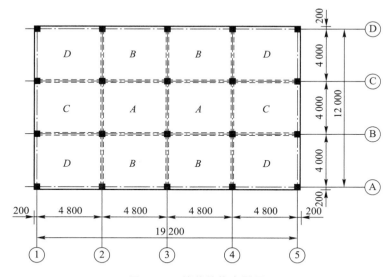

图 9-44   楼盖结构布置图

【解】

(1) 设计资料

柱子截面尺寸 400 mm×400 mm,纵、横向支承梁截面尺寸 200 mm×500 mm,板厚

100 mm。楼面活荷载 $q_k = 8.0$ kN/m²，楼面恒荷载 $g_k = 3.25$ kN/m²（包括板自重、面层、粉刷层等）。混凝土采用 C30，泊松比 $\nu = 1/6$；钢筋采用 HRB400。

由图 9-44 可知，楼盖中的板均为双向板，该楼盖为双向板肋梁楼盖。按弹性理论计算时板边支座一般简化为铰支座，如此根据板四边的支承条件，整个楼盖可以分为 A、B、C、D 四种区格的板。

（2）荷载设计值

永久荷载设计值　$g = 1.3 \times 3.25$ kN/m² $= 4.23$ kN/m²

可变荷载设计值　$q = 1.5 \times 8.0$ kN/m² $= 12.0$ kN/m²

荷载总设计值　$g + q = 4.23$ kN/m² $+ 12.0$ kN/m² $= 16.23$ kN/m²

其中　$g + q/2 = 4.23$ kN/m² $+ 12.0$ kN/m²$/2 = 10.23$ kN/m²

$q/2 = 12.0$ kN/m²$/2 = 6.0$ kN/m²

（3）计算跨度

按弹性理论计算，板两端与梁整体连接，计算跨度取为支座中心线间的距离，$l_0 = l_c$，各区格板的计算跨度列于表 9-17。

（4）弯矩计算

求跨中最大正弯矩时，将荷载 $g + q$ 拆分为对称荷载 $g + q/2$ 和反对称荷载 $q/2$，对称荷载 $g + q/2$ 作用下板内支座假定为固定支座，反对称荷载 $q/2$ 作用下板内支座假定为简支支座，边支座和原支座相同。分别求得 $g + q/2$ 和 $q/2$ 作用下的弯矩相加就得跨中最大正弯矩。求支座最大负弯矩时，荷载采用 $g + q$，内支座假定为固定支座，边支座和原支座相同。

以区格 A 的板为例进行计算。区格 A 的板 $l_x = 4\ 000$ mm，$l_y = 4\ 800$ mm，$l_x/l_y = 4\ 000/4\ 800 = 0.83$。区格 A 为中间区格，支座全为内支座，因而只有两种支座情况：四边固定和四边简支。查附录 8 得各弯矩系数如表 9-16 所示。

表 9-16　区格 A 弯矩系数

支承情况	四边固定				四边简支	
弯矩类型	跨中最大正弯矩		支座最大负弯矩		跨中最大正弯矩	
弯矩系数	$m_x = 0.028\ 1$	$m_y = 0.019\ 4$	$m_x^0 = -0.064\ 1$	$m_y^0 = -0.055\ 4$	$m_x' = 0.058\ 5$	$m_y' = 0.043\ 0$

由表 9-16 所列系数可求得

$$M_x = m_x(g + q/2)\, l_x^2 + m_x'(q/2)\, l_x^2$$

$$= 0.028\ 1 \times 10.23 \times 4.0^2 \text{ kN} \cdot \text{m} + 0.058\ 5 \times 6.0 \times 4.0^2 \text{ kN} \cdot \text{m} = 10.22 \text{ kN} \cdot \text{m}$$

$$M_y = m_y(g + q/2)\, l_x^2 + m_y'(q/2)\, l_x^2$$

$$= 0.019\ 4 \times 10.23 \times 4.0^2 \text{ kN} \cdot \text{m} + 0.043\ 0 \times 6.0 \times 4.0^2 \text{ kN} \cdot \text{m} = 7.30 \text{ kN} \cdot \text{m}$$

$$M_x^0 = m_x^0(g + q)\, l_x^2 = -0.064\ 1 \times 16.23 \times 4.0^2 \text{ kN} \cdot \text{m} = -16.65 \text{ kN} \cdot \text{m}$$

$$M_y^0 = m_y^0(g + q)\, l_x^2 = -0.055\ 4 \times 16.23 \times 4.0^2 \text{ kN} \cdot \text{m} = -14.39 \text{ kN} \cdot \text{m}$$

对其他区格也进行同样的查表计算,各区格的板的弯矩计算过程列于表 9-17。

表 9-17　按弹性理论计算双向板的弯矩值

区格	A	B	C	D
l_x/m	4.0	4.1	4.0	4.1
l_y/m	4.8	4.8	4.9	4.9
l_x/l_y	0.83	0.85	0.82	0.84
$M_x/$ (kN·m)	$0.028\ 1\times10.23\times4.0^2+$ $0.058\ 5\times6.0\times4.0^2$ $=10.22$	$0.031\ 2\times10.23\times4.10^2+$ $0.056\ 4\times6.0\times4.10^2$ $=11.05$	$0.031\ 3\times10.23\times4.0^2+$ $0.059\ 6\times6.0\times4.0^2$ $=10.84$	$0.036\ 4\times10.23\times4.10^2+$ $0.057\ 5\times6.0\times4.10^2$ $=12.06$
$M_y/$ (kN·m)	$0.019\ 4\times10.23\times4.0^2+$ $0.043\ 0\times6.0\times4.0^2$ $=7.30$	$0.018\ 6\times10.23\times4.10^2+$ $0.043\ 2\times6.0\times4.10^2$ $=7.56$	$0.026\ 7\times10.23\times4.0^2+$ $0.043\ 0\times6.0\times4.0^2$ $=8.50$	$0.026\ 8\times10.23\times4.10^2+$ $0.043\ 1\times6.0\times4.10^2$ $=8.96$
$M_x^0/$ (kN·m)	$-0.064\ 1\times16.23\times4.0^2$ $=-16.65$	$-0.069\ 3\times16.23\times4.10^2$ $=-18.91$	$-0.074\ 8\times16.23\times4.0^2$ $=-19.42$	$-0.084\ 0\times16.23\times4.10^2$ $=-22.92$
$M_y^0/$ (kN·m)	$-0.055\ 4\times16.23\times4.0^2$ $=-14.39$	$-0.056\ 7\times16.23\times4.10^2$ $=-15.47$	$-0.069\ 7\times16.23\times4.0^2$ $=-18.10$	$-0.073\ 6\times16.23\times4.10^2$ $=-20.08$

（5）配筋计算

二级安全等级,$\gamma_0=1.0$;C30 混凝土,$f_c=14.3\ \text{N/mm}^2$,$f_t=1.43\ \text{N/mm}^2$,$\alpha_1=1.0$,$\beta_c=1.0$;HRB400 钢筋,$f_y=360\ \text{N/mm}^2$,$\xi_b=0.518$,$\rho_{\min}=\max\left(0.20\%,0.45\dfrac{f_t}{f_y}\right)=0.20\%$。

一类环境类别,取保护层厚度 $c=15\ \text{mm}$。l_x 方向跨中截面的有效高度 $h_{0x}=h-a_s=100\ \text{mm}-20\ \text{mm}=80\ \text{mm}$,$l_y$ 方向跨中截面的有效高度 $h_{0y}=80\ \text{mm}-10\ \text{mm}=70\ \text{mm}$,支座截面的 $h_0=80\ \text{mm}$。

该楼盖中的板四边与梁整体连接,可以对其弯矩设计值进行折减。其中:

① 区格 A 的板为中间区格,跨中弯矩及支座弯矩折减 20%。

② 区格 B 的板为边区格,因为 $l_b/l_0=4.8/4.1=1.17<1.5$,跨中弯矩及内支座弯矩折减 20%。

③ 区格 C 的板为边区格,因为 $l_b/l_0=4.0/4.9=0.82<1.5$,跨中弯矩及内支座弯矩折减 20%。

④ 区格 D 的板为角区格,各截面弯矩不折减。

配筋计算结果及配筋列于表 9-18,计算钢筋用量均满足最小配筋率要求。

表 9-18 双向板配筋计算

截面		h_0/ mm	M/ (kN·m)	α_s	ξ	A_s/ mm²	配筋	实配面积/ mm²
跨中	板 A l_x 方向	80	1.0×0.8×10.22=8.18	0.089	0.093	296	⊈8@150	335
	板 A l_y 方向	70	1.0×0.8×7.30=5.84	0.083	0.087	242	⊈8@200	251
	板 B l_x 方向	80	1.0×0.8×11.05=8.84	0.097	0.102	324	⊈8@150	335
	板 B l_y 方向	70	1.0×0.8×7.56=6.05	0.086	0.090	250	⊈8@200	251
	板 C l_x 方向	80	1.0×0.8×10.84=8.67	0.095	0.100	318	⊈8@150	335
	板 C l_y 方向	70	1.0×0.8×8.50=6.80	0.097	0.102	284	⊈8@150	335
	板 D l_x 方向	80	1.0×12.06=12.06	0.132	0.142	451	⊈8@100	503
	板 D l_y 方向	70	1.0×8.96=8.96	0.128	0.137	381	⊈10@200	393
支座	A—A	80	1.0×0.8×14.39=11.51	0.126	0.135	429	⊈10/12@200	479
	A—B	80	1.0×(18.91+16.65)/2×0.8=14.22	0.155	0.169	537	⊈10/12@150	639
	A—C	80	1.0×(14.39+18.10)/2×0.8=13.0	0.142	0.154	489	⊈12@200	565
	B—B	80	1.0×0.8×15.47=12.38	0.135	0.146	463	⊈10/12@200	479
	B—D	80	1.0×(15.47+20.08)/2=17.78	0.194	0.218	693	⊈12@150	754
	C—D	80	1.0×(19.42+22.92)/2=21.17	0.231	0.267	848	⊈10/12@100	958

（6）配筋图

该楼盖的配筋图如图 9-45 所示。

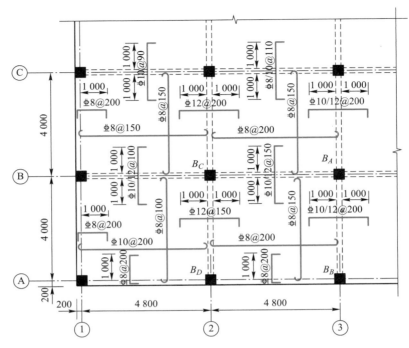

图 9-45 双向板配筋图

9.6 楼梯的设计

楼梯是多、高层建筑的竖向通道,其平面布置、踏步尺寸、栏杆形式等由建筑设计确定。板式楼梯和梁式楼梯是最常见的楼梯形式(图 9-46),在宾馆、图书馆等一些公共建筑中也会采用特种楼梯,如螺旋板式楼梯和悬挑板式楼梯(图 9-47)。本节介绍板式楼梯和梁式楼梯的计算与构造。

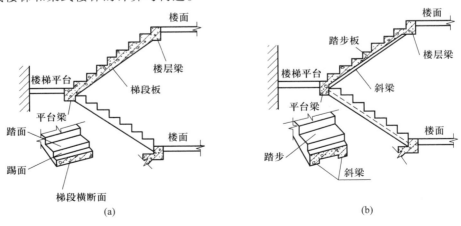

图 9-46 板式楼梯和梁式楼梯

(a) 板式楼梯;(b) 梁式楼梯

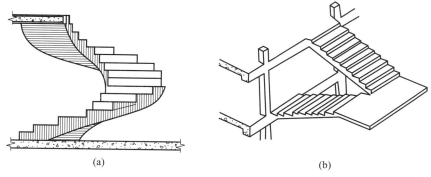

图 9-47　螺旋板式楼梯和悬挑板式楼梯

（a）螺旋板式楼梯；（b）悬挑板式楼梯

9.6.1　板式楼梯的设计

板式楼梯由梯段板、平台板和平台梁组成,见图 9-48a。梯段板是斜放的齿形板,支承在平台梁上和楼层梁上,底层下段一般支承在地垄梁上。最常见的是双跑楼梯,每层两个梯段,也有采用单跑楼梯和三跑楼梯的。

板式楼梯的优点是下表面平整,施工支模方便,外观比较轻巧。缺点是梯段板较厚,板厚约为梯段板长度的 $1/30\sim1/25$,混凝土和钢材用量较多,一般适用于梯段板水平长度不超过 3 m 的情况。

板式楼梯的设计包括梯段板、平台板和平台梁的设计。

1. 梯段板的设计

梯段板可按斜放的简支板计算,计算跨度取上、下楼梯梁之间斜长的净距 l'_n,其正截面与梯段板垂直。梯段板作用有永久荷载和可变荷载,其中永久荷载（自重）按斜向长度 l'_n 计算,而活荷载按水平投影长度 l_n 计算。为计算方便,通常将永久荷载换算成水平投影长度上的均布荷载,如图 9-48c 所示,图中的荷载 p 为永久荷载与可变荷载设计值的总和,其值等于梯段板上的总荷载设计值除以水平投影长度 l_n。

由图 9-48c 知,梯段板支座反力为 $R=\dfrac{1}{2}pl_n$,由支座反力 R 与板上荷载 p 对跨中截面取矩就可得到梯段板跨中最大弯矩 $M_{max}=\dfrac{1}{8}pl_n^2$。考虑梯段板与平台梁整体浇筑,平台梁和平台板对梯段板的转动变形有一定的约束作用,故梯段板跨中最大弯矩常近似取为

$$M_{max}=\frac{1}{10}pl_n^2 \qquad (9-19a)$$

由梯段板的水平夹角 α,将支座反力 $R=\dfrac{1}{2}pl_n$ 分解成垂直于梯段板的分量

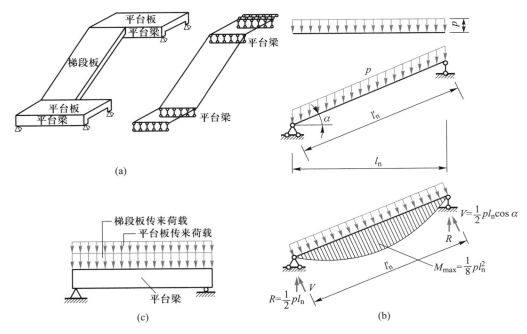

(a)

(c)

(b)

图 9-48　板式楼梯的荷载传递与楼梯段计算简图
（a）板式楼梯模型图；（b）梯段板计算简图；（c）平台梁计算简图

$\frac{1}{2}pl_n \cos \alpha$ 和平行于梯段板的分量 $\frac{1}{2}pl_n \sin \alpha$，其中垂直于梯段板的分量 $\frac{1}{2}pl_n \cos \alpha$ 就是其最大剪力 V_{max}（图 9-48b）：

$$V_{max} = \frac{1}{2}pl_n \cos \alpha \qquad (9-19b)$$

计算截面承载力时，截面高度应垂直于梯段板量取，并取齿形的最薄处，受力钢筋布置于板底。同时，为避免梯段板在支座顶面处产生过大的裂缝，应在梯段板板顶配置一定数量的钢筋，一般取用直径 8 mm、间距 200 mm，长度不宜小于 $l_n/4$。

梯段板的分布钢筋可采用Φ6 或Φ8，每级踏步不少于 1 根，放置在受力钢筋的内侧。

2. 平台板和平台梁的设计

平台板一般设计成单向板，取 1 m 宽计算。平台板一端与平台梁整体连接，另一端可能支承在砖墙上，也可能与过梁整浇。跨中最大弯矩可近似取为

另一端支承在砖墙上

$$M_{max} = \frac{1}{8}pl_n^2 \qquad (9-20a)$$

另一端与过梁整浇

$$M_{max} = \frac{1}{10}pl_n^2 \qquad (9-20b)$$

考虑平台板支座的转动会受到一定
约束,一般应将板底钢筋在支座附近弯起
一半伸入支座板面,或在支座板面另配短
钢筋,短钢筋伸出承承边缘的长度不宜小
于 $l_n/4$,见图 9-49。

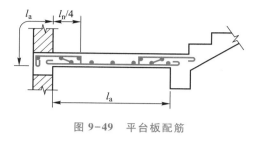

图 9-49　平台板配筋

平台梁的设计与一般梁相似,不再
赘述。

【例 9-3】　某小学框架结构教学楼现浇板式楼梯,二级安全等级,一类环境类别。
结构平面与立面布置图如图 9-50 所示,试设计该楼梯。

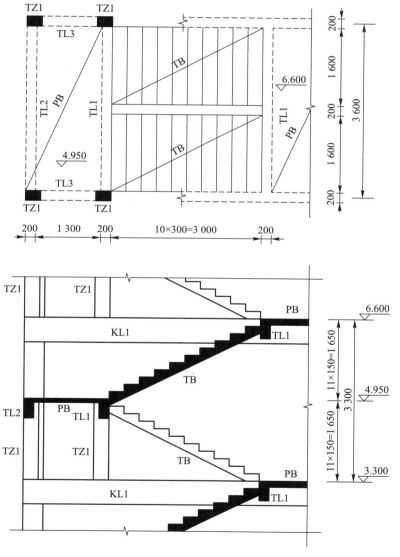

图 9-50　板式楼梯布置

【解】

（1）设计资料

层高为 3.30 m，楼梯水平投影长 $l_n = 3.0$ m，踏步尺寸为 150 mm×300 mm。楼梯顶面铺设单位面积自重为 0.65 kN/m² 的水磨石，楼梯底面抹有 20 mm 厚重度为 17.0 kN/m³ 的混合砂浆。楼梯上均布活载标准值 $q_k = 3.50$ kN/m²。

二级安全等级，$\gamma_0 = 1.0$；混凝土强度等级为 C30，$f_c = 14.3$ N/mm²，$f_t = 1.43$ N/mm²，$\alpha_1 = 1.0$，$\beta_c = 1.0$；除箍筋采用 HPB300 钢筋外，其余采用 HRB400 钢筋，$f_y = 360$ N/mm²，$\xi_b = 0.518$，$\rho_{min} = \max\left(0.20\%, 0.45\dfrac{f_t}{f_y}\right) = 0.20\%$，$f_{yv} = 270$ N/mm²。

（2）梯段板设计

梯段板倾斜角为 α，$\tan\alpha = 150/300 = 0.5$，$\cos\alpha = 0.894$。梯段板长度为 3.0 m/$\cos\alpha$ = 3.0 m/0.894 = 3.36 m，梯段板厚度一般取其长度的 1/30~1/25，即 $h = (1/30 \sim 1/25) \times 3360$ mm = 112~134 mm，取 $h = 120$ mm。

梯段板按斜放的简支板计算，计算跨度取上、下楼梯梁之间斜长的净距，即 $l'_n = 3.36$ m。取 1 m 宽板带计算。

① 荷载计算

将永久荷载换算成水平投影长度上的均布荷载，荷载计算列于表 9-19。

表 9-19　梯段板荷载计算

荷载种类		荷载标准值/(kN·m⁻¹)
恒荷载 g_k	水磨石面层	(0.30+0.15)×0.65/0.30 = 0.98
	三角形踏步	0.5×0.30×0.15×25.0/0.30 = 1.88
	混凝土斜板	0.12×25.0/0.894 = 3.36
	板底抹灰	0.02×17.0/0.894 = 0.38
	小计	6.60
活荷载 q_k		3.50

永久荷载分项系数 $\gamma_G = 1.3$，可变荷载分项系数 $\gamma_Q = 1.5$，总荷载设计值：

$$p = \gamma_G g_k + \gamma_Q q_k = 1.3 \times 6.60 \text{ kN/m} + 1.5 \times 3.50 \text{ kN/m} = 13.83 \text{ kN/m}$$

② 内力计算

梯段板水平投影长度 $l_n = 3.0$ m，由式（9-19a）计算梯段板弯矩设计值：

$$M = \gamma_0\left(\frac{1}{10}pl_n^2\right) = 1.0 \times \frac{1}{10} \times 13.83 \times 3.0^2 \text{ kN·m} = 12.45 \text{ kN·m}$$

③ 正截面受弯承载力计算

环境类别为一类，取保护层厚度 $c = 15$ mm，梯段板的有效高度 $h_0 = h - a_s = 120$ mm − 20 mm = 100 mm。

$$\alpha_s = \frac{M}{\alpha_1 f_c b h_0^2} = \frac{12.45 \times 10^6}{1.0 \times 14.3 \times 1\,000 \times 100^2} = 0.087$$

$$\xi = 1 - \sqrt{1 - 2\alpha_s} = 1 - \sqrt{1 - 2 \times 0.087} = 0.091 < \xi_b = 0.518$$

$$A_s = \frac{\alpha_1 f_c b \xi h_0}{f_y} = \frac{1.0 \times 14.3 \times 1\,000 \times 0.091 \times 100}{360}\ \mathrm{mm}^2 = 361\ \mathrm{mm}^2$$

$$\rho = \frac{A_s}{bh} = \frac{361}{1\,000 \times 120} = 0.30\% > \rho_{min} = 0.20\%$$

选配 $\Phi 8@130$，$A_s = 387\ \mathrm{mm}^2$。分布钢筋为每级踏步 1 根 $\Phi 8$，梯段板配筋图如图 9-51a 所示。

（3）平台板设计

平台板一端与平台梁 TL1 整体连接，另一端与过梁 TL2 整浇，双侧与侧梁 TL3 整浇。平台板短跨方向跨长 $l_{01} = 1.50$ m，长跨方向跨长 $l_{02} = 3.60$ m，$l_2/l_1 = 3.60/1.50 = 2.40$，$2 < l_2/l_1 < 3$，宜按双向板计算，这里为简化按单向板设计。对单向板，板厚不宜小于其跨长的 $1/30$，$h \geqslant 1\,500\ \mathrm{mm}/30 = 50\ \mathrm{mm}$，取板厚 $h = 80\ \mathrm{mm}$。

取 1 m 宽板带计算。

① 荷载计算

荷载计算列于表 9-20。

表 9-20　平台板荷载计算

荷载种类		荷载标准值/$(\mathrm{kN \cdot m^{-1}})$
恒荷载 g_k	水磨石面层	$0.65 \times 1.0 = 0.65$
	80 mm 厚混凝土板	$0.08 \times 25.0 \times 1.0 = 2.0$
	板底抹灰	$0.02 \times 17.0 \times 1.0 = 0.34$
	小计	2.99
活荷载 q_k		3.50

永久荷载分项系数 $\gamma_G = 1.3$，可变荷载分项系数 $\gamma_Q = 1.5$，总荷载设计值：

$$p = \gamma_G g_k + \gamma_Q q_k = 1.3 \times 2.99\ \mathrm{kN/m} + 1.5 \times 3.50\ \mathrm{kN/m} = 9.14\ \mathrm{kN/m}$$

② 内力计算

平台板的计算跨度 $l_0 = l_c = 1.50$ m。因平台板和平台梁整浇，其弯矩设计值：

$$M = \gamma_0 \left(\frac{1}{10} p l_0^2 \right) = 1.0 \times \frac{1}{10} \times 9.14 \times 1.50^2\ \mathrm{kN \cdot m} = 2.06\ \mathrm{kN \cdot m}$$

③ 正截面受弯承载力计算

环境类别为一类，取保护层厚度 $c = 15$ mm。平台板的有效高度 $h_0 = h - a_s = 80\ \mathrm{mm} - 20\ \mathrm{mm} = 60\ \mathrm{mm}$。

$$\alpha_s = \frac{M}{\alpha_1 f_c b h_0^2} = \frac{2.06 \times 10^6}{1.0 \times 14.3 \times 1\,000 \times 60^2} = 0.040$$

$$\xi = 1-\sqrt{1-2\alpha_s} = 1-\sqrt{1-2\times0.040} = 0.041 < \xi_b = 0.518$$

$$A_s = \frac{\alpha_1 f_c b \xi h_0}{f_y} = \frac{1.0\times14.3\times1\,000\times0.041\times60}{360}\,\text{mm}^2 = 98\,\text{mm}^2$$

$$\rho = \frac{A_s}{bh} = \frac{98}{1\,000\times80} = 0.12\% < \rho_{min} = 0.20\%$$

取 $A_s = \rho_{min}bh = 0.20\%\times1\,000\times80\,\text{mm}^2 = 160\,\text{mm}^2$。选配 $\Phi 6@150$, $A_s = 188\,\text{mm}^2$

（4）平台梁设计

以 TL1 为例。该平台梁的跨度为 3.60 m，取平台梁 TL1 的尺寸为 $b\times h = 200\,\text{mm}\times 400\,\text{mm}$。

① 荷载计算

除了自重外，平台梁 TL1 还承受梯段板和平台板传来的荷载，荷载计算列于表 9-21。

表 9-21   平台梁荷载计算

荷载种类		荷载标准值/(kN·m^{-1})
恒荷载 g_k	梁自重	$0.20\times(0.40-0.08)\times25 = 1.60$
	梁侧粉刷	$0.02\times(0.40-0.08)\times2\times17 = 0.22$
	梯段板传来	$6.60\times3.0/2 = 9.90$
	平台板传来	$2.99\times1.70/2 = 2.54$
	小计	14.26
活荷载 q_k		$3.50\times(3.0+1.70)/2 = 8.23$

永久荷载分项系数 $\gamma_G = 1.3$，可变荷载分项系数 $\gamma_Q = 1.5$，总荷载设计值：

$$p = \gamma_G g_k + \gamma_Q q_k = 1.3\times14.26\,\text{kN/m} + 1.5\times8.23\,\text{kN/m} = 30.88\,\text{kN/m}$$

② 内力计算

平台梁 TL1 的计算跨度 $l_0 = l_c = 3.60$ m，净跨 $l_n = 3.60$ m-0.20 m$= 3.40$ m。

弯矩设计值 $M = \gamma_0\left(\dfrac{1}{8}pl_0^2\right) = 1.0\times\dfrac{1}{8}\times30.88\times3.60^2\,\text{kN·m} = 50.03\,\text{kN·m}$

剪力设计值 $V = \gamma_0\left(\dfrac{1}{2}pl_n\right) = 1.0\times\dfrac{1}{2}\times30.88\times3.40\,\text{kN} = 52.50\,\text{kN}$

③ 正截面受弯承载力计算

环境类别为一类，取保护层厚度 $c = 20$ mm。平台梁 TL1 的有效高度 $h_0 = h-a_s = 400$ mm-40 mm$= 360$ mm。

正截面受弯承载力计算时，平台梁 TL1 按倒 L 形梁计算，根据表 3-3 确定翼缘计算宽度 b'_f：

按计算跨度 l_0 考虑 $b'_f = l_0/6 = 3\,600\,\text{mm}/6 = 600\,\text{mm}$

按梁（肋）净距 s_n 考虑 $b'_f = b+s_n/2 = 200\,\text{mm}+1\,300\,\text{mm}/2 = 850\,\text{mm}$

按翼缘高度 h_f' 考虑　　　　$h_\text{f}'/h_0 = 80/360 = 0.22 > 0.1$，不用考虑

取上述两者的较小值，所以 $b_\text{f}' = 600$ mm。

$$\alpha_1 f_\text{c} b_\text{f}' h_\text{f}' \left(h_0 - \frac{h_\text{f}'}{2} \right) = 1.0 \times 14.3 \times 600 \times 80 \times \left(360 - \frac{80}{2} \right) \text{ N} \cdot \text{mm}$$

$$= 219.65 \times 10^6 \text{ N} \cdot \text{mm} = 219.65 \text{ kN} \cdot \text{m} > M = 50.03 \text{ kN} \cdot \text{m}$$

属第一类 T 形截面。

$$\alpha_\text{s} = \frac{M}{\alpha_1 f_\text{c} b_\text{f}' h_0^2} = \frac{50.03 \times 10^6}{1.0 \times 14.3 \times 600 \times 360^2} = 0.045$$

$$\xi = 1 - \sqrt{1 - 2\alpha_\text{s}} = 1 - \sqrt{1 - 2 \times 0.045} = 0.046$$

$$A_\text{s} = \frac{\alpha_1 f_\text{c} b_\text{f}' \xi h_0}{f_\text{y}} = \frac{1.0 \times 14.3 \times 600 \times 0.046 \times 360}{360} \text{ mm}^2 = 395 \text{ mm}^2$$

$$\rho = \frac{A_\text{s}}{bh} = \frac{395}{200 \times 400} = 0.49\% > \rho_\text{min} = 0.20\%$$

选配 2 $\underline{\Phi}$ 16，$A_\text{s} = 402$ mm^2。

④ 斜截面受剪承载力计算

$$h_\text{w} = h_0 - h_\text{f}' = 360 \text{ mm} - 80 \text{ mm} = 280 \text{ mm}, \frac{h_\text{w}}{b} = \frac{280}{200} = 1.4 < 4.0$$

由式（4-16a）得

$$0.25\beta_\text{c} f_\text{c} bh_0 = 0.25 \times 1.0 \times 14.3 \times 200 \times 360 \text{ N}$$

$$= 257.40 \times 10^3 \text{ N} = 257.40 \text{ kN} > V = 52.50 \text{ kN}$$

截面尺寸和混凝土强度满足抗剪要求。

均布荷载作用，$\alpha_\text{cv} = 0.7$，由式（4-15）得

$$\alpha_\text{cv} f_\text{t} bh_0 = 0.7 \times 1.43 \times 200 \times 360 \text{ N} = 72.072 \times 10^3 \text{ N} = 72.07 \text{ kN} > V = 52.50 \text{ kN}$$

按构造配置箍筋，即按最小箍筋直径 Φ 6 mm 和最大箍筋间距 $s_\text{max} = 300$ mm 选用箍筋，Φ6@300。

平台梁 TL1 配筋如图 9-51 所示。

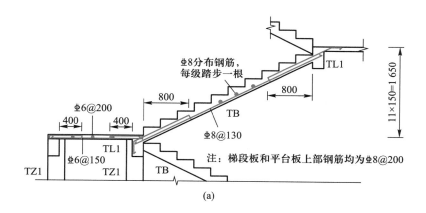

(a)

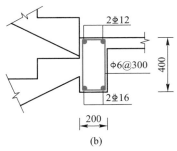

图 9-51 板式楼梯配筋

(a) 梯段板和平台板;(b) 平台梁 TL1

9.6.2 梁式楼梯的设计

梁式楼梯由踏步板、斜梁、平台板和平台梁组成(图 9-46b),应分别进行计算。

踏步板两端支承在斜梁上,按两端简支的单向板计算,一般取一个踏步作为计算单元。踏步板为梯形截面,如图 9-52 所示,其中踏步板宽为 b,踏步高度为 c,斜板厚度为 d,斜梁水平夹角为 α。为简化计算,踏步板计算截面高度 h 近似按梯形截面的平均高度采用,即

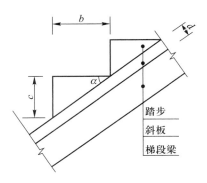

图 9-52 踏步板尺寸示意

$$h = c/2 + d/\cos \alpha \qquad (9-21)$$

如此,踏步板就可简化为两端简支、截面宽度为 b、截面高度为 h 的矩形截面梁进行内力计算及配筋计算。这个假定虽然和实际受力状况有所不同,但配筋结果是偏于安全的。

踏步板板厚一般不小于 30~40 mm,每一踏步一般需配置不少于 2 根、直径 6 mm 的受力钢筋;沿斜向分布钢筋的直径不宜小于 6 mm,间距不宜大于 250 mm。

斜梁的内力计算与板式楼梯的梯段板相同。斜梁的截面计算高度应垂直于斜梁量取,并按倒 L 形截面计算其受弯承载力,图 9-53 为斜梁的配筋构造。

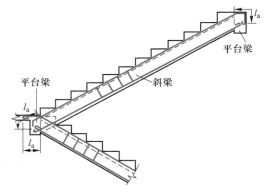

图 9-53 斜梁配筋构造

平台梁主要承受上下跑楼梯斜梁传来的集中荷载(图 9-46b)和平台板传来的均布荷载,一般按简支梁计算。平台板的设计和板式楼梯的平台板相同。

9.6.3 现浇楼梯的一些构造处理

当楼梯下部净高不够时,可将平台梁内移(图 9-54),这时板式楼梯的梯段板和梁式楼梯的斜梁就成为折线形板和梁,设计时应分别应注意下列问题。

1. 板式楼梯

(1)梯段板中的水平段,其板厚应和梯段斜板相同,不能和平台板同厚。

(2)折角处的下部纵向受拉钢筋不允许沿板底弯折,以避免产生向外的合力,将该处混凝土保护层崩脱,应将此处纵向受拉钢筋断开,各自伸至顶面再行锚固。若板弯折位置靠近平台梁,由于平台梁的约束,板内可能出现负弯矩,这时板面还应配置承担负弯矩的短钢筋(图 9-55)。

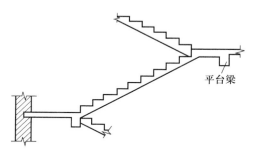

图 9-54 平台梁内移

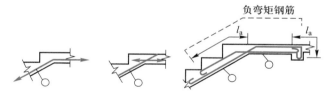

图 9-55 折线形板内折角处配筋

2. 梁式楼梯

梁内折角的纵向受拉钢筋应分开配置,并各自延伸满足锚固要求,同时还应在内折角处 $s = h \tan\left(\dfrac{3}{8}\alpha\right)$ 范围内增设附加箍筋(图 9-56)。附加箍筋应足以承受未伸入受压区锚固的纵向钢筋的合力[按式(9-22)计算],且在任何情况下该合力不应大于全部纵向受拉钢筋合力的 35%。

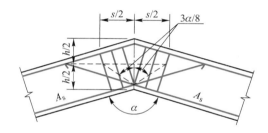

图 9-56 折线形梁内折角处配筋

$$N_{s2} = 0.7 f_y A_s \cos \frac{\alpha}{2} \qquad (9-22)$$

式中 A_s——全部纵向受拉钢筋截面面积；

       α——构件内折角。

9.7 雨篷的设计

雨篷、外阳台、挑檐和挑廊是建筑工程中常见的悬挑构件。本节以板式雨篷（下简称雨篷）为例，介绍悬挑构件的设计要点。

雨篷由雨篷板和雨篷梁组成，如图 9-57 所示。雨篷梁起两种作用：一是支承雨篷板；二是兼作过梁，承受上部墙体的重量和楼面梁、板传来的荷载。在荷载作用下，雨篷可能发生三种破坏：① 雨篷板在支承截面受弯破坏；② 雨篷梁在弯、剪、扭作用下破坏；③ 整体倾覆破坏。因此，雨篷的设计包括雨篷板、雨篷梁的设计计算和整体抗倾覆验算三方面内容。本节仅介绍前两方面内容，有关雨篷整体抗倾覆验算的内容将后续课程中介绍。

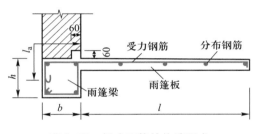

图 9-57 板式雨篷的构造要求

通常情况下，雨篷板的挑出长度为 0.6 ~ 1.2 m 或更长，视建筑要求而定；现浇雨篷板多数做成变厚度的，根部厚度可取为 1/10 的挑出长度，但不小于 70 mm，板端厚度不小于 50 mm。

雨篷梁宽度一般取与墙体同宽，高度应按承载力确定，两端伸入砌体的长度应满足雨篷抗倾覆的要求。

1. 雨篷板

作用于雨篷板上的永久荷载包括自重、面层和粉刷层等自重，可变荷载包括雪荷载与均布可变荷载。雪荷载与均布可变荷载不同时考虑，取二者中的大值计算。

另外，还应考虑在板端部作用有施工或检修集中荷载的情况。进行承载力计算时，沿板宽每 1.0 m 考虑一个集中荷载；进行抗倾覆验算时，沿板宽每 2.5 ~ 3.0 m 考虑一个集中荷载，每个集中荷载值为 1.0 kN。施工或检修集中荷载与可变荷载不同时考虑，计算时取其不利者。

当雨篷板无边梁时，按悬臂板计算内力，并取板的固端负弯矩按根部厚度进行承载力计算。受力钢筋布置于板面,其伸入雨篷梁的长度不应小于最小锚固长度 l_a(图 9-57)。

当雨篷板有边梁时,按一般梁板结构进行设计。

2. 雨篷梁

雨篷梁除承受自重、雨篷板传来的均布荷载和集中荷载外,还承受雨篷梁上部的墙体重、上部楼层梁板可能传来的荷载,后者的大小按《砌体结构设计规范》(GB 50003)中的过梁取用。由于雨篷板承受的均布荷载和集中荷载的作用点不在雨篷梁的中心线上,这些荷载除使雨篷梁产生弯矩和剪力外,还产生扭矩,因此雨篷梁属于弯剪扭构件。

雨篷梁的弯矩与剪力按简支梁计算。计算弯矩时,假定雨篷板板端传来的施工集中荷载 F 与梁跨中位置对应。由于施工荷载 F 与均布可变荷载 q 不同时考虑,因而弯矩设计值取下两式计算所得的大值:

$$M_{max} = \frac{1}{8}(g+q)\,l_0^2 \tag{9-23a}$$

$$M_{max} = \frac{1}{8}gl_0^2 + \frac{1}{4}Fl_0 \tag{9-23b}$$

式中　l_0——雨篷梁计算长度,近似取 $l_0 = 1.05l_n$,l_n 为雨篷梁净跨;

　　　g——作用在雨篷梁上的永久荷载。

计算剪力,假定雨篷板板端传来的集中荷载 F 与雨篷梁支座位置对应,则剪力设计值取下两式计算所得的大值:

$$V_{max} = \frac{1}{2}(g+q)\,l_n \tag{9-24a}$$

$$V_{max} = \frac{1}{2}gl_n + F \tag{9-24b}$$

雨篷梁的扭矩按两端固定梁计算,雨篷板上的均布永久荷载 g_s 和均布可变荷载 q_s 在雨篷梁上引起的线扭矩荷载分别为 $m_{Tg} = g_s l(l+b)/2$ 和 $m_{Tq} = q_s l(l+b)/2$,则扭矩设计值取下两式计算所得的大值:

$$T = \frac{1}{2}(m_{Tg} + m_{Tq})\,l_n \tag{9-25a}$$

$$T = \frac{1}{2}M_{Tg}l_n + F\left(l + \frac{b}{2}\right) \tag{9-25b}$$

式中　l、b——雨篷板悬臂长度和雨篷梁截面宽度,见图 9-57。

求得弯矩、剪力和扭矩设计值后,雨篷梁就可按弯剪扭构件进行配筋设计。

第 9 章
总结

　思考题

9-1　钢筋混凝土楼盖结构有哪几种类型?简述现浇整体式钢筋混凝土楼盖设

计的一般步骤。

9-2   什么是单向板和双向板？它们是如何划分的？它们的受力情况有何主要区别？

9-3   整浇单向板肋梁楼盖中的板、次梁，当其内力按弹性理论计算时，如何确定其计算简图？

9-4   什么是连续梁的内力包络图？为什么连续板、梁内力计算时要进行可变荷载最不利布置？布置的原则是什么？内力包络图的作用是什么？

9-5   单向板肋梁楼盖按弹性方法计算内力时，板、梁的计算简图和实际结构有无差别？为了弥补这种差别，在内力计算中应如何调整荷载？

9-6   什么叫塑性铰？钢筋混凝土中的塑性铰与力学中的理想铰有何异同？

9-7   什么叫塑性内力重分布？塑性铰与塑性内力重分布有何关系？

9-8   什么叫弯矩调幅法？采用弯矩调幅法计算钢筋混凝土连续梁的内力时，为什么要控制弯矩调幅值？

9-9   采用弯矩调幅法计算钢筋混凝土连续梁的内力时，为什么要限制截面相对受压区计算高度 ξ？

9-10   采用弯矩调幅法设计时应遵循哪些原则？

9-11   试说明弯矩调幅法的特点、作用及其适用范围。

9-12   按弹性理论和弯矩调幅法计算内力时，计算跨度取值有什么区别？为什么会有这种区别？

9-13   单向板有哪些构造钢筋？为什么要配置这些钢筋？

9-14   为什么在计算整浇连续板、梁的支座截面钢筋时，应取支座边缘处的弯矩？

9-15   在主梁设计中，为什么在主、次梁相交处需设置附加箍筋或附加吊筋？

9-16   如何计算连续双向板的跨中最大弯矩和支座中点最大弯矩？

9-17   常用楼梯有哪几种类型？如何计算梁式楼梯和板式楼梯的内力？

9-18   雨篷计算包括哪些内容？作用在雨篷梁上的荷载有哪些？有边梁与无边梁雨篷板的内力分别如何计算？

第 9 章
思考题详解

计算题

9-1   图 9-58a 为钢筋混凝土两跨连续梁，截面尺寸 $b \times h = 250 \text{ mm} \times 500 \text{ mm}$，材料选用 C30 混凝土和 HRB400 钢筋，混凝土保护层厚度 $c = 40 \text{ mm}$。支座和跨中截面按 $x = 0.35h_0$ 配置等量的钢筋。试计算该梁在即将形成破坏机构时的极限荷载 P_{max} 的数值。

提示：应用考虑塑性变形内力重分布的基本原理计算，计算时不考虑梁自重，并假定此梁抗剪承载力足够。已知两跨连续梁在跨中集中荷载作用下，按弹性方法计算的弯矩图如图 9-58b 所示。

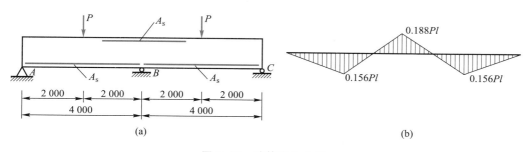

图 9-58   计算题 9-1 图

（a）荷载分布与构件尺寸；（b）弯矩分布

9-2   某钢筋混凝土框架结构中的等跨三跨连续单向板，二级安全等级，一类环境类别，板厚 $h = 100$ mm，板下次梁的截面尺寸 $b \times h = 200$ mm $\times$ 500 mm，板支座中到中距离 $l_c = 2.50$ m，净跨 $l_n = 2.30$ m。恒荷载标准值 $g_k = 4.19$ kN/m^2（含自重），活荷载标准值 $q_k = 7.0$ kN/m^2。混凝土强度等级为 C30，纵向受力钢筋采用 HPB300 钢筋，混凝土保护层厚度 $c = 15$ mm。试按弹性理论设计该板，作配筋图，并解释为什么第 1 跨板底钢筋用量大于第 2 跨。若该连续板为四跨，那么距板端第 2 个支座（支座 B）和第 3 个支座（支座 C）相比，哪个支座的板面钢筋用量大，为什么？

提示：在框架结构中，单向板的两端支座、中间支座与次梁整浇。

9-3   试采用弯矩调幅法设计上题的单向板，并将两种计算结果进行比较。可得出什么结论？

9-4   试求图 9-59 所示双向板楼盖中各板的跨中及支座单位板宽的弯矩设计值。已知楼面永久荷载设计值 $g = 4.0$ kN/m^2，可变荷载设计值 $q = 8.0$ kN/m^2。

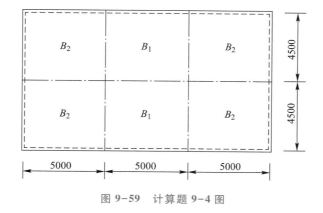

图 9-59   计算题 9-4 图

第 9 章
计算题详解

第 10 章　预应力混凝土结构

钢筋混凝土的主要缺点是抗裂性能差。混凝土的极限拉应变只有 0.1×10^{-3} ~ 0.15×10^{-3} 左右，而在使用荷载作用下，钢筋拉应力大致是其屈服强度的 50% ~ 60%，相应的拉应变为 0.6×10^{-3} ~ 1.0×10^{-3}，大大超过了混凝土的极限拉应变，所以配筋率适中的钢筋混凝土构件除偏心距较小的偏压构件外，在使用阶段总会出现裂缝。虽然在一般情况下，只要裂缝宽度不超过 0.20 ~ 0.40 mm，并不影响构件的正常使用和耐久性，但是对于某些使用上需要严格限制裂缝宽度或不允许出现裂缝的构件，钢筋混凝土就无法满足要求。

在钢筋混凝土结构中，为了不影响正常使用，常需将裂缝宽度限制在 0.20 ~ 0.40 mm 以内，由此钢筋的工作应力要控制在 200 N/mm^2 左右。所以，虽然采用高强度钢筋是节省钢材和降低工程造价的有效措施，但其在钢筋混凝土结构中无法得到充分利用。

采用预应力混凝土结构是解决上述问题的良好方法。本章主要介绍预应力混凝土结构的基本概念、分类、材料，以及预应力混凝土构件的设计与构造要求。

10.1　预应力混凝土结构的基本概念与分类

所谓预应力混凝土结构，就是在外荷载作用之前，先对混凝土预加压力，造成人为的应力状态的结构。它所产生的预压应力能部分或全部抵消外荷载所引起的拉应力。这样，在外荷载作用下，裂缝就能延缓出现或不出现，即使出现了也不会开展过宽。

预应力的作用可用图 10-1 的梁来说明。在外荷载作用下，梁下边缘产生拉应力 σ_3（图 10-1b）。如果在荷载作用之前，给梁施加一对偏心压力 N，使得梁的下边缘产生预压应力 σ_1（图 10-1a），那么在外荷载作用后，截面的应力分布将是两者的叠加（图 10-1c），梁的下边缘应力可为压应力（$\sigma_1 + \sigma_3 < 0$）或数值很小的拉应力（$\sigma_1 + \sigma_3 > 0$）。

由此可见，施加预应力能使裂缝推迟出现或根本不出现，所以就有可能利用高强度钢材，提高经济效益。预应力混凝土结构与钢筋混凝土结构相比，可节省钢材 30% ~ 50%。由于采用的材料强度高，可使截面减小、自重减轻，就有可能建造大跨度承重结构。同时因为混凝土不开裂，也就提高了构件的刚度，在预加偏心压力时又有反拱产生，从而可减小构件的总挠度。

预应力混凝土结构已广泛地应用于土木、水运和水利水电工程中。例如，预应力楼板、Π形屋面板、屋面大梁、屋架、吊车梁、桥梁、码头与栈桥纵梁、圆形水池、预应力闸墩等已被大量采用。

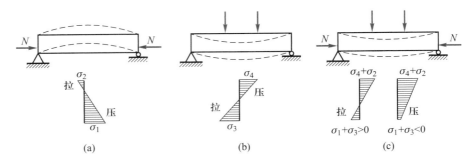

图 10-1　预应力简支梁的基本受力原理

（a）预压力作用；（b）荷载作用；（c）预压力与荷载共同作用

对于某些有特殊要求的结构，例如需防止海水腐蚀的海上采油平台、需耐高温高压的核电站大型压力容器等，采用预应力混凝土结构更具有优越性，这是其他结构所不能比拟的。

采用预应力混凝土结构也有其缺陷或其他需要解决的问题，如：施工工序多，工艺复杂，锚具和张拉设备及预应力筋等材料价格较高；完全采用预应力筋配筋的构件，由于预加应力过大而使得构件的开裂荷载与破坏荷载过于接近，破坏前无明显预兆；某些结构构件，如大跨度桥梁结构，施加预压力时容易产生过大的反拱，在预压力的长期作用下反拱还会继续增大，以致影响正常使用。

为了克服采用过多预应力筋所带来的问题，国内外通过试验研究和工程实践，对预应力混凝土早期的设计准则——"预应力混凝土构件在使用阶段不允许出现拉应力"进行了修正和补充，提出将预应力混凝土构件根据不同功能的要求，分成不同的类别进行设计。

在我国，预应力混凝土结构是根据裂缝控制等级来分类设计的，如 GB 50010—2010 规范、《水工混凝土结构设计规范》（DL/T 5057—2009）和《水工混凝土结构设计规范》（SL 191—2008）规定，预应力混凝土结构构件设计时，应根据环境类别选用不同的裂缝控制等级：

（1）一级——严格要求不出现裂缝的构件，要求构件受拉边缘混凝土不应产生拉应力。

（2）二级——一般要求不出现裂缝的构件，要求构件受拉边缘混凝土的拉应力不超过规定的混凝土拉应力限值。

（3）三级——允许出现裂缝的构件，要求构件正截面最大裂缝宽度计算值不超过规定的限值。

上述一级控制的预应力混凝土结构也常被称为全预应力混凝土结构，二级与三级控制的也常被称为部分预应力混凝土结构。

部分预应力混凝土结构是介于全预应力混凝土结构和钢筋混凝土结构之间的一种预应力混凝土结构。它有如下一些优点：① 由于部分预应力混凝土结构上所施加的预应力比较小，可较全预应力混凝土结构减少预应力筋数量，或可用一部分中强度的非预应力钢筋来代替高强度的预应力筋（混合配筋），这使得总造价有所降低；② 部分预应力混凝土结构可以减小过大的反拱；③ 从抗震的观点来说，全预应力混凝土结构的延性较差，而部分预应力混凝土结构的延性比较好。由于部分预应力混凝土结构有这些特点，近年来受到普遍重视。

若按预应力筋与混凝土的黏结状况，预应力混凝土可分为有黏结预应力混凝土与无黏结预应力混凝土两种。

有黏结预应力混凝土是指预应力筋与周围的混凝土有可靠的黏结强度，使得预应力筋与混凝土在荷载作用下有相同的变形。先张法和后张灌浆的预应力混凝土都是有黏结预应力混凝土。

在无黏结预应力混凝土中，预应力筋与周围的混凝土没有任何黏结强度。预应力筋的应力沿构件长度变化不大，若忽略摩阻力影响则可认为是相等的。无黏结预应力混凝土的预应力筋采用专用的防腐润滑涂层和塑料护套包裹，不需在制作构件时预留孔道和灌浆，施工时可像普通钢筋一样放入模板即可浇筑混凝土，待混凝土强度达到要求后再张拉、锚固。无黏结预应力筋铺设方便、张拉工序简单，施工非常方便。

无黏结预应力混凝土已广泛应用于多层与高层建筑的楼板结构中，但处于潮湿环境的结构采用不多，如需采用必须经过论证。这是因为在预应力混凝土结构中，预应力筋始终处于高应力状态，出现一点腐蚀损伤就易发生脆性断裂。结构处于潮湿环境中时，一旦混凝土开裂则预应力筋容易锈蚀，从而引起脆性断裂。

预应力混凝土结构除需按使用条件进行承载能力、正常使用和耐久性三种极限状态设计计算外，还需验算施工阶段（制作、运输、安装）构件的承载能力和抗裂性能。因此，设计预应力混凝土结构时，计算内容包括下列几方面。

（1）使用阶段

① 承载力计算；

② 抗裂、裂缝宽度验算；

③ 挠度验算。

（2）施工阶段

① 承载力验算；

② 抗裂验算。

本教材只涉及有黏结预应力混凝土结构的设计方法，无黏结预应力混凝土结构的设计可参阅《无黏结预应力混凝土结构技术规程》（JGJ 92—2016）。

10.2 施加预应力的方法、预应力混凝土的材料与锚（夹）具

10.2.1 施加预应力的方法

在构件上建立预应力的方法有多种，目前一般是通过张拉预应力筋来实现的，也

就是将张拉后的预应力筋锚固在混凝土构件上,预应力筋的弹性回缩使混凝土受到压力。根据张拉预应力筋与混凝土浇筑的先后关系,建立预应力的方法可分为先张法与后张法两大类。

1. 先张法——张拉预应力筋在浇筑混凝土之前(图 10-2)

先张法生产有台座法和钢模机组流水法两种,它们是在专门的台座上或钢模上张拉预应力筋,张拉后将预应力筋用夹具临时固定在台座或钢模的传力架上,这时张拉预应力筋所引起的反作用力由台座或钢模承受。然后在张拉好的预应力筋周围浇筑混凝土,待混凝土养护结硬达到足够强度后(一般不低于混凝土设计强度等级的75%,以保证预应力筋与混凝土之间具有足够的黏结力),从台座或钢模上切断或放松预应力筋,简称放张。由于预应力筋的弹性回缩,就使得与预应力筋黏结在一起的混凝土受到预压力,形成预应力混凝土构件。

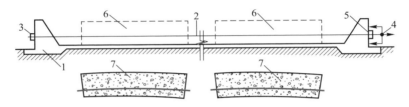

1—长线式固定台座;2—预应力筋;3—固定端夹具;4—千斤顶张拉预应力筋示意;
5—张拉端夹具;6—浇筑混凝土、养护;7—放张后的预应力混凝土构件。

图 10-2　先张法示意图

在先张法构件中,预应力是靠预应力筋与混凝土之间的黏结力传递的。

先张法需要有专门的张拉台座或钢模机组,基建投资比较大,适宜于专门的预制构件厂制造大批量的构件,如房屋的屋面板和楼板,码头的梁、板和桩等。先张法构件可以利用长线台座(台座长 50~200 m)成批生产,几个或十几个构件的预应力筋可一次张拉,生产效率高。先张法施工工序也比较简单,但一般常用于直线配筋,限于台座的承载能力,能施加的预压力也比较小,同时为了便于运输,通常只用于中小型构件。

先张法构件一般采用钢丝作为预应力筋。

2. 后张法——张拉预应力筋在浇筑混凝土之后(图 10-3)

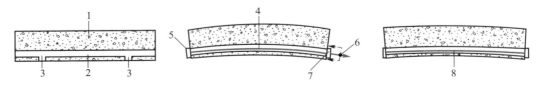

1—浇筑混凝土、养护;2—预留孔道;3—灌浆孔(通气孔);4—预应力筋;5—固定端锚具;
6—千斤顶张拉预应力筋,同时预压构件混凝土;7—张拉端锚具;8—压力灌浆(水泥浆)。

图 10-3　后张法示意图

后张法是先浇筑混凝土,同时在预应力筋的设计位置上预留出孔道(直线形或曲线形),待混凝土达到足够强度后(不低于混凝土设计强度等级的 75%),将预应力筋穿入孔道,并利用构件本身作为加力台座进行张拉,张拉预应力筋的同时构件就被压缩。张拉完毕后,用锚具将预应力筋锚固在构件的两端,然后在孔道内进行灌浆,以防止预应力筋锈蚀并使预应力筋与混凝土更好地黏结成一个整体。在后张法构件中,预应力筋内的预应力是靠构件两端的锚具传给混凝土的。后张法也有不灌浆的,若不灌浆就是无黏结预应力混凝土。

后张法不需要专门台座,可以现场制作,预应力筋也可以根据构件受力情况布置成曲线形,多用于大型构件。后张法增加了留孔、灌浆等工序,施工比较复杂,且所用的锚具要附在构件内,耗钢量较大。

后张法的预应力筋常采用钢绞线、钢丝束等。

10.2.2 预应力混凝土结构构件的材料

在预应力混凝土结构构件中,对预应力筋有下列一些要求:

(1)强度高。预应力筋的张拉应力在构件的制作和使用过程中会出现各种应力损失,这些损失的总和有时可达到 200 N/mm² 以上,如果所用的预应力筋强度不高,那么张拉时所建立的应力有可能会损失殆尽。

(2)与混凝土有较好的黏结力。特别是在先张法中,预应力筋与混凝土之间必须有较高的黏结自锚强度。对一些高强度的光圆钢丝就要通过"刻痕""做肋",使它形成刻痕钢丝、螺旋肋钢丝,以增加黏结力。

(3)具有足够的塑性和良好的加工性能。钢材强度越高,其塑性(拉断时的伸长率)就越低。若预应力筋塑性太低,特别当处于低温和冲击荷载条件下时,就有可能发生脆性断裂。良好的加工性能是指焊接性能好,以及采用镦头锚板时,钢丝头部镦粗后不影响原有的力学性能等。

目前我国常用的预应力筋有钢丝、钢绞线、螺纹钢筋和钢棒等,其外形、公称直径和强度范围已在第 1 章作了介绍。GB 50010—2010 规范只列入了前三种,钢棒没有列入。

钢丝有中强度预应力钢丝和消除应力钢丝两种,两种钢丝都有多种规格,GB 50010—2010 规范只列入了其中一部分。对中强度预应力钢丝,GB 50010—2010 规范只列入了 800 MPa、970 MPa、1 270 MPa 三种强度,5 mm、7 mm、9 mm 三种直径的螺旋肋钢丝,用符号ϕ^{HM}表示。对消除应力钢丝,GB 50010—2010 规范只列入极限抗拉强度为 1 470 MPa、1 570 MPa、1 860 MPa,直径为 5 mm、7 mm、9 mm 的光圆(ϕ^{P})和螺旋肋钢丝(ϕ^{H})。

当需要钢丝的数量很多时,钢丝常成束布置,称为钢丝束。钢丝束就是将几根或几十根钢丝按一定的规律平行地排列,用铁丝或其他材料扎在一起。排列的方式有单根单圈、单根双圈、单束单圈等,如图 10-4 所示。

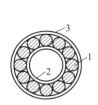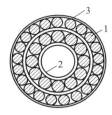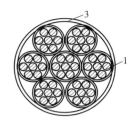

1—钢丝;2—芯子;3—绑扎铁丝。

图 10-4   钢丝束的形式

钢绞线用符号ϕ^s表示,它将多股平行的钢丝按一个方向扭绞而成(图 10-5),有多种规格,GB 50010—2010 规范只列入公称直径为 8.6 mm、10.8 mm、12.9 mm 的 1×3 和 9.5 mm、12.7 mm、15.2 mm、17.8 mm、21.6 mm 的 1×7 的钢绞线。钢绞线的极限抗拉强度标准值可达 1 960 N/mm^2。钢绞线与混凝土黏结较好,应力松弛小,端部还可以设法镦粗;比钢筋或钢丝束柔软,以盘卷供应,便于运输及施工。每盘钢绞线由一整根组成,如无特别要求,每盘长度一般大于 200 m。

图 10-5   钢绞线

无黏结预应力筋采用的预应力钢绞线和有黏结预应力筋相同,所不同的是,无黏结预应力筋表面采用专用的防腐润滑涂层和塑料护套包裹加以保护(图 10-6),布置在混凝土中时与被施加预应力的混凝土之间无黏结,两者可保持相对滑动。

预应力螺纹钢筋用符号ϕ^T表示,它也有多种规格,GB 50010—2010 规范只列入公称直径为 18 mm、25 mm、32 mm、40 mm、50 mm,屈服强度为 785 MPa、930 MPa、1 080 MPa 的预应力螺纹钢筋。

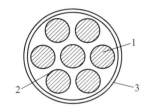

1—钢丝束或钢绞线;2—油脂;
3—塑料薄膜套管。

图 10-6   无黏结预应力筋

GB 50010—2010 规范列入的预应力筋的强度设计值与强度标准值见附表 2-4 与附表 2-8。

预应力混凝土结构构件对混凝土有下列一些要求:

(1)强度要高,以便与高强度预应力筋相适应,保证预应力筋充分发挥作用,并能有效地减小构件截面尺寸和减轻自重。

(2)收缩、徐变要小,以减少预应力损失。

(3)快硬、早强,便于尽早施加预应力,加快施工进度,提高设备利用率。

预应力混凝土结构构件的混凝土强度等级不宜低于 C40,且不应低于 C30。

后张法预应力混凝土构件施工时,需预留预应力筋的孔道。目前,对曲线预应力筋束的预留孔道,已较少采用胶管抽芯和预埋钢管的方法,而普遍采用预埋金属波纹管的方法。金属波纹管由薄钢带用卷管机压波后卷成,具有质量轻、刚度好、弯折与连接简便、与混凝土黏结性强等优点,是预留预应力筋孔道的理想材料。波纹管一般为圆形,也有扁形的;波纹有单波纹和双波纹之分(图 10-7)。

图 10-7 波纹管

在后张法有黏结预应力混凝土构件中,张拉并锚固预应力筋后,孔道需灌浆。灌浆的目的是:① 保护预应力筋,避免预应力筋受到腐蚀;② 使预应力筋与周围混凝土共同工作,变形一致。因此,要求水泥浆具有良好的黏结性能,收缩变形要小。

10.2.3 锚具与夹具

锚具和夹具是锚固及张拉预应力筋时所用的工具。在先张法中,张拉预应力筋时要用张拉夹具夹持预应力筋,张拉完毕后要用锚固夹具将预应力筋临时锚固在台座上;后张法中也要用锚具来张拉和锚固预应力筋。通常把锚固在构件端部、与构件连成一起共同受力不再取下的称为锚具;在张拉过程中夹持预应力筋,以后可取下并重复使用的称为夹具。锚具与夹具有时也能互换使用。锚具、夹具的品种繁多,选择时应考虑构件的外形、预应力筋的品种规格和数量等因素,同时还必须与张拉设备配套。

1. 先张法的夹具

如果采用钢丝作为预应力筋,则可利用偏心夹具夹住钢丝用卷扬机张拉(图 10-8),再用锥形锚固夹具或楔形夹具将钢丝临时锚固在台座的传力架上(图 10-9),锥销(或楔块)可用人工锤入套筒(或锚板)内。

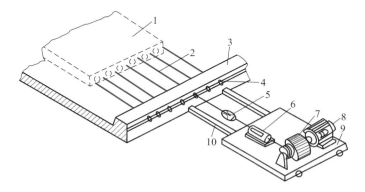

1—预制构件(空心板);2—预应力钢丝;3—台座传力架;4—锥形夹具;5—偏心夹具;
6—弹簧秤(控制张拉力);7—卷扬机;8—电动机;9—张拉车;10—撑杆。

图 10-8 先张法单根钢丝的张拉

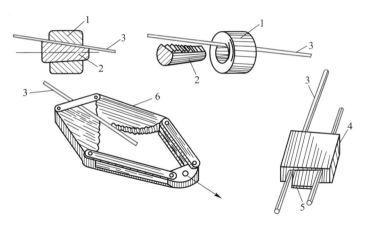

1—套筒;2—锥销;3—预应力钢丝;4—锚板;5—楔块;6—偏心夹具。

图 10-9   锥形夹具、偏心夹具和楔形夹具

如果在钢模上张拉多根预应力钢丝时,则可采用梳子板夹具(图 10-10)。钢丝两端用镦头(冷镦)锚定,利用安装在普通千斤顶内活塞上的爪子钩住梳子板上两个孔洞施力于梳子板,钢丝张拉完毕立即拧紧螺母,钢丝就临时锚固在钢模横梁上。这种夹具施工工效高。

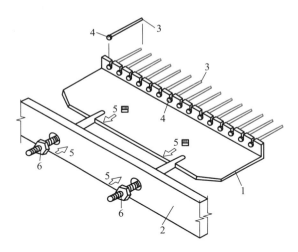

1—梳子板;2—钢模横梁;3—钢丝;4—镦头(冷镦);
5—千斤顶张拉时抓钩孔及支撑位置示意;6—固定用螺母。

图 10-10   梳子板夹具

2. 后张法的锚具

钢丝束常采用锥形锚具配用外夹式双作用千斤顶进行张拉(图 10-11)。锥形锚具由锚圈及带齿的圆锥体锚塞组成,锚塞中间有小孔作锚固后灌浆之用。由双作用千斤顶张拉钢丝束后再将锚塞顶压入锚圈内,将预应力钢丝卡在锚圈与锚塞间,当张拉千斤顶放松预应力钢丝后,钢丝向梁内回缩时带动锚塞向锚圈内楔紧,这样预应力钢

丝通过摩阻力将预应力传到锚圈,锚圈将力传给垫板,最后通过垫板将预加力传到混凝土构件上。锥形锚具可张拉 12~14 根直径为 5 mm 的钢丝组成的钢丝束。

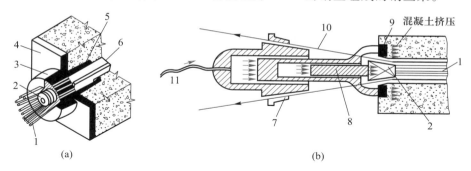

1—钢丝束;2—锚塞;3—钢锚圈;4—垫板;5—孔道;6—套管;7—钢丝夹具;

8—内活塞;9—锚板;10—张拉钢丝;11—油管。

图 10-11　锥形锚具及外夹式双作用千斤顶

(a) 锥形锚具;(b) 双作用千斤顶

张拉钢筋束和钢绞线束时,可用 JM 型锚具配用穿心式千斤顶。图 10-12 为 JM12 型锚具,由锚环和夹片(呈楔形)组成。夹片可为 3、4、5 或 6 片,用以锚固 3~6 根直径为 12~14 mm 的钢筋或 5~6 根 7 股 4 mm 钢绞线。

锚固钢绞线(或钢丝束)时,还可采用 XM、QM 型锚具(图 10-13)。此类锚具由锚环和夹片组成,每根钢绞线(或钢丝束)由三个夹片夹紧,每块夹片由空心锥台按三等分切割而成。XM 型锚具和 QM 型锚具夹片切开的方向不同,前者与锥体母线倾斜而后者平行。由于 XM 型锚具和 QM 型锚具对下料长度无严格要求,一个锚具可夹 3~10 根钢绞线(或钢丝束),故施工方便、高效,已大量用于铁路、公路及城市交通的预应力桥梁等大型结构构件。

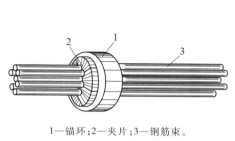

1—锚环;2—夹片;3—钢筋束。

图 10-12　JM 型锚具

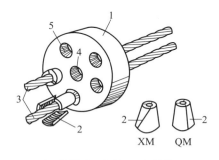

1—锚环;2—夹片;3—钢绞线;

4—灌浆孔;5—锥台孔洞。

图 10-13　XM 型锚具、QM 型锚具

后张法中的预应力筋如采用单根粗钢筋,也可用螺丝端杆锚具,即在钢筋一端焊接螺丝端杆,螺丝端杆另一端与张拉设备相连。张拉完毕时通过螺帽和垫板将预应力

筋锚固在构件上。

除了上述一些锚具、夹具外,还有帮条锚具、锥形螺杆锚具、镦头锚具、大直径预应力螺纹钢筋锚具、铸锚锚具及大型混凝土锚头等。虽然锚具形式多种多样,但其锚固原理不外乎依靠螺丝扣的剪切作用、夹片的挤压与摩擦作用、镦头的局部承压作用,最终都需要带动锚头(锚杯、锚环、螺母等)挤压构件。

10.3   预应力筋张拉控制应力及预应力损失

10.3.1   预应力筋张拉控制应力 σ_{con}

张拉控制应力是指张拉预应力筋时预应力筋达到的最大应力值,也就是张拉设备(如千斤顶)所控制的张拉力除以预应力筋截面面积所得的应力值,以 σ_{con} 表示。σ_{con} 值定得越高,预应力筋用量就可越少。但由于钢筋强度的离散性、张拉操作中的超张拉等因素,如果将 σ_{con} 定得过高,张拉时可能使预应力筋应力进入钢材的屈服阶段,产生塑性变形,反而达不到预期的预应力效果。所以 GB 50010—2010 规范规定,在设计时,σ_{con} 值一般情况下不宜超过表 10-1 所列数值。

表 10-1   张拉控制应力限值 $[\sigma_{con}]$

预应力筋种类	消除应力钢丝、钢绞线	中强度预应力钢丝	预应力螺纹钢筋
张拉控制应力限值 $[\sigma_{con}]$	$0.75f_{ptk}$	$0.70f_{ptk}$	$0.85f_{pyk}$

表中 f_{ptk} 和 f_{pyk} 为预应力筋强度标准值,可由附表 2-8 查得。从表 10-1 看到,$[\sigma_{con}]$ 是以预应力筋的强度标准值给出的。这是因为张拉预应力筋时仅涉及材料本身,与构件设计无关,故 $[\sigma_{con}]$ 可不受预应力筋的强度设计值的限制,而直接与标准值相联系。

GB50010—2010 规范还规定,符合下列情况之一时,表中的 $[\sigma_{con}]$ 值可提高 $0.05f_{ptk}$ 或 $0.05f_{pyk}$:① 为了提高构件制作、运输及吊装阶段的抗裂性能,而在使用阶段受压区内设置的预应力筋;② 需要部分抵消由于应力松弛、摩擦、预应力筋分批张拉及预应力筋与张拉台座之间的温差等因素产生的预应力损失时。

张拉控制应力限值 $[\sigma_{con}]$ 不宜取得过低,否则会因各种应力损失使预应力筋的回弹力减小,不能充分利用预应力的强度。因此 GB50010—2010 规范规定,消除应力钢丝、钢绞线、中强度预应力钢丝的 σ_{con} 应不小于 $0.4f_{ptk}$,预应力螺纹钢筋的 σ_{con} 应不小于 $0.5f_{pyk}$。

10.3.2   预应力损失

实测表明,在没有外荷载作用的情况下,预应力筋在构件内各部分的实际预拉应

---

① f_{ptk} 和 f_{pyk} 的下标 p 表示预应力,t 表示极限抗拉强度(硬钢),y 表示屈服抗拉强度(软钢),k 表示标准值;f_{ptk} 表示采用硬钢的预应力筋强度标准值,f_{pyk} 表示采用软钢的预应力筋强度标准值。

力比张拉时的控制应力小不少,其减小的那一部分应力称为预应力损失。预应力损失与张拉工艺、构件制作、配筋方式和材料特性等因素有关。由于各影响因素之间相互制约且有的因素还是时间的函数,因此确切测定预应力损失比较困难。规范则是以各个主要因素单独造成的预应力损失之和近似作为总损失来进行计算的。预应力损失的计算是构件受载前的应力状态分析和构件设计的重要内容及前提。

在设计和施工预应力混凝土构件时,应尽量正确地预计预应力损失,并设法减少预应力损失。预应力损失可以分为六种,下面分别予以介绍。

1. 张拉端锚具变形和预应力筋内缩引起的预应力损失 σ_{l1}

不论先张法还是后张法,张拉端锚具、夹具对构件或台座施加挤压力是通过预应力筋回缩带动锚具、夹具来实现的。由于预应力筋回弹方向与张拉时拉伸方向相反,因此,只要一卸去张拉力,预应力筋就会在锚具、夹具中滑移(内缩),锚具、夹具及锚具、夹具下的垫板也会受到挤压而产生压缩变形(包括接触面间的空隙),使得原来拉紧的预应力筋发生内缩。预应力筋内缩,应力就会有所降低,由此造成的预应力损失称为 σ_{l1}。

对直线预应力筋,σ_{l1} 可按下式计算:

$$\sigma_{l1} = \frac{a}{l} E_s \qquad (10\text{-}1)$$

式中　a——张拉端锚具变形和预应力筋内缩值,可按表 10-2 取用,也可根据实测数据或有关规范确定,表 10-2 未列的其他类型锚具应根据实测数据确定;

　　　l——张拉端至锚固端之间的距离;

　　　E_s——预应力筋弹性模量。

表 10-2　张拉端锚具变形和预应力筋内缩值 a　　　　　　　　mm

锚具类别		a
支承式锚具(钢丝束镦头锚具等)	螺帽缝隙	1
	每块后加垫板的缝隙	1
夹片式锚具	有顶压时	5
	无顶压时	6~8

对于块体拼成的结构,其预应力损失尚应计及块体间填缝的预压变形。当采用混凝土或砂浆为填缝材料时,每条填缝的预压变形值可取为 1 mm。

由于锚固端的锚具在张拉过程中已经被挤紧,所以式(10-1)中的 a 值只考虑张拉端。由式(10-1)可看出,增加 l 可减小 σ_{l1},因此对于先张法,若台座长度 l 超过 100 m 时,σ_{l1} 可忽略不计。在后张法构件中,当采用双端同时张拉时,预应力筋的锚固端应认为是在构件长度的中点处,即式(10-1)中的 l 应取构件长度的一半。

对于后张法构件的曲线或折线预应力筋(图 10-14),在张拉端附近,距张拉端 x 处的 σ_{l1x} 应根据预应力筋与孔道壁之间反向摩擦影响长度 l_f 范围内的预应力筋变形值等于锚具变形和预应力筋内缩值的条件确定。GB 50010—2010 规范在附录 J 给出了 σ_{l1} 的计算公式,这里只列出抛物线形预应力筋的计算公式:

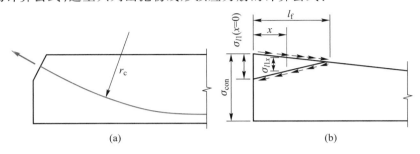

图 10-14   圆弧形曲线预应力筋因锚具变形和预应力筋内缩引起的预应力损失值示意图

(a) 圆弧形曲线预应力筋;(b) σ_{l1} 分布图

$$\sigma_{l1x} = 2\sigma_{con} l_f \left(\frac{\mu}{r_c} + \kappa \right) \left(1 - \frac{x}{l_f} \right) \tag{10-2}$$

$$l_f = \sqrt{\frac{a E_s}{1\,000 \sigma_{con} \left(\dfrac{\mu}{r_c} + \kappa \right)}} \tag{10-3}$$

式中 l_f——曲线预应力筋与孔道壁之间反向摩擦影响长度(m);

r_c——圆弧形曲线预应力筋的曲率半径(m),对于抛物线形预应力筋可近似按圆形曲线考虑,r_c 可按式(10-4)计算;

μ——预应力筋与孔道壁的摩擦系数,按表 10-3 取用;

κ——考虑孔道每米长度局部偏差的摩擦系数,按表 10-3 取用;

x——张拉端至计算截面的距离(m),应符合 $x \leqslant l_f$ 的规定。

其余符号同前。

$$r_c = \frac{l^2}{8 a_t} + \frac{a_t}{2} \tag{10-4}$$

式中 l——预应力混凝土梁的跨度(m);

a_t——端部截面与跨中截面预应力筋的高度差(m)。

为了减少锚具变形损失,应尽量减少垫板的块数(每增加一块垫板,a 值就要增加 1 mm,见表 10-2),并在施工时注意认真操作。

2. 预应力筋与孔道壁之间的摩擦引起的预应力损失 σ_{l2}

后张法构件在张拉预应力筋时,由于预应力筋与孔道壁之间的摩擦作用,使张拉端到锚固端的实际预拉应力值逐渐减小,减小的应力值即为 σ_{l2}。摩擦损失包括两部分:由预留孔道中心与预应力筋(束)中心的偏差引起上述两种不同材料间的摩擦阻力;曲线配筋时由预应力筋对孔道壁的径向压力引起的摩阻力。σ_{l2} 可按下列公式计算:

$$\sigma_{l2} = \sigma_{con}\left(1 - \frac{1}{e^{\kappa x + \mu\theta}}\right) \qquad (10\text{-}5a)$$

式中　x——从张拉端至计算截面的孔道长度(m),可近似取该段孔道在纵轴上的投影长度;

　　θ——从张拉端至计算截面曲线孔道部分切线的夹角(rad),见图 10-15。

其余符号同前。

当$(\kappa x + \mu\theta) \leqslant 0.3$ 时,σ_{l2}可按下列近似公式计算:

$$\sigma_{l2} = (\kappa x + \mu\theta)\sigma_{con} \qquad (10\text{-}5b)$$

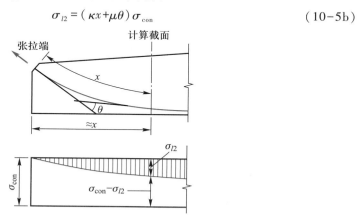

图 10-15　曲线配筋摩阻损失示意图

表 10-3　摩擦系数 κ、μ

孔道成型方式	κ	μ	
		钢绞线、钢丝束	预应力螺纹钢筋
预埋金属波纹管	0.001 5	0.25	0.50
预埋塑料波纹管	0.001 5	0.15	—
预埋钢管	0.001 0	0.30	—
抽芯成型	0.001 4	0.55	0.60
无黏结预应力筋	0.004 0	0.09	—

注:表中系数也可以根据实测数据确定。

当先张法构件采用折线形预应力筋时,应考虑加设转向装置处引起的摩擦损失,其值按实际情况确定。

减小摩擦损失的办法有:

(1) 两端张拉。比较图 10-16a 和图 10-16b 可知,两端张拉比一端张拉可减小 1/2 摩擦损失值,但两端张拉会增加 σ_{l1}。当构件长度超过 18m 或曲线式配筋时常采用两端张拉的施工方法。

（2）超张拉。如图 10-16c 所示，张拉顺序为：$0 \rightarrow 1.1\sigma_{con} \xrightarrow{\text{停 2 min}} 0.85\sigma_{con}$ $\xrightarrow{\text{停 2 min}} \sigma_{con}$。当张拉端的张拉应力从 0 超张拉至 $1.1\sigma_{con}$（A 点到 E 点）时，预应力沿 EHD 分布。当张拉应力从 $1.1\sigma_{con}$ 降到 $0.85\sigma_{con}$（E 点到 F 点）时，由于孔道与预应力筋之间产生反向摩擦，预应力将沿 $FGHD$ 分布。当张拉应力再次张拉至 σ_{con} 时，预应力沿 $CGHD$ 分布，这样可使摩擦损失（特别是端部曲线部分处）减小，比一次张拉到 σ_{con} 的预应力分布更均匀。

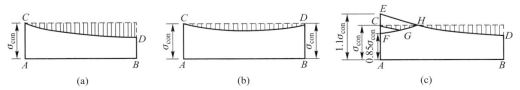

图 10-16　一端张拉、两端张拉及超张拉时曲线预应力筋的应力分布
（a）一端张拉；（b）两端张拉；（c）超张拉（A—张拉端；B—固定端）

3. 预应力筋与台座之间的温差引起的预应力损失 σ_{l3}

对于先张法构件，预应力筋在常温下张拉并锚固在台座上，为了缩短生产周期，浇筑混凝土后常进行蒸汽养护。在养护的升温阶段，台座长度不变，预应力筋因温度升高而伸长，因而预应力筋的部分弹性变形就转化为温度变形，预应力筋的拉紧程度变松，张拉应力就有所减少，形成的预应力损失即为 σ_{l3}。在降温时，混凝土与预应力筋已黏结成整体，能够一起回缩，由于这两种材料温度膨胀系数相近，相应的应力就不再变化。显然，σ_{l3} 仅在先张法中存在。

若预应力筋和台座之间的温度差为 Δt，预应力筋的线膨胀系数 $\alpha = 1.0 \times 10^{-5}/℃$，弹性模量 $E_s = 2.0 \times 10^5 \text{ N/mm}^2$，则预应力筋与台座之间的温差引起的预应力损失为

$$\sigma_{l3} = \alpha E_s \Delta t = 1.0 \times 10^{-5} \times 2.0 \times 10^5 \times \Delta t = 2\Delta t \qquad (10-6)$$

式中，σ_{l3} 以 N/mm^2 计。

如果采用钢模制作构件，并将钢模与构件一同整体入蒸汽室（或池）养护，则不存在温差引起的预应力损失。

由上式可知，若一次升温 75～80℃，则 $\sigma_{l3} = 150 \sim 160 \text{ N/mm}^2$，预应力损失太大。为了减少温差引起的预应力损失，可采用二次升温加热的养护制度。先在略高于常温下养护，待混凝土达到一定强度后再逐渐升高温度养护。由于混凝土未结硬前温度升高不多，预应力筋受热伸长很小，故预应力损失较小，而混凝土初凝后再次升温时，此时因预应力筋与混凝土两者的热膨胀系数相近，故即使温度较高也不会引起应力损失。如，先升温 20～25℃，待混凝土强度达到 7.5～10 N/mm^2 后，再升温 55℃养护，计算 σ_{l3} 时只取 $\Delta t = 20 \sim 25$℃。

4. 预应力筋应力松弛引起的预应力损失 σ_{l4}

钢筋在高应力作用下,变形具有随时间增长而增长的特性。当钢筋长度保持不变(由于先张法台座或后张法构件长度不变)时,应力会随时间增长而降低,这种现象称为钢筋的松弛。钢筋应力松弛使预应力值降低,造成的预应力损失称为 σ_{l4}。试验表明,σ_{l4} 与下列因素有关:① 初始应力。张拉控制应力 σ_{con} 高,松弛损失就大,损失的速度也快。当初应力小于 $0.7f_{ptk}$ 时,松弛与初应力呈线性关系;初应力高于 $0.7f_{ptk}$ 时,松弛与初应力呈非线性关系,松弛显著增大。如采用消除应力钢丝和钢绞线作预应力筋,当 $\sigma_{con}/f_{ptk} \leqslant 0.5$ 时,$\sigma_{l4} = 0$。② 钢筋种类。钢棒的应力松弛值比钢丝、钢绞线的小。③ 时间。1 h 及 24 h 的松弛损失分别约占总松弛损失(以 1 000 h 计)的 50% 和 80%。④ 温度。温度高松弛损失大。⑤ 张拉方式。采用较高的控制应力 $[(1.05 \sim 1.1)\sigma_{con}]$ 张拉预应力筋,待持荷 2~5 min,卸载到零,再张拉预应力筋使其应力达到 σ_{con} 的超张拉程序,可比一次张拉 $(0 \to \sigma_{con})$ 的松弛损失减小 $(2\% \sim 10\%)\sigma_{con}$。这是因为在高应力状态下短时间所产生的松弛损失可达到在低应力状态下需经过较长时间才能完成的松弛数值,所以经过超张拉,部分松弛可以在预应力筋锚固前完成。

预应力筋的应力松弛损失 σ_{l4} 如表 10-4 所列。

表 10-4　预应力筋的应力松弛损失 σ_{l4}　　　　N·mm^{-2}

钢筋种类		σ_{l4}
消除应力钢丝、钢绞线	普通松弛	$0.4(\sigma_{con}/f_{ptk} - 0.5)\sigma_{con}$
	低松弛	当 $\sigma_{con} \leqslant 0.7f_{ptk}$ 时,$0.125(\sigma_{con}/f_{ptk} - 0.5)\sigma_{con}$
		当 $0.7f_{ptk} < \sigma_{con} \leqslant 0.8f_{ptk}$ 时,$0.20(\sigma_{con}/f_{ptk} - 0.575)\sigma_{con}$
中强度预应力钢丝		$0.08\sigma_{con}$
预应力螺纹钢筋		$0.03\sigma_{con}$

注:当 $\sigma_{con}/f_{ptk} \leqslant 0.5$ 时,预应力筋的应力松弛损失值 σ_{l4} 可取为零。

减少松弛损失的措施包括超张拉、采用低松弛损失的钢材[①]。

5. 混凝土收缩和徐变引起的预应力损失 σ_{l5}

预应力混凝土构件在混凝土收缩(混凝土结硬过程中体积随时间增加而减小)和徐变(在预应力筋回弹压力的持久作用下,混凝土压应变随时间增加而增加)的综合影响下长度将缩短,预应力筋也随之回缩,从而引起预应力损失。由于混凝土的收缩和徐变引起预应力损失的现象是相似的,为了简化计算,将此两项预应力损失合并考虑,称为 σ_{l5}。

对一般情况下的构件,混凝土收缩、徐变引起受拉区和受压区预应力筋的预应力损失 σ_{l5}、σ'_{l5} 可按列公式计算:

---

① 低松弛损失指常温 20 ℃ 条件下,拉应力为 70% 抗拉极限强度,经 1 000 h 后测得的松弛损失不超过 2.5%σ_{con}。

（1）先张法构件

$$\sigma_{l5} = \frac{60 + 340 \dfrac{\sigma_{pc}}{f'_{cu}}}{1 + 15\rho} \tag{10-7a}$$

$$\sigma'_{l5} = \frac{60 + 340 \dfrac{\sigma'_{pc}}{f'_{cu}}}{1 + 15\rho'} \tag{10-7b}$$

（2）后张法构件

$$\sigma_{l5} = \frac{55 + 300 \dfrac{\sigma_{pc}}{f'_{cu}}}{1 + 15\rho} \tag{10-8a}$$

$$\sigma'_{l5} = \frac{55 + 300 \dfrac{\sigma'_{pc}}{f'_{cu}}}{1 + 15\rho'} \tag{10-8b}$$

式中　σ_{pc}、σ'_{pc}——受拉区、受压区预应力筋在各自合力点处的混凝土法向应力。

f'_{cu}——施加预应力时的混凝土立方体抗压强度。

ρ、ρ'——受拉区、受压区预应力筋和非预应力钢筋的配筋率：对先张法构件，$\rho = (A_p + A_s)/A_0$、$\rho' = (A'_p + A'_s)/A_0$，$A_0$ 为构件的换算截面面积；对后张法构件，$\rho = (A_p + A_s)/A_n$、$\rho' = (A'_p + A'_s)/A_n$，$A_n$ 为构件的净截面面积；对于对称配置预应力筋和非预应力钢筋的构件，配筋率 ρ、ρ' 应按钢筋总截面面积的一半计算。

采用式（10-7）~式（10-8）计算时需注意：① σ_{pc}、σ'_{pc} 可按 10.4、10.6 节的公式求得（详见轴心受拉构件、受弯构件相应的计算公式），此时，预应力损失值仅考虑混凝土预压前（先张法）或卸去千斤顶时（后张法）的第一批损失。② 在公式中，σ_{l5} 和 σ_{pc}/f'_{cu} 为线性关系，即公式给出的是线性徐变条件下的应力损失，因此要求 σ_{pc}、σ'_{pc} 值不得大于 $0.5f'_{cu}$。由此可见，过大的预加应力及放张（先张法）或张拉预应力筋（后张法）时过低的混凝土抗压强度均是不妥的。③ 当 σ'_{pc} 为拉应力时，式（10-7b）和式（10-8b）中的 σ'_{pc} 应取为零。④ 计算 σ_{pc}、σ'_{pc} 时可根据构件制作情况，考虑自重的影响。

应当指出，式（10-7）~式（10-8）仅适用于一般相对湿度环境下的结构构件。对处于干燥环境下的结构，则需将求得的值适当加大。GB 50010—2010 规范规定，当结构处于年平均相对湿度低于 40% 的环境下，σ_{l5}、σ'_{l5} 计算值应增加 30%。

实测表明，σ_{l5} 在总的预应力损失中占比很大，在曲线配筋构件中，约占总损失的 30%；在直线配筋的构件中，可达到 60%。所以应当重视采取各种有效措施减少混凝土的收缩和徐变。为了减轻此项损失，可采用高强度等级水泥，减少水泥用量，降低水胶比，振捣密实，加强养护，并应控制混凝土的预压应力 σ_{pc}、σ'_{pc} 值不超过 $0.5f'_{cu}$。

对重要的结构构件，当需要考虑与时间相关的混凝土收缩、徐变及钢筋应力松弛预应力损失值时,可按 GB 50010—2010 规范附录 K 给出的方法进行计算。

6. 螺旋式预应力筋挤压混凝土引起的预应力损失 σ_{l6}

环形结构构件的混凝土被螺旋式预应力筋箍紧,混凝土受预应力筋的挤压会发生局部压陷,构件直径将减少 2δ,使得预应力筋回缩引起预应力损失,这种损失称为 σ_{l6},见图 10-17。σ_{l6} 的大小与构件直径有关,构件直径越小,压陷变形的影响越大,预应力损失也就越大。当结构直径大于 3m 时,损失可不计;当结构直径不大于 3m 时,σ_{l6} 取为

$$\sigma_{l6} = 30 \ \text{N/mm}^2 \tag{10-9}$$

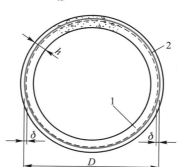

1—环形截面构件;2—预应力筋;D、h、δ—直径、壁厚、压陷变形。

图 10-17 环形配筋的预应力混凝土构件

上述 6 项预应力损失,它们有的只发生在先张法构件中(如 σ_{l3}),有的只发生于后张法构件中(如 σ_{l6}),有的两种构件均有(如 σ_{l1}、σ_{l4}、σ_{l5}),而且是按不同张拉方式分阶段发生的,并不是同时出现。通常把在混凝土预压完成前出现的损失称为第一批应力损失 σ_{l1} [先张法指放张(放松预应力筋)前,后张法指卸去千斤顶前的损失],混凝土预压完成后出现的损失称为第二批应力损失 $\sigma_{lⅡ}$。总的损失 $\sigma_l = \sigma_{lⅠ} + \sigma_{lⅡ}$。各批预应力损失的组合见表 10-5。

表 10-5 预应力损失值的组合

项次	预应力损失值的组合	先张法构件	后张法构件
1	混凝土预压完成前(第一批)的损失	$\sigma_{l1} + \sigma_{l2} + \sigma_{l3} + \sigma_{l4}$	$\sigma_{l1} + \sigma_{l2}$
2	混凝土预压完成后(第二批)的损失	σ_{l5}	$\sigma_{l4} + \sigma_{l5} + \sigma_{l6}$

注:1. 先张法构件,σ_{l4} 在第一批和第二批损失中所占的比例,如需区分,可按实际情况确定。

2. 当先张法构件采用折线形预应力筋时,由于转向装置处发生摩擦,故在损失值中应计入 σ_{l2},其值可按实际情况确定。

对预应力混凝土构件除应按使用条件进行承载力、抗裂或裂缝宽度、变形验算以外,还需对构件的制作、运输、吊装等施工阶段进行承载力和抗裂验算,不同的受力阶段应考虑相应的预应力损失值的组合。

考虑预应力损失的计算值与实际值可能有误差,为确保构件的安全,按上述各项

损失计算得出的总损失值 σ_l 小于下列数值时,则按下列数值采用:

先张法构件　　　　　　100 N/mm^2

后张法构件　　　　　　80 N/mm^2

后张法中预应力筋常有好几根或好几束,不能同时一起张拉而必须分批张拉。此时就要考虑后批张拉预应力筋所产生的混凝土弹性压缩(或伸长),会使先批张拉并已锚固好的预应力筋的应力又发生变化,即先批张拉的预应力筋应力会降低或增加。若后批预应力筋张拉时,在先批张拉预应力筋重心位置所引起的混凝土法向应力为 $\Delta\sigma_{pc}$,由于此时混凝土未开裂,预应力筋与混凝土没有相对滑移,它们应变增量相等,$\Delta\varepsilon_s = \Delta\varepsilon_c$,则先批张拉的预应力筋产生的应力变化量 $\Delta\sigma_{ps}$ 为

$$\Delta\sigma_{ps} = E_s\Delta\varepsilon_s = E_s\Delta\varepsilon_c = E_s\frac{\Delta\sigma_{pc}}{E_c} = \frac{E_s}{E_c}\Delta\sigma_{pc} = \alpha_E\Delta\sigma_{pc} \qquad (10-10)$$

式中　　α_E——预应力筋弹性模量 E_s 与混凝土弹性模量 E_c 的比值,即 $\alpha_E = E_s/E_c$。

为考虑这种应力变化的影响,对先批张拉的那些预应力筋,常根据 $\alpha_E\Delta\sigma_{pc}$ 值增大或减小其张拉控制应力 σ_{con}。

上式也说明,在混凝土开裂前,由于钢筋与混凝土应变相同,相同位置的钢筋应力变化是混凝土应力变化的 α_E 倍。

10.4　预应力混凝土轴心受拉构件的应力分析

本节以轴心受拉构件为例,分别对先张法和后张法构件的施工阶段、使用阶段进行应力分析,以了解预应力混凝土构件的受力特点。

10.4.1　先张法预应力混凝土轴心受拉构件的应力分析

先张法预应力混凝土轴心受拉构件,从张拉预应力筋开始直到构件破坏为止,可分为下列两个阶段、6 种应力状态(参见表 10-6)。

1. 施工阶段

(1) 应力状态 1——预应力筋放张前

张拉预应力筋并固定在台座(或钢模)上,浇筑混凝土及养护,但混凝土尚未受到压缩,这一应力状态也称为"预压前"状态。

预应力筋刚张拉完毕时,其应力为张拉控制应力 σ_{con}(表 10-6 图 a)。然后,由于锚具变形和预应力筋内缩、养护温差、预应力筋松弛等原因产生了第一批应力损失 $\sigma_{l1} = \sigma_{l1} + \sigma_{l3} + \sigma_{l4}$,预应力筋的预拉应力将减少 σ_{l1}。因此,在这一应力状态,预应力筋的预拉应力就降低为 $\sigma_{p0\,I}$[①](表 10-6 图 b):

---

① $\sigma_{p0\,I}$ 符号的下标中的"p"表示预应力,"0"表示预应力筋合力点处混凝土法向应力等于零,"I"表示第一批预应力损失出现。即 $\sigma_{p0\,I}$ 表示第一批预应力损失出现后,混凝土法向应力等于零处的预应力筋的应力。

$$\sigma_{p0\,I} = \sigma_{con} - \sigma_{l\,I} \tag{10-11}$$

预应力筋与非预应力钢筋的合力(此时非预应力钢筋应力为零)为

$$N_{p0\,I} = \sigma_{p0\,I} A_p = (\sigma_{con} - \sigma_{l\,I}) A_p \tag{10-12}$$

式中 A_p——预应力筋截面面积。

由于预应力筋仍固定在台座(或钢模)上,预应力筋的总预拉力由台座(或钢模)支承平衡,所以混凝土的应力和非预应力钢筋的应力均为零。

(2)应力状态 2——预应力筋放张后

从台座(或钢模)上放松预应力筋(即放张),混凝土受到预应力筋回弹力的挤压而产生预压应力。设混凝土的预压应力为 $\sigma_{pc\,I}$[1],混凝土受压后产生压缩变形 $\varepsilon_c = \sigma_{pc\,I}/E_c$,钢筋因与混凝土黏结在一起也产生同样数值的压缩变形,由此可得到非预应力钢筋和预应力筋均产生压应力 $\alpha_E \sigma_{pc\,I}$ $[\varepsilon_s E_s = \varepsilon_c E_s = (\sigma_{pc\,I}/E_c)E_s = \alpha_E \sigma_{pc\,I}]$。所以,预应力筋的拉应力将减少 $\alpha_E \sigma_{pc\,I}$,预拉应力进一步降低为 $\sigma_{pe\,I}$[2](表 10-6 图 c):

$$\sigma_{pe\,I} = \sigma_{p0\,I} - \alpha_E \sigma_{pc\,I} = \sigma_{con} - \sigma_{l\,I} - \alpha_E \sigma_{pc\,I} \tag{10-13}$$

非预应力钢筋受到的是压应力,其值为

$$\sigma_{s\,I} = \alpha_E \sigma_{pc\,I} \tag{10-14}$$

混凝土的预压应力 $\sigma_{pc\,I}$ 可由截面内力平衡条件求得

$$\sigma_{pe\,I} A_p = \sigma_{pc\,I} A_c + \sigma_{s\,I} A_s \tag{a}$$

将 $\sigma_{pe\,I}$ 和 $\sigma_{s\,I}$ 代入,可得

$$\sigma_{pc\,I} = \frac{(\sigma_{con} - \sigma_{l\,I}) A_p}{A_c + \alpha_E A_s + \alpha_E A_p} = \frac{(\sigma_{con} - \sigma_{l\,I}) A_p}{A_0} \tag{10-15a}$$

也可写成

$$\sigma_{pc\,I} = \frac{N_{p0\,I}}{A_0} \tag{10-15b}$$

式中 A_s、A_p——非预应力钢筋和预应力筋的截面面积;

A_c——构件混凝土截面面积:$A_c = A - A_s - A_p$,此处 A 为构件截面面积;

A_0——换算截面面积:$A_0 = A_c + \alpha_E A_s + \alpha_E A_p$,不同品种钢筋应分别取各自的弹性模量计算 α_E。

式(10-15a)中左式为混凝土应力,右式的分子是力,右式分母表示的是混凝土面积,其中的 $\alpha_E A_s$ 和 $\alpha_E A_p$ 相当于将非预应力钢筋与预应力筋折算成 α_E 倍原面积的混凝土面积,它们与原来的混凝土面积 A_c 相加,组成一个以混凝土表示的换算截面。这也说明,在混凝土在开裂前,钢筋的作用相当于 α_E 倍的混凝土。由此,式(10-15b)也可理解为当放松预应力筋使混凝土受压时,将钢筋回弹力 $N_{p0\,I}$ 看作外力(轴向压力)作用

---

[1] $\sigma_{pc\,I}$ 符号下标中的"p"表示预应力,"c"表示混凝土,"I"表示第一批预应力损失出现。即 $\sigma_{pc\,I}$ 表示第一批预应力损失出现后的混凝土应力。

[2] $\sigma_{pe\,I}$ 符号下标中的"p"表示预应力,"e"表示有效,"I"表示第一批预应力损失出现。即 $\sigma_{pe\,I}$ 表示第一批预应力损失出现后预应力筋的有效应力。

在整个构件的换算截面 A_0 上,由此截面产生的压应力为 σ_{pcI}。

在施工阶段,先张法构件放张(放松预应力筋)时,混凝土受到的预压应力达到最大,该应力状态可作为施工阶段构件承载力计算的依据。另外,σ_{pcI} 还用于通过式(10-7)计算 σ_{l5}。

（3）应力状态 3——全部预应力损失出现

混凝土受压缩后,随着时间的增长又发生收缩和徐变,使预应力筋产生第二批应力损失。对先张法来说,第二批应力损失为 $\sigma_{lⅡ}=\sigma_{l5}$。此时,总的应力损失为 $\sigma_l=\sigma_{lⅠ}+\sigma_{lⅡ}$。

预应力损失全部出现后,预应力筋的拉应力又进一步降低为 $\sigma_{peⅡ}$,相应的混凝土预压应力降低为 $\sigma_{pcⅡ}$（表 10-6 图 d）。由于钢筋与混凝土变形一致,它们之间的关系可由下列公式表示：

$$\sigma_{peⅡ}=\sigma_{con}-\sigma_l-\alpha_E\sigma_{pcⅡ}=\sigma_{p0Ⅱ}-\alpha_E\sigma_{pcⅡ} \tag{10-16}$$

$$\sigma_{p0Ⅱ}=\sigma_{con}-\sigma_l \tag{10-17}$$

对非预应力钢筋而言,混凝土在 $\sigma_{pcⅡ}$ 作用下产生瞬时压应变 $\sigma_{pcⅡ}/E_c$,由于钢筋与混凝土变形一致,该应变就使得非预应力钢筋产生压应力 $\alpha_E\sigma_{pcⅡ}$；随着时间增长,混凝土在 $\sigma_{pcⅡ}$ 作用下又将产生徐变 σ_{l5}/E_s,同样由于钢筋与混凝土变形一致,该徐变使非预应力钢筋产生 σ_{l5} 的压应力。如此,非预应力钢筋的应力为

$$\sigma_{sⅡ}=\alpha_E\sigma_{pcⅡ}+\sigma_{l5} \tag{10-18}$$

式中 σ_{l5}——因混凝土收缩徐变引起的预应力损失,也就是非预应力钢筋因混凝土收缩和徐变所增加的压应力。

同样可由截面内力平衡条件求得

$$\sigma_{peⅡ}A_p=\sigma_{pcⅡ}A_c+\sigma_{sⅡ}A_s \tag{b}$$

将 $\sigma_{peⅡ}$ 和 $\sigma_{sⅡ}A$ 代入,可得

$$\sigma_{pcⅡ}=\frac{(\sigma_{con}-\sigma_l)A_p-\sigma_{l5}A_s}{A_0}=\frac{N_{p0Ⅱ}}{A_0} \tag{10-19}$$

$$N_{p0Ⅱ}=(\sigma_{con}-\sigma_l)A_p-\sigma_{l5}A_s \tag{10-20}$$

式中 $N_{p0Ⅱ}$——预应力损失全部出现后,混凝土预压应力为零时(预应力筋合力点处)的预应力筋与非预应力钢筋的合力。

公式(10-19)同样也可理解为当放松预应力筋使混凝土受压时,将钢筋回弹力 $N_{p0Ⅱ}$ 看作外力(轴向压力)作用在整个构件的换算截面 A_0 上,由此截面混凝土产生的压应力为 $\sigma_{pcⅡ}$。

$\sigma_{peⅡ}$ 为全部预应力损失完成后,预应力筋的有效预拉应力；$\sigma_{pcⅡ}$ 为在混凝土中所建立的"有效预压应力"。由上可知,在外荷载作用以前,预应力混凝土构件中的预应力筋及混凝土应力都不等于零,混凝土受到很大的压应力,而预应力筋受到很大的拉应力,这是预应力混凝土构件与钢筋混凝土构件本质的区别。

2. 使用阶段

（1）应力状态 4——消压状态

构件受到外荷载(轴向拉力 N)作用后,截面要叠加上由于 N 产生的拉应力。当 N 产生的拉应力正好抵消截面上混凝土的预压应力 $\sigma_{pcⅡ}$(表 10-6 图 e)时,该状态称为消压状态,此时的轴向拉力 N 也称为消压轴力 N_0。在消压轴力 N_0 作用下,预应力筋的拉应力由 $\sigma_{peⅡ}$ 增加 $\alpha_E \sigma_{pcⅡ}$,其值为

$$\sigma_{p0} = \sigma_{peⅡ} + \alpha_E \sigma_{pcⅡ} = \sigma_{con} - \sigma_l - \alpha_E \sigma_{pcⅡ} + \alpha_E \sigma_{pcⅡ} = \sigma_{con} - \sigma_l \tag{10-21}$$

非预应力钢筋的压应力由 $\sigma_{sⅡ}$ 减少 $\alpha_E \sigma_{pcⅡ}$,其值为

$$\sigma_{s0} = \sigma_{sⅡ} - \alpha_E \sigma_{pcⅡ} = \alpha_E \sigma_{pcⅡ} + \sigma_{l5} - \alpha_E \sigma_{pcⅡ} = \sigma_{l5} \tag{10-22}$$

由平衡方程,消压轴力 N_0 可用下式表示:

$$N_0 = \sigma_{p0} A_p - \sigma_{s0} A_s = (\sigma_{con} - \sigma_l) A_p - \sigma_{l5} A_s \tag{10-23}$$

比较式(10-20)和式(10-23)可知,$N_0 = N_{p0Ⅱ} = \sigma_{pcⅡ} A_0$。

应力状态 4 是预应力混凝土轴心受拉构件中,混凝土应力将由压应力转为拉应力的一个标志。$N < N_0$ 时,构件的混凝土始终处于受压状态;若 $N > N_0$,则混凝土将出现拉应力,以后拉应力的增量就和钢筋混凝土轴心受拉构件受外荷载后产生的拉应力增量一样。

(2)应力状态 5——即将开裂与开裂状态

① 即将开裂时。随着荷载进一步增加,当混凝土拉应力达到混凝土轴心抗拉强度标准值 f_{tk} 时,裂缝即将出现(表 10-6 图 f)。所以,构件的开裂荷载 N_{cr} 将在 N_0 的基础上增加 $f_{tk} A_0$,即

$$N_{cr} = N_0 + f_{tk} A_0 = (\sigma_{con} - \sigma_l) A_p - \sigma_{l5} A_s + f_{tk} A_0 \tag{10-24a}$$

也可写为

$$N_{cr} = (\sigma_{pcⅡ} + f_{tk}) A_0 \tag{10-24b}$$

或

$$N_{cr} = N_0 + N_{cr}' \tag{10-24c}$$

或

$$\frac{N_{cr}}{A_0} - \sigma_{pcⅡ} = \sigma_c - \sigma_{pcⅡ} = f_{tk} \tag{10-24d}$$

式中　N_{cr}——钢筋混凝土轴心受拉构件的开裂荷载:$N_{cr} = f_{tk} A_0$;

　　　　σ_c——荷载引起的混凝土拉应力,这里是指开裂荷载 N_{cr} 引起的混凝土拉应力。

由上式可见,预应力混凝土构件的抗裂能力由于多了 N_0 一项而比钢筋混凝土构件大大提高。

在裂缝即将出现时,预应力筋和非预应力钢筋的应力分别在消压状态的基础上增加了 $\alpha_E f_{tk}$ 的拉应力,即

$$\sigma_p = \sigma_{p0} + \alpha_E f_{tk} = \sigma_{con} - \sigma_l + \alpha_E f_{tk} \tag{10-25}$$

$$\sigma_s = \sigma_{l5} - \alpha_E f_{tk} \tag{10-26}$$

② 开裂后。在开裂瞬间,由于裂缝截面的混凝土应力 $\sigma_c = 0$,由混凝土承担的拉力 $f_{tk} A_c$ 转由钢筋承担。所以,预应力筋和非预应力钢筋的拉应力增量分别较开裂前的

应力增加 $f_{tk}A_c/(A_p+A_s)$。此时,预应力筋和非预应力钢筋的应力分别为

$$\sigma_p = \sigma_{p0}+\alpha_E f_{tk}+\frac{f_{tk}A_c}{A_p+A_s} = \sigma_{p0}+\frac{f_{tk}A_0}{A_p+A_s} = \sigma_{p0}+\frac{N_{cr}-N_0}{A_p+A_s}$$

$$= \sigma_{con}-\sigma_l+\frac{N_{cr}-N_0}{A_p+A_s} \tag{10-27}$$

$$\sigma_s = \sigma_{l5}-\alpha_E f_{tk}-\frac{f_{tk}A_c}{A_p+A_s} = \sigma_{l5}-\frac{f_{tk}A_0}{A_p+A_s} = \sigma_{l5}-\frac{N_{cr}-N_0}{A_p+A_s} \tag{10-28}$$

开裂后,在外荷载 N 作用下,增加的轴向拉力 $N-N_{cr}$ 将全部由钢筋承担(表 10-6 图 g),预应力筋和非预应力钢筋的拉应力增量均为 $(N-N_{cr})/(A_p+A_s)$。因此,这时预应力筋和非预应力钢筋的应力分别为

$$\sigma_p = \sigma_{p0}+\frac{N_{cr}-N_0}{A_p+A_s}+\frac{N-N_{cr}}{A_p+A_s} = \sigma_{p0}-\frac{N-N_0}{A_p+A_s}$$

$$= \sigma_{con}-\sigma_l+\frac{N-N_0}{A_p+A_s} \tag{10-29}$$

同理

$$\sigma_s = \sigma_{l5}-\frac{N-N_0}{A_p+A_s} \tag{10-30}$$

上述两式为使用阶段求裂缝宽度时的钢筋应力表达式。

式(10-29)和式(10-30)也可以这样理解,消压状态的混凝土应力与构件开裂后裂缝截面上的混凝土应力相等(均为零),而轴向拉力从 N_0 增加到 N,其轴向拉力差 $(N-N_0)$ 应该由预应力筋和非预应力钢筋来平衡。如此,裂缝截面上预应力筋的拉应力就应为消压状态下的应力加上 $\dfrac{N-N_0}{A_p+A_s}$,非预应力钢筋的压应力就应为消压状态下的应力减去 $\dfrac{N-N_0}{A_p+A_s}$。

（3）应力状态 6——破坏状态

当预应力筋、非预应力钢筋的应力达到各自抗拉强度时,构件就发生破坏(表 10-6 图 h)。此时的外荷载为构件的极限承载力 N_u,即

$$N_u = f_{py}A_p+f_y A_s \tag{10-31}$$

10.4.2　后张法预应力混凝土轴心受拉构件的应力分析

后张法构件的应力分布除施工阶段因张拉工艺与先张法不同而有所区别外,使用阶段的应力分布与先张法相同,它可分为下列 5 个应力状态(参见表 10-7)。

1. 施工阶段

（1）应力状态 1——第一批预应力损失出现

在张拉预应力筋的过程中,沿构件长度方向产生数值不等的 σ_{l2},混凝土应力为 σ_{cc},预应力筋应力为 $\sigma_{con}-\sigma_{l2}$,非预应力钢筋与周围混凝土已有黏结,两者变形一致,因而非预应力钢筋应力为 $\alpha_E\sigma_{cc}$,由平衡条件得

表 10-6 先张法预应力轴心受拉构件的应力分析

		应力状态	应力图形
施工阶段	1 刚张拉好预应力筋浇筑混凝土，并进行养护，第一批预应力损失出现	a、b (σ_{con})	$\sigma_c=0$，$\sigma_s=0$，$(\sigma_{con}-\sigma_{l1})A_p$
	2 从台座上放松预应力筋，混凝土受到预压	c	$\sigma_{pc\,I}=(\sigma_{con}-\sigma_{l1})A_p/A_0$；$(\sigma_{con}-\sigma_{l1}-\alpha_E\sigma_{pc\,I})A_p$；$\alpha_E\sigma_{pc\,I}A_s$
	3 预应力损失全部出现	d	$\sigma_{pc\,II}=[(\sigma_{con}-\sigma_l)A_p-\sigma_{l5}A_s]/A_0$；$(\sigma_{con}-\sigma_l-\alpha_E\sigma_{pc\,II})A_p$；$(\alpha_E\sigma_{pc\,II}+\sigma_{l5})A_s$
使用阶段	4 加载至混凝土应力为零	e $N=N_0=N_{p0\,II}$	$\sigma-\sigma_{pc\,II}=0$；$\sigma=\dfrac{N_0}{A_0}=\dfrac{N_{p0\,II}}{A_0}$；$(\sigma_{con}-\sigma_l)A_p$；$\sigma_{l5}A_s$

续表

使用阶段		应力状态		应力图形
使用阶段	5	裂缝即将出现	f　$N=N_{cr}$	$\sigma-\sigma_{pc\,II}=f_{tk}$　$(\sigma_{con}-\sigma_l+\alpha_E f_{tk})A_p$　$(\sigma_{l5}-\alpha_E f_{tk})A_s$
	6	开裂后	g　$N_{cr}<N<N_u$	$\sigma_c=0$　$N_0=N_{p0\,II}=(\sigma_{con}-\sigma_l)A_p-\sigma_{l5}A_s$　$=\left(\sigma_{con}-\sigma_l+\dfrac{N-N_0}{A_p+A_s}\right)A_p$　$\left(\sigma_{l5}-\dfrac{N-N_0}{A_p+A_s}\right)A_s$
		破坏时	h　$N=N_u$	$f_{py}A_p$　$f_y A_s$

$$(\sigma_{con} - \sigma_{l2}) A_p = \sigma_{cc} A_c + \alpha_E \sigma_{cc} A_s \qquad (c1)$$

$$\sigma_{cc} = \frac{A_p(\sigma_{con} - \sigma_{l2})}{A_c + \alpha_E A_s} = \frac{A_p(\sigma_{con} - \sigma_{l2})}{A_n} \qquad (c2)$$

在张拉端 $\sigma_{l2} = 0$,由上式得

$$\sigma_{cc} = \frac{A_p \sigma_{con}}{A_n} \qquad (10-32)$$

式中　A_n——构件的净截面面积:$A_n = A_c + \alpha_E A_s$,$A_c = A - A_s - A_{孔道面积}$。

此时此截面上的混凝土压应力是在施工阶段混凝土的最大压应力,因此式(10-32)可作为后张法构件施工阶段承载力验算的依据。

第一批预应力损失 σ_{lI} 出现后(表 10-7 图 b),由于这时预应力筋孔道尚未灌浆,预应力筋与混凝土之间没有黏结,在张拉预应力筋的同时混凝土已受到弹性压缩,因而预应力筋应力 σ_{peI} 就等于控制应力 σ_{con} 减去第一批预应力损失 σ_{lI},即

$$\sigma_{peI} = \sigma_{con} - \sigma_{lI} \qquad (10-33)$$

非预应力钢筋应力为

$$\sigma_{sI} = \alpha_E \sigma_{pcI} \qquad (10-34)$$

混凝土的预压应力 σ_{pcI} 可由截面内力平衡条件求得

$$\sigma_{peI} A_p = \sigma_{pcI} A_c + \sigma_{sI} A_s \qquad (c3)$$

$$\sigma_{pcI} = \frac{(\sigma_{con} - \sigma_{lI}) A_p}{A_n} = \frac{N_{pI}}{A_n} \qquad (10-35)$$

其中

$$N_{pI} = \sigma_{peI} A_p = (\sigma_{con} - \sigma_{lI}) A_p \qquad (10-36)$$

式中　N_{pI}——第一批预应力损失出现后的预应力筋的合力。

与先张法放张后相应公式相比,除了非预应力钢筋应力计算公式(10-34)与式(10-14)相同外,其他两式都不同:① 后张法预应力筋的应力比先张法少降低 $\alpha_E \sigma_{pcI}$,见式(10-33)与式(10-13);② 对于混凝土的预压应力 σ_{pcI},后张法采用净截面面积 A_n,先张法采用换算截面面积 A_0,见式(10-35)与式(10-15a)。

(2) 应力状态 2——第二批预应力损失出现

第二批预应力损失出现后,预应力筋、非预应力钢筋的应力及混凝土的有效预压应力为(表 10-7 图 c)

$$\sigma_{peII} = \sigma_{con} - \sigma_l \qquad (10-37)$$

$$\sigma_{sII} = \alpha_E \sigma_{pcII} + \sigma_{l5} \qquad (10-38)$$

$$\sigma_{pcII} = \frac{(\sigma_{con} - \sigma_l) A_p - \sigma_{l5} A_s}{A_n} = \frac{N_{pII}}{A_n} \qquad (10-39)$$

其中

$$N_{pII} = \sigma_{peII} A_p - \sigma_{l5} A_s = (\sigma_{con} - \sigma_l) A_p - \sigma_{l5} A_s \qquad (10-40)$$

式中　N_{pII}——第二批预应力损失出现后的预应力筋和非预应力钢筋的合力。

与先张法相应的公式比较,除了非预应力钢筋应力计算公式(10-38)与式(10-18)相同外,其他也都不同。预应力筋的应力,后张法比先张法少降低 $\alpha_E\sigma_{pcⅡ}$,见式(10-37)与式(10-16);混凝土的有效预压应力 $\sigma_{pcⅡ}$,后张法采用 A_n,先张法采用 A_0,见式(10-39)与式(10-19)。

对于轴心受拉构件,不论是先张法还是后张法,都可直接将相应阶段某一状态的预应力筋和非预应力钢筋的合力当作轴向压力作用在构件上,按材料力学公式来求解混凝土预压应力值。先张法预应力筋和非预应力钢筋的合力是指混凝土预压应力为零时的情况,后张法则是指混凝土已有预压应力的情况。由于先张法比后张法多了一个放张时混凝土弹性压缩引起的预应力降低,故两者的公式不同,前者用 N_{p0}、A_0,后者为 N_p、A_n,其中 $N_{p0}=N_p$,$A_0>A_n$。若先、后张法构件的截面尺寸及所用材料完全相同,则在同样大小的张拉控制应力情况下,后张法建立的混凝土有效预压应力比先张法要高。

2. 使用阶段

在使用阶段,后张法构件的孔道已经灌浆,预应力筋与混凝土已有黏结,能共同变形,因而计算外荷载产生的应力时和先张法相同,采用换算截面面积 A_0。

(1) 应力状态 3——消压状态

在消压状态(表 10-7 图 d),截面上混凝土应力由 $\sigma_{pcⅡ}$ 降为零,则预应力筋的拉应力增加了 $\alpha_E\sigma_{pcⅡ}$,即

$$\sigma_{p0}=\sigma_{peⅡ}+\alpha_E\sigma_{pcⅡ}=\sigma_{con}-\sigma_l+\alpha_E\sigma_{pcⅡ} \tag{10-41}$$

非预应力钢筋的压应力相应减小了 $\alpha_E\sigma_{pcⅡ}$,即

$$\sigma_{s0}=\sigma_{sⅡ}-\alpha_E\sigma_{pcⅡ}=\alpha_E\sigma_{pcⅡ}+\sigma_{l5}-\alpha_E\sigma_{pcⅡ}=\sigma_{l5} \tag{10-42}$$

消压轴力 N_0 为

$$N_0=\sigma_{p0}A_p-\sigma_{l5}A_s=(\sigma_{con}-\sigma_l+\alpha_E\sigma_{pcⅡ})A_p-\sigma_{l5}A_s \tag{10-43}$$

后张法应力状态 3 与先张法应力状态 4 相比,除了非预应力钢筋应力计算公式(10-42)与式(10-22)相同外,其他也都不同。预应力筋的应力,后张法比先张法少降低 $\alpha_E\sigma_{pcⅡ}$,见式(10-41)与式(10-21);消压轴力比先张法多了 $A_p\alpha_E\sigma_{pcⅡ}$,见式(10-43)和式(10-23)。

(2) 应力状态 4——即将开裂与开裂后状态

① 即将开裂时。随着荷载进一步增加,当混凝土拉应力达到混凝土轴心抗拉强度标准值 f_{tk} 时,裂缝即将出现(表 10-7 图 e)。所以,构件的开裂荷载 N_{cr} 将在 N_0 的基础上增加 $f_{tk}A_0$,即

$$N_{cr}=N_0+f_{tk}A_0=(\sigma_{con}-\sigma_l+\alpha_E\sigma_{pcⅡ})A_p-\sigma_{l5}A_s+f_{tk}A_0 \tag{10-44}$$

预应力筋和非预应力钢筋的应力在消压状态的基础上分别增加了 $\alpha_E f_{tk}$ 的拉应力,即

$$\sigma_p=\sigma_{p0}+\alpha_E f_{tk}=\sigma_{con}-\sigma_l+\alpha_E\sigma_{pcⅡ}+\alpha_E f_{tk} \tag{10-45}$$

$$\sigma_s=\sigma_{l5}-\alpha_E f_{tk} \tag{10-46}$$

② 开裂后。开裂后,外荷载与消压轴力之差 $(N-N_0)$ 将全部由钢筋承担(表 10-7

图 f),预应力筋和非预应力钢筋的应力为

$$\sigma_{\mathrm{p}} = \sigma_{\mathrm{p}0} - \frac{N-N_0}{A_{\mathrm{p}}+A_{\mathrm{s}}} = \sigma_{\mathrm{con}} - \sigma_l + \alpha_{\mathrm{E}}\sigma_{\mathrm{pcII}} + \frac{N-N_0}{A_{\mathrm{p}}+A_{\mathrm{s}}} \qquad (10-47)$$

$$\sigma_{\mathrm{s}} = \sigma_{l5} - \frac{N-N_0}{A_{\mathrm{p}}+A_{\mathrm{s}}} \qquad (10-48)$$

上述两式为使用阶段求裂缝宽度时的钢筋应力表达式。

后张法应力状态 4 和先张法应力状态 5 相比,两者的消压轴力不同,因而两者的开裂轴力、预应力筋和非预应力钢筋应力均不相同。后张法的开裂轴力要比先张法大 $A_{\mathrm{p}}\alpha_{\mathrm{E}}\sigma_{\mathrm{pcII}}$。

(3)应力状态 5——破坏状态

当预应力筋、非预应力钢筋的应力达到各自抗拉强度时,构件就发生破坏(表 10-7图 g)。后张法和先张法相比,两者破坏状态时的应力、内力计算公式的形式及符号完全相同;若两者的钢筋材料与用量相同,则极限承载力也相同。

10.4.3 预应力混凝土构件与钢筋混凝土构件受力性能比较

现以后张法预应力混凝土轴心受拉构件和钢筋混凝土轴心受拉构件为例(两者的截面尺寸、材料及配筋数量完全相同)进行比较,进一步分析预应力混凝土轴心受拉构件的受力特点。

图 10-18 为上述两类构件在施工阶段、使用阶段中,预应力筋、非预应力钢筋和混凝土的应力与荷载变化示意图。横坐标代表荷载,原点 O 左边为施工阶段预应力筋的回弹力,右边为使用阶段作用的外力。纵坐标原点上、下方代表预应力筋、非预应力钢筋和混凝土的拉、压应力。实线为预应力混凝土构件,虚线为钢筋混凝土构件。由图中曲线对比可以看出:

(1)施工阶段(或受外荷载以前)钢筋混凝土构件中的钢筋和混凝土的应力全为零,而预应力混凝土构件中的预应力筋和混凝土的应力则始终处于高应力状态。

(2)使用阶段预应力混凝土构件的开裂荷载 N_{cr} 远远大于钢筋混凝土构件的开裂荷载 N'_{cr}。开裂荷载与破坏荷载之比,前者可达 0.9 以上,甚至可能发生一开裂就破坏的现象,而后者仅为 0.10~0.15 左右。相比之下,预应力混凝土构件的破坏显得比较脆,这也是它的主要缺点。

(3)两类构件的极限荷载相等,即 $N_{\mathrm{u}} = N'_{\mathrm{u}}$。由图中可明显地看出,钢筋混凝土构件不能采用高强钢筋,否则构件就会在不大的拉力下因裂缝过宽而不满足正常使用极限状态的要求,只有采用预应力才能发挥高强钢筋的作用。

(4)从图中可看到,预应力混凝土构件在外荷载 $N \leq N_{\mathrm{cr}}$ 时混凝土及钢筋应力随荷载增加的增量与钢筋混凝土构件在 $N \leq N'_{\mathrm{cr}}$ 时的增量相同。由于预应力混凝土构件开裂荷载大,开裂前钢筋应力变化较小,故预应力混凝土构件更适合于受疲劳荷载作用下的构件,例如吊车梁、铁路桥、公路桥等。

表 10-7 后张法预应力混凝土轴心受拉构件的应力分析

		应力状态		应力图形
施工阶段	1	构件制作养护、张拉预应力筋,第一批应力损失出现	a b	$\sigma_{pc\,I}=(\sigma_{con}-\sigma_{l1})A_p/A_n$ $(\sigma_{con}-\sigma_{l1})A_p$ $\alpha_E\sigma_{pc\,I}A_s$
	2	预应力损失全部出现	c	$\sigma_{pc\,II}=[(\sigma_{con}-\sigma_l)A_p-\sigma_{l5}A_s]/A_n$ $(\sigma_{con}-\sigma_l)A_p$ $(\alpha_E\sigma_{pc\,II}+\sigma_{l5})A_s$
使用阶段	3	加载至混凝土应力为零	d $N=N_0$	$\sigma-\sigma_{pc\,II}=0$ $(\sigma_{con}-\sigma_l+\alpha_E\sigma_{pc\,II})A_p$ $\sigma_{l5}A_s$
	4	裂缝即将出现	e $N=N_{cr}$	$\sigma-\sigma_{pc\,II}=f_{tk}$ $(\sigma_{con}-\sigma_l+\alpha_E\sigma_{pc\,II}+\alpha_E f_{tk})A_p$ $(\sigma_{l5}-\alpha_E f_{tk})A_s$
		开裂后	f $N_{cr}<N<N_u$	$\sigma_c=0$ $N_0=(\sigma_{con}-\sigma_l+\alpha_E\sigma_{pc\,II})A_p-\sigma_{l5}A_s$ $\left(\sigma_{con}-\sigma_l+\alpha_E\sigma_{pc\,II}+\dfrac{N-N_0}{A_p+A_s}\right)A_p$ $\left(\sigma_{l5}-\dfrac{N-N_0}{A_p+A_s}\right)A_p$
	5	破坏时	g $N=N_u$	$f_{py}A_p$ f_yA_s

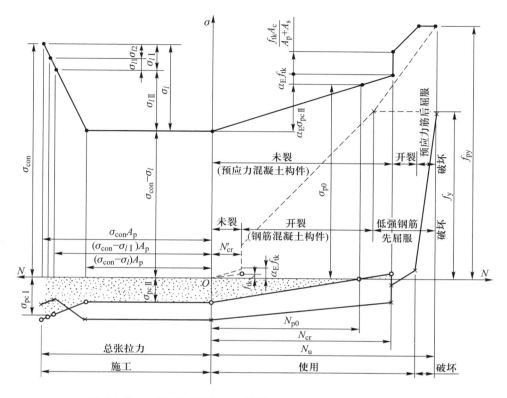

●—预应力筋;×—非预应力钢筋;○—混凝土;------钢筋混凝土构件中的钢筋。

图 10-18 轴心受拉构件各阶段的钢筋和混凝土应力变化曲线示意图

10.5 预应力混凝土轴心受拉构件设计

对于预应力混凝土轴心受拉构件,除了进行使用阶段承载力计算、抗裂验算或裂缝宽度验算以外,还要进行施工阶段张拉(或放张)预应力筋时构件的承载力验算,以及对采用锚具的后张法构件进行端部锚固区局部受压的验算。

10.5.1 使用阶段承载力计算

预应力混凝土轴心受拉构件截面的计算简图如图 10-19a 所示,构件破坏时预应力筋和非预应力钢筋都达到了各自的抗拉强度设计值 f_{py} 和 f_y,构件正截面受拉承载力按下式计算:

$$N \leqslant N_u = f_{py}A_p + f_yA_s \qquad (10\text{-}49)$$

式中 N——轴向拉力设计值,按式(2-20b)计算;

f_{py}、f_y——预应力筋及非预应力钢筋抗拉强度设计值,按附表 2-4 和附表 2-3 取用;

A_p、A_s——预应力筋及非预应力钢筋的截面面积。

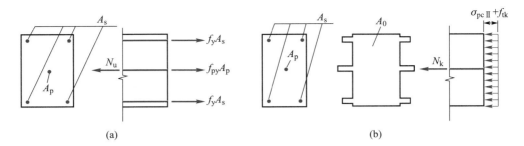

图 10-19　预应力混凝土轴心受拉构件使用阶段承载力与抗裂验算计算简图

(a)承载力计算简图;(b)抗裂验算简图

10.5.2　使用阶段裂缝控制验算

预应力混凝土轴心受拉构件应根据所处环境类别和使用要求,选用不同的裂缝控制等级,并按下列规定进行抗裂验算与正截面裂缝宽度验算。

1. 裂缝控制等级

(1) 一级——严格要求不出现裂缝的构件

在荷载效应标准组合下应符合式(10-50)的规定,也就是要求在荷载效应标准组合下构件的混凝土不出现拉应力,严格要求不出现裂缝。

$$\sigma_{ck} - \sigma_{pcII} \leqslant 0 \qquad (10-50)$$

$$\sigma_{ck} = \frac{N_k}{A_0} \qquad (10-51)$$

式中　σ_{ck}——荷载效应标准组合下构件的混凝土法向应力;

　　　N_k——按荷载效应标准组合[式(2-23)]计算得到的轴向拉力;

　　　A_0——换算截面积:$A_0 = A_c + \alpha_E A_p + \alpha_E A_s$,见图 10-19b;

　　　σ_{pcII}——扣除全部预应力损失后构件的混凝土预压应力,先张法构件按式(10-19)计算,后张法构件按式(10-39)计算。

(2) 二级——一般要求不出现裂缝的构件

在荷载效应标准组合下应符合式(10-52)的规定,也就是要求在荷载效应标准组合下构件的混凝土不出现大于 f_{tk} 的拉应力。这意味着要求在正常使用时,构件的混凝土仅处于有限拉应力状态,在这种条件下,构件即使可能出现裂缝,一般来说裂缝宽度也较小,因而不必进行裂缝宽度验算。

$$\sigma_{ck} - \sigma_{pcII} \leqslant f_{tk} \qquad (10-52)$$

式中　f_{tk}——混凝土轴心抗拉强度标准值,按附表 2-6 取用。

(3) 三级——允许出现裂缝的构件

按荷载效应标准组合并考虑长期荷载影响计算的最大裂缝宽度 w_{max},应符合式(10-53)的规定,也就是要求计算得到的最大裂缝宽度 w_{max} 小于最大裂缝宽度限

值 w_{lim}：

$$w_{max} \leqslant w_{lim} \tag{10-53}$$

式中 w_{lim}——最大裂缝宽度限值，按附表 5-1 取用。

对处于二 a 类环境类别的预应力混凝土构件，在荷载准永久组合下尚应符合式（10-54）的规定，也就是要求在荷载准永久组合下构件的混凝土不会出现大于 f_{tk} 的拉应力：

$$\sigma_{cq} - \sigma_{pcII} \leqslant f_{tk} \tag{10-54}$$

$$\sigma_{cq} = \frac{N_q}{A_0} \tag{10-55}$$

式中 σ_{cq}——荷载效应准永久组合下构件的混凝土法向应力；

N_q——按荷载效应准永久组合[式（2-25）]计算得到的轴向拉力。

2. 最大裂缝宽度 w_{max} 计算

预应力混凝土构件按荷载效应标准组合并考虑长期荷载影响的最大裂缝宽度 w_{max} 按下列公式计算：

$$w_{max} = \alpha_{cr} \psi \frac{\sigma_s}{E_s} \left(1.9 c_s + 0.08 \frac{d_{eq}}{\rho_{te}} \right) \tag{10-56}$$

$$\psi = 1.1 - 0.65 \frac{f_{tk}}{\rho_{te} \sigma_s} \tag{10-57}$$

$$d_{eq} = \frac{\sum n_i d_i^2}{\sum n_i \nu_i d_i} \tag{10-58}$$

$$\rho_{te} = \frac{A_s + A_p}{A_{te}} \tag{10-59}$$

式中 α_{cr}——构件受力特征系数，对预应力轴心受拉构件，取 $\alpha_{cr} = 2.2$；

σ_s——按荷载标准组合计算的预应力混凝土构件纵向受拉钢筋应力（N/mm^2），对预应力轴心受拉构件，$\sigma_s = \dfrac{N_k - N_0}{A_p + A_s}$；

N_0——消压轴力（N）；

d_i——受拉区第 i 种纵向钢筋直径（mm），有黏结预应力钢绞线束的直径取为 $\sqrt{n_1} d_{p1}$，其中 d_{p1} 为单根钢绞线的公称直径，n_1 为单束钢绞线根数；

n_i——受拉区第 i 种纵向钢筋的根数，对于有黏结预应力钢绞线，取为钢绞线束数；

ν_i——受拉区第 i 种纵向钢筋的相对黏结特性系数，按表 10-8 取用。

其余符号同第 8 章式（8-9）~式（8-12）。

比较式（10-56）~式（10-59）和第 8 章的式（8-9）~式（8-12）可知，预应力混凝土构件和钢筋混凝土构件最大裂缝宽度计算公式相同，只是有以下几点不同：

表 10-8   钢筋的相对黏结特性系数

钢筋类别	钢筋		先张法预应力筋			后张法预应力筋		
	光圆钢筋	带肋钢筋	带肋钢筋	螺旋肋钢丝	钢绞线	带肋钢筋	钢绞线	光面钢丝
ν_i	0.7	1.0	1.0	0.8	0.6	0.8	0.5	0.4

注:对环氧树脂涂层带肋钢筋,其相对黏结特性系数应按表中系数的80%取用。

(1)构件受力特征系数 α_{cr} 取值不同,对于相同的构件类型,预应力混凝土构件的 α_{cr} 取值小于钢筋混凝土构件的 α_{cr}。

(2)涉及钢筋截面面积之处,用 A_p+A_s 代替 A_s。

(3)钢筋应力计算公式不同。如前所述,随外荷载 N 的增大,N 产生的拉应力逐渐抵消混凝土中的预压应力,当 N 达到了消压轴力 N_0 时,混凝土应力为零,这时的混凝土应力状态相当于受载之前的钢筋混凝土轴心受拉构件。当 $N>N_0$ 时,$N-N_0$ 使混凝土产生拉应力,甚至开裂,此时构件裂缝宽度的大小取决于 $N-N_0$。因此,对于允许出现裂缝的预应力混凝土构件,计算最大裂缝宽度时轴力要取为 $N-N_0$,钢筋截面面积取为 A_p+A_s,即 $\sigma_s = \dfrac{N_k - N_0}{A_p + A_s}$。

同时要注意:① 预应力筋表面形状系数与非预应力钢筋是不同的,计算等效钢筋直径 d_{eq} 时,各种钢筋要取自己的相对黏结特性系数。② 钢筋混凝土构件和预应力混凝土构件计算裂缝宽度时采用的荷载效应组合是不同的,前者采用荷载效应准永久组合,后者采用荷载效应标准组合。

10.5.3   施工阶段的验算

当放张预应力筋(先张法)或张拉预应力筋完毕(后张法)时,混凝土将受到最大的预压应力 σ_{cc},而这时混凝土强度通常仅达到设计强度的75%,应当验算构件是否具有足够的承载力。验算包括下列两个方面。

1. 张拉(或放张)预应力筋时构件的承载力验算

为了保证在张拉(或放张)预应力筋时混凝土不被压碎,混凝土的预压应力应符合下列条件:

$$\sigma_{cc} = \sigma_{pc} + \frac{N_k}{A_0} \leqslant 0.80 f'_{ck} \tag{10-60}$$

式中 N_k——构件自重及施工荷载的标准组合在计算截面产生的轴向力,必要时应计入动力系数,N 以压力为正、拉力为负;

σ_{pc}——由预加应力产生的混凝土法向应力,以压应力为正、拉应力为负;

f'_{ck}——与张拉(或放张)预应力筋时混凝土立方体抗压强度 f'_{cu} 相应的轴心抗压强度标准值,可由附表 2-6 按线性内插法确定。

如前所述,先张法构件在放张(或切断)预应力筋时混凝土受到的预压应力最大,即仅按第一批损失出现后计算 σ_{pc},即

$$\sigma_{pc} = \frac{(\sigma_{con} - \sigma_{l\,I}) A_p}{A_0} \qquad (10-61)$$

后张法张拉预应力筋完毕,应力达到 σ_{con}(超张拉时取超张拉达到的张拉控制应力值,如 $1.05\sigma_{con}$)时张拉端混凝土压应力最大,以此截面进行验算,即

$$\sigma_{pc} = \frac{\sigma_{con} A_p}{A_n} \qquad (10-62)$$

2. 后张法构件端部局部受压承载力计算

后张法构件混凝土的预压应力是由预应力筋回缩时通过锚具对构件端部混凝土施加局部挤压力来建立并维持的。在局部挤压力作用下,端部锚具下的混凝土处于高应力状态下的三向受力情况(图 10-20),不仅在纵向有较大的压应力 σ_z,而且在径向、环向还产生拉应力 σ_r、σ_θ。加上构件端部钢筋比较集中,混凝土截面被预留孔道削弱较多,混凝土强度又较低,因此,验算构件端部局部受压承载力极为重要,工程中常因不重视这项验算而导致发生质量事故。

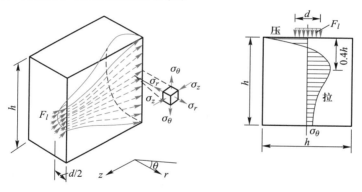

图 10-20 锚具下的混凝土三向受力情况

为了防止混凝土因局部受压强度不足而发生脆性破坏,通常需在局部受压区内配置如图 10-21 所示的方格网式或螺旋式间接钢筋,以约束混凝土的横向变形,从而提高局部受压承载力。

当配置方格网式或螺旋式间接钢筋且符合 $A_{cor} \geqslant A_l$ 的条件时,其局部受压承载力可按下列公式计算:

$$F_l \leqslant 0.9(\beta_c \beta_l f_c + 2\alpha \rho_v \beta_{cor} f_y) A_{ln} \qquad (10-63)$$

其中

采用方格网式配筋(图 10-21a),体积配筋率 ρ_v 为

$$\rho_v = \frac{n_1 A_{s1} l_1 + n_2 A_{s2} l_2}{A_{cor} s} \qquad (10-64)$$

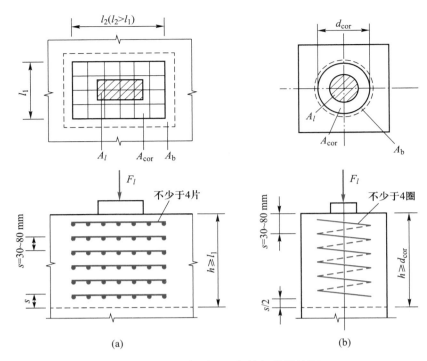

图 10-21   局部受压区间接钢筋配筋图

(a)方格网式;(b)螺旋式

采用螺旋式配筋(图 10-21b),体积配筋率 ρ_v 为

$$\rho_v = \frac{4A_{ss1}}{d_{cor}s} \qquad (10-65)$$

式中 F_l——局部压力设计值,此时预应力对承载力起不利作用,取预应力作用的分
项系数 $\gamma_P = 1.3$,即按 $F_l = 1.3\sigma_{con}A_p$ 计算。

β_c——混凝土强度影响系数:混凝土强度等级不超过 C50 时,取 $\beta_c = 1.0$;为
C80 时,取 $\beta_c = 0.8$;其间,β_c 按线性内插法确定。

β_l——混凝土局部受压时的强度提高系数:$\beta_l = \sqrt{A_b/A_l}$,其中 A_l 为混凝土局部
受压面积;A_b 为局部受压时的计算底面积,可按与 A_l 同心、对称的原则
确定,对常见情况可按图 10-22 取用;计算 β_l 时,在 A_b 及 A_l 中均不扣除
开孔构件的孔道面积。

f_c——混凝土轴心抗压强度设计值,由当时的混凝土立方体抗压强度 f'_{cu} 由附
表 2-1 按线性内插法确定。

α——间接钢筋对混凝土约束的折减系数:混凝土强度等级不超过 C50 时,$\alpha =
1.0$;为 C80 时,$\alpha = 0.85$;其间,$\alpha$ 按线性内插法确定;该系数用于考虑随
混凝土强度等级提高间接钢筋承载力下降的趋势。

ρ_v——间接钢筋的体积配筋率(核心面积 A_{cor} 范围内单位混凝土体积中所包含的间接钢筋体积)。

n_1A_{s1}、n_2A_{s2}——方格网式间接钢筋沿 l_1、l_2 方向的钢筋根数与单根钢筋截面面积的乘积;钢筋网两个方向上单位长度内的钢筋截面面积比不宜大于 1.5,以避免网格长、短边两个方向配筋相差过大导致钢筋强度不能充分发挥。

l_1、l_2——钢筋网两个方向的长度。

s——钢筋网或螺旋筋的间距,宜取 30~80 mm。

A_{cor}——钢筋网以内的混凝土核心面积,其重心应与 A_l 的重心相重合,$A_{cor} \leqslant A_b$。

d_{cor}——配置螺旋式间接钢筋范围以内的混凝土直径。

A_{ss1}——螺旋式间接钢筋单根钢筋的截面面积。

β_{cor}——配置间接钢筋的局部受压承载力提高系数:$\beta_{cor} = \sqrt{A_{cor}/A_l}$,当 A_{cor} 不大于 A_l 的 1.25 倍时,取 $\beta_{cor} = 1$。

A_l——混凝土局部受压面积,可按应力沿锚具边缘在垫板中以 45°角扩散后传到混凝土的受压面积计算。

A_{ln}——混凝土局部受压净面积,由 A_l 扣除预留孔道面积得到。

f_y——钢筋抗拉强度设计值,按附表 2-3 查用。

间接钢筋应配置在如图 10-21 所规定的 h 范围内,对于方格网式钢筋片,$h \geqslant l_1$ 且不应小于 4 片;对于螺旋式钢筋,$h \geqslant d_{cor}$,且不应小于 4 圈。

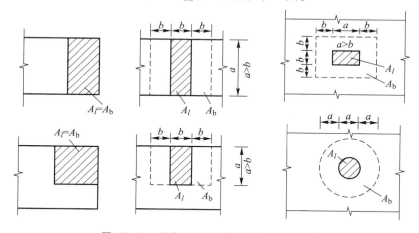

图 10-22　局部受压计算底面积 A_b 示意图

应当指出,配置间接钢筋过多,虽可较大地提高局部受压承载力,但局部压力过大会引起锚具下的混凝土出现压陷破坏或产生端部裂缝。因此,配置间接钢筋的构件,其局部受压区的截面尺寸应符合下列要求:

$$F_l \leqslant 1.35\beta_c\beta_l f_c A_{ln} \tag{10-66}$$

10.5.4　预应力混凝土轴心受拉构件例题

【例 10-1】　某工业厂房预应力混凝土屋架下弦杆长度为 24.0 m，截面尺寸为 280 mm×180 mm，二级安全等级，二 a 类环境类别。永久荷载（自重）标准值产生的轴向拉力 $N_{Gk} = 840.0$ kN，施工阶段可变荷载标准值产生的轴向拉力 $N_{Qk} = 30.0$ kN，运行阶段可变荷载标准值产生的轴向拉力 $N_{Qk} = 220.0$ kN，运行阶段可变荷载准永久值系数 $\psi_q = 0.4$。试设计该屋架下弦杆。

【解】

（1）资料

二级安全等级，$\gamma_0 = 1.0$。二 a 类环境类别，由附表 5-1 查得裂缝控制等级为三级，应符合式（10-53）和式（10-54）的要求，最大裂缝宽度限值 $w_{lim} = 0.10$ mm。

混凝土采用 C60，$f_c = 27.5$ N/mm^2，$f_t = 2.04$ N/mm^2，$f_{ck} = 38.5$ N/mm^2，$f_{tk} = 2.85$ N/mm^2，$E_c = 3.60 \times 10^4$ N/mm^2；预应力筋采用 $\phi^s 1 \times 7$（$d = 15.2$ mm）钢绞线，$f_{ptk} = 1\,860$ N/mm^2，$f_{py} = 1\,320$ N/mm^2，$E_s = 1.95 \times 10^5$ N/mm^2；非预应力钢筋采用 HRB400，$f_{yk} = 400$ N/mm^2，$f_y = 360$ N/mm^2，$E_s = 2.0 \times 10^5$ N/mm^2。

采用后张法，一端张拉，采用 OVM 锚具，孔道采用预埋金属波纹管，孔道直径为 55 mm。张拉时混凝土强度 $f'_{cu} = 60$ N/mm^2，张拉控制应力取 $\sigma_{con} = 0.75 f_{ptk} = 0.75 \times 1\,860$ N/mm$^2 = 1\,395$ N/mm^2。

（2）估算预应力筋方案

估计截面换算面积 $A_0 = 1.15A$，则

$$A_0 = 1.15bh = 1.15 \times 280 \times 180 \text{ mm}^2 = 57\,960 \text{ mm}^2$$

荷载准永久组合下：

$$N_q = N_{Gk} + \psi_q N_{Qk} = 840.0 \text{ kN} + 0.4 \times 220.0 \text{ kN} = 928.0 \text{ kN}$$

$$\sigma_{cq} = \frac{N_q}{A_0} = \frac{928.0 \times 10^3}{57\,960} \text{ N/mm}^2 = 16.01 \text{ N/mm}^2$$

为满足裂缝控制要求，应符合式（10-54）：

$$\sigma_{cq} - \sigma_{pcII} \leqslant f_{tk}$$

因而，混凝土有效预压力应满足

$$\sigma_{pcII} \geqslant \sigma_{cq} - f_{tk} = 16.01 \text{ N/mm}^2 - 2.85 \text{ N/mm}^2 = 13.16 \text{ N/mm}^2$$

预估预应力损失 $\sigma_l = 0.20\sigma_{con} = 0.20 \times 1\,395$ N/mm$^2 = 279$ N/mm^2、$\sigma_{l5} = 150$ N/mm^2，且暂取 $A_s = 1\,017$ mm^2（4 ⊈ 18，布置于截面四个角点），有

$$A_n = A_c + \alpha_{E2}A_s = \left(280 \times 180 - 2 \times \frac{\pi}{4} \times 55^2 - 1\,017\right) \text{ mm}^2 + \frac{2.0 \times 10^5}{3.60 \times 10^4} \times 1\,017 \text{ mm}^2 = 50\,284 \text{ mm}^2$$

由式（10-39）有

$$A_p = \frac{\sigma_{pcII}A_n + \sigma_{l5}A_s}{\sigma_{con} - \sigma_l} = \frac{13.16 \times 50\,284 + 150 \times 1\,017}{1\,395 - 279} \text{ mm}^2 = 730 \text{ mm}^2$$

采用 2 束高强低松弛钢绞线,每束 3 $\phi^s1\times7$($d=15.2$ mm),每根钢绞线的截面积为 140 mm²,共 6 根,$A_p=840$ mm²,见图 10-23c。

(3)承载力计算

运行阶段为控制工况,$\gamma_G=1.3$、$\gamma_Q=1.5$,则

$$N=\gamma_0(\gamma_G N_G+\gamma_Q N_Q)=1.0\times(1.3\times840.0+1.5\times220.0)\text{ kN}=1\ 422.0\ \text{kN}$$

由式(10-49)有

$$A_s=\frac{N-f_{py}A_p}{f_y}=\frac{1\ 422.0\times10^3-1\ 320\times840}{360}\text{mm}^2=870\ \text{mm}^2$$

选配 4 Φ 18,实配 $A_s=1\ 017$ mm²。

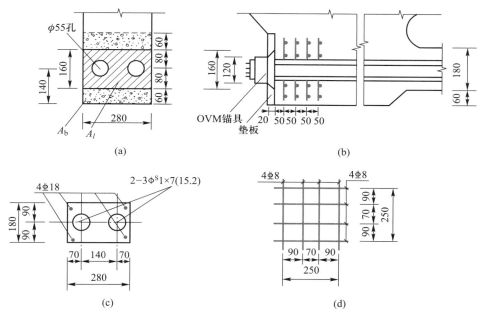

图 10-23　屋架下弦

(a)受压面积图;(b)下弦端节点;(c)下弦截面配筋;(d)钢筋网片

(4)使用阶段裂缝控制验算

① 截面几何特征

$$A_n=A_c+\alpha_{E2}A_s=\left(280\times180-2\times\frac{\pi}{4}\times55^2-1\ 017\right)\text{mm}^2+\frac{2.0\times10^5}{3.60\times10^4}\times1\ 017\ \text{mm}^2$$

$$=50\ 284\ \text{mm}^2$$

$$A_0=A_n+\alpha_{E1}A_p=50\ 284\ \text{mm}^2+\frac{1.95\times10^5}{3.60\times10^4}\times840\ \text{mm}^2=54\ 834\ \text{mm}^2$$

② 预应力损失

(a)张拉端锚具变形和预应力筋内缩损失 σ_{l1}

由表 10-2,查得夹片式锚具 OVM 的锚具变形和钢筋内缩值 $a=5.0$mm,由式(10-1)有

$$\sigma_{l1} = \frac{a}{l}E_s = \frac{5.0}{24.0 \times 10^3} \times 1.95 \times 10^5 \text{ N/mm}^2 = 41 \text{ N/mm}^2$$

（b）孔道摩擦损失 σ_{l2}

按锚固端计算该项损失，所以 $l = 24.0\text{m}$，直线配筋，$\theta = 0°$，查表 10-3 得 $\kappa = 0.001\,5$，$\kappa x = 0.001\,5 \times 24.0 = 0.036$，由式（10-5a）有

$$\sigma_{l2} = \sigma_{con}\left(1 - \frac{1}{e^{\kappa x + \mu\theta}}\right) = 1\,395 \times \left(1 - \frac{1}{e^{0.036}}\right) \text{ N/mm}^2 = 49 \text{ N/mm}^2$$

则第一批损失：$\sigma_{lI} = \sigma_{l1} + \sigma_{l2} = 41 \text{ N/mm}^2 + 49 \text{ N/mm}^2 = 90 \text{ N/mm}^2$

（c）预应力筋的应力松弛损失 σ_{l4}

$\dfrac{\sigma_{con}}{f_{ptk}} = 0.75$，由表 10-4 有

$$\sigma_{l4} = 0.20\left(\frac{\sigma_{con}}{f_{ptk}} - 0.575\right)\sigma_{con} = 0.20 \times (0.75 - 0.575) \times 1\,395 \text{ N/mm}^2 = 49 \text{ N/mm}^2$$

（d）混凝土的收缩和徐变损失 σ_{l5}

$$\sigma_{pcI} = \frac{(\sigma_{con} - \sigma_{lI})A_p}{A_n} = \frac{(1\,395 - 90) \times 840}{50\,284} \text{N/mm}^2 = 21.80 \text{ N/mm}^2$$

$$\frac{\sigma_{pcI}}{f'_{cu}} = \frac{21.80}{60} = 0.36 < 0.5$$

满足线性徐变的应力要求。

$$\rho = \frac{A_p + A_s}{A_n} = \frac{840 + 1\,017}{50\,284} = 0.037$$

轴拉构件对称配筋，由式（10-8）计算 σ_{l5} 时，取 $\rho/2$ 进行计算：

$$\sigma_{l5} = \frac{55 + 300\dfrac{\sigma_{pc}}{f'_{cu}}}{1 + 15\rho} = \frac{55 + 300 \times \dfrac{21.80}{60}}{1 + 15 \times \dfrac{1}{2} \times 0.037} \text{N/mm}^2 = 128 \text{ N/mm}^2$$

则第二批损失：$\sigma_{lII} = \sigma_{l4} + \sigma_{l5} = 49 \text{ N/mm}^2 + 128 \text{ N/mm}^2 = 177 \text{ N/mm}^2$

总损失：$\sigma_l = \sigma_{lI} + \sigma_{lII} = 90 \text{ N/mm}^2 + 177 \text{ N/mm}^2 = 267 \text{ N/mm}^2 > 80 \text{ N/mm}^2$

③ 裂缝控制验算

由式（10-39），混凝土有效预压应力为

$$\sigma_{pcII} = \frac{(\sigma_{con} - \sigma_l)A_p - A_s\sigma_{l5}}{A_n}$$

$$= \frac{(1\,395 - 267) \times 840 - 1\,017 \times 128}{50\,284} \text{N/mm}^2 = 16.25 \text{ N/mm}^2$$

（a）应力验算

在荷载效应准永久组合下：

$$\sigma_{cq} = \frac{N_q}{A_0} = \frac{928.0 \times 10^3}{54\,834} \text{N/mm}^2 = 16.92 \text{ N/mm}^2$$

由式(10-54)有

$$\sigma_{cq} - \sigma_{pcII} = 16.92 \text{ N/mm}^2 - 16.25 \text{ N/mm}^2 = 0.67 \text{ N/mm}^2 < f_{tk} = 2.85 \text{ N/mm}^2$$

满足二 a 类环境类别对应力的控制要求。

（b）裂缝宽度验算

轴心受拉构件，构件受力特征系数 $\alpha_{cr} = 2.2$；有效受拉混凝土截面面积 A_{te} 取截面面积，$A_{te} = bh$，则受拉钢筋有效配筋率 ρ_{te} 为

$$\rho_{te} = \frac{A_s + A_p}{A_{te}} = \frac{1\,017 + 840}{280 \times 180} = 3.68\% > 0.01$$

消压轴力：

$$N_0 = \sigma_{pcII} A_0 = 16.25 \times 54\,834 \text{ N} = 891.05 \times 10^3 \text{N} = 891.05 \text{ kN}$$

荷载效应标准组合下：

$$N_k = N_{Gk} + N_{Qk} = 840.0 \text{ kN} + 220.0 \text{ kN} = 1\,060.0 \text{ kN}$$

$$\sigma_s = \frac{N_k - N_0}{A_p + A_s} = \frac{1\,060.0 \times 10^3 - 891.05 \times 10^3}{840 + 1\,017} \text{N/mm}^2 = 91 \text{ N/mm}^2$$

$$\psi = 1.1 - 0.65 \frac{f_{tk}}{\rho_{te} \sigma_s} = 1.1 - 0.65 \times \frac{2.85}{0.036\,8 \times 91} = 0.547, \quad 0.2 < \psi < 1.0$$

查表 10-8 得钢筋相对黏结特性系数：钢绞线 $\nu_i = 0.5$，带肋钢筋 $\nu_i = 1.0$。对于有黏结预应力钢绞线束，直径取为 $\sqrt{n}\,d_i$，则受拉区纵向钢筋的等效直径 d_{eq} 为

$$d_{eq} = \frac{\sum n_i d_i^2}{\sum n_i \nu_i d_i} = \frac{2 \times (\sqrt{3} \times 15.2)^2 + 4 \times 18^2}{2 \times 0.5 \times (\sqrt{3} \times 15.2) + 4 \times 1.0 \times 18} \text{mm} = 27.28 \text{ mm}$$

二 a 类环境类别，由附表 4-1 取纵向受力钢筋保护层厚度为 25mm，即最外层纵向受拉钢筋外边缘至受拉边缘的距离 $c_s = 35\text{mm}$。

由(10-56)有：

$$w_{max} = \alpha_{cr} \psi \frac{\sigma_s}{E_s} \left(1.9 c_s + 0.08 \frac{d_{eq}}{\rho_{te}} \right)$$

$$= 2.2 \times 0.547 \times \frac{91}{2.0 \times 10^5} \times \left(1.9 \times 35 + 0.08 \times \frac{27.28}{0.036\,8} \right) \text{mm}$$

$$= 0.07 \text{ mm} < 0.10 \text{ mm}$$

满足二 a 类环境类别三级裂缝控制对裂缝宽度的控制要求。

（5）施工阶段验算

① 混凝土应力验算

后张法预应力筋张拉完毕时，混凝土压应力最大，由式(10-32)和式(10-60)有

$$\sigma_{pc} = \frac{\sigma_{con} A_p}{A_n} = \frac{1\,395 \times 840}{50\,284} \text{N/mm}^2$$

$$= 23.30 \text{ N/mm}^2 < 0.80 f'_{ck} = 0.80 \times 38.5 \text{ N/mm}^2 = 30.80 \text{ N/mm}^2$$

满足张拉预应力筋时对混凝土应力的要求。

② 锚具下局部受压验算

（a）端部受压区截面尺寸验算

OVM 锚具的直径为 120 mm，锚具下垫板厚 20 mm，局部受压面积可按压力 F_l 从锚具边缘在垫板中按 45°扩散的面积计算，在计算局部受压计算底面积时，可近似按图 10-23a 中两实线所围的矩形面积代替两个圆面积，即

$$A_l = 280 \times (120 + 2 \times 20) \text{ mm}^2 = 44\ 800 \text{ mm}^2$$

锚具下局部受压计算底面积 A_b 的高度按图 10-22 可取 A_l 高度的 3 倍（3×160 mm），但 A_l 下边缘距离梁下边缘只有 60 mm，所以只能取 60 mm，再按与 A_l 同心、对称的原则，A_b 的高度取为 60 mm+A_l 的高度+60 mm，则

$$A_b = 280 \times (160 + 2 \times 60) \text{ mm}^2 = 78\ 400 \text{ mm}^2$$

混凝土局部受压净面积：

$$A_{ln} = 44\ 800 \text{ mm}^2 - 2 \times \frac{\pi}{4} \times 55^2 \text{ mm}^2 = 40\ 051 \text{ mm}^2$$

$$\beta_l = \sqrt{\frac{A_b}{A_l}} = \sqrt{\frac{78\ 400}{44\ 800}} = 1.32$$

C60 混凝土，按线性内插法求得混凝土强度影响系数为

$$\beta_c = \frac{80.0 - 60.0}{80.0 - 50.0} \times (1.0 - 0.8) + 0.8 = 0.93$$

按式（10-66）有

$$1.35\beta_c\beta_l f_c A_{ln} = 1.35 \times 0.93 \times 1.32 \times 27.5 \times 40\ 051 \text{N}$$
$$= 1\ 825.31 \times 10^3 \text{N} = 1\ 825.31 \text{ kN}$$
$$F_l = 1.30\sigma_{con}A_p = 1.30 \times 1\ 395 \times 840 \text{ N}$$
$$= 1\ 523.34 \times 10^3 \text{N} = 1\ 523.34 \text{ kN} < 1.35\beta_c\beta_l f_c A_{ln}$$

端部受压区截面尺寸满足要求。

（b）局部受压承载力计算

间接钢筋采用 4 片Φ8 方格焊接网片，见图 10-23b，间距 $s = 50$ mm，网片尺寸见图 10-23d。

$$A_{cor} = 250 \times 250 \text{ mm}^2 = 62\ 500 \text{ mm}^2 < A_b = 78\ 400 \text{ mm}^2$$

$$\frac{A_{cor}}{A_l} = \frac{62\ 500}{44\ 800} = 1.40 > 1.25, \beta_{cor} = \sqrt{\frac{A_{cor}}{A_l}} = \sqrt{1.40} = 1.18$$

间接钢筋的体积配筋率为

$$\rho_v = \frac{n_1 A_{s1} l_1 + n_2 A_{s2} l_2}{A_{cor}s} = \frac{4 \times 50.3 \times 250 + 4 \times 50.3 \times 250}{62\ 500 \times 50} = 0.032$$

C60 混凝土，按线性内插法求得间接钢筋对混凝土约束的折减系数为

$$\alpha = \frac{80.0 - 60.0}{80.0 - 50.0} \times (1.0 - 0.85) + 0.85 = 0.95$$

按式(10-63)有

$$0.9(\beta_c \beta_l f_c + 2\alpha \rho_v \beta_{cor} f_y) A_{ln}$$
$$= 0.9 \times (0.93 \times 1.32 \times 27.5 + 2 \times 0.95 \times 0.032 \times 1.18 \times 360) \times 40\ 051\ N$$
$$= 2\ 147.86 \times 10^3\ N = 2\ 147.86\ kN > F_l = 1\ 523.34\ kN$$

局部受压承载力满足要求。

10.6　预应力混凝土受弯构件的应力分析

预应力混凝土受弯构件各阶段的应力变化规律基本上与 10.4 节轴心受拉构件所述类同,但因受力方式不同,故也有它自己的特点:与轴心受拉构件预应力筋的重心位于截面中心不同,受弯构件预应力筋的重心应尽可能布置在靠近梁底部的位置(即偏心布置),因此预应力筋回缩时的压力对受弯构件截面是偏心受压作用,故截面上的混凝土不仅有预压应力(在梁底部),而且有可能有预拉应力(在梁顶部,又称预拉区)。为充分发挥预应力筋对梁底受拉区混凝土的预压作用,以及减小梁顶混凝土的拉应力,受弯构件的截面经常设计成上、下翼缘不对称的 I 形截面(图 10-24a)。对施工阶段要求在预拉区不能开裂的构件,通常还在梁上部设置预应力筋 A'_p,以防止放张或张拉预应力筋时截面上部开裂。同时在受拉区和受压区设置非预应力钢筋 A_s 和 A'_s,其作用是适当减少预应力筋的数量,增加构件的延性,满足施工、运输和吊装各阶段的受力及控制裂缝宽度的需要。

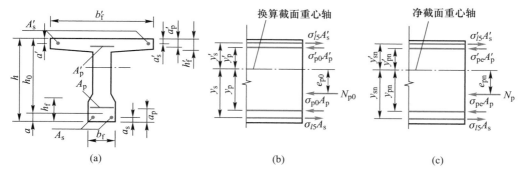

图 10-24　I 形截面预应力混凝土构件和预应力筋、非预应力钢筋合力位置
(a) I 形截面;(b) 先张法;(c) 后张法

10.6.1　开裂内力计算方法与截面抵抗矩塑性影响系数

在进行预应力混凝土受弯构件的应力分析之前,先讨论构件开裂内力的计算方法,了解截面抵抗矩塑性影响系数的概念。为简单计,主要以钢筋混凝土受弯构件为

例来讨论。

钢筋混凝土受弯构件正截面在即将开裂的瞬间,其应力状态处于第 I_a 应力阶段,截面应力与应变分布如图 10-25a 和图 10-25b 所示。此时,受拉区边缘混凝土拉应变达到极限拉应变 ε_{tu},受拉区应力分布为曲线形,具有明显的塑性特征,大部分拉应力达到混凝土的抗拉强度 f_t;受压区混凝土仍接近于弹性工作状态,其应力分布图形近似为三角形;截面应变符合平截面假定;受拉钢筋应力 σ_s 约为 20~30 N/mm^2。

根据试验结果,在计算受弯构件的开裂弯矩 M_{cr} 时,混凝土受拉区应力图形可近似地假定为图 10-25c 所示的梯形图形,并假定塑化区高度占受拉区高度的一半;混凝土受压区应力图形假定为三角形。

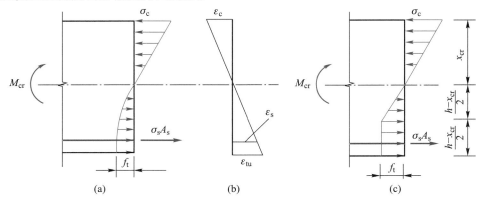

图 10-25　钢筋混凝土受弯构件正截面即将开裂时截面应力与应变图形
(a) 实际应力图形;(b) 应变图形;(c) 近似假定的应力图形

按图 10-25c 所示的应力图形,利用平截面假定和力的平衡条件,可求出截面开裂弯矩 M_{cr}。

但上述直接求解 M_{cr} 的方法比较烦琐,更方便的是采用材料力学方法求解,但材料力学方法只适用于均质、线性材料,为此先做下列两方面工作。

(1) 截面应力分布线性化。在保持开裂弯矩相等的条件下,将受拉区梯形应力图形等效折算成直线分布的应力图形(图 10-26)。此时,受拉区边缘应力由 f_t 折算为 γf_t,γ 称为截面抵抗矩塑性影响系数。

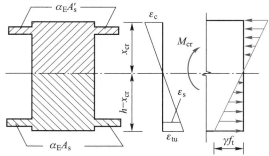

图 10-26　钢筋混凝土受弯构件正截面抗裂弯矩计算简图

可以看出,γ 是将受拉区为梯形分布的应力图形按开裂弯矩相等的原则折算成直线分布应力图形后,相应的受拉区边缘应力与 f_t 的比值。因此,γ 与截面形状及假定的应力图形有关。

试验证明,γ 值除了与截面形状有关外,还与截面高度 h 有关。截面高度 h 越大,γ 值越小。由高梁($h=1\ 200$ mm、$1\ 600$ mm、$2\ 000$ mm)试验得出的矩形截面 γ 值大体上在 $1.39 \sim 1.23$ 左右,由浅梁($h \leqslant 200$ mm)试验得出的 γ 值可大到 2.0,总的趋势是 γ 值随着 h 的增大而减小。

对于一些常用截面,已求得其相应的截面抵抗矩塑性影响系数基本值 γ_m,见附表 5-3。按附表 5-3 查得 γ_m,即可按下式计算 γ:

$$\gamma = \left(0.7 + \frac{120}{h} \right) \gamma_m \tag{10-67}$$

式中　h——截面高度:当 $h < 400$ mm 时,取 $h = 400$ mm;当 $h > 1\ 600$ mm 时,取 $h = 1\ 600$ mm;对圆形和环形截面,h 即外径 d。

(2)截面材料均质化。与轴心受拉构件同样道理,如果构件的受拉钢筋截面面积为 A_s,受压钢筋截面面积为 A'_s,则 A_s 和 A'_s 可换算为与钢筋同位置的受拉混凝土截面面积 $\alpha_E A_s$ 与受压混凝土截面面积 $\alpha_E A'_s$(图 10-26)。如此,就可把构件视作截面面积为 A_0 的均质弹性体,$A_0 = A_c + \alpha_E A_s + \alpha_E A'_s$。

通过以上两方面的工作,就可以由材料力学公式得出受弯构件正截面抗裂弯矩 M_{cr} 的计算公式:

$$M_{cr} = \gamma f_t W_0 \tag{10-68}$$

$$W_0 = \frac{I_0}{h - y_0} \tag{10-69}$$

式中　W_0——换算截面 A_0 对受拉边缘的弹性抵抗矩;

　　　y_0——换算截面重心轴至受压边缘的距离,按式(8-23)计算;

　　　I_0——换算截面对其重心轴的惯性矩,按式(8-24)计算。

对于偏心受拉构件和偏心受压构件,同样将钢筋面积折算成同位置上的混凝土面积,将构件视作截面面积为 A_0 的均质弹性体,再分别引入偏心受拉构件和偏心受压构件受拉区混凝土塑性影响系数 $\gamma_{偏拉}$ 和 $\gamma_{偏压}$,利用材料力学公式给出开裂内力计算公式:

$$\frac{M_{cr}}{W_0} + \frac{N_{cr}}{A_0} \leqslant \gamma_{偏拉} f_t \tag{10-70}$$

$$\frac{M_{cr}}{W_0} - \frac{N_{cr}}{A_0} \leqslant \gamma_{偏压} f_t \tag{10-71}$$

对于轴心受拉构件,沿截面高度混凝土拉应变与拉应力都是均匀的,即其应变梯度(应变沿截面高度的变化率)$i_{轴拉} = 0$ 和塑性系数 $\gamma_{轴拉} = 1$;而受弯构件的应变梯度 $i_{受弯} > 0$,其塑性系数 $\gamma > 1$,说明应变梯度越大,塑性系数越大。偏心受拉构件的应变梯

度 $i_{偏拉}$ 小于 $i_{受弯}$，但大于零，因此偏心受拉构件的塑性系数 $\gamma_{偏拉}$ 应处于 γ 与 1 之间。

近似地认为 $\gamma_{偏拉}$ 随截面的平均拉应力 σ_m 的大小，按线性规律在 1 与 γ 之间变化，再利用受弯构件的平均拉应力 $\sigma_m = 0$、$\gamma_{偏拉} = \gamma$ 和轴心受拉构件的平均拉应力 $\sigma = f_t$、$\gamma_{偏拉} = 1$，有

$$\gamma_{偏拉} = \gamma - (\gamma - 1)\frac{\sigma_m}{f_{tk}} \tag{10-72}$$

式中　σ_m——计算截面混凝土的平均应力。

偏心受拉构件是在受弯构件上加上轴向拉力，$\gamma_{偏拉}$ 小于 γ，而偏心受压构件是在受弯构件上加上轴向压力，自然 $\gamma_{偏压}$ 大于 γ。用小值 γ 取代大值 $\gamma_{偏压}$ 来求开裂内力，求得的开裂内力会偏小，偏于安全。为简化计算，$\gamma_{偏压}$ 可取与受弯构件相同的数值，即取 $\gamma_{偏压} = \gamma$。

10.6.2　先张法受弯构件的应力分析

先张法受弯构件从张拉预应力筋开始直到破坏为止的整个应力变化情况，与轴心受拉构件完全类似，也可分为 6 种应力状态（参阅表 10-9）。

1. 施工阶段

（1）应力状态 1——预应力筋放张前

张拉预应力筋时（表 10-9 图 a），A_p 的控制应力为 σ_{con}，A_p' 的控制应力为 σ_{con}'。当第一批预应力损失出现后（表 10-9 图 b），预应力筋的张拉力分别为 $(\sigma_{con} - \sigma_{lI})A_p$ 及 $(\sigma_{con}' - \sigma_{lI}')A_p'$。预应力筋和非预应力钢筋的合力 N_{p0I}（此时非预应力钢筋应力为零）为

$$N_{p0I} = (\sigma_{con} - \sigma_{lI})A_p + (\sigma_{con}' - \sigma_{lI}')A_p' \tag{10-73}$$

N_{p0I} 由台座（或钢模）支承平衡。在此状态，混凝土尚未受到压缩，应力为零。

（2）应力状态 2——预应力筋放张后

从台座（或钢模）上放张预应力筋时（表 10-9 图 c），N_{p0I} 反过来作用在混凝土截面上，使混凝土产生法向应力。和轴心受拉构件类似，可把 N_{p0I} 视为外力（偏心压力）作用在换算截面 A_0 上，按偏心受压公式计算截面上各点的混凝土法向预应力：

$$\begin{aligned} \sigma_{pcI} \\ \sigma_{pcI}' \end{aligned} = \frac{N_{p0I}}{A_0} \pm \frac{N_{p0I} e_{p0I}}{I_0} y_0 \tag{10-74}$$

式中　A_0——换算截面面积：$A_0 = A_c + \alpha_E A_p + \alpha_E A_s + \alpha_E A_p' + \alpha_E A_s'$，不同品种钢筋应分别取用各自的弹性模量计算 α_E 值；

　　　A_c——混凝土截面面积；

　　　I_0——换算截面 A_0 的惯性矩；

　　　e_{p0I}——预应力筋和非预应力钢筋合力至换算截面重心轴的距离；

　　　y_0——换算截面重心轴至所计算纤维层的距离。

在利用式（10-74）求换算截面重心轴以下和以上各点混凝土预应力值时，对公式右边第二项前分别取相应的加号和减号，所求得的混凝土预应力值以压应力为正。

偏心力 $N_{p0\,I}$ 的偏心距 $e_{p0\,I}$ 可按下式求得：

$$e_{p0\,I} = \frac{\sigma_{p0\,I}A_p y_p - \sigma'_{p0\,I}A'_p y'_p}{N_{p0\,I}}$$ （10-75）

式中 $\sigma_{p0\,I}$、$\sigma'_{p0\,I}$——放张前预应力筋 A_p、A'_p 的拉应力：$\sigma'_{p0\,I} = \sigma'_{con} - \sigma'_{l\,I}$，$\sigma_{p0\,I} = \sigma_{con} - \sigma_{l\,I}$；

y_p、y'_p——预应力筋 A_p、A'_p 各自合力点至换算截面重心轴的距离。

在应力状态 2，预应力筋 A_p、A'_p 的应力（受拉为正）和非预应力钢筋 A_s、A'_s 的应力（受压为正）分别为

$$\sigma_{pe\,I} = (\sigma_{con} - \sigma_{l\,I}) - \alpha_E \sigma_{pc\,I\,p} = \sigma_{p0\,I} - \alpha_E \sigma_{pc\,I\,p}$$ （10-76a）

$$\sigma'_{pe\,I} = (\sigma'_{con} - \sigma'_{l\,I}) - \alpha_E \sigma'_{pc\,I\,p} = \sigma'_{p0\,I} - \alpha_E \sigma'_{pc\,I\,p}$$ （10-76b）

$$\sigma_{s\,I} = \alpha_E \sigma_{pc\,I\,s}$$ （10-77a）

$$\sigma'_{s\,I} = \alpha_E \sigma'_{pc\,I\,s}$$ （10-77b）

上列式中 $\sigma_{pc\,I\,p}$、$\sigma'_{pc\,I\,p}$ 和 $\sigma_{pc\,I\,s}$、$\sigma'_{pc\,I\,s}$ 分别为第一批预应力损失出现后 A_p、A'_p 和 A_s、A'_s 重心处混凝土法向预应力值。它们可由式（10-74）求出，只要将式中的 y_0 分别代以 y_p、y'_p 及 y_s、y'_s 即可。

（3）应力状态 3——全部应力损失出现

全部应力损失出现后（表 10-9 图 d），由于混凝土收缩和徐变对 A_s、A'_s 有影响，混凝土法向预应力为零时（预应力筋合力点处）预应力筋和非预应力钢筋的合力变为 $N_{p0\,II}$：

$$N_{p0\,II} = (\sigma_{con} - \sigma_l)A_p + (\sigma'_{con} - \sigma'_l)A'_p - \sigma_{l5}A_s - \sigma'_{l5}A'_s$$ （10-78）

此时截面各点的混凝土法向预应力为

$$\begin{matrix} \sigma_{pc\,II} \\ \sigma'_{pc\,II} \end{matrix} = \frac{N_{p0\,II}}{A_0} \pm \frac{N_{p0\,II}e_{p0\,II}}{I_0}y_0$$ （10-79）

偏心力 $N_{p0\,II}$ 的偏心距 $e_{p0\,II}$ 可按下式求得：

$$e_{p0\,II} = \frac{\sigma_{p0\,II}A_p y_p - \sigma'_{p0\,II}A'_p y'_p - \sigma_{l5}A_s y_s + \sigma'_{l5}A'_s y'_s}{N_{p0\,II}}$$ （10-80）

式中 $\sigma_{p0\,II}$、$\sigma'_{p0\,II}$——第二批预应力损失出现后，当混凝土法向预应力为零时，预应力筋 A_p、A'_p 的拉应力：$\sigma_{p0\,II} = (\sigma_{con} - \sigma_l)$，$\sigma'_{p0\,II} = (\sigma'_{con} - \sigma'_l)$；

y_s、y'_s——非预应力筋 A_s、A'_s 各自合力点至换算截面重心轴的距离。

当截面受压区不配置预应力筋 A'_p（$A'_p = 0$）时，则上列式中的 σ'_{l5} 等于零。

在应力状态 3，相应的预应力筋 A_p、A'_p 的拉应力和非预应力钢筋 A_s、A'_s 的压应力为

$$\sigma_{pe\,II} = (\sigma_{con} - \sigma_l) - \alpha_E \sigma_{pc\,II\,p} = \sigma_{p0\,II} - \alpha_E \sigma_{pc\,II\,p}$$ （10-81a）

$$\sigma'_{pe\,II} = (\sigma'_{con} - \sigma'_l) - \alpha_E \sigma'_{pc\,II\,p} = \sigma'_{p0\,II} - \alpha_E \sigma'_{pc\,II\,p}$$ （10-81b）

$$\sigma_{s\,II} = \sigma_{l5} + \alpha_E \sigma_{pc\,II\,s}$$ （10-82a）

$$\sigma'_{s\,II} = \sigma'_{l5} + \alpha_E \sigma'_{pc\,II\,s}$$ （10-82b）

上列式中 $\sigma_{pc\,II\,p}$、$\sigma'_{pc\,II\,p}$ 和 $\sigma_{pc\,II\,s}$、$\sigma'_{pc\,II\,s}$ 值可由式（10-79）求得。

2. 使用阶段

（1）应力状态 4——消压状态

在消压弯矩 M_0 作用下(表 10-9 图 e),截面下边缘拉应力刚好抵消下边缘混凝土的预压应力,即

$$\frac{M_0}{W_0} - \sigma_{\text{pc}\,\text{II}} = 0 \qquad\qquad (\text{d})$$

所以

$$M_0 = \sigma_{\text{pc}\,\text{II}} W_0 \qquad\qquad (10\text{-}83)$$

式中 W_0——换算截面对受拉边缘的弹性抵抗矩。

与轴心受拉构件不同的是,消压弯矩 M_0 仅使受拉边缘处的混凝土应力为零,截面上其他部位的应力均不为零。

此时预应力筋 A_p 的拉应力 $\sigma_{\text{p}0}$ 由 $\sigma_{\text{pe}\,\text{II}}$ 增加 $\alpha_\text{E} M_0 y_\text{p} / I_0$,$A_\text{p}'$ 的拉应力 $\sigma_{\text{p}0}'$ 由 $\sigma_{\text{pe}\,\text{II}}'$ 减少 $\alpha_\text{E} M_0 y_\text{p}' / I_0$,即

$$\sigma_{\text{p}0} = \sigma_{\text{pe}\,\text{II}} + \alpha_\text{E} \frac{M_0}{I_0} y_\text{p} = \sigma_{\text{p}0\,\text{II}} - \alpha_\text{E} \sigma_{\text{pc}\,\text{II}\,\text{p}} + \alpha_\text{E} \frac{M_0}{I_0} y_\text{p} \approx \sigma_{\text{p}0\,\text{II}} \qquad (10\text{-}84\text{a})$$

$$\sigma_{\text{p}0}' = \sigma_{\text{pe}\,\text{II}}' + \alpha_\text{E} \frac{M_0}{I_0} y_\text{p}' = \sigma_{\text{p}0\,\text{II}}' - \alpha_\text{E} \sigma_{\text{pc}\,\text{II}\,\text{p}}' + \alpha_\text{E} \frac{M_0}{I_0} y_\text{p}' \qquad (10\text{-}84\text{b})$$

相应的非预应力钢筋 A_s 的压应力 $\sigma_{\text{s}0}$ 则由 $\sigma_{\text{s}\,\text{II}}$ 减少 $\alpha_\text{E} M_0 y_\text{s} / I_0$,$A_\text{s}'$ 的压应力 $\sigma_{\text{s}0}'$ 由 $\sigma_{\text{s}\,\text{II}}'$ 增加 $\alpha_\text{E} M_0 y_\text{s}' / I_0$,具体公式不再列出。

(2)应力状态 5——即将开裂

如外荷载继续增加至 $M > M_0$,则截面下边缘混凝土的应力将转化为受拉,当混凝土拉应变达到混凝土极限拉应变 ε_{tu} 时,混凝土即将出现裂缝(表 10-9 图 f),此时截面上受到的弯矩即为开裂弯矩 M_{cr}:

$$M_{\text{cr}} = M_0 + \gamma f_{\text{tk}} W_0 = (\sigma_{\text{pc}\,\text{II}} + \gamma f_{\text{tk}}) W_0 \qquad (10\text{-}85\text{a})$$

也可用应力表示为

$$\sigma_{\text{cr}} = \sigma_{\text{pc}\,\text{II}} + \gamma f_{\text{tk}} \qquad\qquad (10\text{-}85\text{b})$$

式中 γ——截面抵抗矩塑性影响系数,和钢筋混凝土构件一样取用,按式(10-67)计算。

在裂缝即将出现的瞬间,受拉区预应力筋 A_p 的拉应力由 $\sigma_{\text{p}0}$ 增加 $\alpha_\text{E} \gamma f_{\text{tk}}$(近似),即

$$\sigma_{\text{pcr}} \approx \sigma_{\text{p}0} + \alpha_\text{E} \gamma f_{\text{tk}} \qquad\qquad (10\text{-}86\text{a})$$

而受压区预应力筋 A_p' 的拉应力则由 $\sigma_{\text{p}0}'$ 减少 $\alpha_\text{E} \dfrac{M_{\text{cr}} - M_0}{I_0} y_\text{p}'$,即

$$\sigma_{\text{pcr}}' = \sigma_{\text{p}0}' - \alpha_\text{E} \frac{M_{\text{cr}} - M_0}{I_0} y_\text{p}' \qquad\qquad (10\text{-}86\text{b})$$

此时,非预应力钢筋 A_s 的压应力 σ_{scr} 则由 $\sigma_{\text{s}0}$ 减少 $\alpha_\text{E} \gamma f_{\text{tk}}$,$A_\text{s}'$ 的压应力 σ_{scr}' 由 $\sigma_{\text{s}0}'$ 增加 $\alpha_\text{E} (M_{\text{cr}} - M_0) / I_0 y_\text{s}'$。

此状态为预应力混凝土受弯构件抗裂验算的应力计算模型和理论依据。

(3)应力状态 6——破坏状态

当外荷载继续增大至 $M>M_{cr}$ 时,受拉区就出现裂缝,裂缝截面受拉混凝土退出工作,全部拉力由纵向受拉钢筋承担。当外荷载增大至构件破坏时,截面受拉区预应力筋 A_p 和非预应力钢筋 A_s 的应力先达到屈服强度 f_{py} 和 f_y,然后受压区边缘混凝土应变达到极限压应变致使混凝土被压碎,构件达到极限承载力(表 10-9 图 g)。此时,受压区非预应力钢筋 A_s' 的应力可达到受压屈服强度 f_y',而预应力筋 A_p' 的应力 σ_p' 可能是拉应力,也可能是压应力,但不可能达到受压屈服强度 f_{py}',详见后述。

10.6.3 后张法受弯构件的应力分析

后张法受弯构件的应力分析方法与后张法轴心受拉构件类似,此处不再重述,仅指出它与先张法受弯构件计算公式的不同之处。

1. 施工阶段

(1)在施工阶段求混凝土法向预应力的计算公式中,后张法一律采用净截面面积 A_n,惯性矩 I_n,计算纤维层至净截面重心轴的距离 y_n,见图 10-24c。

(2)计算第一批预应力损失和全部预应力损失出现后的混凝土法向预应力,仍可按偏心受压求应力的公式计算,见式(10-87)、式(10-90)。但与先张法计算公式所不同的是:预应力筋和非预应力钢筋的合力应改为 N_{pI}、N_{pII},见式(10-88)、式(10-91);合力至净截面重心轴的偏心距应改为 e_{pnI}、e_{pnII},见式(10-89)、式(10-92)。

第一批预应力损失出现后:

$$\left.\begin{array}{c}\sigma_{pcI}\\\sigma_{pcI}'\end{array}\right\}=\frac{N_{PI}}{A_n}\pm\frac{N_{pI}e_{pnI}}{I_n}y_n \tag{10-87}$$

$$N_{pI}=(\sigma_{con}-\sigma_{lI})A_p+(\sigma_{con}'-\sigma_{lI}')A_p' \tag{10-88}$$

$$e_{pnI}=\frac{(\sigma_{con}-\sigma_{lI})A_py_{pn}-(\sigma_{con}'-\sigma_{lI}')A_p'y_{pn}'}{N_{pI}} \tag{10-89}$$

全部预应力损失出现后:

$$\left.\begin{array}{c}\sigma_{pcII}\\\sigma_{pcII}'\end{array}\right\}=\frac{N_{PII}}{A_n}\pm\frac{N_{pII}e_{pnII}}{I_n}y_n \tag{10-90}$$

$$N_{pII}=(\sigma_{con}-\sigma_l)A_p+(\sigma_{con}'-\sigma_l')A_p'-\sigma_{l5}A_s-\sigma_{l5}'A_s' \tag{10-91}$$

$$e_{pnII}=\frac{(\sigma_{con}-\sigma_l)A_py_{pn}-(\sigma_{con}'-\sigma_l')A_p'y_{pn}'-\sigma_{l5}A_sy_{sn}+\sigma_{l5}'A_s'y_{sn}'}{N_{pII}} \tag{10-92}$$

若是后张法预应力混凝土超静定结构,式(10-87)和式(10-90)的右式还应迭代由预应力次内力引起的混凝土截面法向应力,详见 GB 50010—2010 规范。

2. 使用阶段

后张法受弯构件在使用阶段的各应力状态,消压弯矩、开裂弯矩和极限承载力的计算公式与先张法受弯构件相同,此处不再赘述,可详见先张法构件相应计算公式[式(10-84)~式(10-86)]。

表 10-9　先张法预应力混凝土梁的应力变化情况

施工阶段		应力状态	应力图形
1	刚张拉好预应力筋	a　σ'_{con}　σ_{con}	$\sigma'_{con}A'_p$　$\sigma_{con}A_p$
1	浇筑混凝土,并进行养护,第一批预应力损失出现	b	$(\sigma'_{con}-\sigma'_{l1})A'_p$　$(\sigma_{con}-\sigma_{l1})A_p$
2	从台座上放松预应力筋,混凝土受到预压	c	$(\sigma'_{con}-\sigma'_{l1}-\alpha_E\sigma'_{pc\,I})A'_p$　$(\sigma_{con}-\sigma_{l1}-\alpha_E\sigma_{pc\,I})A_p$　$\sigma'_{pc\,I}$　$\sigma_{pc\,I}$
3	应力损失全部出现	d	$(\sigma'_{con}-\sigma'_l-\alpha_E\sigma'_{pc\,II})A'_p$　$(\sigma_{con}-\sigma_l-\alpha_E\sigma_{pc\,II})A_p$　$\sigma'_{pc\,II}$　$\sigma_{pc\,II}$

续表

使用阶段		应力状态	应力图形
使用阶段	4	e	加载至受拉边缘混凝土应力为零 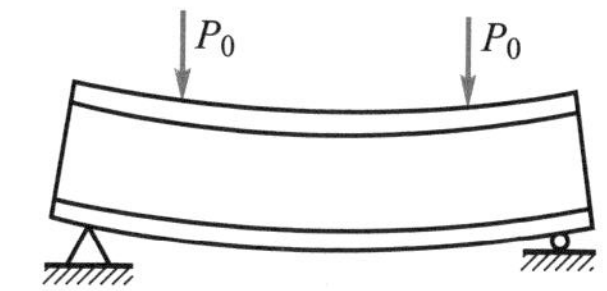 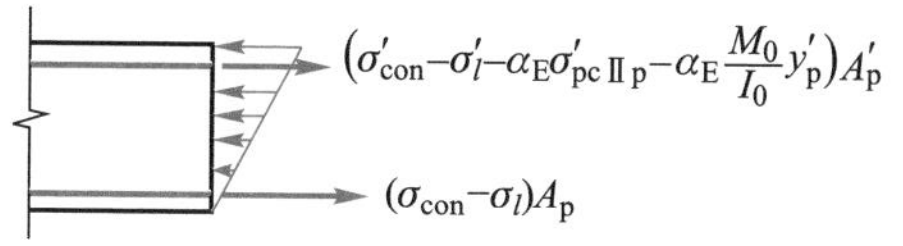
	5	f	受拉区裂缝即将出现 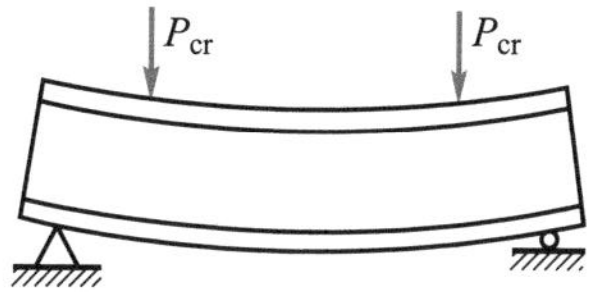 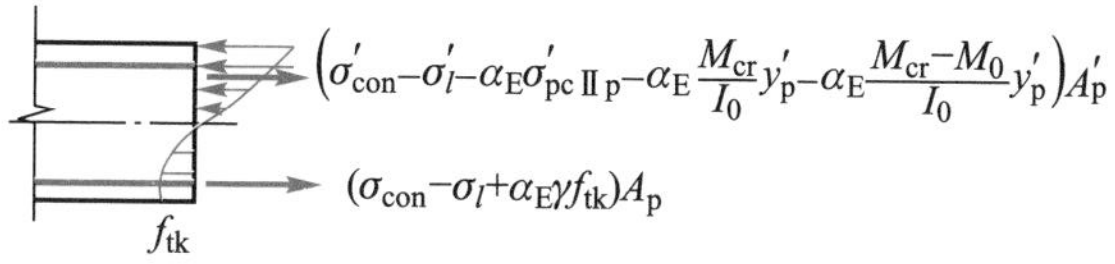
	6	g	破坏时 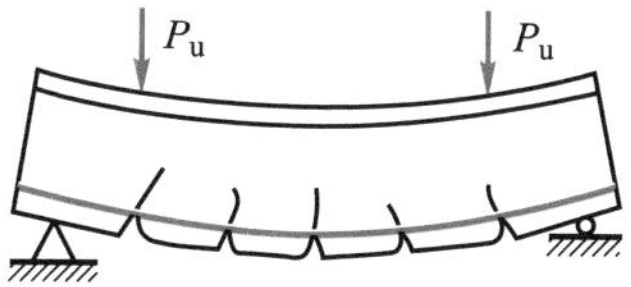 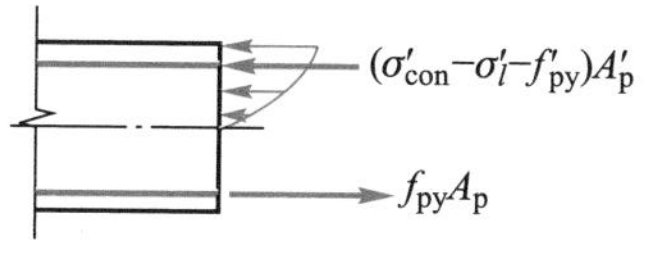

阶段 4（e）应力图形：

$$\left(\sigma'_{con}-\sigma'_l-\alpha_E\sigma'_{pc\,II\,p}-\alpha_E\frac{M_0 y'_p}{I_0}\right)A'_p$$

$$(\sigma_{con}-\sigma_l)A_p$$

阶段 5（f）应力图形：

$$\left(\sigma'_{con}-\sigma'_l-\alpha_E\sigma'_{pc\,II\,p}+\alpha_E\frac{M_{cr}y'_p}{I_0}-\alpha_E\frac{M_{cr}-M_0}{I_0}y'_p\right)A'_p$$

$$(\sigma_{con}-\sigma_l+\alpha_E f_{tk})A_p$$

f_{tk}

阶段 6（g）应力图形：

$$(\sigma'_{con}-\sigma'_l-f'_{py})A'_p$$

$$f_{py}A_p$$

注：为清晰起见，图中未表示出非预应力钢筋 A_s、A'_s 及其应力。

10.7　预应力混凝土受弯构件设计

10.7.1　使用阶段承载力计算

1. 正截面承载力计算

试验表明,预应力混凝土受弯构件正截面破坏时,其截面平均应变符合平截面假定,应力状态类似于钢筋混凝土受弯构件,因而可采用和钢筋混凝土受弯构件相似的计算应力图形(图 10-27)。

由于预应力混凝土受弯构件在加载前,混凝土和钢筋已处于自相平衡的高应力状态,截面已经有了应变,所以与钢筋混凝土受弯构件有以下差别:① 界限破坏时的相对界限受压区计算高度 ξ_b 值有所不同;② 破坏时受压区预应力筋 A'_p 的应力 σ'_p 值为 $(\sigma'_{p0\text{II}} - f'_{py})$,而不是 f'_{py}。这两点差异将在下面作具体介绍。

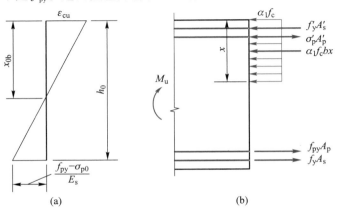

图 10-27　界限受压区高度及计算应力图形

(a)应变分布;(b)计算简图

（1）相对界限受压区计算高度 ξ_b

对于预应力混凝土受弯构件,相对界限受压区计算高度 ξ_b 仍由平截面假定求得。当受拉区预应力筋 A_p 的合力点处混凝土法向应力为零时,预应力筋中已存在拉应力 σ_{p0},相应的应变为 $\varepsilon_{p0} = \sigma_{p0}/E_s$。$A_p$ 合力点处的混凝土应力从零到界限破坏,预应力筋的应力增加了 $(f_{py} - \sigma_{p0})$,相应的应变增量为 $(f_{py} - \sigma_{p0})/E_s$。在 A_p 的应力达到 f_{py} 时,受压区边缘混凝土应变也同时达到极限压应变 ε_{cu}。等效矩形应力图形受压区计算高度与按平截面假定所确定的实际受压区高度的比值仍取为 β_1。根据平截面假定,由图 10-27a 所示几何关系,可写出

$$\xi_b = \frac{x_b}{h_0} = \frac{\beta_1 x_{0b}}{h_0} = \frac{\beta_1 \varepsilon_{cu}}{\varepsilon_{cu} + \dfrac{f_{py} - \sigma_{p0}}{E_s}} = \frac{\beta_1}{1 + \dfrac{f_{py} - \sigma_{p0}}{\varepsilon_{cu} E_s}} \tag{10-93a}$$

式中　f_{py}——预应力筋的抗拉强度设计值,可根据预应力筋的种类按附表 2-4 确定。

　　σ_{p0}——受拉区预应力筋合力点处混凝土法向应力为零时的预应力筋的应力：

　　　　先张法 $\sigma_{p0}=\sigma_{con}-\sigma_l$,后张法 $\sigma_{p0}=\sigma_{con}-\sigma_l+\alpha_E\sigma_{pc\,\Pi\,p}$。

　　β_1——系数,取值和钢筋混凝土构件相同:强度等级不超过 C50 的混凝土,

　　　　$\beta_1=0.8$;C80 混凝土,$\beta_1=0.74$;其间按线性内插法确定,具体取值可

　　　　查表 3-1。

由于钢丝、钢绞线等预应力筋无明显屈服点,采用"协定流限"($\sigma_{0.2}$)作为强度的设计标准,又因钢筋应力达到 $\sigma_{0.2}$ 时的应变为 $\varepsilon_{py}=0.002+f_{py}/E_s$,故对这些预应力筋,式(10-93a)应改为

$$\xi_b=\frac{\beta_1\varepsilon_{cu}}{\varepsilon_{cu}+\left(0.002+\dfrac{f_{py}-\sigma_{p0}}{E_s}\right)}=\frac{\beta_1}{1+\dfrac{0.002}{\varepsilon_{cu}}+\dfrac{f_{py}-\sigma_{p0}}{\varepsilon_{cu}E_s}}\qquad(10\text{-}93b)$$

可以看出,预应力混凝土受弯构件的 ξ_b 除与钢材性质有关外,还与预应力值 σ_{p0} 大小有关。当截面受拉区内配有不同种类或不同预应力值的钢筋时,受弯构件的相对界限受压区计算高度 ξ_b 应分别计算,并取其最小值。

(2) 预应力筋和非预应力钢筋的应力

① 按平截面假定计算

$$\sigma_{pi}=E_s\varepsilon_{cu}\left(\frac{\beta_1 h_{0i}}{x}-1\right)+\sigma_{p0i}\qquad(10\text{-}94)$$

$$\sigma_{si}=E_s\varepsilon_{cu}\left(\frac{\beta_1 h_{0i}}{x}-1\right)\qquad(10\text{-}95)$$

② 按近似公式计算

$$\sigma_{pi}=\frac{f_{py}-\sigma_{p0i}}{\xi_b-\beta_1}\left(\frac{x}{h_{0i}}-\beta_1\right)+\sigma_{p0i}\qquad(10\text{-}96)$$

$$\sigma_{si}=\frac{f_y}{\xi_b-\beta_1}\left(\frac{x}{h_{0i}}-\beta_1\right)\qquad(10\text{-}97)$$

由以上公式求得的钢筋应力应满足下列条件:

$$\sigma_{p0i}-f'_{py}\leqslant\sigma_{pi}\leqslant f_{py}\qquad(10\text{-}98)$$

$$-f'_y\leqslant\sigma_{si}\leqslant f_y\qquad(10\text{-}99)$$

式中　σ_{pi}、σ_{si}——第 i 层预应力筋、非预应力钢筋的应力(正值为拉应力,负值为压

　　　　应力);

　　σ_{p0i}——第 i 层预应力筋截面重心处混凝土法向预应力为零时,预应力筋

　　　　的应力;

　　h_{0i}——第 i 层钢筋截面重心至混凝土受压区边缘的距离;

　　f_y、f'_y——非预应力钢筋的抗拉和抗压强度设计值,按附表 2-3 确定;

　　f'_{py}——预应力筋的抗压强度设计值,按附表 2-4 确定。

（3）破坏时受压区预应力筋 A_p' 的应力 σ_p'

构件未受到荷载作用前,受压区预应力筋 A_p' 已有拉应变为 $\sigma_{pe\,II}'/E_s$。A_p' 处混凝土压应变为 $\sigma_{pc\,II\,p}'/E_c$。当加载至受压区边缘混凝土应变达到极限压应变 ε_{cu} 时,构件破坏,此时若满足 $x>2a_s'$ 条件（a_s' 为纵向受压钢筋合力点至受压区边缘的距离）,A_p' 处混凝土压应变可按 $\varepsilon_c'=0.002$ 取值。那么,从加载前至构件破坏时,A_p' 处混凝土压应变的增量为 $\left(\varepsilon_c'-\dfrac{\sigma_{pc\,II\,p}'}{E_c}\right)$。由于 A_p' 和混凝土变形一致,也产生 $\left(\varepsilon_c'-\dfrac{\sigma_{pc\,II\,p}'}{E_c}\right)$ 的压应变,则受压区预应力筋 A_p' 在构件破坏时的应变为 $\varepsilon_p'=\dfrac{\sigma_{pe\,II}'}{E_s}-\left(\varepsilon_c'-\dfrac{\sigma_{pc\,II\,p}'}{E_c}\right)$,所以对先张法构件有

$$\begin{aligned}\sigma_p'&=\varepsilon_p'E_s=\sigma_{pe\,II}'+\alpha_E\sigma_{pc\,II\,p}'-\varepsilon_c'E_s\\&=\sigma_{p0\,II}'-\alpha_E\sigma_{pc\,II\,p}'+\alpha_E\sigma_{pc\,II\,p}'-\varepsilon_c'E_s=\sigma_{p0\,II}'-\varepsilon_c'E_s\end{aligned}\qquad(\text{e})$$

而 $\varepsilon_c'E_s$ 即为预应力筋的抗压强度设计值 f_{py}',因此可得

$$\sigma_p'=\sigma_{p0}'-f_{py}' \qquad(10\text{-}100)$$

式（10-100）中,$\sigma_{p0}'=\sigma_{p0\,II}'$,可以证明,上式对后张法同样适用。$\sigma_{p0}'$ 为全部预应力损失出现后,受压区预应力筋 A_p' 合力点处混凝土法向应力为零时的 A_p' 的应力。对先张法,$\sigma_{p0}'=\sigma_{con}'-\sigma_l'$;对后张法,$\sigma_{p0}'=\sigma_{con}'-\sigma_l'+\alpha_E\sigma_{pc\,II\,p}'$。

由于 σ_{p0}' 为拉应力,所以 σ_p' 在构件破坏时可以是拉应力,也可以是压应力（但一定比 f_{py}' 小）。若构件破坏时 σ_p' 为拉应力,则对受压区钢筋施加预应力相当于在受压区放置了受拉钢筋,这会使构件截面的承载力有所降低。同时,对受压区钢筋施加预应力也减弱了使用阶段的截面抗裂性。因此,A_p' 只是为了保证在预压时构件上边缘不发生裂缝才配置的。

（4）正截面承载力计算公式

预应力混凝土 I 字形截面受弯构件（参见图 10-24）的计算方法和钢筋混凝土 T 形截面的计算方法相同,先应判别属于哪一类 T 形截面,然后再按第一类 T 形截面公式或第二类 T 形截面公式进行计算,并满足适筋构件的条件。

① 判别 T 形截面的类别

当满足下列条件时为第一类 T 形截面,其中截面设计时采用式（10-101）判别,承载力复核时采用式（10-102）判别。

$$M\leqslant\alpha_1 f_c b_f' h_f'\left(h_0-\dfrac{h_f'}{2}\right)+f_y'A_s'(h_0-a_s')-(\sigma_{p0}'-f_{py}')A_p'(h_0-a_p') \qquad(10\text{-}101)$$

$$f_yA_s+f_{py}A_p\leqslant\alpha_1 f_c b_f' h_f'+f_y'A_s'-(\sigma_{p0}'-f_{py}')A_p' \qquad(10\text{-}102)$$

式中　M——弯矩设计值,按式（2-20b）计算。

　　　α_1——矩形应力图形压应力等效系数,取值和钢筋混凝土构件相同:强度等级不超过 C50 的混凝土,$\alpha_1=1.0$;C80 混凝土,$\alpha_1=0.94$;其间按线性内插法取值,具体取值可查表 3-1。

　A_p、A_p'——受拉区、受压区预应力筋的截面面积。

A_s、A_s'——受拉区、受压区非预应力钢筋的截面面积。

a_p'、a_s'——受压区预应力筋与非预应力钢筋各自合力点至受压区边缘的距离。

h_0——截面有效高度：$h_0 = h - a$，h 为截面高度，a 为受拉区纵向钢筋合力点至受拉区边缘的距离。

其余符号同前。

受拉区纵向钢筋合力点至受拉区边缘的距离 a 按下式计算：

$$a = \frac{A_p f_{py} a_p + A_s f_y a_s}{A_p f_{py} + A_s f_y} \tag{10-103}$$

② 第一类 T 形截面承载力计算公式

当满足式（10-101）或式（10-102），即受压区计算高度 $x \leqslant h_f'$ 时，承载力计算公式为

$$M \leqslant M_u = \alpha_1 f_c b_f' x \left(h_0 - \frac{x}{2} \right) + f_y' A_s' (h_0 - a_s') - (\sigma_{p0}' - f_{py}') A_p' (h_0 - a_p') \tag{10-104}$$

$$\alpha_1 f_c b_f' x = f_y A_s - f_y' A_s' + f_{py} A_p + (\sigma_{p0}' - f_{py}') A_p' \tag{10-105}$$

③ 第二类 T 形截面承载力计算公式

当不满足式（10-101）、式（10-102），即受压区计算高度 $x > h_f'$ 时，承载力计算公式为

$$M \leqslant M_u = \alpha_1 f_c b x \left(h_0 - \frac{x}{2} \right) + \alpha_1 f_c (b_f' - b) h_f' \left(h_0 - \frac{h_f'}{2} \right) + f_y' A_s' (h_0 - a_s') - (\sigma_{p0}' - f_{py}') A_p' (h_0 - a_p') \tag{10-106}$$

$$\alpha_1 f_c [bx + (b_f' - b) h_f'] = f_y A_s - f_y' A_s' + f_{py} A_p + (\sigma_{p0}' - f_{py}') A_p' \tag{10-107}$$

④ 适用条件

为保证适筋破坏和受压区钢筋处混凝土应变不小于 $\varepsilon_c' = 0.002$，受压区计算高度 x 应符合下列要求：

$$x \leqslant \xi_b h_0 \tag{10-108}$$

$$x \geqslant 2a' \tag{10-109}$$

式中 a'——受压区纵向钢筋合力点至受压区边缘的距离。

当受压区预应力筋的应力 σ_p' 为拉应力或 $A_p' = 0$ 时，式（10-109）应改为 $x \geqslant 2a_s'$。

当不满足式（10-109）时，承载力可按下列公式计算：

$$M \leqslant f_{py} A_p (h - a_p - a_s') + f_y A_s (h - a_s - a_s') + (\sigma_{p0}' - f_{py}') A_p' (a_p' - a_s') \tag{10-110}$$

式中 a_p、a_s——受拉区纵向预应力筋、非预应力钢筋各自合力点至受拉区边缘的距离。

其余符号同前。

预应力混凝土受弯构件中的纵向受拉钢筋配筋率应符合下列条件：

$$M_u \geqslant M_{cr} \tag{10-111}$$

式中 M_u——构件的正截面受弯承载力设计值，按式（10-104）或式（10-106）、式（10-110）计算；

M_{cr}——构件的正截面开裂弯矩,按式(10-85a)计算。

2. 斜截面受剪承载力计算

试验表明,混凝土的预压应力可推迟斜裂缝出现,增强骨料咬合力,延缓裂缝开展,加大混凝土剪压区高度,因此,预应力混凝土构件斜截面受剪承载力比钢筋混凝土构件要高。GB 50010—2010 规范给出了预应力混凝土受弯构件受剪承载力计算公式。

当仅配置箍筋时:

$$V \leqslant V_{cs} + V_p \tag{10-112}$$

$$V_p = 0.05 N_{p0} \tag{10-113}$$

当配有箍筋及弯起钢筋时(图 10-28):

$$V \leqslant V_{cs} + V_p + 0.8 f_y A_{sb} \sin \alpha_s + 0.8 f_y A_{pb} \sin \alpha_p \tag{10-114}$$

式中 V——构件斜截面上的剪力设计值,取值和第 4 章的规定相同。

A_{pb}——同一弯起平面的弯起预应力筋的截面面积。

α_p——斜截面处弯起预应力筋的切线与构件纵向轴线的夹角。

V_p——由预应力所提高的受剪承载力,对 N_{p0} 引起的截面弯矩与外荷载产生的弯矩方向相同的情况,以及预应力混凝土连续梁和允许出现裂缝的预应力混凝土简支梁,取 $V_p = 0$。

N_{p0}——计算截面上混凝土法向预应力为零时的预应力筋和非预应力钢筋的合力:$N_{p0} = \sigma_{p0} A_p + \sigma'_{p0} A'_p - \sigma_{l5} A_s - \sigma'_{l5} A'_s$。其中,对先张法,$\sigma_{p0} = \sigma_{con} - \sigma_l$,$\sigma'_{p0} = \sigma'_{con} - \sigma'_l$;对后张法,$\sigma_{p0} = \sigma_{con} - \sigma_l + \alpha_E \sigma_{pc\,II\,p}$,$\sigma'_{p0} = \sigma'_{con} - \sigma'_l + \alpha_E \sigma'_{pc\,II\,p}$;当 $N_{p0} > 0.3 f_c A_0$ 时,取 $N_{p0} = 0.3 f_c A_0$;计算 N_{p0} 时不考虑弯起预应力筋的作用。

式(10-112)～式(10-114)中,V_{cs}、A_{sb}、α 的意义及计算取值均见第 4 章。

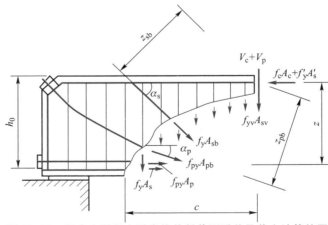

图 10-28   预应力混凝土受弯构件斜截面受剪承载力计算简图

斜截面受剪承载力计算中的截面尺寸验算,斜截面计算位置的选取,箍筋、弯起钢筋、纵向钢筋的弯起及切断等相应构造要求,均同第 4 章。

先张法预应力混凝土受弯构件,如采用刻痕钢丝或钢绞线作为预应力筋时,在计算 N_{p0} 时应考虑端部存在预应力传递长度 l_{tr} 的影响(图10-29)。在构件端部,预应力筋和混凝土的有效预应力值均为零。通过一段 l_{tr} 长度上黏结应力的积累以后,应力才由零逐步分别达到 σ_{pe} 和 σ_{pc} (如采用骤然放张的张拉工艺,对光面预应力钢丝, l_{tr} 应由端部 $0.25l_{tr}$ 处开始算起,如图 10-29 所示)。为计算方便,在传递长度 l_{tr} 范围内假定应力为线性变化,则在 $x \leqslant l_{tr}$ 处,预应力筋和混凝土的实际应力分别为 $\sigma_{pex} = \dfrac{x}{l_{tr}}\sigma_{pe}$ 和

$\sigma_{pcx} = \dfrac{x}{l_{tr}}\sigma_{pc}$ 。因此,在 l_{tr} 范围内求得的 N_{p0} 及 V_p 值也应按 x/l_{tr} 的比例降低。

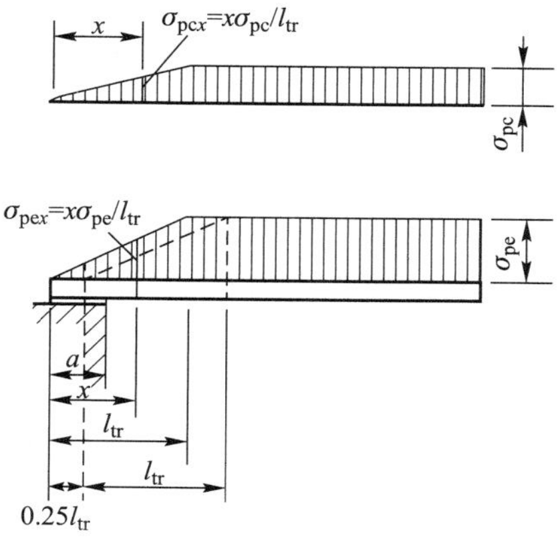

图 10-29 有效预应力在传递长度范围内的变化

预应力筋的预应力传递长度 l_{tr} 值按下式计算:

$$l_{tr} = \alpha \frac{\sigma_{pe}}{f'_{tk}} d \tag{10-115}$$

式中 σ_{pe} ——放张时预应力筋的有效预应力;

d ——预应力筋的公称直径,按附表 3-3 取用;

α ——预应力筋的外形系数,按表 10-8 取用;

f'_{tk} ——与放张时混凝土立方体抗压强度 f'_{cu} 相应的轴心抗拉强度标准值。

10.7.2 使用阶段裂缝控制验算与挠度验算

1. 裂缝控制等级与正截面抗裂及裂缝宽度验算

预应力受弯构件应分别按下列要求进行正截面抗裂验算和裂缝宽度验算。

(1)一级——严格要求不出现裂缝的构件

在荷载效应标准组合下应符合式(10-116)的规定,也就是要求在荷载效应标准组合下构件抗裂验算边缘的混凝土不出现拉应力。

$$\sigma_{ck} - \sigma_{pcII} \leqslant 0 \tag{10-116}$$

$$\sigma_{ck} = \frac{M_k}{W_0} \tag{10-117}$$

(2)二级——一般要求不出现裂缝的构件

在荷载效应标准组合下应符合式(10-118)的规定,也就是要求在荷载效应标准组合下构件抗裂验算边缘的混凝土不出现大于 f_{tk} 的拉应力。

$$\sigma_{ck} - \sigma_{pcII} \leqslant f_{tk} \tag{10-118}$$

式中 σ_{ck} ——荷载效应标准组合下构件抗裂验算边缘的混凝土法向应力;

$\sigma_{pc\,II}$——扣除全部预应力损失后在抗裂验算边缘的混凝土预压应力,先、后

张法构件分别按式(10-79)、式(10-90)计算;

f_{tk}——混凝土轴心抗拉强度标准值,按附表 2-6 取用;

M_k——按荷载效应标准组合[式(2-23)]计算得到的弯矩。

(3)三级——允许出现裂缝的构件

按荷载效应标准组合并考虑长期荷载影响计算出的最大裂缝宽度 w_{max} 应符合式(10-119)的规定,也就是要求计算得到的最大裂缝宽度 w_{max} 小于最大裂缝宽度限值 w_{lim}。

$$w_{max} \leqslant w_{lim} \tag{10-119}$$

式中 w_{lim}——最大裂缝宽度限值,按附表 5-1 取用。

对处于二 a 类环境类别的预应力混凝土构件,尚应符合式(10-120)的规定,也就是要求在荷载准永久组合下构件抗裂验算边缘的混凝土不会出现大于 f_{tk} 的拉应力。

$$\sigma_{cq} - \sigma_{pc\,II} \leqslant f_{tk} \tag{10-120}$$

$$\sigma_{cq} = \frac{M_q}{W_0} \tag{10-121}$$

式中 σ_{cq}——荷载效应准永久组合下构件抗裂验算边缘的混凝土法向应力;

M_q——按荷载效应准永久组合[式(2-25)]计算得到的弯矩。

其余符号同前。

由式(10-85b)知,在受弯构件即将开裂的极限状态,$\sigma_{cq} - \sigma_{pc\,II} = \gamma f_{tk}$;又从附表 5-3 知,截面抵抗矩塑性影响系数 γ 大于 1.0,即 $\gamma f_{tk} > f_{tk}$,加上 f_{tk} 有 95% 保证率,所以按式(10-118)和式(10-120)进行抗裂验算有一定的保证率。

裂缝宽度公式仍采用式(10-56)~式(10-59),但其中构件受力特征的系数 $\alpha_{cr} = 1.5$,σ_s 按式(10-122)计算。

对于预应力混凝土受弯构件,裂缝宽度公式的 σ_s 相当于 N_{p0} 和外弯矩 M_k 共同作用下受拉区钢筋的应力增加量,可由图 10-30 对受压区合力点取矩求得,即

$$\sigma_s = \frac{M_k - N_{p0}(z - e_p)}{(A_s + A_p) z} \tag{10-122}$$

$$z = [0.87 - 0.12(1 - \gamma_f')(h_0/e)^2] h_0 \tag{10-123}$$

$$e = e_p + \frac{M_k}{N_{p0}} \tag{10-124}$$

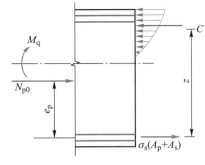

图 10-30   预应力混凝土受弯
构件裂缝截面处的应力图形

式中 N_{p0}——混凝土法向预应力等于零时全部纵向预应力筋和非预应力钢筋的合力;

z——受拉区纵向预应力筋和非预应力钢筋合力点至截面受压区合力点的距离；

e_p——N_{p0}的作用点至受拉区纵向预应力筋和非预应力钢筋合力点的距离。

2. 斜截面抗裂验算

预应力混凝土受弯构件在使用阶段的斜截面抗裂验算,实质上是根据裂缝控制等级的不同要求对截面上混凝土主拉应力和主压应力进行验算,并满足一定的限值,即应分别按下列条件验算。

对一级——严格要求不出现裂缝的构件：

$$\sigma_{tp} \leq 0.85 f_{tk} \tag{10-125}$$

对二级——一般要求不出现裂缝的构件：

$$\sigma_{tp} \leq 0.95 f_{tk} \tag{10-126}$$

对以上两类构件：

$$\sigma_{cp} \leq 0.60 f_{ck} ^{①} \tag{10-127}$$

式中　σ_{tp}、σ_{cp}——荷载效应标准组合下混凝土的主拉应力和主压应力。

如满足上述条件,则认为满足斜截面抗裂要求,否则应加大构件的截面尺寸。

斜裂缝出现以前,构件基本上还处于弹性阶段,故可用材料力学公式计算主拉应力和主压应力,即

$$\left.\begin{array}{c}\sigma_{tp}\\\sigma_{cp}\end{array}\right\} = \frac{\sigma_x + \sigma_y}{2} \pm \sqrt{\left(\frac{\sigma_x - \sigma_y}{2}\right)^2 + \tau^2} \tag{10-128}$$

$$\sigma_x = \sigma_{pcII} + \frac{M_k y_0}{I_0} \tag{10-129}$$

$$\tau = \frac{(V_k - \sum \sigma_{pe} A_{pb} \sin \alpha_p) S_0}{I_0 b} \tag{10-130}$$

式中　V_k——按荷载效应标准组合[式(2-23)]计算得到的剪力值；

σ_x——由预应力和弯矩值M_k在计算纤维处产生的混凝土法向预应力；

σ_y——由集中荷载标准值F_k产生的混凝土竖向压应力；

τ——由剪力值V_k和弯起预应力筋的预应力在计算纤维处产生的混凝土剪应力,当计算截面上有扭矩作用时,尚应考虑扭矩引起的剪应力；

σ_{pcII}——扣除全部预应力损失后,在计算纤维处由预应力产生的混凝土法向应力,先、后张法构件分别按式(10-79)、式(10-90)计算；

σ_{pe}——纵向弯起预应力筋的有效预应力；

S_0——计算纤维层以上部分的换算截面面积对构件换算截面重心的面积矩；

A_{pb}——计算截面上同一弯起平面内的弯起预应力筋的截面面积；

①　对主压应力的验算是为了避免在双向受力时由于过大的压应力导致混凝土抗拉强度过多的降低和裂缝过早出现。

α_{p}——计算截面上弯起预应力筋的切线与构件纵向轴线的夹角。

其余符号同前。

式(10-128)、式(10-129)中,σ_x、σ_y、σ_{pc}、$M_s y_0/I_0$ 为拉应力时,以正值代入;为压应力时,以负值代入。

验算斜截面抗裂时,应选取 M 及 V 都比较大的截面或外形有突变的截面(如 I 形截面腹板厚度变化处)。沿截面高度则选取截面宽度有突变处(如 I 形截面上、下翼缘与腹板交界处)和换算截面重心处。

对于预应力混凝土吊车梁,当梁顶作用较大的集中力(如吊车轮压)时,集中力作用点附近将产生垂直压应力 σ_y,剪应力也将减小,这时应考虑垂直压应力 σ_y 和剪应力减小等影响,具体可参阅 GB 50010—2010 规范。

应当指出,对先张法预应力混凝土构件,在验算构件端部预应力传递长度 l_{tr} 范围内的正截面及斜截面抗裂时,也应考虑 l_{tr} 范围内实际预应力值的降低。在计算 $\sigma_{pcⅡ}$ 时,要用降低后的实际预应力值。

3. 挠度验算

预应力混凝土受弯构件的最大挠度应按荷载效应标准组合,并考虑荷载长期作用的影响进行验算。预应力混凝土受弯构件使用阶段的挠度由两部分组成:① 外荷载产生的挠度;② 预压应力引起的反拱值。两者可以互相抵消,故预应力混凝土构件的挠度比钢筋混凝土构件小得多。

(1)外荷载作用下产生的挠度 f_1

计算外荷载作用下产生的挠度,仍可利用材料力学的公式进行计算:

$$f_1 = S\frac{M_k l_0^2}{B} \tag{10-131}$$

式中 B——荷载效应标准组合作用下,预应力混凝土受弯构件考虑荷载长期作用影响的刚度。

对于裂缝控制等级为一级和二级的不开裂预应力混凝土受弯构件,短期刚度 B_s 仍按式(8-22)计算;对于裂缝控制等级为三级的允许开裂预应力混凝土受弯构件,B_s 按下列公式计算:

$$B_s = \frac{0.85E_c I_0}{\kappa_{cr}+(1-\kappa_{cr})\omega} \tag{10-132}$$

$$\kappa_{cr} = \frac{M_{cr}}{M_k} \tag{10-133}$$

$$\omega = \left(1.0+\frac{0.21}{\alpha_E\rho}\right)(1+0.45\gamma_f)-0.7 \tag{10-134}$$

$$M_{cr} = (\sigma_{pcⅡ}+\gamma f_{tk})W_0 \tag{10-135}$$

式中 κ_{cr}——预应力混凝土受弯构件正截面开裂弯矩 M_{cr} 与计算得到的弯矩值 M_k 的比值,当 $\kappa_{cr}>1.0$ 时取 $\kappa_{cr}=1.0$;

ρ——纵向受拉钢筋配筋率:$\rho = \dfrac{A_p + A_s}{bh_0}$。

其余符号同前。

当全部荷载中仅有部分长期作用时,可近似认为,在全部荷载作用下构件的挠度为荷载短期作用下的短期挠度与荷载长期作用下的长期挠度之和。预应力混凝土受弯构件,全部荷载效应按荷载标准组合确定,即为 M_k;长期荷载效应按荷载准永久组合确定,短期荷载效应则为上述两者之差,即 $M_k - M_q$,有

$$\frac{M_k - M_q}{B_s} + \frac{M_q}{B} = \frac{M_k - M_q}{B_s} + \frac{M_q}{B_s / \theta} = \frac{M_k + (\theta - 1) M_q}{B_s} = \frac{M_k}{B} \qquad (f)$$

由此得

$$B = \frac{M_k}{M_k + (\theta - 1) M_q} B_s \qquad (10-136)$$

对预应力受弯构件,取考虑荷载长期作用对挠度增大的影响系数 $\theta = 2.0$。

（2）预应力产生的反拱值 f_2

预压应力引起的反拱值 f_2 可用结构力学方法按刚度 $E_c I_0$ 计算,并应考虑预压应力长期作用的影响,计算中预应力筋的应力应扣除全部预应力损失。简化计算时,可将计算的反拱值乘以增大系数 2.0。

对永久荷载所占比例较小的构件,应考虑反拱过大对使用上的不利影响。

（3）荷载作用时的总挠度 f

$$f = f_1 - f_2 \qquad (10-137)$$

f 的计算值应不大于附表 5-2 所列的挠度限值。

10.7.3 施工阶段验算

预应力混凝土受弯构件的施工阶段是指构件制作、运输和吊装阶段。施工阶段验算包括混凝土法向应力的验算与后张法构件锚固端局部受压承载力计算。后张法构件锚固端局部受压承载力计算和轴心受拉构件相同,可参见本章 10.5 节,这里只介绍混凝土法向应力的验算。

预应力混凝土受弯构件在制作时,混凝土受到偏心的预压力,构件处于偏心受压状态（图 10-31a）,构件的下边缘受压,上边缘可能受拉,这就使预应力混凝土受弯构件在施工阶段所形成的预压区和预拉区位置正好与使用阶段的受拉区和受压区相反。在运输和吊装时（图 10-31b）,自重及施工荷载在吊点截面产生负弯矩（图 10-31d）,与预压力产生的负弯矩方向相同（图 10-31c）,使吊点截面成为最不利的受力截面。因此,预应力混凝土受弯构件必须进行施工阶段混凝土法向应力的验算,并控制验算截面边缘的应力值不超过规范规定的允许值。

施工阶段允许出现拉应力的构件,或预压时全截面受压的构件,在预加应力、自重及施工荷载标准组合作用下（必要时应考虑动力系数）,截面边缘的混凝土法向应力

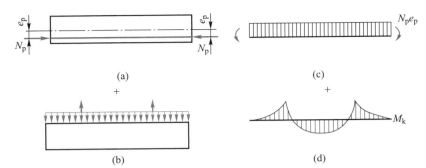

图 10-31　预应力混凝土受弯构件制作、运输和吊装时的弯矩图

（a）制作阶段；（b）运输和吊装；（c）制作阶段预压力作用下弯矩图；（d）运输和吊装时的弯矩图

应满足下列条件：

$$\sigma_{ct} \leqslant f'_{tk} \tag{10-138}$$

$$\sigma_{cc} \leqslant 0.8f'_{ck} \tag{10-139}$$

截面边缘的混凝土法向应力按下式计算：

$$\sigma_{cc} 或 \sigma_{ct} = \sigma_{pcI} \pm \frac{M_k}{W_0} \tag{10-140}$$

式中　σ_{cc}、σ_{ct}——相应施工阶段计算截面边缘纤维的混凝土压应力、拉应力；

　　　　f'_{ck}、f'_{tk}——与各施工阶段混凝土立方体抗压强度 f'_{cu} 相应的轴心抗压、抗拉强度标准值，可由附表 2-6 按线性内插法确定；

　　　　σ_{pcI}——第一批应力损失出现后的混凝土法向应力，可由式（10-74）或式（10-87）求得；

　　　　M_k——构件自重及施工荷载的标准组合荷载效应在计算截面产生的弯矩值。

除了从计算上应满足式（10-138）、式（10-139）外，为了防止由于混凝土收缩、温度变形等原因在预拉区产生竖向裂缝，确保预应力混凝土结构在施工阶段的安全，要求预拉区还需配置一定数量的纵向钢筋，其配筋率 $(A'_s + A'_p)/A$ 不应小于 0.15%，其中 A 为构件截面面积。对后张法构件，则仅考虑 A'_s 而不计入 A'_p 的面积，因为在施工阶段，后张法预应力筋和混凝土之间没有黏结力或黏结力尚不可靠。预拉区纵向非预应力钢筋的直径不宜大于 14 mm，并应沿构件预拉区的外边缘均匀配置。

简支构件的端部区段截面预拉区边缘纤维的混凝土拉应力允许大于 f'_{tk}，但不应大于 $1.2f'_{tk}$。

10.7.4　预应力混凝土受弯构件例题

【例 10-2】　某二层仓库，二级安全等级，二 a 类环境类别，轴线跨度为 15.0 m，选择图 10-32 所示的标准先张法预应力双 T 平板作为楼层板。试复核该双 T 平板能否满足要求。

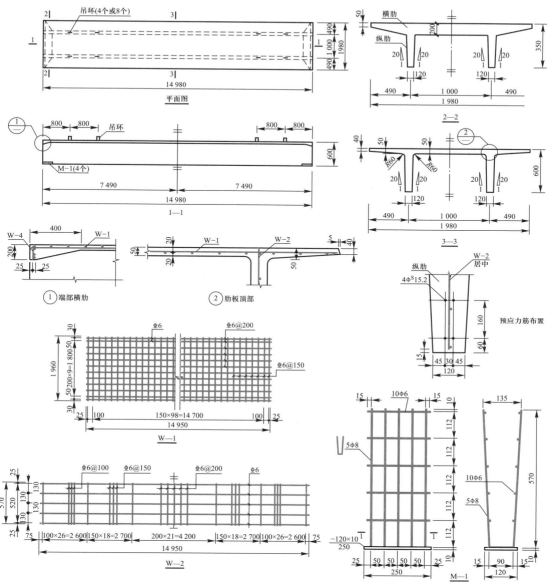

图 10-32　先张法预应力双 T 平板尺寸与配筋

【解】

（1）资料

二级安全等级，$\gamma_0 = 1.0$。二 a 类环境类别，由附表 5-1 查得裂缝控制等级为三级，应符合式（10-119）和式（10-120）的要求，最大裂缝宽度限值 $w_{\lim} = 0.10 \text{ mm}$。

楼层面层建筑做法的荷载标准值为 1.0 kN/m²，50 mm 厚后浇混凝土面层的标准值为 1.25 kN/m²；楼面均布活荷载标准值为 3.0 kN/m²，其准永久值系数 $\psi_q = 0.6$。双 T 平板搁支长度为 100 mm。

混凝土采用 C50,$f_c = 23.1$ N/mm^2,$f_t = 1.89$ N/mm^2,$f_{ck} = 32.4$ N/mm^2,$f_{tk} = 2.64$ N/mm^2,$E_c = 3.45 \times 10^4$ N/mm^2,$\alpha_1 = 1.0$。混凝土强度达到设计值后放张,即放张和施工阶段验算时混凝土强度取 $f'_{cu} = f_{cu} = 50$ N/mm^2,相应的 $f'_{ck} = f_{ck} = 32.4$ N/mm^2,$f'_{tk} = f_{tk} = 2.64$ N/mm^2。

预应力筋采用钢绞线,$f_{ptk} = 1860$ N/mm^2,$f_{py} = 1320$ N/mm^2,$E_s = 1.95 \times 10^5$ N/mm^2。预应力筋分两层布置,每层 2 根 $\phi^s 1 \times 7$($d = 15.2$ mm),每层面积 $A_{p1} = A_{p2} = 2 \times 140$ mm$^2 = 280$ mm^2,总面积 $A_p = 560$ mm^2,两层预应力筋的截面有效高度 $h_{01} = 600$ mm-60 mm$= 540$ mm、$h_{02} = 600$ mm-60 mm-160 mm$= 380$ mm;非预应力钢筋采用 HRB400,$f_{yk} = 400$ N/mm^2,$f_y = 360$ N/mm^2,$E_s = 2.0 \times 10^5$ N/mm^2。张拉控制应力取 $\sigma_{con} = 0.70 f_{ptk} = 0.70 \times 1860$ N/mm$^2 = 1302$ N/mm^2。

台座张拉距离 15.50 m,超张拉,张拉端锚具变形和预应力筋内缩值取 5.0 mm。加热养护,受拉预应力筋与台座之间温差取 25.0℃。

预埋件锚板采用 Q235 钢,吊环采用 HPB300 钢筋。

从图 10-32 看到,该双 T 平板除在每根梁肋上布置 4 根 $\phi^s 1 \times 7$($d = 15.2$ mm)钢绞线外,还在面板、梁肋中间、梁肋外侧布置钢筋网片 W-1、W-2 和 M-1。其中,W-1 和 W-2 采用 HRB400 钢筋,W-1 的横向钢筋用于承担板的横向弯矩,W-2 的竖向钢筋用于承担双 T 平板的剪力(单肢箍筋),它们的纵向钢筋都为构造钢筋;M-1 采用 HPB300 钢筋,为构造钢筋,用于抵抗混凝土收缩和温度变化应力。

(2)内力计算

为方便,取一半截面(图 10-33a)进行计算,并以截面对称线为界,认为双 T 平板的左、右板肋各承担一半的荷载。

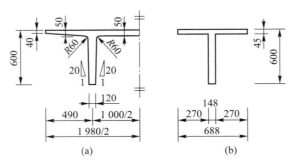

图 10-33 双 T 平板原截面尺寸与简化截面尺寸
(a)原截面;(b)简化截面

① 截面面积

在图 10-33a 中,梁肋顶部宽度为 120 mm$+2 \times \dfrac{1}{20} \times (600-50)$ mm $= 175$ mm,则其截面的一半面积 A 为

$A = (120+175) /2×550 \ \mathrm{mm}^2 + (40+50) /2×(490-175/2) \ \mathrm{mm}^2 + 50×(1\ 000/2+175/2) \ \mathrm{mm}^2$

$= 128\ 613 \ \mathrm{mm}^2 = 0.128\ 6 \mathrm{m}^2$

② 荷载标准值

（a）永久荷载

自重 $\qquad g_{1k} = 25.0×0.128\ 6 \ \mathrm{kN/m} = 3.22 \ \mathrm{kN/m}$

后浇混凝土面层 $\quad g_{2k} = 1.25×(1.0/2+0.49) \ \mathrm{kN/m} = 1.24 \ \mathrm{kN/m}$

建筑面层 $\qquad g_{3k} = 1.0×(1.0/2+0.49) \ \mathrm{kN/m} = 0.99 \ \mathrm{kN/m}$

合计 $\qquad g_k = g_{1k}+g_{2k}+g_{3k} = 3.22 \ \mathrm{kN/m}+1.24 \ \mathrm{kN/m}+0.99 \ \mathrm{kN/m} = 5.45 \ \mathrm{kN/m}$

（b）可变荷载

楼面可变荷载 $\quad q_k = 3.0×(1.0/2+0.49) \ \mathrm{kN/m} = 2.97 \ \mathrm{kN/m}$

③ 计算跨度

板长 $l = 14.98 \ \mathrm{m}$，搁支长度 $100 \ \mathrm{mm}$，则净跨 $l_n = 14.98 \ \mathrm{m}-0.20 \ \mathrm{m} = 14.78 \ \mathrm{m}$，计算跨度（支座中到中距离）$l_0 = 14.98 \ \mathrm{m}-0.10 \ \mathrm{m} = 14.88 \ \mathrm{m}$。

④ 弯矩及剪力

$\gamma_G = 1.3, \gamma_Q = 1.5, \psi_q = 0.6$，截面承载力计算和正常使用验算所需弯矩和剪力见表 10-10。

表 10-10 内 力 计 算

内力	表达式	算式	内力值
M	$\gamma_0\left[\dfrac{1}{8}(\gamma_G g_k+\gamma_Q q_k) l_0^2\right]$	$1.0×\dfrac{1}{8}×(1.3×5.45+1.5×2.97)×14.88^2$	$319.39 \ \mathrm{kN·m}$
V	$\gamma_0\left[\dfrac{1}{2}(\gamma_G g_k+\gamma_Q q_k) l_n\right]$	$1.0×\dfrac{1}{2}×(1.3×5.45+1.5×2.97)×14.78$	$85.28 \ \mathrm{kN}$
M_k	$\dfrac{1}{8}(g_k+q_k) l_0^2$	$\dfrac{1}{8}×(5.45+2.97)×14.88^2$	$233.04 \ \mathrm{kN·m}$
V_k	$\dfrac{1}{2}(g_k+q_k) l_n$	$\dfrac{1}{2}×(5.45+2.97)×14.78$	$62.22 \ \mathrm{kN}$
M_q	$\dfrac{1}{8}(g_k+\psi_q q_k) l_0^2$	$\dfrac{1}{8}×(5.45+0.6×2.97)×14.88^2$	$200.16 \ \mathrm{kN·m}$

（3）计算截面简化

为计算方便，将图 10-33a 所示的原截面简化为图 10-33b 所示的 T 形截面，其中梁肋宽度 b 和翼缘高度 h_f' 取平均值，即 $b = (120+175) \ \mathrm{mm}/2 = 148 \ \mathrm{mm}$，$h_f' = (40+50) \ \mathrm{mm}/2 = 45 \ \mathrm{mm}$，$h = 600 \ \mathrm{mm}$。根据表 3-3 确定翼缘计算宽度 b_f'：

① 按计算跨度 l_0 考虑 $\qquad b_f' = l_0/3 = 14\ 880 \ \mathrm{mm}/3 = 4\ 960 \ \mathrm{mm}$

② 按翼缘高度 h_f' 考虑 $\qquad h_f'/h_0 = 45/540 = 0.08, 0.05 < h_f'/h_0 < 0.1, b_f' = b+12h_f' = 148 \ \mathrm{mm}+12×45 \ \mathrm{mm} = 688 \ \mathrm{mm}$

取两者中的较小值且不大于面板实际宽度，所以 $b_f' = 688 \ \mathrm{mm}$。

（4）截面几何特性

非预应力钢筋直径很小，为简化计算，在计算截面几何特性时不考虑非预应力钢筋。预应力筋和混凝土弹性模量之比：$\alpha_E = E_s/E_c = 1.95 \times 10^5/3.45 \times 10^4 = 5.65$。换算截面面积 A_0 及惯性矩 I_0 分别见表 10-11 与表 10-12。

表 10-11　换算截面面积 A_0

区域	算式	面积/ 10^3mm^2	形心至截面底边距离 y/mm	面积矩/ 10^6mm^3
混凝土截面（翼缘）	45×688	30.960	$555 + \dfrac{45}{2} = 578$	17.895
混凝土截面（腹板）	148×555	82.140	$555/2 = 278$	22.835
第一层预应力筋	$(5.65-1) \times 280$	1.302	60	0.078
第二层预应力筋	$(5.65-1) \times 280$	1.302	220	0.286
Σ		$A_0 = 115.704 \times 10^3 \ \text{mm}^2$		$S_0 = 41.094 \times 10^6 \ \text{mm}^3$

换算截面重心轴至截面底边和顶边的距离分别为

重心轴至截面底边距离　$y = \dfrac{S_0}{A_0} = \dfrac{41.094 \times 10^6}{115.704 \times 10^3} \ \text{mm} = 355 \ \text{mm}$

重心轴至截面顶边距离　$y' = h - y = 600 \ \text{mm} - 355 \ \text{mm} = 245 \ \text{mm}$

两层预应力筋合力点至换算截面重心轴的距离分别为

第一层预应力筋：$y_p^1 = 355 \ \text{mm} - 60 \ \text{mm} = 295 \ \text{mm}$

第二层预应力筋：$y_p^2 = 355 \ \text{mm} - 220 \ \text{mm} = 135 \ \text{mm}$

表 10-12　换算截面惯性矩 I_0

区域	算式	惯性矩/ 10^6mm^4
翼缘	$\dfrac{1}{12} \times 688 \times 45^3 + 688 \times 45 \times \left(245 - \dfrac{45}{2}\right)^2$	1 537.938
腹板	$\dfrac{1}{12} \times 148 \times 555^3 + 148 \times 555 \times \left(355 - \dfrac{555}{2}\right)^2$	2 601.785
第一层预应力筋	$(5.65-1) \times 280 \times 295^2$	113.307
第二层预应力筋	$(5.65-1) \times 280 \times 135^2$	23.729
Σ		$I_0 = 4\ 276.759 \times 10^6 \ \text{mm}^4$

换算截面对截面底边的弹性抵抗矩：

$$W_0 = \frac{I_0}{y} = \frac{4\ 276.759 \times 10^6}{355} \ \text{mm}^3 = 12.047 \times 10^6 \ \text{mm}^3$$

（5）预应力损失值

① 张拉端锚具变形和预应力筋内缩损失 σ_{l1}

台座张拉距离 15.50 m,张拉端锚具变形和预应力筋内缩值 5.0 mm,由式 (10-1)有

$$\sigma_{l1} = \frac{a}{l}E_s = \frac{5}{15\ 500} \times 1.95 \times 10^5 \ N/mm^2 = 63 \ N/mm^2$$

② 预应力筋与台座温差损失 σ_{l3}

加热养护,预应力筋与台座之间的温差为 25.0℃,由式(10-6)有

$$\sigma_{l3} = \alpha E_s \Delta t = 1.0 \times 10^{-5} \times 1.95 \times 10^5 \times 25.0 \ N/mm^2 = 49 \ N/mm^2$$

③ 预应力筋应力松弛损失 σ_{l4}

$\dfrac{\sigma_{con}}{f_{ptk}} = 0.70$,由表 10-4 有

$\sigma_{l4} = 0.125(\sigma_{con}/f_{ptk} - 0.5)\sigma_{con} = 0.125 \times (0.70 - 0.5) \times 1\ 302 \ N/mm^2 = 33 \ N/mm^2$

第一批预应力损失为

$$\sigma_{lI} = \sigma_{l1} + \sigma_{l3} + \sigma_{l4} = 63 \ N/mm^2 + 49 \ N/mm^2 + 33 \ N/mm^2 = 145 \ N/mm^2$$

④ 收缩与徐变损失 σ_{l5}

第一批预应力损失出现后,预应力筋合力为

$$N_{p0I} = (\sigma_{con} - \sigma_{lI})A_p = (1\ 302 - 145) \times 560 \ N = 647.92 \times 10^3 \ N = 647.92 \ kN$$

两层预应力筋的合力相等,故其合力点位于两层预应力筋的正中间,即预应力筋合力点至换算截面重心的距离为

$$e_{p0I} = 355 \ mm - (60 + 160/2) \ mm = 215 \ mm$$

由式(10-74),两层预应力筋合力点处的混凝土法向预应力分别为

第一层 $$\sigma_{pcI}^1 = \frac{N_{p0I}}{A_0} + \frac{N_{p0I}\ e_{p0I}\ e_p^1}{I_0}$$

$$= \frac{647.92 \times 10^3}{115.704 \times 10^3} \ N/mm^2 + \frac{647.92 \times 10^3 \times 215 \times 295}{4\ 276.759 \times 10^6} \ N/mm^2 = 15.21 \ N/mm^2$$

第二层 $$\sigma_{pcI}^2 = \frac{N_{p0I}}{A_0} + \frac{N_{p0I}\ e_{p0I}\ e_p^2}{I_0}$$

$$= \frac{647.92 \times 10^3}{115.704 \times 10^3} \ N/mm^2 + \frac{647.92 \times 10^3 \times 215 \times 135}{4\ 276.759 \times 10^6} \ N/mm^2$$

$$= 10.0 \ N/mm^2$$

$$\frac{\sigma_{pcI}}{f_{cu}'} = \frac{15.21}{50} = 0.30 < 0.5$$

满足线性徐变的应力要求。

截面受拉配筋率为

$$\rho = \frac{A_p + A_s}{A_0} = \frac{560 + 0}{115.704 \times 10^3} = 0.48\%$$

由式(10-7a)有

第一层 $\sigma_{l5}^1 = \dfrac{60 + 340 \dfrac{\sigma_{pc}}{f'_{cu}}}{1 + 15\rho} = \dfrac{60 + 340 \times \dfrac{15.21}{50}}{1 + 15 \times 0.004\,8}\ \text{N/mm}^2 = 152\ \text{N/mm}^2$

第二层 $\sigma_{l5}^2 = \dfrac{60 + 340 \dfrac{\sigma_{pc}}{f'_{cu}}}{1 + 15\rho} = \dfrac{60 + 340 \times \dfrac{10.0}{50}}{1 + 15 \times 0.004\,8}\ \text{N/mm}^2 = 119\ \text{N/mm}^2$

第二批预应力损失为

第一层 $\sigma_{l\mathrm{II}}^1 = \sigma_{l5}^1 = 152\ \text{N/mm}^2$

第二层 $\sigma_{l\mathrm{II}}^2 = \sigma_{l5}^2 = 119\ \text{N/mm}^2$

预应力总损失为

第一层 $\sigma_l^1 = \sigma_{l\mathrm{I}} + \sigma_{l\mathrm{II}}^1 = 145\ \text{N/mm}^2 + 152\ \text{N/mm}^2 = 297\ \text{N/mm}^2 > 100\ \text{N/mm}^2$

第二层 $\sigma_l^2 = \sigma_{l\mathrm{I}} + \sigma_{l\mathrm{II}}^2 = 145\ \text{N/mm}^2 + 119\ \text{N/mm}^2 = 264\ \text{N/mm}^2 > 100\ \text{N/mm}^2$

（6）使用阶段正截面受弯承载力计算

① 相对界限受压区高度 ξ_b

该双 T 平板采用先张法，预应力筋合力点处混凝土法向预应力为 0 时的预应力筋应力为

第一层 $\sigma_{p01} = \sigma_{con} - \sigma_l^1 = 1\,302\ \text{N/mm}^2 - 297\ \text{N/mm}^2 = 1\,005\ \text{N/mm}^2$

第二层 $\sigma_{p02} = \sigma_{con} - \sigma_l^2 = 1\,302\ \text{N/mm}^2 - 264\ \text{N/mm}^2 = 1\,038\ \text{N/mm}^2$

C50 混凝土，由表 3-1 和式（3-1d）得 $\beta_1 = 0.8$ 和 $\varepsilon_{cu} = 0.003\,3$，由式（10-93b）有

$$\xi_b = \dfrac{\beta_1}{1 + \dfrac{0.002}{\varepsilon_{cu}} + \dfrac{f_{py} - \sigma_{p0}}{\varepsilon_{cu} E_s}} = \dfrac{0.8}{1 + \dfrac{0.002}{0.003\,3} + \dfrac{1\,320 - 1\,005}{0.003\,3 \times 1.95 \times 10^5}} = 0.382$$

计算时不考虑受拉区非预应力钢筋，故 $\xi_b = 0.382$。

② 判别截面类型，求受压区高度 x

由式（10-96）可以写出第二层预应力筋的应力：

$\sigma_{p2} = \dfrac{f_{py} - \sigma_{p02}}{\xi_b - \beta_1}\left(\dfrac{x}{h_{02}} - \beta_1\right) + \sigma_{p02} = \dfrac{1\,320\ \text{N/mm}^2 - 1\,038\ \text{N/mm}^2}{0.382 - 0.8} \times \left(\dfrac{x}{380\ \text{mm}} - 0.8\right) + 1\,038\ \text{N/mm}^2$

$= (1\,578 - 1.78x)\ \text{N/mm}^2$

假定为第一类 T 形截面，由力的平衡条件，有

$$\alpha_1 f_c b'_f x = A_{p1} f_{py} + A_{p2} \sigma_{p2}$$

$$1.0 \times 23.1 \times 688x = 280 \times 1\,320 + 280 \times (1\,578 - 1.78x)$$

解得 $x = 50\ \text{mm} > h'_f = 45\ \text{mm}$，说明应为第二类 T 形截面。

若将 $x = h'_f = 45\ \text{mm}$ 代入上式，$\sigma_{p2} = 1\,498\ \text{N/mm}^2 > f_{py} = 1\,320\ \text{N/mm}^2$，说明构件破坏时第二层预应力筋能达到抗拉强度设计值，取 $\sigma_{p2} = 1\,320\ \text{N/mm}^2$。根据力的平衡，可求得受压区计算高度：

$$x = \frac{A_p f_{py} - \alpha_1 f_c (b_f' - b) h_f'}{\alpha_1 f_c b} = \frac{560 \times 1\,320 - 1.0 \times 23.1 \times (688 - 148) \times 45}{1.0 \times 23.1 \times 148} \text{ mm} = 52 \text{ mm}$$

$x > h_f' = 45$ mm，确为第二类 T 形截面。

③ 受弯承载力复核

由于两层预应力筋都达到 f_{py}，则其合力作用点位置在两层预应力筋的正中间，$h_0 = 600$ mm $-(60 + 160/2)$ mm $= 460$ mm。

$$M_u = \alpha_1 f_c b x \left(h_0 - \frac{x}{2} \right) + \alpha_1 f_c (b_f' - b) h_f' \left(h_0 - \frac{h_f'}{2} \right)$$

$$= 1.0 \times 23.1 \times 148 \times 52 \times \left(460 - \frac{52}{2} \right) \text{ N} \cdot \text{mm} + 1.0 \times 23.1 \times (688 - 148) \times 45 \times \left(460 - \frac{45}{2} \right) \text{ N} \cdot \text{mm}$$

$$= 322.74 \times 10^6 \text{ N} \cdot \text{mm} = 322.74 \text{ kN} \cdot \text{m} > M = 319.39 \text{ kN} \cdot \text{m}$$

正截面受弯承载力满足要求。

④ 配筋率复核

由式（10-78），预应力损失全部出现后预应力筋合力为

第一层　$N_{p0\,\text{II}}^1 = (\sigma_{con} - \sigma_l^1) A_{p1} = 1\,005 \times 280$ N $= 281.40 \times 10^3$ N $= 281.40$ kN

第二层　$N_{p0\,\text{II}}^2 = (\sigma_{con} - \sigma_l^2) A_{p2} = 1\,038 \times 280$ N $= 290.64 \times 10^3$ N $= 290.64$ kN

$$N_{p0\,\text{II}} = N_{p0\,\text{II}}^1 + N_{p0\,\text{II}}^2 = 281.40 \text{ kN} + 290.64 \text{ kN} = 572.04 \text{ kN}$$

$N_{p0\,\text{II}}$ 至换算截面重心轴距离 $e_{p0\,\text{II}}$：

$$e_{p0\,\text{II}} = \frac{N_{p0\,\text{II}}^1 y_p^1 + N_{p0\,\text{II}}^2 y_p^2}{N_{p0\,\text{II}}} = \frac{281.40 \times 295 + 290.64 \times 135}{572.04} \text{ mm} = 214 \text{ mm}$$

由式（10-79），截面底边的预压应力为

$$\sigma_{pc\,\text{II}} = \frac{N_{p0\,\text{II}}}{A_0} + \frac{N_{p0\,\text{II}} e_{p0\,\text{II}} y}{I_0}$$

$$= \frac{572.04 \times 10^3}{115.704 \times 10^3} \text{ N/mm}^2 + \frac{572.04 \times 10^3 \times 214 \times 355}{4\,276.759 \times 10^6} \text{ N/mm}^2 = 15.11 \text{ N/mm}^2$$

按附表 5-3 查得截面抵抗矩塑性影响系数基本值 $\gamma_m = 1.50$，由式（10-67）计算截面抵抗矩塑性影响系数为

$$\gamma = \left(0.7 + \frac{120}{h} \right) \gamma_m = \left(0.7 + \frac{120}{600} \right) \times 1.50 = 1.35$$

由式（10-85a），截面开裂弯矩为

$$M_{cr} = (\sigma_{pc\,\text{II}} + \gamma f_{tk}) W_0 = (15.11 + 1.35 \times 2.64) \times 12.047 \times 10^6 \text{ N} \cdot \text{mm}$$

$$= 225.0 \times 10^6 \text{ N} \cdot \text{mm} = 225.0 \text{ kN} \cdot \text{m} < M_u = 322.74 \text{ kN} \cdot \text{m}$$

配筋率满足要求。

（7）使用阶段斜截面承载力计算

① 截面尺寸验算

$$h_w = h_0 - h_f' = 460 \text{ mm} - 45 \text{ mm} = 415 \text{ mm}, \frac{h_w}{b} = \frac{415}{148} = 2.80 < 4.0, 由式(4-16a)得$$

$$0.25\beta_c f_c b h_0 = 0.25 \times 1.0 \times 23.1 \times 148 \times 460 \text{ N}$$
$$= 393.16 \times 10^3 \text{ N} = 393.16 \text{ kN} > V = 85.28 \text{ kN}$$

截面尺寸和混凝土强度满足抗剪要求。

② 斜截面受剪承载力

该双 T 平板允许出现裂缝，取 $V_p = 0$；无集中力作用，取 $\alpha_{cv} = 0.7$。取支座边缘截面进行验算，箍筋为单肢$\oplus$6@100，无弯起钢筋，$\rho_{sv} = \dfrac{A_{sv}}{bs} = \dfrac{28.3}{148 \times 100} = 0.19\% > 0.24\dfrac{f_t}{f_y} =$

$0.24 \times \dfrac{1.89}{360} = 0.13\%$，由式(10-114)和式(4-12)，斜截面受剪承载力为

$$V_{cs} = \alpha_{cv} f_t b h_0 + f_{yv} \frac{A_{sv}}{s} h_0 = 0.7 \times 1.89 \times 148 \times 460 \text{ N} + 360 \times \frac{28.3}{100} \times 460 \text{ N}$$
$$= 136.93 \times 10^3 \text{ N} = 136.93 \text{ kN} > V = 85.28 \text{ kN}$$

斜截面受剪承载力满足要求。

(8) 使用阶段裂缝控制验算

该双 T 平板三级裂缝控制，需进行荷载效应标准组合并考虑长期荷载影响的裂缝控制验算，以及荷载准永久组合下的抗裂验算，但不需要进行斜截面抗裂验算。

① 正截面裂缝控制验算

受拉钢筋有效配筋率：

$$\rho_{te} = \frac{A_s + A_p}{A_{te}} = \frac{0 + 560}{0.5 \times 148 \times 600} = 1.26\% > 0.01$$

受压翼缘截面面积与腹板有效截面面积的比值：

$$\gamma_f' = \frac{(b_f' - b) h_f'}{b h_0} = \frac{(688 - 148) \times 45}{148 \times 460} = 0.357$$

$N_{p0}(N_{p0\,\text{II}})$ 的作用点至换算截面重心轴的距离 $e_{p0\,\text{II}} = 214 \text{ mm}$，而换算截面重心轴至截面顶边距离 $y' = 245 \text{ mm}$，则 N_{p0} 至截面受压边缘距离为 $245 \text{ mm} + 214 \text{ mm} = 459 \text{ mm} \approx h_0 = 460 \text{ mm}$，即受拉区纵向预应力筋和非预应力钢筋合力点至 N_{p0} 的距离 $e_p = 0$。由式(10-124)有

$$e = e_p + \frac{M_k}{N_{p0}} = 0 + \frac{233.04 \times 10^6}{572.04 \times 10^3} \text{ mm} = 407 \text{ mm}$$

由式(10-123)，受拉区纵向预应力筋和非预应力钢筋合力点至截面受压区合力点的距离为

$$z = [0.87 - 0.12(1 - \gamma_f')(h_0/e)^2] h_0$$
$$= [0.87 - 0.12 \times (1 - 0.357) \times (460/407)^2] \times 460 \text{ mm} = 355 \text{ mm}$$

由式（10-122），按标准组合计算的预应力构件纵向受拉钢筋等效应力为

$$\sigma_s = \frac{M_k - N_{p0}(z - e_p)}{(A_s + A_p)z} = \frac{233.04 \times 10^6 - 572.04 \times 10^3 \times (355 - 0)}{(0 + 560) \times 355} \text{ N/mm}^2 = 151 \text{ N/mm}^2$$

由式（10-57），裂缝间纵向受拉钢筋应变不均匀系数为

$$\psi = 1.1 - 0.65 \frac{f_{tk}}{\rho_{te}\sigma_s} = 1.1 - 0.65 \times \frac{2.64}{0.012\,6 \times 151} = 0.198, \psi < 0.2, 取 \psi = 0.2$$

查表 10-8 得钢筋相对黏结特性系数，先张法钢绞线 $\nu_i = 0.6$。对于有黏结预应力钢绞线束，直径取为 $\sqrt{n}\,d_i$，则由式（10-58）求得受拉区纵向钢筋的等效直径为

$$d_{eq} = \frac{\sum n_i d_i^2}{\sum n_i \nu_i d_i} = \frac{4 \times (\sqrt{1} \times 15.2)^2}{4 \times 0.6 \times (\sqrt{1} \times 15.2)} \text{ mm} = 25.33 \text{ mm}$$

由图 10-32 知，最外层纵向受拉钢筋外边缘至受拉边缘的距离 $c_s = 60 \text{ mm} - d_{eq}/2 = 60 \text{ mm} - 25.33 \text{ mm}/2 = 47.34 \text{ mm}$。

受弯构件的构件受力特征系数 $\alpha_{cr} = 1.5$。由式（10-56），预应力构件按荷载标准组合并考虑长期作用影响的最大裂缝宽度为

$$w_{max} = \alpha_{cr}\psi \frac{\sigma_s}{E_s}\left(1.9c_s + 0.08\frac{d_{eq}}{\rho_{te}}\right)$$

$$= 1.5 \times 0.2 \times \frac{151}{1.95 \times 10^5} \times \left(1.9 \times 47.34 + 0.08 \times \frac{25.33}{0.012\,6}\right) \text{ mm}$$

$$= 0.06 \text{ mm} < w_{lim} = 0.10 \text{ mm}$$

满足二 a 类环境类别三级裂缝控制对裂缝宽度的控制要求。

② 正截面抗裂验算

由式（10-121），荷载准永久组合下构件抗裂验算边缘的混凝土应力为

$$\sigma_{cq} = \frac{M_q}{W_0} = \frac{200.16 \times 10^6}{12.047 \times 10^6} \text{ N/mm}^2 = 16.61 \text{ N/mm}^2$$

$$\sigma_{ck} - \sigma_{pc\,II} = 16.61 \text{ N/mm}^2 - 15.11 \text{ N/mm}^2 = 1.50 \text{ N/mm}^2 < f_{tk} = 2.64 \text{ N/mm}^2$$

满足二 a 类环境类别对应力的控制要求。

（9）挠度验算

① 弯曲刚度

该预应力双 T 平板的裂缝控制等级为三级，为允许开裂构件。

$$\rho = \frac{A_p}{bh_0} = \frac{560}{148 \times 460} = 0.82\%$$

由式（10-133）、式（10-134）有

$$\kappa_{cr} = \frac{M_{cr}}{M_k} = \frac{225.0 \times 10^6}{233.04 \times 10^6} = 0.965$$

$$\omega = \left(1.0 + \frac{0.21}{\alpha_E \rho}\right)(1 + 0.45\gamma_f) - 0.7$$

$$= \left(1.0 + \frac{0.21}{5.65 \times 0.008\,2}\right) \times (1 + 0.45 \times 0) - 0.7 = 4.833$$

由式(10-132),短期刚度为

$$B_s = \frac{0.85E_c I_0}{\kappa_{cr} + (1 - \kappa_{cr})\omega} = \frac{0.85 \times 3.45 \times 10^4 \times 4\,276.759 \times 10^6}{0.965 + (1 - 0.965) \times 4.833} \text{ N/mm}^2$$

$$= 110.581 \times 10^{12} \text{ N/mm}^2$$

预应力混凝土受弯构件,$\theta = 2.0$。由式(10-136),长期刚度为

$$B = \frac{M_k}{M_k + (\theta - 1)M_q} B_s$$

$$= \frac{233.04 \times 10^6}{233.04 \times 10^6 + (2.0 - 1) \times 200.16 \times 10^6} \times 110.581 \times 10^{12} \text{ N/mm}^2$$

$$= 59.487 \times 10^{12} \text{ N/mm}^2$$

② 外荷载作用下的挠度

由式(10-131),分布荷载作用下的挠度为

$$f_1 = \frac{5}{48} \cdot \frac{M_k l_0^2}{B} = \frac{5}{48} \times \frac{233.04 \times 10^6 \times (14.88 \times 10^3)^2}{59.487 \times 10^{12}} \text{ mm} = 90 \text{ mm}$$

③ 预加应力产生的反拱值

预压力产生的反拱为

$$f_2 = \frac{N_p e_p l_0^2}{8E_c I_0} = \frac{572.04 \times 10^3 \times 214 \times (14.88 \times 10^3)^2}{8 \times 3.45 \times 10^4 \times 4\,276.759 \times 10^6} \text{ mm} = 23 \text{ mm}$$

④ 总挠度计算

$$f = f_1 - 2f_2 = 90 \text{ mm} - 2 \times 23 \text{ mm} = 44 \text{ mm}$$

由附表 5-2 得板的最大挠度限值为 $[f] = \dfrac{l_0}{300} = \dfrac{14.88 \times 10^3}{300}$ mm $= 50$ mm,$f < [f]$,满足要求。

(10) 面板配筋验算

纵肋外侧面板按悬臂板计算,悬臂板根部弯矩 $M_1 = \dfrac{1}{2}qa^2$,a 为面板悬挑边缘至纵肋中心线距离,q 为作用在面板上的荷载设计值(包括自重和可变荷载);纵肋间面板跨中最大弯矩 M_2 取 $\left(\dfrac{1}{8}qc^2 - M_1\right)$ 和 $\dfrac{1}{10}qc^2$ 的较大值,c 为纵肋间距。

取 1 m 板宽,按面板横截面实际尺寸进行计算。

① 荷载计算

(a) 恒荷载

纵肋间面板自重　　　　$g_{1k}=25.0\times0.05\times1.0\ \mathrm{kN/m}=1.25\ \mathrm{kN/m}$

纵肋外面板自重　　　　$g'_{1k}=25.0\times0.045\times1.0\ \mathrm{kN/m}=1.13\ \mathrm{kN/m}$

后浇混凝土面层　　　　$g_{2k}=1.25\times1.0\ \mathrm{kN/m}=1.25\ \mathrm{kN/m}$

建筑面层　　　　$g_{3k}=1.0\times1.0\ \mathrm{kN/m}=1.0\ \mathrm{kN/m}$

纵肋间面板恒荷载合计　$g_k=g_{1k}+g_{2k}+g_{3k}=1.25\ \mathrm{kN/m}+1.25\ \mathrm{kN/m}+1.0\ \mathrm{kN/m}=3.50\ \mathrm{kN/m}$

纵肋外面板恒荷载合计　$g'=g'_{1k}+g_{2k}+g_{3k}=1.13\ \mathrm{kN/m}+1.25\ \mathrm{kN/m}+1.0\ \mathrm{kN/m}=3.38\ \mathrm{kN/m}$

（b）活荷载

楼面均布活荷载　　　　$q_k=3.0\times1.0\ \mathrm{kN/m}=3.0\ \mathrm{kN/m}$

② 弯矩计算

（a）纵肋外侧面板根部弯矩

求纵肋外侧面板根部弯矩应同时考虑外伸梁的永久荷载和可变荷载：

$$q=1.3\times3.38\ \mathrm{kN/m}+1.5\times3.0\ \mathrm{kN/m}=8.89\ \mathrm{kN/m}$$

$$M_1=\gamma_0\left(\frac{1}{2}qa^2\right)=1.0\times\frac{1}{2}\times8.89\times0.49^2\ \mathrm{kN\cdot m}=1.07\ \mathrm{kN\cdot m}$$

（b）纵肋肋间面板跨中弯矩

求纵肋肋间面板跨中弯矩应分别考虑有无可变荷载的两种情况。当考虑可变荷载时，则不考虑外伸梁的可变荷载；当不考虑可变荷载时，则考虑外伸梁的可变荷载。

考虑可变荷载时：

$$q=1.3\times3.50\ \mathrm{kN/m}+1.5\times3.0\ \mathrm{kN/m}=9.05\ \mathrm{kN/m}$$

$$M_2=\gamma_0\left(\frac{1}{8}qc^2\right)-M_1=1.0\times\frac{1}{8}\times9.05\times1.0^2\ \mathrm{kN\cdot m}-1.0\times\frac{1}{2}\times1.3\times3.38\times0.49^2\ \mathrm{kN\cdot m}$$
$$=0.60\ \mathrm{kN\cdot m}$$

$$M_2=\gamma_0\left(\frac{1}{10}qc^2\right)=1.0\times\frac{1}{10}\times9.05\times1.0^2\ \mathrm{kN\cdot m}=0.91\ \mathrm{kN\cdot m}$$

不考虑可变荷载时：

$$q=1.3\times3.50\ \mathrm{kN/m}=4.55\ \mathrm{kN/m}$$

$$M_2=\gamma_0\left(\frac{1}{8}qc^2\right)-M_1=1.0\times\frac{1}{8}\times4.55\times1.0^2\ \mathrm{kN\cdot m}-1.07\ \mathrm{kN\cdot m}=-0.50\ \mathrm{kN\cdot m}$$

$$M_2=\gamma_0\left(\frac{1}{10}qc^2\right)=1.0\times\frac{1}{10}\times4.55\times1.0^2\ \mathrm{kN\cdot m}=0.46\ \mathrm{kN\cdot m}$$

取以上四者中绝对值最大的弯矩进行计算，$M_2=0.91\ \mathrm{kN\cdot m}$。

③ 截面复核

面板配筋为$\Phi6@150$，1 m 板宽内配筋面积 $A_s=188\ \mathrm{mm}^2$。二 a 类环境类别，取板保护层厚度 $c=20\ \mathrm{mm}$；面板横向钢筋布置在面板厚度正中间，$a_s=25\ \mathrm{mm}$，$h_0=h-a_s=50\ \mathrm{mm}-25\ \mathrm{mm}=25\ \mathrm{mm}$。

$$x=\frac{f_yA_s}{\alpha_1f_cb}=\frac{360\times188}{1.0\times23.1\times1\ 000}\ \mathrm{mm}=2.93\ \mathrm{mm}<\xi_bh_0=0.518\times25\ \mathrm{mm}=13\ \mathrm{mm}$$

纵肋间面板：

$$M_u = \alpha_1 f_c bx\left(h_0 - \frac{x}{2}\right) = 1.0 \times 23.1 \times 1\,000 \times 2.93 \times \left(25 - \frac{2.93}{2}\right) \text{ N} \cdot \text{mm}$$

$$= 1.59 \times 10^6 \text{ N} \cdot \text{mm} = 1.59 \text{ kN} \cdot \text{m} > M_2 = 0.91 \text{ kN} \cdot \text{m}$$

纵肋外侧面板：

$$M_u = 1.59 \text{ kN} \cdot \text{m} > M_1 = 1.07 \text{ kN} \cdot \text{m}$$

面板承载力满足要求。

（11）施工阶段验算

吊装时，截面内同时受到预应力筋施加的预压力和自重的作用。其中，计算预应力筋施加的预压力时，不考虑混凝土徐变引起的预应力损失，取预压力为 $N_{p0\,\text{I}} = 647.92$ kN，该合力点至截面重心轴的距离为 $e_{p0\,\text{I}} = 215$ mm。

板在吊装时由 4 个吊点承担板的自重，板所受内力较为复杂，此处仅按一个方向计算。吊点设在距两端各 800 mm 处，动力系数采用 1.50。吊点处构件自重标准值在计算截面上产生的弯矩为

$$M_k = 1.50 \times \frac{1}{2} g_k l^2 = 1.50 \times \frac{1}{2} \times 5.45 \times 0.80^2 \text{ kN} \cdot \text{m} = 2.62 \text{ kN} \cdot \text{m}$$

截面上边缘应力为

$$\sigma_{ct} = -\frac{N_{p0\,\text{I}}}{A_0} + \frac{N_{p0\,\text{I}} e_{p0\,\text{I}} y'}{I_0} + \frac{M_k y'}{I_0}$$

$$= -\frac{647.92 \times 10^3}{115.704 \times 10^3} \text{ N/mm}^2 + \frac{647.92 \times 10^3 \times 215 \times 245}{4\,276.759 \times 10^6} \text{ N/mm}^2 + \frac{2.62 \times 10^6 \times 245}{4\,276.759 \times 10^6} \text{ N/mm}^2$$

$$= 2.53 \text{ N/mm}^2 < f'_{tk} = 2.64 \text{ N/mm}^2$$

满足式（10-138）的要求。

截面下边缘应力为

$$\sigma_{cc} = \frac{N_{p0\,\text{I}}}{A_0} + \frac{N_{p0\,\text{I}} e_{p0\,\text{I}} y}{I_0} + \frac{M_k y}{I_0}$$

$$= \frac{647.92 \times 10^3}{115.704 \times 10^3} \text{ N/mm}^2 + \frac{647.92 \times 10^3 \times 215 \times 355}{4\,276.759 \times 10^6} \text{ N/mm}^2 + \frac{2.62 \times 10^6 \times 355}{4\,276.759 \times 10^6} \text{ N/mm}^2$$

$$= 17.38 \text{ N/mm}^2 \leqslant 0.80 f'_{ck} = 0.80 \times 32.4 \text{ N/mm}^2 = 25.92 \text{ N/mm}^2$$

满足式（10-139）的要求。因而，满足施工阶段对截面边缘混凝土法向应力的要求。

10.8   预应力混凝土构件的一般构造要求

预应力混凝土构件除需满足受力要求及有关钢筋混凝土构件的构造要求外，还必须满足由张拉工艺、锚固方式及配筋的种类、数量、布置形式、放置位置等方面提出的构造要求。

10.8.1　受弯构件形状与尺寸

预应力混凝土梁通常采用非对称 I 形截面。在一般荷载作用下梁的截面高度 h 可取跨度 l_0 的 $1/20 \sim 1/14$;腹板肋宽 b 可取 $(1/15 \sim 1/8)\,h$,剪力较大的梁 b 也可取 $(1/8 \sim 1/5)\,h$;上翼缘宽度 b'_{f} 可取 $(1/3 \sim 1/2)\,h$;厚度 h'_{f} 可取 $(1/10 \sim 1/6)\,h$。为便于拆模,上、下翼缘靠近肋处应做成斜坡,上翼缘底面斜坡可取 $1/15 \sim 1/10$,下翼缘顶面斜坡通常取 $1:1$。下翼缘宽度和厚度 b_{f}、h_{f} 应根据预应力筋的用量、钢筋的净距、预留孔道的净距、保护层厚度、锚具及承力架的尺寸等予以确定。

10.8.2　先张法预应力混凝土构件的构造措施

1. 预应力筋的间距

先张法预应力筋的锚固及预应力传递依靠自身与混凝土的黏结性能,因此预应力筋应有适宜的间距,以保证应力传递所必需的混凝土厚度,以及方便浇筑、振捣混凝土和使用夹具。

先张法预应力筋之间的净间距不宜小于其公称直径的 2.5 倍和混凝土粗骨料最大粒径的 1.25 倍,且应符合下列规定:预应力钢丝,不应小于 15 mm;三股钢绞线,不应小于 20 mm;七股钢绞线,不应小于 25 mm。当混凝土振捣密实性具有可靠保证时,预应力筋净间距要求可放宽为最大粗骨料粒径的 1.0 倍。

2. 构件端部的构造措施

先张法构件放张时,预应力筋对周围混凝土产生挤压,端部混凝土有可能沿预应力筋周围产生裂缝。为防止这种裂缝,除要求预应力筋有一定的保护层外,尚应局部加强,其措施如下:

(1) 对单根预应力筋,其端部宜设置由细钢筋缠绕而成的螺旋钢筋。螺旋钢筋对混凝土形成约束,以保证构件端部在放张时不发生裂缝或局部损坏。

(2) 对分散布置的多根预应力筋,在构件端部 $10\,d$(d 为预应力筋直径)且不小于 100 mm 长度范围内,宜设置 $3 \sim 5$ 片与预应力筋垂直的钢筋网;对采用预应力钢丝配筋的薄板,在板端 100 mm 长度范围内宜适当加密横向钢筋;对槽形板类构件,应在构件端部 100 mm 长度范围内沿构件板面设置附加横向钢筋,其数量不应少于 2 根。这些措施都用于承受预应力筋放张时产生的横向拉应力,防止构件端部开裂或局部受压损坏。

(3) 预制肋形板,宜设置加强其整体性和横向刚度的横肋。端横肋的受力钢筋应弯入纵肋内。当采用先张长线法生产有端横肋的预应力混凝土肋形板时,应在设计和制作上采取防止放张预应力时端横肋产生裂缝的有效措施。

(4) 预应力筋在构件端部全部弯起的受弯构件或直线配筋的先张法构件,当构件端部与下部支承结构焊接时,应考虑混凝土收缩、徐变及温度变化所产生的不利影响,宜在构件端部可能产生裂缝的部位设置纵向构造钢筋。

10.8.3　后张法预应力混凝土构件的构造措施

1. 预留孔道尺寸

为保证钢丝束或钢绞线束的顺利张拉,后张法预应力混凝土构件预留孔道应按下列规定选用合适的直径与间距。

(1) 预制构件中预留孔道之间的水平净间距不宜小于 50 mm,且不宜小于粗骨料粒径的 1.25 倍;孔道至构件边缘的净间距不宜小于 30 mm,且不宜小于孔道直径的 50%。

(2) 现浇混凝土梁中预留孔道在竖直方向的净间距不应小于孔道外径,水平方向的净间距不宜小于 1.5 倍孔道外径,且不应小于粗骨料粒径的 1.25 倍。从孔道外壁至构件边缘的净间距,梁底不宜小于 50 mm,梁侧不宜小于 40 mm;裂缝控制等级为三级的梁,梁底、梁侧分别不宜小于 60 mm 和 50 mm。

(3) 预留孔道的内径宜比预应力束外径及需穿过孔道的连接器外径大 6～15 mm,且孔道的截面面积宜为穿入预应力束截面面积的 3～4 倍。

(4) 当有可靠经验并能保证混凝土浇筑质量时,预留孔道可水平并列贴紧布置,但并排的数量不应超过 2 束。

(5) 在现浇楼板中采用扁形锚固体系时,穿过每个预留孔道的预应力筋数量宜为 3～5 根;在常用荷载情况下,孔道在水平方向的净间距不应超过 8 倍板厚及 1.5 m 中的较大值。

2. 构件端部锚固区的构造要求

为了防止预应力筋在构件端部过分集中而造成开裂或局部受压损坏,后张法预应力混凝土构件端部锚固区应按下列规定配置间接钢筋,以提高混凝土的承压能力。

(1) 采用普通垫板时,应按 10.5.3 的相应规定进行局部受压承载力计算,并配置间接钢筋,其体积配筋率不应小于 0.5%,垫板的刚性扩散角应取 45°。

(2) 在局部受压间接钢筋配置区以外,在构件端部长度 l 和高度为 $2e$ 的附加配筋区范围内,应均匀配置附加防劈裂箍筋或网片(图 10-34),配筋面积 A_{sb} 可按式 (10-141)计算,且体积配筋率不应小于 0.5%。其中,构件端部长度 l 不小于截面重心线上部或下部预应力筋的合力点至邻近边缘的距离 e 的 3 倍,且不大于构件端部截面高度 h 的 1.2 倍。

$$A_{sb} \geqslant 0.18\left(1-\frac{l_l}{l_b}\right)\frac{P}{f_{yv}} \qquad (10-141)$$

式中　P——作用于构件端部截面重心线上部或下部预应力筋的合力设计值;

l_l、l_b——分别为沿构件高度方向 A_l、A_b 的边长或直径,见图 10-34 和图 10-22;

f_{yv}——附加防劈裂钢筋的抗拉强度设计值,按附表 2-3 中的 f_y 值确定。

(3) 当构件端部预应力筋需集中布置在截面下部或集中布置在上部和下部时,应在构件端部 0.2h 范围内设置附加竖向防端面裂缝构造钢筋(图 10-34),其截面面积

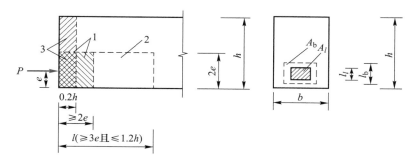

1—局部受压间接钢筋配置区；2—附加防劈裂配筋区；3—附加防端面裂缝配筋区。

图 10-34　防止端部裂缝的配筋范围

A_{sv}应符合下列公式要求：

$$A_{sv} \geqslant \frac{T_s}{f_{yv}} \qquad (10\text{-}142)$$

$$T_s = \left(0.25 - \frac{e}{h}\right) P \qquad (10\text{-}143)$$

式中　T_s——锚固端端面拉力；

　　　e——截面重心线上部或下部预应力筋的合力点至截面近边缘的距离；

　　　h——构件端部截面高度。

其余符号同前。

当$e>0.2h$时，可根据实际情况适当配置构造钢筋。竖向防端面裂缝构造钢筋宜靠近端面配置，可采用焊接钢筋网、封闭式箍筋或其他形式，且宜采用带肋钢筋。

当端部截面上部和下部均有预应力筋时，附加竖向钢筋的总截面面积应按上部和下部的预应力合力分别计算的较大值采用。

在构件端面横向也应按上述方法计算防端面裂缝构造钢筋，并与上述竖向钢筋形成网片配置。当构件在端部有局部凹进时，应增设折线构造钢筋（图 10-35）或其他有效的构造钢筋。

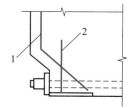

1—折线构造钢筋；
2—竖向构造钢筋。

图 10-35　端部凹进处构造钢筋

（4）后张法预应力混凝土构件中，当采用曲线预应力束时，其曲率半径 γ_p 宜按式（10-144）确定，但不宜小于 4 m。对于折线配筋的构件，在预应力束弯折处的曲率半径可适当减小。当曲率半径 γ_p 不满足上述要求时，可在曲线预应力束弯折处内侧设置钢筋网片或螺旋筋。

$$\gamma_p \geqslant \frac{P}{0.35 f_c' d_p} \qquad (10\text{-}144)$$

式中　d_p——预应力束孔道的外径；

　　　f_c'——张拉时的混凝土轴心抗压强度设计值。

其余符号同前。

（5）在预应力混凝土结构中，当沿构件凹面布置曲线预应力束时（图 10-36），应进行防崩裂设计。当曲率半径 γ_p 满足式（10-145）要求时，可仅配置构造 U 形插筋。

$$\gamma_p \geq \frac{P}{f'_t(0.5d_p+c_p)} \tag{10-145}$$

当不满足上式时，每单肢 U 形插筋的截面面积 A_{sv1} 应按如下公式确定：

$$A_{sv1} \geq \frac{Ps_v}{2r_p f_{yv}} \tag{10-146}$$

式中　f'_t——张拉时的混凝土轴心抗拉强度设计值；

　　　c_p——预应力束孔道净混凝土保护层厚度；

　　　s_v——U 形插筋间距；

　　　f_{yv}——U 形插筋抗拉强度设计值，按附表 2-3 中的 f_y 值确定，大于 360 N/mm²

　　　　　　时取 360 N/mm²。

其余符号同前。

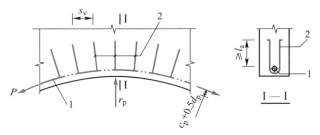

1—预应力束；2—沿曲线预应力束均匀布置的 U 形插筋。

图 10-36　抗崩裂 U 形插筋构造示意

第 10 章
总结

U 形插筋的锚固长度不应小于最小锚固长度 l_a；当锚固长度 l_e 小于 l_a 时，每单肢 U 形插筋的截面面积可按 A_{sv1}/k 取值。其中，k 取 $l_e/(15d)$ 和 $l_e/200$ 中的较小值，且 k 不大于 1.0。当有平行的几个孔道，且中心距不大于 $2d_p$ 时，预应力筋的合力设计值应按相邻全部孔道内的预应力筋确定。

（6）构件端部尺寸应考虑锚具的布置、张拉设备的尺寸和局部受压的要求，必要时应适当加大。

3. 锚具防腐与灌浆要求

（1）后张法预应力混凝土外露金属锚具，应采取可靠的防腐及防火措施，并应符合下列规定：采用混凝土封闭时，其强度等级宜与构件混凝土强度等级一致，且不应低于 C30。封锚混凝土与构件混凝土应可靠黏结，如锚具在封闭前应将周围混凝土界面凿毛并冲洗干净，且宜配置 1~2 片钢筋网，钢筋网应与构件混凝土拉结。

（2）采用无收缩砂浆或混凝土封闭保护时，其锚具及预应力筋端部的保护层厚度不应小于：一类环境时 20 mm，二 a、二 b 类环境时 50 mm，三 a、三 b 类环境时 80 mm。

思考题

10-1 什么是预应力混凝土？为什么要对构件施加预应力？和钢筋混凝土结构相比，预应力混凝土结构的主要优缺点是什么？为什么预应力混凝土构件必须采用高强钢筋及高强度等级混凝土？

10-2 什么是部分预应力混凝土？它的优点是什么？

10-3 什么是无黏结预应力混凝土？它的主要受力特征是什么？

10-4 什么是先张法和后张法预应力混凝土？它们的主要区别是什么？各自的特点及适用范围如何？

10-5 预应力混凝土结构对材料的性能有哪些要求？为什么要有这些要求？

10-6 什么是张拉控制应力 σ_{con}？σ_{con} 取值与哪些因素有关？为什么要规定 σ_{con} 的上、下限值？

10-7 哪些原因会引起预应力损失？采取什么措施可以减少这些损失？先张法、后张法预应力构件分别考虑其中的哪些预应力损失？

10-8 先张法、后张法预应力混凝土构件的第一批预应力损失 $\sigma_{l\,I}$ 及第二批预应力损失 $\sigma_{l\,II}$ 分别是如何组合的？

10-9 对于先张法预应力混凝土轴心受拉构件，在施工阶段，当混凝土受到预压应力作用后，为什么预应力筋的拉应力除因预应力损失而降低之外，还将进一步减小？

10-10 什么是混凝土的有效预压应力？引起先张法和后张法混凝土有效预压应力 $\sigma_{pc\,II}$ 值不同的原因是什么？

10-11 表 10-13 为尚未完成的先张法预应力轴心受拉构件的应力状态分析表，请补充完成（在空格绘出相应的截面应力图形，标出预应力筋、非预应力钢筋的合力及混凝土应力值）。

表 10-13 先张法预应力轴心受拉构件的应力状态分析表

续表

应力状态			应力图形
施工阶段	3	预应力损失全部出现	
使用阶段	4	加载至混凝土应力为零	$N=N_0=N_{p0 II}$
	5	裂缝即将出现	$N=N_{cr}$
		开裂后	$N_{cr}<N<N_u$
	6	破坏时	$N=N_u$

10-12　什么是预应力混凝土构件的换算截面面积 A_0 和净截面面积 A_n？对预应力轴心受拉构件,为什么计算先张法施工阶段混凝土预压应力时用 A_0,而计算后张法施工阶段混凝土预压应力时用 A_n？为什么计算后张法使用阶段外荷载产生的应力时又用 A_0？

10-13　轴心受拉构件施加预应力后,它的承载力、裂缝宽度、开裂轴力有什么变化？

10-14　在受弯构件截面受压区配置预应力筋对正截面受弯承载力有何影响？受拉区和受压区设置非预应力钢筋的作用分别是什么？

10-15　对于预应力混凝土受弯构件和钢筋混凝土受弯构件,相对界限受压区计算高度 ξ_b 的计算有什么不同？为什么会有这种不同？

10-16　预应力混凝土受弯构件正截面受弯承载力基本公式的适用条件是什么？为何要规定这样的适用条件？

10-17　为什么预应力混凝土受弯构件的斜截面受剪承载力比钢筋混凝土受弯构件的高？什么情况下不考虑因预应力而提高的受剪承载力 V_p？

10-18　什么情况下应考虑预应力筋在其预应力传递长度 l_{tr} 范围内实际应力值的变化？这种应力的变化如何取值？

10-19　预应力混凝土构件正截面抗裂验算以哪一应力状态为依据？试通过计算表达式的比较,说明预应力混凝土构件的抗裂能力比钢筋混凝土构件高。

10-20　预应力曲线(弯起)钢筋的作用是什么？

10-21　计算预应力混凝土受弯构件由预应力引起的反拱和因外荷载产生的挠度时,是否采用同样的截面刚度？为什么？

第 10 章
思考题详解

10-22　为什么要对预应力混凝土受弯构件施工阶段的混凝土法向应力进行验算？一般应取何处作为计算截面？为什么此时采用第一批损失出现后的混凝土法向应力 $\sigma_{\mathrm{pc\,I}}(\sigma'_{\mathrm{pc\,I}})$,而不采用全部损失出现后的 $\sigma_{\mathrm{pc\,II}}(\sigma'_{\mathrm{pc\,II}})$？

10-23　为什么要对后张法构件的端部进行局部受压承载力计算？

10-24　为什么要对预应力混凝土构件的端部进行局部加强？局部加强的构造措施有哪些？

10-25　学完本章内容之后,你认为预应力混凝土与钢筋混凝土之间的主要异同点是什么？

计算题

10-1　某 24.0 m 预应力混凝土轴心受拉构件,截面尺寸 $b \times h = 240 \text{ mm} \times 240 \text{ mm}$,混凝土强度等级为 C50。先张法直线一端张拉,台座张拉距离为 25.0 m,采用消除应力钢丝 $12 \phi^{\mathrm{H}} 9$($f_{\mathrm{ptk}} = 1\,570 \text{ N/mm}^2$)和钢丝束镦头锚具(张拉端锚具变形和预应力筋内缩值 $a = 5.0 \text{ mm}$),张拉控制应力 $\sigma_{\mathrm{con}} = 0.75 f_{\mathrm{ptk}} = 0.75 \times 1\,570 \text{ N/mm}^2 = 1\,178 \text{ N/mm}^2$。混凝土加热养护时,受张拉的预应力筋和承受拉力的设备之间的温差为25℃。混凝土达到80%设计强度时,放松预应力筋。试求各项预应力损失及总预应力损失。

10-2　已知一预应力混凝土先张法轴心受拉构件,二级安全等级,截面尺寸为 280 mm×220 mm,混凝土强度等级为 C60。预应力筋采用 $f_{\mathrm{ptk}} = 1\,570 \text{ N/mm}^2$ 的消除应力钢丝 $16 \phi^{\mathrm{H}} 7$,$\sigma_{\mathrm{con}} = 0.75 f_{\mathrm{ptk}} = 0.75 \times 1\,570 \text{ N/mm}^2 = 1\,178 \text{ N/mm}^2$,预应力总损失值为 $\sigma_l = 151 \text{ N/mm}^2$。永久荷载标准值 $N_{\mathrm{Gk}} = 315.0 \text{ kN}$,可变荷载标准值 $N_{\mathrm{Qk}} = 106.0 \text{ kN}$。试求:

(1) 开裂荷载 N_{cr} 是多少？

(2) 使用阶段承载力是否满足要求？

10-3　已知长度为 24.0 m 的预应力混凝土屋架下弦拉杆,横截面尺寸和配筋如图 10-37 所示。混凝土强度等级为 C60,截面尺寸为 $b \times h = 280 \text{ mm} \times 180 \text{ mm}$。每个孔道布置 4 束 $\phi^{\mathrm{S}} 1 \times 7$,$d = 12.7 \text{ mm}$ 的低松弛钢绞线($f_{\mathrm{ptk}} = 1\,860 \text{ N/mm}^2$);非预应力钢筋采用 4 Φ 12。采用后张法一端张

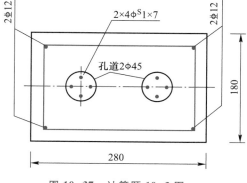

图 10-37　计算题 10-3 图

拉预应力筋,张拉控制应力 $\sigma_{con} = 0.75f_{ptk} = 1\,395\ \text{N/mm}^2$;孔道直径为 45 mm,采用夹片式锚具(有顶压),钢管抽芯成型,混凝土强度达到设计强度的 80% 时施加预应力。试计算:

(1)净截面面积 A_n、换算截面面积 A_0;

(2)预应力的总损失值。

10-4 截面尺寸、配筋及材料强度同计算题 10-3。该构件为二级安全等级,二 a 类环境类别。在使用期,构件永久荷载作用下的轴力标准值 $N_{Gk} = 850.0\ \text{kN}$,可变荷载作用下的轴力标准值 $N_{Qk} = 204.0\ \text{kN}$,可变荷载准永久值系数 $\psi_q = 0.4$。试验算此构件正截面的裂缝控制等级。

10-5 某先张法预应力简支面板为预制空心板,二级安全等级,二 b 类环境类别。该面板长 6.70 m、净跨 6.30 m、设计板宽 2.0 m、板厚 500 mm,圆形开孔直径为 250 mm,圆孔圆心至截面底边 275 mm,上表面铺设 10.0 mm 耐磨层(重度 $\gamma = 24.0\ \text{kN/m}^3$),见图 10-38a。混凝土采用 C40,放张时及施工阶段验算中混凝土实际强度取 $f'_{cu} = 0.75f_{cu}$;受力非预应力钢筋采用 HRB400,预应力筋采用中强度螺旋肋预应力钢丝($f_{ptk} = 1\,270\ \text{N/mm}^2$),张拉控制应力取 $\sigma_{con} = 0.70f_{ptk}$。台座张拉距离为 7.0 m,一端张拉,取夹具变形值 $a = 3$ mm;采用钢模浇筑,钢模与构件一同进入养护池养护。在使用期,该面板承受均布可变荷载 $q_k = 28.0\ \text{kN/m}^2$,准永久值系数 $\psi_q = 0.6$。试验算该面板在使用期的正截面受弯承载力和正截面裂缝控制等级。

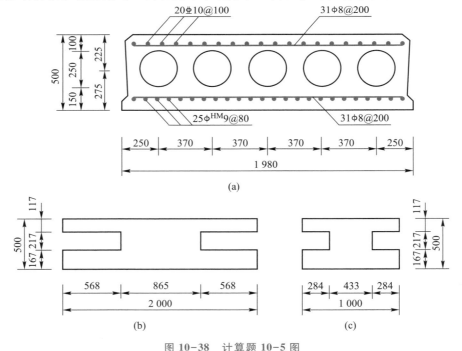

图 10-38 计算题 10-5 图

(a)实际截面;(b)换算截面;(c)单位宽度计算截面

说明：

（1）该预制板设计宽度为 2.0 m，为避免施工引起的尺寸误差导致安装困难，预制板之间应留 20 mm 左右伸缩缝，因而预制板实际宽度为 1 980 mm，但为计算方便仍取 2 000 mm 计算。

（2）空心板可简化成 I 形截面，取 1 m 宽度计算。本题空心板简化成 I 形截面时，按截面形心高度、面积、对形心转动惯量相同的条件将直径 250 mm 的圆孔换算为宽度为 226.73 mm、高度为 216.51 mm 的矩形孔，取整后分别为 227 mm 和 217 mm。换算后 I 形截面肋宽 $b = 2\,000$ mm$-5×227$ mm$= 865$ mm，上翼缘高 $h_f' = 225$ mm$-0.5×217$ mm $= 116.5$ mm，取整为 117 mm，下翼缘高 $h_f = 275$ mm $- 0.5 × 217$ mm $= 166.5$ mm，取整为 167 mm。取单位宽度计算，则 $b_f' = b_f = 2\,000$ mm$÷2 = 1\,000$ mm，$b = 865$ mm$÷2 = 432.5$ mm，取整为 433 mm。

由于计算的舍入误差，使得简化后的空心板在高度方向上 117 mm $+$ 217 mm $+$ 167 mm $= 501$ mm，大于原空心板的高度 500 mm；在宽度方向上 284 mm $+$ 284 mm $+$ 433 mm $= 1\,001$ mm，大于原空心板一半设计宽度 1 000 mm。

第 10 章
计算题详解

附录 1 建筑工程混凝土结构的环境类别划分

建筑工程中混凝土结构暴露的环境类别分为五类,见附表 1-1。

附表 1-1 混凝土结构的环境类别

环境类别	条件
一	室内干燥环境; 无侵蚀性静水浸没环境
二 a	室内潮湿环境; 非严寒和非寒冷地区的露天环境; 非严寒和非寒冷地区与无侵蚀性的水或土壤直接接触的环境; 严寒和寒冷地区的冰冻线以下与无侵蚀性的水或土壤直接接触的环境
二 b	干湿交替环境; 水位频繁变动环境; 严寒和寒冷地区的露天环境; 严寒和寒冷地区冰冻线以上与无侵蚀性的水或土壤直接接触的环境
三 a	严寒和寒冷地区冬季水位变动区环境; 受除冰盐影响环境; 海风环境
三 b	盐渍土环境; 受除冰盐作用环境; 海岸环境
四	海水环境
五	受人为或自然的侵蚀性物质影响的环境

注:1. 室内潮湿环境是指构件表面经常处于结露或湿润状态的环境;
2. 严寒和寒冷地区的划分应符合现行国家标准《民用建筑热工设计规范》(GB 50176)的有关规定;
3. 海岸环境和海风环境宜根据当地情况,考虑主导风向及结构所处迎风、背风部位等因素的影响,由调查研究和工程经验确定;
4. 受除冰盐影响环境是指受到除冰盐盐雾影响的环境;受除冰盐作用环境是指被除冰盐溶液溅射的环境及使用除冰盐地区的洗车房、停车楼等建筑;
5. 暴露的环境是指混凝土结构表面所处的环境。

附录 2 材料强度设计值、
弹性模量及强度标准值

1. 混凝土的强度设计值与弹性模量

构件设计时,混凝土强度设计值和弹性模量应分别按附表 2-1、附表 2-2 采用。

附表 2-1 混凝土强度设计值 N/mm^2

强度种类	混凝土强度等级												
	C20	C25	C30	C35	C40	C45	C50	C55	C60	C65	C70	C75	C80
f_c	9.6	11.9	14.3	16.7	19.1	21.1	23.1	25.3	27.5	29.7	31.8	33.8	35.9
f_t	1.10	1.27	1.43	1.57	1.71	1.80	1.89	1.96	2.04	2.09	2.14	2.18	2.22

附表 2-2 混凝土弹性模量 $10^4 \, N/mm^2$

混凝土强度等级	C20	C25	C30	C35	C40	C45	C50	C55	C60	C65	C70	C75	C80
E_c	2.55	2.80	3.00	3.15	3.25	3.35	3.45	3.55	3.60	3.65	3.70	3.75	3.80

注:1. 当有可靠试验依据时,弹性模量可根据实测数据确定;

2. 当混凝土中掺有大量矿物掺合料时,弹性模量可按规定龄期根据实测数据确定。

2. 钢筋的强度设计值与弹性模量

构件设计时,普通钢筋抗拉强度设计值 f_y 及抗压强度设计值 f_y' 应按附表 2-3 采用,预应力筋抗拉强度设计值 f_{py} 及抗压强度设计值 f_{py}' 应按附表 2-4 采用。钢筋弹性模量按附表 2-5 采用。

附表 2-3 普通钢筋强度设计值 N/mm^2

牌号	抗拉强度设计值 f_y	抗压强度设计值 f_y'
HPB300	270	270
HRB400、HRBF400、RRB400	360	360
HRB500、HRBF500	435	435

注:1. 对轴心受压构件,当采用 HRB500 和 HRBF500 时,钢筋抗压强度 f_y' 应取 400 N/mm^2;

2. 横向钢筋的抗拉强度 f_{yv} 应按表中 f_y 采用,但用作受剪、受扭、受冲切承载力计算时,其数值大于 360 N/mm^2 的应取 360 N/mm^2。

附表 2-4   预应力筋强度设计值   N/mm²

种类	极限强度标准值 f_{ptk}	抗拉强度设计值 f_{py}	抗压强度设计值 f'_{py}
中强度预应力钢丝	800	510	410
	970	650	
	1 270	810	
消除应力钢丝	1 470	1 040	410
	1 570	1 110	
	1 860	1 320	
钢绞线	1 570	1 110	390
	1 720	1 220	
	1 860	1 320	
	1 960	1 390	
预应力螺纹钢筋	980	650	400
	1 080	770	
	1 230	900	

注：当预应力筋的强度标准值不符合表中标准值的规定时，其强度设计值应进行相应的比例换算。

附表 2-5   钢筋弹性模量   10⁵N/mm²

牌号或种类	弹性模量 E_s
HPB300	2.10
HRB400、HRB500、HRBF400、HRBF500、RRB400、预应力螺纹钢筋	2.00
消除应力钢丝、中强度预应力钢丝	2.05
钢绞线	1.95

3. 混凝土和钢筋的强度标准值

混凝土强度标准值按附表 2-6 采用，普通钢筋强度标准值按附表 2-7 采用，预应力筋强度标准值按附表 2-8 采用。

附表 2-6   混凝土强度标准值   N/mm²

强度种类	混凝土强度等级												
	C20	C25	C30	C35	C40	C45	C50	C55	C60	C65	C70	C75	C80
f_{ck}	13.4	16.7	20.1	23.4	26.8	29.6	32.4	35.5	38.5	41.5	44.5	47.4	50.2
f_{tk}	1.54	1.78	2.01	2.20	2.39	2.51	2.64	2.74	2.85	2.93	2.99	3.05	3.11

附表 2-7　普通钢筋强度标准值　　　　　　　　　　N/mm²

牌号	符号	公称直径 d/mm	屈服强度标准值 f_{yk}	极限强度标准值 f_{stk}
HPB300	Φ	6~14	300	420
HRB400 HRBF400 RRB400	Φ Φ^F Φ^R	6~50	400	540
HRB500 HRBF500	Φ Φ^F	6~50	500	630

附表 2-8　预应力筋强度标准值　　　　　　　　　　N/mm²

种类		符号	公称直径 d/mm	屈服强度标准值 f_{pyk}	极限强度标准值 f_{ptk}
中强度预应力钢丝	螺旋肋	Φ^{HM}	5、7、9	620	800
				780	970
				980	1 270
预应力螺纹钢筋	螺纹	Φ^T	18、25、32、40、50	785	980
				930	1 080
				1 080	1 230
消除应力钢丝	光面	Φ^P	5	—	1 570
				—	1 860
			7	—	1 570
	螺旋肋	Φ^H	9	—	1 470
				—	1 570
钢绞线	1×3 （三股）	Φ^S	8.6、10.8、12.9	—	1 570
				—	1 860
				—	1 960
	1×7 （七股）		9.5、12.7、15.2、17.8	—	1 720
				—	1 860
				—	1 960
			21.6	—	1 860

注：极限强度标准值为 1 960 N/mm² 的钢绞线作后张预应力配筋时，应有可靠的工程经验。

附录3 钢筋的计算截面面积

附表 3-1　钢筋的公称直径、公称截面面积和理论质量

公称直径 /mm	不同根数钢筋的公称截面面积/mm²									单根钢筋理论质量 /(kg · m⁻¹)
	1	2	3	4	5	6	7	8	9	
6	28.3	57	85	113	142	170	198	226	255	0.222
8	50.3	101	151	201	252	302	352	402	453	0.395
10	78.5	157	236	314	393	471	550	628	707	0.617
12	113.1	226	339	452	565	678	791	904	1 017	0.888
14	153.9	308	461	615	769	923	1 077	1 231	1 385	1.210
16	201.1	402	603	804	1 005	1 206	1 407	1 608	1 809	1.580
18	254.5	509	763	1 017	1 272	1 527	1 781	2 036	2 290	2.000
20	314.2	628	942	1 256	1 570	1 884	2 199	2 513	2 827	2.470
22	380.1	760	1 140	1 520	1 900	2 281	2 661	3 041	3 421	2.980
25	490.9	982	1 473	1 964	2 454	2 945	3 436	3 927	4 418	3.850
28	615.8	1 232	1 847	2 463	3 079	3 695	4 310	4 926	5 542	4.830
32	804.2	1 609	2 413	3 217	4 021	4 826	5 630	6 434	7 238	6.310
36	1 017.9	2 036	3 054	4 072	5 089	6 107	7 125	8 143	9 161	7.990
40	1 256.6	2 513	3 770	5 027	6 283	7 540	8 796	10 053	11 310	9.870
50	1 964.0	3 928	5 892	7 856	9 820	11 784	13 748	15 712	17 676	15.420

附表 3-2　各种钢筋间距时每米板宽中的钢筋截面面积　　　　mm²

钢筋间距 /mm	钢筋直径(单位为 mm)为下列数值时的钢筋截面面积															
	6	6/8	8	8/10	10	10/12	12	12/14	14	14/16	16	16/18	18	20	22	25
70	404	561	718	920	1 122	1 369	1 616	1 907	2 199	2 536	2 872	3 254	3 635	4 488	5 430	7 012
75	377	524	670	859	1 047	1 278	1 508	1 780	2 053	2 367	2 681	3 037	3 393	4 189	5 068	6 545
80	353	491	628	805	982	1 198	1 414	1 669	1 924	2 218	2 513	2 847	3 181	3 927	4 752	6 136
85	333	462	591	758	924	1 127	1 331	1 571	1 811	2 088	2 365	2 680	2 994	3 696	4 472	5 775
90	314	436	559	716	873	1 065	1 257	1 484	1 710	1 972	2 234	2 531	2 827	3491	4 224	5 454
95	298	413	529	678	827	1 009	1 190	1 405	1 620	1 868	2 116	2 398	2 679	3 307	4 001	5 167

续表

钢筋间距/mm	钢筋直径(单位为 mm)为下列数值时的钢筋截面面积														
	6	6/8	8	8/10	10	10/12	12	12/14	14	14/16	16	16/18	18	20	22	25
100	283	393	503	644	785	958	1 131	1 335	1 539	1 775	2 011	2 278	2 545	3 142	3 801	4 909
110	257	357	457	585	714	871	1 028	1 214	1 399	1 614	1 828	2 071	2 313	2 856	3 456	4 462
120	236	327	419	537	654	798	942	1 113	1 283	1 480	1 676	1 899	2 121	2 618	3 168	4 091
125	226	314	402	515	628	767	905	1 068	1 232	1 420	1 608	1 822	2 036	2 513	3 041	3 927
130	217	302	387	495	604	737	870	1 027	1 184	1 366	1 547	1 752	1 957	2 417	2 924	3 776
140	202	280	359	460	561	684	808	954	1 100	1 268	1 436	1 627	1 818	2 244	2 715	3 506
150	188	262	335	429	524	639	754	890	1 026	1 183	1 340	1 518	1 696	2 094	2 534	3 272
160	177	245	314	403	491	599	707	834	962	1 110	1 257	1 424	1 590	1 963	2 376	3 068
170	166	231	296	379	462	564	665	785	906	1 044	1 183	1 340	1 497	1 848	2 236	2 887
180	157	218	279	358	436	532	628	742	855	985	1 117	1 266	1 414	1 745	2 112	2 727
190	149	207	265	339	413	504	595	703	810	934	1 058	1 199	1 339	1 653	2 001	2 584
200	141	196	251	322	393	479	565	668	770	888	1 005	1 139	1 272	1 571	1 901	2 454
220	129	178	228	293	357	436	514	607	700	807	914	1 036	1 157	1 428	1 728	2 231
240	118	164	209	268	327	399	471	556	641	740	838	949	1 060	1 309	1 584	2 045
250	113	157	201	258	314	383	452	534	616	710	804	911	1 018	1 257	1 521	1 963
260	109	151	193	248	302	369	435	514	592	682	773	858	979	1 208	1 462	1 888
280	101	140	180	230	280	342	404	477	550	634	718	814	909	1 122	1 358	1 753
300	94	131	168	215	262	319	377	445	513	592	670	759	848	1 047	1 267	1 636
320	88	123	157	201	245	299	353	417	481	554	630	713	795	982	1 188	1 534
330	86	119	152	195	238	290	343	405	466	538	609	690	771	952	1 152	1 487

注:表中钢筋直径有写成分式者如 6/8,系指直径 6 mm、8mm 钢筋间隔配置。

附表 3-3　钢绞线公称直径、公称截面面积和理论质量

种类	公称直径/mm	公称截面面积/mm²	理论质量/(kg·m⁻¹)
1×3	8.6	37.7	0.296
	10.8	58.9	0.462
	12.9	84.8	0.666
1×7 标准型	9.5	54.8	0.430
	12.7	98.7	0.775
	15.2	140	1.101
	17.8	191	1.500
	21.6	285	2.237

附表 3-4   钢丝公称直径、公称截面面积和理论质量

公称直径/mm	公称截面面积/mm²	理论质量/(kg·m⁻¹)
5.0	19.63	0.154
7.0	38.48	0.302
9.0	63.62	0.499

附录 4　一般构造规定

1. 混凝土保护层最小厚度

构件中普通钢筋及预应力筋的混凝土保护层厚度(钢筋外边缘到最近混凝土表面的距离)应满足下列要求:

(1) 构件中受力钢筋的保护层厚度不应小于钢筋直径;

(2) 设计工作年限为 50 年的混凝土结构,最外层钢筋的保护层厚度不应小于附表 4-1 所列数值;设计工作年限为 100 年的混凝土结构,最外层钢筋的保护层厚度不应小于附表 4-1 所列数值的 1.4 倍。附表 4-1 中构件所在环境类别划分见附录 1。

附表 4-1　混凝土保护层的最小厚度　　　　　　　　　　mm

环境类别	板、墙、壳	梁、柱、杆
一	15	20
二 a	20	25
二 b	25	35
三 a	30	40
三 b	40	50

注:1. 混凝土强度等级不大于 C25 时,表中保护层厚度数值应增加 5 mm;

　　2. 钢筋混凝土基础宜设置混凝土垫层,基础中钢筋的混凝土保护层厚度应从垫层顶面算起,且不应小于 40 mm。

2. 钢筋锚固

(1) 受拉钢筋的锚固

受拉钢筋锚固长度要满足下列要求。

① 计算中充分利用钢筋的抗拉强度时,受拉钢筋的锚固长度应大于最小锚固长度 l_a。l_a 应根据锚固条件按式(附 4-1)计算,且不应小于 200 mm。

$$l_a = \zeta_a l_{ab} \tag{附 4-1}$$

式中　l_{ab}——受拉钢筋基本锚固长度;

　　　ζ_a——锚固长度修正系数。

受拉钢筋基本锚固长度按式(附 4-2)和式(附 4-3)计算:

普通钢筋　　　　　　　　　$l_{ab} = \alpha \dfrac{f_y}{f_t} d \tag{附 4-2}$

预应力筋　　　　　　　　　$l_{ab} = \alpha \dfrac{f_{py}}{f_t} d \tag{附 4-3}$

式中 α——锚固钢筋外形系数,按附表 4-2 取用。

f_y、f_{py}——普通钢筋和预应力筋抗拉强度设计值,按附表 2-3 和附表 2-4 取用。

f_t——混凝土轴心抗拉强度设计值,按附表 2-1 取用。当混凝土强度等级大于 C60 时,按 C60 取值。

d——钢筋直径。

附表 4-2 锚固钢筋外形系数 α

钢筋类型	光圆钢筋	带肋钢筋	螺旋肋钢丝	三股钢绞线	七股钢绞线
α	0.16	0.14	0.13	0.16	0.17

注:光圆钢筋末端应做 180° 弯钩,弯后平直段长度不应小于 3d,但用作受压钢筋时可不做弯钩。

锚固长度修正系数 ζ_a 按下列规定取用,当多于一项时可按连乘计算,但不应小于 0.6;对预应力筋可取 1.0。

(a) 直径大于 25 mm 的带肋钢筋,ζ_a 取 1.10;

(b) 环氧树脂涂层带肋钢筋,ζ_a 取 1.25;

(c) 施工过程中易受扰动的钢筋,ζ_a 取 1.10;

(d) 当纵向受力钢筋的实际配筋面积大于设计计算面积时,ζ_a 可取设计计算面积与实际配筋面积的比值,有抗震设防要求和直接承受动力荷载的结构构件不应考虑此项修正;

(e) 钢筋在锚固区的混凝土保护层厚度等于 3d 时,ζ_a 可取 0.8;保护层厚度不小于 5d 时,ζ_a 可取 0.7;中间按线性内插取值,此处 d 为锚固钢筋的直径。

② 当纵向受拉钢筋末端采用弯钩或机械锚固措施时,包括弯钩或锚固端头在内的锚固长度(投影长度)可取基本锚固长度的 60%,即 $l_a = 0.6 l_{ab}$。弯钩和机械锚固的形式及构造要求宜按附图 4-1 采用,技术要求应满足附表 4-3 的要求。

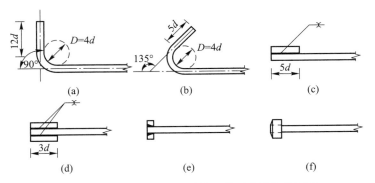

附图 4-1 钢筋弯钩和机械锚固的形式及构造要求

(a) 90° 弯钩 (b) 135° 弯钩 (c) 一侧贴焊锚筋

(d) 两侧贴焊锚筋 (e) 穿孔塞焊锚板 (f) 螺栓锚头

附表 4-3　钢筋弯钩和机械锚固的形式及技术要求

锚固形式	技术要求
90°弯钩	末端 90°弯钩,弯钩内径 4d,弯后直段长度 12d
135°弯钩	末端 135°弯钩,弯钩内径 4d,弯后直段长度 5d
一侧贴焊锚筋	末端一侧贴焊长 5d 同直径钢筋
两侧贴焊锚筋	末端两侧贴焊长 3d 同直径钢筋
焊端锚板	末端与厚度 d 的锚板穿孔塞焊
螺栓锚头	末端旋入螺栓锚头

注:1. 焊缝和螺纹长度应满足承载力要求;

2. 螺栓锚头和焊接锚板的承压净面积不应小于锚固钢筋截面面积的 4 倍;

3. 螺栓锚头的规格应符合相关标准的要求;

4. 螺栓锚头和焊接锚板的钢筋净间距不宜小于 4d,否则应考虑群锚效应的不利影响;

5. 截面角部的弯钩和一侧贴焊锚筋的布筋方向宜向截面内侧偏置。

③ 当受拉钢筋的保护层厚度不大于 5d 时,其锚固长度范围内应配置横向钢筋,其直径不小于 d/4;对梁、柱、斜撑等构件间距不应大于 5d,对板、墙等平面构件间距不大于 10d,且不大于 100 mm,此处 d 为锚固钢筋的直径。

(2) 受压钢筋的锚固

受压钢筋锚固长度要满足下列要求:

① 混凝土结构的受压钢筋,当计算中充分利用其抗压强度时,锚固不应小于相应受拉钢筋锚固长度的 70%。

② 受压钢筋不应采用末端弯钩或一侧贴焊锚筋的锚固措施。

③ 受压钢筋锚固长度范围内的横向构造钢筋要求和受拉钢筋相同。

3. 钢筋的连接

钢筋的连接可采用绑扎搭接、机械连接或焊接。机械连接或焊接除满足下列要求外,其接头的类型和质量还应符合国家现行有关标准的规定。

(1) 连接接头设置的位置

受力钢筋的连接接头宜设置在受力较小处。在同一根受力钢筋上宜少设接头。在结构的重要构件和关键传力部位,纵向受力钢筋不宜设置连接接头。

(2) 绑扎搭接

钢筋采用绑扎搭接时,应满足:

① 轴心受拉及小偏心受拉构件的纵向受力钢筋不得采用绑扎搭接;其他构件采用绑扎搭接时,受拉钢筋直径不宜大于 25 mm,受压钢筋直径不宜大于 28 mm。

② 同一构件相邻纵向受力钢筋的绑扎搭接接头宜相互错开。钢筋绑扎搭接接头连接区段的长度为 $1.3l_l$(l_l 为搭接长度),凡搭接接头中点位于连接区段长度内的搭接接头均属于同一连接区段(附图 4-2)。同一连接区段内纵向受力钢筋的搭接接头面积百分率 ζ 为该区段有搭接接头的纵向受力钢筋与全部纵向受力钢筋截面面积的

比值。当直径不同的钢筋搭接时,按直径较小的面积计算。纵向受拉钢筋的 ζ 要满足附表 4-4 的要求。

在附图 4-2 中,同一连接区段内的搭接钢筋为两根,当钢筋直径相同时,$\zeta=50\%$。

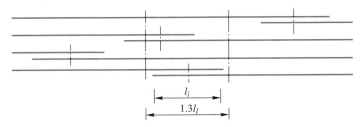

附图 4-2 同一连接区段内纵向受拉钢筋的绑扎搭接接头

附表 4-4 同一连接区段内纵向受拉钢筋的绑扎搭接接头面积百分率 ζ

构件类型	ζ	
	一般情况时	ζ 确有必要加大时
梁	≤25%	≤50%
板、墙	≤25%	根据实际情况放宽
柱	≤50%	

③ 纵向受拉钢筋的绑扎搭接接头的搭接长度,应根据同一连接区段内钢筋的搭接接头面积百分率 ζ 按下式计算,且不应小于 300 mm:

$$l_l = \zeta_l l_a \qquad (附 4-4)$$

式中 ζ_l——纵向受拉钢筋绑扎搭接长度的修正系数,按附表 4-5 取用。当 ζ 为表中间值时,ζ_l 可按线性内插取值。

附表 4-5 纵向受拉钢筋绑扎搭接长度修正系数 ζ_l

纵向钢筋绑扎搭接接头面积百分率 $\zeta/\%$	≤25	50	100
ζ_l	1.2	1.4	1.6

④ 纵向受压钢筋采用搭接连接时,其受压搭接长度不应小于式(附 4-4)计算值的 70%,且不小于 200 mm。

⑤ 钢筋采用搭接连接时,其搭接长度范围横向钢筋的构造钢筋要求与锚固钢筋相同。此外,当受压钢筋直径大于 25 mm 时,搭接接头两个端面外 100 mm 范围内各设置 2 道箍筋。

(3)机械连接

钢筋采用机械连接时,应满足:

① 纵向受力钢筋的机械连接接头宜相互错开。钢筋机械连接区段的长度为 $35d$,d 为连接钢筋的较小直径。凡接头中点位于连接区段长度内的机械连接接头均属于同一连接区段。

位于同一连接区段内纵向受拉钢筋的接头面积百分率 ζ 不宜大于 50%,但对板、墙、柱及预制构件拼接处可根据情况放宽。纵向受压钢筋可不受限制。

② 机械连接套筒的保护层厚度宜满足有关钢筋最小保护层厚度的规定,横向净间距不宜小于 25 mm,套筒处箍筋间距仍应满足相应的构造要求。

③ 直接承受动力荷载时,纵向受力钢筋的 ζ 不应大于 50%。

(4) 焊接连接

钢筋采用焊接连接时,应满足:

① 细晶粒热轧带肋钢筋及直径大于 28 mm 的带肋钢筋,其焊接应经试验确定;余热处理钢筋不宜焊接。

② 纵向受力钢筋的焊接接头应相互错开。钢筋焊接接头连接区段的长度为 $35d$ 且不小于 500 mm,d 为连接钢筋的较小直径。凡接头中点位于连接区段长度内的焊接接头均属于同一连接区段。

纵向受拉钢筋的接头面积百分率 ζ 不宜大于 50%,但对预制构件拼接处可根据情况放宽。纵向受压钢筋可不受限制。

(5) 需要进行疲劳验算的构件,其纵向受拉钢筋不得采用绑扎搭接接头,也不宜采用焊接接头,除端部锚固外不得在钢筋上焊有附件。

4. 钢筋混凝土构件的纵向受力钢筋最小配筋率 $\rho_{\min}$

(1) 一般情况

钢筋混凝土构件纵向受力钢筋的配筋率不应小于附表 4-6 规定的数值。

附表 4-6　纵向受力钢筋的最小配筋率 $\rho_{\min}$　　　%

受力类型			最小配筋百分率
受压构件	全部纵向钢筋	强度等级 500 MPa	0.50
		强度等级 400 MPa	0.55
		强度等级 300 MPa	0.60
	一侧纵向钢筋		0.20
受弯构件、偏心受拉构件、轴心受拉构件一侧的受拉钢筋			0.20 和 $45f_t/f_y$ 中的较大值

注:1. 受压构件全部纵向钢筋最小配筋百分率,当采用 C60 以上强度等级的混凝土时,应按表中规定增加 0.10;

2. 板类受弯构件(不包括悬臂板)的受拉钢筋,当采用强度等级 400 MPa、500 MPa 的钢筋时,其最小配筋百分率应允许采用 0.15 和 $45f_t/f_y$ 中的较大值;

3. 偏心受拉构件中的受压钢筋,应按受压构件一侧纵向钢筋考虑;

4. 受压构件的全部纵向钢筋和一侧纵向钢筋的配筋率及轴心受拉构件和小偏心受拉构件一侧受拉钢筋的配筋率均应按构件的全截面面积计算;

5. 受弯构件、大偏心受拉构件一侧受拉钢筋的配筋率应按全截面面积扣除受压翼缘面积 $(b_f'-b)/h_f'$ 后的截面面积计算;

6. 当钢筋沿构件截面周边布置时,"一侧纵向钢筋"系指沿受力方向两个对边中一边布置的纵向钢筋;

7. 卧置于地基上的混凝土板,板中受拉钢筋的最小配筋率可适当降低,但不应小于 0.15%。

（2）构造所需截面高度远大于承载需求时

对结构中次要的钢筋混凝土受弯构件,当构造所需截面高度远大于承载需求时,其纵向受拉钢筋的配筋率可按下列公式计算:

$$\rho_{s} = \frac{h_{cr}}{h}\rho_{min} \qquad\qquad (附 4-5)$$

$$h_{cr} = 1.05\sqrt{\frac{M}{\rho_{min}f_{y}b}} \qquad\qquad (附 4-6)$$

式中 ρ_{s}——构件按全截面计算的纵向受拉钢筋的配筋率;

ρ_{min}——纵向受力钢筋的最小配筋率,按附表 4-6 取用;

h_{cr}——构件截面的临界高度,当小于 $0.5h$ 取 $0.5h$;

h、b——构件截面的高度与宽度;

M——构件的正截面受弯承载力设计值。

附录5　构件裂缝控制验算、挠度验算中的有关限值及系数值

1. 构件裂缝控制等级与最大裂缝宽度限值

结构构件应根据结构类型和环境类别,按附表5-1的规定选用不同裂缝控制等级和最大裂缝宽度限值 $w_{\lim}$。

附表5-1　结构构件的裂缝控制等级和最大裂缝宽度限值 $w_{\lim}$　　　　mm

环境类别	钢筋混凝土结构		预应力混凝土结构	
	裂缝控制等级	$w_{\lim}$	裂缝控制等级	$w_{\lim}$
一	三级	0.30(0.40)	三级	0.20
二 a				0.10
二 b		0.20	二级	—
三 a、三 b			一级	—

注:1. 对处于年平均相对湿度小于60%地区一类环境下的受弯构件,其最大裂缝宽度限值可采用括号内的数值;

2. 在一类环境下,对钢筋混凝土屋架、托架及需作疲劳验算的吊车梁,其最大裂缝宽度限值应取为 0.20 mm;对钢筋混凝土屋面梁和托梁,其最大裂缝宽度限值应取为 0.30 mm;

3. 在一类环境下,对预应力混凝土屋架、托架及双向板体系,应按二级裂缝控制等级进行验算;对一类环境下的预应力混凝土屋面梁、托梁、单向板,应按表中二 a 类环境的要求进行验算;在一类和二 a 类环境下需作疲劳验算的预应力混凝土吊车梁,应按裂缝控制等级不低于二级的构件进行验算;

4. 表中规定的预应力混凝土构件的裂缝控制等级和最大裂缝宽度限值仅适用于正截面的验算;预应力混凝土构件的斜截面裂缝控制验算应符合 GB50010—2010 规范第 7 章的有关规定;

5. 对于烟囱、筒仓和处于液体压力下的结构,其裂缝控制要求应符合专门标准的有关规定;

6. 对于处于四、五类环境下的结构构件,其裂缝控制要求应符合专门标准的有关规定;

7. 表中的最大裂缝宽度限值为用于验算荷载作用引起的最大裂缝宽度。

2. 构件挠度限值

需要进行挠度验算的受弯构件,其最大挠度计算值不应超过附表5-2规定的挠度限值。

附表5-2　受弯构件的最大挠度限值 $[f]$

构件类型		挠度限值
吊车梁	手动吊车	$l_0/500$
	电动吊车	$l_0/600$

续表

构件类型		挠度限值
屋盖、楼盖 及楼梯构件	当 $l_0 < 7$ m 时	$l_0/200(l_0/250)$
	当 7 m $\leqslant l_0 \leqslant 9$ m 时	$l_0/250(l_0/300)$
	当 $l_0 > 9$ m 时	$l_0/300(l_0/400)$

注:1. 表中 l_0 为构件的计算跨度;计算悬臂构件的挠度限值时,其计算跨度 l_0 按实际悬臂长度的 2 倍取用。

2. 表中括号内的数值适用于使用上对挠度有较高要求的构件。

3. 如果构件制作时预先起拱,且使用上也允许,则在验算挠度时,可将计算所得的挠度值减去起拱值;对预应力混凝土构件,尚可减去预加力所产生的反拱值。

4. 构件制作时的起拱值和预加力所产生的反拱值,不宜超过构件在相应荷载组合作用下的计算挠度值。

3. 截面抵抗矩塑性影响系数基本值

矩形、T 形、I 形等截面的截面抵抗矩塑性影响系数基本值 γ_m 如附表 5-3 所示。

附表 5-3　截面抵抗矩塑性影响系数基本值 γ_m

项次	截面特征		γ_m	截面图形
1	矩形截面		1.55	
2	翼缘位于受压区的 T 形截面		1.50	
3	对称 I 形或 箱形截面	$b_f/b \leqslant 2, h_f/h$ 为任意值	1.45	
		$b_f/b > 2, h_f/h < 0.2$	1.35	
4	翼缘位于受 拉区的倒 T 形截面	$b_f/b \leqslant 2, h_f/h$ 为任意值	1.50	
		$b_f/b > 2, h_f/h < 0.2$	1.40	
5	圆形和环形截面		$1.6 - 0.24 d_1/d$	

注:1. 对 $b'_f > b_f$ 的 I 形截面,可按项次 2 与项次 3 之间的数值采用;对 $b'_f < b_f$ 的 I 形截面,可按项次 3 与项次 4 之间的数值采用;

2. 对于箱形截面,b 指各肋宽度的总和。

附录6 均布荷载作用下等跨连续梁（板）跨中弯矩、支座弯矩及支座剪力的计算系数表

计算公式

$$M = \alpha g l_0^2 + \alpha_1 q l_0^2$$

$$V = \beta g l_n + \beta_1 q l_n$$

支座反力为左右两截面的剪力绝对值之和。

附表 6-1 双 跨 梁

编号	荷载简图	α 或 α₁			β 或 β₁			
		跨中弯矩		支座弯矩	剪力			
		M_1	M_2	M_B	V_A	V_B^l	V_B^r	V_C
1		0.070	0.070	**−0.125**	0.375	**−0.625**	**0.625**	−0.375
2		**0.096**	−0.025	−0.063	**0.437**	−0.563	0.063	0.063

附表 6-2 三 跨 梁

编号	荷载简图	α 或 α₁				β 或 β₁					
		跨中弯矩		支座弯矩		剪力					
		M_1	M_2	M_B	M_C	V_A	V_B^l	V_B^r	V_C^l	V_C^r	V_D
1		0.080	0.025	−0.100	−0.100	0.400	−0.600	0.500	−0.500	0.600	−0.400
2		**0.101**	−0.050	−0.050	−0.050	**0.450**	−0.550	0.000	0.000	0.550	**−0.450**
3		−0.025	**0.075**	−0.050	−0.050	−0.050	−0.050	0.500	−0.500	0.050	0.050
4		0.073	0.054	**−0.117**	−0.033	0.383	**−0.617**	**0.583**	−0.417	0.033	0.033
5		0.094	—	−0.067	0.017	0.433	−0.567	0.083	0.083	−0.017	−0.017

附表 6-3　四　跨　梁

编号	荷载简图	α 或 α_1							β 或 β_1							
		跨中弯矩				支座弯矩			剪力							
		M_1	M_2	M_3	M_4	M_B	M_C	M_D	V_A	V_B^l	V_B^r	V_C^l	V_C^r	V_D^l	V_D^r	V_E
1	g或q $M_1\ M_2\ M_3\ M_4$ $A\ B\ C\ D\ E$	0.077	0.036	0.036	0.077	-0.107	-0.071	-0.107	0.393	-0.607	0.536	-0.464	0.464	-0.536	0.607	-0.393
2	$l_0\ l_0\ l_0\ l_0$ q $A\ B\ C\ D\ E$	**0.100**	-0.045	**0.081**	-0.023	-0.054	-0.036	-0.054	**0.446**	-0.554	0.018	0.018	0.482	-0.518	0.054	0.054
3	q	0.072	0.061	—	0.098	**-0.121**	-0.018	-0.058	0.380	**-0.620**	**0.603**	-0.397	-0.040	-0.040	0.558	-0.442
4	q	—	0.056	0.056	—	-0.036	**-0.107**	-0.036	-0.036	-0.036	0.429	**-0.571**	**0.571**	-0.429	0.036	0.036
5	q	0.094	—	—	—	-0.067	0.018	-0.004	0.433	-0.567	0.085	0.085	-0.022	-0.022	0.004	0.004
6	q	—	0.074	—	—	-0.049	-0.054	0.013	-0.049	-0.049	0.496	-0.504	0.067	0.067	-0.013	-0.013

附表 6-4　五　跨　梁

编号	荷载简图	α 或 α₁ 跨中弯矩			α 或 α₁ 支座弯矩				β 或 β₁ 剪力									
		M_1	M_2	M_3	M_B	M_C	M_D	M_E	V_A	V_B^l	V_B^r	V_C^l	V_C^r	V_D^l	V_D^r	V_E^l	V_E^r	V_F
1		0.078 1	0.033 1	0.046 2	−0.105	−0.079	−0.079	−0.105	0.394	−0.606	0.526	−0.474	0.500	−0.500	0.474	−0.526	0.606	−0.394
2		**0.100**	−0.046 1	**0.085 5**	−0.053	−0.040	−0.040	−0.053	**0.447**	−0.553	0.013	0.013	0.500	−0.500	−0.013	−0.013	0.553	**−0.447**
3		−0.026 3	**0.078 7**	−0.039 5	−0.053	−0.040	−0.040	−0.053	−0.053	−0.053	0.051 3	−0.487	0.000	0.000	0.487	−0.513	0.053	0.053
4		0.073	$\dfrac{0.059①}{0.078}$	—	**−0.119**	−0.022	−0.044	−0.051	0.380	**−0.620**	**0.598**	−0.402	−0.023	−0.023	0.493	−0.507	0.052	0.052
5		$\dfrac{②}{0.098}$	0.055	0.064	−0.035	**−0.111**	−0.020	−0.057	−0.035	−0.035	0.424	**−0.576**	**0.591**	−0.409	−0.037	−0.037	0.557	−0.443
6		0.094	—	—	−0.067	0.018	−0.005	0.001	0.433	−0.567	0.085	0.085	−0.023	−0.023	0.006	0.006	−0.001	−0.001
7		—	0.074	—	−0.049	−0.054	0.014	−0.004	−0.049	−0.049	0.495	−0.505	0.068	0.068	−0.018	−0.018	0.004	0.004
8		—	—	0.072	0.013	−0.053	−0.053	0.013	0.013	0.013	−0.066	−0.066	0.500	−0.500	0.066	0.066	−0.013	−0.013

注：① 分子及分母分别为 M_2 及 M_4 的 α_1 值；

② 分子及分母分别为 M_1 及 M_5 的 α_1 值。

附录 7　端弯矩作用下等跨连续梁（板）各截面的弯矩和剪力计算系数表

计算公式

$$M = \alpha' M_A$$

$$V = \beta' M_A / l_0$$

式中　M_A——端弯矩；

　　　l_0——梁的计算跨度。

附表 7-1　弯矩及剪力计算系数表

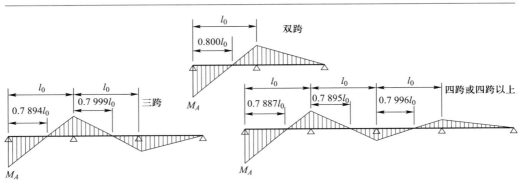

$\dfrac{r}{l_0}$	双跨		三跨		四跨或四跨以上	
	α'	β'	α'	β'	α'	β'
0.0	+1.000 0	-1.250 0	+1.000 0	-1.266 7	+1.000 0	-1.267 8
0.1	+0.875 0	-1.250 0	+0.873 3	-1.266 7	+0.873 2	-1.267 8
0.2	+0.750 0	-1.250 0	+0.746 6	-1.266 7	+0.746 4	-1.267 8
0.3	+0.625 0	-1.250 0	+0.619 9	-1.266 7	+0.619 6	-1.267 8
0.4	+0.500 0	-1.250 0	+0.493 2	-1.266 7	+0.492 8	-1.267 8
0.5	+0.375 0	-1.250 0	+0.366 6	-1.266 7	+0.366 0	-1.267 8
0.6	+0.250 0	-1.250 0	+0.239 9	-1.266 7	+0.239 2	-1.267 8
0.7	+0.125 0	-1.250 0	+0.113 3	-1.266 7	+0.112 5	-1.267 8
0.8	+0.000 0	-1.250 0	-0.013 4	-1.266 7	-0.014 3	-1.267 8
0.85	-0.062 5	-1.250 0	-0.076 7	-1.266 7	-0.077 7	-1.267 8
0.90	-0.125 0	-1.250 0	-0.140 0	-1.266 7	-0.141 0	-1.267 8

$\dfrac{r}{l_0}$	双跨		三跨		四跨或四跨以上	
	α'	β'	α'	β'	α'	β'
0.95	−0.187 5	−1.250 0	−0.203 3	−1.266 7	−0.204 4	−1.267 8
1.0	−0.250 0	$\begin{cases} -1.250\ 0 \\ +0.250\ 0 \end{cases}$	−0.266 7	$\begin{cases} -1.266\ 7 \\ -0.333\ 4 \end{cases}$	−0.267 8	$\begin{cases} -1.267\ 8 \\ +0.339\ 2 \end{cases}$
1.05	−0.237 5	+0.250 0	−0.250 0	−0.333 4	−0.250 8	+0.339 2
1.1	−0.225 0	+0.250 0	−0.233 3	+0.333 4	−0.233 8	+0.339 2
1.15	−0.212 5	+0.250 0	−0.216 6	+0.333 4	−0.216 9	+0.339 2
1.2	−0.200 0	+0.250 0	−0.200 0	−0.333 4	−0.199 9	+0.339 2
1.3	−0.175 0	+0.250 0	−0.166 6	+0.333 4	−0.166 0	+0.339 2
1.4	−0.150 0	+0.250 0	−0.133 3	+0.333 4	−0.132 1	+0.339 2
1.5	−0.125 0	+0.250 0	−0.099 9	+0.333 4	−0.098 2	+0.339 2
1.6	−0.100 0	+0.250 0	−0.066 7	+0.333 4	−0.064 3	+0.339 2
1.7	−0.075 0	+0.250 0	−0.033 3	+0.333 4	−0.030 4	+0.339 2
1.8	−0.050 0	+0.250 0	+0.000 0	+0.333 4	+0.003 6	+0.339 2
1.85	−0.037 5	+0.250 0	+0.016 7	+0.333 4	+0.020 5	+0.339 2
1.90	−0.025 0	+0.250 0	+0.033 4	+0.333 4	+0.037 5	+0.339 2
1.95	−0.012 5	+0.250 0	+0.050 0	+0.333 4	+0.054 4	+0.339 2
2.0	0.000 0	+0.250 0	+0.066 7	$\begin{cases} +0.333\ 4 \\ -0.066\ 7 \end{cases}$	+0.071 4	$\begin{cases} +0.339\ 2 \\ -0.089\ 3 \end{cases}$
2.05	—	—	+0.063 4	−0.066 7	+0.066 9	−0.089 3
2.1	—	—	+0.060 0	−0.066 7	+0.062 5	−0.089 3
2.2	—	—	+0.053 4	−0.066 7	+0.053 5	−0.089 3
2.3	—	—	+0.046 7	−0.066 7	+0.044 6	−0.089 3
2.4	—	—	−0.040 0	−0.066 7	+0.035 7	−0.089 3
2.5	—	—	−0.033 4	−0.066 7	+0.026 8	−0.089 3
3.0	—	—	0.000 0	−0.066 7	−0.017 9	$\begin{cases} -0.089\ 3 \\ +0.017\ 9 \end{cases}$
3.5	—	—	—	—	−0.009 0	+0.017 9
4.0	—	—	—	—	0.000 0	+0.017 9

附录 8　按弹性理论计算在均布荷载作用下矩形双向板的弯矩系数表

1. 符号说明

$M_x , M_{x,\max}$——分别为平行于 l_x 方向板中心点弯矩和板跨内的最大弯矩；

$M_y , M_{y,\max}$——分别为平行于 l_y 方向板中心点弯矩和板跨内的最大弯矩；

M_x^0——固定边中点沿 l_x 方向的弯矩；

M_y^0——固定边中点沿 l_y 方向的弯矩；

M_{0x}——平行于 l_x 方向自由边的中点弯矩；

M_{0x}^0——平行于 l_x 方向自由边上固定端的支座弯矩。

| 代表固定边 | 代表简支边 | 代表自由边 |

2. 计算公式

$$弯矩 = 表中弯矩系数 \times q l_x^2$$

式中　q——作用在双向板上的均布荷载；

　　　l_x——板跨,见表中插图所示。

表中弯矩系数均为单位板宽的弯矩系数。表中系数为泊松比 $\nu = 1/6$ 时求得的,适用于钢筋混凝土板。表中系数是根据 1975 年版《建筑结构静力计算手册》中 $\nu = 0$ 的弯矩系数表,通过换算公式 $M_x^{(\nu)} = M_x^{(0)} + \nu M_y^{(0)}$ 及 $M_y^{(\nu)} = M_y^{(0)} + \nu M_x^{(0)}$ 得出的。表中 $M_{x,\max}$ 及 $M_{y,\max}$ 也按上列换算公式求得,但由于板内两个方向的跨内最大弯矩一般并不在同一点,因此,由上式求得的 $M_{x,\max}$ 及 $M_{y,\max}$ 仅为比实际弯矩偏大的近似值。

附表 8-1　弯矩系数（1）

边界条件	(1) 四边简支			(2) 三边简支、一边固定									
l_x/l_y	M_x	M_y	$M_{x,max}$	M_x	$M_{x,max}$	M_y	$M_{y,max}$	M_y^0	M_x	$M_{x,max}$	M_y	$M_{y,max}$	M_x^0
0.50	0.099 4	0.033 5	0.093 0	0.091 4	0.093 0	0.035 2	0.039 7	-0.121 5	0.059 3	0.065 7	0.015 7	0.017 1	-0.121 2
0.55	0.092 7	0.035 9	0.084 6	0.083 2	0.084 6	0.037 1	0.040 5	-0.119 3	0.057 7	0.063 3	0.017 5	0.019 0	-0.118 7
0.60	0.086 0	0.037 9	0.076 5	0.075 2	0.076 5	0.038 6	0.040 9	-0.116 0	0.055 6	0.060 1	0.019 4	0.020 9	-0.115 8
0.65	0.079 5	0.039 6	0.068 8	0.067 6	0.068 8	0.039 6	0.041 2	-0.113 3	0.053 4	0.058 1	0.021 2	0.022 6	-0.112 4
0.70	0.073 2	0.041 0	0.061 6	0.060 4	0.061 6	0.040 0	0.041 7	-0.109 6	0.051 0	0.055 5	0.022 9	0.024 2	-0.108 7
0.75	0.067 3	0.042 0	0.054 9	0.053 8	0.054 9	0.040 0	0.041 7	-0.105 6	0.048 5	0.052 5	0.024 4	0.025 7	-0.104 8
0.80	0.061 7	0.042 8	0.049 0	0.047 8	0.049 0	0.039 7	0.041 5	-0.101 4	0.045 9	0.049 5	0.025 8	0.027 0	-0.100 7
0.85	0.056 4	0.043 2	0.043 6	0.042 5	0.043 6	0.039 1	0.041 0	-0.097 0	0.043 4	0.046 6	0.027 1	0.028 3	-0.096 5
0.90	0.051 6	0.043 4	0.038 8	0.037 7	0.038 8	0.038 2	0.040 2	-0.092 6	0.040 9	0.043 8	0.028 1	0.029 3	-0.092 2
0.95	0.047 1	0.043 2	0.034 5	0.033 4	0.034 5	0.037 1	0.039 3	-0.088 2	0.038 4	0.040 9	0.029 0	0.030 1	-0.088 0
1.00	0.042 9	0.042 9	0.030 6	0.029 6	0.030 6	0.036 0	0.038 8	-0.083 9	0.036 0	0.038 8	0.029 6	0.030 6	-0.083 9

附表 8-2 弯矩系数（2）

l_x/l_y	(3) 两对边简支、两对边固定 M_x	M_y	M_y^0	M_x	M_y	M_x^0	(4) 两邻边简支、两邻边固定 M_x	$M_{x,\max}$	M_y	$M_{y,\max}$	M_x^0	M_y^0
0.50	0.083 7	0.036 7	-0.119 1	0.041 9	0.008 6	-0.084 3	0.057 2	0.058 4	0.017 2	0.022 9	-0.117 9	-0.078 6
0.55	0.074 3	0.038 3	-0.115 6	0.041 5	0.009 6	-0.084 0	0.054 6	0.055 6	0.019 2	0.024 1	-0.114 0	-0.078 5
0.60	0.065 3	0.039 3	-0.111 4	0.040 9	0.010 9	-0.083 4	0.051 8	0.052 6	0.021 2	0.025 2	-0.109 5	-0.078 2
0.65	0.056 9	0.039 4	-0.106 6	0.040 2	0.012 2	-0.082 6	0.048 6	0.049 6	0.022 8	0.026 1	-0.104 5	-0.077 7
0.70	0.049 4	0.039 2	-0.103 1	0.039 1	0.013 5	-0.081 4	0.045 5	0.046 5	0.024 3	0.026 7	-0.099 2	-0.077 0
0.75	0.042 8	0.038 3	-0.095 9	0.038 1	0.014 9	-0.079 9	0.042 2	0.043 0	0.025 4	0.027 2	-0.093 8	-0.076 0
0.80	0.036 9	0.037 2	-0.090 4	0.036 8	0.016 2	-0.078 2	0.039 0	0.039 7	0.026 3	0.027 8	-0.088 3	-0.074 8
0.85	0.031 8	0.035 8	-0.085 0	0.035 5	0.017 4	-0.076 3	0.035 8	0.036 6	0.026 9	0.028 4	-0.082 9	-0.073 3
0.90	0.027 5	0.034 3	-0.076 7	0.034 1	0.018 6	-0.074 3	0.032 8	0.033 7	0.027 3	0.028 8	-0.077 6	-0.071 6
0.95	0.023 8	0.032 8	-0.074 6	0.032 6	0.019 6	-0.072 1	0.029 9	0.030 8	0.027 3	0.028 9	-0.072 6	-0.069 8
1.00	0.020 6	0.031 1	-0.069 8	0.031 1	0.020 6	-0.069 8	0.027 3	0.028 1	0.027 3	0.028 9	-0.067 7	-0.067 7

附表 8-3　弯矩系数(3)

边界条件	（5）一边简支、三边固定					

l_x/l_y	M_x	$M_{x,max}$	M_y	$M_{y,max}$	M_x^0	M_y^0
0.50	0.041 3	0.042 4	0.009 6	0.015 7	−0.083 6	−0.056 9
0.55	0.040 5	0.041 5	0.010 8	0.016 0	−0.082 7	−0.057 0
0.60	0.039 4	0.040 4	0.012 3	0.016 9	−0.081 4	−0.057 1
0.65	0.038 1	0.039 0	0.013 7	0.017 8	−0.079 6	−0.057 2
0.70	0.036 6	0.037 5	0.015 1	0.018 6	−0.077 4	−0.057 2
0.75	0.034 9	0.035 8	0.016 4	0.019 3	−0.075 0	−0.057 2
0.80	0.033 1	0.033 9	0.017 6	0.019 9	−0.072 2	−0.057 0
0.85	0.031 2	0.031 9	0.018 6	0.020 4	−0.069 3	−0.056 7
0.90	0.029 5	0.030 0	0.020 1	0.020 9	−0.066 3	−0.056 3
0.95	0.027 4	0.028 1	0.020 4	0.021 4	−0.063 1	−0.055 8
1.00	0.025 5	0.026 1	0.020 6	0.021 9	−0.060 0	−0.050 0

附表 8-4　弯矩系数(4)

边界条件	（5）一边简支、三边固定						（6）四边固定			

l_x/l_y	M_x	$M_{x,max}$	M_y	$M_{y,max}$	M_y^0	M_x^0	M_x	M_y	M_x^0	M_y^0
0.50	0.055 1	0.060 5	0.018 8	0.020 1	−0.078 4	−0.114 6	0.040 6	0.010 5	−0.082 9	−0.057 0
0.55	0.051 7	0.056 3	0.021 0	0.022 3	−0.078 0	−0.109 3	0.039 4	0.012 0	−0.081 4	−0.057 1
0.60	0.048 0	0.052 0	0.022 9	0.024 2	−0.077 3	−0.103 3	0.038 0	0.013 7	−0.079 3	−0.057 1
0.65	0.044 1	0.047 6	0.024 4	0.025 6	−0.076 2	−0.097 0	0.036 1	0.015 2	−0.076 6	−0.057 1
0.70	0.040 2	0.043 3	0.025 6	0.026 7	−0.074 8	−0.090 3	0.034 0	0.016 7	−0.073 5	−0.056 9
0.75	0.036 4	0.039 0	0.026 3	0.027 3	−0.072 9	−0.083 7	0.031 8	0.017 9	−0.070 1	−0.056 5
0.80	0.032 7	0.034 8	0.026 7	0.027 6	−0.070 7	−0.077 2	0.029 5	0.018 9	−0.066 4	−0.055 9
0.85	0.029 3	0.031 2	0.026 8	0.027 7	−0.068 3	−0.071 1	0.027 2	0.019 7	−0.062 6	−0.055 1
0.90	0.026 1	0.027 7	0.026 5	0.027 3	−0.065 6	−0.065 3	0.024 9	0.020 2	−0.058 8	−0.054 1
0.95	0.023 2	0.024 6	0.026 1	0.026 9	−0.062 9	−0.059 9	0.022 7	0.020 5	−0.055 0	−0.052 8
1.00	0.020 6	0.021 9	0.025 5	0.026 1	−0.060 0	−0.055 0	0.020 5	0.020 5	−0.051 3	−0.051 3

附表 8-5   弯矩系数 (5)

(7) 三边固定、一边自由

边界条件 l_y/l_x	M_x	M_y	M_x^0	M_y^0	M_{0x}	M_{0x}^0	l_y/l_x	M_x	M_y	M_x^0	M_y^0	M_{0x}	M_{0x}^0
0.30	0.001 8	-0.003 9	-0.013 5	-0.034 4	0.006 8	-0.034 5	0.85	0.026 2	0.012 5	-0.558 0	-0.056 2	0.040 9	-0.065 1
0.35	0.003 9	-0.002 6	-0.017 9	-0.040 6	0.011 2	-0.043 2	0.90	0.027 7	0.012 9	-0.061 5	-0.056 3	0.041 7	-0.064 4
0.40	0.006 3	0.000 8	-0.022 7	-0.045 4	0.016 0	-0.050 6	0.95	0.029 1	0.013 2	-0.063 9	-0.056 4	0.042 2	-0.063 8
0.45	0.009 0	0.001 4	-0.027 5	-0.048 9	0.020 7	-0.056 4	1.00	0.030 4	0.013 3	-0.066 2	-0.056 5	0.042 7	-0.063 2
0.50	0.016 6	0.003 4	-0.032 2	-0.051 3	0.025 0	-0.060 7	1.10	0.032 7	0.013 3	-0.070 1	-0.056 6	0.043 1	-0.062 3
0.55	0.014 2	0.005 4	-0.036 8	-0.053 0	0.028 8	-0.063 5	1.20	0.034 5	0.013 0	-0.073 2	-0.056 7	0.043 3	-0.061 7
0.60	0.016 6	0.007 2	-0.041 2	-0.054 1	0.032 0	-0.065 2	1.30	0.036 8	0.012 5	-0.075 8	-0.056 8	0.043 4	-0.061 4
0.65	0.018 8	0.008 7	-0.045 3	-0.054 8	0.034 7	-0.066 1	1.40	0.038 0	0.011 9	-0.077 8	-0.056 8	0.043 3	-0.061 4
0.70	0.020 9	0.010 0	-0.049 0	-0.055 3	0.036 8	-0.066 3	1.50	0.039 0	0.011 3	-0.079 4	0.056 9	0.043 3	-0.061 6
0.75	0.022 8	0.011 1	-0.052 6	-0.055 7	0.038 5	-0.066 1	1.75	0.040 5	0.009 9	-0.081 9	-0.056 9	0.043 1	-0.062 5
0.80	0.024 6	0.011 9	-0.055 8	-0.056 0	0.039 9	-0.065 6	2.00	0.041 3	0.008 7	-0.083 2	-0.056 9	0.043 1	-0.063 7

参 考 文 献

［1］ 中华人民共和国住房和城乡建设部.混凝土结构设计规范(2015 年版):GB 50010—2010［S］.北京:中国建筑工业出版社,2015.

［2］ 中华人民共和国住房和城乡建设部.工程结构通用规范:GB 55001—2021［S］.北京:中国建筑工业出版社,2021.

［3］ 中华人民共和国住房和城乡建设部.混凝土结构通用规范:GB 55008—2021［S］.北京:中国建筑工业出版社,2021.

［4］ 中华人民共和国住房和城乡建设部.建筑结构可靠性设计统一标准:GB 50068—2018［S］.北京:中国建筑工业出版社,2018.

［5］ 中华人民共和国住房和城乡建设部.建筑结构荷载规范:GB 50009—2012［S］.北京:中国建筑工业出版社,2012.

［6］ 中华人民共和国住房和城乡建设部.混凝土物理力学性能试验方法标准:GB/T 50081—2019［S］.北京:中国建筑工业出版社,2019.

［7］ 重庆建筑大学.钢筋混凝土连续梁和框架考虑内力重分布设计规程:CECS 51:93［S］.北京:中国计划出版社,1993.

［8］ 中华人民共和国住房和城乡建设部.混凝土结构耐久性设计标准:GB/T 50476—2019［S］.北京:中国建筑工业出版社,2019.

［9］ 中华人民共和国国家能源局.水工混凝土结构设计规范:DL/T 5057—2009［S］.北京:中国电力出版社,2009.

［10］ 中华人民共和国水利部.水工混凝土结构设计规范:SL 191—2008［S］.北京:中国水利水电出版社,2009.

［11］ 中华人民共和国交通运输部.水运工程混凝土结构设计规范:JTS 151—2011［S］.北京:人民交通出版社,2011.

［12］ 中国有色工程有限公司.混凝土结构构造手册［M］.5 版.北京:中国建筑工业出版社,2016.

［13］ 河海大学,武汉大学,大连理工大学,等.水工钢筋混凝土结构学［M］.5 版.北京:中国水利水电出版社,2016.

［14］ 汪基伟,冷飞.港工钢筋混凝土结构学［M］.北京:中国水利水电出版社,2021.

［15］ 梁兴文,史庆轩.混凝土结构设计原理［M］.4 版.北京:中国建筑工业出版社,2019.

［16］ 梁兴文,史庆轩.混凝土结构设计［M］.4 版.北京:中国建筑工业出版社,2019.

［17］ 东南大学,天津大学,同济大学.混凝土结构:上册:混凝土结构设计原理［M］.5 版.北京:中国建筑工业出版社,2016.

［18］ 东南大学,天津大学,同济大学.混凝土结构:中册:混凝土结构与砌体结构设计［M］.6 版.北京:中国建筑工业出版社,2016.

［19］ 叶列平.混凝土结构:下册［M］.北京:中国建筑工业出版社,2013.

［20］　过镇海,时旭东.钢筋混凝土原理和分析[M].北京:清华大学出版社,2003.

［21］　赵国藩.高等钢筋混凝土结构学[M].北京:机械工业出版社,2005.

［22］　周氏,康清梁,童保全.现代钢筋混凝土基本理论[M].上海:上海交通大学出版社,1989.

［23］　PARK R,PAULAY T. Reinforced Concrete Structures[M]. New York:John & Wiley,1975.

郑重声明

高等教育出版社依法对本书享有专有出版权。任何未经许可的复制、销售行为均违反《中华人民共和国著作权法》,其行为人将承担相应的民事责任和行政责任;构成犯罪的,将被依法追究刑事责任。为了维护市场秩序,保护读者的合法权益,避免读者误用盗版书造成不良后果,我社将配合行政执法部门和司法机关对违法犯罪的单位和个人进行严厉打击。社会各界人士如发现上述侵权行为,希望及时举报,本社将奖励举报有功人员。

反盗版举报电话　　(010)58581999　58582371　58582488

反盗版举报传真　　(010)82086060

反盗版举报邮箱　　dd@ hep.com.cn

通信地址　　北京市西城区德外大街 4 号

　　　　　　高等教育出版社法律事务与版权管理部

邮政编码　　100120

防伪查询说明

用户购书后刮开封底防伪涂层,利用手机微信等软件扫描二维码,会跳转至防伪查询网页,获得所购图书详细信息。用户也可将防伪二维码下的 20 位密码按从左到右、从上到下的顺序发送短信至 106695881280,免费查询所购图书真伪。

反盗版短信举报

编辑短信"JB,图书名称,出版社,购买地点"发送至 10669588128

防伪客服电话

(010)58582300